新发展理念创新与研究文库

经济建设与绿色发展研究

朱啟梅 代洪丽 主编

Jingji
Jianshe Yu
Lüse Fazhan
Yanjiu

光明日报出版社

图书在版编目（CIP）数据

经济建设与绿色发展研究 / 朱啟梅，代洪丽主编
. -- 北京：光明日报出版社，2023.1
ISBN 978-7-5194-6988-7

Ⅰ.①经… Ⅱ.①朱…②代… Ⅲ.①中国经济—经济发展—研究 Ⅳ.①F124

中国版本图书馆CIP数据核字（2022）第244174号

经济建设与绿色发展研究
JINGJI JIANSHE YU LÜSE FAZHAN YANJIU

主　　编：	朱啟梅　代洪丽		
责任编辑：	李月娥	责任校对：	傅泽泉
封面设计：	安东尔	责任印制：	曹　净

出版发行：	光明日报出版社
地　　址：	北京市西城区永安路106号，100050
电　　话：	010-63169890（咨询），63131930（邮购）
传　　真：	010-63131930
网　　址：	http://book.gmw.cn
E - mail：	gmrbcbs@gmw.cn
法律顾问：	北京市兰台律师事务所龚柳方律师
印　　刷：	三河市龙大印装有限公司
装　　订：	三河市龙大印装有限公司

本书如有破损、缺页、装订错误，请与本社联系调换，电话：010-63131930

开　　本：	210mm*285mm		
字　　数：	742千字	印　　张：	36.5
版　　次：	2023年1月第1版	印　　次：	2023年3月第1次印刷
书　　号：	ISBN 978-7-5194-6988-7		
定　　价：	328.00元		

版权所有　　翻印必究

《经济建设与绿色发展研究》
编委会

主　　编　朱啟梅　代洪丽

副 主 编　朱艳军　李　明　谭东国

特邀编委　（按姓氏笔画顺序）

王　虎	王云飞	韦冬青	许　晖	李发云	李常平	杨　青	肖刚新
何　坚	汪东海	汪海洋	宋　勇	沈海涛	张向红	尚冬冰	易栩柏
罗智文	周　超	孟德柱	赵永泉	赵胜利	赵铁昌	胡　煜	柳保平
钟　声	段建军	郭永舰	黄伟鹏	黄军胜	黄　峻	常朝柱	梁　凯
梁润元	彭建平	蒋　鹏	曾庆利	谢玉龙	蒲　锋	蒙小胖	戴　斌

编　　委　（按姓氏笔画顺序）

丁军元	于　涛	马军强	马泽龙	王　炜	王　刚	王　冰	王　俊
王　哲	王　钰	王　波	王　磊	王　斌	王　毅	王文强	王永政
王同乐	王东海	王永刚	王克晶	王宏波	王胜利	王彦辉	王浩亮
王继东	王淮杰	王维慧	王湘南	韦祖铁	云彩祥	毛国安	仁　妹
古家兵	叶志军	申成山	田卫东	冉照坤	白万建	冯志栋	邢国强
邢瑞峰	吕　锋	朱书胜	乔　栋	向　然	刘　平	刘　冬	刘　勇
刘　伟	刘冬生	刘明刚	刘文俊	刘世伟	刘显东	刘保东	刘逢欣
刘雪峰	刘敬祥	闫俊平	汤晨曦	安　峰	安德兵	许　浩	许元平
孙　涛	孙国应	苏雅拉图	杜　淼	杜小甘	李　东	李　应	李　伟
李　勤	李东岷	李广亮	李庆春	李志勇	李思杨	李洪国	李晓军
李景伟	李震宇	杨　力	杨志农	杨建辉	杨祖成	杨晓东	杨恩军
杨煜川	肖德龙	吴振杰	吴桂斌	何亚可	何学军	何曙东	佟勇强
佘旭平	余　勇	辛瑞丙	沙德祥	宋海军	张　学	张　进	张　萌

张　涛	张小轩	张可珂	张平军	张东选	张宇铭	张军凯	张志新
张国民	张树海	张桂双	张高翔	张雪峰	陆　波	陈卫国	陈开武
陈　汉	陈　忠	陈　敏	陈　斌	陈钦奎	陈继东	武木臣	林　荫
具瑞昌	罗　华	罗　辉	罗晓宏	周　驰	周猷舰	庞振祥	郑磊磊
孟敬东	练　奚	赵军群	赵国勇	赵勇强	胡大洪	段开文	费大勇
聂　晶	贾　斌	夏可育	夏胜阳	原　君	倪路林	徐　扬	徐成东
徐华东	徐宏权	郭　俊	郭一民	郭小平	郭友岗	郭秀文	郭晓林
郭祥军	郭　瑜	陶国彬	黄小锋	黄胜捷	黄捷敏	黄　超	曹春义
常　波	符　忠	符　程	章维强	彭泽忠	董玉春	敬　永	蒋　勇
韩希兵	舒全豪	鲁建春	湛　波	谢　飞	谢　超	蒲志亭	鲍文海
蔡　敏	管福全	廖　宾	廖霞萍	谭立	翟冠华	熊运佳	樊智敏
黎康华	薛　鹏	薛　斌	薛武军	瞿　俊			

前 言

理念是行动的先导。党的十八大以来，以习近平同志为核心的党中央把握时代大势，提出并深入贯彻创新、协调、绿色、开放、共享的新发展理念，引领中国在破解发展难题中增强动力，不断朝着更高质量、更有效率、更加公平、更可持续的方向前进。

党的十九大提出中国特色社会主义进入新时代，明确了我国发展新的历史定位。进入新时代，我国社会主要矛盾已经转化为人民日益增长的美好生活需要和不平衡不充分的发展之间的矛盾，我国经济发展已由高速增长阶段转向高质量发展阶段。这既是全局性转变，也是历史性跨越。

习近平总书记指出，"新时代新阶段的发展必须贯彻新发展理念，必须是高质量发展"。这是根据我国发展阶段、发展环境、发展条件变化做出的科学判断。发展理念是发展行动的先导，是发展思路、发展方向、发展着力点的集中体现。

坚持新发展理念是习近平新时代中国特色社会主义思想"十四个坚持"的重要内涵，是习近平新时代中国特色社会主义经济思想的主要内容，在党的理论创新和实践创新中占有重要地位。我们一定要从新时代新阶段党和国家事业发展全局的新高度上深化对新发展理念的认识。

从"中华民族伟大复兴的战略全局"和"世界百年未有之大变局"的高度上深刻认识，坚定不移贯彻新发展理念是党中央顺应历史发展大势做出的科学判断和主动作为。要清醒地认识到，只有在全面建设社会主义现代化国家新征程上坚持新发展理念，才能推动我国经济持续健康发展、完成第二个百年奋斗目标、实现中华民族伟大复兴，从而影响和推动世界百年未有之大变局向着有利于我们的方向发展。

《经济建设与绿色发展研究》一书通过广泛的基层社会调研，汲取了大量专家学者及一线工作者的建言，对一些基层工作理念的研究及发展提出了更具前瞻性的建议，是近几年基层工作发展理念创新及研究的成果缩影。该书以习近平新时代中国特色社会主义思想为指导思想，在理论上站在前沿，在实践中注重务实，内容丰富、资料翔实、切合实际，理论性、实践性都比较强。在反映新时代基层工作发展所取得的改革成果与成功经验的同时，对当下的诸多热点、难点问题展开了理论与实践的探索，使本书深层次、多元化地反映当下基层工作的经验与成绩，为基层领导干部以及一线工作者提供有用的借鉴和参考。

我们在本书的编写过程中，参阅了大量近年来出版的同类著作，借鉴和吸收了众多国内外专家学者、同人的研究成果，在此谨向提供了有益观点和理论的学者表示感谢！由于编写时间和编者水平有限，难免有疏忽、谬误之处，敬请各位读者、专家、同行批评指正，以便今后改进和完善！

目 录

第一篇 新时代背景下对财税工作改革创新的思路研究与实践

在新征程上奋力谱写税务新篇章
  国家税务总局揭阳市税务局　陈方园　曾声飞……………………………………3
"税动力"激发和顺"生态酿造小镇"高质量发展新动能
  国家税务总局和顺县税务局　秦　智……………………………………………………6
一台"老算盘"敲出西凤减税账
  国家税务总局宝鸡市凤翔区税务局………………………………………………………8
落实留抵退税政策　服务税收现代化
  国家税务总局平罗县税务局………………………………………………………………10
多措并举谋扩销　助企护企促发展
  国家税务总局齐齐哈尔市碾子山区税务局………………………………………………13
云端服务有温度　助企纾困解难题
  国家税务总局石河子税务局　江雪莲……………………………………………………14
扛牢压实主体责任　纵合横通凝聚合力　不断开创漾濞税务党建工作新局面
  国家税务总局漾濞彝族自治县税务局……………………………………………………16
"春雨润苗"专项行动　助力小微市场主体稳健发展
  国家税务总局苏尼特右旗税务局　白红光　吴　乐……………………………………19
砥砺奋起新征程　绘就壮美新画卷
  ——富裕县税务局打造清新税收营商环境为党的二十大献礼
  国家税务总局富裕县税务局………………………………………………………………21
"十大举措"春风送暖　领跑"智慧服务"快速路
  ——濂溪区税务局精细化服务助力税收营商环境持续优化
  国家税务总局九江市濂溪区税务局………………………………………………………23

永不凋谢的木棉花
　　国家税务总局漳州市长泰区税务局……26
"新·馨"税道　功之所至
　　国家税务总局密山市税务局　沈　静……29
"织网"涵养税源　"结点"互通共治
　　国家税务总局易县税务局……31
走田间解难题　税惠助农照亮乡村致富路
　　国家税务总局大理白族自治州税务局……33
"智慧税务"赋能陶瓷产业量质齐升
　　——景德镇市税务局助推国家试验区陶瓷产业创新发展
　　国家税务总局景德镇市税务局……35
踔厉奋发的十年：大力推动民族团结进步工作向上向好
　　国家税务总局迭部县税务局　白海燕……39
聚焦主责主业　踔厉奋发新征程
　　国家税务总局广安经济技术开发区税务局……42
勤廉务实守初心　一片丹心铸税魂
　　国家税务总局老河口市税务局……44
守初心　担使命　做奉献　坚持心中不变的信仰
　　——记洪湖市税务局驻乌林镇三角村乡村振兴工作队第一书记、队长李文席
　　国家税务总局洪湖市税务局……47
留抵退税助力企业"轻舟远航"
　　国家税务总局德格县税务局……49
"小故事"彰显"大情怀"
　　国家税务总局临清市税务局……50
"幸福茶馆"税意浓
　　国家税务总局泰和县税务局　肖　晖　李文铭……52
税惠助力"特""优""精"　农业产业共享丰收喜悦
　　国家税务总局阳泉市城区税务局……54
保活力　算好账　助推全域旅游发展格局
　　国家税务总局陵水黎族自治县税务局　李佳佳……56
精准落实制造业缓税政策
　　国家税务总局宁武县税务局……58
源头活水拓宽宁陕生态富民路
　　——宁陕县税务局落实税收优惠政策综述
　　国家税务总局宁陕县税务局……60

目 录

用心用情构建纳税服务新格局
  国家税务总局昌黎县税务局……………………………………………63

税惠添力 "小巨人"迸发"大能量"
  国家税务总局罗田县税务局……………………………………………65

精英团队辅导　助力市场主体纾困解难
  国家税务总局铜鼓县税务局……………………………………………67

听诊把脉问需　开方下药解难
  国家税务总局梁山县税务局……………………………………………69

社保缓缴再添力　企业减压增信心
  国家税务总局沛县税务局　李　宁　王姿懿…………………………71

畅通办税便民路　优化营商"软"环境
  国家税务总局来宾市税务局　庞丽萍……………………………………73

筑牢一个堡垒　强化七个引领
  国家税务总局芜湖市镜湖区税务局……………………………………75

"一把手"走流程　服务质效再提高
  国家税务总局和田市税务局……………………………………………78

开展"清廉润家风"主题"家庭助廉"系列活动
  国家税务总局临武县税务局……………………………………………80

"四步走"促进青年干部成长成才
  国家税务总局安康高新区税务局　付　敏……………………………82

把初心刻在每一天的战斗中
  ——记慈利县税务局优秀税务工作者向军
  国家税务总局慈利县税务局　张小兵…………………………………84

办税越办越顺　环境越扮越靓
  ——岳阳楼区税务局优化办税助力打造优化税收营商环境新品牌
  国家税务总局岳阳市岳阳楼区税务局…………………………………86

"积分制"让青年理论学习收硕果
  国家税务总局天津市宝坻区税务局……………………………………88

突出"六字诀"确保留抵退税政策　优享快享、落准落稳
  国家税务总局秦皇岛北戴河新区税务局　赵明通………………………90

"五个办"实现办税缴费提质增效
  国家税务总局毕节市税务局……………………………………………92

变化向好　筑梦朝阳
  ——以更优税收营商环境助力朝阳高质量发展
  国家税务总局朝阳市税务局……………………………………………95

便民春风拂山乡　税惠寻常百姓家
　　国家税务总局保康县税务局……………………………………………………98
精准落实缓缴税费助企发展
　　国家税务总局广东茂名滨海新区税务局……………………………………101
智慧赋能推动办税方式高效升级
　　国家税务总局博野县税务局…………………………………………………102
莫道桑榆已晚　蓝色薪火不熄
　　——曹妃甸区税务局"老中青"三代"护航"退税减税
　　国家税务总局唐山市曹妃甸区税务局　王雪晴……………………………104
"房地产业务一点通"推广应用广受纳税人好评
　　国家税务总局喀喇沁左翼蒙古族自治县税务局……………………………106
诚纳各方建议　聚智落好政策
　　——根河市税务局开展"走流程、听建议"办税体验活动
　　国家税务总局根河市税务局…………………………………………………108
以"五星创建"推动党建强发展强
　　国家税务总局城固县税务局　朱小羽………………………………………109
充分发挥"税助力"　筑牢残疾人"幸福路"
　　国家税务总局张家界市税务局………………………………………………111
创新"五争五创"　锻造税务模范机关
　　国家税务总局吉安市税务局…………………………………………………113
创新便民办税硬举措　提升营商环境软实力
　　国家税务总局宁都县税务局…………………………………………………116
落实留抵退税政策　助力地方经济发展
　　国家税务总局达州市达川区税务局…………………………………………118
打造税费服务共享社区　蹚出乡村振兴"新路子"
　　国家税务总局诸暨市税务局…………………………………………………120
打造优质营商环境　培育强大发展动能
　　国家税务总局林甸县税务局…………………………………………………122
塞上煤城十年税收"飞驰"路
　　国家税务总局石嘴山市大武口区税务局……………………………………124
推行退税服务网络化　退税"加速度"
　　国家税务总局当阳市税务局…………………………………………………126
党建引领　打造"非常满意"税收营商环境
　　国家税务总局盐山县税务局　邱守义………………………………………128

以文明创建为基　聚税务融合之力
　　国家税务总局道孚县税务局……………………………………………………130
读懂五句话　推动考核考评从"手段"变为"习惯"
　　国家税务总局栾川县税务局党委书记、局长　杜洪波………………………132

第二篇　地方发展改革与经济协调发展的思考

风正帆满砥砺奋进　古城蝶变风华正茂
　　浙江省绍兴市发展和改革委员会………………………………………………137
构建具有特色的现代化经济体系
　　陕西省延川县经济发展局局长　杨振河…………………………………………139
从"煤城"蜕变为宜居宜业的靓丽"新城"
　　安徽省淮北市相山区发展和改革委员会………………………………………146
优化营商环境　助力高质量发展
　　广东省乳源瑶族自治县发展和改革局…………………………………………149
提质增效　助力十大生态产业发展
　　甘肃省兰州市红古区发展和改革局……………………………………………151
加快建设现代化美丽新巩义　争当县域经济高质量发展标杆
　　河南省巩义市发展和改革委员会………………………………………………154
改革开放写华章
　　云南省景洪市发展和改革局……………………………………………………161
锚定"十四五"发展目标　奋力推进"五区建设"
　　甘肃省兰州市城关区发展和改革局……………………………………………164
用创新实干守初心　全力推动县域经济高质量发展
　　贵州省独山县发展和改革局　吴文刚…………………………………………168
助力优化营商环境　做群众企业的"贴心人"
　　内蒙古察哈尔右翼中旗发展和改革委员会……………………………………170
坚定理想信念　厚植为民情怀　奋力书写高质量发展新答卷
　　山东省潍坊市发展和改革委员会………………………………………………174
深入贯彻习近平总书记视察吉林视察四平重要讲话重要指示精神　加快四平全面振兴发展
　　吉林省四平市发展和改革委员会………………………………………………176
工业产业由东部向西部转移的问题及对策
　　贵州省长顺县发展和改革局……………………………………………………180

坚持"项目为王" 全力夯实高质量赶超发展底气
　　河北省邢台市发展和改革委员会党组书记、主任　兴连根……………182
着力推进东西部扶贫协作工作
　　浙江省余姚市发展和改革局……………………………………………186
在新旧动能转换初见成效中交出合格答卷
　　山东省惠民县发展和改革局……………………………………………189
抓住新机遇　谋求新发展　实现新作为
　　甘肃省临潭县发展和改革局……………………………………………192
保持昂扬状态　持续接力奋斗
　　湖北省谷城县发展和改革局……………………………………………198
主动担当　奋勇争先
　　陕西省汉中市发展和改革委员会………………………………………201
将黄河元素转化为高质量发展的新动能
　　山东省惠民县发展和改革局……………………………………………204
以企业感受为第一感受　多举措优化营商环境
　　江西省南丰县发展和改革委员会………………………………………210
关于我县新型城镇化建设情况的调研报告
　　贵州省玉屏侗族自治县发展和改革局…………………………………213
坚持高质量发展理念　助力"一谷一城"建设
　　吉林省临江市发展和改革局……………………………………………218
做强开放"桥头堡"　争当发展"排头兵"
　　湖南省岳阳市政协副主席、市发改委主任　刘晓英……………………221
坚持生态优先绿色发展　促进白城提速振兴蝶变跃升
　　吉林省白城市发展和改革委员……………………………………………224
绿色发展新"引擎"
　　甘肃省积石山县发展和改革局…………………………………………227
发挥以工代赈项目带动作用　增强群众获得感、幸福感
　　四川省阿坝州发展和改革委员会………………………………………229
综合治理　绿色转型
　　四川省旺苍县发展和改革局……………………………………………231
牵头抓总勇担当　力抓服务为民生
　　山东省禹城市发展和改革局……………………………………………234
全力打造黄河流域生态保护和高质量发展先行区
　　内蒙古杭锦旗发展和改革委员会………………………………………237

探索建立长江生态管护长效机制
　　江西省彭泽县发展和改革委员会……240
优化营商环境　牵住高质量发展的"牛鼻子"
　　广西桂林市象山区发展和改革局……243
坚定改革路　奋进新时代
　　湖南省汝城县发展和改革局党组书记、局长　陈和宾……247
党建与业务工作紧密融合问题探讨
　　安徽省淮北市杜集区发展和改革委员会　任春雷……249
主动作为　攻坚克难
　　山西省阳城县发展和改革局……253
护美绿水青山　做大金山银山
　　安徽省来安县发展和改革委员会……260
铸造党建灯塔　引领地区发展
　　辽宁省沈阳市沈北新区发展和改革局……262
趁势而上　主动作为
　　新疆塔城地区发展和改革委员会……264
打造"五无甘南"
　　甘肃省甘南藏族自治州发展和改革委员会……266
抓住项目"牛鼻子"　稳定投资"基本盘"
　　四川省安岳县发展和改革局……268
深化生态文明建设　加快推进碳达峰碳中和工作
　　福建省泰宁县发展和改革局……270
打造一流营商环境　助推全市高质量发展
　　陕西省神木市发展改革和科技局……273

第三篇　自然资源的开发利用与地方建设的发展研究

铸就自然资源先锋
　　云南省牟定县自然资源局……277
五举措全力推进生态环境数字化转型
　　浙江省衢州市生态环境局……281
四举措助推自然资源高质量发展
　　内蒙古化德县自然资源局……283

提升政务服务水平　持续优化营商环境
　　湖南省茶陵县自然资源局……284

推出系列举措办实事
　　吉林省辽源市自然资源局……286

多举措深化放管服改革　优化营商环境
　　湖南省江永县自然资源局……288

创新"2+1+1"举措　深化"放管服"改革
　　贵州省黔南州自然资源局……291

真情服务群众
　　四川省乐山市沙湾区自然资源局……292

创新服务举措　提升服务效能
　　河南省商城县自然资源局……294

推动自然资源工作高质量发展
　　河南省沈丘县自然资源局……296

"四项举措"凝聚基层站所合力　提升资源监管能力
　　甘肃省金塔县自然资源局……298

靶向发力　重点突破　狠抓落实
　　江西省南昌市自然资源局新建分局……300

为新时代高质量发展提供坚实资源保障
　　江苏省仪征市自然资源和规划局……302

突出"三个导向"　提升为民服务质效
　　四川省广元市自然资源局……305

创新实干　为全县高质量发展贡献自然资源力量
　　湖南省长沙县自然资源局……306

细化举措持续优化营商环境
　　四川省广元市住房和城乡建设局……309

主动作为　促进服务　打造优质营商环境新局面
　　贵州省贵阳市乌当区住房和城乡建设局……311

创新工作举措　推动工作实现新突破
　　河南省洛阳市老城区住房和城乡建设局……313

让"办成事"成常态　让"难办事"成例外
　　安徽省铜陵市住房和城乡建设局……315

全面推动"双十镇"高质量发展
　　山东省枣庄市住房和城乡建设局……317

创新路径　谱写温暖安居新篇章
　　浙江省温州市住房和城乡建设局……………………………………………………319

第四篇　健康中国建设与中医药事业发展的思考与实践

传承精华谋发展　守正创新谱新篇
　　山东省日照市中医医院　李晓艳　杨洪波……………………………………323
坚定信念　抓住机遇　创新实干
　　辽宁省抚顺市中医院………………………………………………………………327
坚持党建引领　实现中医药高质量发展
　　青海省大通县中医院………………………………………………………………330
让医养结合服务成为新时代敬老的文明新风尚
　　新疆生产建设兵团第一师十二团医院　梁明科…………………………………336
在传承创新中高质量发展
　　辽宁省海城市中医院………………………………………………………………340
从"十四五"期间的机遇与挑战　寻求欠发达省份中医院的高质量发展之路
　　甘肃省中医院党委副书记、院长　张志明………………………………………345
强化党建引领　凝聚奋进力量
　　山西省高平市中医医院……………………………………………………………348
与时俱进　攻坚克难　全面推进医院高质量发展
　　山东省乐陵市中医院………………………………………………………………351
突出中医药特色　推动医院高质量发展
　　甘肃省定西市中医院………………………………………………………………354
对口帮扶　中医院变强了
　　江西省于都县中医院………………………………………………………………357
更好发挥党建引领保障作用　推动高质量发展迈出新步伐
　　重庆市涪陵区中医院………………………………………………………………359
从县内第一例冠脉造影到皖北第一例无导线起搏器
　　安徽省固镇县中医院　杨珂………………………………………………………364
凝集党建力量　引领蒙医发展
　　青海省乌兰县蒙医医院……………………………………………………………366
优化康养服务——为健康保驾护航
　　贵州省凯里市中医院………………………………………………………………370

政府鼎力支持发展中医　杏林春暖惠及一方百姓
　　山西省古交市中医医院……373
抓住机遇　乘势而上　掀起跨越式发展新高潮
　　山西省晋中市中医院　杨　润……376
转作风医心为民　数字化助力健康
　　江西省进贤县中医院　赵根香……382
谱写中医药传承创新发展新篇章
　　四川省自贡市中医医院　陈　彬……384
提素质强技能铸匠心　十年华丽蝶变
　　河南省开封市第二中医院……387
学党史　悟思想　为民办实事
　　河北省香河县中医医院……390
多举措提升医疗质量　完善医疗服务
　　浙江省湖州市南浔区中医院……392
笃行不怠勤履职　再接再厉谱华章
　　湖北省阳新县中医医院……394
医路前行
　　福建省云霄县中医院……404
聚焦民生　推进紧密型医共体
　　青海省门源县中医院……406
能力作风建设抓难点　提升服务下功夫
　　河南省宝丰县医疗健康集团中医院　祁亚娟……409
凝心聚力勇担当　奋力拼搏谱诗篇
　　河南省孟州市中医院……411
县域中医医共体的"馆陶实践"
　　河北省馆陶县中医医院……413
逐梦"健康中国"　彰显"中医"力量
　　甘肃省成县中医医院……417
传统医学守正创新　现代医学追求领先
　　新疆医科大学附属中医医院……422
立党旗　志为民
　　四川省资阳市中医医院……425
以高质量党建引领　推动医院高质量发展
　　山东省商河县中医医院……427

目 录

党建引领定航向　凝聚合力促发展　全面提升医院综合服务能力
　　河北省新乐市中医医院 ……………………………………………………………… 431

凝心聚力谋发展　共克时艰谱新篇
　　陕西省定边县中医院党委书记、院长　倪国栋 …………………………………… 434

奋进的足迹
　　河南省禹州市中医院 ………………………………………………………………… 436

党建引领促发展　凝心聚力塑品牌
　　海南省东方市中医院 ………………………………………………………………… 439

中医院医共体打造中医共享新时代
　　浙江省苍南县中医院 ………………………………………………………………… 443

学党史　树新风　办实事
　　安徽省凤台县中医院 ………………………………………………………………… 445

聚焦中医药事业　加快传承谋创新
　　湖北省宜昌市中医医院 ……………………………………………………………… 447

新型养老服务模式　助力健康幸福晚年
　　唐山市古冶区安馨医疗养老中心
　　河北省唐山市古冶区中医医院 ……………………………………………………… 449

行管临床科室对口帮扶　激活健康发展新动能
　　河北省馆陶县中医医院　孙长林 …………………………………………………… 451

着力解决"床位"问题　切实保障为民办实事工作取得实效
　　云南省广南县中医医院 ……………………………………………………………… 454

打造中医健康养老"镇巴模式"
　　陕西省镇巴县中医院 ………………………………………………………………… 456

以人文建设树立医院品牌　唱响中医药服务之歌
　　广西田东县中医医院 ………………………………………………………………… 458

加强运营管理　推进高质量发展
　　湖北省鄂州市中医医院　李志 ……………………………………………………… 461

弘扬中医文化　突出特色优势
　　新疆霍尔果斯市中医医院 …………………………………………………………… 463

扎实推进医共体建设　让医疗资源"活"起来
　　重庆市开州区中医院 ………………………………………………………………… 465

"五送"服务暖人心　打通为民服务"最后一公里"
　　贵州省江口县中医医院 ……………………………………………………………… 467

第五篇 新形势下纳税服务理念的思考与实践

同心颂党恩　喜迎二十大
　　国家税务总局临潭县税务局　雍玉顺……471
打好退税减税"组合拳"　算好企业发展"收益帐"
　　国家税务总局临湘市税务局　郑　鉴……473
智慧税务　打造"非接触式"新模式
　　国家税务总局龙里县税务局……475
落实"四个第一"　助力新进干部成长
　　国家税务总局汉阴县税务局　江秋燕……477
释放税收政策红利　助力民营企业发展
　　国家税务总局泌阳县税务局……479
密织民主监督之网　擦亮全天候探照之灯
　　——永新县税务局探索加强党员和群众民主监督的主要做法
　　国家税务总局永新县税务局……481
纳税服务出实招　惠企利民见实效
　　国家税务总局乌海经济开发区税务局……483
纳税服务更贴心　征途如虹守初心
　　国家税务总局太白县税务局　文　轩……485
"纳税人之家"助力营商环境持续优化
　　国家税务总局内乡县税务局……487
暖心服务　便民办税再升级
　　国家税务总局宁安市税务局……489
"优无止境"增添发展新动能
　　国家税务总局宁都县税务局　陈　峰　温丽娟……490
持续优化营商环境　不断提升服务效能
　　国家税务总局宁阳县税务局……492
凝聚共识促发展　激发奋进"税"能量
　　国家税务总局拜泉县税务局……494
努力培育新时代合格税务接班人
　　国家税务总局云梦县税务局党委书记、局长　黄　斌……496

暖心服务来助力　山货搭上东西协作的"顺风车"
　　国家税务总局沐川县税务局······499

税惠加持　激活创新源动力
　　国家税务总局磐安县税务局······501

以奋战姿态奏响退税减税新乐章
　　国家税务总局钦州市税务局　马小辉　耿琳娜　梁立玲　黄文贞　陆欢欢······503

青年笃行服务宗旨　绽放营商税务之蓝
　　国家税务总局宝清县税务局······505

清风拂恭城　献礼二十大
——推动纪检监察体制改革试点措施在基层税务部门生根落地
　　国家税务总局恭城县税务局　陈　敏　朱志坤······507

"非接触式"办税新举措　"码上办税"方便快捷
　　国家税务总局清原县税务局······509

税惠政策落地生根　托起民生"稳稳的幸福"
　　国家税务总局曲阜市税务局······510

围绕"四个一"　推动税务干部能力大提升
　　国家税务总局苏尼特左旗税务局······512

不负时代砺初心　不负人民写忠诚
　　国家税务总局遵义经济技术开发区（汇川区）税务局······514

聚焦服务有"度"　优化营商环境
　　国家税务总局荣成市税务局······517

上下同欲担使命　深抓力行谋新篇
　　国家税务总局沙洋县税务局党委书记、局长　曹云星······519

深化红色引领　助力产业发展　推进党建与税收工作深度融合
　　国家税务总局通辽经济技术开发区税务局······522

深化征管改革　创新协同共治　打造"双网格"基层税收治理新模式
　　国家税务总局冠县税务局······524

一笔笔初心勾描　一抹抹匠心施彩　徐徐绘就十年纳服新画卷
　　国家税务总局德昌县税务局······528

实施"三大行动"　打造模范机关
　　国家税务总局遂川县税务局　李发明　冯　程······531

释放"减"的效应　营造优的环境
　　国家税务总局龙南市税务局······533

从 500 强到 100 强　税费优惠是企业发展的强大后援
　　国家税务总局张家港市税务局……………………………………………………………535
税惠落地"早准快"　护航企业稳发展
　　国家税务总局鹤岗市南山区税务局………………………………………………………537
纳税服务出实招　减税降费落实处
　　——记壤塘国税先进人物坤玉超
　　国家税务总局壤塘县税务局………………………………………………………………539
"税务蓝"守护"生态绿"
　　国家税务总局长治市屯留区税务局………………………………………………………541
税务文化亮特色　致力服务树品牌
　　国家税务总局准格尔旗税务局……………………………………………………………543
兴边富民税务蓝　凝心聚力惠民生
　　国家税务总局肃北县税务局　刘娅柠……………………………………………………545
深入开展宪法宣传　助力法治税务建设
　　国家税务总局塔河县税务局………………………………………………………………548
回首十年路　扬帆再启航
　　——党的十八大以来台州市税务部门奋力推进新时代税收现代化综述
　　国家税务总局台州市税务局………………………………………………………………549
强化"乙方思维"　助力"链主"企业建圈强链兴业
　　国家税务总局太原市尖草坪区税务局……………………………………………………552
税惠政策提振企业发展信心
　　国家税务总局唐山海港经济开发区税务局………………………………………………554
喜迎二十大　永远跟党走　奋进新征程
　　国家税务总局景德镇陶瓷工业园区税务局………………………………………………556
聚焦"四大变革"　书写新时代答卷
　　国家税务总局湘西州税务局………………………………………………………………558
深思活用强能力　比学赶超促提升
　　——乌拉特前旗税务局认真开展"能力大提升"专项行动
　　国家税务总局乌拉特前旗税务局…………………………………………………………563
创新实践"税务+N"服务模式
　　国家税务总局通化市东昌区税务局………………………………………………………564

第一篇

新时代背景下对财税工作改革创新的思路研究与实践

在新征程上奋力谱写税务新篇章

国家税务总局揭阳市税务局　陈方园　曾声飞

近年来，揭阳市税务局深入学习贯彻习近平新时代中国特色社会主义思想，围绕"抓好党务、干好税务、带好队伍"，深化"放管服"改革，扎实推进税收事业迈向新发展阶段，在揭阳这座开放通达、兼容并蓄的活力古城奋楫争先，砥砺前行。

一、党建引领，锻造忠诚干净担当税务队伍

举旗定向，方能扬帆远航。近年来，揭阳市税务局一路披荆斩棘、破浪前行，核心动能是源自于始终坚持党建引领。

（一）纵合横通强化党业融合

揭阳市税务局始终坚持党对税收的全面领导，充分发挥党委"领头雁"作用，扎实开展党史学习教育，持续发挥"广东省先进基层党组织"战斗堡垒作用。组建25支党员先锋队、58个党员先锋示范岗和51支1141人疫情防控服务队，奔赴在留抵退税攻坚战、减税降费第一线、社区抗疫一线等一次次大战大考前。

（二）用心用情激发干部队伍活力

揭阳市税务局党委坚持示范带头，团结带领各个线条干部担当作为，推动深化税收征管改革、落实减税降费政策、服务"六稳""六保"大局等重大任务落地。同时，积极践行正确的选人用人导向，发挥绩效管理"抓班子"和数字人事"带队伍"作用，大力为各类型干部加强政治历练创造条件。制定年轻干部"1+3"培养计划，建立干部常态化交流轮岗机制。

（三）自我革命推动全面从严治党

一支忠诚干净担当的队伍是高质量推进税收现代化的基础。揭阳市税务局坚持"严管就是厚爱"，构建一体化综合监督体系，建立税纪"1+5"合作机制，制定特邀监督员、基层税务人员向纳税人缴费人述职述廉等一系列外部监督制度。同时，聚焦征管基础、执法行为、队伍管理、纪律作风等四方面突出问题，刀刃向内开展"1+4"突出问题综合整治。

旗帜的作用，激发蓬勃的力量，一份份有分量的党建成绩单引人注目：省级"三八红旗工作室"、广东省先进基层党组织、广东省第七届"先锋杯"工作技能大赛优秀奖、连续6年打造的"红色青春工程"作为全省税务系统唯一案例入选第二届广东基层党建创新案……

二、担当作为，持续营造法治化营商环境

法治是最好的营商环境。近年来，揭阳市税务局牢固树立法治意识和规范意识，为市场主体公平竞争提供法治化税收营商环境。2021年，揭阳纳税人满意度得分排名全省第一。

（一）严厉打击虚开骗税违法行为

对违法犯罪行为的严厉打击，就是对诚信守法者的最好保护。近年来，揭阳市税务局与公安、海关、人民银行等构建六部门打击虚开骗税工作机制，深入推进"信用+风险"为基础的动态监管机制，严厉打击"假企业""假出口""假申报"涉税违法行为。

（二）持续构建依法诚信纳税体系

"诚信、守法"是建立市场经济秩序的基石。揭阳市税务局深入落实市委、市政府关于加强社会诚信体系建设部署要求，制定《揭阳市纳税诚信体系建设相关规定指引》，推出"守信激励、失信惩戒和纳税信用修复"三张清单。

2022年3287户失信企业被列入重点监控名单，11户失信企业被列入重大税收违法失信主体"黑名单"。1—7月，通过"银税互动"项目累计为全市1240户守信企业贷款9.77亿元。2021年度A、B级纳税人分别为2748户、14582户，分别同比增长41.96%和14.06%。

创新打造"360°护航"全链条普法项目。连续两年打造"百名局长访百企""千名党员访千企业"问需问计精品项目，在揭阳日报开辟普法专栏。

"坚守诚信让鸿泰发展之路越走越宽，而A级纳税人的荣誉给我们带来了真金白银。2022年我们通过'银税互动'项目申请到了100万元贷款，大幅缓解了企业的资金压力。"揭阳市鸿泰食品有限公司负责人说道。

（三）不断深化"放管服"改革

100%的纳税申报、212项涉税事项可全程"网上办"，纳税人到厅平均办税时间和平均等候时间均位于全省前三。在全省率先上线电子税务局"云管家"，全面上线V-Tax远程办税系统，全市216个银行网点上线跨平台自助办税功能，大力推广"非接触式"办税缴费服务……

揭阳合胜丰田汽车销售服务有限公司财务人员纪女士体验了V-Tax办税平台后，感慨地说道："现在在公司就能跟税务人员面对面办税，还可以实时查看全流程业务办理情况。"

全国人大代表、揭阳海大饲料有限公司仓储班长杨明芳表示："近年来，税务部门的贴心服务和税收优惠政策'及时雨'，让我们对未来充满了信心！"

三、服务大局，助力全市经济高质量发展

与时代共进，与发展同频，揭阳市税务局充分发挥税收职能作用，统筹做好"减与收"两篇文章，2019年以来，税收收入年均增长率2.9%，为财政支出提供了有力保障。

（一）减税降费落到实处

数据显示，2019—2021 年，揭阳全市累计新增减税降费 55.39 亿元。2022 年，实施的新的组合式税费支持政策，1—7 月全市新增减税降费及退税缓税缓费超 79 亿元。其中办理增值税留抵退税款 65.57 亿元，全力帮助市场主体渡过难关。

政策落实得好不好，企业最有发言权。普宁市明算制衣有限公司负责人陈裕鸿表示："税费减免和缓缴缓解了企业资金，2022 年 100 多万元的留抵退税款在及时发放工人工资、适时低价购入原材料方面起到了关键作用。"

减的是税款，增的是信心，这"一增一减"激活了市场活力，广东丽达纺织有限公司厂长方法胜表示："我们把减下来的税款用于购置先进生产设备。相比之前，节省了 42% 的用水和 18.5% 的用电，生产效能得到有效提升，增添了企业发展动力和信心。"

（二）以税咨政谋在关键

揭阳市税务局紧扣"产业强市"关键，积极向市委、市政府建言献策，助力地方党政出台服务大项目发展的政策激励措施。近三年来，累计向各级党委政府报送调研报告 200 多篇，获得省税务局、市委、市政府领导肯定性批示 62 篇次。有效推动了重大项目、重点行业、重点企业发展，发挥了以税咨政的关键作用。

（三）倾力服务重大项目

重大项目是地方经济发展的重要支撑，近年来，揭阳市税务局持续聚焦"中石油广东石化炼化一体化项目"建设，打造全生命周期全产业链的管理服务模式。通过建立重大项目跟踪服务平台，创新打造 3D 全景台账，率先在全省解决跨区域建安业异地缴税问题，办税时间缩短到 10 分钟。

管理在升级，服务也在持续优化。揭阳市税务局持续落实大企业和重点项目首席联络员工作机制，为项目"一企一策"量身定制服务套餐，推动单笔大额留抵退税惠及广东石化炼化一体化项目。中石油广东石化公司财务部主任潘德宁表示："因项目建设周期长，前期投入大，企业资金流异常吃紧。2022 年大额留抵退税的及时到账，及时缓缴了资金压力，加速推动了项目投资建设并稳定了就业大局。"

"税动力"激发和顺"生态酿造小镇"高质量发展新动能

国家税务总局和顺县税务局 秦 智

青山之麓醋香弥漫，经过选料、蒸煮、发酵、翻醅熏淋、陈晒等工序，一粒粒精粮神奇地转化为一滴滴醇浓的老醋。1978年，阳光醋厂在有近四百年历史的"德盛昌"醋坊基础上建立了乡镇企业。2014年，山河醋业有限公司在阳光醋厂的基础上建设新厂区，自此，老醋厂获新生酿出新维度。

为进一步贯彻落实山西省委省政府关于推动专业镇高质量发展安排部署，切实把全省税务系统"镇"兴计划各项举措落到实处，和顺县税务局通过政策速推、线上速办、优惠速享等系列精细服务，持续激发和顺"生态酿造小镇"高质量发展新动能。

山河醋业有限公司所在地横岭镇紧紧围绕乡村振兴战略，以绿谷青山为生态基地，做实产业发展文章，以"一心两站三廊四区"为空间布局，依托龙头企业山河醋业，按照"龙头企业＋规模化种植基地＋专业合作社＋农户"的发展模式，积极打造"生态酿造小镇"，将乡村宜居宜业、农民富裕富足的目标变成现实。"2022年，我们将生态和顺和稀世珍'豹'相结合，设计出'表里山河 生态和顺'区域公共品牌农产品标识，积极构建以县级区域公用品牌为引领、县级公用品牌和企业品牌为支撑的母子品牌发展体系，打造中国农业品牌标杆，赋能产业价值提升，让更多优质农副产品走出和顺、叫响全国、迈向世界。"山河醋业财务负责人张永宏介绍到。2022年，山河醋业有限公司有限公司获得由中国标准化协会颁发的"标准化良好行为AAA级企业"认定，成为晋中市第一家，山西省第十家获此认证的企业。

龙头企业扎根田间地头，生态酿醋让乡亲们端起了"绿色饭碗"，吃上特色产业带来的"生态饭"。为助力企业持续健康发展，和顺县税务局深入开展"便民办税春风行动"，创新打造"顺税到家"特色服务品牌，叫响叫亮"顺心顺意 十不十行"便民服务承诺，持续深化"税银互动"，主动帮助企业用好"以信换贷"，快送政策上门、快送服务上门、快送资金上门三个"快送"让企业切实享受到"真金白金"的政策红利。"2022年以来，受到疫情影响，我们各项成本都有所增加，资金面临巨大压力时。在税务部门的精细服务下，我们应享尽享税费优惠政策，缓缴税费8万多元。同时，凭借良好的纳税信用，我们从农商行很快就贷款2700多万元，及时缓解了资金压力。"说起2022年的组合式税费支持政策和便民办税举措落实情况,张永宏如数家珍。

除此之外,和顺县税务局不断深化"春雨润苗"暖企行动,不折不扣落实落细"政笺暖心""服务省心""解难舒心""护助可心"4大类12项服务举措,做优事前咨询、事中辅导、事后提醒跟办辅导服务。"得益于税务部门推行的'全程网上办',我们现在办理涉税事项方便多了。无论是申报、开票还是领票,电子税务局简单操作一下就行了。税务网格员还为我们规范了账务,理顺了财务核算,我们的办税成本降低了很多。"山河醋业办税人员袁羽说。

习近平总书记在党的二十大报告中指出:"全面建设社会主义现代化国家,最艰巨最繁重的任务仍然在农村。"下一步,和顺县税务局将坚定不移贯彻党的二十大精神,充分发挥税务职能,坚持守正创新,坚持问题导向,坚持系统观念,持续深化标准化促规范、系统化强管理、个性化抓关键、最优化来体现"四化管理",持续建立健全税费优惠政策直达快享受机制,不断优化创新纳税服务举措,以山西税务"镇"兴计划为牵引,积极为全县各特色产业企业发展壮大助力赋能,为乡村振兴事业贡献更大力量。

一台"老算盘"敲出西凤减税账

国家税务总局宝鸡市凤翔区税务局

　　一上一、二上二、三下五去二、四下五去一……走进陕西西凤酒股份有限公司财务部，此起彼伏的键盘敲击声中夹杂着噼里啪啦的算盘拨转声，熟悉的人都知道，这是财务老韩在向新来的年轻财务人员们传授自己的"算盘独门秘诀"。老韩全名韩敏哲，是西凤集团财务部门的老会计，他总是带着一个发旧的公文包、一支老式钢笔与他的"老算盘"往返于集团与税务局之间。提起近年来税收事业迎来的的新变化，作为老财务的他，内心感触颇深。

一、"两头跑"到"一窗办"，便民办税可赞可叹

　　近年来，随着我国经济实力与综合国力实现跨越式发展，税务部门顺利实现了从国地税合作稳步推进到国地税合并，征管体制改革、深化减税降费、推进依法治税、优化纳税服务等税务领域的重大变革给老一辈财务人的日常工作带来了极大便利。

　　"与税务局打了30多年的交道，以前两头跑，现在一窗办，缩短的是办税时间与办理流程，拉近的是企业与税务部门的心！"在提起近年来的各项税收征管体制改革时，老韩说最触动他的是2018年国地税合并后带来的办税缴费便利化服务。近年来，随着金税系统、电子税务局、自助办税机的普及，税务部门在科学化利用大数据云平台、发票电子底账和电子签章等技术的基础上，不断扩宽了"最多跑一次""一次不用跑"的便利化办税缴费新渠道，使传统的办税缴费方式迎来了新变革，真正实现了"让数据多跑路、群众少跑腿"。

二、"减免税"与"少缴费"，优惠数据可圈可点

　　西凤酒历史悠久，积淀深厚，唐贞观年间就有"开坛香十里，隔壁醉三家"的美誉，历经三千多年的发展，在1933年2月被正式命名为西凤酒，并在1952年首届全国评酒会上与茅台、汾酒、泸州老窖一起荣获首届国家级名酒称号，称"四大名酒"。凤翔区作为凤香型白酒的发源地，白酒行业在　全区经济中占据着重要的支柱性地位。目前全区共有29户白酒注册企业，其中23户持续稳定实现税收收入。自2018年国地税征管体制改革以来，该区白酒行业税收占全区税收收入比重高达58%左右，以西凤酒为代表的各类白酒企业的生产与销售，在增加凤翔区税收收入方面做出了突出贡献。

　　近年来受新冠肺炎疫情影响，凤翔区白酒产销企业产能释放明显不足，均在不同程度上出

现了销售额下降、现金流减少的情况,其供应链和销售地域也受到了较大影响。为充分了解疫情后企业复工复产实际状况,凤翔区税务局针对全区白酒行业涉及税种多、业务复杂的纳税实际,区局局领导多次带领业务骨干召开白酒企业财务人员减税降费最新政策专题培训会,讲解减税降费新政、发放《政策速递》资料和联系卡。在税务人员的精心指导下,2021年度西凤酒股份有限公司及时享受了研发费用加计扣除政策优惠860.5万元,这笔资金极大的缓解了企业财务困境、促进了产业良性循环,真正以基层税务部门的实际行动实现了学习党史守初心、便民办税解难题。

三、"税力量"助"稳转型",西凤腾飞可喜可贺

西凤酒股份有限公司财务总监张凡在接受宝鸡电视台采访时表示:"西凤基酒储存EPC总承包项目是我们集团近年的重点建设项目,'税务管家'服务让项目建设一下子有了底气,区税务局全程跟进项目,主动上门进行税收政策辅导,感觉非常暖心。这让我们对搞好项目建设更有动力,对振兴凤香型白酒产业,让陕西名酒飘香四海更有信心!"

据悉,近年来西凤集团大力实施技改提升项目,投资了22亿元建设宝鸡优质凤香型基酒储存项目,该项目占地面积约355亩,2022年9月建成投产后,将实现智能酿造,新增优质凤香型基酒3万吨、新增储能3万方、制曲产能达到3万吨,将有效缓解西凤酒优质基酒产能不足问题,推动凤翔区域经济高质量发展驶入快车道。在了解到这一情况后,凤翔区税务局以推行"税务管家"服务制度为契机,按照"服务超前、全程贴身、精准到位"的基本原则,选派了23名业务骨干创新成立了"专业+专管"式的AB岗管家服务团队,对该项目从开工、施工到竣工、经营等方面提供了10余次一对一、个性化、全过程的政策辅导、申报税款、发票办理及涉税难题解答等贴身服务,确保了重点项目管家服务精准及时、高效快捷。

"今后我们将按照既定的工作部署,出实招、出硬招,在精准辅导、疏通堵点、优化服务等方面持续用力,拿出服务上的'真情实意',政策上'真金白银'的,以更大力度、更惠政策、更优服务,助力凤翔的白酒企业走向更加广阔的舞台,为西凤集团跨入百亿、实现股份上市、进入名酒第一阵营贡献税务力量!"凤翔区局党委书记、局长温沙表示。

落实留抵退税政策　服务税收现代化

国家税务总局平罗县税务局

2022年以来，中共中央、国务院做出实施大规模增值税留抵退税政策的重大决策部署。该政策自4月1日实施以来，国家税务总局平罗县税务局强化宣传、审核、退库、风险排查力度，深入贯彻落实党中央、国务院关于实施更大规模增值税留抵退税的决策部署，稳妥有序统筹安排留抵退税工作落实落细，更好统筹加快退税进度与加强风险防范工作，充分发挥各工作组的职能作用，积极采取多项措施严格保障户数清、底子明、审核准；退得快、退得稳、退的准，截至10月31日，共为742户次企业办理增值税留抵退税6.12亿元。

一、聚焦政策落实，持续性优化措施

2022年以来，为有效提升增值税留抵退税政策宣传辅导精准度，在总局对大、中、小、微企业进行系统标识的基础上，平罗县税务局依托税收大数据平台"身份标签库"对符合退税条件的纳税人行业认定和企业划型标识进行全面整理，利用一户式2.0系统，对照可退税企业名单，逐户查找纳税人存在的风险点，综合研判风险情况，剔除存在风险的退税企业，再通过短信等形式掌握纳税人退税意愿，梳理形成"一册三表"，进一步将可退税资源摸准、摸清、摸实。对符合留抵退税条件的企业进行了精细筛选，梳理出企业清单开展"一对一""点对点"跟进式宣传辅导，为企业精准推送税收优惠政策，让当地企业感受到疫情"倒春寒"中的税务温暖。平罗县税务局还通过验证纳税人留抵税额数据，掌握每户企业留抵税额情况，对每月需要退付的资金规模进行科学合理计算，提前做好预判，及时将相关信息传递给财政、人行等部门，确保退付及时。

二、全面精准辅导，政策推送全覆盖

新的组合式税费支持政策发布后，平罗县税务局及时梳理税费政策，搜集整理纳税人反映的热点、疑点、难点问题，以青年学堂、座谈研讨等形式，聚焦政策要点、办理流程、风险防控等内容开展学习培训，确保一线税务人员吃深、吃透、吃准政策规定。通过主动"走出去"和真诚"请进来"的方式，真诚欢迎社会监督，主动听取意见建议，扎实开展"一把手"走流程活动，邀请"两代表、一委员"化身"办税体验师"，亲身体验退税流程，现场征集意见建议，切实打通政策落实堵点难点。持续通过大数据平台和金三系统申报数据进行监控比对和分析，对政策执行期间应享未享的纳税人有针对性地进行报表填报、申报系统操作等点对点辅导，解决部分纳税人因知识和操作短板导致的"应享未享"。

三、推行智慧办税，留抵退税更高效

实行留抵退税"确认制"，充分发挥税收大数据分析优势，在取得相关企业授权的基础上，将本该由申请人计算填报的条件和数额，由税务机关从税收征管系统同进行数据提取和分析，通过电子税务局主动为符合条件的纳税人推送退税数据，纳税人仅需在电子税务局中税务机关提取的数据信息"一键确认"，即可完成退税，实现了留抵退税由"纳税人自助判断、自行申请"到"税务机关主动提醒、税企数据相互印证"的转变，极大地减轻了企业核算压力，提高了纳税人享受政策红利的充分性、及时性和便利度。

为降低纳税人办税成本，安排大厅专人进行清单式办理，由"申请退"变为"主动退"，对增值税留抵退税纳税人逐户辅导在电子税务局进行流程退税，确保退税减税政策落地落细落实。对照减税退税台账，分户到局、分户到人，紧盯"时间表"和"责任单"，确保任务到位、责任到位、监督到位，助推减税退税政策落地落细。

四、发扬严实作风，防范退税风险

事前预审，提高政策执行的准确性。为了排除退税风险，提高政策执行准确性，充分运用"系统＋人工"的识别方式在为企业办理留抵税款前主动进行资料审核、留抵确认、风险排查，对于提示有风险的及时组织团队业务骨干进行核查，进行风险应对，确保留抵退税款受理准确。

事中审核，落实政策执行的严格要求。为织牢留抵退税防护网，严把退税审核关，充分保障各岗位组的人员能够审得稳、审得快、审的准。在操作指引出台之后，及时对相关人员开展留抵退税审核指引培训，并先后参加总局、区局视频培训会议，并安排业务骨干参加区局留抵退税审核师资培训班，进一步明晰留抵退税审核要点及风控重点，将总局《增值税留抵退税审核操作指引（1.0版）》下发各分局，指导各分局按照规定流程及要求开展审核，进一步压实责任，对大厅受理岗以及分局审核岗人员进行政策精准辅导，确保能够准确判断纳税人是否满足政策规定条件。充分运用一户式2.0系统，利用"票＋表＋簿"对企业票的流向、申报表的情况、账簿的记录及时进行分析，做到严格审核。

事后复核，双向把控、严防涉税风险。在严格加强受理审核的同时，对已申请退税的企业，按照一定比例开展抽查，利用"严格核查＋及时抽查"的工作方式，切实做到退库准确。在复核中存在问题的，及时进行风险应对，税源管理部门与风险防控部门双向发力，形成"案头分析＋实地核查"的工作机制，对企业的异常情况进行分析应对。

在"事前预审+事中审核+事后复核"风控机制的基础上,增添"受理—初审—复审—核准—抽审"梯级把关模式和"单人+团队"梯级双审模式两套留抵退税"安全阀门",结合上级下发的疑点数据信息,综合运用税务登记、增值税发票、纳税申报、纳税信用、风险分析应对、稽查处理数据、金税三期决策二包留抵退税风险清册模块、"一户式2.0"系统数据赋能模块,查询企业涉税信息和上下游发票流向,及时排查留抵退税可能出现的风险点并逐一核实,并定期对已办业务按比例进行抽查,对高风险企业合理提高抽查数量,发现疑点即刻处置,形成各有侧重、互为补充、高效推进的审核机制,切实防范通过虚增进项、隐瞒收入等手段骗取留抵退税的行为。

多措并举谋扩销　助企护企促发展

国家税务总局齐齐哈尔市碾子山区税务局

齐齐哈尔市碾子山区税务局始终以"我为纳税人缴费人办实事"为出发点，结合便民办税春风行动，主动深入包联企业——黑龙江九美饮品集团旗下的强能酒业，就其目前的生产条件和经营状况展开调研，并发挥税务部门职能，为促进企业发展、涵养税源出谋划策。

近日，碾子山区税务局相关领导带领工作人员深入强能酒业走访调研，为企业"问诊把脉"，就其存在的问题、遇到的困难，进行有针对性的、深入细致的帮扶。在走访过程中了解到，强能酒业近期推出了一款新研发的高端酒类产品，成分上乘，品质优良。但该企业在新产品的销售上遇到瓶颈，需要尽快打开销售渠道，提高产品的市场占有率。

针对以上问题，税务局即刻梳理出该企业适用的税费优惠政策，并向企业负责人作了细致的讲解和辅导，确保其应知尽知、应享尽享。同时，与黑龙江省企业家联合会取得联系，推荐强能酒业加入省企联会员单位并得到许可，还得知该企业可入驻其线上平台进行产品推广。通过沟通，省企联拟定由强能酒业承办其相关会议，届时强能酒业可凭借这一平台召开品酒推介会，打开产品知名度，带动提高产品销量。此外，税务局还建议强能酒业与本地的各大旅行社构建起协同共赢的桥梁，在帮助旅行社以特色产品吸引游客的同时，强能酒业亦能通过游客这一媒介向外打开销售市场。

企业是市场的主体，企业发展得越好，市场才能越有活力。下一步，碾子山区税务局将继续全心全意为企业纾困解难，尽力当好"服务者"，助推企业迈向新台阶，以税务力量服务地方经济发展，持续优化税收营商环境。

云端服务有温度　助企纾困解难题

国家税务总局石河子税务局　江雪莲

为统筹做好疫情防控和办税缴费服务工作，石河子税务局充分借助线上云端平台，靠前服务，主动问需，为企业纾困解难。

一、政策找人，"点对点"精准宣传

"18.76万元的增值税留抵退税款真是一场'及时雨'，缓解了企业的资金压力。"新疆喀尔万食品科技有限公司财务人员雒新建说。

从国家出台"好政策"，到服务企业"知政策"，再到帮助企业"享受政策"，石河子税务局以政策宣传和精准辅导为着力点，充分发挥网络沟通的桥梁作用，实现政策找人、服务上门，确保企业应享尽享、直达快享税收优惠政策红利。

"居家办公期间，多亏税务部门'一对一'线上宣传退税政策，及时告知我们符合退税政策条件，远程辅导我们在电子税务局进行操作，操作手册和指引都能在'新疆税务'微信公众号等平台上自助查询，真是太方便了！"在谈及办税体验时，雒新建高兴地说。

二、靠前服务，"屏对屏"精心辅导

"感谢你们通过线上远程辅导，帮助我们及时完成纳税申报，我悬着的心总算放下了，为你们贴心、专业、高效的服务点赞！"新疆生产建设兵团石油有限公司第八师石河子市分公司办税人员裴小娟说。

税务干部接听到企业的咨询电话后，得知该企业在纳税申报环节存在困难，立即安排业务骨干与企业办税人员"点对点"沟通，以微信视频通话的方式，帮助该企业顺利完成纳税申报。

石河子税务局积极整合优化办税资源，选派业务骨干组建"远程帮办"团队、党员先锋队、青年突击队，配足配齐配强团队服务人员，做好电话咨询解答、视频在线辅导以及电子税务局等线上办税缴费渠道远程受理服务，积极引导纳税人缴费人实现"网上办""掌中办"，持续推进"非接触式"办税缴费提质增效。

三、主动问需，"心贴心"精细服务

"我们是一家涉税中介机构，办理的涉税业务种类多、业务量大，对一些不常见的业务有时候需要花费时间去学习。"石河子市省鑫财税咨询服务有限公司业务负责人王润说道,"税务部门下发的电子税务局基本操作二维码汇总解决了这一问题,省时省力,非常方便!"

为解决纳税人缴费人"急难愁盼"问题,石河子税务局主动问需求,用心解难题,携手辖区内涉税中介机构、第三方服务公司建立直连通道,充分发挥涉税中介机构桥梁纽带作用,收集纳税人潜在需求和办税痛点、难点、堵点,归纳总结纳税人共性需求,制作并下发电子税务局基本操作二维码汇总等宣传资料,加强各部门业务对接、协同处理,针对个性化诉求,快速响应,提供个性化解决方案,推动税费服务工作的精细化建设。

下一步,石河子税务局将继续以提升纳税人获得感、满意度为目标,落实落细税费优惠政策,创新服务举措,提高纳税服务质效,切实为纳税人缴费人提供优质、便捷的办税缴费服务。

扛牢压实主体责任 纵合横通凝聚合力
不断开创漾濞税务党建工作新局面

国家税务总局漾濞彝族自治县税务局

近年来，漾濞县税务局以党的政治建设为统领，依托"纵合横通强党建"机制，纵向上推动形成与上级和地方抓党建的两个合力，横向上推动党建与业务、廉政、人事、执法等方面的融合贯通，全面提升党建质量，推动税收事业发展和队伍建设取得积极成效，为促进漾濞县经济社会高质量发展贡献了坚实的税务力量。

一、健全"纵"向驱动，推动建立齐抓共管工作格局

拧紧总开关，推动理论学习"常态化"。漾濞税务始终坚持以习近平新时代中国特色社会主义思想为指导，把学习贯彻习近平新时代中国特色社会主义思想列为党委会议"第一议题"、党委理论学习中心组学习和各类干部教育培训"第一主题"、青年理论学习"第一任务"。树牢税务机关首先是政治机关的意识，自觉对标习近平总书记重要指示批示精神和党中央要求，引领广大党员干部忠诚拥护"两个确立"，走好践行"两个维护"的"第一方阵"。坚持上下联动，推动主体责任"实效化"。综合运用税务党建云平台、数字人事绩效考核、抓党建述职评议等手段，压实各支部书记管党治党责任；开展纪律作风专项整治、"严管就是厚爱"等警示教育活动，以"六位一体"推进纪检监察体制改革试点和一体化综合监督体系建设，强化政治监督。持之以恒纠"四风"、树新风，涵养良好政治生态。漾濞税务党风廉政建设工作连续3年被县委考核为"优秀"等次。坚持点面结合，推动党建工作"品牌化"。认真践行"抓好党务、干好税务、带好队伍"工作思路，紧密结合漾濞县高质量可持续发展目标，用好"四点三线两面一色——4321"党建工作法，夯实"纵合横通强党建"与"深化融合促发展"带动并进，全力打造"红耀苍漾 税心融'核'"特色党建品牌，全面提升党建基础、党建质量、党建水平，促进党建与税收业务的深度融合，让党旗在核桃之乡高高飘扬。

二、推动"合"字发力，形成融合共促新发展局面

突出党建与业务融合，在同频共振中提质增效。以党建与税收业务深度融合为抓手，围绕

中心服务大局，形成以"党建引领、效率优先"为核心的纳税服务品牌。成立"管理员＋党员"服务小组、税收辅导"智囊团队"和"彝语税收服务团队"，坚持让党旗飘扬在服务优化营商环境工作一线，设置了15个党员先锋岗，5个党员责任区，3个党员志愿服务队。通过充分调动党员积极性，将各项税费优惠政策，以最快速度、最高效率直达市场主体，以服务好地方经济工作的成果成效擦亮党建工作品牌。加强工作统筹，在同向互促中凝心聚力。深学细悟习近平总书记关于税收工作的重要论述，在守正创新中深化"党建+N"，以组建临时党支部、党员先锋队、青年突击队等形式专项推动急难险重工作，引领党员亮身份、做表率。连续9年开展"便民办税春风行动"，不断优化"一部手机办税费"等"智慧办税"建设，推出5大类20项121条便民办税举措，实现256个涉税事项"全程网上办"。深化资源整合，在同行共进中奋楫争先。抓好阵地资源共建共享，与县委组织部、县委宣传部、县纪委监委共建漾濞县党群服务中心、漾濞县新时代文明实践中心和漾濞县级廉政警示教育基地，形成"税务集成、开放融合、共建共享"的"3+N"红色阵地示范带，推动形成"党建活动蓬勃开展、文明实践蔚然成风、廉政教育深入人心"的互融共建新氛围。

三、加强"横"向协同，下好双重管理"一盘棋"

在接受地方党委领导中担当善为。积极探索条线与属地深度融合路径，自觉接受地方党委领导、指导和监督。常态化开展"我为群众办实事"实践活动，党员参与社区"双报到双服务双报告"268人次，累计时长1617小时。派出驻村队员3人，与挂钩村太平乡箐口村44户341人受灾户民房恢复重建结对帮扶。在争取各方支持中主动作为。县局党委定期向县委、县政府主要领导汇报，争取支持。县委领导多次到单位进行调研、指导。县局机关党委加强同县委组织部、县直工委、县委宣传部、县纪委的联系与沟通。各支部认真落实县局党委、机关党委的工作部署，出色完成党建工作任务。在服务地方发展中积极有为。秉持"跳出税务看税务""打开门来促学习"发展理念，自觉融入地方经济社会发展大局，发挥税务部门服务地方经济发展、服务企业的职能作用，点对点为新办企业提供第一时间的税收服务，为全县招商引资工作蓄能添力。持续落实好新的组合式税费支持政策，不断激发市场活力，帮助企业纾困解难。自觉对标漾濞县高质量可持续发展目标，对核桃旅游产业开展经济税收运行常态化分析，形成多篇经济数据分析报告，为地方党政部门提供决策参考。

四、形成"通"篇布局，在"带好队伍"上聚能添力

夯实组织筑堡垒。把党支部建在股室上，税收工作由支部书记带领支部抓好落实，充分发挥支部在税收工作中的政治引领、督促落实、攻坚克难作用。按照"组织生活正常化、党员教育经常化、支部学习制度化"要求，借助党课大讲堂、党员学习日、主题党日等灵活多样的活

动形式，强化党员理想信念和党性意识教育，确保每名党员思想过硬、政治坚定。创先争优激活力。深化党建带群建乘积效应，依托工会、妇联等群团组织，选树先进典型，弘扬主旋律、传播正能量，不断激发干部活力。在荣誉争创方面，县局连续保留"省级文明单位"称号，机关支部获"大理州先进基层党组织"和"全州税务系统先进基层党组织"称号，县局工会获"大理州工会工作先进集体"称号，县局团支部获大理州"五四红旗团支部"称号，第一税务分局（办税服务厅）保留州级"巾帼文明岗"称号。抓好党员树先锋。坚持以人为本价值理念，努力培育一支政治素养硬、业务本领强的干部队伍，充分营造干事创业良好氛围。按照新形势下加强党的建设新要求，设立机关党委和机关纪委，配强配齐专职党务干部，选优配强支部班子。

"春雨润苗"专项行动
助力小微市场主体稳健发展

国家税务总局苏尼特右旗税务局　白红光　吴 乐

国家税务总局苏尼特右旗税务局连续两年联合旗工商联开展助力小微市场主体"春雨润苗"专项行动。专项行动共推出"政策暖心""服务省心""解难舒心""护助可心"4大类主题活动，贯穿12项服务措施，呵护小微市场主体稳健发展。

一、"政策暖心"做到"惠苗有知"

优惠政策精细滴灌直达快享。积极辅导纳税人应用电子税务局税费优惠政策精准推送业务功能，联合市工商联根据小微市场主体需求打造组合政策"套餐"，定期召开税费服务座谈会，运用纳税人学堂拓展宣讲渠道，做好退税减税降费红利账单推送，帮助小微市场主体固根本、增信心。

二、"服务省心"做到"助苗有感"

便利办税缴费举措快办优办。持续落实办理流程优化、信息资料预填免填、不断拓展"非接触式"办税缴费服务等服务举措，提升小微市场主体税费优惠政策享受的便利度。邀请旗人大代表、政协委员等开展"走流程、听建议"活动，认真听取了人大代表和政协委员的意见建议，将收集的意见建议转化为改进工作的切实举措，通过提升服务的便利性实现赋能助力发展的实效性。

三、"解难舒心"做到"扶苗有效"

问题诉求快速响应助企纾困。建立健全"意见建议收集整理台账制、问题响应限期办理制、响应结果闭环管理制"三项制度，广泛收集纳税人意见建议并确保"件件有回复、回复必及时"。运用数据赋能风险提示强化小微市场主体涉税风险提示预警，帮助小微市场主体做好风险事前防控。通过提升惠企针对性、实效性，切实为小微企业疏堵解难。

四、"护助可心"做到"护苗有力"

常态走访跟踪成长护航发展。构建网格化服务团队，依托网格员对重点行业开展精准辅导，打造常态化、长效化、精细化服务，通过提升企业健康值和成长值，为小微市场主体持续健康发展保驾护航。常态化开展党委委员包联走访，实施"一户一策"服务，了解企业涉税诉求，化解企业所急所忧。

2022年专项行动开展以来，苏尼特右旗税务局梳理制作多媒体税宣产品12个，依托征纳沟通平台开展精准推送1953户次，围绕落实税费支持政策和小微市场主体关心的热点问题开展针对性在线宣讲3次，参与人次800人次，组织小微市场主体积极参与办税缴费流程优化体验活动4人次，实施"一户一策"服务548户次。

砥砺奋起新征程　绘就壮美新画卷
——富裕县税务局打造清新税收营商环境为党的二十大献礼

国家税务总局富裕县税务局

服务好纳税人是最好的营商环境。近年来，黑龙江省富裕县税务部门充分发挥职能作用，主动夯基础、谋创新，搭平台、优服务，强管理、提效能，持续优化税收营商环境，让纳税人缴费人见证着税收的"力度"，感受着服务的"温度"，市场主体行稳致远。

一、智慧办税缴费理念，让办税方式华丽转身

办税体验好不好，是营商环境优不优的"试金石"。富裕县税务部门积极转换服务方式，大力依托电子税务局、龙江税务APP、个人所得税APP、微信公众号、自助办税终端等"非接触式"办税缴费服务通道，采用"网上办""邮寄办""预约办""延期办""容缺办"等有效措施，确保纳税人足不出户即可安全、高效、便捷地完成各项涉税事项办理，实现90%以上涉税事项一次办结，99%的纳税申报均可网上办理，社保缴费网上办、掌上办业务量占比超过85%。

二、用心把好服务"三关"，为市场主体注入"强心剂"

实施组合式税费政策，是最直接、最有效、最公平的惠企措施，是激发市场主体活力、提振企业发展信心的"强心剂"。把好政策"执行关"，针对不同行业、不同阶段为企业量身定制"政策包"，形成"分门别类、直击需求、及时有效"的政策服务模式，实现税费政策分级分类定点对接、精准推送。把好大项目"落地关"，为大项目落地、建设提供全程跟踪服务，贡献高"含金量"的"税务智慧"。把好网格化服务"对接关"，线上线下同步送政策、送服务、问需求、解难题，确保政策红利直达快享，让重点大项目以外的更多市场主体得实惠。

三、优化税费服务举措，为企业发展注入"润滑剂"

围绕广大纳税人缴费人"急难愁盼"问题，聚焦主题扎实开展"便民办税春风行动"，推出一批符合市场主体需求的服务举措，为市场主体经营减少梗阻、不断为增进便利提供有效的"润滑"。压缩业务办理时间，简化税务注销办理程序，通过部门间信息共享，实现"一网通办、一套资料、一次申请、及时办结"；设立"简事快办"窗口，简单业务专窗办、即来即办、

即办即走，简事快办业务平均等待时间较一般业务压缩20%；开展"春雨润苗"专项行动，"点对点"助力小微企业，常态化精准推送各类服务举措，惠及各类纳税人缴费人，政务服务"好差评"非常满意率达98%。

四、"走出去""请进来"，问计问需助发展提速

2022年是党的二十大召开之年，是"十四五"规划承上启下之年，是进一步深化税收征管改革的攻坚之年。富裕县税务部门用心倾听"税声"，持续开展"走出去""请进来"活动，向县委县政府领导、企业界代表、纳税人代表广泛听取意见建议。定期向社会各界主动汇报富裕税务部门在落实落细减税降费、深化税收征管改革、优化税收营商环境等方面举措及成效，为企业算好减税降费账，谋好高质量发展之策，有效提升社会各界对税收工作的知情度、参与度、满意度。

五、健全税务监管体系，打造法制化营商环境

加强税收监管，促进市场环境"净化"和市场主体规范发展。坚持无事不扰，不搞大面积、撒网式税务检查，通过建立健全以"信用＋风险"为基础的新型动态监管机制，实施精准监管。创新推出执法"温馨提示"服务，针对不同类型的纳税人缴费人，量身定制涉税疑点、风险问题温馨提示。探索推行柔性化执法，落实税务行政处罚"首违不罚"清单，坚决避免粗放式、"一刀切"执法，让税收执法既有力度又有温度，做到宽严相济、法理相融。

富裕县税务部门负责人表示，下一步，将以进一步深化税收征管改革、优化税收营商环境为契机，加快创新服务举措，持续拓展智慧办税功能，更好服务市场主体发展。

"十大举措"春风送暖
领跑"智慧服务"快速路
——濂溪区税务局精细化服务助力税收营商环境持续优化

国家税务总局九江市濂溪区税务局

2022年以来,濂溪区税务局积极响应省委、省政府"一号改革"工作的号召,贯彻落实省、市局关于优化营商环境的工作部署,打造"濂风税韵"品牌,在圆满完成市局工作要求的同时,打通线上线下服务链条,打造纳税服务"新亮点"。

一、"十分钟税费服务圈"畅享"一站式"模式

我局以税务大数据为驱动,不断创新办税服务方式,深化智慧税务建设,打造濂溪特色"十分钟税费服务圈"。通过对税费服务需求和路程距离的合理分析和规划,在原有的办税服务厅和邮政代开点的基础上,利用税源管理分局的办公场所和区政府的党群服务中心、鄱阳湖生态科技城管委会等现有办公条件,打造"1+2+3+3+N"的濂溪特色"十分钟"税费服务圈。"1+2+3+3+N"的濂溪特色"十分钟"税费服务圈代表1个办税服务主厅,2个"24小时"自助办税点,3个办税服务点,3个邮政代开点,N个可扩容合作办税点,辖区内纳税人就近就能办理绝大多数涉税业务,真正实现纳税人自助办税、随时办税、便捷办税。

二、"非接触式办税"确保"不掉线"服务

近年来,我局按照"尽可能网上办"的原则,充分运用信息技术手段和税收大数据,大力推行"非接触式"办税缴费服务。2022年,我局在非接触式办理率和非接触式纸质发票申领率两项指标中,非接触式办理量、非接触式纸质发票申领量和综合成绩均位于全市首位,极大地节约了纳税人、缴费人办税时间,降低了办理成本。

三、"远程问办协同"开启"云响应"体验

我局作为"问办协同"项目的试点单位,成立纳税服务运营中心,通过整合服务资源、优化服务流程,打造云端集约团队服务。以远程视频连线为托底,实现资料报送、实名认证、业务办理线上完成,打造全部业务"不见面"线上办理,实现纳税人疑难"电话答"、涉税事项"来

电办",不断提升纳税人缴费人的满意度和获得感。

四、"精简办税流程"弘扬"店小二"精神

我局按照"五员"改革设立审核审批组并进驻办税服务厅,建立减税退税工作运行机制,畅通了退税减税各部门、各环节的工作流程,确保部门间数据共享、完善审核审批手续,加快退税资料在各部门以及各单位间的流转速度,实现84项流转事项即申请即审核,大幅压缩纳税人获取发票等涉税业务办理时间,保证退税、减税审核审批工作的速度和质量。

五、"医社保缴费下沉"提供"零距离"便利

为确保老百姓权益得到保障,方便老百姓缴纳社保费,我局利用医社保部门派设的村组服务人员,展开医社保缴费培训,对濂溪区110个村组的300余名政务工作者开展集中辅导,并发放相关宣传资料,让所有人都可以足不出户手机缴费,节省办理时间。我局税务窗口正式在全省率先推出"医社保退费一件事",后续还会在征期开始和结束时进行短信提醒,最大程度给百姓提供便利,彰显税务温度。

六、"云上服务热线"架起税企"连心桥"

我局与中国电信九江分公司联合开展纳税人意见建议电话征询活动,利用电信公司开发的云智呼系统,对辖区内纳税人、缴费人进行全覆盖意见收集,建立有效的税企沟通。并采用后台自动采集技术,智能分析纳税缴费需求,为下一步纳税服务工作提供"智力"支持,该做法获得市局领导的表扬。截至目前共拨打电话44037个,收集意见3类103条,现已在区局党委的带领下,逐户深入调研并解决落实,9月2日已完成103条意见建议的落实改进。

七、"紧密税企连接"推进"面对面"沟通

我局充分利用纳税人学堂、税企交流群、电话访问、集中走访、座谈会等形式开展税企互动,紧密税企连接。2022年以来,共开展税企座谈会6次,大走访活动4次,电话访谈活动1次,涉及纳税人、缴费人共近8万人次,收集问题困难44个,意见建议4大类158条,均已全部妥善解决。并持续关注企业减税降费、留抵退税、"六税两费"减征等新的组合式税费支持政策享受情况,确保企业税收优惠政策应享尽享。

八、"强化宣传辅导"奏好服务"最强音"

为更好、更快地将国家退税"大礼包"及时送达纳税人手中,我局在宣传上持续"加力"。2022年向全区纳税人发放印制发放3万份"政策口袋书";创新型推出原创英文版纳税证明开具小视频;每月定期拍摄"税问我答"税务热点视频,并多次开展税法进校园、进军营、走访等活动,自主组稿媒体宣传,围绕税收工作发表各类稿件50多篇,全力高效的提升纳服工作,

打造纳税服务新名片。

九、"更正操作视频"开启所得税"绿通道"

我局针对企业所得税更正申报分行业类型对企业开展专项辅导，协助企业财务人员对企业所得税相关填报口径进行明确和自查。并且制作了通俗易懂的更正申报操作视频，全面推送给企业财务人员，实现即发现即申报即办结的模式。使纳税人一看就懂、一学就会，真正做到"线上快走路，线下少跑腿"，演示视频一经推出，便受到纳税人的欢迎和广泛转发。

十、"红利账单推送"助企算好"收益帐"

根据企业的优惠政策享受情况，系统自动生成个性化定制的红利账单，通过电子税务局精准至纳税人端，保障了纳税人税收优惠的享受度，实现应享尽享，增强纳税人获得感。我局作为全省仅有的两家试点单位之一，已有3000余户试点纳税人收到并查阅了红利账单。让纳税人精准、快速、详细了解税惠红利，以税收大数据的"有数"让纳税人更加"有感"。

永不凋谢的木棉花

国家税务总局漳州市长泰区税务局

2022年4月5日，国家税务总局漳州市长泰区税务局干部连煜轩完成了人生最后一次"大考"，他的生命永远定格在了这一天。身患绝症的他，面对死神坦然交待了自己的"身后事"，叮嘱妻子替自己向党组织交上最后一笔党费。这位普通税务党员，在生命的最后一刻，仍保持着自己"忠诚干净担当"的品格。

4月，漳州的木棉花开得正盛。一树树躯干壮硕、花色如血的"英雄花"，让熟悉连煜轩的人更加动容……

一、特殊党费映初心

"戴书记，这是煜轩生前最后一个月的工资，他在弥留之际叮嘱我，一定要亲手将这笔钱交给党组织，替他最后一次履行共产党员的义务。"连煜轩去世后，妻子李淑贞来到漳州市长泰区税务局，将6214元党费交给了机关党委专职副书记戴劲松。

连煜轩生前系漳州市长泰区税务局社会保险费和非税收入股副股长、四级主办，去世时年仅43岁。税龄20年、党龄17年的他，始终牢记共产党员的初心使命，无论身处哪个岗位，都能严格要求自己，积极发挥党员先锋模范带头作用，并且多次荣获"优秀公务员""优秀共产党员"荣誉，被漳州市税务局记三等功一次。

2022年3月11日，坦然面对"辞世之日已在眼前"的连煜轩，发了一条"心中仍有些许牵挂"的微信朋友圈，其中写道："祖国尚未完成全面复兴，愿以本人最后一个月工资作为特殊党费上缴给党，祝福祖国在党的领导下越来越好。"

戴劲松说，因为生病，高额的诊治费用让连煜轩的家庭负担较重，但他仍坚持上缴人生最后一笔党费，实现了"一生跟党走"的夙愿。

"在生命的最后时刻，连煜轩以这种特别的举动，表达他对党的忠诚和热爱，这是一种精神、一种信念，令人敬仰。"国家税务总局漳州市税务局党委书记、局长李东说。

二、改革大考显担当

作为一名共产党员，连煜轩在本职工作中始终勤勤恳恳、兢兢业业，用日复一日的笃行与坚守，把对党的感恩之情化为实际行动。

2001年12月，连煜轩考入泉州市德化县地税局雷峰分局，担任税收管理员。此后，他在税管员岗位上一干就是10个年头，直到2012年9月调入税政部门，从此与社保非税工作结下不解之缘。

无论在哪个岗位，连煜轩都是干一行爱一行、干一行钻一行。自从事社保非税工作后，他很快成为精通税费业务和税费软件应用的复合型人才，并在各项改革大考中冲锋在前。

2019年1月1日，机关事业单位基本养老保险等划转税务部门征收。自2018年11月起，连煜轩就被抽调到漳州市税务局划转专班工作。短短3个月时间，以他为主的工作专班挑起了全市社保数据清理、业务骨干培训、省里软件测试等多项繁重的工作。

2019年初，城乡居民养老保险划转税务部门征收后，新旧缴费系统处于磨合期，缴费人缴不了养老保险的投诉时有发生。连煜轩很快找到了问题的症结。原来，社保部门与税务部门间参保数据传递出现了误差，部分缴费人账户也存在存入金额不足或银行账号不符等问题。连煜轩就像一个"排爆能手"，加班加点配合运维人员排查，不厌其烦地与社保部门协调沟通，第一时间解决了合作银行批量扣款等技术难题。

针对缴费渠道改变、群众缴费意愿不高等困难，连煜轩还主动联合农村信用社通过短信点对点精准催缴，上门宣传缴费政策。自由职业者叶复苏一直对参保是否"划算"拿不定主意。"幸亏小连及时提醒，给我讲解，不然像我这样的小生意人，不缴社保到老了还要向子女伸手。"他感慨地说。

在连煜轩和同事们努力下，当年长泰区缴费率居全市前列，其经验获全市推广。

三、本色人生有力量

采访中，许多人向记者提及，连煜轩平时为人谦和、淡泊名利，是一个纯粹厚道、坚忍重情的人。即使面对绝症侵袭，他也保持着坚强豁达的心态，并在身体允许的情况下，坚持工作。

2019年7月，社保费划转工作刚刚步入正轨，连煜轩却被确诊为胰腺癌中晚期。经过手术和一段时间化疗后，2020年3月，他又回到岗位，继续坚持工作了一年，直到再度入院。

刚返回工作岗位时，正赶上新冠肺炎疫情暴发，为确保自由职业人群等不脱保、不漏保，连煜轩紧盯参保人员增减数据传输不及时、缴费入库数据传输不到位、申报系统运行不畅等烦心事，积极帮助缴费人协调解决问题、提供远程咨询服务。

"有时碰到业务难题，还是一个电话打过去。其实当时他在医院化疗，但他总能给我们满意的答复。"如今提起来，长泰区城乡居民养老保险中心干部阮明剑还有点过意不去。

许多同事都记得，2018年面对"正转副"要求，连煜轩顾全大局，主动退让。此前，自2015年6月起，他一直在新成立的规费股主持工作。国税地税机构合并后，连煜轩转任社会保险费和非税收入股任副股长。"当时他没有丝毫怨言，干起工作照样热情不减、标准不降，待人依旧温文尔雅、春风扑面。"长泰区税务局社会保险费和非税收入股股长张珠林回忆说。

在家庭中，连煜轩也是那个敬老爱幼、知冷知热的好儿子和好丈夫。母亲说，儿子一直孝顺，有空就会去看她，还帮她剪指甲。妻子李淑贞说，患病后，丈夫一直饱受病痛折磨，后期甚至无法躺下休息，但他没有喊过一声苦，总是以微笑示人。

连煜轩去世后，福建省税务机关掀起一股学习连煜轩感人事迹的热潮。福建省税务局党委书记、局长林京华评价他"以特殊之举表达初心和坚守，以微小之光烛照生命和方向"，并号召全体党员向连煜轩学习，以实际行动坚定信念、践行责任，彰显党员本色。

虽然连煜轩离开了我们，但他用短暂一生持续奋斗、无悔坚守的品格，会一直印刻在我们心中。就像一树永不凋谢的木棉花，永远鲜红似火，灿烂热烈。

"新·馨"税道 功之所至

国家税务总局密山市税务局 沈 静

"专精特新"是具备专业化、精细化、特色化、新颖化特征的中小企业，是未来产业链的重要支撑，是强链补链的主力军，更是推动经济高质量发展的源动力。为了更好地助推"专精特新"中小企业的健康成长，密山市税务局开通"新·馨"税道，在其"成长"的道路上，"排忧虑、降风险、促回暖、稳推进"，全力提升新时代的税务速度，力保企业启程快、过程稳、冲劲足。

"新·馨"税道，是为推动"专精特新"中小企业高速发展量身打造的一条"精细化、无忧化"的税务服务通道。企业在成立、运营的过程中，所有的税费事项全部在"新·馨"税道中享受"私人化、精准化"服务，"专业化剖析、政策送上门、辅导一对一、红利尽享制、一档制服务"，全程陪伴，全力传输"新政策""新理念"，构建"馨服务""馨体验"。

一、"新·馨"税道，税务管家铺轨道

该局化身税务管家，组建税务服务团队，倾情为企业送上一份量身打造的设计图纸，摸清脉络，为企业的运行发展铺平轨道。走进黑龙江福康生物科技股份有限公司，服务团队立即对企业的负责人以及主要办税人员问询情况，了解企业的基础信息和经营情况。黑龙江福康生物科技股份有限公司是一家"专精特新"的中小企业，主要经营乳制品制造，热力供应等行业，在资源综合利用、制造业缓税缴税等方面都享有税收优惠。

二、"新·馨"税道，税务管家注能源

企之所盼，税有所应。密山市税务局聚焦"专精特新"企业的突出特点，结合国家税务总局推出的组合式税费政策，精准把脉，为企业开出一剂良药，更为企业踏上新征程注入一份能量。黑龙江福康生物科技股份有限公司，适用于制造业缓税减税政策，该税务干部结合企业开票信息的实际情况，"一对一"地辅导企业纳税申报，并对政策的重点、缓缴的操作流程、时间节点做出详细的解释说明，切实地让纳税人尽享红利，重焕生机。

三、"新·馨"税道，税务管家促发展

"留住青山，蓄注活水"，国家做出大规模增值税留抵退税的政策决策部署，用减税降费的雨露滋养更多的企业。密山市税务局秉承这一理念，对退税流程进行全方位的辅导，对"专

精特新"企业实现"一对一"的跟踪、对接，专人专岗全程辅助办理。"我们公司2022年共享受政策红利数万元，这笔资金的注入，为我们企业添加了新动能"，黑龙江福康生物科技股份有限公司的财务人员高兴地说。

四、"新·馨"税道，税务管家树品牌

该局叫响"税费无忧办"党员服务工作站自主创新品牌。全局组织业务骨干深入企业、社区，向现场纳税人宣讲组合式税费政策、增值税留抵退税、个税汇算清缴等优惠政策，切实将优惠政策、便民服务、贴心举措送到纳税人缴费人身边，面对面地将宣传手册送到纳税人手里，手把手辅导纳税人手机个税APP操作，详细介绍"税费无忧办"党员服务工作站，耐心讲解各类税收优惠政策，发放宣传单千余份。密山市税务局李凤伟局长表示："'税费无忧办'党员服务工作站将与企业、社区保持密切合作，建立长效沟通机制，用自主创新税务品牌的力量推动税收营商环境迈向新台阶。"

五、"新·馨"税道，税务管家启征程

密山市税务局始终坚守在企业运营发展的道路上，为其保驾护航。该局与企业点对点对接，将黑龙江福康生物科技股份有限公司记入"税费无忧办"党员服务工作站的金钻会员，详细问询企业的问题与需求，并计入档案，实行"一户一档"，终身制服务。在今后的工作中，定时做好咨询回访，对企业的问题建议做好梳理分类，及时与业务部门对接，做到高效回复；做到健全管理，查找问题，为企业提供精准化的服务。

"织网"涵养税源 "结点"互通共治

国家税务总局易县税务局

2022年以来，易县税务局主动作为、敢行敢试，运用"织网法"，推进监管服务一体化融合升级。

一、以增值税管理为经线，强化风险防范

结合增值税进销数据系统，根据全省分行业2019—2022年增值税税负率，结合我县增值税入库较多的41个行业1—10月平均值，积极测算全年的增值税行业税负参考值，目前已完成加油站、水泥批发、碎石经销、钙粉经销企业的参考值界定，有效提升增值税管理质效。结合实际案例，编写"发票风险提示明白纸"，制作宣传视频，辅导纳税人积极自查，防范发票风险。

二、以外部数据为纬线，注重分析运用

推进与政府相关部门的信息系统互联互通，建立数据常态化共享、交换和汇聚联通，开通"公安交通集成指挥平台"税务端口，与公安局通力合作，对20户重点矿山企业安装终端监控设备，开通"易县城市大脑综合服务平台"端口，实现财政、环保、住建、国土等15个部门之间87项数据共享，开展税收关联分析。

三、以全银行结算为底线，规范企业管理

辅导一般纳税人及使用发票的小规模纳税人全部款项往来都通过银行账户进行，严格票据审核，在全银行结算的管理基础上，稳步推行杜绝白条入账，提高核算水平。同时，辅导纳税人进项发票尽量从信用等级高的企业获取，避免出现异常抵扣凭证。

四、以特色项目为结点，提升工作质效

一是发挥"四方联动"作用。强化税务部门、纳税人、涉税服务机构和行业协会之间的沟通互动，主导成立纳税人协会，精准对接企业需求，着力提升纳税人缴费人满意度和获得感，同时，发挥协会对行业、纳税人的引领作用，有效提升税收遵从度。

二是制作税收风险诊断器。以高频率风险疑点、高频率风险税种为抓手，制作风险诊断器，通过分析利用各项涉税数据之间的逻辑关系，输入营业收入、入库数据、电费、工资等涉税数

据即可查看企业涉税风险和预计应补税额。

三是推行分行业管理。建立分行业管理模板，梳理建筑施工、建材商贸、交通运输、建筑机械设备租赁、矿山生产等5个行业管理模板，区分风险类别加以辅导。将全县苗木、纺织和新办建材类纳税人统一归口管理，提升监管和服务水平。

四是通过监控设备强化监管。积极争取县审批局、环保局等部门支持，对全部矿山、景区、混凝土、加油站企业门口位置安装监控设备，可实时查看车流量等涉税信息。

五、以远程模式为助力，提升"税网"运行效率

积极探索"非接触式"办税模式，建立远程辅导巡查模式，获得了国家版权局著作权登记证书和国家知识产权局专利编号，并在全市税务系统范围内全面推广应用。远程模式的运用，大大提高了工作效率，有助于进一步优化营商环境，提高纳税人满意度。

走田间解难题
税惠助农照亮乡村致富路

国家税务总局大理白族自治州税务局

金秋时节的云南大理，田间地头呈现一片忙碌的丰收景象。放眼望去，红梨挂满枝头，茶树错落有致，大棚里翠绿的蔬菜充满活力……一幅幅乡村振兴的生动画卷正徐徐展开。

一、精细服务，红梨"甜"销四方

在云南祥云县，出产的红梨品质优异、果色艳丽、风味上佳，属于国家地理标志产品，目前祥云县现有红梨种植面积 33712 亩、建成出口备案基地 20000 亩，总产量 60506 吨。

走进祥云县泰鑫庄园，阵阵梨香扑面而来，果农们正忙着采摘、装运红梨。泰鑫庄园的负责人杨春志介绍，"今年光照充足，雨量适中，红梨产量比去年有所提高，均价在 4.8 元至 5 元"。庄园种植"滇府"牌优质红梨 2000 余亩，取得了较好效益，辐射带动了当地高原特色农业的发展，促进了刘厂镇农民增收近 2 亿元。

回顾庄园成立初期，水电、肥料等支出较高，资金周转一度遇困。国家税务总局祥云县税务局成立涉农企业税收政策宣传小组，上门开展"一对一"定向服务，为企业纾困解难。积极开拓助农新路径，聚焦果业发展，紧跟税惠配套，围绕土地流转、农资采购、员工雇佣、农产品销售等关键环节，让企业知惠、懂惠、享惠，助力企业探索发展"红梨为主，产业协同"的"产业+"模式。

"税务人员主动上门，向我们了解生产经营的困难，送上税惠大礼包，告知享受自产自销农产品免征增值税和企业所得税，今年以来，我们就享受了各项减免近万元。"省下来的"真金白银"让泰鑫庄园的负责人杨春志松了口气。

除了足享税惠红利，税务贴心服务也让杨春志印象深刻。他表示，红梨销售旺季果农无暇到办税服务厅开票，税务工作人员多次上门提供政策辅导，现场演示如何线上办理发票领用、涉税申报等业务，并通过"线上集约处理中心""远程诊疗"帮助农忙期果农们解决涉税难题，让果农免去了"后顾之忧"。

二、税惠浇灌，秋茶"香"飘百里

南涧是滇西北地区有名的"茶乡"，无量山和哀牢山两大山系造就了温和、湿润、多雾的气候条件，茶树生长拥有得天独厚的自然环境，当地大力发展茶产业，现有高山生态茶12.09万亩，古茶山资源10万亩，是全国十大生态产茶县。

当前，已进入无量山秋茶采摘高峰期。清云凤凰茶叶有限公司作为南涧县"一杯茶"产业的龙头企业，正忙着收购、加工秋茶，短时内需要投入大量的资金，公司的经营压力比较大。

为帮助企业及时解决资金难题，有效缓解经营压力，国家税务总局南涧县税务局及时深入企业，了解生产经营状况，建立"一对一"服务机制，通过线上"点对点"、线下"面对面"的方式，精准输送最新涉农税收优惠政策，持续开展好相关涉农税收优惠政策辅导宣传，靶向纾困，为企业解决燃眉之急注入资金"活水"，给企业注入发展信心和强劲动力，为秋收"丰景"添彩。

"得益于国家税收优惠政策的大力支持，在税务部门工作人员的耐心辅导下，我们成功办理了343.4万元的退税。这笔退税款为我们收购、生产茶叶提供了充裕的流动资金，公司的压力一下子减轻了很多，切实增强了我们的发展信心和底气。"清云凤凰茶叶有限公司法定代表人刘大勇说道。

三、政策支持，蔬菜"鲜"到万家

在祥云，当地把发展蔬菜种植作为富裕农村、繁荣市场、保障供给的"菜篮子"工程，加大投入力度，加强扶持引导，打牢发展基础，逐渐形成了区域化布局、规范化种植、订单化生产的发展格局，目前全县蔬菜种植面积达10万余亩，综合产值达5亿余元。

祥云泰兴农业科技开发有限责任公司就是一家以特色蔬菜种植、种子种苗培育、农资农技服务、绿色种植示范、智慧农业展示为一体的农业产业化省级重点龙头企业，公司创新推行"企业+村委会""培训+新技术""创业者+创业园"模式，引领带动近千户农户增收。

企业在发展过程中，面临蔬菜种子研发周期长，前期投入成本高，后期收益见效慢等难题。当地税务部门多次上门对该公司关心的增值税农产品自产自销、企业税费减免等优惠政策进行专题辅导，指导企业财务人员通过云南省电子税务局办理相关业务。在精细服务和跟踪辅导下，公司走上了发展的"快车道"。

"从当年返乡农民工到现在成为致富带头人，企业能够迅速发展为具备规模的农业产业基地，离不开国家的税收优惠政策和税务部门的帮助。今年以来，我们享受了企业所得税减免6万余元，增值税减免45万余元，减轻了资金周转压力，也让我们在特色蔬菜品种培育改良上更有底气。"公司董事长朱红青感慨地说道。

"智慧税务"赋能陶瓷产业量质齐升
——景德镇市税务局助推国家试验区陶瓷产业创新发展

国家税务总局景德镇市税务局

2019年5月，习近平总书记时隔三年再次视察江西，做出了"要建好景德镇国家陶瓷文化传承创新试验区，打造对外文化交流新平台"的重要指示，为景德镇的发展标定了新方位、擘画了新蓝图。在省税务局和市委、市政府正确领导下，景德镇市税务局用心用情用力落实习近平总书记的殷殷嘱托，紧紧围绕国家试验区建设"一年见成效、三年上台阶、五年树标杆"目标，聚焦陶瓷产业发展，大力实施"搭平台、施政策、优环境"三大行动，着力构建"陶瓷智税"新格局，在做大日用陶瓷、做精艺术陶瓷、做特先进陶瓷方面持续赋能，助推陶瓷产业高质量发展。

2021年全市陶瓷产业市场主体突破2万户，陶瓷产业产值突破500亿元，陶瓷税收迈上5亿元新台阶，同比增长41.0%，陶瓷产业税收收入增收贡献率达16.1%。2022年1—8月陶瓷产业产值380亿元，税收5.79亿元，同比增长42.8%，其中，日用陶瓷制造业发展迅猛，入库税收16503.93万元，同比增收9119.25万元，增长123.49%；先进陶瓷制造业强势崛起，入库税收10784.37万元，同比增收3762.27万元，增长53.58%。2022年陶瓷税收预计突破7亿，在去年增长41%的基础上，再增长40%以上。伴随着陶瓷产业发展，同步配套的物流、人力资源等行业也得以迅速壮大，截至2022年8月，物流行业企业从去年5838户增至7356户，增幅26%，人力资源行业企业从197户增至697户，增幅254%，陶瓷产业及配套服务从业人员近30万人。

一、打造手工制瓷平台，催生传统陶瓷产业发展新模式

（一）直播经济蓬勃发展，手工制瓷平台应运而生

后疫情时代"直播经济"蓬勃发展的同时，也存在一些不规范、不健康的现象。为积极策应省委、省政府推进数字经济做优做强"一号工程"决策部署，2022年1月，市政府高位推动，在陶溪川直播基地打造手工制瓷平台，依托互联网将城市每个角落的直播电商和制造端的手工制瓷作坊进行资源整合，催生"集约化发展、一体化营销、标准化溯源、规范化监管、法制化

维权"的新模式，充分发挥互联网直播经济和国家试验区手工技法制瓷产品增值税优惠政策叠加作用，为传统陶瓷产业插上"数字化"翅膀。

（二）坚持创新引领发展，建强建优手工制瓷平台

平台采取"公司＋商户"新型模式，构建"市场反馈—研发设计—陶瓷生产—集中选货—人才培训—线上销售—配套物流"全产业链条闭环，形成了陶瓷产业集聚发展、新型业态竞相入驻、配套服务日臻完善、市场辐射持续增强的发展新格局，初步改变了千百年来作坊式生产模式导致的行业"小散乱"局面。截至2022年8月31日，陶溪川直播基地陶瓷电商5267户，孵化陶瓷主播5100人，其中销售额超过500万元的电商112户、陶瓷作坊1100余户入驻手工制瓷平台，累计申报应税销售收入5.39亿元，入库税收2241万元，是2021年全年电商入库税收的32倍。2022年平台陶瓷应税销售收入有望突破10亿元。

（三）平台虹吸效应凸显，日用陶瓷交易持续升温

新模式带动景德镇陶瓷产业持续经营、逆势而上，平台虹吸效应有力彰显，吸引了全国的目光，淘宝天猫、快手、京东等网络运营商纷纷聚焦景德镇陶瓷，2022年相继与平台签约合作。手工制瓷平台成为新的营销增长爆点，为陶瓷产业发展注入强劲动能，为日用陶瓷销售带来空前利好：部分电商直播间热销断货，工厂作坊加班加点生产，这在景德镇陶瓷销售市场数十年来极为罕见。例如，景东瑞达陶瓷有限公司近些年仓库堆积如山的产品"货而不售"，2022年4月在直播带货下呈现供不应求景象；景德镇仿古一条街樊家井600多家店铺受疫情影响"门可罗雀"，通过平台线上直播带货，店铺积压库存陶瓷"一扫而空"，每日销售超2万单，销售额超1000万元。2022年1—8月日用陶瓷网络销售额达75.6亿元。

二、充分释放政策红利，助力陶瓷企业"轻装快跑"

（一）发挥政策撬动作用，降低陶瓷电商税负

2020年1月，财政部、税务总局出台了《关于景德镇传统手工技法制瓷产品有关增值税政策的通知》（财税〔2020〕4号），适用于国家试验区内一般纳税人销售自产的传统手工技法制瓷产品。为最大限度释放政策红利，市税务局成立实体化运作的陶瓷行业税收管理服务办公室，专司陶瓷税收政策研究、宣传、落实，服务全市手工陶瓷产销一体化平台建设，使国家试验区税收政策在我市陶瓷市场主体得以更为广泛适用，帮助陶瓷电商降低经营成本。2022年1—8月，全市享受国家试验区手工技法制瓷增值税优惠政策的纳税人226户，比去年增加180户，增长391%，减免税额比去年增加11529万元，增长243%。

（二）创新模式精准施策，增强先进陶瓷优势

为策应市政府全力以赴发展先进陶瓷决策部署，助力先进陶瓷产业集群化发展，市税务局将先进陶瓷产业全链条企业划分至昌南新区税务局集中管理，形成"资源汇集、标准统一、流

程明晰、服务精细"的征管新模式。"快稳准好"落实组合式税费支持政策，2022年1—8月先进陶瓷制造企业享受增值税留抵退税5930万元，缓缴税款3621万元，切实为企业扩大再生产、稳岗保就业"输血减负"，为稳增长提供强劲动力。截至2022年8月，全市先进陶瓷企业从去年的86户增加到164户，增幅91%，其中国家级高新技术企业35家；国家级专精特精"小巨人"企业1家，省级2家；省级"专精特新"企业15家。一些细分领域产品、技术都位居国内前列，如景华特陶氧化铝白瓷和兴勤电子压敏电阻质量、销售均列入全国第一。

（三）紧密跟进配套政策，带动就业保障民生

为更好促进陶瓷产业发展，市政府提供了约500万平方米的厂房、年1000万的租金减免补贴以及完善的陶瓷生产设施、仓储物流、后勤保障、配套服务等，出台人才政策制度16项，推出"景漂贷""人才贷"吸引更多"景漂"创新创业，培育孵化直播团队，形成了"统一生产保障、创客独立创作、线上线下同步销售"的陶瓷文化创意新业态。在税收优惠政策和配套政策齐聚的吸引下，北京、上海、福建等地电商纷至沓来，每年吸引3万余名来自全球的艺术家、设计师，带动近20万人参与陶瓷生产经营，陶瓷产业成为创造就业岗位的"民生蓄水池"。如：2021年12月份从区域外引进的直播电商"天命天诚公司"，新增超5000个就业岗位。

三、持续优化营商环境，产业发展迸发"生机活力"

（一）建立综合管理体系，完善品牌保护机制

税务、市场监管、瓷局、生态环境局等相关职能部门依托平台加强联合监管，实现"统一质检验收、统一环保标准、统一物流发货、统一开票缴税"，逐渐形成规范治理陶瓷市场环境的共治共赢格局，为陶瓷产业发展创造更多利益契合点、合作增长点、共赢新亮点。为解决陶瓷产品存在同质化、核心竞争力不强的问题，充分利用人工智能、区块链等技术，加快搭建"标准＋认证＋溯源"为基础的陶瓷品牌公共服务平台，制定各类陶瓷标准，组建检测认证中心。向全国征集新时代"景德镇制"LOGO，重塑"景德镇制"区域品牌，深化陶瓷知识产权保护，切实维护景德镇陶瓷品牌信誉度。

（二）推出系列服务举措，助力产业持续发展

市税务局成立了城区一体化集中审核审批中心，实现"一窗""一站式"办结，陶瓷企业即时办结率达95.3%，办税时间平均压缩81%；通过"线上＋线下"针对不同类型陶瓷企业"点对点""面对面"宣传辅导、精准滴灌政策，为入驻平台的陶瓷直播电商及手工制瓷创客提供财税咨询和纳税申报服务。2022年以来，已实现组合式税费支持政策精准推送2万户次，开展线上线下专题辅导讲解100余场，组织开展调研走访和政策宣讲会200余次，惠及陶瓷产业纳税人12555户。系列服务措施进一步提升了营商环境"软实力"，助推陶瓷产业走上持续性久、延展性强、公平性高的健康发展道路。

（三）强力助推招商选资，补链强链提能升级

在"补链、强链、延链"上下功夫，2022年将陶瓷产业发展质量作为各县（区）税务局"一把手"绩效考核指标，服务好地方政府招大引强、扶优做强陶瓷产业，营造大抓特色产业浓厚氛围。组织开展百名税干访企活动，全面掌握纳税人需求，"一户一档"梳理形成清单目录，从纳税服务、政策落实等角度开展专题税收分析，为推动培育涵养税源积极建言献策。创新运用"税收大数据智慧服务平台"分析陶瓷上下游链条供需信息，为政府招大引强提供决策参考，促进产业链供应链畅通，助推构建全要素、高质量的"陶瓷经济"生态链。2022年1—8月陶瓷行业规上企业286户，同比增长115%，实现产值预计232亿元，同比增长33.9%，产业规模迅速壮大，实现量质齐升。

踔厉奋发的十年：
大力推动民族团结进步工作向上向好

国家税务总局迭部县税务局 白海燕

党的十八大以来的十年，是党和国家发展进程中极不寻常、极不平凡的十年，也是国家税务总局迭部县税务局民族团结进步工作踔厉奋发、向上向好的十年。十年来，国家税务总局迭部县税务局紧密团结在以习近平同志为核心的党中央周围，坚持以习近平新时代中国特色社会主义思想为指引，紧紧围绕铸牢中华民族共同体意识这条主线，扎实履行讲政治、会团结、促交流、助发展、共进步的责任担当，推动民族团结进步工作与中心工作有机结合、同心同向、同律同行，全面取得了稳步向上的成就。

一、坚持和加强党的全面领导，团结进步的制度体系更加完善

（一）理论学习不断深化

局党委始终把强化理论武装作为首要重要政治任务，不断重温习近平总书记关于民族工作重要论述，对甘肃重要讲话和指示精神，及时学习党中央关于民族工作的重大决策部署，深刻领悟"两个确立"的决定性意义，进一步增强"四个意识"、坚定"四个自信"、做到"两个维护"。坚持党委理论学习中心组示范学，健全党委理论学习中心组通报制度，学习制度化、规范化水平不断提升。

（二）高度重视高位推动

坚持将民族团结进步工作作为重要的政治任务，早谋划、早部署、早推进，建立党全面领导下的民族团结进步创建工作体系。明确将民族团结进步创建工作纳入重要议事日程，纳入年度党建工作要点，与精神文明创建、平安迭部建设等，统筹谋划、研究部署、一体推进。经历长时间的探索，创建工作体系基本定型。2021年被中共甘南州委、甘南州人民政府授予"甘南州民族团结进步模范集体"称号。

（三）健全制度深入融合

坚持"细化部署、全力推进"原则，结合实际健全制度，完善工作机制，成立由局党委书记任组长的工作领导小组，明确层层抓的分工标准，加强对各分局、各股（室）的工作指导，制定工作方案和年度计划，推行"一岗多责"制度，落实工作责任，巩固落实成效。完善检查考核机制，把民族团结进步纳入年度考核内容，把铸牢中华民族共同体意识融入政务、党务、

业务、服务工作中，结合日常督查、平时考核、季度评鉴，加强督查检查力度。

二、深化理论宣传教育，注重铸牢中华民族共同体意识的氛围愈发浓厚

（一）理论教育更加突出量质齐升

用好"学习强国""学习兴税""甘肃党建""藏区美"等平台，利用新"纵合横通"强党建、新任领导干部初次任职培训、新录用公务员培训、干部职工教育、比武练兵和发展党员的机会，以社会主义核心价值观为引领，常态化开展分层分类学习教育。组织参观爱国主义教育基地、观看民族团结电教片，学习民族宗教理论和政策，充分发挥学习教育的凝魂聚力作用，推动民族团结进步向深度拓展、向窗口延伸。

（二）理论宣传更加深入人心

通过办税厅大屏、涉税咨询台开展"一厅一屏一台"线下宣传，集中宣传党的民族政策、税费优惠政策等，让广大纳税人缴费人牢固树立起一个中国的意识，维护祖国统一，营造民族团结进步良好氛围。利用宣传栏，展示宣传教育图片，借助抖音、快手等新媒体，扩大民族团结进步宣传教育覆盖面，充分发挥民族团结进步宣传月活动的引导作用。在民族居民聚居地、厂房工地、购物超市、车站等，高密度开展民族团结进步宣传，现场解答群众咨询，起到了很好的宣传效果。民族团结进步宣传信息在人民政协网刊发1篇，在甘肃税务微信公众号刊发1篇，在甘肃省税务局网站刊发1篇。

（三）监督引导更加强劲有力

始终坚持团结稳定、正面引导，大力弘扬廉洁文化，唱响主旋律，不断巩固拓展纪律作风问题专项整治成果，营造风清气正的政治生态和良好税收营商环境。始终紧盯关键岗位、关键干部、关键环节，不定期开展纪律作风整顿。利用微信和QQ，及时推送干部违纪违法典型案例，在重要时间节点发送廉洁自律提醒信息。自国地税机构合并以来，共组织专项整治26次，开展"回头看"17次，节前廉政提醒33次，日常提醒78次，收到干部遵规守纪情况报告461份，其中通过廉政档案信息管理系统在线报告233份。

三、用心用情用行促民族团结，各民族交往交流交融更加密切

（一）不断创新开展文化活动，增强中华文化认同

始终以铸牢中华民族共同体意识为主线，通过有计划、持续性地开展活动，建设各民族共有精神家园。充分发挥老税务人优势，开展传帮带，引领新税务人从家乡、家庭、个人变化中感悟出民族团结的重要性，凝聚团结奋进力量。围绕"税务社区联合宣 民族团结一家亲"主题，组织进企业、进单位、进景区、进乡村等，开展由全体职工共同参与的体育项目、藏装秀、跳锅庄舞等活动，不但增进了各民族间的友谊，而且加强了文化交流，更加增强了坚定共同团结奋斗、共同繁荣发展的自觉性和主动性。通过入户交流的方式，走访民族通婚的职工家庭，宣讲民族团结政策，坚定共建幸福家园的信心和决心。

（二）不断提升服务水平，密切干群关系

局党委定期组织开展谈心谈话，关心关爱各民族干部的思想、学习、生活和工作。坚持五湖四海用人和培养干部原则，截至目前，少数民族职工占全局职工人数的39.68%，少数民族干部占党委领导班子的50%。党员带头参加脱贫攻坚、全面建成小康社会、"五无甘南""十有家园"建设等，开启7×24小时待命模式，让各民族居民真正感受到党和政府的关心关爱。十年来，开展6项具有民族特色的帮扶、慰问、"我为群众办实事"活动，出资约36.85万元为52户村民解决急难愁盼问题。

（三）不断改善民生福祉，发挥税收政策效应

持续深入开展我为纳税人缴费人办实事办好事，充分挖掘民族特色旅游资源，打通"最后一公里"，优先选派业务骨干担任辅导老师，提高企业规范管理水平，支持民族产业发展。开启"互联网线上+点对点线下"全覆盖政策宣传辅导模式，为纳税人缴费人提供便捷高效服务，让企业用得足、用得好，有更多的时间去经营去发展，更好地激发市场主体活力。梳理税费优惠政策，印成《宣传册》，联合县统战部组成"政策进寺庙"宣讲团，深入开展"民族团结送温暖 税费宣传促发展"活动，切实提高僧人"爱党爱国爱社会主义"的思想共识。

四、坚持服务大局，民族团结进步创建工作水平不断提升

（一）创建工作纵深拓展

鼓励引导争当铸牢中华民族共同体意识先锋，树立学习标杆，在共事中学会互相欣赏，在欣赏中厚植民族友谊，在信任中收货团结硕果，在团结中促进全面进步。教育职工清醒地认识到民族团结进步创建工作事关实现社会主义现代化历史进程；认识到维护社会稳定，铸牢中华民族共同体意识最关键，促进民族团结进步最重要；认识到创建工作已经到了持续推进的关键阶段，必须一鼓作气、乘势而上，全力提高民族团结进步创建工作的能力水平。

（二）处置处理更加稳妥

修订完善相关考核内容，完善矛盾化解和排查调处机制。经常性的深入开展矛盾纠纷排查，定期开展维护民族团结进步的应急演练和应急培训，重点提高化解矛盾、工作协调及落实政策的能力。把全面从严治党要求贯穿民族团结进步创建工作全过程，盯住形式主义、官僚主义问题不放，严查不良行为，严打违法行为，确保创建工作务实、创建过程扎实、创建效果真实。

（三）法治建设持续深入推进

依法治理民族事务，加大对涉民族网络舆情的监控，安排专人对网民经常使用的网站进行值守，一旦发现立即报送，由办公室查明实情，第一时间回应并引导当事人通过合法途径维护自身合法权益。组织开展法制教育，及时让国家法律走进僧人和普通民众身边，让僧人知晓法律、相信法律、崇尚法律、敬畏法律，起到了帮扶教育、稳定思想、加强民族团结的作用。

聚焦主责主业 踔厉奋发新征程

国家税务总局广安经济技术开发区税务局

金秋十月，是一年中的黄金时节。在喜迎党的二十大的热烈氛围中，广安经开区税务局持续深入贯彻习近平新时代中国特色社会主义思想，从党的百年奋斗历程和新时代十年伟大变革中汲取智慧力量，勇担职责使命，锐意开拓进取，立足税收本职工作真抓实干，以只争朝夕的拼劲、锲而不舍的韧劲和敢为人先的闯劲，在新时代新征程上踔厉奋发，主动展现新气象新作为，以奋斗书写时代荣光，以实际行动迎接党的二十大胜利召开。

一、税费服务再升级，便民春风常吹常新

"2022年以来，我们主动探索创新税费服务理念，锚定'智慧税务'建设目标，优化升级税费服务方式，着力构建新的税费服务格局，打造服务新高地，全方位提升服务水平。"广安经开区税务局纳税服务科科长吴才斌在提及税费服务新举措时表示。

2022年以来，广安经开区税务局立足现代税收服务基础，从服务地方经济社会发展大局出发，围绕构建优质便捷的税费服务新格局，推便民之举、出利民之计，持续开展"经开行·税新意"便民服务行动，精准对接市场主体税费服务需求，不断优化、升级各项服务，创新推出"网上办税·码上知道"掌上办税二维码、开辟"视频绿色通道"远程帮办服务机制、创新打造"经税之声"云课堂、持续开展"春风入户·问计于企"系列走访活动……在一步一脚印中，走出了一条全心全意服务纳税人缴费人的便民之路。

"办税缴费越来越方便，服务质量越来越高，以前在税务局需要几个工作日才能走完的业务流程，现在只需在手机上动动手指就可完成，有不懂的问题能及时得到解答，为税务部门点赞！"广安绿源循环科技有限公司财务负责人罗华强连连称赞道。

二、减税降费再加码，为市场主体蓄能增劲

为高效落实党中央、国务院出台的大规模新的组合式税费支持政策、助力推动税费征管转型升级，广安经开区税务局提升政治站位，积极回应纳税人缴费人期盼，狠抓退税减税降费政策落实，全力打赢打好这场攻坚战，让退税减税资金"活水"直达市场主体，为企业添信心、稳发展、谋长远，不断提升纳税人缴费人满意度和获得感。

"我司能逐步走向壮大，离不开政府出台的系列税惠利民好政策和税务部门的大力支持。"

广安利尔化学有限公司总经理李军斌表示。自 2019 年正式投产以来，受益于出口退税、增值税留抵退税、西部大开发及雇佣退役士兵和贫困建档人口等重点人群企业所得税优惠等多项政策，该公司已享受税收优惠 3.12 亿元。2022 年 9 月，该公司申请获得了 87 元出口退税款和 733 万元留抵退税款。

"2022 年以来，经开区税务部门主动向我们问需解难，将大规模退税减税政策'春风'送到我们身边，不仅帮助我们破除了发展桎梏，送来了资金'活水'，更助推我司迎来了发展的'高光时刻'，攻克了技术难题、实现了超越突破。目前，我们已将公司产品远销至了美国、巴西、阿根廷等 30 多个国家和地区，2022 年上半年就已实现外贸出口额 1.2 亿元，预计全年出口额可达 3 亿元。"李军斌表示。

三、协同共治聚合力，攒拳共画最大同心圆

为加强部门协作和社会协同，2022 年以来，广安经开区税务局积极融入地方发展大局，不断探索深化基层税收征管、持续优化税费服务途径和方式，最大限度满足纳税人缴费人个性化服务需求，深入贯彻落实《广安市税费征管保障办法》和园区协税护税工作制度，统筹协调税务部门与涉税各方主体力量，持续深化探索"税务 +N"精诚共治体系建设，发挥双重领导管理体制优势，注重推动重大税收改革、重点税收工作纳入到地方统一安排和大盘子之中，将税收治理贯穿于政府投资项目管理、招商引资评估、总部经济提升、产业政策增效等全过程。进一步加强与财政、公安、司法、经信、住建、社保、人行等部门的联合监管，着力绘就党政领导、税务主责、部门合作、社会协同和公众参与的税收征管改革新局面。

广安经开区税务局负责人表示："我局立足精准服务地方经济社会发展大局，持续拓展税收共治的广度和深度，广泛凝聚起多方共识，积极打造起'党政引领 + 多方协同'的税收治理新体系'样板'，着力为高质量推进广安税收现代化贡献更多'税力量'。"

勤廉务实守初心　一片丹心铸税魂

国家税务总局老河口市税务局

有人说：廉洁是一棵松，在万木凋零的冬日，为人们送来一丝绿意；有人说廉洁是一盏灯，在黑暗冰冷的夜晚，为人们添上一份光明；我们要说，对于新时代的税务干部，廉洁更是一面镜子，时刻提醒我们要抵得住诱惑，守得住底线，在勤政廉洁的道路上走得踏实，走得稳健！

在豫鄂两省交界的老河口孟楼就有这样一位税官，在33年的税务生涯中，始终恪守廉洁底线，以清正廉明的品格维护了税法的尊严；以刚正不阿的形象，赢得了纳税人和同事的赞誉；他多次荣获老河口市"优秀共产党员""优秀税务工作者""优秀公务员"等称号。他就是老河口市税务局孟楼税务分局分局长宋会岭。

一、有一种家风，叫清正廉洁

"勤字做事，廉字立身，德字为本，和字兴家"，这是一个有着25年党龄老党员的治家箴言。熟悉宋会岭的人都知道他是个实实在在的"三无"干部：家无高档家具，身无名牌服装，人无领导派头，他却怡然自得。

生活中，他经常告诫家人："清廉是熔铸于心的品质，是做人做事的基础。只要是我工作上的事，你们一定要记住：不参与，不干预。"

2018年，税务局开展发票清理大检查，个体户张某应补税七千多元，他找到宋会岭想少交一点。宋会岭耐心地讲了半小时税法来做思想工作。张某眼看照顾无望，很不情愿地补交了税款，临走时，气呼呼地撂下一句话："我以后就没你这个亲戚。"这时大家才知道，张某是宋会岭爱人的表叔。为此，张某两年没与宋会岭说过话，但宋会岭仍然每年都去看望表叔，最终赢得了理解。

类似的事还有不少：他们都在宋会岭那碰了"钉子"。甚至还有亲朋找到宋会岭的妻子，让她打招呼，深知丈夫做事风格的爱人也是婉言拒绝。

身教甚于言传，在宋会岭的影响下，他的儿子也凭着清廉自守和务实本色，从一名基层选调生，一步步走上了十堰市直部门领导岗位。

清白家风不染尘、冰霜气骨玉精神。33年，宋会岭始终严以律己、廉洁齐家，在家人的共同努力下，宋会岭家庭先后获得襄阳市清正廉洁"最美家庭"、老河口市"最美家庭""老河口清廉家庭"等殊荣。

二、有一种品格，叫淡泊名利

如果说清廉家风是宋会岭工作的助推剂，那么服从安排、淡泊名利则是他的优秀品格。

众所周知，职务升迁、调整最能考验一个人。2021年8月，地处偏远的孟楼税务分局，急需一名政治成熟、业务过硬、作风扎实的分局长，局党委斟酌再三，认为宋会岭是最合适的人选，但又考虑到他年龄已大，身体也不知能否受得住，一时不知如何开口。宋会岭得知情况后，主动找到局党委，要求去孟楼分局工作，并拍着胸脯保证没问题，请组织放心。

妻子既心疼又不解："你都在税务局工作干了三十多年，人家都想办法要调到市区工作，你倒好，争着抢着去乡下。"老宋笑着对妻子说，"组织需要我去哪里，我就去哪里，工作不能挑肥拣瘦，我现在就想多干点事。"到任后，他全身心投入工作，大走访、深调研，很快摸清了分局情况，并有的放矢制定方案、措施，迅速打开了工作局面。当年，分局实现税收2300万元，比上年同期增长13%，出色的成绩，得到了局党委的充分肯定。

宋会岭淡泊名利，从不揽功推过，每年单位评优表先时，他总是把优秀名额让给其他能干事、干成事的同志。老宋常说："工作是大家干的，荣誉应该给那些比我付出多、贡献大的同志！"一席话，让同事们打心底对老宋多了一份敬意。

三、有一种精神，叫勤廉务实

涵养"税清风"，树立"税标杆"，当好"领头雁"，耕好"责任田"。结合"一下三民"实践活动，宋会岭坚持税风与家风相融合、传承与创新相结合，聚力推进税费征收、清廉税务建设等工作。宋会岭到任后，为干好税务带好队伍，对干部职工常态化进行廉政教育，计划打造一个廉政教育基地，他加班加点拟订方案、上报后得到局党委的倾力支持，基地于2021年底顺利建成，通过学用互动、知行结合、上下沟通丰富了形式。截至目前，共接待市内外16批次600多人次前来参观学习，随着基地的运行，潜移默化影响改变着分局人员的思想与行为，学廉、知廉、倡廉、促廉在分局人员中蔚然成风。

2022年4月，在全国大规模增值税留抵退税中，辖区一光伏公司初审可退160多万元，可就在复审中发现企业存在涉税风险，为了尽快排除疑点，他与分局干部一道挑灯夜战核实数据，盏盏灯光映着明月，终于在两天内排除疑点，让企业顺利退税，企业事后宴请感谢，他们婉言谢绝后又埋头到审核工作中，在这次增值税留抵退税中为辖区内15家企业办理退税，金额达300多万元，为企业纾了困，解了难。

一颗初心坚定不移，一份担当催人前行，一种精神锲而不舍。宋会岭天长日久的累积，持之以恒地坚守，毫不走样地执行，品格就这样形成了！风范就这样形成了！榜样就这样形成了！

年轮镌刻下时间和情感的节点，一串串坚实的脚印铭记着老河口税务人的殷殷情怀。正是有了一批像宋会岭这样的税务工作者，履行着使命，以勤廉为舟，用激情作桨，以责任开拓，推动了老河口税务事业踔厉奋发、破浪前行！去续写着聚财为国、执法为民的新篇章！

守初心 担使命 做奉献
坚持心中不变的信仰
——记洪湖市税务局驻乌林镇三角村乡村振兴工作队第一书记、队长李文席

国家税务总局洪湖市税务局

李文席，洪湖市税务局驻乌林镇三角村乡村振兴工作队第一书记、队长。自驻村扶贫以来，凭实绩荣获"全省脱贫攻坚先进个人"、全省国税系统先进工作者、荆州市全市优秀党务工作者、洪湖市"最美扶贫人""感动洪湖"2019年度人物等多项荣誉。这位普通的基层党员干部，用三十多年的岁月，把共产党人的初心写得浓墨重彩、光彩夺目，展现了新时代基层税务工作者敢于担当、勇于奋斗、甘于奉献的风采。

2015年9月，李文席主动请缨担任老湾乡吕蒙口村驻村扶贫工作队长兼任所驻村党支部第一书记，50岁的李文席冲到了攻坚克难的扶贫一线。驻村之初，村里只有一条土路，四处垃圾，几座土坯房，污水横流，脏、乱、差。为解决村里困境，他开始挨家挨户串，经过认真调研，决定首先是修通村里和外面连接的通村公路，解决好路不好路不通的难事大事，经过3个月努力，修通了一条4米宽的水泥路，获得村民一致好评。

修完路后，李文席继续攻克贫困户脱贫致富这个难题。他带领工作队与村两委研究制定了四大扶贫项目：通过土地流转，15户贫困户每年户均增收4546元，每年可人均取得10000元就业收入，每年可以增加村集体收入3万余元；通过发展果林经济，贫困户户均年收入预计3000元，村集体收入果林经济1项收益近4万元；通过发展塑料花加工，5户贫困户年均增收2000元左右；通过利用光伏发电收益，开设针对贫困户的4个公益性岗位，3人负责打扫卫生，1人负责专门捡白色垃圾。

针对基层党建工作基层薄弱、村党支部战斗堡垒作用发挥不明显，作为村党支部第一书记的李文席带领村委会一班人，着力夯实党建，筑牢战斗堡垒。在他的奔走呼吁和积极争取下，争取到50余万资金打造党员活动阵地，村党支部各项活动有序开展起来，党支部战斗堡垒作用不断强化。

近5年的帮扶，现在的吕蒙口村完全变了样，一盏盏路灯悄然挺立，一栋栋民国风格、富有农家特色的小楼错落有致，荷叶田田的池塘掩映在环抱的小乡村中，干净整洁的沥青路连接千家万户，从脏乱差到风景如画。市扶贫办评价李文席说他啃下了一块硬骨头，2018年他被评

为洪湖市"最美扶贫人"!

2020年底脱贫攻坚任务完成,为巩固脱贫攻坚成果,防止返贫致贫,2021年8月,李文席同志带领3位同志转战乌林镇三角村,从事乡村振兴工作,开展常态化防返贫监测帮扶工作。

为做好乡村振兴工作,李文席每季度开展排查之前先召开村组干部和驻村工作队员碰头会,认真研究最新的防返贫监测排查帮扶文件和洪湖市相关培训会议精神,弄懂弄通相关要求和业务知识。在学习完政策要求后,他带领驻村干部和村组干部全员上阵,12个人分成6个小组,按片区、按类别对全村125户脱贫户、73户低保户、26户重病或者负担较重的慢病户、45户重残户、24户退捕渔民以及7户行业部门预警对象开展全覆盖排查。

排查完后,他严格按照"入户核查—初步研判—承诺授权—村级评议公示—乡镇审核—市级复核"的工作程序进行人员纳入。一开始,在排查走访期间共发现18户疑似存在致贫返贫风险的特殊对象,经过村"两委"和驻村工作队初步研判,综合考虑其收入情况和"两不愁三保障"情况后,拟新增5户监测对象,之后在村民代表大会上将这5户的情况进行详细介绍,经过投票,这5户均全票通过。最后通过村公示、镇级审核、市级复核纳入。

排查和核实完监测对象,李文席针对他们进行精准帮扶,由村两委和驻村工作队讨论,制定出针对性帮扶计划。对具备发展产业条件的监测对象进行产业帮扶,对有劳动能力的监测对象进行就业帮扶,申报公益性岗位,介绍就业信息,帮助其稳岗就业;对无劳动能力的监测对象申请兜底保障或者申请提高保障标准,确保应保尽保。对患大病的监测对象申报防贫保、落实健康帮扶政策,坚持做到"缺什么补什么",因户施策。

一年来,除做好监测户帮扶工作,李文席通过招商引资引入惠民花卉加工企业,引导当地居民加入花卉加工行业。目前,共有加工家庭115户,加工人员200余人,人均增加收入1万元,为村里脱贫户增加收入,进一步巩固脱贫攻坚成果。

下一步,在市乡村振兴局正确领导和市税务局党委大力支持下,李文席结合下基层察民情解民忧暖民心实践活动,持续开展常态化防返贫监测排查工作和跟踪监测对象帮扶措施落实情况,通过真抓实干,埋头苦干,奋力开创全面推进乡村振兴新局面,以实际行动迎接党的二十大胜利召开。

李文席,男,现年56岁,中共党员,现任洪湖市税务局驻乌林镇三角村乡村振兴工作队第一书记、队长。自年驻村扶贫以来,凭实绩荣获"全省脱贫攻坚先进个人"、湖北省国税系统先进工作者、荆州市优秀党务工作者、洪湖市"最美扶贫人""感动洪湖"2019年度人物等多项荣誉。这位普通的基层党员干部,蘸着三十多年的岁月,把共产党人的初心写得浓墨重彩、光彩夺目,展现了新时代基层税务工作者敢于担当、勇于奋斗、甘于奉献的风采。

留抵退税助力企业"轻舟远航"

国家税务总局德格县税务局

崇山峻岭，横亘在成都平原和川西高原间。曾经甘孜州康北地区到省会成都至少需要两天的时间，公路曾是连接两地唯一的交通方式。随着格萨尔机场的通航，改善了甘孜藏族自治州康北片区50万群众"山高路远、翻山越岭"的交通状况，彻底打破了原有的交通局面，对提升甘孜康北地区应急救援、抢险救灾能力，促进地方经济社会和全域旅游发展，巩固力脱贫攻坚成果助力乡村振兴起了推动作用。

"机场2019年6月13日才正式通航，航空运输一直受疫情影响较大，机场经营压力日益凸显，现金流大幅减少，我运营成本越来越高了。"格萨尔机场财务负责人方正函介绍，2021年受疫情影响游客剧减，资金流动性差，公司资金周转压力非常大。

得知企业面临的困境后，德格税务人员主动上门服务，从政策宣传、操作辅导、风险预警等方面，向企业提供全环节跟踪辅导、全流程及时审核的闭环式服务机制，协助企业完成留底退税申请和办理，助力企业渡过难关。"2022年月以来，我们共收到留抵退税款136万余元，主要用于偿还存量流动资金贷款和日常经营支出。"看着不断起降的航班，方正函表示，留抵退税有效解决了资金流动性不足的问题，让公司有更大信心和底气渡过难关。

"自机场开工建设以来，税务部门对我们的帮助就从未停歇，既有实地走访的'管家式服务'，又有方便快捷的云端服务。"该公司办公室主任四郎德吉介绍，从机场建设到生产经营全过程，德格县税务部门提供了"一条龙"跟踪服务，量身定做税收优惠政策及涉税事项提醒"服务包"，主动了解涉税需求，优化个性化服务举措，企业办税缴费和享受税费优惠非常便捷。

德格县税务局相关负责人表示，乘着组合式税费支持政策的"税惠"春风，该局将进一步高效落实留抵退税、公共交通运输业免征增值税等税费优惠政策，提升精细化税费服务，促进机场经营管理企业发展，提升机场服务保障能力，为地方交通、旅游业发展贡献税务力量。

"小故事"彰显"大情怀"

国家税务总局临清市税务局

"您的非常满意,是我们的无限动力。"这是临清市税务局一直以来的纳税服务准则。他们之中有从税20余年的老税务,亦有从税不满一年的税务"新兵",但就是这样一支朴实无华的队伍,不断用自己的辛勤汗水,书写着一个个平凡的故事,以质朴的细节感动着每一个听故事的人,彰显着全心全意为人民服务的情怀。

一、有个工作室"很不一般"

走进办税服务厅,首先映入眼帘的是一块金闪闪的牌匾,上面写着"陈景彦工作室"。作为从税20余年的老税务,陈景彦被称为办税服务厅的"多面手",无论多么复杂的涉税业务,在她面前都被一一破解,她就是省级纳税服务能手——陈景彦。

作为办税厅的"排头雁",年轻的税务干部经常围着她请教各种各样的政策问题,她也总是不厌其烦地为年轻人讲解政策、交流业务。因此她也就成了大家口中那个最让人钦佩的"彦姐"。

"打扰你了,有件急事想咨询下,我们企业想通过政府捐赠一批防疫物资,这个能享受税收优惠吗?另外,因口罩订单量急增,我们产品销量增加,想申请将发票用量由120份增至200份,现在疫情防控期间,想问问这项业务能不能进行网上办理?"电话那头是山东恒发卫生用品有限公司负责人刘先生略显急切的声音。接到电话后,陈景彦第一时间向纳税人解答了相关政策问题,同时指导企业通过电子税务局进行发票增量申请。通过核准企业发票增量申请,解决了企业生产后顾之忧。

老骥伏枥,志在千里,年逾半百,从税一生。"彦姐"始终奉献在税收工作第一线,税法税率税务精通,为国为民服务终生,铁肩担道义,办税历春秋,用真诚的服务赢得纳税人的笑脸,便是老税务的夙愿。

二、有个窗口"办不成事"

办税服务厅里不只有日常业务的运转,更要面对各种各样的"疑难杂症"。作为办税厅里的中坚骨干,从税5年的薛亚伟义不容辞地担任了"办不成事"窗口的服务人员,您可别小看这个窗口,从他手中解决的问题都快能变成一本书了。

说起来容易做起来难，还记得窗口设立的第一天，临清市龙腾活塞有限公司的破产管理人冯先生就抱着试一试的态度找到了薛亚伟。"您好，快帮我看看我们公司这个情况吧，怎么才能注销啊？"原来他正在处理公司的注销事项，但由于缺乏相关资料而无法办理。薛亚伟了解到相关情况后，立即查阅破产管理企业注销的相关政策依据，与此同时还积极与各业务股室进行沟通，不到一个小时，就为纳税人解决了政策难题，为纳税人顺利注销公司提供了便利。

薛亚伟常挂在嘴边的话就是："把简单的事做好就是不简单"，办好每一笔业务，是执法更是服务；服务好每一位纳税人，就是真正的爱岗敬业。正是源于对税务工作的极致热爱，使他认真对待每一项任务，尽管每天忙忙碌碌，但他忙得干劲十足、有滋有味。

三、有个通道"尊老敬老"

"我是特困人员，以前都是自己缴费然后村里给补贴，2022年的政策是由村委会集中申报缴纳低保人员的医疗保险，可我刚刚在小程序上缴纳了医保，请问是否可以退费并重新缴费？"临清市税务局社保厅"尊老助残"特殊通道急匆匆走进一位老人说道。社保厅的工作人员谢柠妮耐心和老人进行了解释，由于小程序上的缴费信息需要三至五个工作日才能传递至税务系统，谢柠妮让老人填写退费申请表后，留下了相关证件复印件及联系方式，便让老人回家等待。

老人走后，谢柠妮每天上班第一件事便是查询金三系统内是否有了缴费信息，可是五天过去了，仍查询不到。经核实后台记账系统发现这一笔缴费记账失败。由于原定的集中缴费期临近结束，担心影响该人员缴费，谢柠妮抓紧联系医保部门和运维人员申请加急处理此问题，终于查询到该缴费信息并开具出了缴费证明。谢柠妮拿着退费所需材料急匆匆赶往医保部门，请工作人员及时处理退费问题。问题处理完成后，谢柠妮放心地给老人打去了电话："大爷，您的居民医疗保险退费已经处理完成，能重新缴费了！"

"虽然每天做的都是看似微不足道的小事，但是每件'小事'都关系到群众的切身利益，在税务人眼中，群众之事无小事，对每一笔业务都认真对待、耐心处理，力求让大家感受到税务春风。"谢柠妮自豪地说道。

在办税服务厅，服务是一个宏大的命题，更具像在一声声温暖的话语、一个个温馨的举动和一张张温柔的笑脸里。办税服务厅里的故事每天都在上演，主题永远是对初心的坚守和对"非常满意"的追求。临清市税务局将全力打造纳税服务品牌，不断推出创新服务举措，为纳税人缴费人提供更加全方位、个性化的涉税服务，将便民春风吹向每一位纳税人缴费人的"心田"。

"幸福茶馆"税意浓

国家税务总局泰和县税务局　肖　晖　李文铭

"我是刚毕业的大学生，想回乡创业，不知有哪些税收上的优惠政策？"

"抚养3岁以下小孩还可获得个税优惠？不知是不是真的。"

电风扇下，几张方桌，数碟点心，一杯清茶。正值夏日午后，从四面八方赶来的人们围桌而坐，或闲聊，或对着墙上的宣传栏饶有兴致地交谈着。映入记者眼帘的是"幸福茶馆"里的一片热闹景象。

据悉，江西省泰和县螺溪镇政府积极探索文明实践新模式，利用当地人爱喝茶的习俗，投资打造了一家集群众休闲、娱乐、法治宣传为主题的"幸福茶馆"。不久前，"幸福茶馆"入选江西省优秀志愿服务项目。

一进茶馆，记者注意到占了一整个墙面的税收宣传栏。走近细看，宣传内容多为税务部门推出的便民办税措施及新的组合式税费支持政策解读。

"我来采购小龙虾，基地找不着人，原来方老板在这喝茶，这茶馆倒成了时下谈生意的好去处。"说话的是百世太平洋购物中心负责人姚继君。

得知记者的身份，姚继君的话匣子一下就转到了税收上。据她介绍，近日，泰和县城的今日购物、国光、天虹等几大超市都挂出了"国家退税减税，市民分享红利""进店享清凉，领券享优惠"条幅。"得益于留抵退税扩围政策，我们购物中心30多万元的留抵退税快速从'纸上'流到了'账上'，让我们更有底气发放大量优惠券。企业受益了，我们理应下调部分商品的零售价，将退税减税实惠装进寻常百姓的购物篮，欢欢喜喜拎回家。"

"税务局的便民措施真是杠杠的！"姚继君口中的方老板抢过话题。方老板名叫方健军，是螺溪镇村民，近年来他带动农户养殖优品稻虾，养殖规模已达1.3万亩，年产值9000万元。2022年上半年，税务人员到幸福茶馆征集纳税人意见，方健军提出了要尽可能方便乡镇农户代开税务发票的诉求。泰和县税务局高度重视，并立即付诸实施，在幸福茶馆附近安装了一个自助办税机。"没想到税务局对我们的诉求响应会这么快！因为小龙虾多是晚上称重装车，凌晨起运，现在家门口24小时不打烊的自助办税机让送货员随时可以开到税务发票，保证了货、票同行，减少了货款结算上的许多麻烦。"方健军伸出了大拇指。

记者注意到墙上有一则江西锦锋诚电器有限公司招聘工人的启示，巧合的是公司办税员王华兰也是螺溪人，当天她休假也来到了茶馆喝茶。

据王华兰介绍，她所在的公司是一家从事电动园林工具、电机及铝压铸件生产及销售的高新技术企业。2022年来，税务部门多次通过"赣税行""惠企通"服务平台向企业精准推送税收新政。正是留抵退税、税费缓缴、研发费用加计扣除等一系列税收优惠政策让艰难前行的企业缓过了劲，也让公司有信心加大研发费用的投入，新产品的突破让公司的产能实现了逆势上行。目前，公司开辟一条新的生产线，拟招聘20名生产工人。

"我每次休假都喜欢到这里喝茶，在幸福茶馆不但能够了解税事，还方便招聘员工。"王华兰的语气有点小激动。"是快速到账的500多万元留抵退税保住了员工的饭碗，哪怕是最困难的时候我们公司也没有裁减一名员工。"

"我们要把幸福茶馆打造成税情窗口。"国家税务总局泰和县税务局党委书记、局长沈燕说出了她心中的打算。据悉，幸福茶馆运营以来，该局创新推出茶馆接访、邀请代表委员进茶馆等活动，深入体察税情、倾听民声，收集纳税人意见、建议近百条。同时，该局还组织税务专家团队，采取现场解读和视频讲座等形式，先后十几次到茶馆宣讲便民办税措施和税收政策，受众达3000多人，幸福茶馆已然成为了征纳"连心桥"。

税惠助力"特""优""精"
农业产业共享丰收喜悦

国家税务总局阳泉市城区税务局

金秋丰收日，五谷丰登时。近日，在阳泉市城区义井镇小河古村，锣鼓喧天、热闹非凡，来自全市近百家农业产业化龙头企业参展阳泉市2022年中国农民丰收节暨富硒农产品展示展销推介会，辖区各类"特""优""精"涉农企业亮相展会，交流致富经验，共享丰收喜悦。

一、精准帮扶，为特色农业添"活力"

"真是企业的脚步走到哪，税务帮扶就跟进到哪。今天来参加展销会，没想到税务网格员也带着政策过来了。我们企业能在传统农业的基础上闯出自己的特色，多亏了税务部门的精准帮扶。"阳泉市圪台欣晟农业科技有限公司财务负责人石润兰激动地说。

据悉，近年来，圪台村与阳泉市圪台欣晟农业科技有限公司财密切合作，合力打造农业采摘及休闲观光园，让传统农村农业"活"了起来。在圪台村发展"农业+旅游"产业过程中，国家税务总局阳泉市城区税务局税收网格员多次深入田间地头，对农产品种植、农家乐开办、农产品采摘等环节的涉税问题给予"一对一"精准帮扶，同时依托征纳互动平台，对企业进行政策精准推送、办税智能引导、诉求及时响应，进一步满足了纳税人办税需求。

二、优化服务，为优质农业添"便利"

"我们主要生产富硒蔬菜和富硒小杂粮，是咱们阳泉唯一一家面向高端市场有机富硒同时得到认证的农产品加工公司，也是打响红色品牌的主阵地。近年来，税务服务越来越便捷，我们企业更加省心，发展也有了长足的后劲。"阳泉市润旭小杂粮加工有限公司法人王润旭介绍道。

据了解，近年来，为支持优质农业产业健康发展，阳泉市城区税务局在精准落实税收优惠政策的基础上，为企业推出定制化服务，建立涉农企业管理台账，针对企业经营范围量身定制辅导方案，结合企业经营实际，梳理适用政策，引导企业应享尽享税收政策红利；全力打造便民服务中心，开辟绿色通道，助力涉农企业及时快捷办理涉税事项，进一步提升企业获得感和满意度。

三、线上问需，为精品农业添"动力"

"养殖业是发展农业的重要支柱。我们企业每年向阳泉及周边市场提供鲜蛋 70 余万公斤，带动附近农户 300 余户。近年来，有了税收政策的助力，有更多资金用于技术升级，我们的养殖规模不断扩大。2022 年我们已经享受税收减免 60 余万元。"阳泉市顺泉禽业有限公司负责人李建强自信满满地说。

据了解，该企业坚持高标准、高投入、高产出的饲养模式，利用技术和管理优势积极为周边养殖场提供服务，带动了我市养殖业健康发展，促进农民增收、农业增效。近年来，为确保减税降费政策有效落地，助力辖区精品农业充分发挥辐射带动作用，阳泉市城区税务局成立远程帮办服务团队，对企业开展线上问需服务，全力打造集咨询、辅导、办理为一体的"云帮办"模式，确保纳税人诉求得到及时有效回应。

下一步，城区税务局将立足阳泉实际，紧跟市场需求，聚焦税惠政策有效落实、税费服务不断优化，助力辖区优势产业发展壮大。

保活力　算好账　助推全域旅游发展格局

国家税务总局陵水黎族自治县税务局　李佳佳

旅游业作为海南自贸港建设的三大主导产业之一，其重要性显而易见。但在新一轮疫情影响下，陵水县旅游企业严格实行"熔断"机制，从而出现了资金短缺等问题，如何尽快恢复市场活力，重振旅游行业，自然备受旅游企业纳税人的关心，而伴随着陵水县留抵退税政策的快速实施，这一困境得到有效缓解。

一、"走出去"贴近企业，把政策送到身边

海南畅佳农旅科技有限公司的主营业务为"旅游+农业+现代服务业"，其投资建设的以咖啡为主题的省级共享农庄创建试点项目——《云上牛岭》位于陵水县光坡镇黎万村牛岭山。自项目建设以来，通过深耕咖啡文化，发动周边农民参与，吸引不少游客的同时也为带动农民增收、服务乡村振兴贡献一份力量。

但是受疫情影响，畅佳农旅与其他同行一样，都出现了客流量不足、人员配备困难、园区运营不景气的情况，"我们的员工有一半来自三亚，在疫情防控期间，全部滞留在家里长达半个月以上，在没有收入的情况下，除了正常的日常开支以外还要保障员工，特别是农民工的所有工资福利，使得企业面临经营成本和维持运转的巨大压力。"畅佳农旅负责人介绍。

通过运用税收大数据分析，陵水县税务局在发现该公司符合增值税留抵退税条件后，税务人员便第一时间与企业取得联系前往项目现场，点对点精准推送政策内容，一对一精细辅导退税申请，经过实地调研核实，帮助企业算好"政策红利账"，让企业在极短时间内享受到最新政策，为企业纾困解难。

"11万的退税款真是雪中送炭，尤其是在项目工程款即将付不出来的情况下，让项目建设得以顺利进行。这一政策的出台提振了企业信心，稳定了员工情绪，让我们肩上的担子也轻了不少"畅佳农旅负责人感叹。

二、"请进来"答疑解惑，让退税加速直达

为帮助纳税人理解政策、享受税收优惠，加快退税办理进度，陵水县税务局多次召开税企座谈会，邀请退税金额大、信用度较高的企业进行面对面交流，解决企业退税中遇到的疑难杂症，全力消除堵点、痛点，助力企业退税直达快享。

自 2022 年 4 月增值税留抵退税政策实施以来，海南富力海洋欢乐世界开发有限公司申请增值税留抵退税 3 笔，合计 1.66 亿元，已成功退到企业账户，该公司财务负责人表示："留抵退税政策的实施对公司运营起了至关重要的作用，受近期疫情影响，游乐园客流量大幅减少且运营成本较高，留抵退税款项可以用来发放员工工资和维持游乐园运营，同时还可以用在加强园区建设、促进园区优化升级方面，为疫情缓和之后游乐园恢复运营奠定了强而有力的基础。"

通过留抵退税政策的实施，将税款以"真金白银"的形式实实在在地退还企业，起到了"帮一把、渡难关、扶一程"的作用，有效解决了企业困境，为旅游市场"输血""活血"，陵水县税务局将继续推动留抵退税政策落准落稳，激发陵水旅游市场活力，助推全域旅游深入发展，共同打造"处处有旅游、行行加旅游"的全域旅游格局。

精准落实制造业缓税政策

国家税务总局宁武县税务局

制造业中小微企业延缓缴纳以来，国家税务总局宁武县税务局通过精准滴灌、精细辅导、精简办理推动政策落实落细，切实缓解企业资金困难和经营压力，更好发挥税收服务宏观调控作用，助力经济社会平稳健康发展。

一、精准滴灌，企业发展动力十足

位于宁武县西城移民区的山西怡玟服装服饰有限公司，主要从事经营服装生产销售。受疫情影响，该公司面临着订单压力大，货款回收困难等问题。

"缓税政策发布后，税务部门工作人员第一时间告知我们企业符合条件，并在线指导我们通过电子税务局办理缓税 86900 余元。"山西怡玟服装服饰有限公司负责人马军表示，"不断加码的缓缴政策和全方位、个性化、持续性的纳税辅导，为我们企业渡过难关提振了精神，注入了活力，让我们对未来发展充满信心。"

政策落实除了要迅速，更要精准和实效。缓税政策实施以来，该局主动谋划，精心部署，依托税收大数据平台，主动甄别符合优惠条件的市场主体，"一对一"精准推送政策助力税惠红利"精准入袋"。充分发挥"项目管家"作用，逐户摸底，问策于企，及时解决政策落实中出现的各种问题，千方百计解决企业心中顾虑，为企业稳发展、强信心、蓄动能。

"缓缴税费充分体现了减税降费的提质升级、精准施策，旨在帮助制造业中小微企业应对疫情冲击和经济不确定性，有利于有效缓解企业资金压力、夯实制造业基础，对保民生、稳就业意义重大。要确保符合条件的企业应免尽免、应退尽退、应缓尽缓、应抵尽抵。"该局党委书记、局长刘文俊表示。

二、精细辅导，税费"红利"应享尽享

宁武县安旺混凝土有限公司是一家以建筑材料加工，混凝土搅拌、经营、销售为主的企业，随着城市基础建设、重点项目的不断推进，该企业抢抓机遇，不断做大做强，承接了众多重点项目的材料供货。去年以来，因疫情影响，建筑工程回款慢，资金垫付量大等因素一度导致企业发展困难。2022 年 3 月 1 日，来自税务部门的一通政策辅导电话让该公司的财务负责人侯二礼感受到了一阵"春雨"，他感叹道："对我们这样的中小微企业来说，'缓一缓'意义不同

寻常。企业去年四季度享受的缓税在关键时刻帮了我们一把，现在又延长了6个月，等于获得了9个月的无息贷款，近期又陆续为我们办理几十万元的缓税，为我们抢抓时间，加速完成订单增添了信心。企业发展后劲十足！"

好政策还需好宣传。延续缓税政策出台后，宁武税务部门结合"我为群众办实事与便民办税春风行动"，组建青年党员业务骨干组成的服务工作专班下沉纳税服务一线，针对企业特点、办理节点及需求，开通服务专线，开展"一对一""点对点"的精准辅导，答疑解惑，确保企业应知尽知；各税源管理部门创新管理方式，组建"网格群"，设立网格员，充分利用税企微信、征纳互动平台等方式，采取线上线下方式，多渠道、多手段地直通快享机制，综合施策确保企业应享尽享。

三、精简办理，纳税服务提质增效

为推动税费优惠政策直达快享，该局在简化退税流程方面下功夫，通过电子税务局主动向符合条件的纳税人推送退税提醒，纳税人在申报当月（季）税款的同时，只需点击确认就可以一键享受符合缓税政策的退税。

"本以为申报享受缓税政策要花很长时间去填表、写说明、提供资料，没想到跟着电子税务局的页面指引，几秒钟就完成了业务办理！"宁武县阳方口华泰工贸有限责任公司财务负责人王美英为税务速度点赞，"只需我们在手机上点击几个按键，几万元的缓税金额就到账了，缓解了我们的资金压力、提振了企业发展信心。"

为确保疫情防控期间"纳税服务不打烊，办税缴费不断档"，宁武县税务局坚持疫情防控与业务工作"两手抓"，保障各项工作正常开展。第一时间开通退税"绿色通道"，通过免填单、批量办理等方式简化退税流程，确保应退尽退。在退税后及时提醒纳税人税款已退至其账户，切实将缓税政策措施落实落细，不断提高纳税人满意度和获得感。

下一步，宁武县税务局将紧扣精密、精准、精细、精干"四精"要求，大力推进夯优专项行动，落实落细减税退税政策，高标准打造"宁税捷办"服务新品牌，确保税收服务响应不延时、供给不断档，为地方经济高质量发展提供税务力量。

源头活水拓宽宁陕生态富民路
——宁陕县税务局落实税收优惠政策综述

国家税务总局宁陕县税务局

日前,陕西悠然山酒店管理有限公司财务负责人激动地给税务人员打来了电话:"我们今天早上通过电子税务局提交的退税申请,下午款项就到账了。足不出户就能收到留抵退税款,我要为国家的好政策点赞,也要为你们的税务服务点赞!"这只是宁陕县税务局积极落实税收优惠政策的一个缩影。近年来,宁陕县税务局将政策落地作为国之大者、县之大事、税之大局,以"税务蓝"助力"宁陕绿",有力促进农业兴、乡村美、农民富,为稳经济促发展做出了积极贡献,绘就了一幅生态富民的美丽画卷。

一、税惠"春风",吹暖绿色农业"一池春水"

"没想到这么快就收到91万元退税款,效率太高了,真是让我们打心眼里感到温暖啊!"一笔迅速到账的增值税留抵退税款,让宁陕梦阳药业饮片有限公司负责人石文超感受到扑面而来的"春风"。

宁陕梦阳药业饮片有限公司是中央办公厅定点帮扶宁陕县引进的产业项目,也是一家以中药材生产加工为主的小微企业。公司每月各类药材出库量达12吨左右,年销售额在2000万元以上。固定用工达20余人,且大多为当地农民,人均月收入3000余元,直接带动了村民在家门口就业增收。

"此次退税只是贵局服务我们企业的一个缩影,我们公司一方面深刻感受到了国家支持企业发展的各种政策利好,另一方面感谢安康市税务局对每家企业的关心和支持,也深刻体会到了宁陕县税务局尽心尽力帮助企业的服务精神……"几天后,石文超的感激之情化作一封情真意切的感谢信,邮寄到了安康市税务局的局长信箱。

"留抵退税款到账后,我们第一时间把它用到农产品深加工和中药材提取的技术改造升级上。作为宁陕县中药材产业链的龙头企业,我们公司将充分利用税收优惠政策红利,推动产业发展,助力乡村振兴。"石文超表示。

宁陕地处秦岭中段南麓,该县聚焦山林经济结构,结合区域优势,大力发展以林果、食用菌、中药材和特色养殖为主的产业体系。宁陕县税务局积极服务乡村经济,推出定制服务套餐,把纳税课堂开到田野乡间,为涉农企业、农村合作社等市场主体讲解好、落实好各项优惠政策,提升税务服务地方经济发展水平。

得益于得天独厚的资源优势，宁陕县越来越多的群众享受到生态红利，不少村镇依靠生态资源走上富裕路。

据宁陕县梨子园养蜂专业合作社理事长周世红介绍，该合作社近年带动5镇7村310户农户通过发展产业、园区务工等致富增收，实现户均年增收1万元以上。"包括税务部门在内的各级政府部门，对养殖场建设给予很大支持，经常主动上门问需求送服务。现在合作社生产'疯婆娘'系列生态蜂蜜产品已销往四川、河南等地。"周世红说。

宁陕县税务局采取"分户到人"的帮扶模式，消除购销环节涉税"壁垒"，指导发票开具，畅通产品销售渠道，帮助享受税费减免优惠，助力宁陕品牌走上更广阔的市场。同时积极与财政局对接，由财政部门牵头组织，将122户农民专业合作社集中交给专业财务公司统一办理账务管理、纳税申报等事宜，减轻纳税成本，提高生产经营效率。

二、精准扶持，激发企业发展"动力"

"因为疫情波动，原材料和运费不断涨价，近期公司的资金链压力很大，二期厂房扩建又需要大量资金，我正在发愁呢，没想到能享受到制造业中小微企业税费缓缴优惠，税务部门又为我们办理了发票增量申请服务，这样2倍速的服务真是解了我的'心头难'。"陕西可利雅纺织科技有限公司负责人袁小忠由衷感谢。

陕西可利雅纺织科技有限公司成立于2020年，注册地位于陕西省安康市恒口示范区宁陕飞地经济产业园区。该公司数字化工厂项目一期已建成投产，一天可以生产约20吨成品绒布，可用来加工毛绒玩具、服装鞋帽等多种产品。

制造业中小微企业延缓缴纳税费政策发布后，宁陕县税务局利用税收大数据，第一时间筛选符合条件的企业，并通过电话、特服号等向企业负责人和财务人员精准送达优惠政策。考虑到飞地工业园区企业众多、情况复杂，当可利雅公司提出发票增量等需求后，宁陕县税务局主要负责人王永刚当即决定，由党委委员陈国祥带领"宁税先锋"服务专班上门，将专属服务送达纳税人。在帮助企业办理业务的同时，还主动向企业解读税收政策，实现了"工作专班快响应，精细服务伴企行。"

宁陕县税务局自针对"身在异地"的企业管户，成立"宁税先锋"税务专班服务团队以来，一直坚持为企业提供个性化、专业化、差异化的全流程涉税服务，让"身在异地"的企业感受到"税务管家"在身边的服务体验。袁小忠赞叹道："宁陕县税务局的同志一直是有求必应、有问必答、有需必到，不但及时上门辅导解答了我们的疑问，还手把手教我们如何在电子税务局上操作，我们把享受到的税费优惠投入企业产品研发和技术改造，'走出去'的底气更足了！"

三、精细服务，迸发生态旅游"活力"

"欢迎体验冲浪乐趣，畅享碧波环绕泳池清凉……"入夏以来，停业许久的安康市宁陕县筒车湾景区一开业便迎来如织游客。

筒车湾景区是一家 AAAA 级休闲景区，主打山水相融户外水上乐园项目。近几年由于宁石高速建设等因素影响，景区一直处于停业状态。"停业期间没有收入，工资支出、租赁费用都是一笔不小的开支，税务部门一直很关心我们，全靠税费优惠政策支撑下来。"景区财务负责人李卫东说道。

作为宁陕县税务局的重点困难企业纾困对象，税务部门定期为筒车湾景区梳理适用的税费优惠政策，通过"一企一策、一户一册"进行精准辅导，同时上门指导企业办理减免税申报和退税业务，仅 2021 年就实现退税款 21 万余元，真金白银缓解了景区资金流压力。7 月 2 日，阔别三年的筒车湾欢乐水世界完成了"变身"恢复开放，源源不断的游客纷纷前往邂逅盛夏。

得益于"中国天然氧吧"的"牵引"，一批又一批的游客前来宁陕度假、游玩、休憩，城市人的田园梦和乡村人的产业梦在这里交织融合，共同绘就生态旅游样板图。

经营秦岭四季滑雪馆、秦岭峡谷漂流的宁陕县山水文体旅游有限责任公司十分看好这里的生态游前景。"税务部门对我们企业的帮助很大，经常送政策、送服务，帮助解决困难。"公司负责人林晋炎说，留抵退税款让企业有了更充足资金投入乡村生态旅游产品开发，不仅缓解了企业生产经营压力，也为乡村旅游产业振兴贡献了力量。

据调查统计，截至目前宁陕县有 37 户企业办理留抵退税 1100 余万元，缓解了企业成本上涨压力和现金流不足的困难。民营企业较去年同期增长 52 户，增长 14.13%，税惠政策享受面达到 100%。随着政策的持续深入和税惠红利的不断释放，将更加提振市场主体的发展信心。

宁陕县税务局党委书记、局长王永刚表示："今后将积极助力县域经济稳住基本盘，持续优化税收营商环境，以实实在在的退税减税礼包、不断加码的精准个性服务，帮助企业轻装上阵、放手发展。"

用心用情构建纳税服务新格局

国家税务总局昌黎县税务局

2022年以来，昌黎县税务局为深入贯彻落实《关于进一步深化税收征管改革的意见》精神，聚焦纳税人需求，整合再造流程，细化服务举措，降低征纳成本，用心用情构建纳税服务新格局，以"精细服务"推动税收营商环境和纳税人满意度双提升。

"您好，昌黎县税务局远程帮办中心，请问有什么可以帮您？"在常态化疫情防控形势下，远程帮办中心发挥出应有的优势，配备10名"一窗通办"业务骨干，确保"帮办进得来、问题解决快"，目前帮办中心日均受理业务120余笔。同时，以远程帮办为基础，整合"不满意请找我专席"及"分局网格化联络员"，开设以大厅资深业务骨干韩焕玉为主力的"韩姐热线"，集中15名业务骨干成立党员先锋精英团队提供专业政策解答，形成"远程帮办中心—专属联络员—'韩姐热线'—精英团队"递进式服务闭环，承诺24小时答复纳税人涉税问题，做到事事有回应、件件有着落，得到纳税人缴费人广泛好评。

"现在申报、交税、领发票在家门口就能办了，不用开车跑城里了，原来1小时现在10分钟，太方便了。"河北昌黎海昌粉丝厂的财务人员马卫国说。

针对昌黎县税源分布较广且农村纳税人占比较大的现实问题，昌黎县税务局依托5G智慧办税服务厅，改造升级"5个基层分局办税服务室+1个城区分局网厅"，打造"10分钟+10公里"的"双10办税圈"，构建更加省时、省力、省事的"五室两厅"纳税服务新格局。秉承"党委服务于全局、机关服务于基层、全局服务于纳税人缴费人"的基本原则，耗资19.3万元对基层分局办税服务室进行升级改造。统一办税服务室标志标识，设置17台自助设备终端，以网格化布局实现就近办税。同步制定《办税服务室运行规范》，确保办税服务室规范高效运行。目前可承接分局所辖企业90%以上税费业务，最大限度服务农村分局管辖的纳税人、缴费人，减轻办税服务厅压力。运行三个月以来，办税服务室共办理涉税业务4200余笔，办税服务厅日均人流量降低35%，有效提升纳税人缴费人满意度和获得感。

在服务特殊群体上，昌黎县税务局作为全省特殊人群服务试点单位，倾力打造"联心服务"品牌，以"便捷、尊重、关爱"为核心，为特殊群体带来畅通无碍的办税缴费新体验。

"税务局智能便捷的设施、安全舒适的环境、贴心周到的服务都是能真正帮助到我们残障人士的，让人非常感动。"昌黎县励志传媒有限公司负责人刘超在参加昌黎县税务局举办的"有爱"助"无碍"特殊群体纳税体验活动时表示。

昌黎县税务局实地走访分析县域内各类特殊人群办税缴费现状及实际需求，按照老年人、残疾人、孕妇、退役军人、A级纳税人、高新技术企业、非居民企业等类别，研讨不同类别服务举措，制定《特殊群体精细服务办法》，打造定制化、无死角、广覆盖的特殊人群服务体系。聚焦办税难点，升级打造全市首家"无障碍办税厅"，改建无障碍卫生间、无障碍通道等硬件设施，配齐爱心轮椅、紧急呼叫铃、便民服务箱等便民物品，设立无障碍咨询专席，配备沟通专用平板电脑，提供在线手语视频翻译、代拨电话等个性化办税服务。开通特殊群体绿色通道，提供免叫号、免排队、即办理等"一站式"服务，配备服务专员，实现无障碍一对一全程"陪办"。

此外，政策宣讲团队开展助残企业考察，为宏兴钢铁等多家助残扶残企业配备税费业务顾问，大力宣传安置残疾人税收优惠政策，目前已成功引导7家企业解决95名残疾人就业问题。建立税务、县残联、工商联协同的残疾人创业扶持机制，依托残疾人创业园，组织创新开设盲人按摩、手工艺品制作等技能项目，举办残疾人直播带货活动，由税务干部现场对直播带货涉税问题进行解答，为残疾人创业提供有力支撑。

税惠添力 "小巨人"迸发"大能量"

国家税务总局罗田县税务局

"7年前这里还是一片黄土地、现在我们已经建成了50多亩的现代化厂房，电容器工艺技术更是取得重大突破，达到国际先进水平，市场占有率占据全国第二，这既源于企业自主创新，更源于税收优惠政策的鼎力支持！"湖北海成电子有限公司办公室主任秦清华说道。

走进湖北海成电子生产车间，只见一台台智能化生产设备正在高速运转，几名工人穿梭其间辅助作业，一个个电子元器件在工人们的手中成型，经过质检、包装，发往全国各地。

"别看这个电容器个头小、不起眼，他就和我们企业一样充满无限潜能和巨大能量"湖北海成电子财务主管周君玉指着生产线上的制作精良的产品介绍说，"我们现在已建成110条各系列电容器生产线，一天出货量可以达到20万—30万颗，年产值能达1.7亿元。"

据了解，湖北海成电子有限公司是一家智能制造的现代化企业。主要从事电容器及其材料，配件的研发、生产、销售和服务。其生产产品科技含量和自动化程度高，被广泛应用到高端电子电路产品、汽车电子、智能设备、航空航天及军工等众多领域。

一、十年磨一剑，坚守创新路

近年来，湖北海成电子通过行业资源整合、设备效率提速、智能生产改造、产品研发导入等一系列举措，加快企业创新改革，先后申请各项授权专利17件，并顺利通过高新技术企业认证、省级专精特新"小巨人"企业认定，连续3年主营业收入保持15%以上增速。

"源源不断的税惠政策，让我们企业在创新路上的每一步都走的铿锵有力"周君玉感激的说到，"减税退税获得感越来越足了，近3年，我们享受各项税费优惠近1532.54万元，特别是2022年研发费用加计扣除比例提升，制造业中小企业延缓缴纳'五税两费'和社保费缓缴政策出台，以及增值税留抵退税等政策的精准滴灌，极大解放了我们企业资金，让我们有更多资金投入到生产研发中去。"

二、为助力专精特新企业发展壮大

近年来，罗田县税务局精准分析"专精特新"企业情况，建立"一户一档"企业成长档案，组建专业政策辅导团队，逐个为企业量身定制税费优惠政策套餐，通过上门走访、电话、云服务等形式，精准辅导企业申报享受各项税惠政策，实时帮助企业梳理、解决涉税过程堵点问题，协助企业算清税费优惠政策实施的"效应账"和"红利账"，用实实在在的税惠红利，助企业赋能蓄力、减负提速。

税惠添力，企业减负。罗田县税务局党委书记、局长丁安国表示，下一步将继续全力落实新的组合式税费支持政策，做实精准推送、精细辅导、精心服务，助力更多企业发展成为专精特新"小巨人"，为县域经济发展注入"大能量"。

精英团队辅导　助力市场主体纾困解难

国家税务总局铜鼓县税务局

为深入推进营商环境优化升级"一号改革工程",2022年以来,铜鼓县税务局组建"精英服务团队",以最快响应、最实举措、最暖服务,最大程度帮助市场主体纾困解难,不断提升纳税人、缴费人的获得感和满意度。

一、创建"精英型"辅导团队

该局组建精英型辅导团队人选库,将入选省税务局、市税务局各类专业人才库人员和取得"三师"等中级以上职称相关税收业务骨干以及实操经验丰富的中层以上干部纳入,并把"线上+线下"方式收集到的市场主体困难诉求,作为"精英型"辅导团队攻克的目标,每次从该团队人选库中抽调3至5名骨干,对个性涉税疑难进行分类识别、精准施策,动态跟进。辅导团队按辅导事项解决难易程度进行分类,其中重大辅导事项,辅导团队由相关分管领导带队;次要辅导事项,辅导团队由相关中层干部带队;一般辅导事项,辅导团队由相关业务骨干带队,深入企业指导,"面对面"交流,力求做到情况在一线了解、问题在一线解决、矛盾在一线处理。

二、推行"点菜式"精准服务

主动问需,该局"精英型"辅导团队通过税收智慧大数据平台甄别、分管领导带队上户问需、管理员及时汇报、微信平台沟通等方式统计出有需求对象,汇总包含申报、纳税、纳税人信用等级、留抵退税、股权转让、企业纠纷等21个问题类别的《企业诉求明细单》,并依托大数据平台,主动甄别符合享受优惠政策条件的纳税人、缴费人,精细梳理税收优惠政策,将"真金白银"送入企业。精准把脉,派出服务团队提供专业化的精准服务,因需而去,靶向定点,通过分析企业资料、查找问题堵点,召开"诸葛亮会"、团队会商把脉,逐个解决企业难点、痛点、堵点,力求以最短的时间、最暖的服务、最实举措化解企业难题,帮助企业正常经营、高质量发展。个性服务,通过上门回访、税企微信群联系、电话沟通等多种形式,了解企业涉税问题解决情况,进一步帮助形成"一企一策"清单,从而持续提升纳税人缴费人的获得感和满意度,切实优化营商环境。据悉,2022年以来,该局精英型"辅导团队已帮助当地28家公司走出困境,在微信群线上服务企业212户(次),与22户重点企业开展"线下服务直通",为企业提出创新研发、品牌升级等专业性意见55条。

今后，该局将把精英团队辅导服务作为常态化服务举措，更加注重需求导向，哪里有需求，精英团队就辅导服务到哪里，做到诉求响应更及时、问题解决更迅速、分类服务更精细、税收共治更聚力，努力为深入推进营商环境优化升级"一号改革工程"、助力铜鼓县打造营商环境一等县贡献"税务力量"。

听诊把脉问需 开方下药解难

国家税务总局梁山县税务局

"小店经济"是城市总体经济的"毛细血管",个体工商户作为数量最多的市场主体,也是群众生活最直接的服务者。2022年以来受到各种不利因素冲击,大多数个体工商户面临客源减少、成本上升、资金紧张等实际困难。梁山县税务局聚焦个体工商户的难点堵点痛点,以更直接的税收优惠政策,更有效的帮扶措施,助力"小店经济"重焕生机。

一、税费减免纾难解困出实招

受疫情影响,不少个体工商户在复工复产时面临现金流吃紧。杨绍省在梁山县老城区经营着一家纸箱加工厂,因为物美价廉、价格公道,在当地小有名气。2022年因受疫情影响,连续两个多月无法正常营业,销售收入甚微。"多亏了阶段性减免社保费政策,才缓解了我的燃眉之急!9月以前,我们店里享受了增值税免税、企业三项社保费减免和医疗保险减半征收等共计2万元税收优惠,这笔钱正好够把这之前拖下的材料款结了,压力小了,能接待的顾客也多了。"杨绍省高兴地说。

二、"税银互动"引来资金活水

梁山县衫木厨具加工厂是一家生产厨具的个体工商户。受疫情影响,货款收回大都需要延迟1至3个月,资金周转出现压力。"没想到个体工商户也能顺利办下来信用贷款,通过'税银互动'平台真是省了不少心。"负责人王志业笑着说,税务部门主动和农商银行对接,帮助他们顺利申请到了"云税贷"10万元,一拿到贷款就立马支付了购买原材料的款项,心里总算是踏实了。

三、税收优惠助企爬坡过坎

个体工商户规模普遍较小、抗风险能力较弱,在疫情暴发后,国家连续出台了"减、免、缓"等一系列税收优惠政策,最大力度支持个体工商户爬坡过坎,逆势起航。

小树林烧烤在梁山县老城区已经营了18年,是当地的人气烧烤店,在疫情冲击下,烧烤店前三个季度营业额不及往年同期的两成,一度让老板岳跃明陷入担忧。在详细了解烧烤店实际困难后,税务部门主动为小树林烧烤送来了退税减税免税优惠政策。"享受税收优惠政策,小树林烧烤店全年预计可减免税费约20万元,对我们来说真是雪中送炭。"岳跃明兴奋地说。同样让个体工商户获得感满满的是个税缓缴政策。"平均每个季度个税应缴纳4万多元,三个季度就是十几万元,能缓缴意味着我们有更多资金可以周转了,这可是实实在在的帮扶啊!"受疫情影响,店里生意较之前有较大幅度下滑,个税缓缴给了他恢复经营的信心。

　　以税惠滋润,助个体工商户花开遍地,梁山税务部门将持续落实好有关税费优惠政策,不断优化各项办税服务体验,进一步提升纳税服务效能,为厚植个体工商户贡献税务力量。

社保缓缴再添力　企业减压增信心

国家税务总局沛县税务局　李　宁　王姿懿

"政策来得太及时了，缓缴的社保费为公司的资金运转起到相当大的润滑作用，真给力！"徐州华发股份有限公司财务负责人赵广东激动地表示。

2022年以来，面临严峻复杂的形势，市场主体经营困难加大。为进一步稳增长保就业，中央决定扩大阶段性缓缴社保费政策实施范围。国家税务总局徐州市税务局主动问需、靠前服务、精准推送，着力推进阶段性社保费缓缴政策落地落实，助力企业纾困解难，持续激发市场主体活力。

徐州华发纺织股份有限公司成立于2014年，是一家从事棉纱、棉布、纺织品加工、生产、销售的企业。2022年受疫情影响，生产经营遇到了困难。税务人员了解情况后主动服务、精准辅导，为企业送去"及时雨"，缓解了企业生产经营压力。

据徐州华发纺织股份有限公司财务赵广东介绍，2022年以来企业享受社保费缓缴10万余元，这笔钱就相当于一笔无息贷款，不但帮助企业减轻了资金压力，也保证了员工的养老保险、失业保险和工伤保险待遇，让企业有了直面困难的信心和底气，该企业法人吕高厂用六个字作了概括："很贴心，很温暖。"

同样受益于社保费缓缴政策的还有徐州市华晟纺织有限公司。"疫情反反复复，企业生产线时开时停，产能大幅减少，收入下跌，资金周转受到一定程度影响。"徐州市华晟纺织有限公司财务负责人卞思常正为资金紧张发愁时，税务部门第一时间送上社保费缓缴政策，使他安心了不少。"税务人员告知公司可以申请缓缴基本养老保险费、失业保险费、工伤保险费，给了我们持续发展的信心。"

据悉，社保费缓缴政策出台后，沛县税务局一分局工作人员及时通过税企微信群、大厅宣传栏等线上线下相结合的方式，向企业宣传政策，把各类申办指南、办理攻略送达经办人员手中。针对有疑难问题的企业，安排"税务管家"以"一对一""点对点"方式解惑帮扶，提高了企业申请缓缴业务的效率。

在税务人员的辅导下，卞思常很快在电子税务局上完成了社保费缓缴申请。"公司截至目前已实现缓缴金额23.7万元，不仅极大地缓解了资金周转压力，还可以利用这笔资金更合理配置资源。"卞思常兴奋地说。

下一步，国家税务总局徐州市税务局将会继续以税收大数据为支撑，结合企业需求，主动对接，提供"一对一"精细服务，并通过税收行业顾问解答企业涉税费难题、实地上门走访等多种形式加强新的组合式税费支持政策的宣传辅导，推动政策红利又快又准落入企业口袋。同时，在关注度较高的后续补缴等工作中，认真做好业务指引，在缓缴期限到期前做到及时提醒，确保消除企业后顾之忧，减轻企业生产经营负担，助力企业放心大胆前行。

畅通办税便民路　优化营商"软"环境

国家税务总局来宾市税务局　庞丽萍

近年来，来宾市税务部门持续将税务"放管服"改革向更深层次、更高水平推进，随着办税缴费便利化改革进程推进，营商环境"土壤"土质更优、肥力更足、养分更多，纳税服务"服"出效率，刷新"税务速度"，万千市场主体持续感受到纳税服务升级提速带来的改革红利。

"没想到一项业务的背后有这么多道审核，纳税人能够快速收到退税款，离不开税务人员每一个环节的高效办理。"象州县政协委员、广西象州正华温州工业园实业有限公司法人徐天松在办税服务厅亲身体验了办税服务"加速度"，对线上办理实名认证、一键零申报、容缺办理等高频事项服务连连称赞。"这个活动形式新颖，从第三人的视角体验纳税服务，为税费服务'把脉问诊'，让政策落地效果打折扣的'肠梗阻'现象更少，也让我们看到了政策直达快享背后税务部门付出的努力。"

如何让企业享受优惠政策更省心？6月以来，来宾市税务部门对标纳税人缴费人所需所盼，对照便民办税春风行动的要求，持续优化调整服务事项，持续邀请各级人大代表、政协委员、特定行业纳税人代表等担任税费服务体验师，通过"操作系统亲自办""走进大厅陪同办""深入一线体验办"等方式，面对面查找纳税服务中的"症结梗阻"，征求简化办税缴费流程、简并税费报送资料、压缩业务办理时限等税务公共服务方面的意见建议，从源头上改进用户体验，力争填补每一个细小的服务"空白地带"。

在兴宾区，部分购车客户纳税距离远、购车服务体验不佳问题成为距离城区中心远的2家4S销售中心店提升消费服务质量的一道屏障。为了更好助力支持汽车消费各项政策落实落细，帮助汽车销售企业打通服务堵点，来宾市税务部门以智能自助服务体系建设为契机，扎实推进网点布局建设，在2户4S销售中心各安装了1台自助缴费机，让购车客户足不出店就可以办理车辆购置税缴纳业务，也让来宾市双诚汽车贸易有限公司总经理林雪飞一直以来的期盼变为现实。"现在，纳税零距离，上牌零等待，提车速度快，客户对我们的服务更满意了，汽车销量也提高了。"

不久前，金秀县税务局正式启用了新建成的办税服务厅，是进驻县政务服务中心窗口单位中使用面积最大、功能区域最多的单位。新厅不仅将智能办税、自助办税及辅导咨询等功能区域全面升级，还结合了少数民族特色元素装饰，提供更智慧舒心、高效快捷的办税环境，得到了企业和群众的高度评价和广泛认可。

聚焦办优"一个厅",来宾市税务局全面实现"后台管理前移",各县局后台管理团队实质性进驻办税服务厅,基本实现申报比对、发票审批、逾期处罚等8类高频业务事项"一厅办理",全力实现线上线下互通、前台后台贯通、内部外部联通,最大限度减少大厅、分局"多次跑""两头跑"现象。推动城乡居民社保费征收服务点实现广覆盖,推进社保业务"一厅联办""一窗通办"落实落地,让缴费人告别了税务部门、医保部门、社保部门"多头跑"的历史。成立运行"来宾市纳税缴费诉求响应中心",实行"一个中心扎口管理、一个团队全程管理、一套制度规范运行、一个系统跟踪反馈",构建职责明确、接诉即办、无事不扰、协同联动的纳税缴费诉求响应工作机制,解决了纳税人缴费人上门跑或线上诉求响应不及时等问题。自4月22日试运行以来,诉求响应中心累计扎口回应各类诉求20000余件,办结率达100%,实现纳税人有问有答、有问必答、有问准答。

"有了这份缴费指南,缴纳社保费方便多了,在哪缴、如何缴,上面的步骤写得清清楚楚,一部手机就可以足不出户完成社保费缴纳,只需要一两分钟,真是省事又省心。"来宾市税务部门不断优化升级网上办税缴费模式,打造移动办税缴费平台,从传统办税服务厅"窗口办"到电子税务局"网上办"、手机"掌上办",让税费事项从"最多跑一次"到"就近跑一次",甚至"一次不用跑",让家住忻城县果遂镇同乐村村民蓝特丹深感税务部门的拳拳担当和阵阵暖意。为了让群众多学会使用一种缴费渠道,为群众多行一份便利,来宾市税务部门开展城乡居民社会保险费政策宣传和缴费服务活动,送上税费事项掌上办攻略,让群众"一码在手"政策全知晓,用手机轻松办理社保缴费、查询缴费记录,将服务触角延伸至乡村,真正做到"足不出户,缴费不忧"。蓝特丹表示,最后一公里打通了,办税缴费流程更简、时间更短、体验更好、满意度更高。

筑牢一个堡垒　强化七个引领

国家税务总局芜湖市镜湖区税务局

2022年以来，国家税务总局芜湖市镜湖区税务局积极探索党建引领税收中心工作的新路径，以"筑牢一个堡垒，强化七个引领"为核心，不断推进党建工作与税收业务深度融合，着力锻造一支"忠诚爱国、担当奉献、兴税强芜"的镜湖税务铁军，纵合横通齐抓共管，在助推域区高质量发展中贡献税务力量。

一、筑牢一个红色堡垒，激发税务先锋活力

镜湖区税务局始终牢固树立政治机关意识，立足"抓好党务、带好队伍、干好税务"新要求，深化"税跃镜好"党建品牌、"为镜"学习品牌的创建工作，积极推进"模范机关"创立。充分发挥党委"把方向、管大局、保落实"的重要作用，制定《党的建设工作要点》，聚焦党建工作围绕中心、建设队伍、服务群众的根本职责和核心任务，促进党建工作与税收工作深度融合。

二、强化七个党建引领，打出组合出击力量

（一）党建引领+规范管理，让工作立起来

镜湖区税务坚持以党支部标准化、规范化建设为抓手，持续加强和规范机关党支部建设，充分发挥党组织战斗堡垒作用和党员先锋模范作用，通过以支部抓落地，以规范促深入，加强组织建设、制度建设、队伍建设，构建"有主体，建起支部班子；有清单，明确职责任务；有制度，落实组织生活；有载体，发挥品牌效应；有纪律，党员遵规守纪"基层党建工作新格局。

推深做实党委会"第一议题"，并依托"为镜"学习品牌形成理论中心组"带头学"、支部党员大会"集中学"、青年干部"小组学"和党员干部"自主学"理论学习链条，实现以点带面、点面结合，在深学细研中坚定理想信念。

2022年7月起，开展了党委理论中心组学习（扩大）会议暨助推区域经济发展主题研学系列活动，将中心组学习与当前工作紧密结合，进一步提升了镜湖区税务局服务区域新产业新业态能力，牢固树立"提升自我、攻坚克难、久久为功"的发展理念。

（二）党建引领+队伍建设，让工作热起来

镜湖区税务局加强税务青年干部队伍建设，激发干事创业活力，7名90后税务干部充实进

入区局中层干部,以新力量、新活力带领镜湖税务迈新程。加强青年骨干培养,为青年干部成长搭建平台,做到人岗相适、人尽其用。

加强青年干部学习交流,建立6个以"税务红帆"读书会为主要形式的青年理论学习小组,由党委委员、局领导当任指导老师,倡导"讲学""领学",2021年度共计参学500余人次。

2022年以来,镜湖区税务局联合芜湖城市书房项目开展"税跃镜好"党建品牌"书香税务"活动,以青年理论学习小组为载体,按月开展"镜行时"青年论坛,利用高品质的公共阅读空间,为区局年轻干部的交流提供优质场地,促交流、深学习、提素质。

(三)党建引领+品牌建设,让工作亮起来

镜湖区税务局持续挖掘镜湖文化内涵,擦亮镜湖税务亮丽名片,坚持以党建引领激发税务新活力,全力打造"税跃镜好"特色党建品牌,开展了"沉浸式"税宣专列轨道交通税收宣传活动迎接第31个税收宣传月;开展了联合芜湖城市书房镜湖书苑和樵江书苑开展"书香税务"系列活动,在公共阅读空间建立税收党建宣传阵地,开办"镜行时"青年论坛;同时在重要节点开展系列活动,开展了"镜税·青年志"系列活动迎接"五四"青年节和建团100周年,开展了"赓续红色血脉,兴税强国有我"主题党日献礼七一,开展了"青春致敬祖国、喜迎盛世国庆"主题团日活动迎接"十一"。

通过开展特色品牌活动,以党建品牌为轮,驱动党建工作勇闯新路,找准品牌建设切入点,不断宣传推广、深入推进品牌战略实施,擦亮特色党建品牌。

(四)党建引领+业务融合,让工作实起来

在税收征管改革、减税降费、个人所得税制改革等一系列重大改革任务中,成立党委"一把手"任组长的领导小组,成立专项行动组临时党支部,把加强党对税收改革工作的领导落到实处。扎实开展"我为纳税人缴费人办实事暨便民办税春风行动""万名税干进万企"主题活动、社会满意度大提升行动,以党支部为单位对企业开展网格化包保服务,常态化开展走访座谈,解决了一批税收政策落地的"堵点"问题、企业发展的"痛点"问题、企业运行的"难点"难点问题,助力"双战双赢"。

落实各项税收优惠政策,2021年度共落实税费减免2.57亿元,全年办理退税金额7.03亿元,2022年度截至目前共落实税费减免13.14亿元,共办理退税金额5.06亿元。开展好"银税互动",2021年度通过"税融通"发放贷款3472次,共计约5.83亿元。

(五)党建引领+税费服务,让工作暖起来

成立党员突击队、志愿服务队,常态化开展"税收宣传月""税务志愿江淮行""税法六进"主题宣传税费服务活动。通过线上线下分类指导、重点辅导,利用新媒体工具、市局公众号平台、镜湖区政府"镜心办"直播间开展政策宣传和业务辅导。2022年,截至目前,共组织宣传税收政策法规52次、线上推送税费优惠政策50余次,涉及企业6000余户,解决纳税人缴费人困难36件。贯彻落实减审批、减事项、减资料、减证明"四减"行动,严格落实税务首违不罚制度,实行企业开办一日办结，优化税务注销即办服务，实现营商环境新提升，以实际行动给予纳税人安全感、获得感。

（六）党建引领+条块协同，让工作活起来

镜湖区税务局以主动促协同，发挥"块双重"优势共抓党建。加强与地方党委、纪委及党委工作部门的协调、沟通，坚持每半年向区直机关工委报告党建工作开展情况，会同片区单位共同谋划党建交流活动开展，有效整合融合镜湖特色和资源。推动党建工作机制集成创新，实现"横通"的目标。推出党的建设高质量发展两年行动方案（2021—2022年）细化清单，实行机关党建与系统党建、党建与纪检、人事、职能监督、教育培训、考核考评、党建和业务"七个打通"，实现党建工作高效运转、党建责任一体扛牢。

（七）党建引领+志愿服务，让工作树起来

面对疫情，镜湖区税务局以党建为引领，主动融入地方防疫工作、文明创建工作等，服从当地党委政府的统一指挥和安排，成立"党员抗疫先锋队""青年志愿服务队"奔赴抗疫一线、防洪减灾一线和志愿服务一线，党员带头社区志愿服务，协助开展核酸检测、分发居民物资服务困难人群、卡点值守、环境消杀、防疫知识宣传，党旗始终在疫情防控一线高高飘扬。截至2022年9月，镜湖区税务局共有80余名党员干部深入社区，志愿服务时长总计9000余小时，充分发挥了党组织的战斗堡垒作用，为社会稳定贡献税务力量。

"一把手"走流程 服务质效再提高

国家税务总局和田市税务局

为持续优化税收营商环境，切实解决纳税人缴费人所思所愿所盼，和田市税务局党委书记、局长孟敬东围绕退税减税、发票扩版增量等热点难点，采取亲身办、陪同办深入开展"一把手走流程"活动，用实际行动推动纳税服务"走深"更"走心"，全力帮助企业纾困解难，切实推动服务质效再提高。

一、化身"导税员"，陪同办理体验税费服务

化身"导税员"，深入办税服务厅以跟随纳税人全流程办理的方式，从预约取号、退税申请、受理、审核，全程陪同和田昆天房地产开发有限公司办税人员丁海伦办理了增值税留抵退税业务。

"真没想到今天是孟局长亲自陪着我办业务，还为我解答了流程办理上的问题，这样的"一把手走流程"活动有新意、接地气，让我们感受到了'税企一家亲'的温暖。"丁海伦激动地说。

对于丁海伦提出的目前网上不能预约取号的问题，孟敬东局长现场进行了答复，目前和田市办税服务厅在和田地区政务大厅统一管理下使用叫号器，后期将积极与和田地区政务大厅协调增加网上预约功能。

二、化身"办税员"，为服务质效精准"把脉"

站在纳税人缴费人视角，换位体验办税流程，亲自体验电子税务局新办纳税人套餐服务、发票申领、税务注销业务等，进一步查问题、抓整改、促提升。

"孟局长询问了我办税服务的速度和效率，以及在电子税务系统办理业务时的办税体验。"办理完增值税电子普通发票增量业务后，和田恒安建筑劳务有限公司办税人员胡雪梅表示，"咱们税务局环境好，来这操作旁边有税务干部指导，比在家里办理心里踏实，遇到问题能当场解决"。

通过体验，孟敬东局长肯定了一线窗口人员的辛苦付出，并要求窗口人员在精细化服务方面再上下功夫，以更加耐心、热情、严谨的工作态度持续优化纳税服务，提升纳税人满意度。

三、当好"贴心人"，现场问计问需纾困解难

结合"千名干部访万企·惠民解难促发展"专项行动，推行"一把手直联"机制，孟敬东局长以"送政策、问诉求、优服务"为重点前往和田祥盛川亿房地产开发有限公司开展退税回访。

在祥盛川亿房地产开发有限公司，孟局长仔细询问了留抵退税税款流向，以及企业对税务人员提升纳税服务方面的意见建议。办税人员苏玥笑着说道："这几年，税务局的纳税服务越来越好，对我们企业的政策辅导和宣传力度逐年增大，平时去税务局咨询、办理业务时，效率明显提升，人员业务能力和服务态度都有了较大的改善。"

和田市税务局党委书记、局长孟敬东表示："此次体验活动后，更能精准掌握工作中需要改进的部分，下一步我们将持续开展'一把手走流程'活动，通过'边体验、边查找、边整改'，持续优化办税缴费流程，全力为纳税人缴费人解决疑难问题，用全'新'的服务拉近与纳税人缴费人之间的距离。

开展"清廉润家风"主题"家庭助廉"系列活动

国家税务总局临武县税务局

为倡导廉洁家风,发挥好干部家属"廉内助"的监督作用,结合市局《关于开展好家庭助廉系列活动的工作提示》,近期,临武县税务局开展了以"清廉润家风"为主题的"家庭助廉"系列活动,通过多途径不断织细、织密税务家庭"护廉网"。

一、以"信"说廉

家书寄清风,亲情助清廉。为将廉洁理念传递到干部及家属心中,积极营造廉洁修身、廉洁齐家的良好氛围,县局党委书记、局长廖霞萍给独自在本地生活的党支部书记家书撰写寄送"廉洁家书",各党支部书记给本支部本部门近3年入职的青年干部家属、独自在本地生活的异地籍税务干部等干部家属撰写寄送"廉洁家书"。

家书中字字真言,提醒着每一位税务干部及家书要有强烈的责任感和使命感,及时提醒督促自己及家属自重、自省、自警、自励,自觉做到防微杜渐,警钟长鸣,筑牢反腐倡廉的思想道德防线。

二、以"访"讲廉

为贯彻落实家访制度,加强与干部家属家庭的沟通联系,切实把对干部的"严管"和"厚爱"统一起来,把管好干部"八小时"内外言行统一起来,临武县税务局按照"分级家访、全员覆盖"的原则,采取上门走访、面对面交流、电话访问等形式开展家访活动。县局党委书记、局长廖霞萍与县局纪检组长王世军重点走访家在本地的支部书记家庭,各支部书记重点走访家在本地的本支部、本部门党员、干部家庭。

"感谢领导登门来家访,这既是对我家人的关心,更是对我的提醒。今后,我将一如既往支持爱人的工作,当好家庭'廉内助'。"县局第一党支部书记黄守兴的爱人激动地说。

"家访活动不仅是严管,更是厚爱,架起组织与干部沟通联系的桥梁,让'严管厚爱'进入干部家,同频共振,共筑税务干部家庭美好未来。"县局党委书记、局长廖霞萍表示。

三、以"影"敬廉

"国无廉则不安,家无廉则不宁",为提高税务干部和家属对廉洁工作的敬畏感,把努力实干、廉洁奉公的精神落实到本职工作，临武县税务局组织部分税务干部及家属代表在县局二楼会议室观看警示教育片《远离家庭腐败》，进而增强干部职工注重家庭、注重家教、注重家风的意识。该片警示大家，不注重家教家风，在"权力游戏"里迷失本心，在贪婪和欲望中丢失初心，在堕落中放弃原则，最终逾越底线，会导致"全家福"变为"全家腐""全家覆"。

四、以"议"知廉

为深入学习习近平总书记关于注重家庭家教家风的重要论述，加强新时代廉洁文化建设，临武县税务局开展"四个一"家庭助廉座谈会。

作一番"廉提醒"。县局党委委员、纪检组长王世军为参会家属介绍县局全面从严治党情况，并开展了集中廉政提醒，引导干部家属做到四个及时提醒：与纳税人、企业老板的接触要及时提醒，在酒驾、醉驾问题方面要及时提醒，在违规获利问题上要及时提醒，在黄赌毒问题上要及时提醒。

树立一个"廉模范"。最美家庭代表陈明分享了他的家风家教故事以及家庭助廉体会。通过"廉模范"的示范带动作用，引导我局干部职工家庭知廉倡廉、思廉践廉、崇廉助廉。

开展一次"廉讨论"。座谈会上，税务干部家属们各抒己见，共同畅谈"家庭助廉"工作。家属们纷纷表示，将全力支持家人的工作，绷紧家庭"廉政弦"、常吹家庭"廉政风"、常念家庭"廉政经"、当好家庭"廉内助"，守好家庭"幸福门"。

致一次"廉洁辞"。县局党委书记、局长廖霞萍以"建设清廉税务 清风从家出发"为主题，向干部家属致辞，激励她们自觉承担家庭责任、树立良好家风，常把廉脉、常敲警钟，做好"守门员"，当好"监督员"，以纯正的家风涵养清朗党风政风税风，将清廉税务建设进一步走深走实，整体推进党风廉政建设和反腐败斗争的深入开展。

下一步，临武县税务局将把党的二十大精神内化于心外化于行，从坚定捍卫"两个确立"、坚决做到"两个维护"的政治高度，深入学习贯彻习近平总书记关于全面从严治党的重要论述，落实税务总局党委工作部署，坚持"严以律己、严负其责、严管所辖、严促执行"要求，扛牢管党治党政治责任。同时，坚持家庭助廉、以案促改、警示教育、案例通报，引导干部职工始终做一心为公、一身正气、一尘不染的人。

"四步走"促进青年干部成长成才

国家税务总局安康高新区税务局　付　敏

2022年来，国家税务总局安康高新区税务局高度重视青年干部培养管理，盯紧青年干部成长成才关键环节，广开选人视野，广辟用人渠道，优化培养路径，搭建有利平台，着眼长远培养选拔青年干部，有力营造青年干部成长成才的良好氛围。

一、"选好苗"，保持源头活水

着眼全局，把识别优秀青年干部纳入干部队伍建设整体规划，提早谋划，择优储备，制定加强青年干部培养选拔工作计划，确保青年干部培养选拔工作有组织、有计划、有步骤地推进。综合考核情况和日常调研，分级分类制定涵盖专业学历、任职经历、履职情况、表彰奖励等内容的优秀青年干部人才库，及时将政治素质好、业务能力强、发展潜力大、群众口碑好的优秀青年干部发掘出来予以重点关注，并实施动态管理，重点跟踪培养使用，确保选出来的干部组织放心、群众满意、干部服气。

二、"领好学"，注重能力提升

围绕提升政治素养，依托青年干部领导学习小组和青年大学习平台，定期组织各类专题学习，教育引导广大青年干部牢固树立"四个意识"，坚定"四个自信"，做到"两个维护"。围绕提升业务能力，依托学习兴税平台对青年干部进行税收、会计、计算机、公文写作等多方面的培训辅导，并将培训课时和测验成绩纳入青年干部个人考核，积极鼓励青年干部参加"三师"考试、提升个人学习。目前该局已有税务师3名，公职律师1人，4人通过多门注册会计师科目，3人获得在职硕士学历。通过内外兼修，促使青年干部成长为的德才兼备的骨干能手。

三、"搭好台"，强化实践锻炼

坚持差异化培养，搭建差异化平台，让青年干部干事创业有舞台、有机会、能出彩。着眼于培养建立一人双岗制度，加大干部在部门间的岗位轮岗轮换力度，积极鼓励青年干部接受多岗锻炼；成立"蓝之翼"青年突击队，把局内政治素质过硬，业务能力强的青年干部放到减税降费、风险应对、乡村振兴等急难险重的岗位上考验历练，增强干部责任心和担当意识。

把选派干部到地方党委政府及相关部门交流挂职工作作为培养和锻炼干部的重要渠道之一，

积极争取安康高新区党工委、管委会的支持，结合区局40岁以下干部的工作履历、业务专长安排工作岗位，充分能发挥交流干部的业务专长；选任个人综合素质比较突出的青年干部担任工、青、团、妇等群团组织委员，激发干部干事创业热情。近两年来，该局1个集体获得省市级"青年文明号"，3名干部走上副科级领导岗位，4名干部借调市局跟班学习，5名干部深入安康高新区招商引资、重点项目建设、经济转型等重点难点工作领域交流挂职，11名干部通过一人双岗得到有效锻炼。通过实践磨炼，青年干部应对复杂局面、服务经济发展的能力得到有效提升。

四、"带好路"，实施严管厚爱

好苗离不开培根筑土，好树离不开修枝剪叶，对待青年干部，该局坚持严管就是厚爱，通过系列活动切实增强青年干部拒腐防变和抵御风险能力，帮助青年干部扣好廉洁从税"第一粒扣子"。定期举办廉政教育微课堂，教育引导青年干部始终保持清醒，增强对"腐蚀"的警觉；有针对性的与青年干部谈心谈话、交流思想，及时掌握青年干部的思想动态和工作、生活、学习情况，对发现的倾向性苗头性问题，及早提醒加以解决；将任前廉政谈话作为青年干部选拔任用的必经程序，开展新任职干部廉政知识测评考试，对新提职青年干部廉洁知识和法律法规知识掌握情况进行全面检验，以考促学、以考促廉。通过廉政教育，确保青年干部从税道路走得更稳、走得更远。

把初心刻在每一天的战斗中
——记慈利县税务局优秀税务工作者向军

国家税务总局慈利县税务局 张小兵

机构改革正转副，无怨无悔；

新入社保开新局，初心不改！

在国家税务总局慈利县税务局，每天都可以看到这样一个身影忙前忙后，他戴着一副厚厚的眼镜，身材高高大大，说起话来声洪如钟，做起事来雷厉风行。他就是国家税务总局慈利县税务局社保股股长向军。

一、不是军人是党员，服从命令是天职

2018年10月，时任慈利县国家税务局机关党委办公室主任的向军被组织安排作为"正转副"人员，分配到税务分局担任副分局长。领导谈话时，他的答复可浓缩为一句话"坚决服从组织安排！"

2021年5月，向军又被安排担任国家税务总局慈利县税务局社会保险费和非税收入股股长。因人事变动，原社保股业务骨干调离，新进人员占全股的50%，工作业务不熟悉，股室人心涣散，社保非税股成为全局干部职工最不愿意去的股室。面对领导谈话，他的答复也可概括为一句话"坚决服从组织安排！"

面对旁人的不解，向军表示，虽然他不是军人，但却是一名党员，服从命令是第一天职。

二、不懂战争懂战斗，绝不服输是天性

到社保股报到第一天，向军就暗自立下军令状，"必须拿下这个硬骨头，打个胜仗！"

为顶住压力，向军带领全股同志挂图作战。他注重发挥每个人的特点，想办法、商对策、安人心。

抓培训，线下、线上两手抓、两手硬。线上，开展各类网络培训，并及时上传培训课件，便于股室人员及缴费人自主学习。同时，安排专人在微信群、QQ群值班，实时答复业务咨询，全年共处理缴费人的诉求2000余条。线下，开展工资基数申报、非税业务等培训项目，组织税源管理部门社保专干、大厅窗口人员开展"跟班学习"、以老带新等模式培养新人。

抓基础，找准问题关键。到社保非税股后，向军通过狠抓年度基数工资申报工作，澄清了

费源底子,夯实了缴费基数,为全年完成任务打下坚实基础。

抓服务,强化责任落实。社保费征收关系到每一名缴费人的切身利益。向军对干部职工说,"在这个岗位上,我最怕缴费人住院报不了医药费、退休办不了手续。请大家一定要履行好自己的职责,真正做好服务"。

他是这样说的,也是这样做的。围绕"我为群众办实事",他积极加强与外单位的协作,及时打通缴费通道难点和堵点,关注缴费人需求,解决缴费人困难,为广大缴费人提供优质高效的缴费服务。

通过一段时间的摸索,向军率先在全市建立社保费催报催缴制度,并在全市推广,扭转年初绩效考核全市排名倒数的局面,收入任务和申报率逐月提高,全年社保各险种申报率均保持在90%以上,使慈利县的"5C"考核冲进全市前茅。

三、不是铁人有铁心,轻伤不言下火线

去年7月,向军在一月时间内连续动了三次手术,躺在病床,他始终放心不下工作,电话遥控指挥,热线不断。不等身体痊愈,他就迫不及待地回到了工作岗位。在大家眼中,他就像一个拼命三郎,轻伤不肯下火线。

在向军的带动下,股室人员斗志高昂,社保股各项工作进入加速轨道。

2021年度,社保股组织入库社保费、城乡居民基本医疗保险等均超标准完成任务。其中,城乡居民基本养老保险完成年度任务112.53%。截至2022年10月底,组织入库社保费同期增长5.8%。非税收入同期增长1.8%……

2021年,慈利县局荣获全省税务系统社保费征收体制改革先进单位,社保非税股1人荣获全省税务系统优秀共产党员,1人荣获全省税务系统社保费征收体制改革先进个人(嘉奖),1人荣获市总工会颁发的张家界市五一劳动奖状。2022年,社保非税股荣获张家界市工人先锋号……

澧水汤汤,奔流不绝。贺龙、袁任远等革命先辈的英勇事迹仍在湖南慈利县这片红色热土熠熠生辉,而向军等新时代的基层税务干部们正以昂扬的姿态,在每一天的战斗中,为中国式现代化税收事业续写新的辉煌……

办税越办越顺 环境越扮越靓
——岳阳楼区税务局优化办税助力打造优化税收营商环境新品牌

国家税务总局岳阳市岳阳楼区税务局

2022年以来，我们认真贯彻落实省市局、区委区政府关于优化提升营商环境的工作部署，结合"我为纳税人缴费人办实事"实践活动，以"能办事、好办事、快办事、办成事"为目标，着力疏通办税"堵点"、消除纳税"痛点"、解决涉税"难点"，营造好有速度、有品质、有温情的税收营商环境。具体做法如下：

一、锁定目标下好"先手棋"

区局党委把优化营商环境、提升纳税人满意度作为"一把手"工程，聚焦"纳税指标在全市全省站头排"这一目标，抓好短板弱项持续改进，夯实巩固基础工作，多点发力提质增效。

一是走流程、听建议。一年来，区局主要领导亲自部署、调度营商环境工作4次，党委成员结合职责分工，带头研究分管领域内纳税人堵点痛点问题，开展了增值税留抵退税、出口退税"走流程、听建议"活动，走访人大、政协代表，各地政府部门特约监督员，税费服务体验师，财政、工信、海关、市场监管、人民银行、工商联等相关部门人员和其他纳税人，收集建议意见并制定的针对工作方案了。

二是办实事，重考核。常态化开展"便民办税春风行动"，实施专项绩效考核，对于在考核排名后两位的税源管理单位取消单位和主要负责人年度评先评优资格。

三是先锋队，争头功。全局党员干部特别是纳税服务线青年党员干部走在前、作表率，成立"青年党员先锋队"，在办税服务、税收征管、评估检查等工作中处处打头阵、争头功；在迎接国评省评的关键时期，区局青年党员先锋队组建专项团队，学懂、吃透、弄通纳税指标内容，在规则内花功夫、做文章，认真做好填报工作，高质量完成各项任务，为纳税指标在全市全省站头排奠定了坚实基础。

二、破难消堵打好"组合拳"

一年来，我们始终坚持问题导向，切实打通税收工作堵点、难点，提升纳税人缴费人的体验感和获得感。

一是直达快享暖心。成立了增值税留抵退税、"六税两费"减征、中小微企业缓税工作专班，确定责任清单，专人流程办理，确保组合式减税退税政策落实到位，为企业纾困解难。

二是公开承诺暖心。出台"我为纳税人缴费人办实事"十项公开承诺，从发票申领、税务注销、最多跑一次、首违不罚等10个纳税人缴费人关注度最高、体验感最强的问题抓起，在报送资料、办理流程、办理时限等方面对社会公开承诺，不断提升了纳税人缴费人获得感。

三是明察暗访暖心。为确保工作无盲目、不留白，区局建立优化税收营商环境工作例会制度，将相关指标作为暗访重点，由局领导实行联点包干制实行督导帮扶，发现问题及时督促整改。

三、提档加速按好"快进键"

一是在提速减负上出实招。统一办税服务流程、统一行政执法标准，不要把风险防控、预警处置等前移，不为纳税人正常办税设置屏障，全力推进"最多跑一次""全程网上办""一厅通办""一窗通办""一次都不跑"等服务举措，设立"办不了请找我"专窗、新办纳税人套餐服务窗口，通过窗口职能的合理划分、适时调整，提升办税速度，纳税人等候时间、办理时间大幅缩短。

二是在提质增效上出实招。以网格化管理为依托，以办税服务厅"非接触式"办税为基点，通过微信群、QQ群及QQ远程功能、视频等多种方式，为纳税人、缴费人提供远程帮办服务，让纳税人少跑马路，多走网路。区局办税服务厅抓实7×24小时线上辅助办税工作，推出"易税慧惠帮"纳服产品，青年党员干部每天坚守服务阵地，白天全员在线辅助、晚上分组轮流辅助，无论是在深夜，还是节假日，均提供标准统一、指南详细的办税指引、操作视频等服务，得到纳税人广泛好评。

四、整合资源造好"样板间"

一是优化配置建样板。近年来，我局建立岳阳市首个24小时自助办税服务厅，提供全天候自助服务。办税服务厅增设纳税事项辅导前置岗、A级纳税人、残疾人办税绿色通道、网厅涉税业务辅导岗，强化窗口人员业务培训，补短板、促提升，确保办税环境更优、纳税人体验更好。

二是精准服务走云端。进一步发挥纳税人微课堂、税务管家、微课堂远程帮办等作用，创建涉税提醒服务移动云MAS平台，通过短信形式发送税收视频、音频、图文、文字短信等多媒体内容，精准向企业法人和财会人员推送涉税提醒和宣传服务，解决法人对税收政策不了解的问题。

三是志愿服务"相税行"。区局联合涉税专业服务机构中的税务师协会和代理记账行业协会，成立"相税行"税务志愿者服务团队，开展"春风有我，与税同行"相税行志愿服务。选派36名业务精湛的税收志愿者，常态化入驻办税服务厅，为纳税人提供公益性、个性化、专业化的税收志愿服务，进一步提升了纳税人缴费人的获得感和满意度。2022年3月，我局第一税务所被评为湖南省文明窗口单位。

"积分制"让青年理论学习收硕果

国家税务总局天津市宝坻区税务局

为切实发挥党建引领育人作用，宝坻区税务局在青年理论小组中实行积分制，通过"学、考、展、评"等环节进行积分竞技比拼，给青年干部建平台、搭舞台，有效助力青年干部成长成才，为税收工作长远发展注入"源头活水"。2022年以来，区局团支部获得"天津市五四红旗团支部"荣誉称号，多名青年干部分别获得区级"五四"奖章、优秀共青团干部、优秀共青团员、"金牌宝坻工匠""五一"劳动奖章等荣誉称号。

一、创新机制"培"，浓厚发展"沃土"

区局党委将青年理论学习小组建设作为贯穿青年干部"能力素质大提升"的一项重点工程。制发《青年干部理论学习小组"积分制"培养方案》，建立导师指导、组长负责、积分定期通报制度，将全局40岁以下干部编成10个理论学习小组，形成上下贯通、齐头并进的良好态势。

二、持之以恒"学"，筑牢思想"根基"

结合迎接党的二十大、庆祝建团百年等重大活动，深入组织学习习近平新时代中国特色社会主义思想，通过开展每周"津彩青春"、每月专题研讨、每季集中交流，内请导师讲党课、外聘专家授课，线上"学习强国"、学习兴税APP，线下青年大讲堂、青春"分享汇"、理论宣讲等多种形式，持续组织学习交流，不断强化理论武装。

三、融会贯通"考"，壮大生长"枝干"

结合市、区两级知识竞赛、"大比武大练兵"，激励干部积极投身各条线比武，苦练本领、提升技能。一线练兵日常加压，依托学习兴税平台开展"远程辅导"，利用内网专栏发布热点知识、推送案例分析、开展知识测试，着手构建"周学、月讲、季考"训赛结合和"练、测、考联动"的模式；骨干练兵重点持续，通过组织大规模比武考试，积极派员参加市局、区委层面竞赛比拼，督促青年干部不断提升本领。"三师夜校"专业培养，联合天津财经大学举办"三师夜校"，发动35岁以下青年干部全员参加，注重学用结合和学练相长，不断成为推动各项工作上水平的新引擎。

四、丰富多彩"展",绽放多彩"芳华"

结合建团百年庆祝活动,有序开展百年主题宣讲、红歌接力唱、"迎盛会"演讲、爱家乡志愿服务等系列活动,结合青年自身特点,每季开展"青春开放麦"主题活动展示,全方位挖掘展示潜能和智慧。陆续开展了"追寻英模足迹,赓续红色血脉"红色经典分享会、"光影寻初心 青春铸税魂"电影配音分享会、"金点子"征集活动,展现了青年干部的风采。

五、客观公正"评",结出累累"硕果"

聚焦提升党性修养和理论素养,跟进关注小组成员日常学习和活动组织参与情况,计入学习积分;聚焦政治能力与业务素质"双促进",及时梳理青年干部参加理论知识竞赛、大比武大练兵、重点工作专班情况,计入能力积分;聚焦个人潜力才能,将干部在参加"庆七一""喜迎党的二十大""青春开放麦"集中展示等主题活动中的表现,计入成长积分;综合全年情况,把表现突出的青年选出来、把组织到位的小组评出来、把促进发展的项目亮出来,计入特别积分,切实让学习效果看得见、工作成果摆得出。四项积分持续激发广大青年干部的内生动力,有效助力青年干部成长成才、行稳致远,不断为各项事业向上拓展注入青春智慧和力量。

突出"六字诀"确保留抵退税政策优享快享、落准落稳

国家税务总局秦皇岛北戴河新区税务局　赵明通

2022年大规模留抵退税政策是实施组合式税费支持政策的最重要内容，是稳住经济、助企纾困的关键一招。国家税务总局秦皇岛北戴河新区税务局坚决扛起抓牢贯彻落实的政治责任，突出"一体两翼、三化四合、五审六查"六字诀，全力确保大规模留退税政策优享快享、落准落稳。

一、"一体两翼"强推进，保证严密有序、高效有力

建立领导小组"一体统筹"，党建、业务"两翼发力"的工作格局，既在体制机制上抓统领，又在工作运行上强引领。一是"一竿子到底"抓统筹。成立"一把手"任组长的专项工作领导小组，召开从机关到分局的动员部署会议，抽调业务骨干组建工作专班，一体推动"税政"等多个机关科室和4个管理科、所的退税工作开展，形成"一把手"亲自抓、分管领导"全程推"、精兵强将"奋力干"的工作局面。二是"一面旗引领"增动力。坚持"让党旗飘扬在退税减税一线"，"一把手"带领全体党员干部重温入党誓词，凝聚政策落实精神力量。各党支部利用"三会一课"学深吃透政策内容，开展退税减税主题党日活动，通过入户走访、线上咨询、远程帮办等方式，针对性开展政策宣传辅导，全天候解答疑难问题。组建党员先锋队，在疫情、节假日、周六日期间留驻单位，开启退税办理"不打烊"模式。三是"一条线贯通"强业务。抢抓政策实施之前的时间窗口，全面梳理汇总留抵退税业务条线的政策内容和工作要求，通过口袋书、视频会、云课堂等多种形式，对退税责任链条的税务人开展多轮次的政策培训，确保税务干部明政策、知要求、会操作、能辅导。

二、"三化四合"优机制，做到精细服务、直达快享

在精细服务上实行"三化"，即：标签化分类、智能化提醒、网格化辅导。根据新的留抵退税政策内容，运用税收大数据分析，将辖区纳税人按企业类型、政策条件、信用等级对企业推行标签式管理，形成针对不同企业的"优惠套餐"和"受理材料清单"，依托AI机器人系统"一键"精准推送至纳税人，通过短信方式进行温馨提醒，第一时间为纳税人进行政策解读、疑难解答和办税指引，确保纳税人政策知晓更及时、享受更便捷。同时，按地域分布、企业规模划

分为若干个管理"网格",组织"网格税宣志愿者"结合纳税人"个性化"需求,主动与企业精准对接,全程辅导退税操作。

在快退机制上注重"四合",即:与地方管委"合"赢得支持;与财政局"合"保障资金;与国库"合"及时拨付;与纳税人"合"畅通流程。在实行专班专干、专窗专办的基础上,做实"五个必汇报"要求,最大限度争取管委支持。建立"税务—财政—国库"快速响应机制,每周定期召开联席会议,汇报退税进度,沟通资金安排,跟踪退库信息,确保退税资金及时、准确直达企业。通过"一把手"走流程、税费服务体验师现场体验、"不满意请找我"专席等方式,做好各方意见建议的收集、分析、处理和反馈工作,及时有效回应关切,破除退税办理阻碍。

三、"五审六查"防风险,实现审慎稳妥、退准退稳

坚持"内控外督"两手抓,在退税流程内部,实行五级闭环审核机制。建立电子税务局(大厅)受理、税源管理科(所)初审、税政科复审、风险科复核复查、退税专班终审的闭环工作机制,依据"三册一表"逐户核实税务登记、法人变更、经营场所、财产登记、购销交易等情况,重点比对基础信息、申报信息和发票信息,结合发现疑点召开集体风险研判磋商会议,打通留抵退税风险管理各环节,提升风险判定的准确性和工作的实效性。在退税流程外部,开展六轮督查整改。主抓疑点排查,建立留抵退税纳税人风险防控监督统筹台账,及时整合推送风险任务。开展专项督查,重点检查政策宣传、应退未退、应享未享等问题。定期随机抽查,按照不低于退税户数30%的比例,抽选退税金额较大、风险集中行业开展抽查复审。实地回访调查,选取水产品、混凝土、制造业、房地产等各类代表性企业开展回访,跟踪了解企业对政策的实际感受。实行绩效考查,按照责任分工强化考核,发现工作不落实、执行不到位、办理不及时的予以扣分。纪检部门全程监督检查,常态化开展"廉洁税风"行动,聘请纳税信用好、有行业代表性的企业负责人、办税人作为税风税纪监督员,进一步延伸监督触角。

"五个办"实现办税缴费提质增效

国家税务总局毕节市税务局

近年来,毕节市在提升营商环境大改善工作中,探索"五个办"机制,持续深化税务领域"放管服"改革,制定10大类32项137条具体服务措施,推动纳税时间同比减少36.71小时,留抵退税时间同比减少38.57小时,纳税次数指标由2021年年初的6次压缩到3次,实现办税缴费提速增效。2021年全省营商环境第三方评估中,毕节"纳税"指标位居全省第一。

一、"套餐服务"一窗办,用协同共治提速增效

创新开展"信息一次采集、资料一次报送、业务一次办结"的套餐式服务新模式,有效解决纳税人缴费人"来回跑""多头跑"的问题,切实减轻办税负担。一是纳税事项一次办完。新办纳税人缴费人完成身份确认后,税务机关根据纳税人缴费人实际需求和生产经营情况,一个窗口一次性为企业办完包括"多证合一"登记信息确认、税(费)种认定、办税人员实名信息采集、财务会计制度及核算软件备案报告、存款账户账号报告、增值税专用发票最高开票限额审批、发票领用、电子税务局开户等依法申请全部涉税事项。2022年以来,全市新办涉税市场主体2799户,同比增长5.98%。二是注销事项一次办成。实行注销业务"专窗套餐式"服务,注销流程和资料清单实行"一窗一次告知"。对未办理过涉税事宜的纳税人,税务机关根据纳税人提供的营业执照即时出具清税文书;对办理过涉税事宜但未领用发票、无欠税(滞纳金)及罚款的纳税人,资料齐全的,税务机关即时出具清税文书,资料不齐的,采取"承诺制"容缺办理,其做出承诺后,即出具清税文书,实现快速注销办理。2022年以来,共有注销企业903户,即办率达100%。三是部门事项一次办结。坚持"一窗综合受理、分类审核办理、统一窗口出件"服务理念,建立与住建、自然资源等部门"信息互享、窗口互融、资料互认"的涉税业务办理协调联动机制,将不动产登记窗口、房屋交易窗口、税务窗口统一整合为不动产集成套餐综合窗口,抽调三部门业务骨干组成了窗口业务小组,对不动产登记、预售合同备案、房屋交易核税等业务流程进行了整合重塑,实现业务一窗受理、一次办结。

二、"掌上平台"一键办,用自主办理提速增效

开发"指尖上的纳税服务"智慧办税平台,纳税人缴费人可通过平台自主式、移动式办理缴费、咨询、智能推荐服务等各类涉税事项,实现业务移动化、程标准化一键办理。一是远程辅导。

依托"指尖上的纳税服务"智慧办税平台,充分利用 5G 网络、云计算和人工智能等技术,对纳税人"办税习惯"、税收风险等大数据进行智能分析研判,实时向纳税人缴费人提供远程办税缴费辅导,实现自主远程业务半小时内办结。目前,新增及优化智慧办税平台功能指引 133 个,网上自主办理率达 100%。二是精准提醒。纳税人缴费人可将手机绑定智慧办税平台,通过智慧办税平台实时接收预约办税、发票使用、逾期纳税申报风险提示等个性化信息提醒服务,有效避免纳税人缴费人因逾期办理税收业务引起的纳税诚信、滞纳金等后续问题。截至目前,已认证绑定纳税人缴费人 83974 户,共推送"未准期缴纳税款提醒服务"等各类提示信息 32.7 万余条。三是预约导航。通过智慧办税平台"办税引导"模块,纳税人缴费人可进行智能预约导税和智能推荐服务,平台可跟用户申请进行登记预约,并提供精准电子办税缴费预约地图导航,便利纳税人缴费人办税缴费。截至目前,通过预约导航服务可节约办税时间在 20 分钟以上,已预约办理税控发行、清税注销、车辆购置税申报等业务 3998 户(次)。

三、"智慧大厅"一站办,用数据分析提速增效

在七星关区试点建立 5G 智慧税务云税大厅,依托人脸识别、语音分析、数据分析、人工智能等技术,实现办税政策宣传、业务咨询、业务办理快速一站式办理。一是涉税政策"秒懂"。在 5G 智慧税务云税大厅设置"VRM 办税区",通过人脸识别设备登录,纳税人可根据需要,实时收看和点播回看线上办税直播间的课程内容,线上搜索有关办税指引和税收政策,有效解决纳税人政策法规掌握不全、纳税申报和系统操作不熟练等问题,充分享受纳税服务便利化改革的红利。5G 智慧税务云税大厅 VRM 办税区运行以来,办税缴费提速逾 30%。二是业务咨询"秒答"。依托 5G 智慧税务云税大厅,串联纳税服务综合管理系统、自助办税系统,全面升级"毕须答"征纳互动服务平台,推出 24 小时智能回复 + 人工在线及时介入"服务,全天候为纳税人提供政策咨询、消息推送、纳税提醒、云上直播等个性化功能,成为纳税人缴费人身边的智能客服。截至目前,该平台累计应答纳税人缴费人需求 416 人次,咨询准确率达 100%。三是涉税业务"秒办"。在 5G 智慧税务云税大厅设置 24 小时自助服务区,配备自助办税终端 10 台,并设置发票自动领用柜,纳税人 24 小时全天候可办理发票领用、发票代开、证明打印、缴纳社保、医保、办理车辆购置税等业务,通过非接触式办税、"无窗口"智慧办税服务方式,便利纳税人涉税业务全天候快速办理。大厅投入使用以来,共为纳税人缴费人办理涉税业务 6400 余人,89960 余笔。

四、"常规业务"一证办,用流程再造提速增效

毕节市聚焦"我为纳税人、缴费人办实事",积极创新工作方式,结合税收工作实际,以"一张身份证办成事"清单实现办税程序更简、资料更少、时间更快的目标,进一步营造便民惠民、优质高效的一流税收营商环境,提升纳税人缴费人的获得感、满意度。一是推出办事清单。在全省首家推出"一张身份证办成事"清单,除不动产交易等极少数事项外,将信息报告类、发

票办理类、申报纳税类、证明办理类、信息查询类和其他类等6大类17个常规税务事项纳入清单内容，纳税人缴费人在办理"清单"事项时，只需提供居民身份证通过实名验证，即可办理"清单"所列涉税业务，无需再提供任何证照或证明资料，实现轻松办税。二是共享身份信息。为打破"信息孤岛"，依托纳税服务综合管理系统，打通涉税部门信息共享渠道，实现部门内部及各部门间身份信息、业务数据信息共享，除按规定填写的表证单书外，纳税人缴费人无需填写其他任何信息资料，只需提供一张身份证，税务人员通过税务办税系统就可进行信息查询和共享。目前，共为纳税人办理各类常规业务减少相关印证资料10余种。三是业务同步办理。以身份证实名验证为基础，税务部门开展办税事项分析和涉税信息比对，通过初审纳税人资料，自动抓取办税人涉税信息，生成办税人关联企业法人、财务人员、办税人员实名情况，办税窗口在对比到办税人员未采集实名信息后，同步开展实名采集和信息完善等工作，减少办税时间和涉税风险。截至目前，已为5294户纳税人办理相关涉税业务，办理平均时间约1.5分钟。

五、"个性需求"差异办，用靶向施策提速增效

不断优化纳税服务内容和方法，为重点企业和特殊群体提供针对性强的"个性化"服务，推动纳税服务更精准、更科学。一是优惠政策直达快享。完善纳税信用等级评定制度，对"专精特新"企业实行A、B、M、C、D不同等级分类管理，建立"专精特新"专家服务专家团队，明确团队责任，做好精细服务，精准了解企业个性化需求，完善服务诉求快速响应制度，设立"专精特新"企业办税绿色通道，提升"专精特新"企业纳税人便利度。目前，已为"专精特新"企业减税降费税收优惠207.09万元，免税营业额2569.23万元。二是出口退税智慧快办。优化出口退（免）税申报、资料报送、证明开具等流程，实现"三增加三减少"，"三增加"即申报渠道增加到3个、免填报数据项目比例提升至70%、服务事项和退税提醒内容分别增加5项和6项，"三减少"即减少了三分之一的退税申报表单、减少了五分之一的填报数据项、减少了退税申报事项及简化了退税流程。依托大数据推出"极简审批"，实现无纸化、线上办、及时批、快退税"智慧快办。目前，仅先进制造业增值税留抵退时间就压缩到2个工作日。三是老年群体专窗服务。为满足老年群体办税缴费特殊需求，推出系列"适老"服务举措，在全市办税服务厅开设"银发服务窗口"、现金服务窗口等专项服务窗口，开通老年服务绿色通道，设置雷锋服务岗、文朝荣精神服务岗和特殊群体关爱岗等专门服务岗位，为老年人提供"手把手"辅导、"心贴心"服务，让"慢人群"充分享受周全、贴心服务。同时，针对行动不便的老年人提供线上服务、上门服务，打通服务老年群体的"最后一公里"。2022年以来，累计服务老年人758人次。

变化向好　筑梦朝阳
——以更优税收营商环境助力朝阳高质量发展

国家税务总局朝阳市税务局

党的十八大以来，以习近平同志为核心的党中央高度重视优化营商环境，总书记在视察辽宁时提出了"以优化营商环境为基础，全面深化改革"的指示要求。国家税务总局朝阳市税务局按照辽宁省税务局、朝阳市委、市政府的工作部署，不断深化简政放权，大幅减少行政审批等事项、大力推进减税降费，改革市场监管体制机制，推进纳税服务网络化、标准化、便利化，一系列改革举措有力激发了各类市场主体活力。十年来，全市营商环境改变有目共睹，税收事业发展蓬勃向上，为朝阳高质量发展提供了坚强保障。

一、税务执法更加精确

十年来，朝阳市税务局在规范税务执法、提高执法质量方面持续发力，推动经验式执法向科学精准执法转变，全力打造更加宽松、更有温度的税收营商环境。

一是执法体系向智能化、数字化转变。通过研发"税收风险安全卫士"，完成了对税务登记、票种核定、发票申领、发票代开等12个场景的开发应用，打造风险快速预警、快速识别、快速防控的工作闭环，实现对纳税人在税收征管各环节的动态风险监控功能，由过去下户检查执法发展为现在利用大数据监管的"以数治税"，定期发布风险预警信息，实现对纳税人"无风险不打扰"。截至2022年8月31日，全市调用总局两库接口共计200余万次，扫描纳税人12万户次，发现风险纳税人4.5万户。

二是全面落实行政执法公示、执法全过程记录、重大执法决定法制审核"三项制度"。定期公示执法信息，仅2022年上半年，全市就累计发布行政执法公示信息1万余条，配备执法记录仪156台，开展重大执法决定法制审核事项12项。

三是持续规范税务行政处罚裁量权，切实保护税务行政相对人合法权益。将东北地区税务行政处罚裁量基准向社会公开，推动税务执法区域协同，营造良好营商环境。四是积极探索研究"首违不罚"岗责体系。通过有效运用说服教育、提示提醒等创新手段，提升税务部门执法效率，降低遵从成本，展现宽严相济、法理相融的执法理念。

二、纳税服务更加精细

十年来，朝阳市税务局深入推进纳税服务向现代化和数字化发展，服务理念、服务方式有了极大转变，纳税人缴费人满意度持续提高。

一是持续开展"便民办税春风行动""春雨润苗"专项行动等活动，通过进一步创新服务方式和优化服务举措，在政策落实、精准帮扶、需求管理、协同共治等方面取得了明显的成效。十年间，共推出便民办税服务举措千余条，纳税人缴费人满意度逐年上升。

二是积极落实首问责任、限时办结、预约办结、延时服务、"二维码"一次性告知、24小时自助办税等服务制度，以制度规范服务，以标准化提升服务质效。

三是畅通全市各办税服务厅咨询电话，创建"不满意请找我"对外公开电话8部，专人专岗确保热线"打得通、解难题、答得准"。在全市8个基层局办税服务厅挂牌成立"税事通"工作室，实现了简单业务办理"免叫号、专门办"的新方式。

四是大力推行"非接触式"智能办税。在全市乡镇行政区、商业集聚区、产业园区广泛布设自助微税厅101个，形成自助办税服务矩阵网络，率先在全省成功打造"十分钟便民办税服务圈"，为纳税人缴费人缩短85%以上办税时间。在全国率先搭建真正意义上的智能辅屏"空中客服"指挥中心，通过监控平台连接全部自助办税机，在远程操作技术的支持下，"空中客服"人员实时为纳税人、缴费人提供人工服务，通过人机对讲、远程视频辅导，实现"能查、能看、能听、能约、能办"的远程引导办税，让自助办税感受到"云端互动"的专业服务。从"跑大厅"到"网上办"，从"面对面"到"不见面"，从"一窗单办"到"一窗通办"，纳税服务越来越便利化、多元化、个性化、智能化。

三、政策落实更加精准

十年来，朝阳市税务局聚焦提高政策落实精准性，确保政策红利全面释放，切实减轻企业负担。

一是持续开展宣传辅导培训。结合纳税人缴费人需求和社会关注热点，结合征期、节日等重要时间节点，持续抓好政策宣传工作，让纳税人缴费人应知尽知，营造良好的舆论环境。持续开展减税降费政策培训辅导工作，依托多种培训渠道，采用多种辅导方式，确保纳税人缴费人应享尽享减税降费优惠政策。十年来，发布税法宣传视频培训500余次，发布税费优惠政策共计7000余篇，举办纳税人学堂800余次，参训人数达60万人次。

二是完善政企沟通机制。通过"税企服务平台"APP，创新远程指导服务模式，听取企业意见，协调解决问题，将政企沟通从线下移至线上，确保信息传递的及时性。

三是强化监控，确保政策精准执行。深入推进"网络+监管"模式，通过信息系统抽取数据，提取纳税人的申报情况，发现疑点数据，及时开展核实。避免纳税人因申报错误而导致优惠政策无法享受的情况发生。

四、共治合作更加精诚

十年来，朝阳市税务局着眼于提升税收协同共治能力，着力推动形成协税护税共治格局建设。

一是推进"数据共享"打造税费协同共治新模式。明确协同共治工作机制，构建协同共治组织架构，在全市形成了以市委、市政府牵头，税务、发改、财政、矿管等10个政府相关部门为成员单位的工作小组，明确了协同共治小组应协调解决工作中存在的问题，促进税费协同共治工作有序开展。

二是利用外部数据开展特定行业风险应对。获取矿管办、综税办、供电部门、爆破企业和民爆等部门近百万条数据，经过比对分析，筛选出铁矿业风险纳税人，全市各级税务机关积极开展风险应对，实现了铁矿采选行业管理的新突破。最近5年来，通过协税护税共治体系，全市累计查补税款共计4亿元。

起势朝之阳，笃行谱新篇。奔赴在新的"奋进之路"上，朝阳市税务局将继续以更加昂扬的精神面貌、更加饱满的工作热情，锤炼对党忠诚的底色，淬炼干事创业的成色，擦亮为民服务的本色，争做政策落实的践行者、税收现代化建设的全面参与者，为优化朝阳营商环境、为朝阳的高质量发展贡献税务力量，以更加饱满的状态和更加优异的成绩迎接党的二十大召开。

便民春风拂山乡　税惠寻常百姓家

国家税务总局保康县税务局

"莫看我们三月山上还有雪，生活不比的大城市丰富多彩，但我们在了解税费政策、享受办税服务上，不得比大城市差一箢片儿。"面对前来宣传个人所得税汇算政策的税务局工作人员，湖北尧治河集团公司财务会计段华俏皮地说。

襄阳市的保康县，是全市唯一的全山区县，全县人口28万。荆山山脉将这个山区小县割裂成沟壑峻岭。在这里，节令更替带来的万物生发变化比南方地带稍晚，但便民办税春风总是与外面的世界同时拂来。

一、"点几下鼠标，1分钟就能搞定！"

段华大学毕业后，从老家广安来到保康，在湖北尧治河集团公司财务部工作已有12个年头。"12年来，不变的是工作单位、工作内容，变化最快也是变化最大的就是我们日常的办税方式、享受的办税服务，越变越方便，越快捷，越人性化。"当问到对税务部门的工作和工作人员的服务感受时，段华热情地说。

湖北尧治河集团公司位于保康县马桥镇尧治河村，主营旅游、餐饮和住宿。尧治河村平均海拔1600米，农作物"种早了不出，种晚了不熟"，是典型的高寒山村。

"以前领用发票要去县城，我又不会开车，每次出门都得考虑班车来回发车时间和税务局上班时间，最顺利来回也得6个小时，时间耗费在路上，坐车晕的人几天都不舒服。"段华坦言这是她工作上的"噩梦"。

2019年5月，按照便民办税春风行动部署，保康县税务局推出发票"网上申领、免费邮寄"服务。服务落地后，每年为全县纳税人免费邮寄发票14万份，惠及全县8000多户纳税人。

"确实方便了很多，第一天申领，第二天就能送到。但还是有急得团团转的时候。"段华告诉税务工作人员，大型节假日是公司业务旺期，同时也是各大电商促销的火爆期，快递业务量陡增，送货时效性自然会大打折扣。"好多次都是客人排队等着要发票，我们等邮递员等的焦头烂额。"

得知公司可以开具电子发票后，段华马上去办理了相关业务。"现在我们领用发票，点几下鼠标，1分钟就能搞定！"

从6个小时到1分钟，领用发票便民办税在鄂西北这个小山村里实现了360度的大转变。

二、"感受到了，税务部门对我们的'宠爱'！"

"磷矿开采前期勘探、修公路、钻巷道，投资大、见效慢，公司资金周转压力非常大。"据保康堰垭洋丰磷化有限公司财务负责人王荣华讲述，过去企业筹措发展资金，主要靠银行抵押贷款、担保公司高息借贷或者是使用承兑汇票。这些融资方式，要么需要有雄厚资产，要么就需要支付高额利息或贴现资金，无论哪一种方式，无疑都会加重企业发展负担。

"感受到了税务部门对我们的宠爱！尤其是发生新冠疫情，好政策我们一项没落下，光是享受缓税就有300多万元，纳税信用贷授信也是300多万元，坐在办公室里就完成了。现在我们是越来越重视纳税信用等级，把它当做重要的核心资产。"一键缓税、一键授权，无需额外提供资料，税惠政策直达快享，受到企业盛赞。

同样感受到"宠爱"的，还有位于保康县后坪镇的横冲旅游景区开发公司。2022年2月，国家发展改革委等14部门关于促进服务业领域困难行业恢复发展的若干政策出台后，税务局工作人员像往常一样，第一时间将政策送到横冲旅游景区开发公司总经理李琼手中。

"我们不仅享受了减免，国家还退给我们一部分呢！"，提起税收优惠政策，李琼赞不绝口。"去年我们享受到了增值税增量留抵退税30多万元，加计抵减20多万元，这相当于直接增加了近60万元的利润。按照政策，我们2022年还可以继续享受进项税额加计抵减15%的政策。真金白银的税收优惠，让我们更有信心把景区做优做强，争创国家级4A景区！"

近年来，保康县税务局积极落实国家减税降费、缓缴税费各项政策，帮助企业减负前行。2021年全年新增减税降费9500多万元，为符合条件的纳税人办理缓税800多万元，42户纳税人凭借良好的纳税信用获得授信贷款4400多万元。

三、"这样的宣传方式，真的好新鲜！"

"闲言碎语不多谈，表一回，减税降费谱新篇。"

"全说党的政策好，党中央、国务院，为民惠民把税减。"

"嚯，犹如春潮起波澜。"

……

在保康县过渡湾镇茶庵村举办的蓝莓采摘节活动现场，一台以减税降费为主题的群口山东快书表演吸引了众多游客驻足观看。

"我和我的祖国，一刻也不能分割……"在保康县店垭镇举办的茶文化旅游节上，税务干部精心组织，上演"茶乡快闪"，挥动减税降费宣传标语，唱响歌曲《我和我的祖国》。此起彼伏的歌声和热情洋溢的"税务蓝"，给现场游客增添许多新鲜感，大量游客纷纷参与互动。

"以前了解税收，主要是看到街上横幅，还有税务干部发放的宣传单页，税务局今天这样的宣传方式确实很新鲜！"神农茶场的老板安世明对快闪税宣很感兴趣。

办税服务厅和公交车载移动电视滚动播放"楚税通"APP使用教学动漫，元宵节小广场开展有奖灯谜税宣活动吸引群众参与，乡村"网红打卡地"放置长图宣传耕地占用税和创业就业税收扶持政策，抖音小视频拍摄小微企业税收优惠政策解说，走进保康县"党风政风热线"演播室在线宣讲答疑。

面对税收、非税、社保三大收入主业服务对象不断"扩容"，税务局紧跟时代要求，不断创新适应新形势需要的政策宣传方式，扩大宣传覆盖面，既做好企业组织、个体户和重点税源对象政策宣传，也促进税惠政策"飞入寻常百姓家"，千方百计确保政策宣传多形式、广覆盖、吸引人、听得进、记得住。

"山城不大，但落实国家税费政策的责任重大，为纳税人缴费人办实事的胸怀格局一定要大。"保康县税务局党委书记、局长朱峰表示，"加快建设智慧税务，促进惠企利民发展，提升服务对象办税缴费新体验，增强获得感、幸福感，小山城也能有大作为！"

精准落实缓缴税费助企发展

国家税务总局广东茂名滨海新区税务局

"2022年来我们缓缴税费达到60多万元，这次继续延缓缴纳税费政策真是解了燃眉之急。"茂名市丰源顺建材有限公司财务人员晁华英松了一口气。

据悉，茂名市丰源顺建材有限公司是一家以加工销售建筑材料为主的企业，2022年来受疫情、市场波动等因素影响，流动资金比较紧张，发展扩大的脚步受到制约。得益于制造业中小微企业能继续延缓缴纳部分税费，公司再添资金"活水"。"感谢国家的政策支持，让我们能有充足的资金发放员工工资，更新生产设备，谋求更大的发展空间。"晁华英说。

据了解，制造业中小微企业继续延缓缴纳部分税费政策出台后，广东茂名滨海新区税务局成立专项辅导团队，提前梳理最新税收优惠政策，通过微信工作群、电话、短信、电子税务局等渠道，点对点提醒辅导，精准开展政策宣传，持续跟进政策落实情况，确保纳税人知晓最新缓税政策。

同样享受到政策红利的，还有以生产制造商品混凝土为主的茂名港铭昕开发建设有限公司。"税务部门了解到我们面临现金流紧张的问题，第一时间通知我们。继续缓缴税费政策给公司带来了比较大的资金周转空间，对生产经营很有帮助。"据悉，2022年以来，茂名港铭昕开发建设有限公司缓缴税费数额超过180万元，资金压力得以缓解，企业继续发展有信心、底气足。

广东茂名滨海新区税务局有关负责人表示，下一步，税务部门将在优化税费服务上持续发力，不折不扣落实制造业中小微企业继续缓缴税费政策，确保政策红利惠及相关企业，帮助企业激发活力，渡过难关平稳发展。

智慧赋能推动办税方式高效升级

国家税务总局博野县税务局

"互联网+税务""云办税厅"、非接触式办税、电子税务局全面普及、智慧办税厅网点广布……在博野县纳税人和税务人眼中，办税缴费方式智能化、便利化正在迅猛发展。

税收数字化是篇大文章，博野县税务部门紧紧抓住国家高度重视税收信息化工作、税制改革呼唤加快信息化建设、行政审批制度改革倒逼税收信息化进程的历史机遇，坚持"人民至上"，推进税收征管体制改革，发挥信息技术乘数效应，从数字化的"追赶者""同行者"，疾步超越为"领跑者"。

一、"多头跑"变"一站式"，让办税流程优化重塑

"以前每到申报期，办税服务厅里都人满为患，7个窗口前人挤人密不透风，办税人员累，纳税人更累。自从'一站式'网上办税普及，办税流程便捷多了。"回顾这些年办税服务厅的变化，作为一名有十几年从业经历的财务工作者，保定佳达输送机械有限公司办税人员齐映感慨道。

从财行税"十税合一"简并申报，到增值税、消费税与附加税费整合申报，从发票电子化，到无纸化退税……这些政策措施的背后，正是大数据的有力支撑。伴随数字化、信息化技术持续深入应用，税务部门利用税收大数据"中央厨房"，收集源头广、规模大、类型多、营养价值高、吸收性强的数据"原料"，通过一次采集整合、多元分析生成、多渠道共享应用，稳妥推进"一户式"闭环运转机制，办税流程不断实现优化组合升级，给纳税人缴费人提供更加方便快捷的办税体验。

"我们是按月申报，以前一个税种就要填写几张表格，有的数据重复填写，费时费力还容易出错。现在一张表填几个税种，而且已有数据可自动预填，税额自动计算、申报异常提示，大大减少了工作量和报错率。帆扬会计服务保定有限公司会计张曼对申报方式的智慧化感触颇深。

二、"堵马路"变"门口办"，让纳税服务提档升级

保定泽泰胶带制造有限公司位于博野县，是一家乡镇企业，距离办税服务厅较远，当地税务部门在乡镇分局开通"智慧微厅"，纳税人在"智慧微厅"远程提交退税申请，省去了来回往复的路程，真正让退税实现走网络、不走"马路"。

"以前到办税厅办业务,来回需要一个小时,遇到办税人多,半天就过去了。现在我们在公司门口分分钟就能把发票领了,其他33项涉税事项也可办理,有问题还能通过远程服务一键咨询。"公司负责人郭彦辉说道。

目前,在博野县,税务部门已建设了1个主办税厅、3个基层办税微厅的"1+3"智慧税务格局,智慧办税设备24台,依托"博税在线"远程帮办中心,一般性业务平均办理时间由原来30分钟缩短到2分钟之内,实现了电子税务局、智慧办税服务厅、远程帮办中心一体化运转,构建起"全天候、全方位、全覆盖、全流程、全联通"的智慧税务生态体系,使纳税人缴费人获得感和满意度不断增强。

三、"人盯户"变"云计算",让风险提醒安全高效

在推进纳税服务提档升级的同时,大数据应用也在为纳税人提供风险提醒方面发挥着大作用。博野县税务部门坚持以风险管理为导向,加强税收数据分析研判,探索建立"信用+风险"新型监管机制,实现了"对市场主体干扰最小化、监管效能最大化、为基层减负最实化",走出一条"以数治税"精准监管的新路子。

"十几人的基层分局往往要管理千余户纳税人,传统管理方式早已跟不上时代,还难免暗藏着税企矛盾和廉政风险。"博野县税务局工作人员史文彬介绍道,"近年来,税务部门充分发掘和利用海量数据资源颗粒度细、类型多的特点,运用税收大数据精准筛选中高风险纳税人,以'信用+风险'为基础实施精准执法,压减高信用纳税人办税环节,提醒中低风险纳税人更正差错,及时阻断化解高风险纳税人税收风险,防止粗放式、选择性、'一刀切'执法,推广'首违不罚'清单,坚持宽严相济的执法手段营造更加公平透明的税收营商环境,以智慧精准的执法方式筑起征管改革'防护网',有效提升了风险管理质效。"

莫道桑榆已晚 蓝色薪火不熄
——曹妃甸区税务局"老中青"三代"护航"退税减税

国家税务总局唐山市曹妃甸区税务局 王雪晴

自新的组合式税费支持政策实施以来，曹妃甸区税务局"老中青"三代齐上阵，合力"护航"退税减税政策稳落地、显成效，用实际行动演绎着惠企利民的动人故事，诠释着初心不改的时代情怀。

一、一份嘱托，赓续"蓝色"血脉

中共中央办公厅印发的《关于加强新时代离退休干部党的建设工作的意见》中强调，离退休干部是党和国家的宝贵财富，是推进新时代中国特色社会主义伟大事业的重要力量。曹妃甸区税务局积极贯彻党的老干部工作方针政策，通过组织税务干部走访慰问离退休老干部，听老干部分享从税经历，重温生动事迹，充分发挥老干部在人生阅历和工作经验上的优势，让"忠诚担当，崇法守纪，兴税强国"的税务精神薪火相传，焕发时代光芒。

传"基因"退休不褪色，离岗不离心。曹妃甸区税务局退休老局长孙希全就是坚守初心使命、心系税收工作的典型代表。在退税减税工作如火如荼地进行之时，孙希全自发地充当起"政策宣讲员"，向身边人宣传新的组合式税费支持政策，并收集了许多宝贵的意见建议。他还心系青年干部的培养工作，在区局组织税务干部走访慰问之时，他与青年干部谈税史、话"税"月、忆初心。从手拿一把算盘、脚踩一辆自行车、挨家挨户地上门收税，讲到如今以税收大数据为驱动力的"智慧税务"；从仅靠一张嘴、仅凭两条腿、走村入户地宣传税收政策，讲到如今线上线下全方位、多载体的税收宣传模式。孙希全告诉青年干部们："时代在变，初心不变。不论何时，一定要把我们用心服务纳税人的'蓝色'基因传承下去。"

二、一片执着，守土尽显担当

牢记殷殷嘱托，担起时代重任，曹妃甸区税务局的领导干部们立责于心，履责于行，他们是抗击疫情的中流砥柱，是退税减税工作的中坚力量。

渡难关2022年3月份，曹妃甸区税务局退税减税政策落实工作领导小组刚刚成立，便迎来了战"疫"这场大考。面对疫情防控和退税减税的双重考验，曹妃甸区税务局上下一心，领导干部亲自督战；广大党员锐意行动，人人争做生命安全守护者，全力奔赴抗击疫情守卫战。

疫情防控是一场与时间的竞跑。区局党委书记、局长蒲志亭急行赴战,坐镇指挥,稳定局面。一方面,协调各方,第一时间研究部署疫情防控工作,多次召开线上视频会议,及时学习传达上级疫情防控要求,全力落实上级交办的紧急工作;另一方面,身先士卒,既当指挥员,又当战斗员,门岗值班随时顶上,后勤保障严格把关,全力确保疫情防控工作运转顺利。与此同时,为确保退税减税工作不停歇,蒲局长始终扛牢责任,提前筹划、分析研判,组织退税减税政策落实工作各项工作,确保了退税减税工作高效开展。

三、一腔热忱,青春芳华正盛

青年兴则国兴,青年强则国强。在退税减税工作中,曹妃甸区税务局的年轻干部们"青"尽全力,淬炼成长,为退税减税工作的开展"添砖加瓦"。

"她"力量。社会赋予了女性许多角色,在这五彩斑斓的"多面人生"里,她们既拥有宜室宜家的"她"智慧,也能展现乘风破浪的"她"能量。曹妃甸区税务局税政一股副股长孟静,通过十年"税"月里孜孜不倦地学习和钻研,已经成长为增值税方面的行家里手。退税减税工作开展以来,她便与股室人员开启"5+2"的工作模式,周末加班成了工作常态。为了将退税减税工作做到"一百分",她成为了"不及格"的妈妈,经常疏于陪伴和照顾儿子。一晚,她将儿子带到单位加班,自己专心地在一旁忙工作,儿子却在椅子上睡着了。看着儿子那稚嫩的小脸,她满心愧疚。但想到自己肩上的使命,她暗暗发誓绝不能给退税减税工作拖后腿,又继续埋首在那堆积如山的资料里。她用实际行动宣言:"巾帼不让须眉,柔肩亦有力量。"

"征程万里风正劲,重任千钧再奋蹄。"曹妃甸税务人将步履不停,奋斗不止,继续在流金"税"月里书写忠诚担当的厚重和隽永。

"房地产业务一点通"推广应用广受纳税人好评

国家税务总局喀喇沁左翼蒙古族自治县税务局

"我需要交什么税？怎么交？带什么资料？"这些问题是该县房地产一体化大厅税务窗口每天面临的高频问题，提出这些问题的多为办理房地产业务的自然人。不同于固定登记用户的办税人员，自然人对税收政策多不了解，理解起来也很困难，往往对同一问题进行多次咨询后仍不能准确掌握，增加了纳税人的办税负担。

为深入贯彻落实中办、国办印发的《关于进一步深化税收征管改革的意见》，积极响应建成"线下服务无死角、线上服务不打烊、定制服务广覆盖"税费服务新体系号召，避免纳税人办证排队时间长、重复提交审核资料、缴费多头跑及下证慢等现实堵点和痛点问题，朝阳市喀喇沁左翼蒙古族自治县税务局专门组织业务骨干在经过前期充分调研的基础上，于2021年创新上线了"房地产业务一点通"微信小程序。

"房地产业务一点通"微信小程序主要针对自然人提供个性化服务，特设业务类型及税费估算、法律法规政策宣传、办税流程介绍、网上申报缴费纳税及缴税预约排队等9大功能模块。房产交易人可通过功能模块一次性查清业务办理流程及所需资料，自主预测缴纳税费金额并估算房屋交易是否符合心理预期，实现了非接触式、不见面式办税缴费服务和个人税费事项掌上办理。

"这个确实方便，我电话问了好几次，又去大厅问了几次，我这记性，要带什么问完就忘，有这个小程序后这下咋也忘不了了！"已经多次享受到"房地产业务一点通"微信小程序便利的房产中介业务员李女士由衷地赞叹道。小程序上线运营后，该局多渠道推广并全覆盖式宣传，受到社会积极反响。"以前办房产证，拿着一堆资料，楼上楼下得跑好几个部门，政策问了一遍又一遍，可还是不太明白。后来我们看到咱们税务部门宣传的这个小程序，业务办理政策、流程，怎么缴费这些都能方便得查到，再到不动产登记中心大厅税务窗口把资料一交，跑一次就能很快把证办下来了！现在真是方便了！"在喀喇沁左翼蒙古族自治县不动产登记中心，来办理二手房交易的王先生高兴地说道。

据了解，自新冠肺炎疫情暴发至今，因行程码、辽事通健康码等小程序的普遍应用，社会大众对扫"码"早已习以为常，"房地产业务一点通"推广便捷、使用方便、一扫即用的特点，更易让纳税人接受，更容易推广普及。特别是在当前常态化疫情防控形势下，"小程序"的上线，可大大减少人员接触，实现"非接触式"政策告知及税费估算。"房地产业务一点通"上线一年以来，该局办税服务厅接听涉房产业务重复政策咨询电话减少80%，纳税人初次办税携带资料不全情况不到10%。小程序的上线为优化全县房地产一体化办税流程，提高纳税服务工作质效，提升纳税人的满意度和获得感，为助力打造全县金牌营商环境做出了更大贡献。

据悉，该项创新工作已先后得到了辽宁省税务局和朝阳市税务局的充分肯定和高度赞扬，并将由辽宁省税务局组织在全省范围内推广应用，逐渐惠及全省纳税人。

诚纳各方建议 聚智落好政策
——根河市税务局开展"走流程、听建议"办税体验活动

国家税务总局根河市税务局

为深入贯彻落实《关于进一步深化税收征管改革的意见》，进一步推动新的组合式税费支持政策落实落细，推进税收营商环境持续向好，结合"我为纳税人缴费人办实事暨便民办税春风行动"，近日，国家税务总局根河市税务局诚邀人大代表、政协委员、工商联代表开展"诚纳各方建议，聚智落好政策""走流程、听建议"活动，为解决办税过程中的痛点难点赌点问题，持续提升纳税人缴费人满意度和获得感。

一、走"心"流程：把好亲身体验"方向盘"

在办税服务厅，税务干部详细介绍了办税服务厅人员配置、窗口设置、各功能区设置及便民办税服务举措等情况。代表们跟随讲解员参观体验自助办税区、电子税务局、实体办税区，沉浸式体验了增值税留抵退税线上申请、系统流转、后台核实、快速退税的流程，以税务人员视角全方位体验办税缴费服务流程，深入发现办税缴费中的难点、堵点问题，助力提升更优质、高效的办税服务能力。

二、听"新"建议：接好税收优惠"接力棒"

在"走流程 听建议"座谈会上，费大勇局长介绍了本局税费收入情况及纳税服务工作方面的亮点做法，倡导纳税人诚信依法纳税，营造诚信纳税缴费的良好氛围。结合2022年实施的全新组合式税费政策向代表们进行了详细的讲解和辅导,在讲解过程中,代表们结合自身企业实际，和税务人员热烈讨论，既弄懂学通税收优惠政策，又提出了自己对税收政策的理解，代表们收获颇丰。"像这样的体验活动机会难得，通过现场观摩、实地操作办税流程等方式，让我切实感受到了税务部门高效便捷的办税方式，根河市税务局以实际行动落实落细各项税费优惠政策，助力企业发展，让更多企业享受到实实在在的国家政策红利。"根河市工商联秘书长李曼由衷地说道。

根河市税务局党委书记、局长费大勇表示：大家对税务机关的一句"非常满意"，就是我们工作上的最大动力。也希望能通过此次"走流程 听建议"体验活动，查找出本局目前税收工作中存在的短板和不足，从而不断改进，切实提升纳税人缴费人的满意度和获得感，为"快、准、稳、好"落实落细新的组合式税费支持政策凝聚共识，为根河市经济社会高质量发展做出积极贡献。

以"五星创建"推动党建强发展强

国家税务总局城固县税务局　朱小羽

国家税务总局城固县税务局认真贯彻落实市委、县委安排部署，对照"五星创建、双强争优"方案，通过创建"领航星、模范星、和谐星、团结星、发展星"，加强基层党组织建设，统筹抓好党的政治建设、思想建设、组织建设、纪律作风建设，深化党对税收工作的全面领导，有力推动了党建强、发展强"双强"的目标实现。

一、党建领航促发展，科学谋划点亮"领航星"

城固县税务局始终在持续学懂弄通，增强全面从严治党永远在路上的政治自觉，推动党中央、国务院重大决策部署落地落细上下功夫。2022年以来累计开展党委理论中心组学习5次，党委会"第一议题"学习20次，将"第一议题"与业务工作相融合，做到知行合一、学以致用。为加强支持建设，局党委将班子成员党组织关系调整至分管单位党支部，党委委员以党员身份参加组织生活，讲授"走进新时代，贯彻新思想，开启新征程，争做一名合格优秀的税务干部"等专题党课11次，指导和监督全面从严治党在基层党支部落实落地，引导党员干部坚持用党的创新理论武装头脑、指导实践、推动工作，切实履行新时代税收工作职责使命，充分发挥了党委的核心领航作用。

二、强化担当做表率，比学赶超点亮"模范星"

年初，按照"标准化"工作要求，累计梳理了614项标准化工作事项，形成1133条工作制度和997条工作流程图，提升了税收工作标准化、规范化、科学化水平。同时，标准化开展青年干部培养和党员发展工作，共组织青年理论学习小组集体学习8次，举办青年干部学堂业务学习10期，制定自学计划24条。按照"赓续红色血脉，兴税强国有我"主题实践活动要求，开展"书香税务、悦读同行"青年读书分享会，观看主旋律影片《我的父亲焦裕禄》，前往华阳红二十五军旧址、刘秉钧烈士故居等地开展革命传统教育活动，吸纳青年岗位能手、驻村工作队员等10余名青年税干向党组织靠拢、向先进模范看齐，提高了党员干部队伍的政治素养和业务素质。

三、求实求效优服务，紧盯主业点亮"和谐星"

围绕主责主业，健全"五星创建、双强争优"活动与"我为纳税人缴费人办实事暨便民办税春风行动""进、知、解"走访活动相结合机制,对税收优惠政策进行"面对面"宣传辅导,累计走访纳税人4384户。将7500份税收优惠政策"大礼包"通过邮寄送达至辖区内企业、个体户及重点纳税人、缴费人手中。2022年以来共为全县541户纳税人免费寄递发票5.8万余份。先后通过线上、线下方式开展"纳税人学堂"相关政策培训6期。进一步与陕飞集团、陕十建集团深化税企"双建双促",进企业、进帮扶村开展互学联建活动;与县社保部门联合开展"红石榴 陕先锋"党支部品牌创建,将党建与业务工作深度融合,创新互学联建活动形式,擦亮"红石榴"党建品牌。

四、联动配合添活力,党群共建点亮"团结星"

为深入开展全国文明城市创建,巩固省级文明单位创建成果,城固县税务局2022年共开展"道德讲堂""我们的节日""十元微爱"等活动9次,干部职工道德水平和文明素养显著增强。该局党委积极探索党群共建工作机制,局工会组建11个兴趣小组,开展羽毛球、乒乓球、游泳等各类文体活动,在全局营造了健康生活、快乐工作的浓厚氛围。该局妇联组织妇女同志开展"巾帼心向党 环保志愿行"红色教育及环保志愿服务活动,配合开展"最美家庭""五好家庭"评选表彰活动,培树优秀妇女、最美家庭等先进个人典型2人次,充分发挥了榜样示范引领作用。该局团支部组建"税月如歌"志愿服务队,65名志愿者在疫情防控、文明城市创建、助力乡村振兴等各类志愿服务活动中强化了奉献意识、责任意识和服务意识,展现了新时代城固税务系统干部风采。

五、创先争优聚合力,厚植优势点亮"发展星"

围绕"党的高质量建设"和"税收重点工作",弘扬敢为人先、开拓进取的张骞精神,大力开展创先争优活动,着力打造"众志成城铸堡垒,骞汉文化耀税徽"党建特色品牌。2022年城固县税务局荣获了省级文明单位称号、市级"平安单位"、县级"七五普法工作先进单位""重点项目建设先进单位""新闻和对外宣传工作先进单位"等多项荣誉。在党建品牌的引领下,城固税务全体干部职工凝心聚力、攻坚克难,不断传承张骞精神,擦亮税务品牌,助推县域经济高质量发展。

城固县税务局党委书记、局长王鸿军表示"税务部门要把'五星创建、双强争优'活动作为'纵合横通强党建'机制制度体系一项重要内容,通过抓学习教育、抓组织保障、抓工作落实、抓纪律作风、抓队伍建设,进一步推动党建与业务工作深度融合。对内聚人心、提升向心力,对外优服务、树立好形象,争当党建强、发展强'双强'标兵,以优异成绩迎接党的二十大胜利召开。"

充分发挥"税助力" 筑牢残疾人"幸福路"

国家税务总局张家界市税务局

全省"税惠助残·社保纾困"夏日行动启动以来,张家界市税务局瞄准残疾人群体急难愁盼,坚持"三聚焦""三提升",以强劲"税助力"筑牢残疾人"幸福路"。

一、聚焦就业创业落实税费优惠,提升残疾人获得感

设置"双员"开展税费辅导。梳理残疾人就业创业优惠政策,打包成"爱心助残优惠政策卡""政策服务卡"。安排1名税收服务专员和1名社保费服务专员,精准对接一名残疾人高校毕业生,开展"保姆式"税费政策辅导。对接爱心企业牵线搭桥。联合残联劳动就业部、人社局就业中心以及爱心企业,召开高校残疾毕业生就业座谈会13场,为企业算好吸纳残疾人就业的税费优惠"经济账",吸引29家企业提供近300个残疾用工岗位。举办"税惠助残·社保纾困"残疾人就业直聘活动,80名残疾就业者现场应聘,62人获得工作岗位。定期回访确保安岗乐业。制定残疾人就业回访计划,挑选税费业务骨干成立助残志愿团队,对吸纳残疾人就业的企业、自主创业的残疾人定期开展调研走访,了解企业及残疾就业者后续情况和需求,尽力协助解决各类问题,确保残疾人安心就业、持续就业。

二、聚焦急难愁盼优化税费服务,提升残疾人幸福感

办税大厅"快速办"。各办税厅设置无障碍斜坡通道和便民服务台,开设6条残疾人办税缴费"绿色通道",为残障人员提供"一站式"综合服务,根据残疾人具体办税缴费需求,积极开展税费咨询、业务指引,确保快速办理税费事项。累计提供优先叫号、全程指引服务200余次。耐心辅导"掌上办"。为残疾人"一对一"辅导"湘税通"平台和湘税社保APP操作流程,让残疾人更快知悉最新优惠政策、熟悉办税缴费流程,足不出户办理相关事项。增设网点"就近办"。鼓励建设银行、农业银行、农商行等经办银行设置自助缴费终端1300余台,方便残疾人群体缴纳城乡居民"两险"。特殊困难"上门办"。对自行办税有困难的残疾人纳税人,根据业务办理事项和残疾人需求,提供预约"上门服务"17人次,确保残疾人及时享受政策红利。

三、聚焦民生保障推进社保全覆盖,提升残疾人安全感

强化全民参保。与人社、医保、残联等部门紧密对接,做好重度残疾人员身份识别和标识,

各区县税务局本着便利缴费、补助及时的原则，采取多种方式鼓励残疾人群体积极参保。2018年来，全市重度残疾人（一、二级残疾人）参加城乡居民医保62280人次，享受政府全额资助1780.76万元。强化"双率"考核。以企业养老保险全国统筹为契机，加强当期参保户数缴费率与当期参保人数缴费率的考核，尽力保障全部企业职工特别是残疾人权益。二季度，张家界市两率分别达到96.41%、97.64%，远超全省5C征管质量考核要求。强化残保金征收。作为全省最早试点残疾人就业保障金代征工作的地区，创新探索多项工作经验在全省推广。持续加强与财政部门、残联部门沟通协作，形成征缴合力。自2018年以来，累计组织残疾人就业保障金1.15亿元，有力支持残疾人就业、保障残疾人生活。

创新"五争五创" 锻造税务模范机关

国家税务总局吉安市税务局

2022年以来，吉安市税务局对表对标市委部署要求，创新"五争五创"举措，以党建引领创建、以机关带动系统，激励广大党员干部作示范、勇争先，努力争创吉安税务"第一等工作"，积极为加快吉安"三区建设"贡献税务力量。市局荣获全国文明单位、江西省五一劳动奖状、全省普法工作先进单位、全省脱贫攻坚先进集体、全市全面深化改革工作先进单位、全市政务服务工作先进单位等荣誉，先后在全市法治宣传教育工作会、全市精神文明建设表彰暨全国文明城市建设推进会上作先进典型发言，绩效考评连续四年获评"条块双优秀"。

一、在培根铸魂上争先进，创模范政治机关

一是实施铸魂工程。坚持以学习习近平新时代中国特色社会主义思想作为党委会议"第一议题"、党委理论学习中心组学习和干部教育培训"第一主题"、青年理论学习"第一任务"、将贯彻落实习近平总书记重要讲话和重要指示批示精神作为"第一要事"，不断增强政治机关意识。各支部用好"学习强国""学习兴税"等平台，通过分享共学、通知提醒等方式，持续推动党的创新理论学习走深走实、入脑入心。常态化开展主题党日活动，在红色走读、现场研学中坚定信仰、淬炼党性，争当"红色税收传人"。二是实施强基工程。创新落实新纵合横通强党建机制体系，主动融入地方党建，发挥双重领导优势。大力实施党建高质量发展两年行动，把46项重点任务落实到支部、落实到个人。用好吉安红色资源，持续升级打造井冈山税务干部理想信念教育基地。紧扣"三化四强"标准，打造十佳党支部，总结提炼"六有六好"党支部工作法，让支部强起来、党员动起来。8月底突发疫情，全系统15个党委、135个基层党支部、112支党员突击队志愿队、3200余名税务干部逆流而上，尽锐出战，书写着吉安抗疫战场上的最美税务蓝。三是实施聚力工程。围绕迎接宣传贯彻党的二十大主线，聚焦"六个江西""三区建设"工作大局，激发正能量、唱响主旋律、助力大发展。开展"四个一"学军建队活动，向部队学管理、向军人学作风，提升队伍战斗力、凝聚力。大力推选、宣传"最美税务人""我身边的好税官"，让典型"人上台""相上墙""事上榜"，激励和带动广大党员干部比学赶超、争创一流。全系统累计有1人获全国道德模范提名奖，3人入围"中国好人榜"候选人，1人荣获全国捐献造血干细胞荣誉证书，2人评为全省"最美税务人"。

二、在真抓实干上争先进，创模范执行机关

一是抓管理促落实。全面践行"担当实干 马上就办"精神，统筹运用调研督导、专项检查、督查督办、巡察监督等形式，强化跟踪催办，确保重要税收政策、重大决策部署件、领导批示等贯彻落实。大力推行一线工作法，建立以"三级调度、两张函"为主要内容，全过程、高效率、可核实的工作落实机制，设立改革任务台账，实行清单式管理、销号制落实，形成分析综合、迭代深化、解决问题、整体优化的完整闭环，推进改革任务平稳落地。二是抓考核促落实。突出绩效管理，对部门工作进行综合评比，比工作开展成效、比践诺完成情况，形成"你追我赶、奋勇争先"工作态势。结合绩效考核的开展，进一步细化、量化、硬化考核指标，加大分值权重，把抓工作落实作为评价领导班子、党组书记和支部书记政治观念强不强、实绩好不好、作风正不正、工作称职不称职的重要依据，作为评先评优、待遇落实、选拔任用、奖惩激励的重要参考。三是抓队伍促落实。坚持好干部标准，坚持正向激励和反向问责相结合，树立重实干重实绩的用人导向。结合重点工作，建立专业团队，开展以兴趣小组、课题小组、攻关小组为形式的探索创新活动。举办各类轮训班、研讨班、网络培训班，在全市系统开展岗位大练兵、业务大比武，全面提升干部综合素质。聚焦实操能力，创新开展"双赛练兵"，通过赛操作技能，比更快一秒，练出"加速度"，赛服务评价，比更高一分，练出"好口碑"。全系统入选总局人才库1人，青年才俊10人。

三、在便民利企上争先进，创模范服务机关

一是"减税降费"服务大局。聚焦服务"双一号"工程，开展"万名税干访万企""一把手走流程""三进三为"专项行动，推动组合式税费支持政策落快落准落好。1—7月，全市累计新增退税减税降费及缓税缓费48.9亿元。出台税收优惠政策和服务措施15条，为全市1642户"老树发新枝"工业企业保驾护航。开展"税务蓝助力映山红"活动，推出"九个一"举措，主动对接7家"映山红"企业、45户拟上市企业和27家"小巨人"企业、159家省级"专精特新"中小企业，提供靶向辅导、订制服务。相关做法获得市委、市政府领导批示肯定。二是"提速增效"服务群众。聚焦助力市场主体减负纾困更好激发活力，将"便民春风"变为"四季清风"。依托"吉事即办"服务平台，打造"税事随办""税务小哥为你办"服务品牌。积极推进智慧办税服务，10类233项税费业务实现全程网上办。大力简化流程、简并资料、压缩时间，实现"一表申请、一照通行、一网通办、一次办结"，综合考评排名全省前列。以龚全珍工作室为平台，联合自然资源、住建、人防等部门推出"交房即交证"便民举措。2022年上半年，营商环境涉税4个二级指标排名持续前移。三是"排忧解难"服务基层。巩固拓展党史学习教育成果，建立"我为群众办实事"长效机制。加大基层建设投入，关心基层发展，建设示范点，以点带面推进基层建设，建立图书阅览室、党员活动室、健身房、荣誉展厅等文化阵地。注重人文关怀，开展"1+1"党内互助帮扶，对干部职工结婚、生育、住院、手术、干部、家属去世和干部退休开展"七项"日常探视慰问。以党建带群建，因地制宜地开展文化体育活动，积极组织精神文

明创建活动，奏响和谐乐章。

四、在改革创新上争先进，创模范高效机关

一是推进"改革大攻坚"。紧扣"四精"要求，列出82项办实事任务清单，进一步深化税收征管改革。全面推进纳税人分类分级管理和"五员"岗责体系建设，调优配强重点领域和复杂税费事项征管力量。开展税收征管质量5C监控评价，全市实名率、申报率和网报率均居全省前列。创新"关口前移+跨区预警+管服结合"税收风险防控机制，创新"红杜鹃·税助乡村振兴"大行动，相关做法得到省委以及税务总局、省局领导批示肯定。二是推进"管理大创新"。坚持以党建推进模范机关创建，推出"双岗双争"，"一亮五带""三小三大"被等有效做法，永丰县局创建经验被总局媒体刊载，泰和县局经验做法在全省税务系统模范机关创建推进会上作典型发言，吉水县局、永新县局、安福县局和吉安县局4个单位分别在当地模范机关推进交流会上作交流发言。强化党建引领，推动党建和业务融合发展，持续升级打造党员积分制、"党建领航·家和税兴""税企同心·党建同行""樟乡税韵"系列党建品牌，在全市首届党务技能大赛中，吉安税务5个项目获奖。当好地方经济社会发展参谋助手，全系统向党委政府报送税收经济分析报告41篇，获肯定性批示32篇，其中获省领导批示1篇，市委、市政府主要领导批示5篇。三是推进"风险大防控"。对内，采取实地检查、明察暗访、上门走访和运用智慧监督平台等方式，严肃查处内外勾结通同作弊、以税谋私吃拿卡要、推诿扯皮敷衍塞责等违纪违法问题。对外，加强与公安等部门的配合，重点聚焦虚增进项、隐瞒收入、虚假申报等风险点，坚决打击骗取留抵退税等违法犯罪行为。2022年以来，共立案检查73户，查补税款5.02亿元。税警双方打击虚开、骗税团伙11个，其中"粤通案"在央视进行了曝光。市局稽查局获"国家四部委打击虚开骗税违法犯罪两年专项行动先进集体""全省扫黑除恶先进单位"。

五、在遵规守纪上争先进，创模范廉洁机关

一是严格纪律规矩。坚持以上率下，持续开展警示教育、党纪政纪集中教育，"严管就是厚爱"主题宣讲，以案明纪、以案说法。支部主题党日将风险提示、案例警示、纪律告示"三示"教育作为规定动作，勤扯袖常提醒。持续强化家风建设，打造"六廉护税"廉政文化品牌，让干部知敬畏、存戒惧、守底线。二是严格专项整治。把防止"四风"反弹回潮作为"硬杠杠"，对收送电子红包、快递送礼等隐形变异问题坚决查处，对"吃公函""吃老板"等问题严惩不贷，自查出非职务违法问题1起，已给予开除党籍、降级处分。聚焦4个方面16类具体问题，从严从实开展纪律作风问题专项整治，边查边改、立行立改，让铁的纪律、优的作风成为日常习惯和行为准则。三是严格执纪问责。落实"1+7"和"1+6"制度体系，深入推进纪检监察体制改革。用好税收大数据智慧服务、智慧纪检和内控"三个平台"，织牢织密"全面覆盖、全程防控、全员有责"监督之网。用好监督执纪"四种形态"，常咬耳朵、常扯袖子，让红脸出汗成为常态。加大执纪问责力度，严格"一案双查"，对违法违纪现象零容忍，保持从严从紧高压态势。

创新便民办税硬举措
提升营商环境软实力

国家税务总局宁都县税务局

宁都税务部门始终以纳税人、缴费人需求为导向，精准落实税费优惠政策，精细推进税费管理服务，倾力打造更优税收营商环境，持续为市场主体添活力，为经济发展添动力。

一、税费"减负担"，政策红利直达快享

江西永通科技股份有限公司是一家科工贸一体、科技创新型出口高新技术企业，该公司主营的对叔丁基苯甲酸系列产品被认定为"江西名牌产品"。近年来，该公司受市场行情波动影响，为提升产品的市场竞争力，公司加大了研发投入，资金流压力增加。

"研发费用加计扣除比例进一步提高，我们公司可享受加计扣除近400万元，有效缓解了公司资金压力，让我们能够有更多资金投入到核心技术攻关。"江西永通科技股份有限公司总经理刘忠春表示，宁都税务部门依托"一户一册"台账，为企业提供"一企一策"精细服务，及时送来研发费用加计扣除等一系列税费红利，让他们更有信心和底气应对当前挑战。

为保障资金"活水"及时回流企业，宁都税务部门对2022年来新出台的和延续实施的有关政策进行了全面梳理，围绕纳税人"懂政策、能申报、会操作"的目标，将相关政策电子书、政策辅导讲解视频、音频等内容制成二维码汇编成册，同时充分运用税收大数据，第一时间筛选符合条件的企业，利用税费优惠政策精准推送机制，确保税费政策红利直达市场主体，实现应知尽知、应享尽享、应享快享，把真金白银从"账上"落到"口袋"。2022年以来，累计办理各类政策性税费减免3.5亿元，缓缴税费0.44亿元。

二、服务"加速度"，办税缴费便捷无忧

"在电子税务局办理申报业务时，有几处操作我不太懂，就在税企互动平台留了言，没想到税务人员通过视频连线的方式为我进行了远程辅导，这样的远程帮办服务让我省心不少！"江西朝盛矿业有限公司办税人员谢绍升通过微信向税务人员表示了感谢。为切实提升线上税费服务质效，宁都税务部门健全纳税人缴费人需求快速响应机制，建强线上税费服务团队，开展"滴灌式"精准辅导，"一对一""点对点"地指导纳税人缴费人线上操作，推动便民办税缴费服务不断向精细化、智能化、个性化转变。

第一篇 新时代背景下对财税工作改革创新的思路研究与实践

在电子税务局办税等"非接触式"办税缴费手段更加多元的同时,宁都税务部门持续提升线下实体办税缴费体验,着力打造网上办税为主、自助办税为辅、实体办税兜底的纳税服务体系。

"一走进办税服务厅,导税人员就主动问我办理什么业务,帮我提前预审资料、取号等候,没想到一下子就办理好了,体验真心不错!"纳税人曾小莲在业务办结后对税务工作人员连连点赞。为进一步压缩办税时间,宁都税务部门不断拓展精品办税服务厅服务,组建优质导税团队靠前辅导、预审资料,设置政策落实专窗,严格执行"限时办结"等制度,完善自助办税区、后台流转区、智能管控平台建设,创新开展"将心比心、税费流程全体验"活动,进一步简化资料报送、优化办税流程、缩短办理时限,纳税人缴费人满意度持续提升。

据悉,宁都办税服务厅目前已实现"一次不跑"事项146项,"最多跑一次"事项38项,2022年以来累计办理业务8.6万余人次,网上办理业务6.6万余人次,占比达到76%,纳税人缴费人平均等候时间缩短至0.44分钟,平均办理时长缩短至1.6分钟。

落实留抵退税政策 助力地方经济发展

国家税务总局达州市达川区税务局

自 2022 年 4 月 1 日起,增值税期末留抵退税政策正式实施。此次留抵退税规模大、范围大、难度大、时间紧、任务重,存量问题多、风险隐患高、社会关注度高,是新的组合式税费支持政策落实中最难啃的骨头、最难打的硬仗。达川区税务局坚决扛牢政治责任,顾全大局、凝神聚力、攻坚克难、加班加点、连续作战,确保各项税费优惠政策不折不扣贯彻落实到位。

一、紧盯"快"字强化政策执行,跑出退税加速度

把落实大规模留抵退税政策作为当前最重要的中心工作抓牢抓实,成立退税减税办公室,充分利用下班、周末等休息时间,特别是五一"假期期间退税减税"不打烊",把留抵退税审核由平均 7 个工作日压缩至 1 个工作日以内,退税资金第一时间从"纸上"抵达企业"账上",确保减税退税政策红利早一天到达纳税人手中,彰显"税务速度"。依托退税减税政策落实领导小组及减税办,持续优化办理流程,不断提高审核效率,配齐前台办理、后台审核、风险防控、技术支持等各岗位人力资源,统筹制定分类、分批、分期引导退税计划,确保各项退税减税缓税政策正常有序办理。主动加强与同级财政、人民银行等相关部门的沟通协调,确保退税减税政策又快又稳又准又好落地见效。截至目前,为 232 户次企业办理增值税留抵退税,退税 12226 万元。

二、围绕"准"字强化宣传辅导,提升优惠覆盖面

结合第 31 个税收宣传月,创新税务"春风号"公交车、升华广场设点等方式,确保税收宣传全覆盖。逐户摸排纳税人的生产经营情况,建立服务台账,第一时间全覆盖宣传辅导,通过税务管家、达人云税直播间、征纳互动平台等线上线下宣传渠道,对拟提起退税申请的纳税人开展"保姆式"服务,确保应知尽知。截至目前,直播平台宣讲 22 期,观看人数共计 8000 人次;利用征纳互动平台、短信平台等,多方位宣传税收政策。累计推送涉税信息 52.71 万条,阅读率每月递增。运用税收大数据,筛选应退未退、应享未享纳税人名单,"一对一"开展政策辅导,最大限度提升政策辅导覆盖面。

三、聚焦"好"字强化精细服务，提高享受便利度

在办税服务厅设置优惠政策落实咨询服务岗、退税专窗，严格执行首问责任制、一次性告知制度，积极响应纳税人服务需求。聚焦网办体验更佳，大力推行"非接触式"办税缴费，进一步推进实体办税服务厅向网上延伸，让在线互动、移动办税成为常态。聚焦分类服务更优，区分大企业、中小微企业、自然人，专门制定分类分批分期引导实施方案，"点对点"辅导纳税人分批分期错峰办理，提高退税办理效率。通过大数据平台提取分析数据，筛选符合政策适用条件的纳税人，分类分级推送至税源管理单位逐一核实、比对、销账，进一步优化退税办理流程。完善税费优惠政策快速反应机制，及时收集解决纳税人反映突出的问题，健全沟通机制，加快流转时限，减少纳税人非必要事项，做到全环节无缝衔接，提升质效。

四、突出"稳"字强化风险防控，确保政策落实稳

建立事前、事中、事后风险管理闭环机制，把风险防控贯穿退税工作始终。加强退税减税缓税数据分析比对，税政、风控、征管、收核等部门提取不同模块数据开展关联分析，多渠道比对协同作战，对退税数据开展"三看"，即看数据，退税是否按照计划及额度均衡退税；看划型，是否严格执行六大行业优先其他行业推后的原则；看风险，涉及大额退税是否存在风险隐患。开展事前、事中、事后扫描监控，及时发现风险疑点，根据风险等级采取差异化风险应对。同时进一步加强对重点领域的风险排查，密切关注涉及留抵退税政策的行业，重点关注企业欠税问题，及时发现风险疑点，按留抵退税计划保障进度，该退的退到位，不该退的坚决不退，根据风险等级采取差异化风险应对，做到留抵退税管理跟得上、风险防得住。

打造税费服务共享社区
蹚出乡村振兴"新路子"

国家税务总局诸暨市税务局

近日,浙江省诸暨市枫桥镇杜黄新村举行"税费服务共享社区"授牌仪式,全市税费服务共享社区的"版图"又变大了。

据了解,国家税务总局诸暨市税务局积极创建"枫桥式"税务所,打造税费共享社区。在每个共享社区派驻1名服务志愿者和1名税务网格员,提供发票代开、社保缴费等21项共享业务服务,让群众办税缴费"不出村"。

诸暨市税务局运用新时代"枫桥经验",聚群众之力,谋群众所需,大力推动"税费服务共享社区"建设,发动农村(社区)党员干部、社工和群众,成立税费服务志愿者团队,开展共建共享,共同帮助"慢群体",实现税费诉求快速响应、矛盾纠纷快速调处、产业赋能快速对接,在助力乡村振兴的道路上蹚出一条"新路子"。

一、便捷服务,办税缴费不出村

谈及税费服务共享社区建立的初衷,诸暨市税务局党委书记、局长汤文强说:"我们建立面向自然人为主的广覆盖、全下沉式的服务网格,将高频民生涉税事项和相对简单的涉税事项下沉到农村(社区),以解决农村(社区)特殊群体的涉税诉求。"

听说家门口就能办理涉税业务,杜黄新村村民冯文军兴冲冲地前来体验。他负责村里的垃圾清运工作,每月需要开具发票报销。在志愿者祝梦婕的辅导下顺利完成发票开具后,冯文军由衷点赞道:"我年纪大了,不太会用智能手机。现在好了,家门口就能把发票开了,真方便!"

像开具发票这样的简单涉税事项,由志愿者辅助现场帮办。此外,城区办税服务厅成立"暨税·青云端"服务台,开展"办税缴费+咨询"服务,对于税费服务共享社区难度大、操作复杂的涉税业务,以远程视频"共屏辅导"的形式进行会诊帮办。

二、多元化解,涉税矛盾不上交

自2020年以来,诸暨市税务局未雨绸缪,牵头7个税务所建立多部门联合的调解联盟,及时预防和化解农村(社区)的涉税矛盾。

"我女儿2022年要上小学了,房子产权证办不下来,上学就成问题了。"近期,市民李先生向诸暨市税务部门寻求帮助。

据了解，由于李先生购买的楼盘建设目前处于停工状态，导致177户购房户不能按时办理产权证，以李先生为代表的购房户向诸暨市税务部门寻求解决办法。接到求助信息后，暨南税务所所长边烈立刻安排人员去实地了解情况。确认情况属实后，他向调解联盟发起了调解任务。

次日，暨南街道、商贸城城建管委、住建、招投中心和税务等部门联合召开协调会，合力商量解决办法。半个月后，一个购房户和开发商双方都接受的解决方案形成，目前177户购房户已基本完成产权证办理手续。

设立调解联盟的最终目的是强化源头治理，将矛盾纠纷化解在萌芽状态。这是诸暨市税务局对调解联盟的更高要求。"组织统筹走在预判前，预判预防走在服务前，服务摸排走在调解前，调解说理走在激化前。"枫桥税务所所长蒋虎总结了解决涉税矛盾的"四前工作法"。

目前，诸暨市税务部门已为群众调解税费矛盾纠纷398起。7个税务所派出税务干部入驻当地乡镇的矛调中心，至今未接到1例涉税信访案件，真正做到了涉税矛盾不出所。

三、产业赋能，助力乡村振兴

"樱桃果期只有15天左右，现在游客到我们樱桃园里采摘，发票需要直接开具给他们。我们平时忙于种植也不太懂怎么操作，心里很急啊。"一大早，赵家镇泉畈村税费服务共享社区税务网格员张金泽接到村民何李英的电话。

助力乡村振兴，产业发展是关键。诸暨市赵家镇是远近闻名的樱桃小镇，全镇樱桃种植面积达3560余亩，年产量9万公斤，每家种植户可年增收3万余元。近年来，赵家镇由农业种植向农业休闲乡村旅游转型，消费者逐渐从"食客"变为"游客"，对税费服务的需求也随之转移到园间地头。

在樱桃采摘季，像何李英这样的开票需求很多。枫桥税务所决定把泉畈村税费服务共享社区搬到樱桃园外，组织共享社区志愿者队伍，为种植户和游客提供涉税服务。在人来人往的赵家镇樱桃园外，一个临时搭建的"税费共享社区便民服务流动点"成为一道别样的风景。

"现在税务部门把办税服务厅直接'搬'到我们园子外，志愿者手把手辅导开票，解决了我们的大问题！"泉畈村种植户何伟项开心地说。

税费服务共享社区为乡村产业助力赋能远不止如此。截至目前，诸暨全市已在56个农村（社区）建立税费服务共享社区，为农产品牵线搭桥扩销路，为农民纾困解难促增收，为涉农企业贴心服务稳发展……乡村振兴之路在税务部门的助力下越走越宽。

打造优质营商环境 培育强大发展动能

国家税务总局林甸县税务局

为持续提高纳税服务水平，提升纳税人缴费人满意度和获得感，国家税务总局林甸县税务局牢固树立"以纳税人缴费人为中心"的服务理念，不折不扣落实落细各项税费优惠政策，规范税收征管执法和风险管理，创新便民利民办税缴费措施，努力打造负担低、效能高、服务优的税收营商环境。

一、减税降费赋能，放出活力

"减税降费力度很大，让我们企业在发展过程中充分感受到了国家政策支持，对今后的发展更有信心了。"豪瑞化工有限公司的财务负责人说道。

据了解，豪瑞化工有限公司是一家从事塑料零件及其他塑料制品制造的企业，由于疫情影响，出现了资金周转困难的问题，企业经营面临着一定压力。国家出台符合规定条件的制造业中小微企业，延缓缴纳2022年第一季度、第二季度部分税费后，林甸县税务局积极行动起来，把优惠政策送到纳税人手里，让纳税人第一时间享受到真金白银的红利优惠，有效缓解企业资金周转难题，让企业在发展中信心满满。

同样收到国家减税降费"红包"的还有林甸县辖区内很多企业，2022年以来，林甸县税务局全面落实各项税费优惠政策，为企业松绑减负，在"遍访"前梳理了普惠性和行业性减税降费政策，走访中送政策上门，送服务上门，确保纳税人应知尽知、应享尽享，充分激发市场活力，为企业高质量发展积蓄动能、提振信心。

二、征管效能提升，管出新意

在疫情防控常态化背景下，林甸县税务局创新推出《税收征管培训公开课（企业端）》，利用线上直播、钉钉群等方式组织辖区内涉税专业服务机构、新办纳税人、企业财务负责人等纳税人召开行业培训课，根据纳税人行业特点，有针对性地宣传税收优惠政策，同时对各行业容易存在的涉税风险点作提示，提醒大家依法依规开具和取得发票、如实申报等；创新组建"数据处理组"工作团队，充分利用金三系统，在征期前5天，提取未申报的纳税人名单，通过电话提醒纳税人按时申报，避免因逾期申报带来的处罚等风险；对于已经产生违法行为的纳税人，根据《国家税务总局关于发布〈税务行政处罚"首违不罚"事项清单〉的公告》，主动告知符合"首违不罚"条件的纳税人，确保政策落到实处，让纳税人感受到税务执法中的温度。

三、服务质效增速，服出便利

速度快、服务好、体验感很棒、非常满意……这些是纳税人缴费人对林甸县税务局做出的评价。为不断优化纳税服务质量，提升纳税人涉税业务办理体验感，林甸县税务局持续探索提高办税效率，改进纳税服务举措，优化办税缴费流程，缩短业务办理时限，让涉税费业务不仅"办得了"，更要"办得又快又好"。

2022年以来，林甸县税务局大力压缩纳税人缴费人涉税费业务办理次数和时间，特别是退税业务办理时限，通过做好日常税收优惠政策宣传和流程操作辅导，加强事前资料审核，积极推行电子退税，梳理优化退税流程，减少纳税人办理退税业务的跑路和等待时间，让纳税人尽快收到国家政策红利，缓解资金压力。目前，林甸县税务局各类退税业务平均办理时间约为1天，远低于规定办理时限。

此外，林甸县税务局以纳税人缴费人痛点、难点、堵点为出发点，充分结合"便民办税春风行动"，积极倡导"非接触式"办税，探索创新举措，通过"二次办理优先卡""蓝泉"志愿服务队、税务体验师、"一把手"走流程、税宣快"递"、容缺办理等系列举措，不断提升纳税人缴费人获得感，持续优化营商环境。

林甸县税务局负责人表示，下一步将深入贯彻落实中办、国办《关于进一步深化税收征管改革的意见》要求，在优化税费服务的道路上，大力提高纳税服务质效，优化税收营商环境，放出动能、管出规范、服出满意，充分激发市场主体活力，为县域经济发展贡献税务力量。

塞上煤城十年税收"飞驰"路

国家税务总局石嘴山市大武口区税务局

星海湖畔，塞上煤城，石嘴山市大武口区因煤而建，因工而兴，在城市砥砺奋进、转型发展的关键十年，税收之力一路与之相伴。这十年，在税务总局的坚强领导下，在区局、市局的精心部署下，大武口区税务局坚持党建引领，锚定税收现代化发展目标，充分发挥税收职能作用，持续深化税收征管改革、全力落实税费优惠政策、不断优化纳税缴费服务，在一次次披荆斩棘、攻坚拔寨、奋楫逐浪中，强力推动税收事业向高质量一路迈进。

一、量质齐升最快的十年：改革走深走实、成效显著

回望十年发展足迹，改革始终是推动大武口区税收事业高质量发展的原动力。十年间，从全面完成营改增试点，到以环保税、资源税为主体税种的绿色税制持续落地，再到综合与分类相结合的个人所得税制有序推进，大武口税务人以"千磨万击还坚劲"的意志打下了一场又一场税制改革主动仗、攻坚仗、整体仗。十年间，在税务总局税收征管改革的顶层设计下，大武口区税务局选准赛道、狠抓落实、大胆探索，建立部门常态化联络机制，平稳推进社保费和非税收入征管职责划转；把"四局""28个部门""219人"拧成一股绳、汇成一股劲、变成一家人，确保圆满完成国税地税征管体制改革；擦亮"清理空壳企业"执法、服务、监管、共治一体化特色品牌，以点带面落实好《关于进一步深化税收征管改革的意见》。十年间，大武口区经济下行、税源老化、结构偏重等问题持续向税收征管加压，但大武口区税务人顶住压力、迎难而上、全力以赴，为地方经济社会发展提供了坚实的税务力量。

二、税费实惠最多的十年：企业蓄势增效、腾飞跨越

从结构性减税到更大规模减税降费，再到实施新的组合式税费支持政策，大武口区税务局将税务总局"短平快优九个一"工作法和留抵退税"快退、狠打、严查、外督、长宣"作战方略融会贯通，结合本局实际形成了以"五个专班"扛责任、"五本台账"摸底数、"五个精准"聚合力、"五位一体"优服务、"五个协同"促共治的退税减税降费"五五"工作法，不折不扣落实各项税费优惠政策，不断提振地方经济社会发展的底气和信心。十年间，税收的"减法"换来了经济增长的"加法"：小微企业起征点一提再提，助大武口区特色凉皮行业实现了从零散到集中、从薄弱到扎实、从一碗凉皮到一个产业的华丽蜕变；西部大开发等一系列税费优惠政策相继出台，帮助地方政府筑巢引凤，让杉杉能源（宁夏）有限公司、宁夏大窑饮品有限责任公司等重点招商引资企业站稳脚跟；科技研发、留抵退税等税惠政策的持续加码帮助辖区企业完成了产业结构的升级蝶变，宁夏金晶科技有限公司依托税费红利加大科技投入，以"超白"玻璃优势领跑全国，税收优惠帮助巴斯夫杉杉电池材料实现转型，电池产品主导市场、远销海外……市场主体的发展动力越来越足。

三、营商环境最优的十年：服务便民利民、日新月异

大武口区税务局以"恒进之功"全面落实税务总局部署，扎实开展"便民办税春风行动"，持续深化税务领域"放管服"改革，实现了纳税人满意度从自治区排名末位到全区第四的逆袭式跨越。在努力成为税服领跑者的十年间，蹚出了一条争先服务新路子：建成了石嘴山市第一个专业导税服务区、引进了全市第一台自助办税终端机、成为全市第一个入驻市政务服务中心的办税服务厅、促成了第一个智慧办税服务厅在大武口区落地……在把纳税服务品牌越擦越亮的十年间，大武口税务人以"好好说话 优化执法"系列举措做新服务方式转变，以"税务＋联动办"做优"非接触式"办税方式、以"小税帮您办"做强纳税服务品牌。在办税效率一提再提、办税成本一降再降的十年间，一系列便民服务新举措、一揽子优化服务新工程好评不断。

潮头登高再击桨，无边胜景在前头。大武口区税务局将在高质量建设新时代税收现代化的新征程中继续展现新作为，确保以更加优异的成绩迎接党的二十大胜利召开！

推行退税服务网络化 退税"加速度"

国家税务总局当阳市税务局

2022年以来，一系列组合式税费支持政策落地实施，为了让企业第一时间享受到退税减税政策红利，当阳市税务局始终坚持从企业实际需求出发，铺设税惠政策"快车道"，形成退税"加速度"，为企业发展和市场主体加马力、添动力。

一、"直达快享"，搭建税企联系直通车

为达到"应知尽知、应享快享"目标，当阳市税务局组建专家顾问团队，通过税企微信联络群、视频电话、上门辅导等形式，全面畅通税企沟通交流渠道，同时依托大数据分析，通过"精准筛查、精确联系、精心辅导"机制，快速对符合退税条件的纳税人进行全面梳理，实现税惠政策定向推送，重点企业"一对一"联系，开展线上线下"全方位""滴灌式"宣传辅导，为企业爬坡过坎、蓄势发展提供"税务动能"，确保纳税人知政策、懂政策、享政策均达100%。

"以前是上门找优惠政策，现在是优惠政策找上门，真是又实惠又贴心。"看到税务干部上门讲解税惠政策，法人忍不住感慨道，"多亏了税务局的提醒，我才知道原来2022年我们也可以申请享受留抵退税，这将大大减轻了近期公司的资金压力。"

二、"一日办结"，力破政策落实中梗阻

为推动退税红利第一时间落进企业的"口袋"里，当阳市税务局力破"中梗阻"，建立内外多部门联络配合机制，密切部门协作，提高留抵退税业务办理流转速度。在纳税人提交退税申请后，办税服务厅、审核审批组、政策法规部门、税源管理分局、减税退税办以及人行国库之间及时沟通、密切配合，畅通数据传输和信息反馈，加快推进退税流程，缩短审批时间，不断提升退税审批效率，做到了应退尽退、应退快退，达到了及提及办、及申及享的实效。

"特别快！"是财务负责人对这次他们公司享受留抵退税政策红利最直观的感受，"一天的时间就到账了，效率真的高，为你们点赞！"

三、"分片包干"，推行退税服务网格化

为确保组合式税费支持政策不折不扣落实到位，当阳市税务局利用"一户式"管理服务机制，实行"网格化"管理，实现定格、定人、定责管理，落实首问责任制，由税收专管员认领符合

留抵退税企业名单，主动联系、靠前服务、精准辅导，对企业政策解答、申报辅导、办理流程、资金用途进行全过程全方位跟踪服务，对纳税人缴费人实行全覆盖式包保服务，用最短的时间、最有效的服务让保障惠企政策直达快享，让企业尽快得到留抵退税的"真金白银"。

"在企业最需要资金的时候，税务部门及时给我们送来了减税降费政策大礼包。"公司法人　回忆道，"经公司财务统计，就2022年，公司就享受高新技术企业所得税优惠、研发费用加计扣除、六税两费减半等各项税收优惠万元。"

据悉，当阳市税务局始终以赤诚之心服务广大税费人，把该退的税费退到位、该减的税费减到位、该免的税费免到位、该缓的税费缓到位，确保各项优惠政策落地生根。

党建引领 打造"非常满意"税收营商环境

国家税务总局盐山县税务局 邱守义

2022年以来，国家税务总局盐山县税务局把优化税收营商环境作为党史学习教育常态化长效化的重要举措，突出党建引领，广泛开展我为纳税人缴费人办实事活动，努力打造"非常满意"税收营商环境，进一步增强纳税人缴费人的获得感和满意度。

一、"灯塔"领航，完善优化税收营商环境"新机制"

发挥党委灯塔引航照明的核心作用，围绕"您的非常满意是我们的不懈追求"理念，将远景规划和近期实践有机融合，促进营商环境建设各项举措精准落实。一是"高规格"建立组织体系。成立由党委书记任第一组长，主管副局长任组长，各股室和分局主要负责人为成员的"双组长"制优化税收营商环境领导小组。领导小组下设工作专班，由纳税服务股扎口管理，统一负责优化税收营商环境重点工作的收集、整理和督导，统一制定并推送工作任务清单，有序推进工作落实。二是"高标准"制定创建目标。召开优化税收营商环境动员部署会、推进会2次，专题研究优化税收营商环境工作4次，对标建设"全县一流、全市前列"营商环境定位，以"征纳环境最优、办事效率最高、企业获得感最强"为标准，加压奋进、创优争先。三是"高精度"部署工作任务。印发《盐山县税务局2022年优化税收营商环境工作方案》，细化分解任务，形成"牵头领导＋牵头单位＋责任单位"的"1+1+N"工作推进体系。建立闭环处理机制，针对纳税人反映的问题，由纳税服务部门统一收集，形成工单，分解任务至承接部门，涉及多个部门协调的问题，向工作小组报告，确定解决方案，形成"收集、受理、反馈、回访"的闭环工作机制。

二、"七彩"生辉，构建优化税收营商环境"新格局"

将全局7个党支部以联建方式打造"七彩支部"，推动党建品牌和七彩支部呈雁阵发展态势，助力优化税收营商环境各项工作开展。一是"七星布点"谋新篇。以"求是沧税·心灵引航"为党建主品牌，在基层党支部打造"'简'税'赢'商""新速度'心'服务""税企e家"等党建延伸子品牌，形成"1+7"党建品牌矩阵。各支部以党建品牌创建为引领，开展"优化营商环境从我做起"主题党日活动6次、"支部书记走流程"活动18人次，通过体验办税流程、向企业征求意见和建议，引导税务干部全方位服务市场主体和办事群众。二是"党建共建"聚合力。各党支部根据党员构成及其岗位职能，与地方党委政府及职能部门开展党建联建，针对承担的稳定经济运行一揽子政策措施落实任务，与县财政、人行、科信局等单位共同开展退税减税政策宣讲4期，选派党员骨干合署办公3次，集条块优势，办惠民实事。向县委县政府报送以税资政报告5篇，得到党政主要领导批示肯定。与河北沧海核装备制造有限公司等7家企业开展税企支部共建活动，收集梳理解决11条企业需求建议。三是"检视整改"促提升。围绕"进一步优化营商环境、提升纳税人满意度"，7个党支部以支部专题组织生活会形式查摆问题、开展批评和自我批评，邀请3名县人大代表、3名县政协委员对优化营商环境工作实地查访，对发现的问题列出清单加强整改。聘请10位纳税人代表担任"税收营商环境观察员"，常态化收集问题及建议，推动需求快速响应和工作不断改进。

三、"榜样"指引，探索优化税收营商环境"新路径"

在全局开展"优化税收营商环境流动红旗"争创活动，开展"亮身份、亮职责、亮承诺"活动，发挥党员模范带头作用，引导全局干部职工见贤思齐、对标先进，用心用情推动税收营商环境持续向好。一是落实"网格服务"。紧盯依法服务、精准服务、高效服务、兜底服务，制定网格化服务实施方案，综合地址、行业、规模等因素，划分纳税服务网格31个，配备党员网格员62人，涵盖全县纳税人。聚焦纳税咨询、宣传辅导、需求响应、提示提醒、执法管理等五项工作任务，为网格员定职责、明分工，做到对所服务的纳税人每年每户至少面对面辅导一次，实现全员到访、辅导到位，确保将网格化单元维护好、将所辖纳税人服务好。二是打造"阳光e税"。积极运行"阳光e税"远程帮办中心，组建远程问办帮办团队，抽调10名业务骨干充实到后台座席，集中受理以电子税务局为媒介的各项税费业务，通过实时视频、同屏共享、文字输入、语音连线等多种形式，创新"一问一答、帮看帮办、有诉有评"服务模式。2022年以来，累计接听电话问询8848个，提供远程帮办服务5051户次。三是燃亮"蓝色之光"。成立以党员干部为主的"蓝色之光"志愿服务队，向纳税人缴费人开展税费政策宣传辅导，提供涉税涉费咨询。开展"寸草心爱老敬老""春芽助学""党员爸妈"等志愿服务活动，积极参与县"双城"创建活动，开展重点路段卫生清扫、重要路口协助执勤，为省级文明县城、卫生县城创建贡献税务力量，展示部门良好形象。

以文明创建为基 聚税务融合之力

国家税务总局道孚县税务局

一个国家披荆斩棘离不开强大的精神支撑，一个民族生生不息离不开丰润的道德滋养，一个队伍昂扬前进离不开文明的凝心聚力。

道孚县税务局现有内设机构5个，派出机构4个，事业单位1个。按照征管体制改革要求，在征管机构名称、机构数量、编制总数"三不变"的原则下，采取"1+N"模式。一直以来，道孚县税务局在省、州局和道孚县委、县政府的领导下，全面贯彻习近平新时代中国特色社会主义思想，积极践行社会主义核心价值观。以文明思想激扬时代先声，以文明行为践行初心使命。携手奋进共谋税务新篇的画卷，在道孚县税务局铺张开来。

一、文明是一朵朵教养的花，散发魅力，氤氲清香

道孚县税务局在国地税征管体制改革后，迅速成立了党委书记亲自挂帅，分管领导具体负责，各部门协调配合的文明创建领导小组，把文明创建工作与税收实际相结合，与提高队伍素质相结合，与优化服务相结合与新时代新税务相结合。深入挖掘文明创建工作的内涵和特色，以创建中长期规划和实施方案为总纲，依照时间节点，有计划有步骤地扎实推进文明创建工作，楼道走廊的宣传标语展板处处劲吹着文明之风，LED显示屏、文化墙，时时传递着文明之声。活动室、职工食堂等场所总是激昂着文明的旋律，新一代道孚税务人对于文明的弘扬和传承矢志不渝。"文明其精神，野蛮其体魄"，他们用智慧与汗水浇灌的一朵朵文明之花，相继在读书交流会、演讲会、比赛运动会，文明科室、文明职工、文明家庭和道德模范评选等活动中，竞相绽放。

二、文明是一把把燃烧的火炬，温暖他人，照亮前方

机构合并以来，道孚税务人牢记入党初心，践行先锋使命。决战决胜脱贫攻坚。按照道孚县委脱贫攻坚尽锐净出的要求，抽调群众工作经验丰富工作能力强的党员干部，加入到全面建成小康社会的征程中。2名第一书记、6名驻村工作队员，7名贫困帮扶责任人，43名结对认亲责任人，坚决打赢打好脱贫攻坚战，69户277人如期实现脱贫摘帽。用心助力乡村振兴。为了巩固脱贫攻坚成果与乡村振兴工作有效衔接，道孚县税务局选派2名干部赴八美镇色卡乡茶垭村开展乡村振兴工作，驻村期间，完成了3.9公里村道养护，疏通了7个涵洞堵塞问题，修缮了2座通组桥和1条公路。同时，还利用微信朋友圈推销村民的酥油、牛奶等农副产品，帮助

村民做一些接通水管、解决电源等琐事,在"学史力行"中为推进乡村振兴赋能。民族团结进家庭。组织干部职工深入联系点龙灯乡燃姑村、夏普隆村开展民族团结进家庭入户联谊工作,与龙灯乡178户联谊家庭建立联系,同心浇灌民族团结之花。

三、文明是一道道惊艳的彩虹,气势磅礴,璀璨辉煌

新时代呼唤新担当,新担当激发新作为。道孚县税务局从新时代的航程中驶来,以习近平新时代中国特色社会主义思想和党的二十大精神为航向,守初心践使命倡廉洁,在道孚县革命文物陈列馆、爱国主义教育陈列馆,感受革命先辈的光辉事迹和伟大精神,铭刻共产党员的初心和使命,在抗击疫情、植树造林、文明交通、环境清扫、无偿献血等志愿活动中践行社会主义核心价值。在提升基层基础设施建设水平加强税收管理、纳税服务、行政管理、基础党支部规范化建设中,提升荣誉感、使命感。在书香税务、岗位大练兵业务大比武、专题讲座、集中培训、业务竞赛、模拟演练及定期考试活动中,提升全员队伍素质。在青年干部税务职业生涯规划中,争做精神上有追求,能力上有提升,业绩上有突破的新一代青年税务人。以过硬的政治素质和业务水平,倾情奉献,用工作成果,编制文明的彩虹,璀璨税月的时空。

四、文明是一条条宽广的道路,通向未来,走向光明

在日常工作中,道孚税务人不断优化纳税服务质效,坚持预约服务值班导税制度,落实纳税服务规范推进办税服务厅标准化建设,开展营商环境大调查让文明之行始于足下。在办税服务厅设置文明窗口、党员先锋岗、志愿服务站,打通服务于纳税人缴费人对接的最后一公分,认真落实最多跑一次清单,让文明之路不再遥远。积极依托互联网技术发展,大力推行自助办税机、电子税务局、手机APP等多元素办税模式,引导纳税人从网上申请办理审批事项推动透明审批,让文明之路越发宽广。

上下同欲者胜,同舟共济者赢。道孚税务局在征管体制改革及文明创建的大考中同心同德同志同向,以成功不必在我,功成必定有我的责任担当和赤热情怀,向组织递交了一份无愧时代无愧使命的答卷。

未来道孚税务一定以更加扎实地作风开展精神文明创建工作,让文明之花永续绽放,让文明之炬不停燃烧,让文明之虹一直璀璨,让文明之路永远向前。

读懂五句话
推动考核考评从"手段"变为"习惯"

国家税务总局栾川县税务局党委书记、局长 杜洪波

时光荏苒，白驹过隙。转眼之间，税务系统绩效管理自2014年试点推开至今已经过去了9个年头。9年来，考核考评理念日趋深入人心，考核考评程序日益规范完善，尤其是2021年新1+9制度的广泛推行，使得组织和个人绩效协调联动更加紧密，考核考评工作真正实现了横向到边，纵向到底。伴随工作体系的完善，面对如火如荼的改革，如何最大程度发挥考核考评推动税收事业发展，促进个人岗位成才的效能，仍是一个值得深入思考的问题。笔者结合基层工作实践，认为要从读懂五句话做起，实现考核考评由"驭人之术"向"塑人之道"的升华。

一、读懂"重任千钧唯担当"，让考核考评意识更强

不断加快的税收工作节奏，不断提高的创先争优要求，无时无刻不提醒着每名税务干部，都要把自己摆入考评工作大局，以"重任千钧唯担当"的勇气，推进工作开展。具体到基层来讲，我们要与三种不良思想倾向作斗争，不断提升创先争优意识。一是对事不关自己说不。有些同志认为考核考评是领导干部的事，是单位组织的事，与自己无关，觉得"无官一身轻"。为扭转这种错误观念，我们要在重塑管理流程上下功夫，建立各级党委总体把握，考评部门具体部署，股室分局全员参与的工作格局。充分发挥考评办中枢作用，提升指标质量，把控考评节奏，积极营造氛围；充分发挥联络员推动考评触角向基层延伸的"星星之火"作用，使考核考评工作不断深化。二是对考评无用论说不。还有一些同志，错误地认为当前考核考评工作提得太响，分量太重，觉得考评管理可有可无。强化考核考评作为明确工作重点，凝聚工作合力，检验工作成效的核心手段，不仅不是分量太重，而且需要持续加强。我们要持续强化督导，明晰任务，明确职责，及时纠偏，奖优罚劣。三是对临时抱佛脚说不。还有部分同志认为考核考评只是阶段性的工作，觉得只要在关键时点撰写好报告，上报好材料就万事大吉了。这实质上是对考核考评片面孤立的认识。考核考评是同税收日常工作、干部个人成长息息相关的。我们要定期组织专报，内部通报成绩，对考核指标落后单位或事项，启动督办程序，公示工作时限和要求；坚持季度讲评工作机制，制发考评红黑榜，变"时点冲刺"为"日常赛马"。

二、读懂"大河无水小河干",让压力传导途径更顺

俗话说"大河无水小河干",如果说组织绩效和上级部门的成绩是"大河",个人绩效和下级部门的成绩就是"支流"。组织绩效的好坏,需要在个人考评中充分体现;上级成绩的优劣,需要在对下级部门的考评中逐级传导。只有疏通这两个压力传导环节才能有效避免考评"上热中温下冷,水流不到头"的情况。一方面,我们要构筑组织与个人绩效的传导桥梁。2021年,数字人事体系增设了个人绩效管理模块。该模块将组织绩效的任务依照过程管理脉络合理分解,比对重点工作骨架有机组合,形成了丰富化、个性化的个人考评指标库。并通过年度组织绩效成绩,以不同的比重,计入个人年终划段,在一定程度上进一步提升了干部职工的大局意识,劲往一处使,共促部门工作优化提升的局面正在形成。另一方面,构建上级指标与本级指标链接纽带。只有在统一工作目标的指引下,构建上下贯通的指标压力传导体系,才能高效协同地推进重点工作开展。我们首先要做到"上接天线",紧跟步伐,踩准鼓点,要对党中央国务院战略性全局性部署,对上级税务机关长期性目标性安排了然于胸。同时要做到"下接地气",立足实际,脚踏实地,多站在纳税人缴费人的立场审视工作,多站在考核考评工作全局谋划思路。使指标设置既与上级部门同频共振,又与本级工作实际相互契合。只有这样,才能有效打通组织与个人,上级与下级压力传导的"任督二脉",保障考核考评工作高质量开展。

三、读懂"咬定青山不放松",让持续改进风气更浓

作为实现"抓好党务、干好税务、带好队伍"新时代税收现代化建设总目标的重要抓手,近年来,考核考评工作标准越来越高,流程和指标体系也越来越细,这就要求我们要以"咬定青山不放松"的韧劲,持续优化提升,不断夯实工作基础。一方面,指标制定要务求实用。科学完善的指标体系是做好考核考评工作的基础,在研究制定指标时,要将考点集中在上级重点项目上,集中到本级难点事项上,力求做到到指标少而精,减轻基层工作负担。同时要建立动态调整机制,在维持指标体系相对稳定的前提下,根据上级工作部署和基层实际情况,及时更新完善,避免出现指标体系"水土不服"的情况。另一方面,考评流程要持续优化。我们不能只重结果考核,忽视过程管理,简单地"以考代管",而应当把建立长效公平规范的考评流程作为工作目标。要想方设法不断提升干部职工的参与度,让大家多了解考核考评的目的、流程、标准和方法。要建立沟通反馈机制,运用座谈、调研、沙龙等多种形式加强考评与被考评部门,绩效办与参与部门,上下级单位之间的沟通,通过细致入微的过程管理,持续改进提升,增强考核考评工作的生命力。

四、读懂"此处无人胜有人",让智慧考评模式更优

近年来,量化机考逐渐成为考核考评的工作发展趋势,但不可否认的是,在基层考评工作

执行中，仍存有微扣分、讲情面的"老好人"；重形式，轻实质的"稻草人"；不关心，不过问的"局外人"等等诸多不利于考评高质量发展的情况。笔者认为，要根除这些痼疾，需要充分利用信息化手段，立足"无人胜有人"的目标，打造"三化合一"的智慧考评体系。一是汇总数据，推进"无感化"考评。建议一方面尝试打通考核考评、核心征管、内控平台、纪检监察等多个数据平台，自动取数，提高机考智能化程度；另一方面整合组织和个人绩效两系统，打破数据壁垒，实现考评数据有效对接，自动关联。二是强化反馈，推进"即时化"提醒。建议在明确个人分工的基础上，完善预警提醒、过程监控、在线沟通等系统功能，把指标的过程管理和绩效结果等相关信息通过一定方式即时传递给个人，以便更好地实现个人工作改进。三是嵌入系统，推进"全面化"应用。建议构建考评结果全面化应用数据库，将考核考评系统与人事管理系统等结果应用平台相互嵌入，在干部职务职级晋升、个人评优评先、工资调级晋档等过程中，由系统根据考评成绩，实时生成候选人员名单，把信息化管理贯穿考评结果运用全过程。

五、读懂"赏而不诚不劝也"，让严抓实考机制更实

赏而不诚不劝也，弄而不诚不戒也。这句古语传达了这样一个管理学原理：如果没有严抓实考的结果应用机制，奖优罚劣，高效管理就成了一句空话。构建抓常抓长的制度机制，突出动真碰硬的结果运用，才是做好考评工作的长久之策。首先，要建制度，推动工作开展。按照"制度管人，流程管事"的工作思路，注重从指标设置、过程管理、绩效分析、考评运转、结果运用等方面，建立配套措施，为工作开展提供制度保障。要构建"督为考提供依据、考为督提供指引"的督考合一工作机制，持续解决督查督办与考核考评"两层皮"的问题。其次，要强应用，突出奖优罚劣。考核考评工作的落脚点在于结果应用，要按照1+9制度体系要求，把考核考评成绩作为选拔干部、评优评先、职级晋升、交流培训的先决条件之一，实现正向激励和负向约束相结合，形成奋发有为、干事创业的工作导向。最后，要重宣传，营造严考氛围。要持续抓好文化建设，充分利用各种媒介，有针对性地开展宣传，组织培训，把严的考评基调传达至每名干部职工，促进严抓实考理念内化于心，形成"扣分者心安理得，被扣分者反躬自省"的长效工作氛围。

春来夏往，秋收冬藏。9年间，考核考评已经融入税务系统的灵魂，成为推改革，促工作的指挥棒，已经化入税务干部的血脉，成为提干劲，促成长的助推器。我们要以"晓战随金鼓，宵眠抱玉鞍"的干劲，以"长安在何处，只在马蹄下"的务实，以"功成不在我，功成必有我"的执着，推动考核考评工作落地生根，开花结果，让她从规范管理的"手段"升华为日常生活的"习惯"，她真正成为我们推工作的好帮手，助成才的好伙伴！

第二篇
地方发展改革与经济协调发展的思考

风正帆满砥砺奋进 古城蝶变风华正茂

浙江省绍兴市发展和改革委员会

习近平总书记在浙江工作期间，曾27次到绍兴考察调研，鼓励绍兴"抓住机遇，乘势而上，干在实处，走在前列"，为绍兴发展提供了取之不尽的精神动力和用之不竭的宝贵财富。全市上下一任接着一任干，奋力推进社会主义建设和改革开放的伟大实践，经济社会发展取得了前所未有的巨大成就，全市城乡面貌和人民生活发生了翻天覆地的深刻变化，实现了由资源小市向经济强市的飞跃，由传统江南小城向现代化国际化城市的飞跃，由满足温饱向追求品质生活的飞跃。绍兴，这座具有2500多年建城史的国家首批历史名城，正焕发新活力、续写新辉煌，连续荣膺全国文明城市、国家卫生城市、国家森林城市、国家"无废城市"，入选中国大陆最佳地级市十强城市、中国全面小康二十强城市、中国创新力三十强城市等，获评联合国人居奖，地区生产总值突破6000亿元，重返城市经济综合实力全国三十强，为党的百年华诞交出了市域现代化发展高分答卷。

一、"创新引领、改革赋能"动能加速壮大

将人才强市、创新强市作为首位战略，高水平建设创新型城市。高标准建设绍兴科创大走廊，培育国家高新技术企业1000多家、省科技型中小企业7000多家，建成海智汇·绍兴国际人才创业创新服务中心等人才创新创业园，人才资源总量超过135万人。深化"亩均论英雄"、区域评价等组合拳改革和国资国企等各领域改革，加快建设"掌上办公之市""掌上办事之市"，政务事项掌上可办理率达95%。实施优化营商环境"10+N"便利化行动，统筹实施以"1+9"为主体的支持产业高质量发展政策体系，营商环境热力指数居全国地级市第5位。

二、"腾笼换鸟、凤凰涅槃"产业破茧重生

一手抓旧动能修复、一手抓新动能壮大，接续实施传统产业改造提升1.0、2.0版，完成全市所有336家印染企业、299家化工企业整治提升。高端装备、新材料、电子信息、现代医药四大新兴产业加快发展，成功创建集成电路、高端生物医药、先进高分子材料三大省"万亩千亿"新产业平台，中芯（绍兴）、长电科技、豪威科技、国科生命健康、越海百奥、尚科生物等重大项目等标志性项目引进建设。经济质量效益不断提高，居全省高质量发展评价第3位。

三、"同城一体、开放互联"发展空间拓展

全市域全方位实施"融杭联甬接沪"城市发展战略，积极打造新发展格局的重要节点。绍兴城际线实现进杭联甬，"杭甬30分钟、上海60分钟"交通圈逐步实现，与长三角城市的产业互补、文旅互融、民生互享、政策互鉴全面深化。获批中国（绍兴）跨境电子商务综合试验区、国家综合保税区、柯桥中国轻纺城市场采购贸易方式试点等三大国家级开放平台和中国（浙江）自由贸易试验区联动创新区。实施行政区划调整，促进三区深度融合，设立镜湖新区、绍兴滨海新区。抢抓2022年亚运会机遇，对标"一线城市"标准实施城市有机更新。全市常住人口超过527万人，市区面积扩大到2942平方千米，城市规模和能级极大提升。

四、"人文为魂、生态塑韵"城市品质跃升

成功创建"东亚文化之都"，高标准办好公祭大禹陵、兰亭书法节、阳明心学高峰论坛等文化活动，全面建设绍兴文创大走廊等"一廊三带"，努力把文化打造成为绍兴"不易被模仿"的核心竞争力。积极谋划实施碳达峰碳中和重大战略举措，加快发展方式绿色转型。统筹推进厕所革命、垃圾革命、污水革命，打响蓝天保卫战、碧水行动、净土行动、清废行动等重大战役，形成全市域生态治理"无废城市"绍兴经验，全市AQI优良天数比例提升至90.7%，$PM_{2.5}$平均浓度降至28微克/立方米，连续5年夺得"大禹鼎"。

五、"共同富裕、整体智治"美好生活升级

全市居民人均可支配收入56600元，居全国第11位，城镇和农村居民人均可支配收入倍差下降到1.72。加快推进省未来社区试点，棚户区改造获国务院督查激励，老旧小区改造经验全国推广。以"五星3A"引领高质量实施乡村振兴战略，率先实施"闲置农房激活"改革，开展全国农村宅基地制度改革试点。全国义务教育发展基本均衡县、省级教育基本现代化县实现全覆盖，县域医共体、城市医联体建设持续推进，获评全国居家和社区养老服务改革试点优秀市，基本公共服务均等化实现度跃居全省第一。"枫桥经验"历久弥新，连续13年成功创建平安市，成为全国首批市域社会治理现代化试点城市。

构建具有特色的现代化经济体系

陕西省延川县经济发展局局长　杨振河

本文回顾"十三五"时期延川县产业发展取得的成绩，存在的问题；思考如何化解延川产业发展瓶颈，构建新型产业发展体系。

一、背景

"十四五"时期，是我国由全面建设小康社会向基本实现社会主义现代化迈进的关键时期，"两个一百年"奋斗目标的历史交会期，也是全面开启社会主义现代化强国建设新征程的重要机遇期。

从外部环境来看，而世界处于百年未有之大变局。世界经济重心调整、世界政治格局变化趋势加快，科技与产业发展日新月异，中国在世界发展格局中的作用日益凸显，在话语权、影响力逐渐提高的同时，国内经济产业空心化初显、区域经济差距加大、国民经济增速放缓、生态环保问题加剧，而中美贸易战则使得外部环境越发严峻，进一步地限制、阻碍中华民族的发展。"十四五"时期的五年必将是中国发展变革的五年，也是突破的五年。

从内部环境来看，我国主要矛盾在"十三五"时期已经转变，从"人民日益增长的物质文化需要同落后的社会生产之间的矛盾"到"人民日益增长的美好生活需要和不平衡不充分的发展之间的矛盾"，民族发展面临新时代、新阶段；新矛盾、新问题；新机遇、新挑战；新目标、新任务等一系列新情况。国内发展面临诸多待调整的板块，经济高速增长背后的隐患逐渐浮出水面，新千禧一代从信息化的时代成长起来，其世界观、价值观都有了较大的变化，对于经济、社会、发展也有新的认知，"十四五"期间的发展必须强化对国内新气象的重视，充分重视积压问题的解决，强调新动力的构建，转变并适应政府的新角色，关注并做好新市场的引导，注重新媒体新渠道的应用。"十四五"的五年，必将是国内经济、格局、发展重塑的五年，必然会涌现出一批黑马，有一批城市、地区发展成为国内经济发展的新亮点。

因此，必须认真思考延川未来发展定位以及与全国同步实现社会主义现代化进程的途径。

二、过去五年的产业发展概况

（一）"十三五"发展思路

过去五年，县委、县政府坚持以习近平新时代中国特色社会主义思想为指导，着力解放思想，积极抢抓机遇，主动应对挑战，持续推进"工业强县、产业富民、旅游带动"发展战略，强力推进三大攻坚战，统筹稳增长、促改革、调结构、惠民生、防风险、保稳定各项工作，经济社会发展取得明显成效。

（二）综合经济实力显著增强

"十三五"期间，全县经济社会保持了良好的发展势头。2020年全县实现生产总值101.78亿元，比2015年增长了57.23%，年均增长6.6%，第一、二、三产业增加值分别达到11.94亿元、64.8亿元、25.04亿元（县属生产总值完成46.68亿元，比2015年增长了40%，年均增长7%）。全社会固定资产投资五年累计完成217.49亿元，年均增长9.04%。社会消费品零售总额完成13.91亿元，比2015年增长了31.23%，年均增长6.25%。规模以上工业增加值完成62亿元，是2015年的1.58倍，年均增长9.54%。地方财政收入完成5.02亿元，比2015年增长了62.99%，年均增长10%。城镇居民人均可支配收入达到33205元，比2015年增长了26.7%，年均增长7.1%。农村居民人均可支配收入达到11369元，比2015年增长了36.1%，年均增长8.9%。

（三）主导产业持续壮大

我县按照"工业强县、产业富民、旅游带动"的发展战略，全力加强三大产业发展。工业方面，完成道路、给排水、供电、供气、通信等基础设施建设投资5.1亿元，年产20万吨EPS、斯派尔装配式产业园、首创气体、中电杆塔、华延服装厂、延长石油延川LNG、马家河小微企业孵化基地等重点项目建成投运。园区累计入驻企业34户，建成规模以上工业企业9户，引资额达45亿元，累计完成固定资产投资27.10亿元，缴纳税收1.02亿元。贾家坪、乾坤湾110千伏变电站项目建成投运，天然气上载项目完成上载5.78亿方，产值15亿元。中电杆塔公司生产的水泥电杆被认定为陕西省名牌产品。全县工业实现增加值64.8亿元，规模以上工业增加值62亿元。农业方面，按照"山地苹果、沿黄红枣、川道大棚、沟道养殖"的思路，全力推进农业产业发展。5年来全县新建、改造果园8.68万亩，累计发展苹果22.74万亩，产量达17.43万吨，建成智能选果线7条、冷气库2.733万吨。精细化管理枣园3万亩，新建狗头枣园3000多亩、拱棚红枣300座、冬暖式大棚枣14座，新建红枣冷贮库12座2000吨，全县红枣面积达20万亩，产量3.6万吨。新建和改造设施大棚11339座，全县日光温室大棚发展到8085座、大拱棚发展到4834座，蔬菜播种面积2.65万亩，产量5.8万吨；新建标准化养殖场19个，建成标准化养殖场262个。年产5万吨有机肥厂1座。新增专业合作社554个、家庭农场52个、农业企业18个。建成省、市级农业园区12个。发展"一村一品、一乡一业"专业镇3个、专业村66个。认证绿色、有机、地理标志农产品211个。文化旅游方面，延川县成功创建为"陕西省旅游示范县"。相继实施了乾坤湾景区穿越黄河5D影院、沿黄观光索道、红军东征纪念馆、文安驿古镇二期窑居群、黄河文化博物馆（伏羲文化研究中心）、永坪红色文化产业园区和大禹主题公园等建设项目。路遥故居、文安驿古镇、永坪革命纪念地创建为国家AAA级旅游景区，乾坤湾景区通过文旅部景观质量评审，并列入国家AAAAA级旅游景区创建名单。大力推动红色全域影视基地建设，先后有20多部影视剧在我县摄制。段家圪塔、吕家河等21个村落入选第三批陕西省历史文化传统村落名录，其中马家湾、甄家湾等8个村落入选第五批中国历史文化传统村落名录，梁家河村获评"2017中国最美乡村""全国乡村旅游重点村"；乾坤湾景区被评定为国家水利风景区。2020年，全年接待游客269.43万人次，实现旅游综合收入9.97亿元，较2015年增长10.78倍。

（四）非公经济发展步伐加快

"十三五"期间，全县积极培育市场主体，大力扶持民营企业。五年间，全县新增各类企业2717户（其中私营企业2348户），农民专业合作社750户，个体工商户10064户，市场主体突破1.3万户。全县中小企业实现增加值23.5亿元，同比增长6%。企业品牌意识加强，中小企业领域注册商标455件，"延川红枣"荣获中国驰名商标，"梁家河"等10件为省级著名商标；建成了陕北红枣小杂粮产业集群窗口服务平台、延川县中小企业服务中心、电商服务中心、延川青年众创空间。非公经济占GDP比重由2015年的20.6%提高到26.6%。

（五）城乡环境明显改善

"十三五"期间，重大基础设施不断完善，配合建成了延延高速、绥延高速、子姚高速（延川段）；242国道县城国境线二级公路、文高路三级公路顺利通车。新修通村沥青水泥路541千米，维修整治"油返砂"道路296千米。实施国省道、县乡公路、通村公路、自然村组道安全生命防护工程，硬化道路254条，里程1450.31千米，实施安防418.043千米。新建李部广场和郭家塔、上杨家湾、张家湾跨河大桥。新建、改造农村饮水安全工程534处、电网236.88千米，建设村级光伏电站33个，总容量25MW。实施棚户区改造1335户。建成了南关、河东、北新街3个农贸市场。新增停车位600个，改造、新建卫生厕所6125座，宽带网络覆盖280个自然村，建成美丽宜居示范村19个。完成了县城城市照明、县城市政功能提升改造、AA旅游公厕及环卫设施建设、燃煤锅炉综合治理、市政道路照明节能改造、县城主城区截污改造及污水管网建设等工程，建成了秀延路人行栈道。文安驿镇、永坪镇和乾坤湾镇在全省小城镇建设考核中位列前列。

二、延川的优势与不足

优势方面：一是延川作为革命老区、国定贫困县、沿黄县区，未来在国家继续推进西部大开发形成新格局、"一带一路"、黄河流域生态保护和高质量发展等重大战略实施中，在实施项目、争取资金中，将具有巨大的优势。二是经过几年的脱贫攻坚，我县打下了比较雄厚的基础设施和产业发展基础，"工业强县、产业富民、旅游带动"三大产业发展基础和框架基本形成。三是矿产资源丰富，县境内矿产资源丰富，已探明的矿产资源有石油、煤炭、天然气、盐、砂等。石油储量2966万吨，煤炭储量3937万吨，天然气储量500亿立方米，岩盐储量1113亿吨，黄河砂储量4.3亿立方米。四是优特农产品丰富，是玉米、大豆、谷子、高粱、糜子、花生、绿豆、芝麻、瓜类等农产品的优生区，尤其红枣、苹果面积广，品质优，是全国"红枣之乡"，2018年成功入选全国首批"一县一品"品牌农产品。五是文化旅游资源丰富，境内乾坤湾、女娲峰、武烈帝嘉平陵、会峰寨、李娓娓故里、路遥故里及包括梁家河在内的红色旅游旧址等72处。

不足方面：目前延川县经济社会发展总体情况良好，但是依然面临不少矛盾和问题：一是经济总量小，人均地方财政收入、城镇居民人均可支配收入、农民人均纯收入等经济指标均显著低于全国平均水平，成为"十四五"面临的重要挑战。二是产业结构不合理，二产占比过高，"油主沉浮"局面依旧；产业基础设施差，科技含量和产业化程度低，抵御自然灾害能力弱，发展潜力没有得到有效发挥。三是矿产相对储量或规模较小，单类资源与周边兄弟区县相比处于规模劣势，难以形成有较强竞争力的特色产业。四是园区发展困难大，土地储备少、资源匮乏、人才短缺等不利因素，严重制约招商引资，导致园区入驻企业少，尤其缺乏产业型大企业。五是非公经济发展缓慢，总量小，占GDP比重不足30%；现有非公企业多为小型加工企业，产品技术含量低，附加值不高，品牌知名度不高，产销不畅。六是债务压力大，因脱贫攻坚需要，政府近几年投资较大，也造成财政欠债过大，包括拖欠民营企业债款，对未来全县投资造成极大的制约。

三、未来五年发展的思路与措施的思考

未来五年，将深入贯彻党的十九大和十九届二中、三中、四中、五中全会精神，坚持以习近平新时代中国特色社会主义思想为指导，认真落实习近平总书记来陕考察重要讲话精神，统筹推进"五位一体"总体布局，协调推进"四个全面"战略布局，贯通落实"五项要求""五个扎实"，坚持新发展理念，坚持稳中求进工作总基调，以推动高质量发展为主题，以深化供给侧结构性改革为主线，以改革创新为根本动力，以满足人民日益增长的美好生活需要为根本目的，坚持"高端化工强县、特色产业富民、文化旅游兴业、招商引智驱动"战略，统筹发展和安全，积极融入新发展格局，加快构建现代化经济体系，推进治理体系和治理能力现代化，奋力谱写延川新时代追赶超越新篇章。

（一）聚力打造工业聚集区，推动工业经济转型升级

结合"能源化工强县"的战略目标，充分利用我县工业园区"一区四园"结构布局优势，明确园区发展定位。紧盯延长石油、陕煤集团等大型国企投资方向，主动对接，争取有重大项目落地，做大永坪化工园；进一步提升园区管理服务保障能力，完善配套设施建设，做精文安驿工业园；加大农副产品深加工提档升级，提升园区基础设施承载力，做优马家河农副产品加工园；加大招商引资力度，实施综合基础设施建设，做强贾家坪工业园；建设产业特色明显、规模效益显著、资源利用高效的省级示范工业集中区、循环经济先行区，打造延川经济发展的主阵地、科技创新的引领区、服务保障的示范区。实施传统产业转型升级和新兴产业培育工程，推进工业延链补链强链，做大做强高端化工产业，坚持以气促盐、以盐带气，实现盐气项目互

通耦合。到2025年，工业增加值达到89亿元，占全县GDP比重调整至59%左右。

（二）深度挖掘、整合延川丰富的历史文化和红色文化资源，打造特色文化产业

以创建国家全域旅游示范县为契机，以全产业融合发展为抓手，以黄河、黄土、红色、知青、作家"五大文化"为引领，依托"古镇古寨古村落、名人名篇名山水"的独特丰厚旅游资源，高起点谋划、高标准建设、高水平管理，大力实施"文化旅游兴业"战略，持续推动全域旅游发展，以黄河蛇曲国家地质公园、长征国家文化公园（延川段）、国家级陕北生态文化保护区（延川域）等总体规划为指导，积极推进"一心、两极、三带、四廊、十集群"的产业发展布局，扎实推进一批重大文化旅游项目建设，力争将延川打造成为闻名遐迩的旅游目的地。深化文化科技融合，促进文化产业转型升级。发挥梁家河引领作用，提升延川红色文化影响力。到2025年，全县文化产业增加值占GDP比重达到8%以上。

全力打造乾坤湾景区。按照"文化旅游兴业"的旅游发展战略，围绕"吃、住、行、游、购、娱"六大功能，不断完善四大主题景区建设。延川县全域旅游乾坤湾景区智慧景区工程。围绕旅游服务、旅游管理、旅游营销，集成大数据量存储、网络化运行、实时数据更新、检索分析工具方便易用的要求，建立指挥中心、应用支撑体系和信息安全等服务和网络平台，形成全面高效的智慧旅游网络体系。

推动文化产业转型升级。积极发展"互联网+文化"，培育文化产业新形态。促进文化旅游、出版传媒、影视产业、文体休闲、动漫创意、文化演艺等传统文化产业从产业链低端向高端转移，推进文化创意和设计服务与相关产业融合发展，促进产品和服务创新，促进文化与金融融合。大力发展数字出版、网络出版产业，重点发展基于移动互联网的手机出版产业，培育发展网络"云时代"的数字出版产业。打造动漫作品原创与加工、人才培养、研发孵育、成果展示等特色为一体的现代化动漫技术支撑平台。积极引入影视剧制作集团，构建集影片策划、剧本创作、投资拍摄、后期制作、特效配音于一体的影视制作产业链，打造影视产业示范园区。

打造延川文化产业品牌。加快整合壮大延川文化品牌，以文旅集团为主要力量，跨区域整合运作一批重大文化产业项目，引导一批骨干文化企业做大做强。建立文化创意企业品牌化培育机制，推动一批自有文化品牌成长，支持民营文化企业和小微文化企业发展壮大。

（三）以乡村振兴为抓手，统筹推进现代农业发展提质增效

以实施乡村振兴战略为总抓手，按照发展生态、安全、高产、优质、高效现代农业的要求，紧紧围绕特色现代农业建设"一条主线"，着眼产业转型升级、农民持续增收"两大任务"，坚持把枣果畜牧业及设施蔬菜作为战略性主导产业，中药材等特色种植作为配套产业，着力完善现代农业产业体系，强化政策、机制、科技、人才和基础装备支撑，促进农业生产经营专业化、标准化、规模化、信息化，提高农业现代化水平、美丽乡村建设水平和农民生活水平。

1. 加快农业现代园区建设

坚持"特色产业富民"发展战略，围绕全县"三区四路四带十二园区"农业可持续发展规划，进一步优化农业产业布局，夯实"22111"农业产业基础，鼓励企业、合作社等新型经营主体建立规模化、集约化生产基地，按照"区域化、规模化、标准化、产业化、企业化、市场化"的要求，以市场为导向，动员和吸引社会各界的资金投入农产品加工领域，加快推进包括苹果、红枣、设施蔬菜、畜禽等现代农业产业化建设进程，推动农业产业后整理，以销定产、以销促产，积极构建"产储加销一体化"全产业链发展格局，构建延川县现代生态农业产业体系。

2. 全力发展优势特色产业

围绕"枣果棚畜药"五大特色产业，积极推进规模化、效益化发展。红枣方面，以绿色有机枣园发展为目标，实行不同品种的区域化管理，持续推进红枣深加工不断发展。每年巩固提升红枣规模20万亩，以沿黄观光路，旅游沿线，红枣采摘观光园，示范园为主的枣园管理区，实现绿色、有机肥管理全覆盖。发展绿色红枣园10万亩，有机枣园1万亩，低效园改造8万亩。发展以狗头枣、冬枣等为主的鲜食枣1万亩，发展冬暖式设施大棚枣100座。培育壮大新型红枣经营深加工龙头企业3个、示范合作社10个、家庭农场10个，扩大红枣醋、枣酒、红枣口服液生产线，控固提升红枣管理示范园（村）20个，做大红枣品牌2个，实现产业高效发展。苹果方面。一是重点抓好10万亩老果园的挖改提升，按照大改形、强拉枝、巧施肥、无公害四项关键技术，对果园进行精细化、现代化管理。二是抓好百千万高质量发展示范工程，加快苹果标准化示范园区建设。三是加快配套基础设施建设，实行果园防雹网建设全覆盖，大力推广软体水窖集雨补灌，加大果园机械配套推广和补贴，提升生产效率，降低成本。四是做好苹果后整理工作，增加苹果智能选果线、冷气库等；鼓励果农大户和合作社建设小型冷库，购置冷链运输车。五是抓好品牌建设，做好"梁家河苹果"品牌的宣传与推介，争取与"洛川苹果""延安苹果"齐名。六是积极扩大营销方式和范围，利用好各种博览会、交易会、展销会，开拓东南亚、中亚市场，鼓励直播、电商等销售渠道，在北京、上海、广州、西安等城市建立苹果直销窗口。设施蔬菜方面。一是大力推进现代蔬菜产业园建设和标准化基地创建，引导蔬菜生产向园区化、规模化、设施化、标准化方向发展，在优先发展区域，通过开展省级现代蔬菜产业园建设和标准化基地创建，引导蔬菜生产向设施化方向转变。二是建设蔬菜集约化育苗基地，在设施蔬菜集中产区，鼓励农民合作社和相关企业投资建设集约化蔬菜育苗基地，打造育苗企业聚集区，提高商品化育苗能力，到2025年，全县建成1000万株以上育苗基地2个。三是开展产业技术体系创新。大力推广膜下滴灌水肥一体化技术和蔬菜微喷技术；充分发挥省级现代蔬菜产业体系作用，重点开展优良品种选育和集约化育苗技术、日光温室结构优化、物联网应用、蔬菜新机具、新产品研究，为设施蔬菜产业发展提供科技支撑。到"十四五"末，全县设施蔬菜生产规模达到5.6万亩，生态栽培无公害标准化集成技术普及率达到80%以上，化肥农药使用量实现零增长；总产力争达到10万吨，总产值达到7.8亿元。畜牧养殖方面。一是大力发展循环农业。大力推广"果沼畜""枣沼畜""菜沼畜"循环农业模式，升级改造现有基础设施，配置自动化控制设备，完善粪污处理设施，创建标准化示范养殖场。二是发展规模化养殖基地，协助东方希望集团创建生猪养殖基地。加快万头以上标准化养猪场、标准化养牛场、标准化蛋禽养殖场建设，推动规模化、标准化养殖。三是培育新型经营主体。大力培育畜牧企业、农民合作社、家庭农场等经营主体，支持家庭农场、农民合作社、供销合作社、邮政快递企业、龙头企业延伸乡村物流服务网络，创新畜禽产品营销模式。到2025年，全县新型养殖经营主体占比达到50%以上。四是提升粪污资源化利用水平。养殖场须配套建设沼气池或污水池、堆粪池，配置粪污处理设备，推进粪污资源化利用，减少养殖环境污染。五是强化畜产品加工营销。按照后整理理念，加快牛羊、肉鸭、肉兔屠宰加工，通过"以宰促养"扩大养殖规模，推进肉类分割分级包装、冷链运输、冰鲜上市，发展农超、农社、农企、农校等产销对接的新型流通业态，提高畜产品附加值。到2025年，畜产品冷库容积达到4000吨，畜产品加工产值占畜牧业总产值比值达到10%以上。

3. 壮大新型农业经营主体

落实龙头企业扶持政策，推动龙头企业做大做强；鼓励企业完成法人治理结构，建立现代企业制度，通过兼并重组、强强联合，组建大企业集团，推进集群集聚发展。坚持家庭经营的基础性地位，积极发展农业社会化服务组织。大力发展以龙头企业、农民合作社、家庭农场和专业大户等新型经营主体分工协作为前提，以规模经营为依托，以利益联结为一体化农业经营组织联盟，形成一批农业产业化联合体。2021—2025年，每年培育县级农民专业合作社30个，市级农民专业合作社12个，省级农民专业合作社1个；培育县级家庭农场30个，市级家庭农场10个，省级家庭农场1个。

4. 培育提升农产品质量与品牌

坚持质量兴农、品牌强农，建立生产到流通的农产品质量安全环境保障体系，完善市场监督体系和追溯体系，强化源头治理、过程管控和质量追溯，提升农产品质量安全水平，实现食品的源头安全。探索建立更多食用农产品合格证和市场销售凭证"双证"制度，推动产地准出与市场准入相衔接。积极推进农特产品标准化生产和"两品一证"认证工作，加大对拥有自有品牌的农产品企业的支持力度，健全品牌培育、创建、推广、保护机制，强化"三品一标"认证及后续监管。依托"中国红枣之乡""世界苹果优生区"优势，打响"梁家河"等区域公用品牌。

从"煤城"蜕变为宜居宜业的靓丽"新城"

安徽省淮北市相山区发展和改革委员会

在安徽省政府办公厅发布的《关于对2020年落实有关重大政策措施真抓实干成效明显地方予以督查激励的通报》中，淮北市相山区老工业区搬迁改造获省政府通报表扬激励。这也是继2018年后，相山区老工业区搬迁改造工作第二次获得省政府通报表彰。

淮北市是一座因煤而生的资源型城市。相山区是淮北市的主城区，也是淮北市的老工业基地，区域面积141.7平方千米，辖1个镇、8个街道和1个省级经济开发区，共74个社区，12个行政村，常住人口约55万。"十三五"以来，相山区经济始终保持平稳增长，经济总量大幅增加。地区生产总值年均增长5.8%；人均GDP达到87802元，高于全国、全省平均水平。社会消费品零售总额、财政总收入年均分别增长9.2%、9.3%；城镇、农村人均可支配收入年均分别增长7.2%和8.9%；三次产业结构比例结构优化为1.3：33.1：65.6。这一串串数字，是相山区不断走向转型升级发展道路上的有力见证。

与曾经工业区和商业居住区密布交叉的状态相比，如今的相山俨然变成了一座宜居宜业的亮丽产业新城。

相山区如何由"煤城"转型升级发展成为宜居宜业的亮丽"新城"，一切起源于2015年相山区老工业区列入全国老工业基地调整改造范围。相山区严格按照《淮北市相山区老工业区搬迁改造实施方案（2015—2022年）》，真抓实干，务求实效，奋力走出了一条老工业区转型升级、协调发展的特色之路。

一、"腾笼换鸟"，开辟转型升级新道路

从"盘根交错"的老城区走出来的过程是艰难的。"近年来，我们为了提升城市环境质量，释放中心城区发展空间，坚持不懈地推动一批企业'退城进园'。"淮北市相山区相关负责人介绍说。

在转型升级、城市改造的过程中，相山区坚持以政府引导为主，推进"腾笼换鸟"，对老工业区综合治理进行科学规划，对企业分类施策。

金冠玻璃、曦强乳业等多家企业顺利迁至安徽省相山经济开发区，天地人集团、热电厂等企业相继关停重组，淮北矿业集团总部旧址改造为淮北市现代健康养老中心，安徽口子集团老

窖池及周边建筑群、酿酒作坊遗址改造为酒文化博物馆……

截至2021年8月，全区111家企业已关停重组或搬迁入园，全面完成搬迁改造任务，累计妥善安置企业职工约3.5万人，腾退工业用地面积约5.82平方千米，充分释放土地资源。加快产业结构调整和产能整合转移，充分利用腾退空间加强基础设施配套，城市面貌焕然一新，保护利用老工业遗产突出文化传承，大力发展现代服务业打造"生活秀带"，实现工业遗产保护和新兴产业发展、城市更新改造相互促进。

二、聚焦新兴产业，着力打造现代化工业体系

与曾经厂区散乱分布、产业层次较低的老工业区相比，如今的相山区依托省级经济开发区加快推进产业结构优化调整，大力发展新兴产业，促进企业降本增效，不断提高经济聚集力，努力打造现代化工业体系。

围绕打造老工业区搬迁改造典型示范，相山区抢抓国家大力支持皖北承接产业转移集聚区建设机遇，在集成电路、人工智能、5G、虚拟现实、生物健康等领域精准布局，大力发展绿色食品、生物技术、信息技术等新兴产业，加快建设双创信息产业园、智能制造产业园、国家大学科技园等产业载体平台，打造源创客国家级企业孵化器及众创空间，累计培育各类小微企业300余家，汇聚形成了以裕维鑫达电路板、台一盈拓智能设备等企业为主的电子信息产业群；以嘉士利、今麦郎、金富士、苏太太等企业为主的绿色食品产业群；以完美、盛美诺、阜邦等企业为主的生物科技产业群，为培育发展战略性新兴产业和先进制造业打下良好基础。2020年，全区高新技术产业增加值同比增长26.6%，战略性新兴产业产值同比增长16.1%，探索出一条适合相山区老工业区实际情况的产业振兴发展之路。

三、提档升级，推进现代服务业聚集发展

以产业转型升级为方向、以招商引资和重点项目建设为总抓手，推动生产性服务业向专业化和价值链高端延伸、生活性服务业向精细化和高品质转变，实现现代服务业同先进制造业、现代农业深度融合发展，是相山区狠抓服务业发展的一大特色。

据了解，"十三五"期间相山区服务业增加值年均增长7.3%，占GDP比重65.6%，经济支撑作用进一步凸显。

近年来，围绕现代服务业提档升级，相山区准确把握老工业区搬迁改造机遇，充分发挥中心城区服务业发展比较优势，推进软件信息服务、金融、数字经济、现代物流等重点行业集聚发展，涌现出万达广场、南翔云集文化街区、盂街、隋唐运河古镇隋唐草市等一批新模式新业态，相山区获评安徽省服务业综合改革试点区，源创客科技服务业集聚区、汽贸后市场服务业集聚区获评安徽省服务业集聚区，整合绿金湖、凤凰山食品文化博览园、芳香特色小镇、相山黄里景区、渠沟红色文化等周边文化旅游资源，积极构建自然生态旅游、工业旅游、乡村旅游、红色旅游、

历史文化旅游、健康疗养旅游"六位一体"发展格局,全年吸引游客100余万人次,积极争创国家全域旅游示范区。

四、政策保障,加速老工业区搬迁改造进程

围绕政府专项债券、中央预算内投资、国家专项建设基金等各类政策资金支持方向,相山区超前谋划、精细准备、加强沟通,积极争取上级资金配套,加快推进搬迁改造各项工作,全力完成改造任务。近三年,已累计获批政府专项债券项目11个,获批专项债总额度95.5亿元,争取城区老工业区搬迁改造、保障性安居工程配套基础设施建设等中央预算内投资项目33个,获批预算内资金4.3亿元。大梁楼塌陷村庄搬迁等7个项目获国家专项建设基金支持,获批专项建设基金2.5亿元,有力提高政策资金的保障,筑牢了项目建设能力和发展信心。

展望"十四五",相山区致力于打造生产、生活、生态融合发展的城区新典范,坚持产业转型、产城融合、绿色发展,建设经济强、百姓富、生态美的高品质卓越城区。

优化营商环境 助力高质量发展

广东省乳源瑶族自治县发展和改革局

广东省乳源瑶族自治县发展和改革局以持续深化"放管服"改革为抓手，着力在优化工作机制、打造发展平台、优化审批流程等方面上下苦功，实现服务质量显著提高，服务对象满意度不断提升，为高质量发展营造良好营商环境。

一、优化工作机制

乳源发改局坚决落实全面深化改革目标任务，加快推动重点亮点工作，优化县域营商环境。成立全面深化改革领导小组，明确责任分工表，由局领导负责统筹，业务部门具体落实，进一步加强全面深化改革及重点亮点工作的组织领导，将责任落实到岗到人，提升工作效能。

二、打造发展平台

一是打造乳桂经济走廊产业创新发展示范区。制订乳源瑶族自治县乳桂经济走廊发展规划、韶关市乳桂经济走廊产业创新发展示范区综合试点实施方案，形成"一轴二城三区一带"发展布局，大力推进以"十个一"健康产业工程为主体的生态产业体系。谋划重点建设项目138个，总投资约626.8亿元。二是推进传统产业园区转型升级。制订关于推进乳源东阳光"厂区变园区、产区变城区"试点实施方案，利用闲置和低效用地开展以商招商，延长产业链和培育新兴产业，正加快形成以生物医药产业、新材料产业、新能源电池产业为主体的高新技术产业集群，加快从传统的生产型厂区向产城融合的高新技术产业集聚区转型，推动园区与县城的基础设施和公共服务设施互联互通和共享，推动实现"厂区—园区—城区"发展模式。共谋划重点建设项目44个、总投资87.88亿元。为深入推新进型城镇化、新型工业化、农业产业现代化和资产资源价值化奠定了坚实的基础。

三、增强服务意识

一是提前介入重点招商项目，对已有初步投资意向的项目，通过提前介入、超前辅导、预审预核等方式，让企业提前知晓项目落地建设前需办理的审批事项以及材料清单，避免企业"跑弯路"。二是主动开展服务企业"店小二"活动，多次到拟上市企业调研走访，与企业精准对接,从讲解政策、融资支持、协调服务等方面帮助企业理顺上市思路,把握申报审核重点,增强企业进军资本市场的信心。三是搭建"融资信息对接"微信平台,由行业部门摸排收集企业资金需求信息,各银行及时对企业进行"多对一"精准对接服务,实现融资供需信息充分对称,有效缓解融资难题。2021年上半年,全县贷款余额63亿元,同比增长23.7%。

四、优化审批流程

对需发改审批事项逐项梳理和环节优化,政府投资项目审批、企业投资项目核准和备案,由原来5个工作日压缩到3个工作日。对企业备案项目,发改局依托"广东省投资项目在线审批监管平台",通过网络社交工具等开展远程"云指导"服务,保障项目单位"最多跑一次",大力促进有效投资。2021年截至6月底,完成立项104项,总投资43.81亿元,其中政府投资审批66项,企业投资备案38项。

五、强化信用监管

围绕完善信用奖惩制度、健全信用信息公示、建立信用修复和信用主体权益保护机制等,印发关于加快推进乳源瑶族自治县社会信用体系建设构建以信用为基础的新型监管机制的实施方案等信用制度文件10余项,对信用良好主体提供容缺受理等业务办理方式;对失信主体加大信用惩戒力度,采取信用约束和惩戒措施;对有意愿重塑信用的企业,帮助开展信用修复工作。真正做到对守信者"无事不扰",对失信者"利剑高悬",为持续优化我县营商环境提供有力的信用保障。

提质增效 助力十大生态产业发展

甘肃省兰州市红古区发展和改革局

近年来，红古区坚持把构建生态产业体系、推动绿色发展作为转方式、调结构、促发展的主攻方向，结合既有产业基础和未来产业布局，大力培育壮大十大生态产业。主要抓了五个方面工作。

一、以制度保障催生绿色产业

围绕落实全市"1+10"政策框架体系，细化制订了《红古区构建生态产业体系推进绿色发展崛起实施方案》等政策文件，结合省市生态产业定期调度、监测分析、考核评价工作机制，建立健全了产业项目四级包抓责任制，编制完成《红古区"十四五"十大生态产业发展规划》，顺利通过专家评审，不断夯实十大生态产业发展基础。对生态产业发展相关工作优先研究、用地优先保障、资金优先倾斜，先后安排区级补助、项目贴息1.25亿元，争取省市专项补助资金6500多万元，以政策要素保障驱动项目聚集、产业壮大。尤其是在宝方10万吨超高功率石墨电极项目落地过程中，全程帮办代办、全力保障服务，投入2亿元完成了涩宁兰天然气管线改移、110kV专线、道路等配套工程，打造了7个月内从签约到落地的"红古速度"。

二、以工业转型引领经济转型

立足工业强区发展定位，优先推动生态产业在工业领域破题开局。加快制造业振兴，大力发展涉核特种石墨、特种玻璃等先进制造业，实施方大炭素高温汽冷堆核石墨辐照研究、新蓝天装配式建材新材料、40万吨洁净钢、亿通电力器材等项目，初步形成了炭材、建材、铝材、电力器材等新材料产业集群。壮大节能环保产业，16个"城市矿产"项目建成投产，废黄纸板再制造二期、法宁格ESP泡沫回收加工利用等项目基本建成，形成了废纸再利用、废塑料再利用等7条节能环保产业链，2020年再生资源产出量达90万吨。发展清洁生产产业，按照"资源化、循环化、再利用"原则，加快推进两个园区循环化改造和资源集约利用，先后完成窑街煤电水资源综合利用、方大炭素三化等循环化改造项目23个，加快实施窑煤500万吨高效洗煤、10万吨/年废矿物油综合利用等项目，全区战略性新兴产业规模以上企业达到8家。

三、以循环农业带动文旅融合

着眼打造绿色有机农业生态谷,实施了兰州农发现代农业示范园、国农现代科技农业示范园、鑫源现代农业综合体项目等农业园区建设,加快尾菜处理、废旧农膜、沼气利用三位一体循环农业发展,实施总投资7.5亿元的新融环能城乡有机废弃物处理及资源化利用、兰州强华农农业农村废弃物处理循环化产业园等一批农业循环化项目,形成了集特色种植—生态养殖—精深加工—沼气利用—肥料还田为一体的循环农业产业链。同时,依托农业特色优势,大力推广"红龙古"标志品牌,加快创建"红古高原皇菊"等国家地理标志保护产品,推动融农于旅、农旅融合,重点发展乡村田园游、生态观光游,启动实施了八虎台生态文化旅游休闲观光园、湟水城郊森林公园等重点旅游项目,连续举办乡村文化旅游节、山地马拉松等节会赛事品牌,加快打造甘青藏旅游带兰西黄金驿站。

四、以节点定位发展通道物流

立足红古交通区位优势,深入实施推进"通道+物流+枢纽经济"战略。大力突破交通瓶颈,投放新能源电动公交车114辆,纯电动新能源出租车50辆,新增清洁能源出租车92辆,建成纯电动公交车充电站一座,充电桩31个,新能源出租车充电站1座,充电桩20个。启动实施总投资17.5亿元的京藏高速公路海石湾收费站连接道路改扩建、坪台地连接道路等5个区域交通突破工程,特别是与民和县对开跨省公交线路,川海大桥、团结桥建成通车,为川海同城化、物流一体化打下坚实基础。全力发展物流产业,总投资1.9亿元的兰西客货运综合枢纽中心开工建设,启动实施西北农副产品交易集散中心、伊利乳业西北仓等3个物流产业项目,积极对接兰州国际陆港、新区综合保税区,建立物流共享平台,加快构建功能齐全、资源共享、服务便捷的物流网络,打造兰西城市群重要交通枢纽和物流基地。

五、以科技创新驱动产业振兴

充分发挥驻区企业技术创新主力军作用,成功申报省级农业科技园区,先后培育国家高新技术企业1家,获得国家技术专利6项,兰铝400KA电解铝预焙槽、红安纸业12万吨废纸制浆和抄纸工艺达到国内领先水平,阿敏生物硫酸软骨素胶原蛋白粉产业化项目、窑煤油页岩半焦综合利用产业化等3个项目被评为兰州市十大科技创新项目,科技创新为产业转型提供了不竭动力。同时,注重深化产学研合作,方大炭素建成博士后科研工作站和新材料工程研究中心,并成功申报国家级企业技术中心,甘肃阿敏建成了国家重点实验室,认定高新企业3家、众创空间2家、科技成果转化基地1家,有力推动了生态产业发展壮大。

尽管红古区十大生态产业发展呈现出总量壮大、质量提升的积极势头,但对标省市要求和转型重任，还存在总量偏小、比重偏低，产业层次不高，项目支撑不足，数据信息、军民融合、清洁生产产业还存在短板，中医中药、清洁能源产业体量较小等问题。下一步，红古区将坚定践行绿色发展理念，坚决贯彻省市关于构建生态产业体系推进绿色发展的各项决策部署，优化产业布局，抓实项目建设，健全推进机制，加快推动十大生态产业由开篇破题向发力见效转变。一是狠抓总量扩增。按照《红古区"十四五"十大生态产业发展规划》确定的发展目标和任务，严格落实包抓责任制，把重点工作任务逐年、逐项进行分解，尽快形成工作合力，全力推进投资 27 亿元的宝方 10 万吨超高功率石墨电极和投资 25 亿元甘肃工企危服年处理 90 万吨工业废弃物资源化利用等生态产业项目建设进度，督促窑煤金河、三矿洗煤等项目按计划投产达效，年内新培育规上企业 2—3 家，壮大生态产业总量和体量。二是实抓产业链延伸。按照《红古区 2021 年十大生态产业谋划储备项目投资清单》，加快传统产业改造提升，大力发展接续替代产业，重点发展涉核特种石墨、特种玻璃等先进制造业，实施方大炭素高压浸渍及二次焙烧隧道窑、兰州新蓝天工业窑炉及环保设施综合提升改造、伊利乳业新增利乐枕 A1 及辅助设备、窑街煤电集团两化融合等项目。着眼园区开发建设和产业链延伸拓展，加大与三大企业的沟通协调，做好转型升级的保障服务，在延链、强链、补链上做文章，不断提升全产业链发展水平。同时，全面落实生态产业"1+1+10+N"政策体系，完善土地、金融、人才等方面的政策配套措施，动态调整完善生态产业项目库，积极推进窑煤绿色填充开采、海矿瓦斯煤层气抽采、大唐新能源光伏发电等项目，形成集群优势。三是常抓监测调度。对照省市生态产业发展分析报告制度和指标监测体系，健全完善生态产业发展绩效评价和考核督查机制，强化对经济规律和市场规律的研究把握，及时发现和解决企业经营、项目建设中的问题，及时调整工作计划，采取周统计、旬分析、月调度的办法，将任务细化、落实到人，对不稳定、不确定因素及时进行预警，逐月跟踪重点企业和重点项目，努力形成齐抓共促的浓厚氛围和推进机制。

加快建设现代化美丽新巩义
争当县域经济高质量发展标杆

河南省巩义市发展和改革委员会

2014 年以来，巩义市把深入学习贯彻习近平总书记调研指导河南时的重要讲话精神作为首要政治任务，坚持"深入地学、系统地谋、扎实地干"，围绕发挥优势打好"四张牌"，先后建立完善了以"四项重点工作、四项保障工作和全面加强党的建设、督导督查考核"为主要内容的重点工作推进机制，确定了工业转型升级、新型城镇化、旅游突破、互联互通、生态建设、营商环境等重点工作，构建了"党委统一领导、政府分工负责、人大和政协通力协作，一级抓一级、层层抓落实"的工作推进新格局，大力弘扬"宁肯苦干、不愿苦熬"的精神，坚持"高标一流"的工作标准，以过硬的作风保障各项决策部署、各项重点工作落到实处，推动习近平总书记调研指导河南时的重要讲话精神在巩义落地生根、开花结果。全市经济社会发展保持平稳健康态势。2014 年至 2020 年，生产总值由 607.6 亿元增长至 826.6 亿元，年均增长 7.3%；规模工业增加值年均增长 7.5%；固定资产投资年均增长 11.9%；社会消费品零售总额由 219.8 亿元增长至 279.1 亿元，财政总收入突破百亿大关，由 43.3 亿元增长至 100.7 亿元，年均增长 15.1%；居民人均可支配收入由 21968 元提高至 31630 元。在全国综合实力百强县市、全国工业百强县市的位次持续巩固、稳步前移，获评中国最具幸福感城市之一，入选中国率先全面建成小康社会范例城市。

一、打好"产业结构优化升级"牌，转型转出新天地

把加快推进转型升级作为事关巩义长远发展的关键所在，按照"主攻二产、突破三产、优化一产"的思路，加快产业结构调整，推进三次产业融合协调发展，促进新旧动能转换，培育新的经济增长点，产业结构持续优化，一二三产业比重由 2014 年的 1.8∶65.4∶32.8 调整为 2020 年的 1.5∶58.1∶40.4。

（一）推进工业转型升级创新发展

以建设千亿级铝精深加工基地和河南省（巩义）军民融合产业基地为抓手，坚持"亩均论英雄"，着力推动传统产业提档升级，积极培育壮大新兴产业，补好科技创新短板，推动产业集聚区扩容增效，着力打造郑州大都市区先进制造业功能承载区、示范区，当好郑洛工业走廊上

的重要支点。先后出台实施两轮工业转型升级创新发展三年行动计划，研究制定了《巩义市制造业高质量发展实施意见》《巩义市工业企业分类综合评价实施方案》、新兴产业培育壮大计划、工业企业创新驱动发展行动方案，建立了重点企业（项目）服务工作机制，强力推进工业转型升级，结构调整迈出坚实步伐。聚焦制造业高质量发展，突出抓好传统产业转型升级、过剩产能化解、科技创新、战略性新兴产业培育引进，累计实施工业技术改造项目860项，转移退出电解铝、钢铁、碳素产能326万吨，中部铝港产业园、融创大数据等一批产业示范引领性项目落地巩义。大力开展"项目建设年"活动，中孚实业高性能铝合金特种铝材、恒星科技超精细钢丝、明泰铝业电子材料产业园、明泰铝业车用铝合金板项目、泛锐熠辉碳陶生产线等项目先后投产达效。大力实施军民融合发展战略，成立市委军民融合发展委员会，军民融合产业园区建设纳入《河南省"十三五"经济建设和国防融合发展规划》，巩义军民融合产业基地获得省国防科工局正式批复，成为全省第8家军民融合产业基地，万达铝业成为国内铝加工行业第一家获得军工认证的民营企业，泛锐熠辉轻质高强复合材料项目被列入河南省军民融合产业重点项目库。2020年位居"全国工业百强县（市）"第42位、全省首位。

（二）以旅游业为突破带动现代服务业发展

以旅游突破带动第三产业提质升级。坚持以创建国家全域旅游示范区为载体，从单打独斗向合作发展转变，从景区景点向发展产业转变，从政府投入向市场投入转变，抓好重大旅游项目和公共服务设施建设，发挥山水优势，推动文旅城融合发展，成功获评全国"文旅融合特色创新示范市"。竹林风情古镇、涉村镇石居部落、河洛镇偃月古城等项目相继竣工营业，成功举办嵩顶冰雪文化旅游节、春节庙会、长寿山红叶节等活动，杜甫故里诗词大会影响力不断扩大，全市累计接待游客达6768万人次，旅游综合收入242.8亿元，被确定为河南省首批全域旅游示范区，巩义旅游的影响力和知名度进一步提升。加快发展商贸业，被确定为河南省内贸流通体制改革发展省级综合试点，万洋国际商贸城创成河南省品牌消费集聚区，建业百城天地等建成运营，正上·豪布斯卡商业综合体加快推进。积极发展物流业，海期货交易所铝期货指定交割仓库—河南国储339处、431处核定库容增加至5.5万吨，总库容位居河南省第一位，巩义至乌鲁木齐、巩义至青岛货运班列顺利开通；大力发展电子商务，积极探索互联网与传统产业融合发展的新路径，云运通网络运输平台、标兵新科技网络销售、泛锐熠辉设备资源共享平台、巩东新区数字经济产业园等项目加快实施，生产性服务业逐步向价值链高端迈进，积极开展电子商务进农村工作，创成河南省电子商务进农村示范县（市）。

（三）积极发展现代农业

抓牢粮食生产，粮食总产量稳定在16万吨左右，持续优化农业种植业结构，优质小麦种植面积快速增长，全市农业机械化水平持续提高，创成全国主要农作物全程机械化示范县（市），强化农产品质量安全监管，创成国家农产品质量安全县市。构建现代农业产业体系，巩义市级以上农业产业化龙头企业达到95家,其中省级2家,郑州市级3家,省级农业产业化集群1个。大力推进休闲农业和乡村游发展,促进一二三产业融合发展,围绕我市自然资源优势和特色,积极打造休闲农业品牌,探索具有地方特色的休闲农业发展道路,长寿山风情古镇通过农业部五星级评定,全市休闲农业经营主体达到53家、带动农户3500户、年接待500万人次,初步形成了北部邙岭、伊洛河沿岸、南部山区三个休闲观光农业产业带。

(四)强力推进招商引资

始终把招商引资摆在突出位置,持续掀起大招商、招大商热潮,成立招商引资工作领导小组,统筹协调全市招商引资工作,全市上下把精准招商作为推动产业结构转型升级的"一号工程"来抓,形成了精准招商"一盘棋"的工作局面,确保了工作落到实处,坚持搭建平台抓招商,连续多年举办"巩义市开放招商洽谈会暨重点招商引资项目签约仪式",邀请国内外重要客商参加并开展项目对接洽谈和重大项目签约活动。全市累计组织外出招商小分队500余支,走访企业650余家,签约并履约亿元以上项目77个,总投资3279.7亿元;累计引进省外境内资金404.1亿元,年均增长5.8%,实际利用外资16.77亿美元,年均增长3.4%,总量连年位居全省直管县(市)首位,实际利用外资总量连年位居郑州6县(市)首位,先后获评"浙商最佳投资城市""河南省对外开放先进县(市)""河南省利用外资先进县(市)"等荣誉称号,被商务部认定为国家外贸转型升级基地。

二、打好"创新驱动发展"牌,持续增强新动能

坚持把科技创新摆在前所未有的高度,以科技创新的新突破实现巩义产业的转型升级。

(一)强化科技创新

突出抓好科技创新、战略性新兴产业培育引进,全社会研发投入占GDP比重达到1.6%以上,泛锐熠辉等科技型企业势头强劲,全市高新技术企业达到106家、国家科技型中小企业达到113家、省级以上研发平台达到60家,高新技术产业增加值占比由48.2%提高到65%。强化创新平台建设,科技创新能力显著增强。全市院士工作站达到3家,成功学院众创空间成为巩义首家省级众创空间,通达中原被认定为河南省工业公共技术研发设计中心,由中孚实业牵头成立的"河南省高效能铝基新材料创新中心"成为河南省首批制造业创新中心培育单位,巩义市5G联创工业设计中心挂牌成立,新一代信息技术与制造业深度融合步伐加快;开展科技创新中心建设,搭建集人才、信息、技术等优势为一体的综合服务平台,吸引中船重工713所、深圳军民融合研究院、泛锐熠辉等多家科研单位入驻。

(二)强化产学研合作

深化与中科院、北京科技大学、东北大学等高等院校合作关系,全市400多家企业与100多家科研单位开展不同形式的产学研合作。围绕构建自主创新体系,加快科技创新步伐,永通特钢高强不锈结构钢研发及产业化项目被4名院士组成的专家组认定为国际首创,泛锐熠辉二

氧化硅气凝胶新材料项目入选河南省创新示范项目。充分发挥成功学院的区位优势，组织举办各种培训活动，河南神举科技发展有限公司、河南明泰铝业股份有限公司等9家企事业单位与成功学院共建实习实训基地。积极引进创新引领机构，在我市组建国检中心分支机构，建立"河南省辐照产业基地"，并成立"河南省辐照联盟协会"，全面推进电线电缆产业转型升级。

（三）强化知识产权引领

加强宣传培训，坚持示范带动，强化服务跟踪，通过培育知识产权优势企业，形成一批行业核心技术，带动企业提高市场竞争力。河南天祥新材料股份有限公司被国家知识产权局评为国家知识产权优势企业，6家企业通过国家知识产权管理体系认证，每万人发明专利拥有量达到3.27件、商标有效注册量达到7149件。

三、打好"基础能力建设"牌，竞争优势新提升

坚持突出重点、弥补短板、强化弱项，不断夯实发展基础，蓄积发展后劲。

（一）加快建设现代综合交通体系

牢固树立"交通先行"理念，统筹推进市内外交通路网建设，S312沿黄快速通道、中原西路快速通道、南部山区旅游通道等开放通道全线贯通，公路通车里程达2187千米，全市公路密度达到每百平方千米197.75千米。积极向上争取，推动郑巩洛高速纳入河南省高速公路网规划，郑州轨道交通S2号线巩义支线项目稳步推进；持续改善农村公路通行条件，农村公路总里程达到1865.7千米，加快"四好"农村路建设进度。累计新建改建农村公路273.24千米；市政道路建设方面，陇海路东延、苏秦路、瑞阶路等33条市政道路竣工通车，共开通城市公交线路15条，营运总里程176.7千米，创成河南省"首批公交优先示范城市"；大力发展多式联运。巩义市象道物流有限公司创成公铁、铁海联运示范企业，构建现代综合交通体系步伐进一步加快。

（二）夯实绿色生态基底

一是兴建水利工程。连续五年实施伊洛河治理工程，保障两岸人民群众的生命财产安全；在我市南部山区连续三年实施"五小水利"工程，建设20余座塘坝，显著改善了当地群众生产生活用水状况；实施水土保持治理工程14项，有效治理了水土流失现象；突出抓好农村饮水安全巩固提升工程，投入资金3311.4万元，通过补充水源、改造配套、管网延伸、更换改造等措施对我市现有饮水工程进行了巩固提升和维修养护，进一步提高和改善了农村居民的饮水条件。二是着力打造"绿水青山"。谋划实施了巩义市生态水系建设项目，将城区及周边的伊洛河、东泗河、西泗河、后寺河和坞罗水库水源地进行贯通，打造"水城交融、人水和谐"的靓丽水城；统筹推进国家储备林、困难山地造林、生态建设造林、生态廊道造林、河道景观绿化，建成森林小镇5个、森林乡村31个，林木覆盖率达42%，全市森林覆盖率由29.5%提高到35.2%，获评河南省级森林城市。三是突出民生保障。启动实施城乡供水一体化工程，总投资20亿元，打造形成"大水源、大水厂、大管网"的供水格局，实现城乡居民饮水"同城、同网、同质、

同价",满足人民日益增长的美好生活需要。

（三）完善科学发展载体

持续强化产业集聚区载体功能，增强要素集聚和辐射带动能力，推动产业集聚区、专业园区持续上规模上层次。巩义市产业集聚区列入国家级开发区目录，豫联产业集聚区先后被评为"十快"产业集聚区、晋升二星级产业集聚区，巩义市产业集聚区和豫联产业集聚区规模工业增加值年均增长10%以上；商务中心区成功晋级省二星级服务业"两区"，耐火材料产业集聚区被评为河南省中小企业特色产业集群，净水材料应急产业园、民营科技创业园、高端装备制造园等专业园区加快建设。高标准、高质量谋划建设小微企业园。按照"一镇一策""一园一策"，加快推进小微企业园规划建设工作进度，注重产业培育，严把入园企业关，突出地方主导产业，努力把小微企业园打造成我市的创新创业综合体，加快形成一批有影响力的产业集群。

（四）筑牢社会民生基础

坚持把脱贫攻坚作为最大的政治任务、第一民生工程，坚定信心不动摇，咬定目标不放松，坚决打赢脱贫攻坚战。把产业扶贫作为治本之策，建成25个产业扶贫示范点，通过光伏扶贫、旅游扶贫等方式，以点带面促进2005户贫困户年均增收3000元以上；坚持扶贫先扶志，探索建立"红黄蓝"研判机制，通过分类研判，帮助群众树立"劳动脱贫"理念，我市做法入选全国智志双扶典型案例；建立"扶贫驿站"127个，通过积分管理，增强贫困户内生动力，惠及贫困户8000余人，全市42个贫困村29756名贫困人口全部脱贫，结对帮扶对象淮滨县实现脱贫"摘帽"。加大就业创业扶持力度，累计新增城镇就业5.2万人。社会事业全面进步，新（改扩）建中小学校及幼儿园130所、新增学位30690个，城乡办学条件显著改善；市、镇、村三级文化体育设施更加完善,市文化馆新馆对市民开放,市博物馆晋升为国家二级博物馆,20个镇（街道）图书馆、文化馆分馆实现全覆盖，成功举办国际马拉松赛、全民运动会等大型群众性健身活动。持续提升医疗基础设施和公共卫生应急体系建设水平，全市医院床位数由3205张增加到4049张，按照三级医院标准，投资5.5亿元，高标准建设市医院东区医院；不断改善镇级医疗条件，先后对2家镇卫生院进行了改扩建，完成了疾控中心实验楼改建项目；建成全省首家县级疾控机构核酸检测实验室，成立巩义市安康精神病院，谋划建设巩义市传染病医院、公立中医院，极大改善了人民群众就医条件。

（五）提升人力资源素质

大力实施"人才强市"战略，认真落实"智汇郑州"政策，完善工作体制机制，与人民日报社人民智库达成战略合作协议，与郑州成功财经学院签订人才培养交流合作协议，建立在外高层次人才库、专业技术拔尖人才库、文艺人才库等，将蒙曼、王立群、范军等13位文化名人聘为文化产业发展顾问；出台《引进高层次急需紧缺人才工作方案》，2018年以来，每年引进80名国家"双一流"重点大学硕士以上优秀毕业生。加强企业家队伍建设，组织评选了"科技领军人才""中青年企业家""巩义工匠"。深入推进全民技能振兴工程，开展农村劳动力职业技能培训 28023 人，返乡农民工创业辅导 3373 人。

四、打好"新型城镇化"牌，城乡展现新面貌

按照郑州"西美"功能定位，坚持以人为核心的城镇化，着力优化空间布局，提升县城对全域发展的承载力、带动力，形成"大城小镇"的空间结构，统筹推进百城建设提质工程、"摘星夺旗创三宜"活动，城乡面貌持续改善，常住人口城镇化率由 2014 年的 50.47% 提高到 61%，年均提高 1.5 个百分点。

（一）大力推进百城建设提质工程

将百城建设提质工程与创建全国文明城市结合起来，共同推进、共同提升，2017 年以中西部第一、全国第九的成绩成功创成全国文明城市，连续 3 年获评全省百城建设提质工程先进县市。紧紧围绕"一张蓝图保发展、一体共治建生态"的工作思路，高标准推进国土空间总体规划编制，有序开展相关专项规划和详细规划编制，强化重点区域城市设计，提升规划管理水平。围绕"新城区完善功能、老城区提升品质"，加快推进基础设施配套和公共服务完善。序化、洁化、绿化、亮化及一批配套功能提升项目高质量实施，扎实推进"三项工程、一项管理"，新增绿化面积 290 万平方米。新规划永安路、唐三彩路等 11 条道路及 21 个路口渠化如期完工，49 个老旧小区进行有机更新，3 个示范区完成规划设计，47 个城乡接合部综合改造稳步实施。改造提升老旧小区 362 个、背街小巷 56 条，城市更优更美更宜居，加快推进燃气、热力设施全覆盖，铺设燃气管道 1200 千米，新增供热面积 255 万平方米，城区燃气、供热普及率分别达到 97%、69.2%，较"十二五"末提升 8%、35%。智慧城市体验中心、全民健身综合馆主体完工，城市公共服务进一步完善，承载能力进一步提高。创成全国无障碍环境达标市。积极开展城区架空管线专项整治、生活垃圾分类、重要节点夜景亮化等工作，纵深推进城市精细化管理，城市环境更加"整洁、有序、舒适、愉悦"。

（二）努力促进农业转移人口市民化

深化户籍制度改革，启用网上审批系统，将 17 种与群众生活相关的服务下放到派出所受理。全面实施城乡居民基本医保制度，开通了城乡居民医疗保险、大病二次保险、困难群众大病补充医疗保险一站式报销，实现了参保居民享受统一的基本医疗保险待遇。社会保障扩面提质，养老保障水平持续提升，城乡居民基本养老保险参保率稳定在 95% 以上；城乡低保标准分别由每人每月 460 元、240 元提高至 700 元和 511 元。积极扶持农民就业创业，累计新增农村劳动力转移就业 4.5 万人。加大住房保障力度，竣工交付保障房项目 28 个 9954 套，回迁群众 7102 户 26384 人。切实做好农村土地承包经营权确权登记颁证工作，出台《关于完善农村土地所有权、承包权、经营权分置办法的实施意见》，进一步推动全市土地流转规模有序开展；切实保障被征地农民合法权益，制定出台了《巩义市人民政府关于解决被征地农民社会保障问题的若干意见》《关于对被征地农民参加基本养老保险实施补贴的意见》，为彻底解决被征地农民社会保障遗留问题提供了政策支撑。

（三）大力实施乡村振兴战略

以"摘星夺旗创三宜"活动为载体推进乡村振兴，持续改善农村人居环境，乡村振兴加快推进。扎实开展美丽乡村建设，投资3.9亿元，统筹实施基础设施建设、历史风貌保护、乡村产业发展等美丽乡村项目208项，大南沟村、韵沟村等15个美丽乡村示范村更美更靓，海上桥村入选国家传统村落名录、小关镇被确定为省乡村振兴示范镇大力推进农村人居环境整治，累计拆除违建42.4万平方米、实施户厕改造56620户、生活污水治理22213户，农村生活垃圾治理实现全覆盖，户用无害化卫生厕所普及率达94%，生活污水治理覆盖180个行政村。被评为全省改善农村人居环境工作先进县（市）。加强农村精神文明建设，创建各级文明镇15个、文明村177个。持续壮大农村集体经济，实施省、郑州市扶持集体经济发展试点项目24个，全市集体经济空壳村全部清零。

未来一个时期，是巩义转型升级爬坡越坎、重整行装再创辉煌的重要时期，也是加快推动高质量发展的关键时期，站在新的历史起点，我们将坚定信心、振奋精神、奋勇争先、更加出彩，紧紧围绕"县域经济高质量发展标杆"的总目标，抢抓黄河流域生态保护和高质量发展、郑州国家中心城市建设等重大战略机遇，以党建高质量推动发展高质量，强化"领"的担当、"创"的精神、"闯"的劲头、"转"的决心，瞄准产业美、生态美、人居美、文化美"四美定位"，把产业做"强"、把城区做"大"、把环境做"优"、把文化做"亮"，全力打造全省先进制造业基地、郑州山水特色"公园城市"、中原宜居幸福城市、黄河流域具有鲜明特征的文旅强市，努力在全国县域高质量发展中争先进位、在全省县域高质量发展中挑大梁、走前头，为郑州建设现代化国家中心城市做出积极贡献。

改革开放写华章

云南省景洪市发展和改革局

景洪市地处祖国西南边陲,与缅甸接壤,南邻老挝、泰国,是西双版纳傣族自治州首府及全州的政治、经济、文化中心。自1978年改革开放以来,景洪市经济飞速发展,国民经济和社会各项事业取得了巨大成就,城市面貌日新月异,人均收入大大提高,社会各项事业呈现出欣欣向荣、蓬勃发展的强劲势头。

一、以经济建设为中心,国民经济稳定增长

1978年,党的十一届三中全会吹响了改革开放的号角。40多年来,景洪市抢抓机遇,解放思想、振奋精神、更新观念,一心一意谋发展,聚精会神搞建设,全市综合实力不断增强,人民生活稳步提高。2020年,全市实现地区生产总值316.64亿元,是1978年的323倍。财政一般公共预算收入为15.01亿元,是1978年的241倍。金融部门贷款余额350亿元,存款余额486亿元,分别是1978年的746.7倍和4328倍。产业结构更趋合理,逐步形成了以农业为基础,精制茶、橡胶、矿、电力、建筑业为主体的第二产业和旅游、住宿餐饮、物流等为主体的第三产业全面发展的新格局,三次产业比重由1978年的48:17:35调整为16:28:56。2020年首次入选中国县域旅游综合竞争力百强县市,两次进入全省县域经济发展10强县和全国两山发展百强县,连续四年被评为中国西部百强县。

二、农村经济全面发展,农民收入成倍增加

农村改革在突破人民公社制度,实行家庭联产承包责任制后,生产力得到极大发展。进入20世纪80年代以来,景洪进一步完善了市、乡、村"三级"农业推广服务体系,为农业结构性调整提供了技术支撑,实现了从单一粗放型生产向果蔬、南药、热带花卉和特色畜禽、水产品养殖的多业协调发展格局。同时实施龙头带动,推行订单(合同)联结,不断提高农产品商品率,山区农业耕作制度不断优化,综合生产能力及耕地产出效益不断提高。2020年实现农业总产值92.16亿元,是1978年的112倍。

三、工业生产能力不断加强,工业经济迈上新台阶

改革开放前,景洪市工业比较落后。改革开放后,景洪市充分利用资源优势,兴办民族工业、

发展乡镇企业、拓展外向型工业、引进壮大新兴工业，努力改变景洪工业滞后的状况。经过40多年的发展，先后建立起了机械、电力、水泥、木材、制茶、制药等数十种工业企业。1978年全市工业总产值仅2207万元，1989年突破亿元大关，2008年突破10亿大关，到2017年已经达到131.18亿元，是1978年的594倍。2020年，全市规模以上工业企业达66户。发电量由1978年的1465万千瓦小时增加到2020年的497444万千瓦小时，增长了340倍。

四、固定资产投资快速发展，基础设施建设日渐完善

改革开放后，景洪市打破了计划经济体制下高度集中的投资管理模式，形成了投资主体多元化、融资渠道多源化、投资方式多样化的新格局。全社会固定资产投资由1978年的2334万元增加到2017年的2921067万元，增长了1521.5倍。

近几年来，景洪市通过努力改善投资环境，大力吸引社会投资，创新PPP模式，建设活力不断增强，形成了投资主体多元化格局，非国有经济投资增长加快，比重不断加大。2017年全市国有经济累计投资1643823万元，占总投资的56.3%，比重较1978年的98.4%下降了42.1个百分点；其他经济累计投资1257406万元，占43%，较1978年的1.1%增长了41.9个百分点。

随着投资规模不断扩展、城市改造力度不断加大，景洪市城镇化进程步伐加快，基础产业、基础设施以及社会事业各个方面都发生了翻天覆地的变化。华能澜沧江水电有限公司景洪水电厂的建成，不但解决了旱季供电紧张的问题，也极大地提升了工业经济的整体实力。移动电信网络不断升级改造，全市实现4G网络全覆盖，5G已逐渐铺开，移动互联网用户达82.9万户，所有乡镇均实现村村通，综合通信能力显著增强。思小公路、昆曼公路、版纳机场、景洪港以及即将通车的中老铁路，形成了四通八达的水陆空立体交通网络。景洪市陆续开通了与国内各大城市和东南亚各国的直通航线，嘎洒国际机场提升为4D等级，年旅客吞吐量突破550万人次，辐射南亚东南亚重要枢纽的核心地位日益凸显。

消费市场繁荣兴旺，旅游贸易不断扩大。计划经济时期的景洪，物资短缺，商品靠计划凭票供应，城乡居民消费仅依靠国营百货商场和供销社。改革开放以来，通过不断深化流通体制改革，拓宽消费服务领域，规范市场竞争秩序，如今的景洪高楼林立、商铺遍地，微博、微信等现代营销方式迅速发展，各类商品销售网遍布城乡，商场货源供应充足、国内外名优品牌应有尽有，电子商务蓬勃发展。1978年，全市社会消费品零售总额仅有3930万元，2020年完成171.55亿元，增长436倍。

改革开放前，景洪市基本上处在封闭半封闭状态，对外贸易规模很小，1978年，进出口总额只有100万元，利用外资基本是空白。近年来，随着"一带一路"理念的提出，景洪市出台了《贯彻落实沿边重点开发开放若干政策措施的实施方案》等文件，随着基础设施保障水平的不断提高、要素流通便利化的不断促进、稳边安边兴边社会基础的日益巩固、贸易发展方式的不断转变、差异化扶持政策的日趋完善，我市对外经济呈现加速发展态势。240通道年货运吞吐量位居全省前列，2020年，全市累计完成对外经济贸易总额23.4亿元，其中：进出口贸易14.15亿元，边民互市9.25亿元。

旅游产业发展迅速，出台了《景洪市人民政府办公室关于推进全市夜间经济发展实施方案》，通过充分发掘、全面整合旅游资源，扩展宣传方式，景洪市正逐渐从"走马观花"的观光旅游转变成为集休闲、运动、养生于一体的综合度假区，全域旅游发展基础进一步夯实，旅游品牌竞争力进一步提升。2020年，共接待国内外游客1149.96万人次，旅游综合收入达236.77亿元。现在的景洪城流光溢彩，一片喧腾。泼水广场、龙舟广场人群熙攘；沿江两岸观光道上，健身归来的身影随处可见，告庄西双景夜市，游客幸福的笑语声此起彼伏……

城乡居民收入稳步增长，幸福指数不断提升。聚焦"两不愁、三保障"目标，全面落实"四不摘"要求，确保了全市3520户14291名建档立卡贫困人口"零返贫"、边缘易致贫户286户855人"零致贫"，消除了千百年来的绝对贫困和"直过民族"整体性贫困。"兴边富民"、扶持人口较少民族发展项目等惠民工程的效应逐步显现，保障性住房建设进度加快，工资性收入持续增长，城乡低保应保尽保，基本养老、基本医疗和大病保险实现全覆盖，社会保障体系基本建成。2020年，全市实现城镇常住居民人均可支配收入36652元，较1986年的971元净增35681元。党中央、国务院坚持"多予、少取、放活"的方针，彻底取消了农业税和农业特产税，终结了延续2000多年农民种田交税的历史，对种粮农民进行"四补贴"（直接补贴、良种补贴、农机具购置补贴、农业生产资料综合补贴），对主要粮食品种实行保护价收购政策，农民收入持续稳步增长。农村常住居民人均可支配收入达17615元，较1978年的190元净增17425元。全市社会大局保持长期稳定，粮票、布票、肉票、鱼票、油票、豆腐票、副食本、工业券等百姓生活曾经离不开的票证已经成为历史。

40多年的改革开放，让昔日落后的景洪崛起为经济发展、社会和谐、民族团结、充满魅力，辐射南亚东南亚重要枢纽的繁华都市。近年来，景洪市先后荣获"全国森林旅游示范县""中国优秀旅游城市""国家园林城市""国家科技进步先进县市""国家生态市""全国民族团结进步示范州景洪示范点""第六届全国文明城市""全国森林旅游示范市""国家森林城市""2020年中国天然氧吧"等荣誉称号，9个乡镇全部被国家环保部命名为"国家级生态乡镇"，勐罕镇荣获"中国生态文明奖"。

景洪，正沐浴着时代的春风，信心满怀，扬帆起航！

锚定"十四五"发展目标 奋力推进"五区建设"

甘肃省兰州市城关区发展和改革局

"十四五"期间，是城关区加快经济社会高质量发展、全面建设现代化中心城区的关键五年，城关将积极主动融入国家和省市发展大局，全面把握"十四五"发展总要求，聚焦"十四五"发展总目标，立足区情实际，继往开来、攻坚破难，在提升打造"五个区"上奋起发力，全力推动规划任务落实见效。

一、全力巩固提升中国高质量发展百强区

"十三五"以来，城关区经济发展保持平稳有序，综合实力不断增强，地区生产总值成功突破千亿元大关，经济总量占全市、全省的比重分别达到37%和12%。赛迪顾问城市经济研究中心发布了《2020年中国城区高质量发展白皮书》，城关区位列中国城区高质量发展水平百强榜第58名，与2018年相比，排名提升9位。

未来五年，城关区将主动融入国内大循环和国内国际双循环新发展格局，突出创新引领，扩大有效投资，挖掘内需潜力，不断增强经济发展活力。进一步优化产业结构，构建现代产业体系，着力发展生态化、精品化、特色化农林产业；大力发展智能化、信息化和绿色化工业；加快生活性服务业向高品质和多样化升级，大力发展对全区经济增长支撑力强、贡献率高的总部经济、电子商务、会展经济、现代金融等现代服务业，重点发展高端会展业，打造以甘肃国际会展中心为核心的商务会展集聚区，促进"大数据+服务业"深度融合，努力将兰州科技创新园建设成为全省具有重要影响力和示范带动作用的区域性数据信息产业创新发展中心。力争"十四五"末，城关区在全国高质量发展百强区排行榜提升3至5位。

二、全力巩固提升中国营商环境百强区

近年来，城关区深入贯彻中央、省、市关于进一步优化营商环境及推进"放管服"改革相关要求，主动帮助辖区内企业解决实际问题和困难，以最快的效率、最好的服务、最佳的环境，让引进来的每个好项目大项目、每个企业安心在城关落地生根，持续优化发展环境和营商亲商环境。根据赛迪顾问城市经济研究中心发布的"2020年全国营商环境百强区"榜单，城关区位列全国营商环境百强区第51位，也是我省唯一上榜的城区。

"十四五"时期，城关区将继续坚持把营造良好环境作为加快高质量发展的先手棋，不断深化"放管服"改革，着力构建区、街、社区三级一体化政务服务体系，提供"24小时不打烊"在线政务服务，推动更多事项集成办理和跨区域通办，实现一件事一次办。全面落实惠企利企政策，推行市场准入负面清单制度，加强市场信用体系建设，对新产业新业态实行包容审慎监管，实现"严进宽管"向"宽进严管"转变，全力打造优质、高效、便利的政务服务环境和法治化、市场化、国际化的营商环境。

三、全力打造黄河之滨生态保护和宜居宜业宜游品质区

"十三五"以来，城关区牢固树立"绿水青山就是金山银山"的理念，顺利完成兰山山地生态公园、皋兰山面山等景观提升工程，打造天水路等绿色廊道25条，新建改建小游园41个，栽植苗木647万株，新增改造绿地2910亩，森林覆盖率、绿地率、绿化覆盖率分别达20.02%、34.87%和38.92%，改造燃煤锅炉12台、燃气锅炉128台，空气优良天数达80%以上，24条河洪道完成治理，城市黑臭水体基本消除，地表水水质达标率100%，生态环境质量稳步提升。

未来五年，城关区将深入落实"重在保护，要在治理"战略，统筹推进山水林田综合治理、系统治理、源头治理，初步形成生态共治、环境共保、城乡区域协同发展的格局。继续打好污染防治攻坚战，实施深度节水控水行动，推进河洪道生态环境治理，守护好黄河流域生态环境生命线。巩固文明城市创建成果，深度挖掘"两山一河"文化资源内涵，推进精致兰州建设，加快兰山区域基础设施提升和城市化管理进程，建成"读者印象"、白塔山大景区等一批展现黄河文化的标志性旅游目的地，努力提升城关宜居宜业宜游城市品质，塑造城市精致形象。

四、全力打造全省城市有机更新实验区

"十三五"以来，城关区科学规划盐白、东岗、九州三大片区，实施碧桂园三期等5个土地整理开发项目，新增城市面积6.3平方千米，空间拓展迈出实质性步伐，城市框架进一步拉开。北环路、元通大桥、轨道交通1号线一期、东岗立交桥等一批交通工程相继建成，立体化交通网络加快形成。深入实施棚户区改造三年行动和老旧小区改造工程，完成棚户区和城中村改造项目33个，新建面积226万平方米，改造老旧小区311处，增设电梯484部，近10万户群众住房条件得到根本性改善。

作为中心老城区，加快城市更新势在必行，未来城关区将积极顺应城市发展规律，抢抓国家实施城市更新行动机遇，加大棚户区、城中村改造力度，加快老旧小区治理，补齐基础设施短板，配建公共服务设施，扩大公共活动空间，实施智能化市政设施建设和改造，打造城市智慧基础操作平台，推进智慧社区建设，提升城市智能化管理水平和综合承载能力，着力把城关建设成

为现代化精品城区。

五、全力打造全省民生服务保障示范区

近五年来，城关区社会事业快速全面发展，民生改善实现新突破。2020年民生领域财政支出达到164亿元，占财政支出的比重从"十二五"末的55%提升至65%。深化"民生就业360"品牌内涵，办成民生实事126件，新增就业22.13万人，城镇登记失业率控制在4%以内。新开办学校13所，组建一体化、集团化办学体17个，引进教师1613名，增加学位2.7万个，"超大班额"全面消除，普惠性幼儿园覆盖率达90%。五大保险参保率达95%以上，完成城乡居民医保并轨，低保标准年均增长8.7%，分配保障性住房5283套，发放各类救助金3.7亿元。

"十四五"时期，城关区将全力打造全省民生服务保障示范区，按照市级32个"15分钟生活圈"规划，打造社区级"15分钟生活圈"，增加公共服务资源，提高基本公共服务的可及性、均等化，完善社会治理体系，创新社会治理方式，着力发展社会事业，通过扩大就业容量、健全多层次社会保障体系、推进教育扩容增质、开展健康城关行动、推动养老事业和养老产业协同发展，使人民共享发展成果，不断满足人民群众美好生活需求。

立足区情实际，围绕"五区建设"，城关区将在"十四五"期间努力做好产业转型升级、城市管理、生态保护、民生改善、优化营商环境"五篇文章"，着力推动全区经济社会高质量发展。

（一）打造现代产业体系，做强实力城关经济发展文章

持续加快产业转型升级，积极推动5G、大数据、人工智能、区块链等新一代信息技术与产业发展深度融合，大力发展数据信息、文化旅游、生物医药等新兴产业，着力构建现代产业体系。提升兰州科技创新园、三条岭教育园区、青白石生态康养等产业集聚区的高质量发展水平，形成优势互补、错位发展的产业园区发展格局。持续推进城关区国家级区域"双创"示范基地建设，完善"众创空间—孵化器—加速器—产业园区"全孵化链条，提高科技创新策源和支撑能力，积极争取国家重点实验室、国家级创新平台和大科学装置落地城关，打造兰州综合性国家科学中心。

（二）聚焦城市精细管理，做优精致城关品质改善文章

新建成5G基站4000个以上，实现重点街道和主要建筑的5G信号全覆盖。加快南山路沿线、伏龙坪等区域棚户区和雁滩、东岗、青白石等片区城中村改造进程，加大老旧住宅小区改造力度，通过整街区改造、一体化推进的方式，力争完成辖区2000年以前老旧楼院的全面改造。加快道路清扫保洁、生活垃圾处理、餐厨垃圾监管城乡一体化进程，实现城区居民生活垃圾分类覆盖率100%。

（三）强化生态环境保护，做实生态城关宜居宜游文章

开展黄河流域生态系统保护与修复，加强老狼沟等24条洪道治理，综合推进城市防洪堤建设和河渠排水、易涝点治理。建设以黄河为骨架，构造"山、水、绿、城"融为一体、"一河、两山、绿环绕"的生态网络格局，全面修复滨河全线生态体系。加强大气污染、水污染和固体废弃物污染治理和防治工作，加快推进"读者印象"精品街区、白塔山综合提升改造等项目，以特色文化塑造城市新形象，全力打造黄河城关段核心景观，建设青山绿水的美丽生态城关新家园。

（四）切实增进民生福祉，做细幸福城关民生保障文章

加强教育现代化建设，力争"十四五"期间全区新增学位4万个以上，到2025年公办和公益性幼儿园学位占比达到60%以上，普惠性托幼机构占比达到90%以上，学前教育毛入园率达到97%以上。推进医药卫生体制改革，实施碧桂园医疗综合体项目、康乐医院"智慧园林生态型"医养结合医院项目，逐步完善"小病在社区、大病到医院、双向能转诊、保健在家庭"的卫生服务体系，实现"十五分钟就医圈"全覆盖。坚持就业优先战略，完善就业服务体系，加大就业资金扶持和落实力度，实现城乡公共就业服务体系全覆盖。积极开展"互联网+智慧养老"行动，新建10家街道养老服务中心，50家社区老年人日间照料中心，新增养老床位1800张，建成城关区综合福利院，实现"三无"人员集中供养，公办养老机构收住失能老年人数量占总入住老年人数的30%以上。

（五）全面深化改革，做好魅力城关营商环境优化文章

着力推动"放管服"改革，巩固深化"四办四清单"、工程建设项目审批制度等改革成果，认真落实"不来即享""容缺受理"惠企机制，探索提供"24小时"在线政务服务，推动集成办理和跨区域通办，真正实现群众办事"少跑腿""零跑路"。进一步深化"证照分离"改革，突出"照后减证"和精简审批，大力提升"一网通办"水平，深化"多证合一、一照一码"改革，进一步推动电子营业执照跨区域、跨行业、跨领域应用。加快构建以信用为基础的新型监管机制，努力创造基础更牢、水平更高、群众更满意的诚信环境。

力争到"十四五"末，全区经济发展质量明显提高，地区生产总值达到1400亿元，年均增长6%以上，整体经济实力再上新台阶，基本达到产业基础高级化，产业链现代化，实现经济持续健康发展；创新驱动能力稳步提升，全社会研发投入强度达到2.43%，数字经济占GDP比重达到15%，战略性新兴产业增加值比重提高到19%，成为在西北地区具有重要影响力的区域创新中心；民生福祉达到新水平，城乡居民人均可支配收入增速分别达6.5%和6%，城镇登记失业率控制在4%以内，每千人职业医师人数达到4人。

用创新实干守初心
全力推动县域经济高质量发展

贵州省独山县发展和改革局 吴文刚

近年来，独山县发展和改革局始终坚持以习近平新时代中国特色社会主义思想为指导，坚决贯彻落实党中央、省、州、县的决策部署，牢记初心使命，紧紧围绕全县规划引领、经济运行、项目建设等中心工作，充分发挥部门职能作用，全力推动我县经济社会高质量发展。

一、建设创新实干型队伍，发挥好高质量发展排头兵作用

按照"学习—谋划—部署—落实"的工作思路，充分发挥高质量发展排头兵作用。一是强化理论学习，把握工作要求。以党组理论中心组学习会、业务传帮带培训会、项目谋划工作会等形式，及时组织学习党中央、省、州、县经济社会发展工作部署会议，国家、省、州发展改革工作会议精神，全面深入学习发展改革相关法规及政策，及时把握国家、省、州、县经济社会高质量发展脉搏。二是强化谋划部署，明确工作路径。全面贯彻落实县委、县政府确定的经济社会高质量发展战略部署，科学制定年度党的建设、规划引领、经济运行、项目建设等中心工作计划，为推动县域经济社会高质量发展提供实施路径。三是强化推动落实，保障工作成效。立足排头兵站位，按照县委、县政府的工作部署，牵头统筹落实好"十四五"规划编制、推动规划落地实施和项目谋划、申报、建设等中心工作，积极打造一支政治强、业务精、作风好的创新实干型发改队伍。

二、绘制"十四五"发展蓝图，发挥好规划引领作用

按照"一结合一贯彻一分工"的工作思路，编制好县"十四五"规划，全面推动规划落地实施。一是使用好评估成果，科学谋划"十四五"规划。全面做好县"十三五"规划的实施评估工作，结合取得的经验教训及存在的短板弱项，科学谋划"十四五"规划。二是贯彻好高质量发展战略部署，科学编制"十四五"规划。按照县委、县政府"以高质量发展为统揽，紧扣'四新'目标，以'四化'为抓手，打造'两城三区'，建设西部陆海新通道重要节点城市"的战略部署，编制好县"十四五"规划纲要，做好规划纲要与专项规划的衔接。为保障规划实施，同步谋划县"十四五"重大项目542个，总投资976亿元，涉及产业发展、基础设施、大数据、新能源、乡村振兴、公共服务、生态文明等17个领域。三是分解好目标责任，全面推动"十四五"规划落地实施。按照"一项工作任务一个牵头单位负责"的原则，对《规划纲要》明确的大力推进新型工业化、新型城镇化、农业现代化、旅游产业化，实施"两城三区"战略，建设贵州开放门户城市、黔边休闲宜居城市，创建贵州南部物流中心和加工贸易区、贵州工业转型升级示范区、贵州南部特色文旅康养区，全力打造西部陆海新通道重要节点城市等十项重点任务进行分解落实，确保规划全面落地实施。

三、强化经济高质量运行监测预警，发挥好参谋助手作用

按照"一季度开门红、二季度双过半、三季度抓冲刺、四季度达目标"的工作思路，完善运行机制，制定工作方案，抓好监测研判预警，当好县委、县政府的参谋助手。一是不断完善《县经济高质量发展运行工作机制》，制定季度经济高质量发展工作方案，明确目标任务和工作措施。针对疫情影响，制定了《县"争取支持、全力补课"推动经济社会持续健康发展实施方案》，为经济的快速复苏提供了实施路径。二是及时组织开展形式多样的经济运行调度分析，适时监测研判预警，形成月、季度、半年及年度经济高质量运行分析报告及调研材料供县委、县政府作决策参考。2020年，我县地区生产总值达129.4亿元，是2015年的2.1倍，年均增长9.6%，2021年上半年，地区生产总值预计同比增长15%。

四、强化推建设促投资，服务好项目建设

按照"储备一批、开工一批、建设一批、竣工一批"的项目梯次滚动建设思路，服务好项目建设，全力拉动有效投资。一是强化项目的谋划储备。根据国家、省的政策投向，加强项目谋划，紧扣我县农业"2+6"产业体系和工业"2+4"产业体系，围绕新型工业化、新型城镇化、农业现代化、旅游产业化指导部门储备一批具有重要带动作用的重大项目。二是强化项目建设资金争取。"十三五"以来，通过积极组织申报，共获批中央预算内投资、特别国债、地方债券等项目100余个，获上级下达项目建设资金近10亿元，涉及保障性安居工程、民生、生态文明等领域。三是强化项目规范建设管理。严格落实投资项目基本建设程序，建立项目建设管理联动机制，会同自然资源、生态环境、财政、住建等部门，定期和不定期地召开重大项目调度会，协调解决项目审批、规划选址、用地和环评审批等环节遇到的困难和问题，确保建设项目有序推进，规范项目建设。2020年，我县固定资产投资完成83.9亿元，是2015年的1.5倍，年均增长7.8%，2021年上半年，固定资产投资预计同比增长12.5%。

站在"两个一百年"的历史交汇点，全面建设社会主义现代化国家新征程已经开启。我们将再接再厉、创新实干，砥砺前行，在新型工业化、新型城镇化、农业现代化、旅游产业化等方面的建设中精准发力，在我县打造"两城三区"，建设西部陆海新通道重要节点城市中充分发挥参谋助手与排头兵作用。

助力优化营商环境
做群众企业的"贴心人"

内蒙古察哈尔右翼中旗发展和改革委员会

为全面落实市委四届九次全会关于优化营商环境的决策部署，进一步优化营商环境，我旗着力在优化政务环境、改善市场环境、强化政策环境、提升法治环境等方面统筹发力，多措并举，推动全旗营商环境持续好转，现将工作开展情况总结如下。

一、工作开展情况

全面优化政务环境方面：

（一）进一步提升行政审批效率

一是进一步深化工程建设项目审批制度改革。建成了察右中旗工程建设项目网上审批管理系统，依托内蒙古自治区投资项目在线审批监管平台，实现了并联审批，将工程项目事项办结时限压缩至90个工作日。

二是推进"最多跑一次"事项改革。梳理出"一事一次办"事项34项；公布了"最多跑一次"事项目录清单，简化了办事材料，精简办事环节，公共服务事项"最多跑一次"办件量达到96%。

（二）持续推进"放管服"改革

一是及时梳理权责清单，明晰各单位的权力和责任。及时对全旗权责清单进行了梳理，完成26个单位、4482项权责梳理工作。同时，由易到难分两批将99项旗直部门的行政权力下放到苏木乡镇。

二是编制办事指南，实现规范化、便捷化审批。编制了《察右中旗政务服务指南》，办事指南精准确定了企业审批过程中需要提交的所有材料及样本。同时，所有进厅事项办事指南全部在窗口公示，让办事企业"一看便懂、一学就会"，实现明白审批、便捷办事。

三是开展帮办代办，提高办事效率。成立了重点投资项目代办中心，制定了《关于推行投资项目审批代办制的实施办法》和《察右中旗政务服务容缺受理和告知承诺制实施办法（试行）》，代办中心全程帮助企业办理行政审批事项，并积极推行政务服务容缺受理和告知承诺制，为企业提供"妈妈式"的代办服务。

打造公平竞争的市场环境方面：

（一）认真落实市场准入负面清单制度

编制了《察右中旗产业准入负面清单》，收录编制产业准入负面清单 116 项，涉及工信局、生态环境局、就业局、交通局等 12 个部门，进一步激发了市场主体的创新创业活力，强化了事中事后监管程序。

（二）保障市场主体公平竞争

一是强化公平竞争审查制度刚性约束。政府部门严格按照《公平竞争审查制度实施细则》（发改价监〔2017〕1849 号）明确的审查机制和程序进行公平竞争审查，确保对各类市场主体一视同仁、同等对待。

二是建立公平竞争的政府采购环境。政府采购信息全部在内蒙古政府采购网、内蒙古招标网及其他有关媒体公开发布；旗政府采购办定期对采购单位进行监督检查，确保政府采购行为公开、公平、公正。

三是成立民营经济发展促进中心，建成"蒙企通"综合服务平台。根据乌兰察布市发展和改革委员会《关于用好"蒙企通"民营企业综合服务平台助力优化营商环境的通知》（乌发改民营字〔2021〕144 号）文件要求，我旗已于 2021 年 4 月 7 日与华讯高科股份有限公司签订《"蒙企通"民营企业综合服务平台区域端口使用及技术服务合同》，现已上线，进一步提高对民营企业的服务水平。

（三）保障生产要素获得与供给

一是进一步提升企业获得水电气暖等生产要素的便利程度。制定水电气暖报装服务指南并向社会公布，并规定供气、供热企业受理申请后，开展现场勘查、验收通气等环节的时间不得超过 5 个工作日；气暖单项竣工验收合格后 2 个工作日内，由企业审查并出具合格意见；"三零"服务客户平均接电时间压减至 25 个工作日以内，其中无外线工程在 5 个工作日内完成（剔除风雨雷电等气候影响）。

二是盘活存量建设用地。严格土地供应管理、规范处置存量建设用地，处置后的用地作为其他项目落地的保障，供应出去，盘活了存量建设用地，推动了我旗经济的发展。

打造优质宽松的政策环境方面：

（一）加强政策传导与落实

开展优化营商环境宣传活动，营造优化营商环境的浓厚氛围。通过悬挂宣传横幅，发放宣传资料等方式，向企业负责人宣讲《优化营商境条例》内容及便民利企相关政策，有效提升了各企业对营商环境工作的知晓率和认知度。

（二）加大对市场主体的纾困支持

一是认真落实减税降费政策。严格落实减税降费优惠政策；化解民营企业账款 14575.67

万元，其中无分歧民营企业账款已全部化解，有分歧民营企业账款1120.3万元。

二是帮扶企业高端发展。积极协调市工信局、内蒙古银行等为内蒙古柯源高新环保科技有限公司、察右中旗世纪铁合金有限责任公司办理助保金贷款300万元、500万元；为内蒙古佰特冶金建材有限公司申报助保贷1000万元。

三是进一步降低中小微企业融资成本。加强与金融机构的对接，推动金融机构对有发展前景但受疫情影响暂遇困难的中小微企业，适当下调贷款利率，增加信用贷款和中长期贷款，不得盲目抽贷、断贷、压贷，对到期还款困难的，可予以展期或续贷。

打造平等保护的法治环境方面：

一是创新工作机制，积极推进与政府职能部门的诉调对接。已与检察院、公安局、民政局、司法局等多部门密切配合，建立全方位、多层次的商事纠纷多元化解机制，实现诉讼与非诉讼纠纷解决方式在程序安排、效力确认、法律指导等方面的有机衔接。

二是完善配套设施建设。在法院诉讼服务中心建立调解室，由值班法官向双方当事人充分释明诉讼风险，促使更多的商事纠纷通过非诉渠道解决，进一步降低了涉企纠纷双方化解矛盾纠纷的各项诉讼成本。

二、下一步举措

（一）推进审批服务便民化

全面推行审批服务"马上办、网上办、就近办、一次办"，着力减环节、减材料、减时限。严格实行清单管理，整合共性材料清单。聚集重点领域和重点事项，不断优化调整窗口设置，切实提升服务水平。

（二）健全"互联网+政务服务"

全力做好政务服务"一网通办"，切实解决群众办事堵点问题。加快建设网上办事大厅和掌上移动审批平台，促进信息数据互联共享、政务服务协同互动。

（三）持续降低企业成本

把降成本作为破解当前企业发展困境的重要举措，积极贯彻落实国家降费减负政策。全面清理规范涉企行政事业性收费，确保政策落实到位、资金减免到位。切实减轻企业负担，促进实体经济发展。

（四）大力纾解市场主体"融资难"问题

引导更多的金融机构创新信贷产品。根据企业实际经营周期量身定制一些针对性强的信贷产品，积极采用"不动产抵押+其他补充担保措施"的组合担保方式，解决企业足额贷款问题。努力发展存货、股权、承包经营权等权利质押贷款，满足企业融资需求。加大政府担保资金投入，强化汇元担保公司的资金撬动功能，帮助企业化解融资难的问题。逐步建立中小企业信用担保体系。鼓励辖内各国有银行在风险可控范围内，积极为中小企业提供贷款支持。

（五）充分营造平等保护的法治环境

一是加强营商环境法制宣传。按照"谁执法谁普法"的普法责任制要求，结合"法律六进"开展普法宣传进企业活动，围绕企业在投资设立、经营管理、合同履行等环节的法律需求，开展专项法律法规宣传、法律知识教育活动。

二是全面提升法治意识。引导企业经营管理人员和职工学法用法，鼓励企业守法经营、职工依法维权。将营商环境相关法律法规纳入国家工作人员学法用法重点内容，推动依法行政、依法办事。

三是规范涉企执法程序。实行公开、透明执法，畅通企业对行政执法人员违规、违法实施执法检查和行政处罚等行为举报渠道，有效杜绝了执法不公现象。

坚定理想信念　厚植为民情怀
奋力书写高质量发展新答卷

山东省潍坊市发展和改革委员会

2021年以来，潍坊市发改委，坚持以习近平新时代中国特色社会主义思想为指导，以党的政治建设为统领，立足新发展阶段，贯彻新发展理念，进一步提升工作标准，奋力攻坚，加快推动各项工作加快落地落实。

一、严格压减能耗煤耗

全面贯彻落实习近平生态文明思想，牵头潍坊"碳达峰、碳中和"专班工作，为如期实现双碳目标做出潍坊贡献。做好全市重点用能单位能源利用状况分析，开展全市单位能耗产出效益综合评价，综合测算并科学分解全市煤耗、能耗压减任务，拟定工作方案。推进全市重点用能单位能耗在线监测系统建设，对187家耗能万吨以上重点用能单位开展实时监测。完成炼化、焦化企业专项监察。梳理排查"两高"项目，对符合产业政策，达到目前标准要求的，依法依规完善手续。加快发展新能源，争取诸城入选全国整县分布式光伏开发试点县和山东省生物质能源推广应用重点县。全市可再生能源总装机容量达到550万千瓦，2021年上半年发电量51亿千瓦时，减少二氧化碳排放约400万吨。加大氢能示范应用推广，全市投运燃料电池车辆150辆，累计运营里程超过560万千米、运送旅客593万人次，建成加氢站4座，在建2座，累计加氢超过260吨。

二、统筹区域协调发展

研究制定"一带一路"工作要点，安排部署做好境外项目风险排查及应对工作，为共建"一带一路"行稳致远提供坚强保障。黄河流域生态保护和高质量发展稳步开局，起草潍坊市黄河流域生态保护和高质量发展规划，谋划29个重大基础设施、科技创新平台等项目入选山东省黄河流域生态保护和高质量发展重点项目。注重发挥潍坊先进制造、现代农业、职业教育等优势，成功举办黄河流域9省（区）高素质技术技能人才交流合作研讨会，为全面融入重大国家战略找准发力点和突破点。持续做好援藏、援疆和扶贫开州等对口支援，进一步强化人才支持，加强产业协作和消费协作，拨付到位财政援助资金3086万元。加快推进胶东经济圈一体化发展，梳理推进胶东经济圈一体化发展重点项目131个，总投资5120亿元，逐个建立项目工作台账，确保落实落地、有序推进。全面启动新时代沂蒙革命老区振兴发展，聚焦临朐区域特点、基础设施、特色产业等实际，初步研究潍坊支持政策措施32条，谋划重大项目23个。乡村振兴战略有序推进，玉泉洼产业融合示范园纳入第三批国家农村产业融合发展示范园创建名单，争取24个项目纳入山东乡村振兴重大项目库第三批项目，被山东省委、省政府表彰为全省脱贫攻坚先进集体。

三、加快重大项目建设

谋划实施省、市、县重点项目903个，定期召开市直部门"2+7"联席会议，累计通过全市企业和重大项目智能化管理服务平台"不见面"解决问题176件。上半年，全市131个省级重点项目完成投资279.7亿元，占年度计划的91.9%，项目开工率、投资完成量、完成率分别居全省第5位、第2位、第1位。固定资产投资同比增长21.4%、高于全省9.8个百分点，居全省第3位，创10年来最好位次，两年平均增长11%。重点项目后劲较为充足，全市新立项过亿元项目904个、总投资4876.5亿元，新引进百亿元以上项目11个、世界500强项目20个、中国500强项目80个，新开工过亿元重点项目406个，项目开工率、大项目引进率居全省首位。

四、深化重点领域改革

牵头推进经济体制和生态文明体制63项改革事项，出台推进要素市场化配置改革的若干措施。优化全市公共信用信息平台建设，实现全市范围内跨部门、跨地区共享共用。20个重点领域实现信用核查全覆盖，累计查询应用59万次。强化政务诚信建设，拟归集政府机关信用信息2万余条。开展重大失信专项治理，对35家行政处罚企业、21家失信被执行人和253家信用服务机构进行摸底排查。建立市场信用承诺制度，累计公示信用承诺近10万份，6个行业建立完善信用分级分类制度。信用惠民场景应用达30个，43家市级公行、3800家入驻全国信易贷平台，获授信金额约10亿元。优化调整"获得电力"交互流程，持续降低办电成本，提升电网供电可靠性和运行灵活性。深入推进能源价格改革，全年可减少企业用气成本1.1亿元，累计为全市5558家大工业企业用电成本1.74亿元。

五、做好社会民生保障

创新开展"我为企业当军师，服务群众办实事"实践活动，全面落实企业服务专员制度，坚持"开门"服务企业发展。突出抓好"一老一小"民生发展，制定实施老年人运用智能技术困难和促进养老托育服务健康发展意见。争取歌尔入选第一批国家级产教融合企业名单，被山东省委、省政府表彰为全省就业创业工作先进集体。密切关注农产品和生猪成本价格变化，持续做好55种基本民生商品价格监测，推进生姜、牛奶等特色农产品目标价格保险工作。统筹发展与安全，推进救灾物资采购，持续加强抗大灾、防大汛的能力。圆满完成全市冬季保暖保供任务，制定了全市有序用电方案、电力迎峰度夏预案等措施，保障电力供应。

深入贯彻习近平总书记视察吉林视察四平重要讲话重要指示精神 加快四平全面振兴发展

吉林省四平市发展和改革委员会

2020下半年以来,四平市深入贯彻习近平总书记视察吉林视察四平重要讲话重要指示精神,坚决落实省委、省政府工作部署,强力攻坚、逐项落实,坚决确保总书记殷切嘱托在四平落地生根、开花结果。

一、扛起政治责任,坚决推动习近平总书记"四个一定要"殷切嘱托件件落实

2020年7月,习近平总书记视察吉林的第一站就亲临四平,亲自为我们掌舵领航、把脉定向、打气鼓劲,对我市提出"四个一定要"的殷切嘱托,给全市广大干部群众以亲切关怀和巨大鼓舞,为四平振兴发展指明了前行方向、注入了澎湃动力。近一个时期以来,我市把贯彻落实总书记重要指示精神作为首要政治任务,对标对表、强力攻坚、逐项落实,坚决确保总书记殷切嘱托在四平落地生根、开花结果。

围绕落实"一定要保护好、利用好黑土地这一'耕地中的大熊猫'"政治任务,坚持治理、保护、利用一体发力,努力为全国黑土地保护提供"四平方案"。一是全力创建国家黑土地保护利用综合示范区,重点谋划"三大板块、十大项目",推广黑土地保护技术3569万亩(次),两年集中连片推广黑土地保护面积120万亩。二是深入实施高标准农田示范工程,两年建设高标准农田73.6万亩,重点打造梨树县高标准农田示范区,建设形成了沃野良田体系。三是扎实推进"黑土粮仓"科技会战,与中国科学院开展战略合作,建设万亩级黑土地保护利用核心示范基地,全力申报建立东北黑土地研究院、黑土地保护工程中心,不断扩大科技对黑土地保护利用的"头雁"作用。

围绕落实"一定要深入总结'梨树模式',向更大的面积去推广"殷切嘱托,全力打造"梨树模式"升级版,引领东北地区黑土地保护水平整体提升。一是提升"梨树模式",以梨树县为重点,建立10个300公顷现代农业生产单元,依托合作社土地流转、带地入社等形式,统一规模经营、统一技术规范、统一作业实效,实现了农资采购、农机效率、人员配置和资金使用效率的最大化,确保"梨树模式"始终走在现代农业前沿。二是扩大"梨树模式",2020年推广保护性耕作366万亩,增长25.3%,占全省的20.3%;2021年我们通过开展黑土地保护专项监督,自抬

标杆推广完成493.3万亩，超额完成省定476万亩目标。三是推广"梨树模式"，实施黑土地保护技术示范"三个一"工程，构建县乡村三级黑土地保护示范体系，建设10个现代农业生产单元、100个乡级示范基地、1000个村级示范基地，辐射带动东北地区110个示范基地。连续7年成功举办"梨树黑土地论坛"，组织开展"保卫黑土地·筑牢大粮仓"网络主题活动，"梨树模式"成为四平黑土地保护的一张亮丽名片。

围绕落实"一定要因地制宜探索更多专业合作社发展道路"重要指示，坚持既要数量、更要质量，努力让合作社遍地开花、红红火火。一是实施经营主体培育提升计划，深入开展示范创建、合作联合等"八大行动"，农民合作社、家庭农场分别发展到7996个、4192个。二是完善新型主体培育体系，全力打造国家级农村实用人才培训基地，目前已举办两批农村实用人才试点培训。三是大力发展规模经营，积极推进土地流转、土地托管、土地入股等多种形式的规模经营，农村土地规模化经营比重达到62%。四是全力打造"粮食银行"，建设"十万亩粮食银行全产业链服务综合体"，在全省率先蹚出了一条"粮头食尾、农头工尾"新路子。

围绕落实"一定要充分利用好红色资源，把爱国主义教育基地建设好、利用好、作用发挥好"部署要求，突出做好红色基地建设和红色培训两篇文章，全力打造全国红色地标城市。在红色基地建设方面，总结提炼"听党指挥、敢于胜利、植根人民、一往无前"的"四战四平"精神，改造升级四平战役纪念馆、辽北省政府遗址等10处红色点位，举办解放战争暨"四战四平"学术研讨会，组织松辽剪纸演绎"伟大精神谱系"巡展，全面提升英雄城的知名度、美誉度、影响力。在红色培训方面，组建四平干部学院、四战四平革命历史教育中心、梨树黑土地干部学院，开发理论教学＋现场教学＋访谈教学＋体验教学＋情景教学＋影像教学"六位一体"课程体系，设置1—5天5套不同培训方案，根据培训单位需求设计个性化"菜单"，举办"四战四平"史专题轮训，预计培训省内外党员干部10万人次以上。

二、抓牢第一要务，加快推动经济高质量发展

坚持把发展作为第一要务、把招商引资作为头等大事、把项目落地作为根本评价标准，全力抓项目、建支撑、稳增长，促进提增量、扩总量、强质量，不断筑牢四平老工业基地振兴坚实底气。2020年，全市GDP增长3.3%，连续三年进入全省第一方阵；农业总产值增速全省第一；招商引资资金到位率全省第一；梨树县、双辽市双双获得全省县域经济争先晋位优胜县，分别位列全省非贫困县和贫困县第一名。2021年上半年，全市GDP增长9.7%；农业总产值增长10%，位列全省第二；规上工业总产值增长34%，位列全省第三；规上工业增加值增长19.4%，位列全省第二；固定资产投资增长18.1%，位列全省第三。

一是全力攻坚项目建设。把项目建设作为高质量发展的"生命线"，真抓实干、集中发力，推动形成大上项目、上大项目的良好局面。持续扩大有效投资，聚焦做大做强"八大重点产业"，突出补链、延链、强链，推动更多产业类、创新性、税源型项目落地建设。2020年固定资产投资增长10.1%、位居全省第二位，开复工5000万元以上项目224个，万邦农副产品批发市场、新天龙技术改造升级等一批重点项目竣工投产。2021年上半年，开复工5000万元以上项目238个，列入春季集中开工5000万元以上项目156个、增长80%，年度投资166亿元、增长86%，项目数量质量均创历史新高。深入实施精准招商，把招商引资作为经济工作主旋律，通过小分队叩门招商、以商招商等方式，全面提升招商引资工作实效。2020年，依托吉商大会、第二届四平发展大会等平台，正式签约51个5000万元以上项目，总投资514.1亿元，五金建材综合体、中国北方富硒有机循环农业产业园等11个项目落地开工。2021年以来，我们又深入对接了华统、纳爱斯、立白、东凌等50多家战略投资者，在建设智慧冷链产业园、食品深加工、农产品物流园等多个方面达成深度合作意向。上半年，省外1000万元以上有资金到位的项目181个、到位资金95.65亿元，增幅位列全省第二。

二是全力深化重点改革。坚持向改革要动力、以改革激活力，不断释放老工业基地振兴强大动能。加快打造一流营商环境，建立实施"四级书记抓营商环境"工作机制，纵深推进"放管服""最多跑一次"等改革，营商环境考核评价位列全省标杆单位第一名，企业开办"五零"典型经验做法全省推广。信用监测排名跃升至全国第17名、位居东北第一，我市被确定为第三批全国社会信用体系建设示范城市参评城市。走好"新时代网上群众路线"，人民网领导留言板办理工作在893个副省和地市级领导干部排名中连续位列全国第一。集中攻坚开发区改革，将市区4个开发区纳入"两区"管理，集中力量打造"一平方千米"产业承载区，机构设置、岗位竞聘和薪酬改革全面完成。2020年以来，红开区、经开区107个招商引资项目到位资金93.5亿元，伊通经开区晋升为省级开发区，开发区经济发展"火车头"作用充分发挥。

三是全力开拓发展空间。积极融入国内国际"双循环"新发展格局，主动对接省"一主六双"产业空间布局，全面提升四平发展外向度。纵深推进"长平一体化"，"长平一体化"协同发展列入吉林省"十四五"规划，与长春签订战略合作框架协议，聚焦"一体六同"主攻方向，谋划推进24个重点合作事项，四平—长春共建汽车产业园、华凯比克希年产5万套商用车线束项目开工建设，北方农机产业创新示范基地、黑土粮仓科技大会战等合作项目加快推进。强化与浙江金华全方位对口合作，鹿鸣小镇、万通·永康五金建材产业园、双辽大型风电装备制造基地等一批重点合作项目开工建设，开创了区域协作、互利共赢新境界。

三、坚守为民初心，全面提升人民群众幸福指数

把让老百姓过上好日子作为一切工作的出发点和落脚点，既坚持尽力而为、量力而行，又集中解决群众急难愁盼，努力让群众看到更多变化、得到更多实惠。推进老旧小区改造。2020年，高标准完成了68个老旧小区改造，不仅改善了城区环境面貌，又让老百姓实实在在地得到了实惠。2021年，扎扎实实把上年度第二批35个小区改造好、推动尽快完工，在此基础上，再新改造43个小区，努力把老旧小区改造抓成让老百姓满意、让群众有获得感的里子工程、良心工程、

民心工程。推进南北河综合治理。深入贯彻落实总书记关于辽河流域治理重要指示精神,举全市之力推进南北河综合治理,在建成7.1千米林廊、完成2处绿地公园建设的基础上,2021年"七一"实现林廊通车、南湖通船,形成宜居宜业的"生态空间、绿地空间、慢行空间、文化空间",成为四平向建党百年献礼的标志性工程。推进二人转文化发展。深入落实总书记关于把绿色二人转发扬光大重要指示精神,中国曲协二人转艺术委员会在梨树成立,开展"百年铸辉煌,转动新征程"二人转巡演7场,"梨花飘香黑土情"吉林梨树二人转专场演出成功在京举行,《双菊花》荣获第十一届中国曲艺牡丹奖。推进民生实事落实。持续优化生态环境,辽河流域62个重点项目全部建成,我市被确定为重点流域"十四五"规划全国十个试点城市之一,连续两年获得省政府环保目标责任制考核一等奖。"无籍房"治理惠及群众14.94万户,人民群众住得更安全、住得更舒心。成功获批国家系统化全域推进海绵城市建设示范城市,争取专项资金10亿元。不断深化"法治四平""平安四平"建设,"两打两控"战果全省领先,扫黑除恶综合排名位居全省第一,我市连续四年被评为"中国最安全城市"。

下步,我们将以习近平总书记视察吉林视察四平重要讲话重要指示精神为引领,奋力走好新的赶考之路,加快实现四平全面振兴全方位振兴。一是推动殷切嘱托结出新硕果,坚决把贯彻落实习近平总书记"四个一定要"殷切嘱托作为重要政治任务和长期战略任务,持续用力、一以贯之地狠抓重点任务落地落实。二是推动经济发展迈上新台阶,完整、准确、全面贯彻新发展理念,聚焦高质量发展主题主线,全力打造国家现代农业先导区、食品工业集聚区、农业机械和汽车改装及零部件基地、东北区域重要物流集散地、吉林省向南开放桥头堡。三是推动民生福祉取得新成效,聚焦新时代群众对美好生活的向往,集中抓好老旧小区改造、南北河综合治理等重点民生工程,不遗余力破解群众急难愁盼,打造更具魅力、更有品质的幸福宜居"英雄城"。四是推动党的建设焕发新活力,坚定不移推进党的建设新的伟大工程,认真落实新时代党的组织路线,把实干导向立起来、让基层堡垒强起来、使管党治党严起来,深化"作风建设年",大力培育"严新细实"优良新风,促进政治生态持续向上向好。

工业产业由东部向西部转移的问题及对策

贵州省长顺县发展和改革局

"十三五"期间,长顺县主动顺应经济新常态要求,推进供给侧结构性改革,加快产业结构优化调整,推进工业经济扩量提质,长顺县工业经济保持快速增长。"十三五"期末,完成规模工业总产值72.40亿元,年均增速17.19%。完成规模工业增加值17.39亿元,年均增速11.07%以上,建成投产工业企业178家,规模以上工业企业70家,解决就业岗位7000余个。截至目前,我县东西部扶贫协作共引进东部工业企业三家,分别为贵州省联韵声学科技有限公司、贵州欧亚贵足科技有限公司、贵州醴裕塑料制品有限公司,三家企业累计投入资金0.88亿元,累计产值3.28亿元,带动就业850余人次。

一、我国工业产业转移存在以下困难

(一)经济增长较为粗放,产业结构层次较低

长顺县工业化进程仍处于粗放增长阶段,大多数工业产品处于技术链和价值链的中低端,科技含量不高,附加值不高,低端产品过度竞争,高端装备制造业和高技术含量产品仍较少,供给与需求不匹配、不协调和不平衡问题较大。主导产业以新型建材、装备制造、电子信息制造、生态特色食品为主,产业层次整体偏低,产业链条短,企业投资规模小,带动就业率低,税收贡献少。高技术制造业和工业战略性新兴产业占规模工业增加值比重较低,高新技术产业发展不足,新兴产业尚未形成规模,对产业转移的支撑作用不明显。

(二)企业建设资金短缺,园区建设相对滞后

受土地供应不足、银企对接不畅等制约,融资难、融资贵问题得不到有效解决,企业不同程度地存在建设、技改及流动资金短缺情况,影响企业正常生产经营和扩展,产业招商方面受到很大限制。园区为企业生产配套服务的仓储物流、研发、管理服务等生产性服务业较少,尚未形成功能完善、设施齐全、产业聚集、竞争力强的工业园区。

(三)人才总量相对不足,高层次专业人才匮乏

长顺县工业人才队伍在质量和数量上虽然有了一定的增长,但在总量上还严重短缺,特别是高层次人才极度匮乏,严重制约全县工业的发展。目前现有专业技术人才队伍自主培养、自主创新、自主创业能力不强,更缺乏科研成果。人才分布不合理,结构性矛盾突出。

(四)节能减排压力较大,资源环境约束趋紧

随着长顺县工业经济快速发展,工业企业污染物增量加大,经济快速发展与污染物减排工作的矛盾日益凸显。环保标准要求大幅提高，对引进的企业工艺水平、治污技术、环保设施要求严格，对产业转移的企业要求更高。

二、对策建议

（一）建立与东部地区定期会商制度

采取更加主动的姿态积极推动建立与东部地区党政领导、部门非政府组织双边、三边定期会商制度，加强发展战略、发展规划、重大政策、重大合作项目，特别是对口帮扶、产业转移等重大事项的沟通和协调。对需要省里支持和协调的重大事项邀请省有关部门领导参与会议给予指导帮助，主动与东部对口部门建立畅通有效的联络渠道。

（二）提高产业配套能力

工业园区是承接产业转移的主阵地，是承接产业转移、加速产业聚集、培育产业集群的主要载体。进一步完善园区基础设施，加强规划、合理布局、明确定位、完善设施、创新体制，提高园区对产业转移项目的吸纳和承载能力，发挥产业的聚集效应。同时，充分利用本地资源禀赋及现有工业基础，围绕发达地区产业转移特点，有针对性地鼓励、支持有条件地区发展中下游基础性配套工业，提高地方基础性工业的聚集与配套服务能力，为产业转移提供产业配套及技术基础。

（三）营造良好营商环境

营造良好营商环境，是推动经济发展质量变革、效率变革、动力变革的重要抓手。要加快转变政府职能，培育市场化法治化国际化营商环境，降低制度性交易成本，稳定投资者预期，广泛聚集经济资源要素，为工业企业高质量发展提供良好外部环境。大力弘扬"主动服务、创新服务、尽责服务、高效服务、廉洁服务"的工作作风，定期调研走访领衔推进的产业领域相关企业，了解产业及其重点企业发展情况，研究解决产业和企业发展中存在的突出问题。全力做好企业项目跟踪服务，按照"一企一策"原则协调解决项目推进中遇到的问题和困难。

（四）坚持可持续发展原则

产业转移不是污染转移，在承接东部产业转移时不能走先污染后治理的老路，要把生态保护理念贯穿于承接产业转移的整个过程中，不能以降低环保门槛来承接产业转移，对高染、能耗、高物耗、低附加值的产业承接要严加控制，超出环保指数的，坚决予以拒接。

（五）加强招商引资力度

认真研究思考招商项目。把握好付出和汇报之间的关系，算好经济账、发展账，以"亩均论英雄"，重点招引税收高，就业带动好，产品附加值高的项目。招商范围上，不要仅限于广州黄埔帮扶协助招商，要进一步深入东莞、中山开展招商。同时，建立长顺贵阳商会，建立长顺乡贤信息库，要充分利用乡情招商。

坚持"项目为王"
全力夯实高质量赶超发展底气

河北省邢台市发展和改革委员会党组书记、主任　兴连根

邢台市坚持以习近平新时代中国特色社会主义思想为指导，认真贯彻省委、省政府决策部署，以"三重四创五优化"活动和"重大项目建设升级加力"行动为抓手，始终把重点项目建设作为经济工作的主战场，以新发展理念引领项目建设，努力克服疫情影响，同时统筹疫情防控和经济社会发展，在坚持"项目为王、效率至上"的基础上，全面叫响"大抓项目、抓大项目"，全力打好项目"双进双产""234+1.5""一高两低"等一系列高质量赶超发展组合拳，全市投资和重点项目建设扎实稳步推进，汇聚起加快高质量赶超发展的强大动力。

一、创新思路，靶向施策，以新理念引领高质量赶超发展

坚持"项目为王、效率至上"，邢台市以新发展理念为统领，不断强化统筹思维，以系统观念总揽项目建设工作，既注重全局性谋划、战略性布局、整体性推进，又确保突出重点、带动全局、针对性施策。

一是立足现有条件求突破。聚焦项目不足、投资不足这一制约邢台发展的总根源，邢台市全面唱响"大抓项目、抓大项目"，把"抓大项目"作为"大抓项目"的重点和主题，着眼丰富项目类型，分条线加快引进推进工业、农业、基础设施、民生、城市经济综合体等各类项目，推动解决投资不足、结构不优、产业不兴、效益不高的问题，努力让"大好高优"项目成为发展最大底气。2021年，邢台市83个项目列入省重点项目计划，项目数量居全省第二位，其中新开工项目37个，项目数量居全省第一位。83个省重点项目总投资680亿元，年度计划投资229.7亿元。全市安排市重点建设项目433项，其中在建项目225项（含新开工项目120项，续建项目105项）；前期项目208项。

二是保持奋进姿态抓落实。严格坚持一线工作法，强化过程管控，要求各级领导干部深入一线解难题，建立"分级督导、统分结合"督导机制，实行周调度，月通报，每季度一次项目"比看"活动，以"单元考"保"期末考""独唱"保"合唱"，形成责任具体、环环相扣的"责任链"，力求真、实、准，不搞假项目、"晒太阳"项目；力求大、好、优，努力确保实实在在的成效；力求项目落地、推进，不断解放思想，提供优惠政策，形成"企业发财、地方发展"的双赢局面。1—

6月份，省、市重点项目分别完成投资152.74亿元、148.5亿元，占年计划的66.51%、55%。

三是突破常规惯例强保障。邢台市立足发展进程减慢、比较落后的不利局面，统筹考虑土地、科技、人才等要素资源制约，以时不我待的紧迫感打出了"五未"土地处置、开发区"调规扩容、升档进位"、建设科技创新平台体系等系列高质量赶超发展"组合拳"。通过对批而未供、供而未用、用而未尽、建而未投、投而未达标的用地进行处置，有效解决项目用地短缺问题。通过推动省级以上开发区调规扩容，提档升级，为发展留足空间，不断提升园区项目承载力和吸引力。通过加快完善构建科技创新平台规划体系，推动建设科技型小微企业园和双创型小微企业园，明确产业发展方向和鼓励发展业态，加速完善项目配套，大力吸引科技型、外向型产业和高端科技人才入驻，全力做到只让要素等项目，不让项目等要素。

二、唯实唯先、事争一流，以高标准助力高质量赶超发展

严格按照"人家100分是满分、我们100分才是及格分"的要求，强化"保五争三拼第一"的争先意识，以"提神、提标、提质、提速、提效"要求全力做好重点项目推进工作。

一是唯早唯快推进项目开复工。在全市范围内凝聚大抓落实的思想共识，坚持干事创业，干字在先，实字为本。南宫、隆尧发生疫情后，在市委、市政府主要领导的部署下，迅速控制疫情，随即启动复工复产工作。相继印发了《邢台市重大项目建设推进实施方案》《关于精准推进投资和项目建设的实施意见》等系列文件，为疫情后高效推进项目建设提供政策支撑。市委书记、市长每周深入项目现场督导检查，了解并现场协调解决项目困难和问题。市政府常务副市长带队分片调度督导，坚持每日调度和深入县（市、区）督导，派出十个督导组常态化督导各县（市、区）企业和项目复工复产情况。实行重点项目复工复产"日报制"，在全省率先建立重点项目开复工日通报制度，每天对各县（市、区）开复工项目数量、开复工率等情况进行晾晒。截至5月底，省、市重点续建项目已全部开复工，开复工率100%。

二是拉高标尺推进项目新开工。坚持开工才是硬道理，以"打桩论英雄"，以"见工地、见设备、见产品"为工作标尺，正月初八在全省率先打响项目集中开工第一枪，组织各县（市、区）高标准高质量开展项目集中开工活动。春季集中开工项目109个，总投资340.2亿元，当年计划投资126.8亿元，项目涵盖了先进装备制造、数字信息、新材料、新能源、节能环保、农业产业化、现代服务业等多个领域。5月份组织开展二季度项目集中开工活动，共130个项目集中开工，总投资216.1亿元，当年计划投资100亿元，持续掀起项目开工建设热潮。组织开展项目分片开工督导活动，市长、常务副市长带队分片对省、市重点项目和新开工项目进行现场督导调度，加快推进项目"双进双产"。截至6月底，省市重点项目全部开工建设，开工率100%。

三是求实见效开展项目建设"比看"。坚持把项目"双进双产"作为高质量赶超发展的"主引擎"，每季度开展一次全市项目建设"比看"活动，市四大班子领导、市直相关部门主要负责人和各县（市、区）党政主要负责人参加，实地观摩项目建设质量，对比拼项目现场打分。4

月29日至30日，我市举行一季度项目建设"比看"活动，对40个"比看"项目进行了测评打分，得分排名在全市通报，不断营造大抓项目、抓大项目的浓厚氛围。省、市重点在建项目中，高新技术和战略性新兴产业项目130个，年计划投资210亿元，数量和投资占比分别为47.8%和45%，比去年提高7.9个百分点和3.3个百分点。市重点在建项目中，"3+2"主导产业和传统特色产业项目共160个，占工业项目的比重达到84.2%。

三、聚焦关键、精准发力，以优增量保障高质量赶超发展

邢台市围绕项目谋划、招引、落地、建设、投运等环节，深耕项目"全周期服务"，努力做到"四个聚焦"。

一是聚焦项目谋划，着力提升产业发展格局。紧盯"一高两低"和"234+1.5"项目，着力丰富项目类型，继续在突破"大好高优"项目上下功夫，大力发展新兴产业和城市经济综合体项目，积极谋划科技城、科创园、科创带的建设，精准补强补足产业发展关键环节、薄弱环节，千方百计扩大生产性投资，持续做强产业能级，全力为实现经济高质量赶超发展夯实根基。

二是聚焦招商选资，着力引进"大好高优"项目。坚持"以亩均论英雄"，强化"大好高优"导向，把牢项目引进门槛，全面考量项目的整体规模、投资强度、亩均税收、科技含量等，有针对性地开展招商选资。推动京沪深驻点招商，加大对500强企业和上市公司的盯引力度，着力引进一批龙头型、强链型的制造业大项目、好项目。坚持招商选资"一号工程"不动摇，党政一把手亲自带队外出招商，力争在重大产业项目引进上取得新突破。

三是聚焦项目进度，着力扩大有效投资。引导全市上下把精力聚焦到项目建设进度上，认真研究，依法办事，确保把项目做实。特别是抓紧二季度项目施工"黄金期"，合理安排施工计划，加快省、市重点项目推进，尽可能多地完成实物量。对计划投产的项目，紧盯工期计划，加快施工进度，力促项目早日投产、达效，加快形成有效投资。

四是聚焦优质服务，着力打造最优营商环境。坚持"围墙内的事帮办，围墙外的事包办"，着力为项目提供全生命周期全方位服务。坚持服务到位、政策优惠，一企一策解决具体问题，全力打通影响项目建设的堵点、难点、痛点。坚持深化"放管服"改革，加大工程建设项目审批制度改革力度，深化项目分级管理，构建解决企业问题绿色通道，为企业提供最优"妈妈式"服务。

四、完善机制、精细管理，以硬作风加码高质量赶超发展

以提升工作到位率、精准率、完成率、优秀率为目标，邢台市紧扣刚性兑现，坚持目标集成、政策集成、效果集成，不断推进制度机制创新。

一是优化实施领导包联服务机制。落实领导包联重点项目工作机制，切实履行包协调、包服务、包督导，保开复工、保建设的责任，及时协调解决项目建设中存在的问题，加速项目推进。

组织开展行业条线核查及服务推进项目工作，制定项目核查和服务推进方案，每月定期对全市入统在建项目开展核查和服务推进，力求投资真、实、准，推进项目早实施、快见效。建立分行业、分区域项目清单台账，跟踪推进项目实施进度，协调解决存在问题，形成全市齐抓共管、合力推进工作格局。

二是认真开展项目集中协调调度。以办实事、解难题、促投资为主题，组织开展省市重点项目集中协调调度活动，充分发挥协调牵总作用，梳理项目需协调解决问题，召集市级各职能部门开展集中协调调度，对急需解决问题建立清单台账，跟踪要账，逐一协调解决存在问题，加快推动省市重点项目顺利实施。同时，建立周项目集中协商办理机制，由各县（市、区）每周召集相关职能部门开展集中协商调度会，重点协调解决项目前期手续办理，加速推进项目前期工作。

三是严格实行重点项目动态管理。市级重点项目变静态为动态，改变过去由企业年初申报集中列入市重点项目的静态管理方式，对重点项目实施动态管理，有符合要求的项目随时申报，坚持每月调整，及时将符合"234+1.5"项目准入标准和"一高两低"门槛要求的新开工亿元以上独立选址的工业项目列入市重点项目计划，同时将投资进展缓慢的项目及时清退。

四是研究制定重大项目推进机制。聚焦大项目，专门制定印发《邢台市重大项目建设推进实施方案》，明确重大项目标准，建立重大项目清单，成立了重大项目推进工作专班，努力为大项目的引进、落地、开工等提供全过程绿色通道，及时、有效解决项目建设中的困难和问题，推动重大项目快动工、快建设、快投产。

着力推进东西部扶贫协作工作

浙江省余姚市发展和改革局

2020年，市发改局积极发挥东西部扶贫协作牵头作用，全力克服新冠肺炎疫情不利影响，认真做好与贵州省望谟县、兴义市东西部扶贫协作，圆满完成各项帮扶协作目标任务，助力望谟县如期脱贫摘帽。我市创新推出的党建"1+X"帮扶模式，助力挂牌督战村如期脱贫摘帽的工作经验获得国扶办刘永富主任批示肯定。我市联合松阳、望谟、兴义、巴州四地探索打通山海协作与东西部扶贫协作新机制，获评入选2020年宁波市改革创新最佳实践案例。中央电视台新闻频道、《人民日报》《经济日报》等中央媒体先后17次报道了我市在教育帮扶、劳务协作、助力挂牌督战等方面的经验做法，打响了"姚望相助、余兴携手"帮扶品牌。

一、坚持互访交流强帮扶

2020年，市长办公会议、市委专题会议、市委常委会会议等专题研究对口支援和区域合作工作5次；制定出台《2020年余姚市东西部扶贫协作、对口支援和山海协作工作要点及任务分解》《余姚市助推望谟县开展挂牌督战贫困村摘帽脱贫工作实施方案》《余姚市2020年深入开展消费扶贫助力对口地区脱贫攻坚加快区域协调发展实施方案》等相关政策措施。我市党政主要领导带队实地调研对接4次（兴义市、望谟县各2次），两地召开高层联席会议9次（望谟县5次、兴义市4次）。

二、坚持项目发力强帮扶

2020年，我市对望谟县的帮扶资金6900万元，对兴义市安排了对口协作帮扶资金2050万元，共排定实施项目27个，其中协助确定望谟县帮扶项目18个；实际带动贫困人口数15469人，带动残疾贫困人口104人，年度帮扶资金实际使用率达99.22%；协助兴义市确定帮扶项目9个，实际带动贫困人口6137人，带动残疾贫困人口60人，年度帮扶资金实际使用率达100%。

三、坚持智志并重强帮扶

2020年，我市共安排了109名党政干部和专业技术人才到望谟、兴义挂职交流（其中2020年新增选派91名，兴义市33名，望谟县58名）；帮扶协作地区安排挂职干部19名（其中望谟县8名，兴义市11名），240名专业技术人员到我市交流学习（其中望谟116名，兴义市

124名)。同时,组织开展党政干部和专业技术人才培训,其中帮助望谟举办党政干部培训班、专业技术人才培训班10期和52期,培训人数分别达到1223人次和4542人次;帮助兴义完成党政干部培训6期4756人次,专业技术人才培训67期17712人次。2020年,挂职干部李明获评浙江省东西部扶贫协作突出贡献奖。

四、坚持产业合作强帮扶

2020年,引导企业到对口地区考察,引进14家企业在对口地区投产或开展项目合作(望谟县8家,兴义市6家),年度实际到位资金8.09亿元,同比增长47.89%,项目带动贫困户5268人脱贫。加快推动扶贫车间建设,协助兴义新建扶贫车间5个,累计建设16个扶贫车间,带动贫困劳动力275人。协助望谟累计建设扶贫车间9个,带动贫困劳动力181人。

五、坚持消费扶贫强帮扶

制定出台《余姚市2020年深入开展消费扶贫助力对口地区脱贫攻坚加快区域协调发展实施方案》,落实15家企业作为对口地区消费帮扶定点专卖店,推进"黔货出山"。依托农博会、美丽四明山平台等,帮助对口地区推介销售优质农产品,切实帮助对口地区农产品构建销售渠道。2020年,帮助望谟县累计完成销售额9000.48万元(其中认定的扶贫产品4702.47万元),带动贫困人口9135人;帮助兴义市累计完成销售额18189.16万元(其中认定的扶贫产品9059.16万元),带动贫困户6496人。

六、坚持稳岗就业强帮扶

持续打造"党建+就业扶贫"品牌,制定出台《关于强化党建引领助推东西部扶贫劳务协作的通知》等政策文件,通过组织联建、队伍联管、结对联帮"三联"模式和落实联席会议制度、推行党员"联十包十"机制、坚持干部"双向互挂"交流等方式,做实做细党建引领就业扶贫工作。针对疫情防控期间企业招工难、务工人员找工作难、出行难等实际困难,我市通过建立用工企业与贫困劳动力"一对一、点对点"的人岗适配机制,采取"定制包机""返岗直通车""定制专列""自驾返岗"等方式安全有序组织劳务输出、助力复工复产。2020年,协助望谟、兴义籍贫困人员到我市就业891人(其中新增806人,稳岗三个月以上的就业879人);到省内就近就业3032人(新增1902人);到其他地区就业1318人(新增1206人),协助结对地区开展培训2555人次(望谟2027人次、兴义528人次)。宁波尹球五金制造有限公司获评浙江省东西部扶贫协作社会责任奖。

七、坚持多方合力强帮扶

深化镇镇、村村和村企结对,继续做好12个镇(街道)与望谟、兴义12个乡镇结对工作,募集社会帮扶资金340万元;50家企业继续与望谟43个深度贫困村结对帮扶,募集社会帮扶资金430万元;9家社会组织与望谟县8个贫困村结对,落实帮扶资金204.91万元。深化医疗、教育和社会组织结对,实现了双方公立医疗机构和学校全覆盖合作,我市17家医院和望谟17家医院结对,16家医院和兴义28家医院结对;我市34所学校和望谟32所学校结对,33所学校和兴义36所学校结对,招收望谟县、兴义市建档立卡贫困户学生就读职业学校83人,并投资86万元共建刘秀祥工作室。同时,动员各类社会组织和慈善力量主动对接帮扶需求,开展各类慈善帮扶活动,募集社会帮扶资金共1529.88万元,其中望谟1161.04万元,兴义368.84万元。

八、坚持党建引领强帮扶

在总结推广兰江街道磨刀桥村与望谟县新屯街道纳包村党建联建促脱贫攻坚结对帮扶经验的基础上,根据两地实际,坚持党建引领,创新推出"1+X"帮扶模式,有力助推望谟县挂牌督战的5个贫困村剩余贫困人口如期脱贫,贫困县摘帽,已投入帮扶资金253.56万元,物资捐赠42.08万元,帮助销售农特产品86.11万元、帮助贫困户就业189人、技能培训251人、派驻驻村干部5人,各项数据在全国挂牌督战的1113个贫困村中名列前茅。

在新旧动能转换初见成效中交出合格答卷

山东省惠民县发展和改革局

2020年是省委、省政府确定的新旧动能转换"三年初见成效"之年。三年来，惠民县按照市委、市政府安排部署，把新旧动能转换作为推动县域经济高质量发展的长期战略，围绕传统产业上水平、新兴产业上规模、基础设施上台阶，新旧动能转换由全面起势到成效初显，为开启"五年取得突破、十年塑成优势"新征程打下了坚实基础。先后创建为国家生态文明建设示范县、国家数字乡村试点县、国家卫生县城、国家园林县城、中国惠民温泉之城、全域旅游示范县、省级旅游强县、省级新型智慧城市建设试点县、省级城乡融合发展试验区、省级健康促进县。

一、坚持规划引领，健全体系推进新动能

高起点编制印发《惠民县新旧动能转换重大工程实施规划》，为全市新旧动能转换提供了重要遵循。确定了全县新旧动能转换的总体思路、战略定位和发展布局，厘清了新旧动能转换的"惠民路径"，全力构建"一核二带四区六产业"的总体布局，形成了目标一致、互相衔接的新旧动能转换规划体系。建立健全了县委、县政府统一领导、指挥部+专班的推进机制，谋划储备新旧动能转换重大工程项目135个，每年筛选实施一批省市重点项目、新旧动能转换优选项目、"双招双引"重点签约项目、补短板项目，建立新旧动能转换重大项目储备库，建立项目帮包机制和工作推进制度，协调推进新旧动能转换重大工程、重大项目建设。研究制定出台了《惠民县新旧动能转换引导基金奖励办法》，设立新旧动能转换奖励基金1亿元，以及支持新旧动能转换的土地政策、人才支撑等一系列含金量高的政策文件，形成了"要素跟着项目走"的政策体系，并将新旧动能转换工作情况纳入全县经济社会发展综合考核、县直部门绩效考核，有力地保障了新旧动能转换工作扎实推进。三年来，规模以上工业企业达到140家，列入省市重点项目32个，补短板项目13个，认定省市级工程实验室13家、企业技术中心19家，获批省级专精特新企业3家，入选市级新兴产业"白名单"企业8家、隐形冠军企业3家、瞪羚企业1家、专精特新"小巨人"企业3家，获评市优秀企业家"银狮奖"2名、"铜狮奖"3名。

二、聚力项目带动，培育产业壮大新动能

深入实施"产业强县"战略，积极对接省"十强"产业和市"5+5"重大产业，改造提升

传统动能，培育发展新动能，重点突出改造提升纺织服装、化纤绳网和农副产品深加工等传统优势产业；加快培育壮大先进装备制造、高端铝、生物医药等三大新兴产业，以产业集群化发展为目标，坚持把项目建设作为促进产业发展的主引擎，围绕建链延链补链强链，深度融入黄河流域生态保护和高质量战略、省会经济圈发展，主动承接京津冀产业转移，大力开展招商引资，一大批符合新旧动能转换方向的大项目、好项目落地生根、加快建设，为产业发展释放了强劲动力。投资50亿元的润龙高端风电装备制造基地项目、投资12亿元的铸友机床高端数控机床部件项目、投资50亿元的大通绳网国际智慧物流产业园项目、投资30亿元的牧原集团生猪全产业链项目等一批科技含量高、投资规模大的重大项目加快建设，形成新兴产业快速发展势头。2019年第七届中国淘宝村高峰论坛在惠民县成功举办，向世界传递了"惠民经验"的数字化发展新模式。2020年新增有出口实绩企业21家，全县规模以上工业增加值增速10%以上，汇宏新材料、国创风能等32家企业主营业务收入过1亿元，中国（惠民）绳网价格指数编制已完成建模，认定备案科技型中小企业114家，绳网产业大数据平台获批山东省"现代优势产业集群+人工智能"试点示范，宇东面粉、蔚蓝生物2家企业获批全省两化融合管理体系贯标试点，推出全省首家县域农产品区域公用品牌"惠民原耕"，入围中国区域农业品牌影响力排行榜名单，与北京首农集团开展合作，启动建设全县优势农产品标准化生产基地。鑫诚农业入选粤港澳大湾区"菜篮子"生产基地，北京林业大学惠民县长期科研基地挂牌成立。高端铝、装备制造、农副产品深加工、化纤纺织4大主导产业占全县工业总量的94.7%，建成并开通5G基站189个，企业上云63家。2020年网络零售额预计达6.2亿元，各类电商业户10000余户，活跃淘宝网店5000余家，天猫旗舰店40余家，荣获"全国淘宝村百强县"、县"淘宝直播村播学院""山东省'村播计划'试点县"荣誉称号，创建中国淘宝镇2个、中国淘宝村22个。

三、夯实转换支撑，统筹要素保障新动能

抢抓黄河流域生态保护和高质量发展战略机遇，编制完成实施方案，谋划储备黄河流域生态保护和高质量发展186个，黄河滩区脱贫迁建工程在全市率先交房入住。济滨高铁、乐安黄河公路大桥及接线工程加快推进，升级农村路网240千米，实施农村公路安全生命防护工程779千米，新建改造桥梁376座。城区公交及城乡公交一体化实现全覆盖。统筹推进"四减四增"三年行动计划，清理取缔"小散乱污"企业290家，关闭淘汰10蒸吨及以下燃煤锅炉589台；关停电解铝违规产能54万吨，停运煤电机组容量66万千瓦，汇宏新材料12.1万吨产能置换方案获批，完成农村地区清洁取暖改造7.58万户，实现散煤"清零"。新增500千伏变电站1座，110千伏变电站2座，新建改造10千伏线路188千米，增容提升台区174个。2020年全县太阳能发电、生物质发电等新能源分别达到9万千瓦、3万千瓦，李庄镇入选"山东省绿色能源示范村镇"。2个镇、23个村被认定为省级乡村振兴示范村镇。严格落实国家土地供应政策，科学编制年度供地计划，认定标准厂房利用面积22.32万平方米，完成年度目标任务的111.6%。全面优化营商环境,按照应减尽减、应放尽放的原则,深化投资审批事项,2020年新增各类市场主体9069户,同比增长20.30%。推进"互联网+政务服务",梳理完成实施清单总数6530项,依申请政务服务事项已全部完成网上流程配置,事项可网办率达到了100%,打响"惠好办"服务品牌,真正实现让企业群众办事零跑腿或最多跑一次。

通过三年来的持续用力、起势见效,惠民县新旧动能转换迈出坚实步伐。惠民县将把新旧动能转换作为"十四五"及今后一个时期,加快建设现代化经济体系的重要内容,健全体制机制,完善政策措施,加强组织协调,加快推动产业迈向高端化,力争2022年取得突破,到2028年塑成优势,为完成"十四五"规划和2035年任务目标书写高质量发展的新答卷。

抓住新机遇 谋求新发展 实现新作为

甘肃省临潭县发展和改革局

一、上半年计划执行情况

2021年以来，面对错综复杂的宏观环境和艰巨繁重的改革发展稳定任务，在县委的坚强领导下，在县人大的监督支持下，以习近平新时代中国特色社会主义思想为指导，坚持高质量发展要求，细化落实全县"1234"发展战略，认真执行县十八届人大第七次会议计划决议，着力抓重点、攻难点、补短板，全县经济社会发展高开、稳走、向好。

（一）主要经济指标稳中向好

上半年，全县预计实现地区生产总值11.38亿元，增长3.5%；其中：第一产业增加值1.3亿元，增长4%；第二产业增加值7170万元，增长1%；第三产业增加值9.36亿元，增长3.5%。预计完成工业增加值4769万元，增长3%；预计实现社会消费品零售总额1.89亿元，增长15%；城镇居民可支配收入达11619元，增长7%；农村居民可支配收入达2288元，增长8%。全县累计完成大口径财政收入5903万元，同比增长20.7%，实现公共财政预算收入3169万元，增长22.2%。预计完成固定资产投资6.6亿元，同比增长19%。总体来看，在统筹推进疫情防控与经济发展的基础上，全县各项主要经济指标呈现出高开局、稳增长的良好局面，"十四五"县域经济迈向高质量发展起步较好。

（二）农业基础进一步夯实

种植结构进一步优化，全县累计完成农作物播种面积27.5万亩，较上年下降10.2%。其中：小麦、青稞、马铃薯等粮食作物播种面积12.87万亩，较上年增长0.3%；中药材、高原夏菜、油菜、藜麦等特色农作物种植面积14.63万亩，较上年下降17.8%。全县各类牲畜存栏17.63万头只，较上年同期下降0.17%，其中：大牲畜4.1万头，绵山羊10.03万只，生猪3.5万头；出栏各类牲畜6.1万头只以上，完成肉类产量3000吨、奶产量3200吨、禽蛋产量300吨。农牧业重点项目进展顺利，投资1106万元的2021年食用菌种植项目全面完成，累计在术布、洮滨、八角、王旗、新城等乡镇完成食用菌种植任务300亩。2019—2021年高标准农田建设、耕地轮作制度试点，农业社会化服务等一批农牧业重点项目有序推进。惠农补贴政策全面落实，上半年，累计落实农机购置补贴资金85万元，补贴机具66台（套），受益农户65户。发放耕地地力保护补贴511万元，兑付农牧民补助奖励政策资金935万元。

（三）现代服务业繁荣向好

市场销售平稳增长，预计实现社会消费品零售总额1.89亿元，同比增长15%。其中：批发业预计完成445万元，同比下降2.1%；零售业预计完成1.2亿元，同比增长6.9%；住宿业预计完成1685万元，同比增长38.1%；餐饮业预计完成4766万元，同比增长35%。全县服务业发展步伐明显加快，农村电子商务服务站点提质升级、电子商务运营体系建设、现代物流园区等项目进展顺利。

（四）项目建设推进较快

上半年，累计上报各类建设项目109项，上报总投资56.86亿元；累计下达各类项目计划34项，下达资金5.66亿元。一是前期项目储备逐步加强。洮州文化产业园、羊永镇污水处理、人才公寓、全民健身中心等37个重点储备项目已编制完成可研报告或初步设计；中部片区供水工程可行性研究报告已通过州级审查并批复、第一人民医院迁址新建项目可行性研究报告和初步设计均已通过州级审查并批复，全县各类前期项目进展顺利。二是项目资金争取成效显著。截至目前，共争取下达2021年涉藏专项第一批、第二批建设项目16项，下达投资3.16亿元；下达2021年新增专项债券项目2项，下达投资1.3亿元；下达省预算内基建资金、天津援建、奖补资金、保障性安居工程、以工代赈等各类资金1.2亿元。上半年累计争取下达各类资金5.66亿元，较上年度增加2.82亿元，同比增长99.3%。三是固定资产投资提质增效。今年我县固定资产投资计划为17.4亿元，截至5月底，全县36个重点建设项目累计完成固定资产投资5.96亿元（其中：民间投资8634万元，招商引资6075万元），同比增长114.3%，完成年度计划的34.25%，提前完成上半年工作任务。预计上半年（统计部门未反馈）全县固定资产投资将达到5.6亿元，同比增长19%。

（五）文旅产业蓬勃发展

依托"五无甘南"打造工程，持续擦亮全域旅游无垃圾"金"招牌，旅游形象进一步提升，旅游市场活力进一步激发，上半年，全县共接待游客72.3万人次，创旅游综合收入3.67亿元。文体工作进一步焕发活力，"猜灯谜·学党史"线上有奖猜谜、"我们的中国梦·文化进万家"送福送书送春联、"走进盲人世界·关注盲人生活"智能听书机赠送等一系列活动获得广泛好评，"五一"首届干部职工羽毛球比赛、"洮州杯"首届篮球争霸赛等体育活动受到广泛关注，文化设备进乡村、图书流动点等工作稳步推进，顺利完成了冶力关创国家5A级旅游景区基础设施建设项目对接及前期工作，部分子工程已开工建设；古战大景区旅游基础设施、古战川景区旅游基础设施、西道堂—尕路田大房子修缮等3个项目建设步伐进一步加快；新城历史文化名镇旅游基础设施、磨沟遗址保护设施2个建设项目已通过可研审查；全县应急广播体系建设项目顺利通过第三方检测和省级验收；新城洮州卫城、古战尕路田大房子、王旗磨沟遗址3个国家级文物保护单位文物保护申报工作进展顺利。

（六）城乡建设步伐加快

加快补齐城市基础设施短板，提升城市能级，滨河东路道路及排水、城区污水处理厂扩容及提标改造、城区卓洛桥、城区集中供热二期、2018年度城关镇高崖片区棚户区改造二期小区内配套基础设施等7个重点市政工程进展顺利。总投资453万元的西大街棚户区改造小区配套基础设施建设项目累计下达资金304万元，目前正在建设中。942户棚户区改造任务累计下达资金1537万元，目前正在办理项目前期。流顺红堡子、王旗磨沟、新城西街等3个传统村落建设项目总投资1000万元，已累计到位资金700万元，完成投资470万元。通过加强行业监管，全县房地产市场和物业管理进一步规范，城乡建设步伐进一步加快，城市管理水平、承载能力进一步增强。

（七）生态建设扎实推进

持续强化燃煤锅炉淘汰治理、煤炭市场煤质监管、餐饮业油烟整治等重点任务"九张清单"和"网格化"监管措施落实。2021年以来，城区空气质量优良天数比例为95.6%，剔除沙尘天气影响后，优良天数比例为100%。继续开展饮用水源地环境安全检查，全面整治水源地保护区内与供水设施和保护水源无关的建设项目。牙当水源地存在的5个环境问题已全部整改完成；城区污水收集管网覆盖面和污水收集处理率进一步提高，辖区内三家医院已建成污水预处理站，农村污水处理试点项目已建成运行，洮河流域水污染防治项目中王旗镇、术布乡污水处理厂建设项目均已开工建设；黄河流域入河排污口洮河流域临潭段调查溯源工作全面完成，排查出入河口43个，整治方案正在编制。继续开展土壤污染状况详查工作的安排和土壤污染状况详查点位核实工作，2021年临潭县环境综合整治项目已完成方案编制工作。

（八）社会事业协调发展

扎实推进"教育高质量发展推进年"各项工作目标，教育事业更加优质均衡，2021年义务教育薄弱环节改善与能力建设等各项教育重点项目进展顺利。上半年全县义务教育"两免一补"特惠政策落实资金1204.35万元，受益22953人次；全县在园幼儿免保教费284.66万元，累计受益5850人次；发放高中国家助学金98.9万元，累计受益989人次。义务教育阶段学校拨付营养改善资金516.08万元，累计受益12902人次。通过着力加强教学教研、坚持完善管理制度、持续改善教学基础、全面加强教师队伍、统筹推进均衡教育，全县办学条件进一步完善、教学环境进一步改善，教育水平进一步提高。医疗卫生体系更加健全，第一人民医院迁址新建项目已完成前期工作，待建设资金下达后即可进行招投标。第二人民医院救治能力、医疗废物收转运能力及古战、卓洛、长川、新城扁都等4所乡镇卫生院业务用房、周转宿舍等医疗基础设施建设项目进展顺利，县级医疗机构救治能力得到极大提升。全县疫情防控及疾控机构能力进一步加强，开设新冠病毒疫苗接种点21家，核酸采样检测29993人份，均为阴性。完成新冠疫苗的提取、配送工作22轮次，全县共接种新冠疫苗97131剂次。圆满完成对"两会"、高考、中考、篮球争霸赛期间疫情防控工作。通过加快推进紧密型医联体建设、完善医疗机构管理制度，全面提升医院服务质量，改善群众就医感受。就业更加充分，城镇新增就业115人，增长18.55%；城镇登记失业率控制在3.04%，完成公益性岗位及城镇零就业人员安置99人，累计为639名公益性岗位及零就业人员发放1—6月补贴资金528.96万元；上半年，实现富余劳动力输转4.35万人，已提前完成全年输转任务，创劳务经济收入6.87亿元，完成全年创收任务8.7亿元的78.9%。开展各类培训班26期，共培训1036人，完成全年培训任务1440人的72%。社会保障体系更加完善，城镇职工养老保险、失业保险、工伤保险、人数分别达1371人、4056人、7965人城乡居民社会养老保险参保缴费2733人，征缴城乡居民社会养老保险基金177400元；发放养老保险资金15696205.36元，发放率达100%；养老金收支基本平衡；全县共有农村低保对象3162户8535人（其中：一类539户870人，二类1439户3399人，三类1184户4266人），农村低保覆盖面为6.40%；建立完善临潭县困难群众基本生活救助资金发放工作协调机制，各项社会救助资金全部通过"一卡通"实行按月发放，上半年累计发放各类救助资金2501万元。

总体看，上半年计划执行情况较好，但仍面临不少困难和问题。一是产业结构仍需优化，现有主导产业初具雏形，但整体上还是处于产业链的中低端，在高质量发展的大背景下，要高度关注产业结构调整，抢抓各类机遇。二是项目建设需量质并举，在建项目，基础设施项目多、新兴产业项目少，传统项目多、高新项目少，尤其是龙头型、领军型产业项目不多；项目推进速度不快。受土地、资金、环保等要素制约，部分项目推进较慢；招商引资思想不够解放。三是财政收支矛盾突出。税源型企业少，地方财政造血能力不强、自给率不足，收支矛盾空前加大。四是民生领域仍有不少短板。住房、就业、教育、医疗、养老等方面民生保障能力与群众的期望仍有不小差距，基本公共服务均等化水平亟待提升。

二、下半年工作打算

2021年是"十四五"规划的开局之年，下半年，我们将继续深入贯彻县委总体部署，锁定年初人代会确定的目标任务，坚持以提高经济发展质量和效益为中心，深入推进供给侧结构性改革，狠抓工作落实，促进经济持续健康发展和社会大局稳定，确保完成年度目标任务。

（一）紧盯乡村振兴，加快推进农业现代化

以五大发展理念践行乡村振兴战略，实施好乡村振兴战略规划，建立充实乡村振兴战略项目库，谋划储备实施一批乡村振兴项目。将乡村作为经济发展、项目建设的重要战场，促进现代农业提质增效，助推农商文旅融合发展，实现乡村产业兴旺。加快中药材加工、牛羊肉屠宰冷链等重大项目建设进度。抓好耕地轮作试点项目和农机社会化服务项目。做好农产品加工和产销对接，不断拓宽农产品销售渠道。加快推进2021年高标准农田建设任务，落实好农机购置、农牧民奖补、农业支持保护、耕地地力保护等惠农补贴政策。加大非洲猪瘟等重大动物疫病防

控力度，着力恢复生猪产能。

（二）紧盯服务业发展，强化三产经济支撑

优化服务业供给结构，培育壮大营利性服务业。一是挖掘服务业成长潜力。落实服务业产业发展各项政策，降低服务业的综合成本和税费负担，加大对服务业发展的金融支持力度，培育壮大服务业特别是营利性服务业，助推服务业健康可持续发展。二是拉动市场消费活力。积极引导企业开展线上线下促销、打折等多种以惠民为导向的促销活动。大力发展农村电子商务，积极挖掘农村市场消费潜力，年底前提升乡镇级智慧便利店15家，发展"线上营销+实体消费"新模式，培训直播电商人才及30人次，依托电子商务新型业态推动贫困农民创业就业，实现"一店多功能"，拓宽就业渠道，提高群众增收致富能力。同时，通过挖掘整理，将文化旅游产业现有优势资源和特色农产品相结合，培育发展成为服务业经济重要支撑。加大商业综合体项目和综合市场建设力度，构建多元商业、特色餐饮，实现错位发展。三是强化市场监督管理，推动生产性服务专业化和价值链高端延伸，生活性服务向精细化、高品质转变，不断满足城乡居民日益升级的消费需求。确保社会消费品零售总额稳定增长。

（三）紧盯项目建设，保持投资稳健增长

紧紧围绕"1234"发展战略，狠抓产业谋划、狠抓环境优化、狠抓项目推进，加大项目滚动储备，充分挖掘和培育新的投资增长点，谋划、储备、推进一批大项目，确保全面完成固定资产投资计划任务。强化问题导向，进一步细化任务，全力做好统筹协作服务、对上争取、对外招商、项目落地管理等工作，实施挂图作战，推动重大项目建设取得更大突破。项目服务方面，持续加大横向对接与纵向沟通的有效衔接，在部门之间做到信息互通、无缝对接，确保项目审批程序简、时间短、效率高、服务优。持续优化营商环境，激发民间投资热情；围绕中央、省、州政策导向，争取更多上级资金。坚持绿色招商理念，坚持数量服从质量、效益服从环保，走低碳发展道路，以投资结构的优化促进经济结构调整。

（四）紧盯生态文明，持续打好"三大攻坚战"

紧盯"生态保护"和"高质量发展"两大任务，根据临潭县地理区位、功能定位、发展阶段和发展需求，谋划梳理生态保护和污染防治项目，争取落实八角镇、羊永镇等重点乡镇污水处理项目；全面推进生态修复治理，实施好长川沟、古战沟、羊房沟等重点流域生态建设工程和"山水林田湖草"综合治理项目，让良好的生态环境成为黄河流域高质量发展的增长点和支撑点。推进实施空气质量提升行动。持续加强水生态环境保护，统筹推进重点流域水污染治理；继续实施土壤污染防治行动，推进农用地土壤污染状况详查成果应用，完成重点行业企业用地土壤污染状况调查，梯次推进农村生活污水治理工作。依法推进生态环境监督执法。认真落实《关于加强生态保护监管工作的意见》，不断加大环境违法行为查处力度，重点解决公路建设植被恢复不及时、河道无序采砂、滥挖山体取石、非法排污、生态流量下泄不足等损害群众利益的

环境突出问题，全面整治环境违法行为。

（五）紧盯社会民生，切实增强民生福祉

以巩固拓展脱贫攻坚成果与乡村振兴有效衔接为突破口和主战场，着力发展民生事业，让人民群众拥有更多获得感。统筹各类保障措施，将符合条件的无劳动能力贫困人口全部纳入兜底保障政策范围，确保应助尽助。建立低保标准动态调整机制，实行低保标准与物价上涨挂钩联动，按标准提高城乡低保标准。建立健全两项补贴标准动态调整机制，做到应补尽补。按照省州要求，充实完善《临潭县城乡居民临时救助办法》，增强救助时效性，实现应救尽救。不断提升基层社会治理能力。全面推进城乡社区服务体系建设，支持社会组织发挥自身优势，助力参与社会治理和乡村振兴。创新优化基本社会服务供给。制定养老服务行业规范，加强已建成社区日间照料中心管理运营，加快养老服务信息平台建设，持续开展养老院服务质量建设专项行动，在冶力关中心敬老院已投入运行的基础上，采取综合措施，积极推进新城、洮滨2所中心敬老院投入运行。着力抓好全面改薄、学前教育、标准化学校和乡镇卫生院等基层基本公共服务项目，以补齐基层基本公共服务短板为契机，促进社会事业全面提升。

主任、各位副主任、各位委员，让我们在县委的坚强领导下，全面贯彻落实党的十九大精神，深入践行新发展理念，抢抓机遇、放大优势、创新举措，全力谋发展，抓实干，有作为，不负新时代，担当新使命，圆满完成全年各项目标任务，为加快全县经济社会高质量发展、开启全面建设团结富裕文明和谐美丽的社会主义现代化新临潭征程而努力奋斗！

保持昂扬状态 持续接力奋斗

湖北省谷城县发展和改革局

近年来，谷城县坚持以习近平新时代中国特色社会主义思想为指导，紧盯全省工业强县目标，以减量化增长、绿色化发展为主线，加快新旧动能转换，推进要素聚集、产业升级、位次晋级。连续四年被授予全省县域经济工作成绩突出单位，2021年位居二类县市第3名，比上年前进3位；连续七年荣获全省投资和项目建设贡献奖，连续八年荣获全市招商引资优秀单位；成为中国创新百强县、中部地区县域经济百强县、全省高质量发展重点县、全省科技创新优秀单位、全国绿色产业示范基地。

一、工业经济提质增效

推进产业集群发展，初步形成了汽车及零部件、再生资源、新能源新材料、电子信息、农产品深加工等主导产业。汽车零部件产业连续13年成为全省重点成长型产业集群，在全省54个产业集群中综合排名前三，在8家汽车制造产业集群中位居第一；再生资源产业以骆驼、金洋等公司为龙头，构建了再生铅、再生铝、再生钢铁、再生塑料、再生铜、再生锂六大循环工业产业链，再生资源产业园成为全国新型工业化产业示范基地、国家级再生资源回收利用标准化试点园区，"城市矿产"示范基地通过国家验收。加快企业成长壮大，全县规上工业企业达到174家，其中亿元以上企业125家、十亿元以上企业5家。骆驼集团连续8年上榜中国民企500强、荣获湖北省第八届长江质量奖提名奖，三环锻造、骆驼华中、新金洋股份3家企业入选国家绿色工厂制造名单。骆驼集团、美亚达集团2家企业进入2020年湖北民企百强，4家企业进入湖北民企制造业百强。强化企业科技创新，引导支持企业与大专院校、科研院所、金融机构协同合作，促进形成一批产学研合作项目落地。全县共建设省级以上创新平台34个，拥有国家级星创天地1家、省级孵化器2家、省级星创天地1家；建立院士专家工作站11家，建成国家级技术中心1家、省级工程技术研究中心5家、省级企业技术中心7家、博士后创新实践基地5家。全县高新技术产品备案企业79家，规模以上高新技术企业36家。

二、乡村振兴加快推进

农业经济稳定增长，茶园面积达到15.8万亩，连续11年蝉联全国重点产茶县；五山入围2020年国家农业产业强镇建设名单，紫金镇花园村入选第十批全国"一村一品"示范村镇。着力补齐农村"两基"短板，完成54个省级示范村规划编制，农村厕所建改任务有序推进，村庄环境清洁行动、"五沿"环境整治、垃圾分类工作走在全国前列。扎实开展"四好农村路"攻坚，完成"建养一体化"47千米、农村公路提档升级150千米、通村公路100千米、安防工程150千米、危桥改造120延米，为群众出行提供了更大便利。城乡基础设施健全完善，12个乡镇污水处理厂管网和厂站建设全部完成，爱国卫生运动深入开展，城乡人居环境得到改善。大力实施"蓝天碧水净土"工程，空气质量优良率达88.7%。扎实开展汉江谷城段禁捕退捕工作，汉江禁渔全面落实，汉江水生资源得到保护。深入推进"绿满谷城"提升行动，森林覆盖率提升到72%，有效改善了城乡生态环境，堰河、老君山、金牛寺等8个村成为国家森林乡村。大力开展文明创建，五山、南河成为湖北省文明乡镇，小坦山、孙家沟等6个村成为湖北省文明村，文明水平持续提升。

三、现代服务业快速发展

城乡市场繁荣活跃，要素市场、信息平台、电子商务、互联网金融、商业保险等新业态发展迅速。2021年用3个月时间建成互联网产业园，形成中国有机谷电商产业园五大园区，连接商户5000余家，从业人员3万余人。谷城成为全市唯一的国家级电子商务进农村综合示范县，城关镇成为全省唯一电商小镇。旅游业恢复加快，堰河村入选全国第二批乡村旅游重点村、并顺利通过国家4A级景区评审，谷城汉江湿地成为全市首家国家重要湿地。

四、营商环境不断优化

切实当好"有呼必应、无事不扰"的"店小二"，着力构建"亲""清"新型政商关系。深入推进"放管服"改革，新建政务服务中心，提升实体大厅"一站式"功能，让群众办事"只进一扇门"。大力推行"前台综合受理、后台分类审批、统一窗口出件"工作模式，政务服务事项申请材料减少近40%，办理时限压缩70%以上，"最多跑一次"事项占91%。政务服务"一张网"全面建成运行，县乡村三级政务服务全部接通电子政务外网，网上可办率达90%以上，"一网覆盖、一次办好"成效显现。深化工业用地"拿地即开工"改革，企业登记注册实现"无人值守、智能审批"，实体经济不动产登记全部3个工作日办结。统筹推进"区域评价""1146+80""多评合一""多规合一""先建后验"重点改革，一批企业和群众反映的堵点、难点、焦点问题妥善解决。

五、人民福祉持续提升

坚持以人民为中心的发展思想，切实改善和保障民生，不断增强人民群众的获得感和幸福感。全力推进脱贫攻坚，坚持把脱贫攻坚作为头等大事和第一民生工程，积极落实就业扶贫、产业扶贫、教育扶贫、健康扶贫等政策，因户施策落实帮扶措施，助力贫困户脱贫增收。全县37个贫困村出列、贫困县脱贫摘帽，连续 2 年获得全省扶贫成效考核"A"等次，连续四年成为全省易地扶贫搬迁先进集体。千方百计扩大就业，共开发公益性岗位 1019 个，其中扶贫公益性岗位 662 个，城镇登记失业率优于控制标准。进一步健全社会保障体系，积极推进"互联网＋居家养老"模式，困难群众基本生活得到有效保障。公共卫生服务水平持续提高，公立医院、分级诊疗、"三医联动"改革深入推进，突发公共卫生事件防范能力得到提升。义务教育办学条件逐年改善，学前教育普及、农村义务教育薄弱学校改造、高中教育、职业教育提升计划全面完成，教育教学质量稳步提升。文体建设加快推进，乡镇文体服务中心、村级文体广场提档升级，完成县公共体育场和三个乡镇街道运动健身中心建设。扎实做好新时代双拥工作，谷城成为全国双拥模范县城。持续加强社会治理，平安谷城持续建设，扫黑除恶深入推进，社会治安、安全生产、食品药品安全形势稳定，谷城成为全省食品安全示范县，安定和谐局面持续巩固。

主动担当　奋勇争先

陕西省汉中市发展和改革委员会

加快建设区域中心城市，是贯彻落实习近平总书记重要讲话精神的具体行动，是省委、省政府赋予汉中新时代追赶超越的使命任务，是汉中推进高质量发展、创造高品质生活、实现高效能治理的迫切需要。下一步，市发改委将认真贯彻落实市委五届十二次全会精神，抓好统筹协调、突破重点领域、强化项目支撑，为加快区域中心城市建设贡献发改力量。

一、统筹协调抓落实

立足统筹协调职能，发挥牵头抓总作用。建立领导机构，健全工作推进机制，围绕重点任务制定实施方案，强化考核评估，确保责任落实到位。

一是建立机构，健全机制。成立汉中建设区域中心城市领导小组及办公室，发挥牵头抓总作用，统筹协调、指导监督中心城市建设的重大工作。将中心城市建设主要任务纳入经济社会年度计划，推动国土空间规划、生态环境保护规划、综合交通规划、文化旅游规划等规划与区域中心城市规划有机衔接。建立汉中建设区域中心城市工作联席会议制度，协调解决区域中心城市建设中遇到的重大问题。

二是制定方案，细化举措。按照分领域、分阶段推进要求，围绕规划提出的"打造区域生态经济中心、区域教育科创中心、区域金融服务中心、区域人文交流高地、区域内外开放高地、区域综合交通枢纽"六维战略任务和城市建设方面任务，制定"6+1"专项行动计划，建立协调推进机制，明确牵头部门和责任单位，细化目标任务和工作举措，严格组织实施。

三是强化考评，压实责任。将规划目标任务落实情况纳入全市目标责任考核，对各县区、专项行动的牵头单位和配合单位工作推进落实情况进行年度考核。建立目标任务完成情况定期评估制度，及时发现新情况新问题，根据评估结果及时调整相关策略，推进区域中心城市规划有效实施。

二、重点领域求突破

加快建设区域中心城市既要统筹推进，又要重点突破。我们将以绿色循环为导向，围绕现代产业体系构建、生态产品价值实现，能源结构绿色转型，固体废弃物综合利用等重点领域，助力区域生态经济中心建设开好局、起好步。

一是加快构建绿色低碳现代产业体系。聚焦高端产业与产业高端，围绕产业链部署创新链，围绕创新链布局产业链，做强高端装备、现代材料、绿色食品三大主导产业，做大电子信息、人工智能、生物医药、绿色能源、节能环保五大新兴产业，做优现代金融、现代物流、商务服务、技术服务、现代商贸五大现代服务业，做靓文化旅游、生态康养两大特色产业，做实数字经济引领产业。形成16条重点产业链，建立"一条产业链、一名包抓领导、一个牵头部门、一个工作方案、一套支持政策"的"五个一"工作模式，推动产业向高端化、智能化、特色化、绿色化、融合化发展，加快形成实体经济、科技创新、现代金融、人力资源协同发展的现代产业体系。

二是积极探索生态产品价值实现机制。加快启动《汉中市生态产品价值实现机制试点方案》编制工作，摸清生态资产底数，建立生态产品目录清单，开展生态系统生产总值（GEP）核算工作。创新开发生态产品，培育壮大有机食品、中药材、茶叶、水产等物质供给型生态产品；依托绿水青山自然本底，健全生态环境保护者受益、使用者付费、破坏者赔偿的利益导向机制，促进生态调节型生态产品价值实现；依托自然风光、历史文化等优势，大力发展文化旅游、康养休闲等产业，提供高品质、多元化的文化服务型生态产品。积极搭建交易平台，推进生态产品供给方与需求方高效对接。

三是大力推动绿色清洁能源突破发展。围绕构建清洁低碳、安全高效的绿色能源体系，高标准编制印发《汉市"十四五"能源发展规划》。全力推进镇巴、南郑区块页岩气勘探开发；加快布局屋顶光伏发电项目，推进大型集中式光伏电站建设；有序推进大型沼气发电、城镇生活垃圾焚烧发电，形成多元化生物质能发电模式；因地制宜发展分散式风电项目和分布式风光综合利用项目；争取佛坪、勉县抽水蓄能电站选址点列入国家抽蓄电站布局规划。优化完善电力、天然气主网架构和输送通道，筑牢能源供应安全底线和保障水平。

四是加快推进大宗固体废弃物综合利用。以尾矿（共伴生矿）、冶炼渣、建筑垃圾、农作物秸秆、再生资源等综合利用产业绿色发展为核心，按照平台集聚发展、产业链补短锻长、市场主体耦合共生的思路，推动大宗固废综合利用产业布局集聚化、利用方式低碳化、技术装备先进化、模式机制创新化和运营管理规范化，实现大宗固废实现绿色、高效、高质、高值、规模化利用。

三、重点项目强支撑

项目是发展之基，是加快区域中心城市建设的重要支撑。我们将加强项目谋划储备，提高项目管理水平，定期组织项目集中开工，引领区域中心城市全面推进。

一是高质量谋划储备项目。围绕碳达峰碳中和，立足自身资源禀赋，抓紧梳理我市项目资源，按照"摸清一批、谋划一批、包装一批、推介一批、招商一批、建设一批"的思路，在生态产品、节能环保、清洁能源、科技创新、绿色金融、人文交流等重点领域，高水平、大手笔策划一批有"含金量""含新量""含绿量"的大项目好项目，切实以高质量项目支撑区域中心城市建设。

二是精细化管理推进项目。建立重点项目动态管理台账，实行市级领导包抓推进和月通报、季观摩制度。实行项目管家制度，精准提供全周期服务保障。发挥专班作用，持续加强未开工重点项目、未达均衡进度重点项目、进展缓慢中央预算内投资项目、进展缓慢地方政府专项债券项目、招商引资项目等"十张清单"交办问题整改。采取现场督导、印发提醒函、督办单等方式，强化协调推进机制，加快推动项目建设。

三是常态化集中开工项目。按照成熟一批、开工一批的要求，重点选择一批具有标志性、引领性、代表性的重点项目，定期组织项目集中开工仪式，形成接续建设、滚动发展的良好态势，营造全市上下聚力加快区域中心城市建设的强大声势。

将黄河元素转化为高质量发展的新动能

山东省惠民县发展和改革局

黄河流经惠民46.5千米，是黄河下游依水而建、因水而美的沿黄农业大县，滩区总面积23.6平方千米，其中耕地3.13万亩。滩区内有村庄3个、人口443人，已全部外迁安置。河道内有浮桥4座、大桥1座、在建大桥1座。2019年以来，惠民县深入学习贯彻习近平总书记关于黄河流域生态保护和高质量发展的重要讲话、重要指示批示和省、市有关会议精神，抢抓黄河流域生态保护和高质量发展上升为国家战略重大机遇，坚持一手抓规划编制、一手抓战略推进，将黄河元素转化为高质量发展的新动能，全力打造黄河流域生态保护和高质量发展惠民示范区，确保早出成果、早见实效。

一、抢抓机遇的比较优势

（一）绿色生态特色优势明显

林多水多湿地多是惠民县生态保护最大特点，近几年，惠民高度重视治污和绿化工作，完成合格造林面积17.6万亩，其中经济林1.6万亩，水系绿化259千米，干线道路绿化423千米，农田林网完成15.7万亩，全县森林覆盖率达45%以上，负氧离子蓄积量达200万立方米，享有"天然氧吧"之称，是一个生态宜居的旅游城市，荣获全国生态文明建设示范县、国家卫生城市、全国绿化模范县、中国绿色名县、国家园林县城、中国温泉之城、省级全域旅游示范区、山东林木种苗转型升级示范区等荣誉称号。

（二）文化旅游资源底蕴深厚

惠民县是孙子故里，渤海革命老区机关驻地，历史文化底蕴深厚，旅游资源丰富。惠民县秦朝置县，北宋筑城，素有"鲁北首邑""燕津门户"之美誉。孙武、东方朔等名士先贤出生于此。陈毅、粟裕等革命先辈曾在此战斗过工作过。拥有国家重点文物保护单位魏氏庄园，国家非物质文化遗产胡集书会和河南张泥塑，还有英国教会医院、宋代古城墙遗址、鼓子秧歌等。4A级景区2家，3A级景区7家，省级工农业旅游示范点9处，省级旅游强镇6个。

（三）现代农业发展根基雄厚

惠民县是传统的农业大县，粮食总产量稳定在8.5亿公斤，建成高标准农田109万亩，荣获全国粮食生产先进县；食用菌栽培面积达到995万平方米，年产鲜菇16.8万吨，位居山东省前列；瓜菜播种面积51万亩，年产165万吨，位居滨州市首位，被列为《全国蔬菜产业发展规划》确定的580个产业重点县之一；全县畜禽存栏1302万头（只），畜牧业及相关产业产值达77.86亿元，拥有畜牧国家级合作社示范社1家，省级6家，国家级标准化示范场3个、省级标准化示范场21个。全县获得"三品一标"认证农产品125个；推出山东省首家县域农产品区域公用品牌——"惠民原耕"，成为在全国第二届农民丰收节全国70个最受市场欢迎的农产品品牌之一。

（四）黄河整治治理富有成效

惠民县黄河堤防46.5千米，全部完成标准化堤防建设，堤防道路全部硬化，淤背区宽度80—100米，顶高程达2000年设防标准。河道整治工程全部除险加固改建，均达到了2000年设防标准，确保大河流量11000立方米每秒洪水不决口，为战胜可能出现的大洪水打下了坚实基础，工程面貌也得到了改善和提升。加强水利工程运行管理，增加工程维修养护力度，及时修复水毁、雨毁工程，对达不到防洪标准的重点工程重点部位加大维修投入，确保工程抗洪强度，水利工程短板得到持续补强。防洪减灾能力不断提升，随着防洪工程建设的逐步完成和黄河调沙河道冲刷，大河主河槽过流能力不断加大，出现漫滩淹没农田的概率减少，黄河流势得到有效控制，滩岸坍塌减少，保护了滩区土地，减少了滩区民众损失，确保沿河两岸的平安。

（五）土地要素利用空间大

一是农村集体土地开发潜力大。惠民县2018年村庄居民点建设用地12892.34公顷，农村人均村庄建设用地面积303.72平方米／人，农村户均村庄建设用地面积971.84平方米／户，人均村庄建设用地面积远高于《山东省村庄规划编制导则（试行）》规定的100平方米／人，建设用地潜力达到7780.7公顷。二是闲置低效用地潜力大。近年来，惠民县把国有闲置低效用地盘活处置作为推进土地综合整治、解决企业指标难、落地难的重要手段，并陆续出台《关于进一步推进闲置低效用地盘活工作的通知》《关于优化国土资源配置，促进土地节约集约利用的实施意见》等相关制度文件，不断提升土地节约集约利用水平，促进全县经济转型升级，取得较好成效。

二、抢抓机遇的做法成效

（一）强化生态优先，推进系统治理

统筹推进"1+1+10"污染防治攻坚和"四减四增"三年行动计划，严格落实产能置换和煤炭消费减量替代，2020年完成市下达的"双控一减"任务目标。强化污染点源监管，坚持对19处重点河流断面每月进行监测通报，市控以上地表水断面全部达标。水环境综合治理清淤疏浚河道55.2千米，新建改建配套建筑物572座，衬砌渠道87.88千米，安装测水量水设施659台，铺设供水管网137千米，29家重点用水单位全部实现在线监测，治理水土流失面积3.25平方千米。

持续推进林水会战提档升级，合格造林16.63万亩，道路绿化覆盖率达95.09%，获批省市级森林乡镇7个。制定《黄河淤背区绿化提升实施方案及设计规划》，加快推进黄河下游生态廊道建设。16.8万亩引黄灌区农业节水续建工程开工建设，地下水超采综合治理项目和利民水库项目正在积极推进中，全面打造"生态惠民"城市名片。

（二）推进城乡融合，提升发展品质

坚持以水定城、以水定地、以水定人、以水定产，重点实施以规"扩"城、以水"润"城、以绿"靓"城、以文"塑"城、以业"兴"城五大文章，打造绿地景观1.5万平方米，建成口袋公园4处1.6万平方米。新建棚改安居房14910套，改造老旧小区107个。持续改善农村人居环境，完成农村危房改造5290户，农村改厕11.9万户，城乡环卫基础设施配备率达100%。依托鑫诚田园生态旅游区等项目加快一二三产业融合发展。36个老旧小区改造全面开工实施；5G基站达到200个。全县路域和农村人居环境综合整治实现全覆盖、无死角，全力推进新型智慧城市四星级试点创建。

（三）突出以产为基，强化产业赋能

突出实施工业强县，规上工业企业达到140家，高新技术产业产值占规模以上工业产值比重达50.56%，高端铝、装备制造、化纤绳网、农副产品深加工四大主导产业占全县工业总量的94.7%。发挥汇宏新材料龙头带动效应，聚焦风电装备、汽车零部件、数控机床与智能设备领域，积极推进20万吨海上风电关键零部件等项目，大通惠民绳网国际智慧物流产业园一期集中入驻暨项目二期开工，入园项目17个。加快实施国家级数字乡村建设试点工程，推进建设"6+1+N"数字惠民体系，惠民县农村产业融合发展示范园列为第三批国家农村产业融合发展示范园创建。粤港澳大湾区"菜篮子"示范基地带动效应持续扩大。新建高标准农田27.85万亩，食用菌栽培面积达950万平方米，苗木繁育面积达23万亩，连续举办九届黄河三角洲绿化苗木交易博览会，推出全省首家县域农产品区域公用品牌"惠民原耕"，省级现代农业产业园顺利通过省级认定。加快培育新兴业态，创建2个中国淘宝镇、22个中国淘宝村。

（四）健全推进机制，保障高效对接

成立惠民县黄河流域生态保护和高质量发展领导小组，制定出台实施惠民县黄河流域生态保护和高质量发展实施规划、"十四五"实施方案、2021年工作要点、领导小组工作规则、领导小组办公室工作细则等系列文件。梳理谋划储备重大工程项目186个，计划总投资724.89亿元。12个省市重点建设项目争取新增用地计划指标1473亩，有力促使项目尽快优质高效落地。大力实施"双招双引"，瞄准国际国内产业链、供应链调整融合方向，挖掘黄河流域"惠民资源"，打通多元化对外开放渠道。主动对接渤海科创城"五院十校N基地"建设，推动"产学研金服用"深度融合。在济南成功举办"人文惠民聚泉畔·孙子故里邀宾朋——孙子故里·惠民文旅（济南）"推介招商会。2021年泰山科技论坛——食用菌产业高质量发展研讨会在惠民县召开，文化搭台、经贸唱戏,打造黄河流域对外开放"新窗口"。

三、存在的问题和不足

(一)县域经济体量小,财力弱,产业结构不合理

改革开放后的40多年,惠民县同全国一样,发生了翻天覆地的变化,人们安居乐业,但横向比惠民县还是吃饭财政,经济体量小,一般预算收入较低,三次产业结构不合理。2020年实现地区生产总值为197.35亿元,在滨州地区位次也比较靠后。其中,第一产业增加值46.73亿元;第二产业增加值57.57亿元;第三产业增加值93.05亿元。三次产业结构为23.7∶29.2∶47.1。三次产业的结构反映的是一定时期内经济发展的结果,第一产业的比例高达23.7%,第二产业只占29.2%,体现的是大农业小工业,反映的是工业发展仍然滞后。第二产业是利税大户,目前全县仅有140家左右的规模以上工业企业,规模小并且企业附加值低,缺乏支柱企业。全县工业企业增加值率为13%,只有4家企业超过了20%,最高的滨州绿能热力有限公司33.46%,多家企业的增加值率在10%以下,低附加值说明其技术含量、企业创新能力不强、生产效率与效益低下,后续发展资金不足,对县域经济的贡献率低。从惠民县支柱企业看,增加值过亿元的工业企业只有3家,税金、利润过亿元的仅有相同的2家,很多企业处于亏损或微利状态。因此,速度与效益的提升依然是惠民县域经济发展要做的大文章。

(二)特色园区带动能力弱、产业链短

风电装备产业链和化纤绳网产业链是惠民县的两个特色产业园区。风电装备产业链中有代表性的国创风能装备有限公司是山东省唯一一家风电产品配套齐全的生产企业和全国最大的风电产品生产企业,配件供应占金风科技60%,占全国市场份额40%以上,本地配套率达70%。化纤绳网产业是惠民县工业企业中行业户数最多的产业,其中有一定规模的企业(年生产销售规模为500万元以上)达600多家,集群区域面积4.5平方千米,辐射面积达到约1000平方千米,占全县面积的73.6%。但是利润总额占全县利润总额份额很少,有代表性的化纤绳网企业,其营业收入增幅都是负值,利润总额占比也很小。这两个特色园区是积极打造的产业链,是拉动县域经济发展的主要动力。绳网企业产业链短、技术含量低,很难提高产品的附加值,对县里财政的贡献较小,但由于从业人员覆盖面广、规模大,对区域发展和藏富于民还是有积极作用的。风电产品同样存在产业链短的问题,但仍属朝阳产业,发展潜力很大,虽然处于微利阶段,仍要长远谋划,加快发展。

(三)文化旅游资源点散、面广、融合度低

惠民县的旅游资源丰富,并且有着悠久的历史,但总的感觉是景区散、知名度低、缺乏统一规划。旅游业与其他产业融合程度较低,协调机制不完善,旅游业态较为单薄。与文化融合方面,没有很好开发利用书会、庙会等资源,没有向市场充分开发展示文物、古迹、泥塑、木版年画、踩鼓等民间艺术和工艺,规模化、产业化程度低。与农业融合方面,农业休闲旅游处于初创时期,采摘园配套设施不完善,高效观光农业刚刚起步,潜能还没得到发挥。与林业融合方面,森林资源、湿地资源、野生动植物资源丰富,但开发利用尚处于低层次,省级孙子故里森林公园由于缺少水源问题成为发展的瓶颈。与河务、水利融合方面,黄河、徒骇河自然资源没有得到开发利用。以温泉为主的旅游开发,既是康体养生,又是体验式旅游的发展方向,但与旅游真正结合的只有圣豪丽景温泉酒店、鑫诚水上乐园,需要统筹谋划,加大发展力度。

(四)农业大而不强,亟须转型升级,区域污染仍然存在

惠民县不论种植面积还是绝对产量在滨州市排在前列,但突出的问题是大而不强,传统种植模式仍占主导地位,农业发展方式粗放,农民的传统农业和传统生产方式的观念根深蒂固,农业的产业化、标准化、规模化、集约化程度低,现代农业龙头企业少,示范效应和带动能力弱,发展难度很大,重大基础设施短板欠账较多,道路标准低,基础设施陈旧老化,严重不适应高质量发展需求。水资源节约集约利用不够,中水回用率低,雨洪资源缺乏有效利用。由于地方财政困难,环保治理资金和配套资金难以足额投入,从一定程度上制约了区域污染防治工作的开展,环境质量面临的形势依然严峻。镇办污水处理设施建设、管理滞后,大部分村庄未完善生活污水排放系统。作为农业大县,由于农药、化肥使用量大,畜禽养殖点多面广,农业面源污染治理亟待解决。

三、推进战略实施的建议

(一)加强政策研究,做好融合文章

聚焦黄河流域经济发展、生态保护、产业结构等重点领域,结合惠民实际,深入研究国家、省市关于黄河流域生态保护和高质量发展的重大政策文件,全面用好国家战略红利。坚持"问题导向"和"有解思维",研究破解影响黄河流域生态保护和高质量发展的难点痛点堵点,提出解决方案,抓好黄河流域生态环境突出问题大排查大整治问题整改,确保黄河战略在惠民落实落地。

(二)突出重大项目,确保落实落地

研究落实好《重大区域战略建设(黄河流域生态保护和高质量发展方向)中央预算内投资专项管理办法》,围绕水资源节约集约利用、水土保持、湿地保护和生态治理、黄河滩区生态整治、环境污染系统治理等重点投资方面,进一步谋划完善项目储备库,督促各镇(街道)、开发区和项目单位做好项目前期工作。调度指导好186个储备项目实施,跟踪做好要素保障,确保项目按时序有序推进。统筹用好中央预算内投资、政府专项债等资金。

(三)全力对上争取,跟踪对接推进

抓住国家、省正在编制生态环境保护、水利、黄河生态廊道、文化保护传承弘扬、黄河三角洲国家级自然保护区生态保护与修复等专项规划的有利时机,协同各镇(街道)、开发区和各成员单位加大对上争取力度,确保更多惠民事项、惠民项目、惠民元素纳入国家和省市大盘子。紧盯黄河流域专项债券项目和中央预算内专项资金项目,全力做好沟通对接、汇报争取,确保获得更多资金支持。

(四)统筹协调推进,形成工作合力

发挥领导小组办公室综合指导和统筹协调作用,建立沟通会商机制,适时召开办公室工作会议或专题会议,落实领导小组决策部署,通报工作进展情况,研究有关问题,推动相关工作。各成员单位要根据领导小组部署,设立工作专班,合力推进重点工作落实,共同推进黄河流域生态保护和高质量发展。

以企业感受为第一感受
多举措优化营商环境

江西省南丰县发展和改革委员会

为全面贯彻落实中央、省、市关于优化营商环境的决策部署，打造我县"四最"营商环境，提升政务服务效能，增强群众和市场主体的获得感、满意度，我县结合实际，开展了一系列优化营商环境工作，表现在：

一、健全优化营商环境工作推进机制

一是参照市政府有关文件精神，将南丰县降低企业成本、优化发展环境专项行动领导小组调整为南丰县优化营商环境工作领导小组，进一步明确领导小组工作职责和内设专项小组及其工作职责。二是印发了《关于在全县开展影响发展环境突出问题专项整治的实施方案》的通知（丰办发〔2021〕3号），推动损害营商环境、窗口单位服务功能不完善（文明创建）等七个方面突出问题专项整治工作落到实处；成立全县开展影响发展环境突出问题专项整治领导小组，领导小组办公室下设损害营商环境专项整治等7个专项工作组，形成工作合力。专项整治工作实行项目化推进机制，各牵头单位建立专项整治工作台账，做到有问题清单、有整改措施，明确目标任务、责任主体、进度时限；建立会商调度机制，及时了解掌握工作进展，确保任务件件落实，整治取得成效。2021年1月19日召开全县影响发展环境突出问题专项整治工作动员大会，随后全县85个县直单位及12个乡镇都召开了影响发展环境突出问题专项整治动员会议。3月10日召开南丰县优化营商环境工作调度会，5月11日召开2021年度南丰县营商环境企业评价工作调度会。

二、切实做好营商环境自评价工作

统筹协调各单位开展营商环境评价工作，印发《关于报送全省营商环境评价工作材料的通知》《南丰县落实〈江西省营商环境评价指标体系（修订）〉分工责任表》，落实任务分工，压实工作责任，配合做好省营商环境评价工作；组织召开南丰县优化营商环境企业家座谈会；制定《南丰县关于开展营商环境企业评价工作实施方案》《南丰县营商环境企业评价宣传工作方案》，联系电信运营商对我县市场主体短信推送企业评价问卷调查和问卷调查填报要点；县直各部门、各乡镇积极利用横幅、电子显示屏、宣传栏等鼓励广大市场主体积极参与测评,通过实地走访、微信群、电话、微信公众号等方式向市场主体进行动员宣传,并安排专人上门指导填写企业评价问卷,确保省营商环境企业评价工作顺利开展,截至5月31日,已完成296户市场主体企业评问卷调查。

三、认真开展优化营商环境电视公开承诺活动

根据《抚州市优化提升营商环境十条措施》(抚办发〔2021〕4号)精神,县政府印发《关于开展"优化营商环境电视公开承诺"活动的通知》(丰府办字〔2021〕9号),组织28个相关单位主要负责人就本单位深化"放管服"改革、优化营商环境的举措及开展损害营商环境问题专项整治工作的举措在南丰电视台向全社会做出公开承诺,进一步提高有关单位的责任意识。从3月3日起,公开承诺在南丰电视台播放,南丰县政府网站、南丰发布公众号中逐一发布,营造全社会广泛参与,共同努力优化营商环境的良好氛围,推动我县营商环境不断提升。

四、切实加强优化营商环境宣传力度

在南丰县人民政府网站、南丰发布微信公众号、抖音APP等媒体平台发布南丰县关于开展影响发展环境突出问题专项整治受理监督举报的公告,公布受理范围、整治时间节点、监督举报方式等,广泛宣传专项整治工作的重要性和必要性;拟定并下发30条影响发展环境突出问题专项整治的宣传标语,要求各地各单位充分利用微信公众号、电子显示屏、条幅、公告栏等载体加强宣传,营造氛围;动员各地各单位参加江西省优化营商环境条例专场知识竞赛活动。县营商办(发改委)加强与宣传部、融媒体中心的沟通衔接,对我县优化营商环境的决策部署、特色做法和工作成效积极进行宣传报道,营造全县上下共同优化营商环境的浓厚氛围,使企业感受到我县深化"放管服"改革的决心、全力服务企业的真心和打造一流营商环境的信心。

五、深入开展损害营商环境问题专项整治

制定《关于在全县开展损害营商环境问题专项整治的实施方案》,对各地各单位分别就行政审批、行政执法、政策兑现、干预插手和其他违反《优化营商环境条例》等方面的突出问题进行逐项梳理,组织自查自纠,建立问题台账,开展专项检查,严肃查处曝光;针对营商环境自评价中反映我县企业开办、行政审批、不动产登记、注销业务、政府诚信、缴纳税费、企业维权、政府政策等方面的11条问题,督促相关责任部门进行整改与自查,制定具体整改措施,明确整改时限,建立整改台账,实行销号管理,确保整改成效。同时,广泛接受社会监督,及时受理监督举报。利用电视、宣传栏、网站、微信公众号等平台公布监督举报方式,畅通群众和市场主体的投诉举报渠道。如:1月27日,南丰县发改委收到懋记永利行商业保理(深圳)有限公司来信反映南丰县存在损害营商环境、影响发展环境问题的举报后,立即开展了调查取

证工作，对江西驰誉汽车零部件有限公司进行企业实地走访查证。并将调查结果形成文件，印发《关于懋记永利行商业保理（深圳）有限公司反映南丰县损害营商环境、影响发展环境问题的回复函》（丰发改函〔2021〕5号），及时向上级部门与举报方进行反馈。截至目前，县发改委受理企业反映问题2条，市营商办转办线索2条，回复率100%。

六、落实常态化政企沟通机制

按照《抚州市优化提升营商环境十条措施》（抚办发〔2021〕4号）要求，每季度召开1次企业家座谈会，现场收集和解决企业反映的困难问题，建立问题台账，目前已收集10家企业反映的16个问题，部门回复率100%；行业主管部门定期组织召开企业座谈会，宣讲惠企政策，现场为企业答疑解惑，助力企业解决发展问题。

关于我县新型城镇化建设情况的调研报告

贵州省玉屏侗族自治县发展和改革局

新型城镇化是"十四五"规划的"四化"之一，推进新型城镇化建设，是巩固脱贫攻坚成果与乡村振兴有效衔接、建设城乡融合发展示范区的重要抓手。围绕新型城镇化发展的主题，深入我县各乡（镇、街道）进行了实地调研，现将调研情况报告如下：

一、我县新型城镇化建设工作成效

县委、县政府高度重视并积极推进新型城镇化建设，以国家第二批新型城镇化试点为契机，制定出台了《玉屏侗族自治县国家新型城镇化综合试点实施方案（2016—2020）》，为全县新型城镇化建设明确了实现路径，提供了基本遵循。各乡（镇、街道）、各部门认真贯彻落实，不断优化工作思路，完善配套措施，加大推进力度和建设进度，产业发展和人口聚集效应初步显现，城镇基础设施和公共服务不断完善，新型城镇化建设进程进一步加快。截至2020年底，全县常住总人口19.13万人，城镇常住人口11.59万人，常住人口城镇化率达60.57%。城市建成区面积25.88平方千米，道路网密度5.8/千米，建成区绿化覆盖率30%，城镇公共供水普及率100%，城镇生活污水处理率91.16%，城乡生活垃圾无害化处理率83.2%。

（一）注重规划编制，城乡布局进一步优化

紧紧围绕全县经济社会发展规划，统筹产业发展、土地利用、资源禀赋、文化传统和地域特点，精心编制各类规划。县城乡总体规划修编，镇总体规划、中心城区控规编制全面推进，基本形成城乡总体规划、镇总体规划、村庄规划、控制性详细规划和专项规划构成的层次分明、定位清晰、功能互补的城乡规划体系。目前，正在开展国土空间规划编制"三区三线"划定工作。

（二）注重项目建设，扩容提质进一步加快

围绕城镇化发展中心任务，谋划实施了一批基础设施和公共服务设施建设重点项目，G320国道改扩建工程（大龙—玉屏段）建成通车，环屏山公园道路全面建成，改扩建七眼桥，完成危桥改造13座，实施生命安防工程187.69千米，农村公路总里程达1328.6千米。实施县中医院、县妇幼保健院整体搬迁，完成74所村卫生室标准化建设，新建（改扩建）学校8所，新增学位8010个。建成9个易地扶贫搬迁集中安置点。南环线、玉九公路、茅坪大桥扩建、县传染病医院、县城污水处理厂搬迁等项目正在有序建设。

（三）注重综合治理，管理水平进一步提高

制定了《玉屏侗族自治县城乡规划建设管理条例》《玉屏侗族自治县乡村生活垃圾和生活污水治理条例》《玉屏侗族自治县农村建房管理暂行办法》等地方法规和规范性文件，实现了城市管理网格化管理，大力开展农村环境综合治理，城市管理逐步向镇村延伸。

（四）注重产业培育，产城融合进一步显现

农业方面形成了油茶、生猪养殖、精品水果（黄桃）、食用菌四大主导产业。

2020年油茶种植面积达22.4万亩，生猪出栏21.66万头，果园投产总面积达4.3万亩，食用菌种植7640万棒。工业方面大龙经济开发区新型功能材料产业集群跻身第一批国家战略性新兴产业集群名单，2020年12月中伟新材料股份有限公司在深圳成功上市。服务业方面侗乡风情园申报国家AAAA级景区已通过初审。

2020年12月被省发改委认定为省级现代服务业集聚区，2020年全县共接待游客1028.08万人次，同比增长11.68%，实现旅游综合收入82.35亿元，同比增长11.81%。

（五）注重生态建设，人居环境进一步改善

近年来，以脱贫攻坚统揽经济社会发展全局，农村人居环境明显改善，农村户用卫生厕所普及率达85%，行政村公共厕所全覆盖，建成沙子坳等13个村污水处理设施，建制镇污水处理厂全覆盖，城乡生活垃圾收运系统全覆盖。持续开展植树造林，森林覆盖率稳步提升至55.9%。2020年县城空气质量优良天数比例98.1%，积极探索民俗农耕、田园养生、采摘体验、观光科普等多种业态的"旅游+农业"发展模式，助力脱贫攻坚和乡村振兴战略。

二、存在的主要问题

（一）思想认识不够到位

部分干部对新型城镇化的认识有误区。一是固守传统的思维定式。片面地认为新型城镇化就是改旧城、造新城，扩大城市规模，提高城镇化率，而对人的城镇化、产业的培育、"人往哪里去、地从何处来、钱从何处出"等问题重视和研究不够。二是工作推进有畏难情绪。对新型城镇化建设缺项目、少资金问题没有有效的解决办法，缺乏敢想敢试、激情干事、主动担当精神。

（二）工作机制有待完善

一是缺少宏观指导规划。新型城镇化建设缺少功能定位准确、发展方向明确的宏观指导性规划，建设的随意性较大。二是议事协调机制不健全。没有及时成立新型城镇化建设领导小组，玉屏和大龙经开区部门之间各有政策、互不衔接，影响新型城镇化的发展。

（三）"四大问题"亟须破解

资金短缺、人才匮乏、产业滞后和用地指标仍是制约影响我县城镇化发展的四大瓶颈问题。一是建设资金短缺。我县财力相对薄弱，财政对新型城镇化建设的投入明显不足，"政府引导、

社会参与、多元投入"的城市建设投融资运营机制没有完全建立，社会、企业参与建设的积极性不高，融资难度大，资金短缺是影响和制约城市建设的最大瓶颈。二是专业人才匮乏。缺乏城市设计、建筑设计、城市管理、建筑业高级管理、乡村规划管理等专门人才，专业技术力量非常薄弱。三是产业培育滞后。虽有特色产业，但产业层次低，集聚效应差，对农村富余劳动力的吸纳能力有限，导致城乡融合发展后劲不足，支撑能力不强。四是用地保障困难。城市建设用地总量严重不足，一些行业和用地单位在项目建设中依法依规用地的意识不强，个别未按期开发项目还存在用地批而未征、征而未供、供而未用等问题，造成土地资源浪费，城市建设用地供需矛盾非常突出。

（四）公共设施不够完善

随着城市规模体量的不断扩张，上学难、入园难、就医难、停车难、如厕难、划行归市等"城市病"日益凸显，现有的水、电、气、路等公共服务设施已不能满足新型城镇化发展的需求。城镇化建设中重物轻人、重效益轻配套、重外延轻内涵的问题较为突出。

（五）规划编制略显滞后

一是规划还不完善。控制性详细规划编制还存在一定差距。二是规划前瞻性不强。政治、经济、文化、生态、产业等功能分区不够清晰；学校、幼儿园、医院、养老、便民市场布局不够合理；公共服务、文化娱乐、体育健身等设施场地少；地下管网混乱，老城区上下班高峰交通拥堵的问题越来越突出，停车场所等交通设施不完善。

三、意见建议

（一）优化发展思路，着力提升新型城镇化发展质量

一是提高思想认识。建议全县各级特别是领导干部要深刻领会建成"全国城乡融合发展示范区"的目标定位，进一步提高思想自觉和行动自觉，压实工作责任，细化目标任务，分年度制定新型城镇化建设的重点项目、任务措施，把任务细化分解到具体部门和责任人身上，形成层层有目标、人人有责任、合力促落实的工作格局。二是优化发展思路。坚持以人为核心的城镇化，城乡规划、建设、公共服务设施配套都要以保障和满足人的需要为标准来谋划和实施。坚持积极推进、分类指导，县城规划建设要突出地域特色和文化内涵，乡镇和村社规划建设要突出农村特点和乡土特色。三是提高担当意识。牢固树立敢于创新，勇于尝试，积极担当，激情干事的思想，以强烈的责任感、使命感和时不我待的工作劲头，全力推进新型城镇化建设，确保全面完成县委、县政府确定的目标任务。

（二）完善工作机制，着力提升新型城镇化整体推进水平

一是制定发展规划。建议根据我县新型城镇化建设具体实际，研究制定能够彰显城镇特色风貌、展示地域历史文化、具有可操作性、管长远的发展规划，指导我县新型城镇化建设。二是健全组织机构。建议尽快成立领导小组，建立联席会议制度，指定主抓牵头部门，定期研究存在问题，充分发挥协调各方、统筹推进、指导建设的作用，着力解决部门政策不衔接，力量分散、各自为战、形不成合力的问题。

（三）坚持规划引领，着力提升新型城镇化发展内涵

一是把规划作为引领发展的龙头和先手工作。在充分调研论证、做细前期研究，掌握具体情况的基础上，编制好县城和整县控制性详细规划，制定好、修编好、完善好规划体系，做到功能齐全、不留死角。建议以编制国土空间规划为契机，同步开展县城区域及重点地方的控制性详细规划，使控制性、详细规划全覆盖。二是严格执行规划。制定强有力的规划执行制度，增强制度执行力，维护好规划的指导性和严肃性。成立城市规划评审委员会，由城市规划专家（包括熟悉我县地域和文化的本土专家）和部门业务骨干组成，切实尊重和维护专家坚持学术原则的独立立场和职业操守，营造规范公正的制度意识，自觉接受群众和媒体监督。三是用规划引领和调度城市建设。坚持用规划项目开展招商引资，吸引社会资本参与城镇化建设，充分发挥规划的导向作用，加快新型城镇化建设步伐。建议尽快建设南环线二期道路工程（三角道中和石油库至七里塘段）及野鸡河大桥，拉通新320国道，有效缓解城区的交通压力。

（四）推进配套改革，着力提升新型城镇化发展动力

一是创新投融资机制。加快新型城镇化建设投融资机制改革，创新金融服务，放开市场准入，逐步建立多元化、可持续的城镇化资金保障机制。充分发挥政府对投融资的引导作用，加大城镇基础设施投入，整合财政、土地、金融等各类资源，积极探索和建立城镇基础设施项目统一规划、收益综合平衡、债务总量控制和风险有效管控的投融资机制。加大招商引资力度，推行PPP模式，形成"政府引导、市场取向、多元投入"的城建投融资体制。二是培养引进人才。重视培养和引进懂城市、会谋划、善经营的专业技术人才。建议组织和人事部门从培养和引进两个方面着手，定出计划，加大力度，尽快落实。三是培育产业体系。立足我县资源禀赋、产业基础和交通区位优势，培育主导产业，做大、做精、做细、做优、做强油茶、生猪、精品水果（黄桃）、食用菌等特色优势产业，大力培育优势明显、体系完整的产业集中区，并在营商环境、招商引资、培育龙头企业和专业合作社上下功夫。鼓励农民依托资源优势，发展农产品加工业和商贸、餐饮、货运等服务业，努力拓宽农民增收渠道，以产业支撑和带动新型城镇化发展。四是深化土地管理制度改革。严格依法征收土地，规范高效供应土地，坚持经营性用地一律招拍挂制度，充分发挥市场的主导作用，实现土地资源效益的最大化，有力保证新型城镇化重点项目的顺利实施。五是创新户籍管理制度。只有加快新型城镇化进程，吸引更多的农业人口到城镇定居，才能提高城镇化率。必须围绕农业转移人口"进得来、过得好、离得开、留得住、可持续"的目标，积极探索农业转移人口进城落户有偿转让土地承包经营权、宅基地使用权、集体收益分配权，为进城安居获得必要的资产性收益，也为农业现代化腾出空间，实现农业转移人口"职业上从农业到非农业、地域上从农村到城镇、身份上从农民到市民"的转换。

（五）创新经营理念，着力提升城市经营管理水平

一是解放思想，转变经营模式。在城市经营上要着力实现"六个转变"，即：由政府投资建设为主向多渠道吸引社会资本参与建设为主转变；由建设城市为主向经营城市为主转变；由"单一产业支撑"向"主业引领多元支撑",走产城融合发展路子转变;由"简单要素聚集"向"内涵品质提升"转变;由主管部门负责建设为主向各类实体平台公司建设为主转变;城市功能由混合发展为主向以功能分区建设为主转变。二是盘活资产,搞活经营方式。在经营方式上要深化城市建设主体改革,采取政府注资、项目资金作为资本金,实行市场运作和企业化管理,代政府行使建设、经营、管理等职能。盘活城市道路、桥梁、体育场及公共设施等有形资产和城市户外广告、商业活动、城市雕塑、特许经营权、冠名权等无形资产,把实物形态转化为价值形态,多渠道、多形式筹集建设资金,着力减轻政府筹资压力。三是资产运作,引入市场机制。积极推进供水、供气、环卫、公交、园林绿化等市场化改革,使其成为市场竞争主体,吸纳社会资本参与经营。把城市建设项目推向市场,最大限度地挖掘城市资产效益。四是加大土地资源利用,提高土地附加值。城市土地是城市设施中最丰厚的资源,经营城市的关键是经营好城市土地。要管好土地一级市场,土地使用权出让一律进入土地交易中心,挂牌招标、拍卖出让。加强城区土地储备开发,对规划用地先期投入,将"生"地养成"熟"地。规范产权交易二级市场,健全完善相关管理制度,建立科学、规范的有形建筑市场,促进公平竞争。优化经营环境,为城市土地经营提供优良便利的条件。

(六)完善基础配套,着力提升城市居民的幸福指数

一是完善公共服务设施。建议按照城区发展拓展和人口居住实际,调整教育布局结构,新补建一些学校、幼儿园,解决日益增加的学龄儿童就学需求和幼儿园总量不足、入园难等突出问题。预留一部分建设用地,增加居民健身活动场地,方便居民就近强身健体。建议在国土空间规划中充分考虑城区市政基础设施和配套设施的短板,按标准统一规划建设市政公厕、幼儿园、小学、养老等基础设施,今后的房地产开发项目中可以按标准缴纳异地建设费用。二是合理定位功能分区。在发展定位上,鉴于老城区发展空间日益狭小的实际,建议不搞大的开发建设,对腾退置换出的土地,优先考虑布建幼儿园、医院、便民市场、商业街区和城市社区活动中心。三是完善城镇功能配套。以棚户区改造、老旧小区改造和背街小巷改造为抓手,大力实施城市更新行动,切实改善群众居住生活环境,改造建设一批智能停车场和公厕,切实解决出行难、停车难、如厕难等问题。加快城乡基础设施和公共服务设施的建设力度,完善功能配套,实现基本公共服务的均等化,让城乡居民共享新型城镇化建设成果,实现就近就地城镇化。建议对老城区的县武装部进行搬迁,该地块用于修建市民广场、地下停车场及防空地下室,有效解决老城区停车难和增加市民休闲空间。四是在做实城市主题上下功夫。深入挖掘我县阳明文化、馆驿文化、箫笛文化、油茶文化等历史文化、人文特色和资源特色,夯实城市主题内涵,配建休闲度假、观光旅游、养生保健等相关载体,拓展丰富旅游要素,加大宣传推介力度,讲好小城故事,给国内外游客留下深刻的玉屏记忆,不断提升我县的对外影响力。

坚持高质量发展理念
助力"一谷一城"建设

吉林省临江市发展和改革局

临江市把全面建设中国绿色有机谷·长白山森林食药城作为高质量推动绿色发展转型振兴的载体，融入经济社会发展的全部过程和各个环节，争当新时代"一谷一城"建设的"样板地"和"模范生"。

一、提升经济治理质效，为全面写好"一谷一城"建设临江篇壮大实力，提升潜力

以提升经济发展质量和效益为核心，坚定不移打好转型升级系列组合拳，确保经济增长稳在中高速，发展质量迈向中高端。把牢产业培育主攻方向。坚持重大项目向矿产新材料、矿泉饮品、医药健康、文化旅游、边境经济"新五样"倾斜，重大资金向"新五样"投入、保障要素向"新五样"集中。矿产新材料产业坚持改旧和育新并重。以"统管、合建、共享"为定位，推动省级硅藻土开发区和国家新材料产业示范园区申报建设，打好产业整合关键一招。灵活实施靠大联强、转产嫁接等手段，实现产业"老树发新芽"，无中生有，有中生新。矿泉饮品产业坚持提产和增效并举。千方百计保障农夫山泉一厂满负荷生产，大力发展包装加工、物流配送等"围水产业"，加快实施铁路物流园区、现代物流仓储等配套项目建设。引导产品系列由天然水向功能水、软饮料等方向延伸，有序推进果、粮、菌、参等道地特产与矿泉资源深度融合开发。医药健康产业形成龙头和集群效应。全力稳定重点企业生产经营，保障葵花药业、厚爱一期等竣工项目加速投产达效。支持中药材种植基地、上下游企业配套连锁发展，形成"引来一个、带动一批、辐射一片"的聚集效应。文化旅游产业坚持月亮和星星齐抓。既大手笔加速谋划和落地建设一批规模型冰雪游、影视游、红色游、生态游、边境游项目，又全域推动松岭雪村等乡村旅游景点特色化发展。努力打造生态旅游大市、冰雪旅游强市、避暑养生名市、边境旅游示范市。全力以赴抓好项目建设。精准开展好专职招商、商会招商、以商招商、全民招商、招才引智和"雁归工程"等重点工作。利用"冬春会战"时间，抓紧破解意向项目谈判症结。开展"百日攻坚"行动，全力攻克解决项目手续、土地、施工等一系列"卡脖子"问题，特事特办、急事急办。不折不扣落实减税降费各项政策，减轻企业负担，释放市场活力。坚持以法治思维和法治方式服务企业、解决问题，以零容忍态度坚决查处影响行政效能和损害经济发展环境的各类行为。

二、提升机制治理成效，为全面写好"一谷一城"建设临江篇释放红利，增添动力

大力构建深层次改革、高水平开放和全领域创新的体制机制。深化改革方面，以深化"最多跑一次"改革成效为龙头，探索实施工业项目建设"标准地"改革和"容缺审批"机制。扩大开放方面，积极融入"一带一路"和吉林省"一主六双"产业空间布局，深度对接医药产业走廊、开发开放经济带、旅游大环线、白通丹大通道等省级专项规划，促进边境经济发展。推动创新方面，坚定不移地深入推进理念、产业、企业、能力、制度、人才、环境等"七个创新"战略实施，推进首创科技成果就地转化。

三、提升乡村治理水平，为全面写好"一谷一城"建设临江篇扮靓底色，夯实根基

突出农业农村优先发展地位，努力让农业成为殷实的产业，农民成为体面的职业，农村成为美好的家园。打好环境整治持久战。坚定不移地实施好美丽乡村建设"干净、整洁、美丽、富饶"四步走战略，确保环境整治持久、资金投入持久、包保联动持久。在保持干净、整洁基础上，紧扣"美丽"目标，推动农村绿化、美化、亮化、文化建设提品味，上档次。扎实开展干净厕所、移风易俗、农村风貌"三大革命"。巩固推进"四好农村路"建设，补齐林下经济节点路、通林场路等短板。

四、提升生态治理优势，为全面写好"一谷一城"建设临江篇擦亮底牌，塑造品牌

始终把良好生态作为临江最大的本钱、最亮的底牌、最强的优势，统筹生产、生活、生态三大空间，当好践行"两山理论"的样板地、模范生。坚持以最严格的要求抓生态治理。统筹抓好"一谷一城"建设的林、山、水、土、大气、环境"六篇文章"，深入实施大气、水体、土壤污染防治计划，坚决打赢蓝天、碧水、青山、黑土地、草原湿地"五大保卫战"。

五、提升社会治理能力，为全面写好"一谷一城"建设临江篇汇聚民心，凝聚合力

始终秉承民之所望、政之所向，以法治和善治之举不断提升群众幸福感、安全感和满意度。着力加强和改善民生。牢牢坚持教育优先发展，扎实启动好培养中小学生良好习惯、课后托管服务等工作，健全完善优质均衡教育生态链，不断提升各学段教育质量。抓好健康临江建设，深化医疗、医保、医药改革联动和"医联体"建设，健全分级诊疗、现代医院管理和药品供应保障制度，实现异地就医"一站式"结算，完成临江市中医院、发热门诊和呼吸科病房建设，促进城乡医疗资源上下贯通、全面共享。着力抓好城乡建设和管理。启动鸭绿江重点段二期治理、中小河流治理和临城水库应急度汛，雨污分流改造和老旧小区配套设施改造工程。坚定不移推

进"九城联创",全面加强供热、养犬、噪音、物业、占道经营、违章建筑等领域的监管和整治力度。

六、提升文化治理理念,为全面写好"一谷一城"建设临江篇增添底蕴,注入灵魂

以争创全国文明城市为载体,着力践行社会主义核心价值观,在全社会培育爱党爱国爱家乡的家国情怀。持续开展文明单位、文明村镇等创建活动和"临江好人"评选,加快形成市民文明公约等约束性保障措施,唱响主旋律,传播正能量。持续开展基层组织文艺擂台赛、电影下乡、送戏下乡等活动,丰富群众文化娱乐生活。深度开发利用好爱国主义教育基地,弘扬传承好"四保临江"、东北抗联等宝贵精神财富。强化遗址遗迹和非物质文化遗产的抢救性保护,推动历史文化街区及历史建筑修复,积极争创国家历史文化名城。

做强开放"桥头堡" 争当发展"排头兵"

湖南省岳阳市政协副主席、市发改委主任 刘晓英

习近平总书记要求湖南着力打造内陆地区改革开放高地,为湖南全面深化改革开放指明了战略方向、提供了行动指南。岳阳临江畔湖、通江达海,是湖南对外开放桥头堡,在湖南打造内陆地区改革开放高地中发挥着举足轻重的作用。近年来,随着自贸区片区、港口型国家物流枢纽获批,进出口总额跃居全省第二,岳阳开放发展站在了新的更高起点。面对新形势、新格局、新要求,唯有以更大力度推进全方位高水平的开放,才能彰显省域副中心城市的担当和作为。

一、最迫切的是要畅物流、促循环

目前,岳阳已基本建成"公铁水空"综合立体交通网络,具备扩大开放的基本条件。但是与高水平、高质量对外开放的要求相比,也还存在交通衔接不够顺畅、物流组织不够优化等堵点和短板,需要有针对性地予以破解。

一是拓展对外物流通道。全面对接长江黄金水道,加强全省高等级航道建设,增强"一湖四水"通航能力,支持省港务集团整合提升全省航线资源,推进国际水运直达航线和接力航线常态运营,提高通江达海水平。积极推动常岳昌、荆岳等铁路纳入国家规划,争取早日落地建设,填补湘北地区东西向铁路空白。加快三荷机场改扩建,完善货运功能,推动建设区域性航空货运枢纽。

二是健全多式联运体系。以城陵矶港为核心,加强铁路专用线、疏港公路等港口集疏运网络建设,完善水水、铁水、公水等多式联运体系,构建以多式联运为核心的干线物流组织与运营平台,为客户提供包括采购、物流组织、进出口通关、保税物流、供应链金融等一体化集成的供应链管理服务。依托岳阳多式联运体系进行区域货源集聚分拨,建设运营粤港澳大湾区—岳阳等跨区域物流大通道,导入更多货运流量,打造区域货物集散、转运、分拨中心。

三是壮大物流市场主体。按照产业链发展思路,持续招大引强,重点抓好与京东物流等战略投资者的招商对接,着力引进一批国内外知名物流企业来岳投资兴业。支持本地物流企业通过参股控股、兼并重组、协作联盟等方式做大做强,积极引导现有运输、仓储、货代、联运、快递企业实施改造提升、功能整合和服务延伸。加强物流设施整合提升与疏解腾退工作统筹,推进分散布局的小、散物流企业整合入园,提高物流发展能力。

二、最基础的是要筑平台、强功能

打造开放高地，离不开高水平的开放平台支撑。只有平台越健全、功能越完善，开放发展才能行稳致远。

一是用好试验平台。一方面，用好中国（湖南）自由贸易试验区岳阳片区平台，全面推广复制自贸区试点经验，聚焦国家和省里明确的改革试点任务，加快在政府职能转变、投资体制改革、贸易提质发展、金融开放创新、科技引领支撑等领域先行先试，探索一批可复制推广的创新成果，打造自贸区改革创新标杆。另一方面，用好中国（岳阳）跨境电子商务综合试验区平台，推进"两平台七体系"建设，引导各类要素集聚与融合，构建集通关监管、质量认证、资金结算和退免税服务、信用风险防控、跨境电商统计等于一体的综合服务体系。

二是完善口岸平台。加强水运口岸建设，推进进口肉类、进口粮食指定口岸和汽车整车进口口岸高效运营，积极申报建设进境水果、进境冰鲜水产品、进境原木指定监管场地，完善水运口岸功能。加强公路口岸建设，大力发展公路运输业务，开通到香港、澳门口岸监管直通车，构建高效率、低成本的鲜活农产品快速直达运输网络，形成鲜活农产品流通绿色通道。加强铁路口岸建设，推进岳阳中欧班列站点建设，打造岳阳与欧洲国家货物物流"高速路"。加强航空口岸建设，推进岳阳三荷机场航空口岸申报，争取尽早开辟国际航线，打造中部地区重要的货物枢纽。

三是做强园区平台。对照"五好"园区要求，实施产业园区提质攻坚行动，推动园区高质量发展。引导园区培育壮大主导产业，推动建立亩产效益评价体系。加快园区体制机制创新，推行"去行政化"改革，鼓励园区跨区域采取托管、飞地等方式加强合作，重点推动汨罗湖南工程机械配套产业园、湘阴湖南省先进装备制造（新能源）产业园建设。加快完善园区基础配套和服务功能，推动公共服务综合体和智慧园区建设。依托各类产业园区，加强高能级创新创业平台建设，着力构建"众创空间—孵化器—加速器—专业园区"完整孵化链条。

三、最根本的是要兴产业、增动力

没有特色优势产业的支撑，开放发展就会变成无源之水，无本之木。

一是打造集群。按照扬优势、锻长板的思路，加快发展主导产业，着力打造石油化工、食品加工、现代物流、装备制造、电子信息、文化旅游、电力能源等七大千亿产业集群。大力推动新材料、生物医药、节能环保、航空航天等战略性新兴产业扩量增效，着力打造一批具有地域特色和区域影响力的产业基地、龙头企业和拳头产品。树牢产业链思维，注重梳理产业链核心配套企业和上下游产品，加强产业链精准招商，大力引进三类500强企业以及产业链优质企业，促进产业链上下游、大中小企业融通发展。

二是丰富业态。发挥自贸区片区和综保区政策优势，创新发展加工贸易，重点引进电子信息、装备制造、新材料、粮食加工等加工贸易企业。加快发展研发设计、物流服务、会展服务、采购与营销服务、人力资源服务等生产性服务外包，做大服务贸易"盘子"。积极引进建筑设计、商贸物流、电子商务、育幼养老等国际商务服务企业，鼓励发展国际中转、国际采购、进口分拨、出口配送等新型物流业态。

三是培育龙头。注重扶优扶强龙头骨干企业，培育壮大一批具有市场带动力的大型企业集团，积极引导中小企业融入产业链龙头企业供应链，深化协作配套和专业化分工。加快构建从科技型中小企业、高新技术企业、瞪羚企业到独角兽企业的科技企业梯次培育机制，推动形成科技型中小企业铺天盖地、高新技术企业顶天立地、创新型领军企业改天换地的发展格局。引导化工、纺织、农产品加工等行业龙头企业加大对外投资合作，鼓励工程承包企业加大承包服务范围，发展国际设计、咨询业务，承揽技术密集型、资本密集型等高质量境外工程承包项目。

四、最关键的是要重服务、优环境

当前，城市经济发展之间的竞争很大程度上体现的是营商环境的竞争。好的营商环境既是生产力，也是竞争力。近年来，岳阳市在优化营商环境上狠下功夫，取得了阶段性成效，连续两年在省营商环境评价中居第三位。但是也还存在思想解放不够、工作标准不高、部门协同不力等问题，优化营商环境仍然任重道远。

一是突出市场导向。全面实施市场准入负面清单制度，落实"非禁即入"原则，打破各种形式的不合理限制和隐性壁垒，清理在市场准入负面清单之外对民营企业设置的不合理或歧视性准入措施。创新市场监管方式，健全完善企业产权保护、公平竞争审查、要素交易等市场制度，推动建设高标准市场体系。全面优化政务服务，持续推进"最多跑一次"和"一件事一次办"改革，大力实施审批服务事项减材料、减时间、减程序、减跑动，加快政府运行方式、业务流程和服务模式数字化智能化进程，建立健全"横向到边、纵向到底"的政务数据共享平台，实现政务服务就近能办、异地可办、区域通办、全程网办。加强政务诚信建设，推动政府承诺事项落实，设置畅通管用的投诉渠道，对政府和公共部门违规毁约、不守承诺、拖欠账款等不诚信行为依法追责。

二是强化法治保障。加强地方性法规、规章和规范性文件的"立改废释"，着力营造公正、稳定、可预期的法治环境。实行公正监管和依法行政，对各类市场主体一视同仁，依法平等保护各类所有制企业权益。加大对违法违规行为的处罚力度，使违法者得不偿失。加强司法保护，杜绝权力干预司法和地方保护。

三是对标国际先进。主动对标国际先进标准、先进水平，深化重点领域和环节改革，打破惯性思维和路径依赖，加速与国际经贸通行规则接轨。全面实施外商投资法、外商投资准入负面清单，减少外资企业投资经营限制，简化进出口通关手续，促进投资贸易自由化便利化。

坚持生态优先绿色发展
促进白城提速振兴蝶变跃升

吉林省白城市发展和改革委员

党的十八大以来，白城市发展和改革委员会高举习近平新时代中国特色社会主义思想伟大旗帜，全面落实习近平总书记视察吉林重要讲话重要指示精神，把深化各领域改革作为白城市打造区域中心城、生态经济先导区、乡村振兴创新区、生态文明示范区"一城三区"，实现整体经济稳中求进，促进高质量发展的重要抓手，积极探索实践、锐意改革创新，推动全市先后获得"全国水生态文明城市""国家园林城市""全国绿化模范城市""全国优秀海绵城市""中国最具投资价值城市""中国弱碱地稻米之乡"等荣誉称号，走出一条生态优先、绿色发展的具有白城特色的高质量发展新路。

一、调结构、促发展，经济体制改革取得新进展

（一）加速发展氢能产业

抢抓吉林省"一主、六双"产业空间布局有利契机，以《白城市新能源与氢能产业发展规划》为蓝图，以"中国北方氢谷"产业发展战略联盟为平台，以打造氢能"制储运用"和氢能装备、氢燃料电池及整车全产业链为抓手，深度谋划和推动氢能产业发展，实现东北首个氢燃料电池公交车线路投运，白城正式步入"氢能时代"。

（二）加快打造绿电园区

把握国家"碳达峰碳中和"机遇，出台《白城绿电产业示范园区供电方案》，建设覆盖全部5个县（市、区）、辐射半径100千米的绿电产业示范园区，将工业电价由0.58元/千瓦时降至0.38元/千瓦时，有效解决白城"电"的瓶颈问题，电价"洼地"效应初显。

（三）深化农村土地"三权分置"改革

强化承包地确权登记成果运用，扎实推进农村土地"三权分置"改革，培养大岗子镇、陆家村、大六家子村等一批土地适度规模经营典型。白城市农村土地承包经营权确权登记工作获得中央农村工作领导小组办公室和农业农村部通报表扬。

（四）深化脱贫攻坚推进乡村振兴

创新实施"双带四增"产业扶贫、"三下沉两提高""医疗扶贫"等工作模式。县（市、区）

全部"摘帽",贫困村全部"出列",贫困人口全部"清零",实现区域整体脱贫,彻底摆脱绝对贫困。实施巩固拓展脱贫攻坚成果同乡村振兴有效衔接6项工程,建立健全防返贫监测帮扶体系,大力开展乡村建设行动,持续改善提升农村人居环境,努力开创乡村振兴工作新局面。

二、建体系、美环境,生态文明体制改革展现新面貌

(一)不断完善体制机制

统筹治理水草林湿,落实河(湖)长制。持续开展河湖"清四乱",营造河长制工作良好环境。实施河湖连通工程,实现124个河湖泡塘全部连通,治理草原228万亩、植树造林175万亩、修复湿地150万亩,新增蓄水能力6亿立方米,全市地下水最高时平均上涨1.02米,增加农田灌溉水量近5.5亿立方米,增产粮食10亿斤,平均年降水量由之前全市历史上多年的383.8毫米升至428.8毫米。为此,央视《新闻联播》和《人民日报》进行了专题报道,白城实现从"风沙之城"到"鱼米之乡"的蜕变,重现了河湖互济、草茂粮丰、渔兴牧旺、人与自然和谐共生的生态美景。

(二)坚决做好生态保护

持续打好蓝天、碧水、净土保卫战。919个行政村建立生活垃圾收运处置体系。落实秸秆还田保护性耕作318万亩,实施测土施肥80万亩。落实草原禁牧制度,禁牧面积319万亩,累计完成"三化"治理4.3万亩,修复湿地161万亩。白城市生态环境恢复到近十年最好水平。

(三)持续加强生态修复

成功探索出"化学改碱、水稻压碱、生物治碱"3种治理模式。通过改良和治理盐碱地,全市盐碱地面积从585万亩减少到397万亩,新增绿地39万亩、耕地120万亩,土地盐碱化、荒漠化得到有效遏制。全市实现了"八百里瀚海"变绿洲的生态重塑,跃升为吉林省水稻生产第一大市、渔业产量第二大市,实现了从昔日"盐碱旱"到今日"米粮川"的可喜改观。

三、筑新城、强监管,城市建设与管理体制改革开创新局面

(一)创新建设"海绵城市"

抓住国家海绵城市建设试点机遇,将老城改造与海绵城市有机融合,创新"海绵城市+老城改造"白城建设模式。经过不懈努力,实现"三年工程两年完成",成为全国第一个全面完工的试点城市,完成了"老城变新城、小区变花园"的目标,成为全国第一个从海绵城市建设全生命周期视角完成完整经验总结的试点城市,创新了中国北方寒冷缺水地区海绵城市建设成功之路,成为全国首个由国家级出版社正式出版城市案例并在国内外公开发行的试点城市。生态优美、生机盎然、宜居宜业宜乐会呼吸的白城已成为全国海绵城市建设典范。

(二)加快打造"智慧城管"

发挥城市智慧管理平台作用,将11万条基础信息纳入城市管理数据库。借助新建100处城

市管理视频监控和公安"天网"系统,实现市辖区视频全覆盖。通过GPS车辆定位、城管通人员定位,及时掌握车辆和人员工作期间的工作轨迹,对执法力量进行合理调配。在7个社区推行智慧城管试点,开展日常监督巡察。"城管+大数据"管理体系得到进一步完善。

绿色发展新"引擎"

甘肃省积石山县发展和改革局

每当清晨的第一缕阳光照耀在积石山下，人们还在沉睡之中时，安放在刘集乡崔家、肖家村，柳沟乡阳山村、斜套村，吹麻滩镇前岭的18座联村光伏扶贫电站，在阳光的照耀下，熠熠生辉，以全新的姿态开启了又一天紧张有序的工作。

这些电站接收了太阳能，经过光伏系统的转换，成为人们日常生活不可缺的电能，源源不断地输入国家电网，光伏收益资金分配到贫困户家中，有力地助推脱贫攻坚和乡村振兴，成为全县最大的扶贫产业和绿色可持续发展新的"引擎"。

一、监管全覆盖，运转高效能

积石山县发改局、利民新能源公司作为建设单位和管理单位，认真履行日常监督管理和资金结转工作，通过手机APP对电站运行情况随时观察，发现问题及时通知运维人员和相关部门进行解决，确保电站效益的正常发挥。

18座联村光伏扶贫电站已于2020年6月全部接入全国光伏扶贫信息监测系统，根据国务院扶贫办为积石山县配置的全国光伏扶贫信息监测系统账号，由国家电网积石山县供电公司营销系统电站发电数据向监测系统延时推送，县上通过系统查看纳入补助目录18座联村电站单项发电数据，实时动态掌握电站运行情况。

全国光伏扶贫监测系统对电站每个逆变器进行监测，一有故障内容，由单位监测人员立即通知现场运维人员进行检修，排除故障，恢复电站正常发电，这在很大程度上减小了现场运维故障排查难度，提高了电站故障排除率，从监管方面减少了管理难度。

全国光伏扶贫信息监测系统对电站发电和收益数据进行全方面的统计分析，电站年月日发电量、日照小时数，电站发电能力、发电收益等方面能够直观表现各项信息，运维管理人员通过数据信息及时地掌握了电站的各项指标信息。

二、增加贫困户收入，激发村集体活力

积石山县"十三五"光伏扶贫项目由县上筹资，通过整合扶贫资金、东西部扶贫协作资金、省预算内基建资金、县自筹等多渠道筹措，全县建设的67兆瓦光伏扶贫电站按关联村建档立卡

户比例将电站确权至 90 个建档立卡村，村级电站产权归村集体所有。

通过在具备光伏扶贫实施条件的地区，利用政府性资金投资建设光伏电站，政府性资金的资产收益全部用于扶贫。光伏扶贫原则上，按照每位扶贫对象每年获得 3000 元以上收益分配。

县上指定县发改局作为统一结转机构，在扣除电站正常运维费用后，光伏扶贫电站发电收益形成村集体经济，由村集体进行二次分配。光伏扶贫电站收益分配资金使用原则上为村集体留存 20%，公益性岗位补贴 40% 左右，村级公益事业建设劳务费用 30% 左右，奖励、补助不高于 10%。

三、立足脱贫攻坚，着眼长远发展

积石山下，光伏事业方兴未艾，凸显出了强大的经济效益、社会效益和生态效益。

截至 2020 年 11 月 18 日，全县联村电站累计发电 7194 万度，结算上网电量 6425 万度，结算售电收入 4465 万元，累计拨付到全县 90 个受益村的光伏扶贫收益资金 4224 万元，平均每村收益 47 万元。

2020 年，针对新冠肺炎疫情影响，根据国务院扶贫办要求，2020 年光伏扶贫电站收益的 80% 全部用于公益性岗位和小型公益事业劳务工资的支出，截至 2020 年 11 月，全县已设置电站管护员、乡村保洁员、照料护理员等光伏扶贫公益性岗位共计 2928 个，参与小型公益事业劳务人数 1580 人，发放公益性岗位工资 713.6 万元，分配小型公益事业劳务费用 190.61 万元、村集体经济提留 431.74 万元。与传统产业相比，光伏扶贫项目带贫机制明显，覆盖面广、带贫幅度大、收效显著，为全县打赢脱贫攻坚战和开启乡村振兴战略提供了一大助力。

全县"十三五"光伏扶贫项目已累计发电 7194 万度，与相同发电量的火电厂相比，减少二氧化碳排放量 5.5 万吨，节约标准煤 2 万吨，减少碳伐量 3 万（棵），减少二氧化硫排放量 1655 吨。可见光伏电站建设有明显的节能、环保和社会效益，可达到充分利用可再生能源、节约不可再生化石资源的目的，还可节约大量淡水资源，大大减少对环境的污染，成为真正意义上的绿色环保产业。

如今，积石山县已经迈开了乡村振兴和高质量发展的坚实步伐，阳光的力量成了强大引擎，为产业结构调整注入了强大的动能。

发挥以工代赈项目带动作用
增强群众获得感、幸福感

四川省阿坝州发展和改革委员会

"十三五"期间，阿坝州争取以工代赈资金44700万元，实施287个项目。项目实施过程中，累计组织当地老百姓10334人就近就地参与工程建设，共发放劳务报酬7013.25万元，提高了农村群众收入水平，促进了农村经济社会发展和区域协调发展，打通了服务群众的"最后一公里"，有效促进了民族地区政治稳定，经济发展，社会和谐。

针对通村通组路制约农村社会经济发展的短板，"十三五"期间，投入资金33322万元，实施以工代赈项目211个，新建和改扩建乡村道路1557.96千米，桥梁124座1569.7延米，促进了贫困地区人流、物流、信息流更加畅通，为贫困地区的资源开发和经济发展创造了重要条件。

针对高山峡谷土地贫瘠、生产条件较差等实际，"十三五"期间，投入资金1445万元，实施以工代赈项目8个，农田整治1101.5亩，有效改善了贫困地区农业生产条件，提高了农业综合生产能力和抵御自然灾害能力，为产业结构调整和发展特色产业奠定了基础。

针对贫困地区饮水难、灌溉难的实际，"十三五"期间，投入资金4327万元，实施以工代赈项目29个，新改建灌溉渠41.8千米，建设蓄水池82口2720立方米，解决了4220人和4600头牲畜的用水难题。新增和改善农田有效灌溉面积3790亩，改变了过去"靠天吃饭"的局面，为促进农业现代化发展打下了重要基础。

针对洪涝、泥石流等自然灾害频发，严重危害人民群众生命财产安全的现实问题。"十三五"期间，投入资金4451万元，实施以工代赈项目31个，新修防洪堤21.82千米，小流域治理21.81平方千米，使项目区的自然灾害得到了有效控制，增强了水土保持能力，减少了水土流失，保障了行洪安全，生态效益非常显著。

主要经验做法：

突出"统"字，加强组织领导和协作分工。以工代赈是一项政策性强，涉及面广，群众参与度高的扶贫工程。为加强以工代赈工作管理，建立州县以工代赈办总牵头，交通、农业、水利、财政、审计等部门密切配合的"1+5"协调机制，协调解决项目实施过程中的具体问题，保障了项目顺利推进。

突出"严"字，建立工作机制和规范流程。坚持以工代赈项目规范化管理原则，始终把项目全程监管作为以工代赈工作的生命线，制定《阿坝州以工代赈项目管理和资金使用操作指南》，从项目规划编制、项目库建立、项目选择、计划编报、计划核报、计划下达、项目实施、资料归档等方面进行全过程规范。

突出"谋"字，严格项目规划和计划管理。坚持以规划统揽全局，科学编制"十三五"以工代赈规划，做到了早启动早谋划见效好。按照规划制定年度计划，提前督促开展项目前期工作，确保项目计划下达后能立即开工建设。同时，建立"月调度"机制，保障了项目顺利推进、按时保质完成。

突出"实"字，坚持因地制宜和突出重点。针对阿坝州各县区域地理位置、自然生态条件、社会文化背景各不相同的实际，坚持因地制宜、分类指导，突出重点、示范带动，围绕基本农田、农田水利、乡村道路、草场建设、小流域治理、农村一二三产业融合发展配套基础设施建设、易地扶贫搬迁集中安置区后续配套产业基础设施建设、小型灾毁水毁基础设施重建等方面进行项目建设，发挥了以工代赈的示范实效。

突出"赈"字，引导群众参与和建赈结合。始终坚持以人民为中心的发展思想，在以工代赈项目实施过程中，建立"党建＋基建"的管理模式，以村党支部为引领，充分尊重群众的知情权、参与权、监督权和决策权，做到项目选择时征求群众意愿、项目下达后让群众知晓、项目实施中让群众务工、项目质量让群众监督，特别是在项目实施过程中，严格执行项目地群众参与项目建设要求，及时、足额、安全把劳务报酬发放到务工群众手中，真正发挥了以工代赈项目的赈济效应。

突出"督"字，加大监督检查和过程管控。坚持把监督检查作为落实好以工代赈项目的重点，采取"示范项目重点督、常规项目全面督"的方式，做到了项目督察经常化、制度化、严格化。同时，配合做好专项扶贫资金检查、审计财政专项检查，对检查发现的问题，责令限期整改，保障了以工代赈项目规范运转、资金安全运行。

综合治理 绿色转型

四川省旺苍县发展和改革局

旺苍隶属于四川省广元市，是四川省煤炭主产地之一，国家三线建设时期即成为全省煤炭产业主阵地，20世纪90年代旺苍煤炭开采进入鼎盛发展期，最高峰时有煤矿近600家、井口1000多个，采煤从业人员达8万人以上，开采能力超过1200万吨/年，生产煤炭90%以上支援外地建设，全县煤炭工业产值占工业总产值的80%以上。据统计，中华人民共和国成立以来旺苍县累计为国家贡献燃煤2亿多吨，创造产值280多亿元，上缴税收近40亿元。随着资源的枯竭和政策性关井压产，目前县境内正常运行的煤矿仅有7家、产能216万吨、年产值11亿元，众多涉煤企业破产倒闭，大量本地劳动力被迫外出务工，曾经因煤而兴的工业大县经济成断崖式下滑，留下589平方千米的采煤沉陷区亟待治理。面对困惑，县委、县政府坚持以习近平总书记"两山论"为指引，多措并举推进采煤沉陷区综合治理，走出一条资源枯竭地区绿色转型的道路，与全国同步实现全面小康，正在努力谱写中国特色社会主义现代化旺苍新篇章。

一、大治理修复大环境

坚定不移贯彻落实习近平生态文明思想，千方百计修复历史环境创伤，坚决筑牢长江上游生态屏障。一是探索开展矿企治理。累计投入4亿多元，对500多个影响环境的矿企问题进行了分批治理（治理涌水64个、矿山206家、河道32千米，整治尾矿库5座，复垦复绿32平方千米），特别是在煤矿涌水方面，探索出的"疏、堵、治、管"治理模式基本消除了矿企涌水对环境的不利影响，治理工艺获得国家专利。二是全面开展城乡污水治理。铺设管网130多千米，县城污水日处理能力达到1.5万吨，17个乡镇污水处理站均投入运营；畜禽粪污综合利用率达85%，规模养殖场粪污处理设施装备配套率达到95%，大型规模养殖场粪污处理设施装备配套率达到100%；编制了《2020—2022城镇污水处理设施建设方案》，涉及7大类36个项目、计划总投资4.68亿元，实施后将进一步提升城乡污水处理水平。主要河流出口持续保持国家Ⅱ类水质。三是合力推动垃圾治理。建成垃圾分类收集点（屋）2567个、垃圾分类服务点212个，垃圾中转仓114座、片区生活垃圾压缩站7座，购置垃圾转运车59辆及配套设施，90%的行政村生活垃圾得到有效治理，收转运处置体系覆盖达100%。建成了白水、三江、金溪等7个乡镇片区垃圾压缩站，分区域将垃圾压缩处理后运至广元焚烧发电；县城市生活垃圾处理厂达到卫生填埋要求，日处理能力为150吨。四是持续开展大气污染治理。对辖区内小火电、小锅炉、小水泥、小石灰、小炼焦、小砖（瓦）窑等进行了永久性关闭，完成了匡山水泥、旺苍焦化等10余个企业超低排放改造，强制性推行建筑工地抑尘、秸秆禁烧和烟花爆竹禁放等措施，彻底改变了旺苍"光灰"形象，2020年全县空气质量优良率达94.5%。五是积极实施山水田林综合治理。整合涉农项目资金5亿多元，采取工程、技术、生物等多种措施，对山水林田湖草等各类自然生态要素进行保护和修复，促进生态系统良性循环和永续利用。

二、大搬迁搭建大格局

将县域内人口搬迁同城镇建设、产业发展紧密结合起来，推动人口向中部河谷走廊聚集，促进城市向西发展，加快与广元市中心形成一体化发展格局。一是实施矿区居民整体搬迁。总投资12亿元，先后实施广旺矿区煤矿居民整体搬迁项目14个，建筑面积70余万平方米，将8858户老矿区住户整体搬迁至县城，并配套道路、阵地建设、文体休闲等基础设施，彻底改善广旺国有矿区3万余居民居住环境。二是加快沉陷区避险搬迁。按照"规模适度、分片集中、统一配套"的原则，规划避险搬迁安置点8个、建设住房1345套、总建筑面积133270平方米，对面上分散的采煤沉陷区居民实施避险搬迁。三是全面推进易地扶贫搬迁。"十三五"期间，累计投资90098万元，完成易地扶贫搬迁4120户15265人，根本性解决了煤炭开采影响区域"一方水土养不活一方人"的问题。四是科学统筹库区移民搬迁。"十四五"期间，旺苍县将启动建设罐子坝水库及供水工程，该项目是四川省"五横六纵"调水补水网络的重要组成部分，水库淹没区涉及4个乡镇近3万人，在充分征求群众意愿的基础上，尽量引导库区移民向广旺一体化发展带集中，为实现产城一体汇集人力。

三、大建设夯实大基础

始终坚持把基础设施建设作为惠及民生、推动高质量发展的重要前置性工作来谋划和推进。大打交通建设大会战，"十三五"期间完成交通建设投资68亿元，公路网总里程达到5139千米，新增1条国道和4条省道，正在启动两条高速和广巴铁路扩能相关工作，覆盖全境的"六横四纵两环线"交通主骨架网络加快形成。大打城市建设大会战，做大做强县城中心板块，加快白水县域副中心建设，不断拓展八个老区所在地集镇规模，深入挖掘其他中小集镇特色，构建了"一主一副、一城八镇、多元特色"的城镇体系。"十三五"以来，城镇建成区面积新增8平方千米、城镇化率提高5个百分点，智慧城市框架体系基本建成，成功纳入省级新型智慧城市示范城市。水利基础设施建设不断推进，"十三五"期间完成水利设施投资15亿元，农村安全饮水实现全覆盖，水土流失治理卓有成效，各类水利基础设施焕然一新。电力建设力度加大，农村电网改造全面完成，生产生活用电保障水平显著提升。信息化基础设施建设加速推进，能源通道网络更加通达，文卫体公共设施水平进一步提升，基础教育均衡发展，新建幼儿园12所，累计新增公办幼儿学位3000个、规范提升乡镇综合文化站23个、公共文化服务中心257个,建成尘肺病康复站6个,完成二级乙等评定中心卫生院2家、三级乙等评定医院1家,县疾控中心国家二甲成功复审。接续积极推进重点采煤沉陷区旺苍县白水教育园区、治城中学、乡镇卫生院提升工程等基础设施和公共服务类项目14个,计划总投资42.76亿元。

四、大转型成就大产业

以"建设川陕甘结合部绿色转型、创新发展示范城市"为目标,立足自身优势,积极搭建产业接续发展平台,推动三次产业升级。一是着力建设新型工业强县。坚持筑巢引凤,先后搭建了绿色家居产业园、煤化工产业园、机械加工制造园、黄洋建材产业园等产业接续发展平台,出台了《关于加快推动工业经济高质量发展的意见》,坚决淘汰落后产业、改造提升传统产业、引进培育新兴产业,初步形成了以百亿建材家居产业为龙头,清洁能源、食品饮料、机械制造、新材料为支撑的"1+4"工业体系。2020年规模以上工业总产值达到125.6亿元,预计到"十四五"末,规模以上工业总产值将突破300亿元。二是着力建设红色旅游强县。深挖境内红色旅游文化资源,全面擦亮"红城、绿谷、茶乡、古道"四张名片,让旅游产业成为旺苍转型发展的重要引擎。目前,全县已建成AAAA级景区4个,AAA级景区1个,2020年接待游客275.8万人次,实现旅游综合收入26.7亿元。旺苍成为红军长征文化公园重要组成部分,木门会议会址纪念馆入选全国100个红色云展厅。三是着力建设黄茶产业强县。全力开展百亿茶产业集群建设大会战,茶叶种植面积达到25万亩,成为全国九大茶乡之一——中国黄茶之乡。大力发展优质核桃、道地药材、生态养殖等特色产业,初步形成了南黄北绿全域茶、南粮北药全域果、南猪北牛全域禽的产业空间布局,为巩固脱贫攻坚成果、有效衔接乡村振兴奠定了雄厚的产业基础。四是着力建设生态康养强县。充分发挥旺苍地处"南方的北方,北方的南方"独特地理和气候优势,借助国家重点生态功能区、米仓山国家级自然保护区等生态品牌,针对G5京昆复线启动形成的区位改变,积极规划实施西接朝天曾家山、东连南江光雾山、北达汉中宁强县的世界级生态康养带,让旺苍人民世代守护的"绿水青山"成为反哺老区发展的"金山银山"。

牵头抓总勇担当　力抓服务为民生

山东省禹城市发展和改革局

近年来，禹城市发改局积极践行"为人民服务"宗旨，落实"谋发展，强产业；远学识，奔初心；健德行，固廉洁；行实策，积合力"的24字工作方针，务实担当，真抓实干，攻坚克难，有力推进了经济社会高质量发展，得到了全市人民的认可和好评，连年被评为禹城市综合考核先进单位，荣立集体三等功，荣获"中国经济导报新闻宣传工作先进单位""全省优秀价格监测定点单位""德州市级文明单位""德州市发改系统争取无偿资金先进单位""禹城市先进基层党组织"等荣誉称号。

一、突出规划引领，服务经济社会发展大局

发挥"参谋为主"这一定位，高点谋划，精心编制了《禹城市城市热电联产规划》《禹城市推进新旧动能转换重大工程实施方案》《禹城市乡村振兴战略规划（2018—2022年）》《禹城市国民经济和社会发展第十四个五年规划和2035年远景目标纲要》《禹城市电动汽车充电设施规划和分散式风电开发建设规划》，提出发展方向，描绘发展蓝图，实现"规划计划有高度"。勤思善谋，持续加强经济运行分析，每季度组织部门、企业召开经济运行分析会，研判发展形势、经济走势和运行态势，中美摩擦存在问题、光伏发展与我市现状、"3+X"产业发展体系、复工复产意见建议等获市委、市政府采纳，科学研究年度主要经济发展指标，成功入围全国综合实力百强县市，连续四年"五榜共进"，位列84位，助力县域经济发展，实现"运行分析有深度"。问计于民，持续开展"大走访、大调研、大整改、大落实"活动，建立"班子成员＋产业"突击队机制，确定调研课题和方案，累计形成调研成果100余项，其中《关于乡村振兴战略背景下乡镇产业园区推进工作思考》等多篇调研获评省发改委优秀调研成果奖，《关于禹城市培植发展大健康产业的调查》获省委政研室刊物发表，实现"调研信息有广度"。

二、注重项目建设，促进投资快速增长

抓住"项目为王"这一关键，稳扎稳打，健全完善项目"策划一批、储备一批、上报一批"工作机制，每年建好一个项目库，筛选100余个禹城市级重点项目，实行市领导分包责任制，自2016年累计争取省级重点项目23个、德州市级重点建设项目47个，坚持"月调度、季分析"，

项目投资进度居各县市区前列。产业引导，扎实推进"产业链+项目"模式，班子成员分包两个产业，深入研究上下游产业链，成功举办德州绿色产业发展大会，形成"资源+项目"机制，成功引进产值30亿元的浙江运达风电和通裕重工合作建设智能产业基地项目。创新管理，采取"党建+重点项目"新模式，合力推进省重大项目建设；创新"项目经理"制，择优确定"项目经理"，细化项目推进22道"工序"，负责项目全程推进服务，目前已成功推进71个项目建设，"项目经理制"经验做法，获大众日报、德州新闻等主流媒体宣传推广。创优环境，抓好全市营商环境评价，采取"指挥部+专班"形式，制定《营商环境评价实施方案》，创建"禹快办"品牌，打造"禹众不同"新禹城。

三、抢抓政策机遇，积极争资金争项目

坚持"发展为要"这一要求，构筑资金扶持体系，每年争取上级政策性资金3亿元以上，支持禹城市职教中心产教融合、化工园区基础设施、中医院新院区、社会福利中心、老旧小区配套设施改造等项目建设，2021年争取第一批债券资金2.93亿元，有力缓解了我市项目建设资金紧张难题。构筑政策荣誉体系，成功争取国家级农村产业融合发展示范园、德州高新区国家级绿色产业示范基地、禹王国家企业技术中心3个"国字号"荣誉，成功争取"十三五"科技服务业综合改革试点、畜牧大县，实现政策倾斜。构筑企业创新体系，新增禹王家国家企业技术中心、汉能省级工程实验室、天辰德州市级工程实验室、汇嘉磁电德州市级企业技术中心，储备德州市级企业技术中心6家以上，获得平台总量居德州各县市区前列。构筑改革红利体系，推进诚信禹城建设，制定《禹城市信用红黑名单管理暂行办法》，实施"诚信+"机制，推荐百龙创园、五得利获评德州市诚信单位，保龄宝刘峰等3人获评德州诚信之星，让诚实守信个人获得实惠和便利。

四、坚持为民导向，积极办好民生实事

树立"实干为先"这一理念，深入推进扶贫攻坚，投入20万元为安仁镇泛冯社区、辛店镇前郭村改造自来水管网、修建道路、购买健身设施等，投入6.6万元为房寺镇高庄村、孙延村、马聂村修建桥梁、道路、健身广场等。筹集支援扶贫协作资金75万元，支持秀山县钟灵镇建设，全力打造宜居适度的生活空间。深入推进粮食安全，为麦香园争取750万元资金，争取"中国好粮油示范企业"称号，投资300万元建设禹城市粮食质量检测站，积极做好夏粮收购，引导各类经营主体腾仓并库，累计入库新小麦30.5万吨，实现新增地方储备粮7000吨，建立"粮油+金融+产收销加"模式。深入推进应急保障，健全完善应急救灾物资储备管理体制，投入281.57万元完善棉衣、棉被、帐篷等救灾物资防汛物资储备。深入推进能源保障，完成4.3万吨洁净型煤推广，安装完成环保炉具1820台，保障人民群众安全过冬。积极协调新园热电储煤3万吨、光大储煤1.7万吨，帮助企业解决燃煤压力，积极协调光大热电、禹王公司、新园热电

三家企业申请省级能耗收储指标，在32.5万吨的基础上又争取了20万吨，留足禹城发展空间。深入推进物价监管，顺利调整采暖季非居民天然气价格，落实阶段性降低工商业用电价格有关政策，推进企业复工复产。深入推进金融服务，协助两家典当行成功申请典当行业协会理事会员单位，开展融资担保违规排查，确保人民群众资金安全。

五、加强党风廉政建设，增强干部队伍凝聚力

注重机制创新，发挥"一子活全局"的关键作用，制定发改局37项体制机制，以制度促规范，保障有序运转，创新"党建+业务"每周晨会学习和班子成员讲党课制度，建设党建廉政走廊、图书角、书画室，积极开展演讲比赛、党史竞答、警示教育活动，力促警钟长鸣。注重创新驱动，发挥"一发动全身"的引领作用，成立发改党校，建立"机关党委书记→机关党委副书记→支部书记→支部委员→党员→干部"金字塔式分包模式，编制"发改党史"，全面提升党员干部的党性修养，助力模范机关创建。注重融合互动，发挥"一招上水平"的促进作用，打造"一部一园三中心"红色多元化社区模式，实行班子成员分包责任制，提升业务和社区融合度，成立社区党支部、小区党小组，安装充电桩，助力红色社区创建。

禹城市发改局已形成"依法行政、务实创新、清正廉洁、服务热情、讲求实效"的干事氛围，坚持党建统领，促经济发展，谋百姓福祉，奋力开创"十四五"高质量发展新征程，以优异成绩向建党100周年献礼。

全力打造黄河流域生态保护和高质量发展先行区

内蒙古杭锦旗发展和改革委员会

杭锦旗位于黄河中上游黄河"几"字弯段，黄河过境249千米，是黄河流经最长的旗县，是黄河"几"字弯生态屏障和黄河流域治沙标杆，是底蕴深厚且独具特色的黄河文化富集地，也是黄河流域生态保护和高质量发展的重要区域。近年来，杭锦旗不断加大投入力度，使黄河防洪防凌能力明显增强，水资源保障水平稳步提升，黄河流域生态环境质量逐年改善，黄河"几"字弯重要生态屏障作用进一步增强，黄河流域生态保护和高质量发展成效初显。

一、突出规划引领，凝聚共建合力，全力保障黄河流域生态保护和高质量发展任务落实落细

2019年9月18日，习近平总书记在河南郑州主持召开黄河流域生态保护和高质量发展座谈会后，杭锦旗迅速召开了旗委常委会议，专题学习了习近平总书记在黄河流域生态保护和高质量发展座谈会上的讲话，成立了由旗委书记任组长的杭锦旗推动黄河流域生态保护和高质量发展工作领导小组，发改、水利、林草、生态环境等部门及工业园区工作人员组建了黄河流域生态保护和高质量发展工作领导小组办公室，全力推进杭锦旗沿黄生态保护和高质量发展工作。同时，由旗发改委牵头启动《杭锦旗黄河流域生态保护和高质量发展工程建设实施方案》（以下简称《实施方案》）编制工作，按照编制工作程序，经过实地调研、意见征集、部门座谈、会议研究，目前，《实施方案》已完成编制任务。《实施方案》深入贯彻落实了党中央决策部署和自治区党委、鄂尔多斯市委具体要求，系统地分析了杭锦旗在黄河流域生态保护和高质量发展方面的发展基础、问题瓶颈，并对今后五年发展做出系统谋划和具体安排。

二、坚持系统治理，厚植生态底色，持续提升黄河水安全、水资源、水环境、水生态保障水平

（一）推进黄河安澜体系建设，保障黄河长治久安

黄河二期防洪综合治理工程顺利完成，整体防御能力明显提高，保障了杭锦旗段黄河防洪防凌安全。组织实施了堤坝、蓄滞洪区、病险水库治理等沿河保护工程，全面完成黄河道图险工建设，建设了农村山洪灾害预警预报系统，对境内的五座水库进行全面的维修养护。232千米堤防达到三级设防标准，并实现黑色化改造。按照河湖水域岸线利用保护规划，继续打造杭锦旗陶赖河流域综合治理；实施杭锦旗库布其沙漠巴音温都尔湿地引入黄河凌汛洪水工程，切实缓减了防洪压力，改善了区域人居环境和水生态环境，将沙漠湖泊恢复为"沙漠绿洲"。持续推进"清四乱"工作，切实保障河道堤防安全。

（二）加强黄河水资源管理，推进水资源高效集约利用

积极开展农业水权确权到户试点工作，探索开展区域内农牧业大户水资源跨行业交易，为全市水权交易制度改革提供示范借鉴。推进县域节水型社会达标建设，荣获全国第三批节水型社会建设达标县称号。完成沿河三镇自来水提质增效二期工程。持续加强取用水计量监测，所有工业项目地下水年取水量大于10万立方米和地表水年取水量大于20万立方米以上用水户全部安装在线监测计量设施。进一步完善水系连通功能体系，继续将蓄水区向下游延伸10千米，并建成退水闸1座，退水渠3.6千米，与总排干连通，形成从黄河引水、自流经过库布其沙漠、再退还黄河的水循环格局。

（三）统筹岸上岸下协同治理，全力推进水质环境综合整治

全旗水环境质量整体保持稳定，全面贯彻落实"河长制"工作并配备专职人员，对黄河杭锦旗流域内无证、规划范围外等不符合条件的相关企业进行了清理、拆除，一级支流均无排污口，建成区内河流、人工湖、集水池水质良好；加大饮用水水源地保护力度，5个苏木镇污水处理厂和2处垃圾处理项目主体完工，完成户改厕12660户，沿黄流域3千米内常住户户改厕实现全覆盖。土壤环境治理全面启动，每个苏木镇建设完成1处垃圾转运站，嘎查村配套397个垃圾箱用于生活垃圾收集。积极开展了控肥、控药、控水、控膜等专项行动，严防农业面源污染发生。加强危险废物管理，辐射安全管理工作有序开展，群众环保意识不断提升。中央环保督察及"回头看"和自治区生态环保大检查反馈问题全部整改，市级下达污染防治任务基本完成，高盐废水处理获得突破。

（四）立足生态环境质量改善，持续加大生态保护与修复力度

坚持山水林田湖草沙综合治理，库布其沙漠亿利生态示范区获评全国"两山"实践创新基地。持续推进小流域综合治理、防沙治沙、拦沙换水等水土保持及水土流失治理工程，水土流失治理面积达23.13万亩。依托国家重点生态工程，大力发展地方生态工程，在沙产业、生态移民、禁牧休牧、生态基础设施建设方面加大建设力度，深入实施京津风沙源治理、天然林保护、退耕还林、蚂蚁森林、森林抚育、植被恢复等重点生态工程，森林覆盖率达到15.4%，植被覆盖度稳定在65%。争取实施了河湖联通项目，在广袤的库布其沙漠腹地，形成近100平方千米沙水相连的自然生态景观带。

三、加强产业协同，夯实发展根基，积极构建绿色低碳的循环经济发展体系

（一）始终坚持把新型工业作为战略性产业做大做强

以园区为载体，依托丰富的自然资源，培育形成煤电、新型煤化工、天然气开发利用、新能源发电等产业，工业经济高质量发展取得重大突破。一是伊泰120万吨精细化学品、新杭60

万吨草酸技改乙二醇等现代煤化工项目建成投产，安德力精细化学品、伊泰宁能50万吨费托烷烃精细分离、伊诺高碳醇等一批产业延链项目建成试产。二是亿利库布其60万千瓦光伏复合生态发电、蒙锦汇50兆瓦沙漠光伏扶贫发电、伊泰50兆瓦全部自发自用光伏发电、鲁能150兆瓦风电清洁供暖等项目建成并网，全旗新能源发电项目总装机容量达151万千瓦，年发电量超过20亿千瓦时；上海庙至山东特高压线路配套80万千瓦新能源项目已完成业主优选，预计2022年建成并网，届时杭锦旗新能源装机总规模将突破230万千瓦。三是中石化杭锦旗3亿方天然气产能建设、亨东天然气液化等天然气开发利用项目建成投产，全旗天然气日产气量超过400万立方米，LNG产能达到80万吨，日处理能力超过360万立方米，已成为我国西北地区最大的天然气液化基地。

（二）始终坚持把绿色农牧业作为基础性产业做精做细

坚守耕地数量红线和质量底线，确保全旗耕地保有量不低于130万亩，永久基本农田保护面积稳定在80万亩，粮食功能区面积稳定在40万亩以上，粮食产量稳定在7亿斤以上。加快健全现代农业全产业链标准体系，引进龙头企业发展粮油、肉食、蔬菜、绒毛、乳品精深加工，提升现有肉羊、生猪加工业水平，大力支持企业开发新型产品，培育特色品牌，增强市场竞争力。与袁隆平海水稻研发团队开展战略合作，盐碱地改良技术集成示范及海水稻育种实验取得实质性进展。高标准农田建设项目土地平整及渠系配套建筑物建设任务加快推进。启动实施残膜回收利用示范县项目，持续推进河套向日葵优势特色产业集群项目、畜禽粪污资源化利用整县推进项目。做好产业扶贫与乡村振兴有效衔接，积极争取市级农牧业高质量发展扶持资金，培育打造"一村一品"示范嘎查村。

（三）始终坚持把生态旅游作为先导性产业做优做特

按照"全域、多点、成链"的思路，充分借助库布其沙漠治理这一知名品牌，围绕沿黄地区大漠风光、草原民俗、黄河文化三大主题，完善了一批景区基础设施和服务功能，全旗4A级景区达到3家，库布其七星湖沙漠生态旅游区被国家文旅部列入5A级旅游景区创建名单。沙漠旅游文化节、库布其沙漠越野挑战赛等旅游赛事活动享誉区内外，建成自治区首个国家四星级汽车房车露营地，先后获评"最具民族文化旅游目的地""生态旅游特色目的地城市"，旅游人数和旅游收入逐年递增。同时，加大黄河文化遗产保护，组织实施沙日特莫图庙保护工程项目。大力弘扬兵团文化、草原文化、民族民俗文化以及以古如歌为代表的非物质文化遗产，为打响"杭锦文化"品牌、旅游产品的开发、旅游品质的提升根植了深厚的文化基础。

探索建立长江生态管护长效机制

江西省彭泽县发展和改革委员会

一、总体情况

彭泽濒临长江，拥有占全省三分之一的 46.54 千米长江岸线，是江西重要的生态屏障区。近年来，彭泽县始终坚持以习近平总书记关于长江"共抓大保护，不搞大开发"要求为总遵循，积极融入九江长江经济带绿色发展示范区建设，通过打破体制限制、完善管理机制，不断寻求长江生态长效管护"金钥匙"，有效破解了过去长江生态管护权责不清、职能交叉、资源分散、合力不强等难题，取得了较好的成效，得到了国家发改委、生态环境部、国家林草局等国家部委和省、市领导的高度肯定。

二、具体做法

创新方式，提升管护质效。彭泽县在岸线管护经验尚不成熟的条件下，因地制宜，先行先试，改变传统管护方式，借助专业力量和科技手段实现了岸线管护水平的大提升。

（一）"公司+外包"市场化管护

将长江大堤、堤内道路、滨江公园、湿地公园等景观平台和沿江镇村的环卫工作，以市场化方式统一纳入"玉禾田"保洁公司服务范围；将长江大堤及内域的景观平台、绿化带、绿地等花草苗木的日常培植、养护、修剪、浇水等工作，以市场化方式外包给绿化公司，做到了"一把扫帚扫沿江，一个标准护园林"，长江管护走向市场化、规范化。

（二）"队伍+管理"专业化管护

组建全省首支长江生态管护队，按照每千米1名的标准配备了46名专职管护队员，建起4个管护工作站，由县河道局统一进行管理和考核，实现保洁员、管护员、宣传员、监督员、信息员"五员"职责于一体，重点开展长江河道管理范围内林木管养维护、水事违法巡查以及信息报送等工作，长江岸线管护由集中整治向常态化、专业化管理转变。管护队共巡查发现向长江大堤非法倾倒垃圾问题126件次、非法捕捞线索问题32余次、非法采砂问题线索2件次，成功劝返未成年人江边游泳5起13人次。

（三）"互联网+技防"智慧化管护

建立智慧城管平台、长江水质监测平台、园区智慧环保平台和大气监测数据平台。通过"互联网+环保"模式,将城区5千米长江绿色城镇带的公共服务管理全部纳入智慧城管系统,对长江断面、饮用水取水口、所有入江排污口水质进行24小时实时监测,将企业在线监测数据实时传输到园区智慧环保大数据平台,全覆盖建设乡镇大气监测站点,建起了沿江"点、线、面、域"四位一体的环境监管体系,长江岸线管护工作进入精细化、智能化的新模式。

三、制度创新

整合力量,创新管护机制。打破乡镇行政区划,整合涉水部门资源,创新联防联治联控机制,有效解决了长江生态环境协同治理较弱的难题,迎来了"一江共治"的局面。

(一)打破部门藩篱,探索共管机制

成立水上综合执法中心,整合水利、公安、港口、海事等10个涉水部门综治执法力量,抽调执法人员集中办公,建立起综合巡查、综合防控、综合执法的"三位一体"监管新机制。研发"长江水上综合执法合成作战指挥系统",开启信息化合成作战模式,采取"日常巡查+专项检查""定时巡查+突击检查""水面+港口+码头+岸线"等方式灵活执法,有效提升了水上执法效能。利用巡逻艇、无人机等执法工具,建立陆地车巡、水上船巡、空中机巡的立体执法网络,实现全域无死角守护。累计出警2500余人次,登船检查810余艘,查处涉水企业4家、非法捕捞案件11起、非法生产销售水产品案5起。

(二)打破区域界线,探索共护机制

出台《彭泽县长江最美岸线管护办法》,打破区域行政界线,按照"一江三带"规划,以绿色风光带、绿色城镇带、绿色产业带所在流域为管理单元,形成"水上综合执法中心+属地乡镇+城管局+工业园区"的共护工作格局。强化部门联动,及时协调解决沿江林地、湿地、山体生态保护,农业面源污染管控,堤防安全管理,沿江码头环境整治,入江排污口整治,乡镇污水处理设施水环境监测和保护工作等,形成联合管控合力。定期对长江最美岸线的管护工作进行督查,结合各责任单位管理绩效、任务总量、工作需要等情况进行评分,由县财政安排专项资金进行奖补。

(三)打破体制限制,探索共治机制

坚持法治的理念、法治的思维、法治的方式,建立生态环境保护司法联席机制,设立司法联席办公室、生态检察室,由政法委统筹协调,畅通环保、公安、检察、法院、司法联动办案通道,构建水生态环境保护案件专业办理、专门预防的工作格局和水生态环境司法保护的常态化工作模式。紧紧围绕污染防治、资源保护、生态修复等重点任务,持续保持高压打击态势,严厉打击违法违规行为。近年来,向公安机关移送非法采矿案件2件2人,批准逮捕1件1人,提起公诉1件1人;对违法向长江排放污水的3名犯罪嫌疑人依法批准逮捕;依法提起公诉滥伐林木案件22件29人。

四、主要成效

综合施策，释放管护红利。始终坚持"在发展中保护、在保护中发展"，努力坚守生态红线，夯实生态基底，发挥生态优势，持续放大"生态彭泽、美丽家园"的品牌效益。

（一）铁腕治理，岸线资源得到最优整合

对长江岸线资源进行清理整顿，全面完成长江岸线21个非法码头整治和岸线复绿工作，释放岸线27千米、陆域土地8000亩。建立长江岸线利用长效机制，明确"扶持公用码头、限制专用码头、打击非法码头"的定位，科学合理规划利用岸线，为红光综合枢纽港、宝矶公用码头、心连心货运码头等重大港口物流基础设施建设提供了空间，实现了岸线资源集约化利用。

（二）全面修复，矿山资源得到最大保护

出台《彭泽县废弃矿山生态环境恢复治理实施方案》，明确2022年全面完成51家废弃矿山生态修复工程和7家在产采石矿山的绿色矿山创建工作。全面实施矿山专业化修复、社会化修复、制度化修复，鼓励第三方参与修复，积极推广使用先进的生态修复新方法和新技术打造示范工程，与三峡集团合作对全县沿江13座废弃矿山和受损山体实施共建，全程采取EPC模式，实现"在建矿山创绿、废弃矿山复绿"两个全覆盖，努力打造山水林田湖草综合治理样板区。

（三）分类收储，林木资源得到最佳利用

彭泽县延长江岸线内共有森林面积2.5万余亩，其中有林地面积2.2万亩。对现有的地类、起源、林种、林相等不同林情进行分类收储，将已经划为公益林的林木继续保持公益林管理，并按公益林补助标准兑付资金；未纳入公益林和天然林保护工程的天然林种地块，纳入天然林保护工程范围，按天然林保护工程管理补助标准对林木所有者进行补助，实行天然林禁伐政策；对其他没有禁伐保护政策的13000亩人工有林地，采取通过第三方评估林木价值，由财政出资1513万元一次性赎买。在赎买工作完成后，将采取公司化运作方式，将政府赎买的林地使用权、林木所有权、林木使用权全部划拨到县农垦集团，并由县农垦集团依法依规办理不动产权证，进行集约化管理，确保收储的林地资源充分发挥森林生态效益，实现政府得绿、林农得益、全民得生态的良好局面。

优化营商环境 牵住高质量发展的"牛鼻子"

广西桂林市象山区发展和改革局

为进一步激发民营企业活力和创造力,充分发挥民营经济在推进供给侧结构性改革、推动高质量发展、建设现代化经济体系中的重要作用,象山区坚决落实自治区党委、自治区人民政府印发的《广西营造更好发展环境支持民营企业改革发展实施方案》,把优化营商环境作为推进经济高质量发展的"头号工程",以"刀口向内"的决心着力破解体制机制不够健全,政策制定不够精准,行政审批不够高效等痛点、难点,坚持问题导向、目标导向,从解决群众需求、服务企业发展出发,全力打造最优营商环境。

一、健机制,制方案,形成强大工作合力

(一)成立领导机构,加强统筹协调

为了增强统筹协调的工作力度,该区成立了以区政府主要领导为组长的优化营商环境工作领导小组,设立了优化营商环境办公室。区领导在全区领导干部会、经济工作会、项目推进会等重要会议中多次强调该项工作,要求领导小组统筹推进优化营商环境工作,与各部门协同工作,形成强大合力,对标《桂林市进一步优化营商环境工作方案》,制定了《象山区进一步优化营商环境工作任务清单》,明确任务分工,强化责任落实,保证各项工作举措落地生根,实现了全程代办、并联审批、证照联办、现场勘验、审管联动标准化,加强了事中事后监管。建立容缺审批机制,实行"一个窗口受理、一站式办理、一条龙服务"审批机制。

(二)抓住关键环节,强化源头治理

该区坚持把政府服务的所有事项都进行阳光化操作,坚决杜绝暗箱操作和灰色地带。牢固树立"营商环境就是生产力"的理念,深入贯彻自治区、桂林市关于优化营商环境的政策规定,主动适应经济发展新常态,大力优化营商环境,积极培育创新主体,形成了大众创业、万众创新的生动局面。

(三)积极参与考评,实现营商环境进步

评估组通过调研与数据分析,评估出该区2020年世界银行营商环境便利度分数为83.91分,

在17个县（市、区）中排名第3位；2020年该区21项广西营商环境指标评估的得分为91.09分，在17个县（市、区）中排名第4位；2020年该区优化营商环境专项绩效考评的得分为38.59分，得分率为96.47%，在17个县（市、区）中排名第3位。

二、抓改革，激活力，培植政务服务优势

积极改善政务服务环境。政务服务事项网上可办率达100%；依申请政务服务事项100%进驻政务服务大厅；"一窗"分类受理开辟绿色通道，急企业之所急，减少了企业开办的流程，缩短了企业开办的时间，降低了企业开办的成本，提高了群众满意度，也提高了政府公信力。12345热线和政务服务"好差评"功能进一步优化，差评率低于5%。

优化纳税环节。"纳税"次数减少至6次/年，纳税时间缩短至78.07小时，总税收缴费率45.76%。

新开办企业全免一套四枚印章刻制费用，执照发放、印章刻制、发票申领缩短至0.5个工作日完成。

对符合法律规定的涉企业民商事案件的起诉，一律当场登记立案，涉企业民商事纠纷当场登记立案率不低于95%。执行合同，解决商业纠纷时间缩短至4.5月内，耗时为五城区最短。

外籍人才居留、工作许可证压缩至7个工作日办结。

改善城区生态环境，2020年PM2.5浓度下降到29微克/立方米，空气优良天数率为105.35%。

三、抓服务，促提升，增强项目建设质效

该区认真落实改善营商环境的各项政策，千方百计提升服务水平，促进企业发展和项目建设。

（一）推动政策落地生根

严格执行项目备案制，对全区项目一律按照《广西壮族自治区禁止投资的产业目录》和《广西壮族自治区政府核准的投资项目目录》严格执行，实行备案制度，建立了项目登记台账，将中央、省市上级对中小微企业的科技创新、高新产业发展、农业产业化等各项扶持政策全部落到实处，使企业切实享受到各项扶持政策的实惠。

（二）提升项目服务水平

该区正式上线"政采云"，完成了电子采购平台建设，采购项目均按要求发布在制定网站上，公开透明。政府项目采购，按要求对小微企业予以相应的价格扣除。

（三）实行"阳光收费"

对涉企收费情况进行了集中清理规范，发布象山区涉企行政事业性收费目录及标准清单，

对不合理的涉企收费项目坚决取消，并通过政府门户网站，真正让涉企收费晒在阳光下，切实减轻了企业负担。

（四）深入开展我在项目一线担当作为活动

紧紧抓住桂林"1+2"国家战略发展机遇，以桂林国家高新区象山园建设为契机，坚持把项目建设作为拉动固定资产投资、加快产业转型升级、推动高质量发展的重要抓手，深入开展我在项目一线担当作为活动，不断创新推进机制、优化发展环境、强化要素保障，严格执行"项目专员、专项考核、例会推进、协调会商、公示倒逼、督查通报"项目推进工作机制，扎实有效推进全区项目建设。全区共实施重大建设项目117个，总投资582亿元，年度计划65.58亿元，累计完成投资65.67亿元，完成年度计划的100.1%。46个市层面项目年度计划投资42.62亿元，完成投资51.16亿元，完成全年进度120%；自治区层面3个，完成投资2.74亿元，完成全年进度137%。

四、抓环境，增措施，打造公平竞争高地

该区以打造公平竞争的营商环境为目标，多措并举，精准发力，助推企业和群众创业兴业。

（一）实施商事登记改革

企业开办事项所需材料归并整合为一套5份，解决了企业"出生难"问题，依托广西数字政务一体化平台，将涉及企业开办的营业执照、印章刻制、发票申领等事项，整合到企业开办"一窗通"平台，实现"一次登录、一网通办"。

（二）完善社会信用体系

精简企业登记注销程序和材料，优化企业注销程序，允许企业通过国家企业信用信息公示系统（广西）向社会免费公示清算组信息和进行债权人公告，不断加强政务诚信、商务诚信、社会诚信以及司法公信的建设，进一步激发发展活力和竞争优势。

（三）降低企业开办成本

该区新开办企业均享受全免一套四枚印章刻制费用。同时，与桂林电子科技大学、东北大学等专家进行对接，引入具有相关资质的第三方评估团队，对该区营商环境进行专业评估，搭建网上评估平台，拓宽民主评议渠道。

（四）借外力抓政策落地

用好用活自治区、桂林市等支持民营经济发展的政策措施，全面落实国家、省、市减税降费政策，紧紧围绕中央预算内投资、政府专项债券及桂林1+2国家战略，想方设法筹措资金，先后向上争取特别国债1.04亿，特殊转移支付7427万元，均衡性转移支付712万，老旧小区改造项目获1.29亿专项资金，龙船坪项目获新增政府专项债券6000万元。围绕亚行促进项目，紧盯亚行定向新增 1 亿美元贷款，为漓江西岸（象山段）沿江生态综合改造工程争取资金 1143 万美元。

（五）三企入桂成效明显

面对疫情重大影响，该区立足"打基础""强内功"，对全区招商引资工作短板问题开展专题分析研究。结合全市工业振兴，制定了《象山区 2020 年工业招商引资实施方案》，强化高端装备制造、桂酒产业、纺织服务产业和战略性新兴产业四大优势产业，聚焦其他先进装备制造业以及传统工业升级。"三企入桂"已签约项目 6 个，投资总额 204.45 亿元；储备拟签约项目 5 个，投资总额 72 亿元；在谈项目 27 个，总投资 247.08 亿元。

坚定改革路 奋进新时代

湖南省汝城县发展和改革局党组书记、局长 陈和宾

近年来,汝城县坚定走改革之路,持续深化改革,不断加大改革力度,实施一揽子重点改革和试点改革,一批具有特色的改革案例在省市典型推介。改革既根本性地推进了汝城县的经济社会发展,也深刻地影响了老百姓的生活,提升了老百姓的幸福感。

一、改革提效能

深入推进"放管服""一件事一次办"改革。全县县本级4398项行政审批事项和597项公共服务事项全部进驻政务服务大厅,966名行政审批人员和窗口业务人员全部集中到县政务服务中心办公。全县217个行政村和9个社区100%开通电子政务外网,将116项行政审批事项和58项公共服务事项管理权限全部赋予乡镇,将31项高频事项升级成为"一件事一次办"事项,将45项高频事项下放到村(社区),定为"就近办"事项,所有"就近办"事项都能在乡镇、村受理并当日办结。特别是重点项目,由发改、自然资源、住建部门实行一家牵头、并联审批,将项目立项、规划许可、限时办结施工许可、竣工验收等四个阶段升级为4个"一件事一次办事项",兑现领照即开业、交房即交证、交地即开工"三即"承诺。

湖南国晨新材料科技项目从土地出让后到项目报建,审批时限由近100天压缩到10个工作日,项目负责人叶国文在"交地即发证"仪式上连声惊叹:"汝城县行政审批快速高效超乎想象。"环利公司7天内办好了3个证,公司老总陈健安说:"从融资办证到开工建设很省心,这样的速度我从未见过。"

二、改革促发展

改革创新推进了高质量发展。汝城县成功以产业项目引领实体经济,开足马力实施产业为王大会战,聚焦"三大产业集群"和"十条产业链条",新型工业产业集群4条产业链32个项目热火朝天,旅游服务业产业集群2条产业链全速推进,现代农业产业集群4条产业链23个项目全部开工建设。积极主动对接粤港澳大湾区,出台鼓励投资的若干政策和优化营商环境16条等"硬核"措施,成功引进湖南广东电子智能科技产业园、碧桂园房产、正邦生态养殖全产业链等重大项目,履约率、开工率均达100%。大力推进沙洲红色旅游景区、白云仙航空运动休闲

度假旅游景区、延寿瑶族乡长征国家文化公园、德寿山景区和罗泉温泉等一揽子项目建设。设立了湖南（沙洲）文旅特色产业园，特别是习近平总书记考察汝城沙洲后，"半条被子的故事"远扬世界，汝城红色旅游插上了腾飞的翅膀，沙洲接待游客日均超过5000人次。虽受新冠肺炎疫情等因素影响，2020年全县地区生产总值仍达91.42亿元，是2015年的1.41倍，"十三五"期间年均增长7.1%。产业结构进一步优化，一、二、三产业结构为19.3∶26.5∶54.2。这些，都得益于不断加大的改革步伐。

"汝城办事确实很负责，一天半能把事办好，就算在东莞市也有可能办不到。"湖南翔晟新材料科技有限公司老总何丽嫦作为女性尤其心细，考察期间她径直找到政务中心服务窗口办事，在汝城特意住了一晚上。回去后，何丽嫦把心彻底定下来，并亲口对同行们讲起了汝城的"好"，引燃了同行们到汝城投资热情。投资百亿的湖南广东电子智能科技产业园仅一年多的时间，就实现了一期12家企业竣工、10家企业投产，二期10家企业开工建设。

三、改革惠民生

坚持以人民为中心的改革，群众的获得感、幸福感不断提升。一是致力于民生改善。把水、电、路、讯等基本民生保障工程纳入脱贫攻坚"十大工程"，完成了老检察院片区（全省老旧小区改造试点）和九塘江住宅片区、老法院片区、税务小区、桂园小区等老旧小区改造项目，实施城乡自来水管网联网工程，建设了142个农村文化小广场，完成农民健身工程48套、健身路径20条。二是致力于农村改革。稳步推进农村集体产权制度改革，组织实施了2993个单位清产核资，数据全部纳入平台管理。加大农村承包土地"三权分置"改革，建立19个农村土地托管服务公司，培育发展24家农村土地股份合作社，217个村全部建立农村土地流转服务站，打造了7个千亩以上农产品生产基地。三是致力于乡村振兴。引导群众走标准化、品牌化农业产业发展新路子。全县培育规模以上农业企业61家，其中省级农业龙头企业9家、市级农业龙头企业13家；创建农业专业合作社626家，其中国家级示范社5家、省级示范社9家、市级示范社16家；发展规模以上养殖场32家，其中国家级标准化示范场1家，省级标准化示范场4家。认证粤港澳大湾区"菜篮子"生产基地3个，认证绿色食品46个。与湖南农业大学、湖南省农科院、中南大学合作，创建11套汝城大宗型农产品绿色食品标准化生产技术规程。金晋农牧为全市新三板唯一挂牌上市的企业和华南六省最大的蛋鸡养殖场。汝城朝天椒获评"中国特色农产品优势区""中国农业品牌目录2019农产品区域公用品牌"以及省"一县一特"农产品优秀品牌，全县发展辣椒种植12万亩，蔬菜年产值达17亿元，加工值达24亿元。

改革和优化财政支出，全县民生支出占一般公共预算支出的80%以上，汝城的天更蓝、地更绿、水更清，更加宜居、宜商、宜业。"汝城环境美，美在项目中，美在客商心里"，湖南广东电子智能科技产业园的客商纷纷表示，"要把汝城当成第二个家乡，安居乐业发展好。"

党建与业务工作紧密融合问题探讨

安徽省淮北市杜集区发展和改革委员会　任春雷

习近平总书记在中央和国家机关党的建设工作会议上发表重要讲话，强调"要处理好党建和业务的关系，坚持党建工作和业务工作一起谋划、一起部署、一起落实、一起检查""只有围绕中心、建设队伍、服务群众，推动党建和业务深度融合，机关党建工作才能找准定位"。为贯彻落实总书记讲话精神和"不忘初心、牢记使命"主题教育工作要求，杜集区发改委持续深入开展专题调研，深入基层党组织广泛听取意见建议，认真挖掘问题产生的原因，着力推进融合抓党建，推动破解机关党建工作"两张皮"问题。

一、主要做法

通过调研发现，随着全面从严治党向纵深发展，普遍能够正确认识到党建和业务工作融合发展的重要意义，在破解党建和业务"两张皮"问题方面取得了一定成效。

（一）积极推动创建党建品牌

2021年，杜集区机关工委积极推动区直机关以政治建设为统领，推动融合抓党建，积极推进区直机关结合部门业务工作实际创建党建品牌，党建工作"围绕中心、服务大局"成效凸显。区直机关63个直属党组织中已经有44个党组织向区机关工委申报了自己的党建品牌。

（二）加强党务干部队伍建设

提高党务干部整体素质，是做好党建工作的重要基础和关键。在党务干部队伍建设方面，区发改委注重将年富力强，有能力、有素质、有创新精神的年轻党员干部充实到党务干部队伍中，使机关党群组织构架更加规范合理，激发党组织的能量与活力。

（三）切实发挥"领头雁"作用

"火车跑得快，全靠车头带"，领导干部往往坐镇中枢、指挥四方，有着不可忽视的带头表率作用。区里很多单位能够坚持"主要领导亲自抓、分管领导具体抓"格局，着力发挥领导干部带头引领作用，树立起领导干部以身作则，以一名普通党员的身份严格要求自己的形象，切实将组织生活、党建工作放到更高的位置。如：区发改委领导班子带头参加各类党建活动，号召党员干部通过"学习强国"平台加强自学，并定期对先进同志进行表彰奖励，营造全员参与的良好学习氛围。

（四）促进党建工作创新发展

创新是推动党建与业务融合的动力之源。在破解"两张皮"问题方面，一些区直机关充分结合单位实际，注重抓载体搭平台，积极探索创新工作模式，寻求党建与当前重点工作、业务工作相互融合共同推进新方法。如：区科协创新"六结合"方法，以政治建设为统领，深化改革为动力，智慧科普为目标，全面从严治党为重点，文明机关创建为契机，"主题党日"为载体，全面推进党建与重点工作、业务工作融合发展。

（五）将党建与为民服务相结合

党的根本宗旨就是"坚持全心全意为人民服务"，区直机关围绕践行"为人民服务"的宗旨，组织动员区直机关广大党员在为民服务上"走在前、作表率、打头阵"。区机关工委着力改进区直机关党员志愿者服务管理模式，建立了"总队—支队—分队"三级管理体制，组建了70支党员志愿服务支队，并通过开展服务慰问、文明交通劝导志愿服务等活动充分发挥志愿者服务队作用。区直各单位也结合实际，按照《开展机关单位进社区"双结对、共创建"服务活动的通知》和"倡议我响应、志愿我行动"要求，开展便民服务、服务创城等活动，使党员志愿者能够在志愿服务中感悟初心、强化担当意识，也让人民群众看到、感受到党组织的温暖和力量。

二、存在问题

取得成绩的同时，我们也清醒地认识到，在党建和业务工作融合发展方面还有不足，仍需我们去认真研究解决。

（一）缺少党建与业务融合的"潜力"

一是有的领导干部"第一责任人"意识不强，对"抓好党建是最大政绩""不抓党建是失职、抓不好党建是不称职"等还没有深刻认识，对党建工作缺谋划、欠统筹。二是有的党务干部认为党建与业务不好结合、难以同步，存在畏难情绪。三是有的党务干部在工作中存在应付思想，认为只要按要求、步骤和规定开展党建活动就可以了，没有积极主动将党建工作同业务工作结合起来推进。

（二）缺少党建与业务融合的"能力"

一是党务干部多为兼职，流动性较大，导致部分新任职和兼职的党务干部专业知识水平不高，很难把握住党建工作的重点，更难将党建与业务融合起来推进。二是有的党务干部尽管想将党建与业务融合发展，但服务中心的能力不够，在党建与业务融合时脱离本单位实际，融合推进往往以失败告终。三是有的党务干部在开展党建工作时，既不宣传中心工作，也不宣扬典型，没有在推进业务工作中将党建工作贯穿其中，增强组织凝聚力，也没有引导党员干部发挥模范先锋作用，在促进党建与业务融合方面缺少方式方法。

（三）缺少党建与业务融合的"动力"

一方面考核推动机制不健全，党建工作考核与业务工作考核各行其是，没有把党建和业务的内容进行统筹考量。在党建工作考核时，只注重党建本身，不注重党建工作对业务工作的推动作用。另一方面，奖励机制不到位，没有建立专门针对党建与业务融合发展的效果评价及激励促进机制，导致"干与不干一个样，干好干坏一个样"，缺少推动党建与业务融合的动力。

（四）缺少党建与业务融合的"活力"

一方面统筹规划不够，科学的目标设定和任务的体系不健全，没有从设定任务目标着手推动，各项工作没有联动，缺少促使党建与业务形成合力的契机。另一方面，个别领导干部把工作重心和主要精力放在业务工作上，对党建工作研究不够深入，不能找准基层党建紧扣中心、服务大局的切入点和着力点，使党建工作与业务工作模式固化，难以将党建与业务相融合，缺少活力。

三、对策建议

融合抓党建，是新形势下党建的重点工作，针对推动过程中存在的问题，我们要攻坚克难，结合实际，细心研究，着力解决党建与业务工作紧密融合问题。

（一）在思想认识上下功夫

一是要坚持党建引领，部门党组（党委）要全面加强对本单位党的建设领导，通过党组（党委）中心组学习、"三会一课"等加强领导干部思想政治教育，树立起"不抓党建就是失职，抓不好党建就是不称职"的理念，真正从思想上重视党建工作，积极推动党建与业务的深度融合，真正做到党建工作与业务工作"一盘棋"。二是要积极开展红色教育、爱国主义教育等活动，通过回顾红色历史，学习革命先辈的精神凝心聚力，进一步激发党务干部爱党敬业的精神。三是要继续注重开展党员先锋岗、党员示范岗、党员责任岗创建工作，在开展业务工作中树立机关党员模范先锋形象，利用榜样的力量，实现机关党建与机关建设的深度融合。

（二）在队伍建设上下功夫

一是要增强党建队伍实力。让业务水平高、工作成绩突出的业务干部承担一定的党建工作，将他们肯钻研、肯吃苦、做事认真的特性发挥到党建工作中来。二是要激发工作热情。将从事党建工作的成绩，也纳入到选拔干部、评定优秀中来，让党员干部从敢于从事党建工作变为愿意从事党建工作，提升党务干部推动党建和业务融合的积极性。三是要加强业务培训。进一步加大对党务干部的培训，特别注重分专项、有针对性地开展党建业务培训，全面提升党务干部的专业素质，使广大党务干部有能力去钻研推动党建和业务的融合。

（三）在考评机制上下功夫

一是要发挥好考核的"指挥棒"作用，以建立科学考核机制作为落脚点，注重和强化过程管理、跟踪问效的力度，健全完善党建考核制度，结合业务工作特点设置考评指标，建立任务清单，量化考评指标，加强党建和业务工作融合，推动各项工作落实落地。二是要加强考评结果应用。把考评结果与党员干部绩效、奖惩、调整等结合起来，对重视党建工作、履职尽责到位，群众反响好的党务干部要与业务工作优秀的干部同等重视、同等培养、同等使用。三是要强化激励机制。提高党建和业务工作融合在考核中所占的比例，对于在党建和业务工作融合方面做出成绩的，予以表彰奖励。

（四）在统筹推进上下功夫

一是要协同推进。坚持机关党建与中心工作、行政业务工作在目标上同向一体，推动机关党组织围绕行政业务工作的重点、难点、焦点来确定目标、开展工作，依托年度业务工作会议、述职评议会议、重点任务推进会和学习培训等载体，把党建与业务工作同部署、同督查、同考核，把党建工作的目标任务和中心工作有效统一起来。二是要紧密联系。以推进党支部标准化规范化建设为抓手，不断在加强基层党组织建设上同频共振。同时，探索建立机关党组织联合开展主题党日、党员教育培训、党员志愿服务等有效形式，推进单位在党建工作上的协作配合。三是要媒体聚合。运用单位网站、机关党建微信公众号、微信交流群，将党建与业务工作政策规定、办理流程、动态更新合二为一，实现业务资源和党建资源、业务动态和党建动态全部向一个平台集中，从形式上潜移默化地将党建与业务融合。

（五）持续在创建党建品牌上下功夫

区直机关要继续结合实际把创建党建品牌作为推进融合抓党建的有效载体，组织所属党组织把助推服务中心工作作为党建品牌设计、规划、推进的出发点，精心创建与中心工作贴得紧、与业务工作融合深的机关党建品牌。通过培养品牌典型，发挥典型引路作用，让党建品牌成为党建与业务工作融合发展的一个突破口、一种精神坐标。

主动作为　攻坚克难

山西省阳城县发展和改革局

2020年是全面建成小康社会和"十三五"规划收官之年，一年来，面对新冠肺炎疫情带来的严峻考验，阳城县发展和改革局统筹推进疫情防控和经济社会发展各项工作，坚决贯彻落实各项决策部署，加快推进复工复产，经济先降后升，经济增长由负转正，主要指标恢复性增长，经济运行稳步复苏，市场预期总体向好，社会发展大局稳定。

一、抓序时进度，圆满完成县委经济工作会和县委十三届九次全会任务

（一）主要经济指标完成情况

1—12月，全县地区生产总值完成244.6亿元，同比增长6.8%，居全市第一。固定资产投资1—12月完成103.57亿元，同比增长8.5%，居全市第二。

（二）稳步推进"十四五"规划编制工作

根据《关于印发阳城县国民经济和社会发展第十四个五年规划工作方案的通知》要求，成立了阳城县"十四五"规划编制工作领导小组和规划编制专家咨询组，对涉及编制全县重大研究课题、专项规划机构的选定、成果的评审及"十四五"规划纲要基本思路的确定等，开展调查研究、进行初审、提出意见和建议，供县委、县政府决策参考。20个前期课题已完成；"十四五"规划纲要初稿已完成，正在修改完善；20个专项规划完成调研和资料收集工作，编制单位正在进行编制。

（三）率先出台发布《阳城县城市发展清单》

2020年5月8日在全县招商大会上对外推介发布《阳城县城市发展清单》（第一批），同时在融媒体、政府信息网、阳城报、获泽之子等各级各类媒体上进行线上发布。《阳城县城市发展清单》作为场景供给的重要途径，将经济与城市发展有机链接，为投资者、企业、人才在阳城发展提供了入口和机会，将进一步激发阳城发展的创新活力和内生动力，目前《阳城县城市发展清单》（第二批）完成编撰工作。

（四）积极推进国家新型城镇化建设示范县城建设

围绕推进环境卫生设施提效扩能、推进市政公用设施提档升级、推进公共服务设施提标扩面、推进产业配套设施提质增效等四大领域的示范内容和17项建设任务，科学编制《新型城镇化建设示范县城——阳城县》申报资料，经过多次和国家、省发改沟通协调，2020年6月3日

国家发改委发布《关于加快开展县城城镇化补短板强弱项工作的通知》，阳城县成功入围国家新型城镇化建设示范县城名单。本次入围是阳城县新型城镇化建设的机遇，将极大地提升县域综合承载能力和治理能力。为了更好地把握机遇，推进县城新型城镇化建设，阳城县发展和改革局围绕国家发改委提出的四大方面、十七个领域编制的《阳城县县城新型城镇化建设示范方案》及新型城镇经补短板强弱项项目215个，总投资1452.39亿元，已上报省和国家发改委。目前阳城县发展和改革局已筛选出符合要求的项目50个，总投资530.64亿元，与农发行、农行、工行、建行对接，争取更多资金支持，并对姚书记、史县长筛选出的拟申报专项企业债券的项目进行前期手续的督促跟踪和梳理汇总，要求项目单位五天一汇报、十天一小结，争取尽早完善前期手续，具备发行企业债的条件。

（五）充分发挥重点工程项目带动作用

以活动为载体，全力推动项目建设。2020年3月5日举行了"阳城县六项重点工程集中开工暨沁河阳城段生态景观治理工程（二期）开工仪式"，集中开工6项重点工程，总投资16.8亿元，年度计划投资7.1亿元。2020年7月1日举行了二季度集中竣工、开工、签约"三个一批"活动，集中签约14个项目，总投资29.5亿元；开工25个项目，总投资65.5亿元；竣工10个项目，总投资14.7亿元。以活动为载体，不断掀起全县项目建设新高潮。以问题为导向，强化服务保障。建立了"24小时直通车"制度和四大班子领导包联项目责任制，围绕问题抓落实，确保重大问题达到及时协调解决，推进项目又好又快建设。先后赴省厅协调解决了沁河阳城段生态景观治理工程河道治导线调整问题。积极协调解决了下李丘城中村改造项目规划调整问题，苏庄城中村、县城南部片区城中村拆迁问题，职业教育中心建设项目、妇幼保健计划生育服务中心建设项目、残疾人康复中心建设项目等项目规划、审批、用地问题，确保项目顺利落地建设。

（六）加快制定实施阳城县大健康产业发展规划

委托北京全科盟科技有限责任公司对阳城大健康产业的发展进行调研，在充分调研的基础上提出阳城县"十四五"大健康产业发展思路研究和重大课题研究报告，并于2020年7月25日经过专家评审论证。9月底完成了阳城县大健康产业发展规划（初稿），深入研究并制定了阳城县大健康产业发展规划和分年度计划，谋划包装了一批大健康产业项目并列入新型城镇化建设示范县城谋划项目清单。

（七）扎实开展"双创"工作

一是出台了《关于推动创新创业高质量发展 打造"双创"升级版的实施意见》（阳政发〔2020〕13号），从大力促进创新创业环境升级、加速推动创新创业发展动力升级、继续推进创业带动就业能力升级、大力推动科技创新支撑能力升级、着力促进创新创业平台服务升级、加快完善创新创业金融服务、加快建设创新创业发展高地、着力打通政策落实"最后一公里"等八大方面提出了实施意见，对阳城县的双创工作进行了指导。二是编制完成了《阳城县县级智创城基地方案》初稿。三是下发《关于提供双创支持资金和双创支持政策的通知》（阳发改〔2020〕10号）至涉及双创工作任务的25家单位，认真梳理汇总了各部门的双创支持资金和双创支持政策。四是编制完成了《阳城县国家级双创示范基地申报方案》初稿，报送市发改委审批。

（八）加大社会领域补短板强弱项项目谋划

针对这次疫情中暴露出来的工作短板和不足，认真谋划、包装卫生领域基础设施项目，积极推进中医院中西医结合传染病防治中心项目前期手续。成立工作专班，统一申报专项债券和中央投资，妇幼保健中心项目下达中央预算内资金1200万元，地方专债7000万元；人民医院急救内科综合楼项目下达中央预算内资金1100万元；残疾人康复中心下达中央预算内资金904万元；后则腰中心小学下达中央预算内资金463万元。

（九）加快铁路专用线建设项目

协助晋城国睿运通物流有限公司和阳城鸿安商贸有限公司办理铁路专用线前期手续，力促阳城祥益铁路营运有限公司与沁秀龙湾就大宁煤矿铁路专用线扩建工程和沁秀龙湾铁路专用线工程达成共同开发框架协议。

二、抓发展研究，充分发挥县委、县政府的参谋助手作用

（一）抓好经济运行监测分析和经济运行调控，保障经济社会发展

充分发挥综合经济管理部门职能作用，密切关注经济发展的趋势和变化，加强与县统计局等相关部门的沟通联系，建立经济数据共享机制，针对经济发展中存在的苗头性、倾向性问题提出行之有效的对策建议和解决办法，为县委、县政府科学决策提供参谋服务。按季度分解经济发展预期目标和重点项目建设计划，一季度主抓疫情防控和复工复产，二季度主抓双过半，三季度主抓集中功坚，四季度主抓指标完成，强化责任落实，强化督查检查，确保经济运行在合理区间。密切跟踪粮油肉菜、防疫物资等重要商品市场价格变化情况，主动掌握市场动向和经济发展动态，保持物价水平稳定。

（二）围绕"六稳""六保"，多措并举抓好服务业逆周期调节政策的落实

出台《阳城县疫情防控工作领导组办公室关于商贸流通服务恢复营业的通告》，认真开展分管行业的复业核查工作，现场指导防控工作。想方设法为困难企业免费发放口罩21000个、消毒液3000升，帮助企业落实防疫措施，推动企业复工复产。按照《晋城市逆周期调节支持服务业发展的若干措施的通知》精神，从财政列支专项资金，真金白银扶持三产复苏，促进服务业发展。繁荣夜色经济，开展地摊市场、文艺会演、扶贫产品展销等系列活动，通过夜娱、夜购、夜宴等夜间产业，吸引和推动广大市民积极参与，带动消费，助力服务业稳定发展。全面推动"互联网+"打造数字经济新业态。积极开展"直播+消费"，"网红县长"亲自"带货"，短时间内销量高达700多万元。加快推进智慧旅游平台建设，统一整合全县全产业链旅游要素资源，全面推广10个A级景区的智慧旅游建设，提升旅游业服务水平。

三、抓项目推进，促进社会投资稳步增长

（一）加快推进项目复工复产

坚持疫情防控与项目建设两手抓、两不误，先后多次召开专题会议部署项目开复工工作，成立了以常务副县长为组长的"建设项目开工复工领导小组"，印发了《阳城县建设项目开工复工工作实施方案》，结合疫情防控级别调整，及时简化了项目开复工程序，加快项目开复工建设。坚持"转型为纲、项目为王"，在优先保障医用防护物资的前提下，向复工复产企业有序保障防护物资。积极协调口罩20000余个，消毒液200余桶，75%酒精2200余升、红外测温仪200余枝，保障项目开复工防控物资需要。积极推进水泥、石子、砖等主要建筑材料的供应企业复产。充分保障外来人员持绿色健康码返岗和交通畅通。

（一）加速项目包装谋划和资金争取工作

2020年以来，为有效应对疫情带来的经济下行压力，国家持续加大中央预算内资金、中央新增资金及地方政府专债发行规模。为准确把握政策机遇，阳城县发展和改革局围绕经济工作会议部署的重要工作和重点项目，结合国家明确的资金投向和申报条件，成立政策资金项目谋划工作专班，加强政策研究，深度策划谋划项目。阳城县发展和改革局精心谋划了103个项目，总投资180亿元。对于谋划包装的项目，扎实做精做实前期工作，积极向上争取资金。共申报中央预算内资金项目13个，总投资14.86亿元，申请中央资金5.07亿元。申报中央新增资金项目28个，总投资57.55亿元，申请新增中央资金12.97亿元。申报地方专项债券项目46个，项目总投资102亿元，申报专项债券资金49.51亿元。目前已下达地方专项债券项目4个，专债资金3.14亿元；中央预算内资金项目9个，资金0.5955亿元，省级配套资金373万元。

（三）全面落实固定资产投资建设任务

为确保固定资产投资目标任务按序时进度完成，阳城县发展和改革局对全县2020年新开工的各类投资项目，特别是结合各乡镇各部门申报的2020年重点工程项目进行了全面梳理、摸底。突出精准管理。科学分解固定资产投资任务至各乡镇、各单位，采取挂图作战、倒排时间，确定月计划，季任务、年目标，"以旬保月、以月保季、以季保年"完成全年投资任务。充实项目库。坚持"大树能成荫，小树也能成林"和抓大不放小的理念，将全社会固定资产投资全部纳入统计范畴，做到应统尽统、不漏项目，不漏投资。借争取中央资金、地方专项债券之东风，加速开工一批新建项目，支撑后半年固定资产投资。压实领导责任。将固定资产投资放在"六稳"的重中之重，跟踪项目前期及建设情况。固定资产投资工作专班每月一次深入一线，了解情况，解决堵点、难点、痛点问题。全面提升项目谋划和招商引资力度。持续贯彻市、县经济工作会议精神和招商引资大会精神，进一步加大招商引资力度，重点发挥12个招商团队的作用。进一步优化营商环境，最大限度地吸引社会资本，充分激发民间投资增长活力，引进一批发展前景好，带动力强的大项目。力争有一批新的大项目落地开工建设，充实固定资产投资库，为完成

全年目标任务夯实基础。建立通报机制。逐月对各乡镇、部门、开发区、阳泰集团的当月完成额、累计完成额及完成率三项指标进行通报。对单项指标未完成且排名靠后的单位，第一次向分管县长做出说明，第二次向政府常务会做出说明，第三次向县委常委会做出说明。突出督导考核。加强工作督查、跟踪问效，已经落实的查效果，正在落实的查进度，没有落实的查原因，对完成较好的乡镇、部门实行正向激励，对推诿扯皮、完成不佳的进行约谈直至组织处理。真正通过强有力的过程督查，来确保目标任务的切实完成。

四、抓民生保障，确保社会和谐稳定

（一）加强防疫物资储备供应，做好疫情防控后勤保障工作

疫情期间积极与广东、河北、河南等相关生产销售企业沟通，动用社会各级力量紧急采购各类口罩、酒精、消毒液、体温计、防护服等物资。累计采购各种防控物资290余万元，接受社会捐赠物资约203万元。发放各种口罩500230个、消毒液21000升、酒精23018升、医用手套19030双、防护服2367套、体温计840支、防护屏200套、帐篷131顶等。做到紧缺物资快进快出，第一时间分配到防疫的第一线，为一线防疫工作做好了后勤保障工作。为预防秋冬季疫情积极开展防疫物资补库和全员核酸检测物资储备。采购一次性防护口罩40万个、额温枪100支、消毒液1500公斤，全员核酸检测物资共计68万元。响应应急预案，与阳城二招、福阳宾馆、华都酒店签订了应急隔离房104间，口头协议隔离房793间。2020年11月10日，根据疫情防控组的指令紧急启动阳城二招作为上海返阳城人员隔离区，切实做到了"宁可备而不用、不可用时没有"。加强救灾应急保障，改造了标准化物资储备库房，购置地台、货架等设施设备，与县民政局对接将储存在长治市潞锦工贸有限公司的棉衣裤、单衣裤、折叠床、应急包等价值130万元物资全部进仓入库储备，进一步提高了我县救灾物资储备应急保障能力。

（二）持续推进采煤沉陷区治理搬迁工作

申报芹池镇伯附村、马庄村列入全省采煤沉陷区治理搬迁安置目标任务，现已完成可研批复。筛查上报采煤沉陷区治理搬迁安置集中新建小区基础设施及公共服务设施建设备选项目12个，申报投资11026.5万元。

（三）认真履行价格管理和服务职能，确保市场价格稳定

着力解决人民群众最关心的物价问题，做好有关涉及民生成本监审、价格管理和检查工作。积极开展2020年春节市场供应工作，投放财政资金195.99万元，对关系群众节日消费的粮、油、肉、菜等副食品进行价格补贴，供应面粉1.6万袋、食用油3.3万桶、蔬菜58.36万斤、肉类32.21万斤，保障了节日期间市场货源充足、价格稳定，让百姓得到了实惠。做好价格监测工作，在全县7个监测点，采集19种粮油、猪粮比价、消毒液、口罩等价格、销售情况进行监测。为推进普惠性幼儿园工作，对县城公办幼儿园的保育教育费成本进行监审，完成县直公办幼儿园调价工作。对民办幼儿园成本进行调查，出具调查报告，有力地推进了县城幼儿园健康发展。

完成皇城相府景区区间车票价格制定，积极推进农业水价制定，居民用水价格调整，居民用煤层气价格的调定工作。

（四）做好价格认证工作

共办结涉案物品价格鉴定76起，鉴定金额331.5万元，所办案件均未出现复核裁定，为我县的法制建设和社会稳定做出应有的贡献。

（五）开展价格临时补贴工作

继续响应省、市社会救助和保障标准与物价上涨挂钩联动机制，开展价格临时补贴发放工作。向城乡低保户、领取失业保险金人员、寄宿制学生、特困人员、优抚对象、孤儿、事实无人抚养儿童等困难群体发放了1—9月价格临时补贴516.15万元。

（六）加强粮食安全保障工作

切实加强地方粮食储备管理，完成原粮储备1500万斤、食用油储备10万斤任务，完成储备粮轮换（小麦）1635732公斤，建立了110万斤成品粮储备。加强粮食基础设施建设，投资314.03万元的质检站开工建设，填补了阳城县粮油检测的空白，今后将在保障人民群众"舌尖上"的安全发挥举足轻重的作用。

五、2021年工作计划

2021年，阳城县发展和改革局坚持目标导向和问题导向，统筹兼顾、突出重点、全面推进，重点抓好以下工作：

（一）大力推动项目建设

牢固树立"转型为纲，项目为王"的理念，以列入国家新型城镇化建设示范县城和全市城乡融合发展试点县为契机，紧盯国家投向政策，邀请专家学者，结合阳城县实际，科学谋划一批大项目、好项目，储备一批打基础利长远的重大项目，形成"建设一批、储备一批、谋划一批"的项目建设良性循环。聚焦"六新"项目，实现新兴产业、未来产业培育新突破。要对"三个一批"清单化管理，建立市县重点项目台账，确保"三个一批"接续推进，用一个个项目支撑"六新"。积极谋划、统筹协调、稳步推进2021年新增政府专项债券资金和中央预算内资金申报工作，发挥地方政府债券和中央预算内资金对稳投资、稳增长、补短板的积极作用，保障阳城县重大项目资金需求，促进经济平稳健康发展。

（二）强化经济运行监测工作

密切关注经济运行态势，加强经济走势和趋势分析，强化对经济发展支撑力强的重点领域、重点行业、重点企业监测预警，及时跟踪经济运行中出现的新问题和新情况，有针对性地提出措施建议。善于发挥经济综合管理部门的职能作用，主动协调、善于牵头，强化责任落实，强化督查检查，保持经济运行在合理区间，力争完成年度各项经济指标任务。

（三）高质量完成"十四五"规划编制工作

加强调研研判，科学把握"十四五"时期发展环境新变化和发展阶段新特征，要突出改革创新、思想解放，要突出转方式、调结构，要突出追赶超越、稳中求进，要突出对外开放、协调发展，高质量高水平完成"十四五"规划纲要和各专项规划的编制工作。

（四）持续推动民生改善

加快推进采煤沉陷区治理搬迁工作，力争将芹池镇伯附村、马庄村列入全省采煤沉陷区治理搬迁安置目标任务。继续开展价格临时补贴工作，及时向城乡低保户、领取失业保险金人员、寄宿制学生、特困人员、优抚对象、孤儿、事实无人抚养儿童等困难群体发放价格临时补贴。积极对接开展粮食安全保障相关工作，切实加强地方粮食储备管理，完成储备粮轮换。加强粮食基础设施建设，2021年底前完成质检站工程建设，填补阳城县粮油检测的空白，保障人民群众"舌尖上"的安全。

（五）深入推进"双创"工作，打造经济发展新引擎

加快现有同质化双创园区、孵化基地整合升级发展，新谋划与国内省内一流双创基地合作布局建设县级版"智创城"，建立起苗圃、孵化、加速的创业公司梯度培育体系。整合散布在有关部门的双创支持资金，新成立双创投资引导基金，加快集合各有关部门双创支持政策，打造面向所有创业团队和创业者的双创公共服务平台。

（六）进一步优化营商环境，推动全县经济高质量转型发展

结合阳城县实际，充分征求各部门意见、深入调研，梳理阳城县在优化营商环境方面存在的热点、堵点问题，研究出台优化营商环境工作方案。构建信用体系建设，持续抓好信息归集、信息使用、信用修复、信息确认等工作。全力营造充满活力的创新环境、包容开放的投资环境、降本增效的产业环境、独具魅力的人才环境、高效透明的政务环境和公平公正的法治环境，营造有利于集聚更多先进生产力、生产要素的营商环境，推动全县经济高质量转型发展。

今后，阳城县发展和改革将始终坚持以习近平新时代中国特色社会主义思想为指导，全面贯彻新时代党的建设总要求，深入开展"五型"机关建设，以更大的担当、更优的作风、更强的合力，在攻坚克难中展现发改部门应有的担当和作为，为开创新时代美丽阳城高质量转型发展新局面做出新的更大贡献！

护美绿水青山　做大金山银山

安徽省来安县发展和改革委员会

近年来,来安县按照"点上出彩重点干、线上美丽优先干、面上洁净全面干"的思路,坚持"生态优先一寸不让,绿色发展半分不减",以"三线一单"为硬约束,以"三大一强"为主攻坚,着力打造全域美丽乡村,改善提升城乡面貌,让百姓享有更多生态福祉。来安县先后荣获中国新能源百强县、全国生态文明先进县、最美中国乡村旅游目的地城市、国家农产品质量安全县、全国绿化模范单位等一系列荣誉称号。

一、面上发动"大清理"

通过召开动员会议、发放倡议书、组织党员志愿服务、创建美丽庭院等形式,切实把"五清一改"和农村人居环境政治工作的目的和意义宣传到基层,取得群众的理解、支持。同时,全面开展大排查,逐村逐组逐户摸排问题,列出问题清单,制定整治方案,开展大整治。全县12个乡镇130个行政村变群众被动接受为主动参与,真正做到家家动员、户户动手。

二、线上打造"风景线"

围绕北部乡村旅游环线和南部环江北新区旅游环线2条示范线,重点打造线上涉及村部所在中心村以及104国道312省道和县乡道路沿线的自然村庄,重点开展"三大革命"专项整治,结合村庄、庭院、路口逐步治理打造,一个个景色宜人的精品线路初见雏形。

三、点上示范"样板区"

把全县12个美丽集镇和47个美丽乡村中心村结合起来,节点成线、串珠成链,进行升级改造,打造"升级版"。同时,每个行政村重点打造1—2个示范"样板区",按照全域旅游、全域美丽的标准,采取覆绿增绿、点缀小品等方式,提升环境品味,着力打造最美县域的样板区域。

四、推进水污染治理

实施城镇污水处理提质增效行动,消除来城黑臭水体,乡镇生活污水集中处理率达70%以上。启动实施汊河水环境综合治理一期工程,持续抓好入河排污口整治。推进水生态修复,强化饮用水源地规范化建设,开展河流水库生态缓冲带划定,基本完成岸线修复;全力实施来河水体达标工程,开工建设新来河生态廊道,实现城区河水自然净化,来河水质稳定达到Ⅳ类标准。推进水资源保护,坚持最严格的水资源管理,确保生态用水比例只增不减,万元 GDP 用水量比 2015 年下降 33%。

五、提升绿色实力

开展北部山区绿化攻坚、特色苗木基地建设等六大专项行动,新增造林 1.1 万亩,创成省级森林城镇 1 个、森林村庄 6 个,森林覆盖率达 25%。加快绿色恢复。推进山水林田生态修复,完成矿山植被修复 200 亩、退耕还林还湿 200 亩、天然林资源保护 2000 亩,健全农用地和建设用地土壤污染防控长效机制。扶持绿色产业。强化绿色生产政策导向,大力推广绿色建筑、清洁生产,重点推进可再生资源利用项目,拓宽绿水青山到金山银山的转化通道。倡导绿色生活。鼓励绿色出行,引导低碳消费,创建一批绿色学校、绿色社区、绿色商场、绿色餐馆,增强全民节约意识、环境意识、生态意识,加快实现生活方式的绿色转型。深入实施"蓝天行动"计划,持续改善大气环境,$PM_{2.5}$ 和 PM10 平均浓度分别降至 38 微克/立方米、49.7 微克/立方米,空气质量优良天数比率达到 83.9%。

铸造党建灯塔　引领地区发展

辽宁省沈阳市沈北新区发展和改革局

2018年9月，习总书记到东北考察，为东北振兴发展指明了方向和路径。涓涓细流汇成江河，作为东北振兴千百基层县区的一员，如何把总书记的瞩望化作现实，快速带动地区经济发展，让辖区60余万群众过上富足生活，是沈北新区必须全力以赴的光荣使命。"工作千万条，党建第一条；政治不过硬、群众两行泪。"沈北新区党委、政府高度重视党建工作，始终把基层党建工作作为引领地区高质量发展的基石和灯塔，通过全面实施高质量党建，筑牢防腐堡垒、提升干群素质、转变工作作风，为全域振兴发展起好步、开好局。

一、强化党建引领，凝聚振兴发展共识

始终坚持党的领导，解决好思想认识问题，是振兴发展的根本前提。为此，新区一是深入开展党的理论学习，围绕习近平新时代中国特色社会主义思想及东北振兴系列讲话等内容在全区各支部深入学习讨论，由党校教师和相关领域专家定期为区内党员干部进行党的理论知识培训，在党员干部中不断增强"四个意识"、坚定"四个自信"、做到"两个维护"。二是充分发挥优秀党支部和党员的示范带头作用，加强优秀党员事迹宣传，努力克服懈怠、畏难情绪，在全区范围内倡导担当、协作、拼搏精神。三是加强党风廉政建设，深入落实纪检、监察、巡视和审计的大监督系统，构建不敢腐、不能腐、不想腐的有效机制，确保各项工作在阳光下运行。

二、创新党建路径，加快振兴发展速度

始终坚持深化改革，解决好体制机制障碍，是振兴发展的快捷通道。为此，新区一是大胆改革创新，优化政府和开发区职能，制定了《辉山经济技术开发区党工委和管委会主要工作职责和权力清单》，将政府经济职能全部划归开发区管理，成立开发区党群工作办，将整个开发区的干部管理、人事工资、绩效考评等职能全部集中交由党群工作办管理，开发区机构实现了精简设置，突出了党委部门的领导职能。二是大力培育发展新动能，实施"小巨人"企业成长路线图计划，壮龙无人机、德恒机械、斯林达安科等一批"专精特新"企业不断发展壮大，高新技术企业由原来的52家增长到234家、增长3.5倍，新旧动能转换产业示范片区纳入沈阳市"十四五"科技创新重点规划体系，科技创新对产业结构调整的引领作用初步显现，沈北新区成为东北三省唯一一家中国创新百强县。三是科学落实上级工作，上面千条线、下面一根针，

结合实际灵活穿针引线，少开会、开短会，少写材料、写短材料，力戒形式主义，有效地解决文山会海问题，让广大干部把精力用在干事创业上。

三、深耕党建理念，孕育振兴发展文化

始终坚持生态文明建设，解决好人文发展环境的问题，是振兴发展的重要保障。为此，新区一是党委牵头狠抓生态环境建设，全域五年新增绿化面积10870亩，城镇绿化覆盖率达到55.3%，大气优良天数增加87天，达到289天，我区被评为全国村庄清洁行动示范区。二是全面优化营商环境，沈阳市首创"拿地即开工"，审批效能持续提升，在全国行政服务大厅百优评选中荣获沈阳市唯一一家"公开化优秀"称号，新区已成为沈阳营商环境最佳体验地。三是深入开展群众路线教育实践，深入住户、深入企业开展大走访、大调研、大服务活动，切实解决群众和企业亟待解决的困难和问题。开展幸福沈北共同缔造活动，鼓励广大群众共建家园、积极参与社区治理，营造沈北干群共建、共享、共荣文化。

四、充实党建队伍，培养振兴发展人才

始终坚持深化改革，解决好人才培养问题，是振兴发展的第一要素。为此，新区一是大力引进外埠人才、努力留住本地人才，除落实上级各类引进人才政策外，还全面制定了沈北新区人才政策，通过政策资金支持、优化营商环境、提升城市品质、引进重点医疗教育资源等多措并举，大批外埠优秀人才和区内大学毕业生涌入沈北安居置业。二是着力建设高水平党政机关干部队伍，完善干部培养、选拔和任用机制，优先选拔政治过硬、德才兼备的优秀干部。疏通干部晋升和调整渠道，避免干部长期在同一岗位上滋生腐败或倦怠思想。充实年轻干部到开发区和社区等一线岗位挂职锻炼，加强经济发展与民生建设岗位干部交流学习，建立起80、90后干部梯队。

7月的沈北，放眼远眺，绿野星罗、高楼棋布，大自然的勃勃生机与新城镇的迅猛发展和谐共促、有机共生。路虽远，行则将至，业虽艰，做则必成。在高质量党建的引领下，沈北新区将以新担当、新作为引领区域实现高质量快速发展，为东北全面振兴、全方位振兴贡献更大的力量！

趁势而上 主动作为

新疆塔城地区发展和改革委员会

2020年极不平凡，是具有里程碑意义的一年。面对各种风险挑战，塔城地区发展改革委的同志们坚持守初心、担使命，冲在先、干在前，以"破"的勇气、"立"的智慧、"成"的能力，勇担使命、奋力拼搏、上下联动，在大战大考中展现出了稳固的基础和强劲的韧性，为实现地区经济高质量发展提供强劲势能、充沛动能，努力保持经济运行在合理区间。

一、抓机遇，增强高质量发展动力

牢固树立"一城两区""关城一体"理念，充分发挥地区"五优四好"优势，紧抓国家加大西部大开发力度和新疆建设丝绸之路经济带核心区历史机遇，打造高质量发展新动能，推进对内对外开放。凝全区之智、举全区之力申报新疆塔城重点开发开放试验区，经地区高位推动和多方汇报对接，2020年12月，试验区喜获国务院批复，塔城的发展首次上升到国家战略层面。积极克服疫情影响，大力发展电商产业，沙湾县、乌苏市、托里县、裕民县先后建成国家电商进农村示范县，建成乡村服务网点211个，网上注册企业130家。塔城市巴克图口岸保税物流中心（B）及巴克图口岸跨境电子商务平台正式开工建设，乌苏市铁路专用线、额敏铁路仓储物流园区顺利推进。不断壮大外贸经营，全地区有外贸经营权企业达272家，外商投资企业10家，涉及电力、农副产品加工、矿产等领域；境外投资企业6家，主要集中在哈萨克斯坦等中亚国家。

二、促投资，夯实高质量发展基础

始终把抓项目、促投资作为稳增长、调结构的重要抓手，努力扩大有效投资，一大批事关地区长远发展的交通、水利、能源等项目进展顺利，进一步夯实了高质量发展基础。乌苏军民合用机场完成立项评估，和布克赛尔民用机场预可研究成审查；塔城至阿拉山口铁路、和什托洛盖至铁厂沟铁路、塔城至阿亚古兹铁路（国内段）列入新疆现代综合立体交通规划；G219线路全线通车，G335线塔岔口—托里—巴克图公路等为主的国省道项目顺利实施。塔城市阿不都拉水库、裕民县江格斯水库顺利通过下闸蓄水阶段验收；塔城市锡伯图水库、额敏县KLYML水库实现开工建设。沙湾矿区东区总体规划获得国家能源局批复，和什托洛盖矿区小型煤矿开采区资源整合优化方案获得自治区人民政府批复，中电投玛依塔斯四期实现并网发电，新能源老风口二期抓紧建设。建设5G基建规划站址241个，安装5G基站设备站址156个。

三、优结构,加快高质量发展步伐

特色优势产业加快发展,农牧业布局持续优化,牲畜存栏和牛羊禽肉产量稳步增长,大旱之年实现丰产丰收。坚持主动作为,推动油气开发实现逆势增长,2020年可生产原油330万吨、天然气开采量达6亿立方米。持续加大企业服务力度,凯赛生物顺利上市,其生产的生物基新材料弥补了我国在高端纺织材料领域的不足。大力发展"夜间经济",开办"跳蚤市场",消费市场平稳有序。2个国家5A级、2个国家4A级景区进展顺利,G219、S101线成为新的网红旅游线路,佛山公园、鹿角湾、安集海大峡谷、巴尔鲁克山等一批旅游景区景点成为"打卡新宠",旅游产业发展势头强劲。

四、严把关,促进地区绿色高质量发展

严禁"三高"项目进塔城,实行最严格的生态保护制度、空间用途管制制度、水资源管理制度,实施生态修复和环境改善重大工程,严格能耗总量和强度"双控",2019年度能源消耗专项考核获自治区发改委通报表扬(2020年考核)。关闭退出和布克赛尔县阿勒泰鑫泰矿业有限责任公司四号井,淘汰落后产能9万吨/年。抓好重点用能企业、重点用能设备节能监管和全社会节能监察,加快产业园区循环化改造,大力支持垃圾处理、新能源装备制造等绿色产业发展。持续推进清洁供暖工作,清洁取暖率达77%。

打造"五无甘南"

甘肃省甘南藏族自治州发展和改革委员会

绿色是生命的象征,是文明的本色,也是甘南的底色。站在"两个一百年"的历史交汇点上,大美甘南掀开了创建"全域无垃圾、全域无塑料、全域无化肥、全域无公害、全域无污染"的崭新序幕。这既是践行习近平生态文明思想、全面贯彻落实党的十九届五中全会、中央第七次西藏工作座谈会、中央经济工作会议和中央农村工作会议精神的生动实践,也是全州上下"抢占生态文明制高点,打造绿色发展升级版"的务实举措。"全域无垃圾,全域无化肥,全域无塑料,全域无污染,全域无公害"的构想和行动,开启了甘南美丽生态建设的全新征程。

一、以全域无垃圾的大美之变,体现生态报国的甘南之义

发改人在生态文明建设和环境保护中主动担当作为,紧密结合全国文明城市和国家卫生城市创建工作,将打造"五无甘南"同实施乡村振兴战略、生态文明小康村、文化旅游"一十百千万"工程等重点工作有机结合、统筹谋划。坚持因地制宜、着眼长远、条块结合、上下联动、协同推进,建立工作推进机制,充分发挥项目投资的聚集效应,实现投资一批见效一批,形成共创共建的强大合力。通过强有力的项目为支撑打造"五无甘南",塑品牌、优环境、聚要素、补链条、促融合,引领经济社会高质量发展。坚持项目带动,补齐短板弱项,争取实施一批城镇道路及排水工程、城镇供水工程、老旧小区改造工程、城镇主管道建设工程、生活垃圾处理和污水处理工程。大力推进农村人居环境整治、农牧村"厕所革命"、中小学改厕,强化旅游基础设施及配套服务特别是实施全域旅游厕所提档升级行动,垃圾收集中转设施、环卫设施建设等。将创建国家全域旅游示范区和打造"五无"新甘南,纵深推进文化旅游"一十百千万"工程有机结合,还原全域旅游示范区的自然底色。

二、以全域无塑料的秀美之姿,体现文明恭俭的甘南之礼

"白色污染"既拉低了九色甘南的整体颜值,又危害着高原生灵的身心健康,与现代文明格格不入。发改人将推进废旧农膜收购网点建设,加快农牧业废弃物资源利用,建设地膜回收利用网点和回收加工厂。推动再生资源分拣中心和回收体系建设。引导全州发改系统干部职工及帮扶村广大群众与一次性不可降解塑料制品说"再见",自觉抵制不符合国家强制性标准的

聚乙烯农用地膜。自觉拎起布袋子、提起菜篮子，使用"瘦身胶带"、免胶带纸箱和简约包装及电子面单，做推进全域无塑料的忠诚实践者和守护者。

三、以全域无化肥的丰美之路，体现绿色崛起的甘南之信

发改人全方位全过程推行绿色规划、绿色投资、绿色建设、绿色生产、绿色流通、绿色生活、绿色消费，把环境保护、生态文明融入全州经济社会发展大局，形成绿色、低碳、循环的生产生活方式。运用多种手段，按照整合项目资金、统筹措施办法，着力构建绿色发展体系。化肥农药的过度使用，让大自然恩赐的青山绿水黯然失色，让养育雪域儿女的大地母亲黯然神伤，将通过扶优做强产品质量优、群众口碑好的有机肥企业，真正给土地"加满油"、让土地"歇口气"。开展畜禽粪物资源化利用整县推进项目，推进高标准农田建设，实施农田整治、土壤改良、农田防护、生态环境保持、基本农田和土地整理开发工程。建立农牧业循环利用机制，推动粮经饲融合发展，形成"以畜带草、以草兴畜、畜肥还田"的循环农牧业新模式。

四、以全域无公害的康美之策，体现厚德载物的甘南之仁

发改人紧密结合"十四五"规划和专项规划编制，强化项目策划包装，做深做细项目前期，加强政策、土地、资金等支撑性要素和环境、资源等约束性因素的分析评估，提高项目的可行性和可操作性，强化工作措施，确保任务落实。加大寒区农牧业绿色有机产品培育，加快争取现代种业提升工程，促进动植物保护能力提升，实施动物防疫及病死动物无害化处理工程和村级防疫点乡镇农作物病虫害监测点。建设智慧农业标准化示范基地、智慧牧场、现代特色种植业标准化生产基地、畜禽标准化养殖场。优先扶持全州"三品一标"认证的地理标志产品，为打造"甘味"农产品品牌，建成绿色农产品生产基地及打响高原绿色有机品牌，提供资金保障和项目支撑。

五、以全域无污染的富美之举，体现上善若水的甘南之智

发改人进一步推广清洁能源使用，提升新能源消纳和存储能力，加快争取城镇污水处理改造升级，坚决打好无污染战役。严格市场准入，强化工业企业和饮用水水源环境保护，提高风险防控。强化土壤污染防治和农业面源污染综合治理，提升危险废物处置水平，努力建设"健康甘南"。加快补齐医废处理短板，实施全州医疗废物处理中心及收转运体系建设工程，助力"蓝天、碧水、净土"三大保卫战，让清水绿岸、碧波荡漾常驻，让沃土千里、绿树成荫常在，努力把甘南建设成为名副其实的大美青藏锦绣园、生态文明大观园、绚丽西北后花园、东方世界伊甸园。

抓住项目"牛鼻子"
稳定投资"基本盘"

四川省安岳县发展和改革局

抓好项目投资工作是稳定经济增长的重要举措。安岳县深入贯彻市委"2021执行落实年"决策部署,坚持以项目为中心组织经济工作,克服疫情影响、财政紧张等多重困难,以"开局就是决战,起步就要冲刺"的劲头,抓执行、抓服务、抓推进、抓落实,强力推动193个重点项目加快建设,为全县经济社会发展注入了强劲动力。一季度,全县完成全社会固定资产投资33.6亿元,同比增长21.7%,带动全县GDP实现64.4亿元、同比增长15.2%。

一、各级重视全员参与,形成项目投资工作合力

一是压紧压实责任。成立党政主要领导任双组长、"四套班子"共同推进的项目投资工作领导小组,建立行业主管部门牵头、乡镇区域负责的项目投资工作体系,构建全员抓项目促投资的新局面。二是强化专题研究。春节上班后,即分线召开重点项目、招商引资、城建、交通、农业农村、文化旅游、生态环保等专题会议,分领域研究解决项目投资推进中的问题,逐级分解任务,层层压实责任,累计协调解决项目投资推进问题20余个。三是严格督查通报。对县委、县政府主推的25个重点项目,实行月初交办、月底交账,落实单月督查、双月拉练;对核心调度的71个重点项目,坚持每月一督查一通报,倒逼项目加快推进。一季度,开展专项督查10余次,督促解决秦徐中学等项目征地拆迁问题22个,整改率达100%。

二、谋划对接聚力招商,增强项目投资长远后劲

一是把握政策导向。健全定期政策分析制度,每月召开投资政策分析会,深入研究国省投资政策。抢抓"十四五"规划、成渝地区双城经济圈建设、成资同城化等重大机遇,一季度策划储备安岳实验中学整体迁建等项目41个、总投资341.8亿元,有力充实了项目库。二是领导带头招商。牢固树立"安岳的困难要靠发展来解决、发展的问题要靠招商来解决"的理念,县四大班子主要领导每月至少外出招商1次,县领导每月至少外出招商2次。一季度县领导带队外出招商10余次,新生成重点在谈项目20个,总投资299.3亿元。三是强化政策激励。制定全县招商引资普惠政策和柠檬、鞋服、文旅、物流产业专项支持政策,形成"1+4"政策体系。

修订完善招商引资考核奖励办法，提高招商引资考核权重，激发各单位招商工作主动性和积极性。四是突出补链招商。聚焦食品加工、清洁能源、纺织鞋服、文化旅游等主导产业，着力强链、补链、延链，实施以园招商、以企招商、委托招商，成功签约中石油（安岳）地面集输扩建工程等7个项目（已履约6个），签约金额94亿元，完成市下达目标任务的130%。

三、抓早抓细跟踪服务，创造项目推进良好条件

一是全力争取资金。成立7个项目资金争取专班，出台奖惩办法，细化分解任务，县级领导每月至少1次带队向上争取资金。一季度，累计对接上级部门90余次，策划申报2021年中省预算内投资项目123个，拟争取资金54.9亿元，申报2021年地方政府专项债（第一批）项目29个，拟争取债券资金44.7亿元。二是落实要素保障。建立项目前期工作经费补助制度，在县财政异常艰难的情况下，落实项目前期工作经费620余万元。建立重点项目用地优先保障制度，全面盘活存量土地指标，落实项目用地1200余亩。定期排查重点项目要素保障问题，实行销号管理，一季度，现场研究解决卧佛乡村振兴农旅融合示范等6个项目要素保障问题10个。三是全程跟踪服务。建立项目审批"绿色通道"，实施"互联网+政务服务"，提供纵向到底的审批服务和横向到边的帮办服务，省市重大项目实行全流程管理，审批时限缩短到80个工作日以内。开展"保姆式""店小二"快捷服务，及时解决用水、用电、用气、用工等需求，推动鼎阳科技中德技师学院等6个项目成功履约，秦徐中学项目实现"当日签约当日进场"，创下了项目投资"安岳速度"。

四、创新方法健全机制，加快推进重点项目建设

一是坚持专班负责。严格落实"一个项目、一个领导、一套班子、一抓到底"工作机制，倒排工期、挂图作战，确保责任到人、任务到天。二是坚持提前介入。实行"一个重大前期项目、一名县领导、一个牵头单位、一个分管领导"的"四个一"前期转化机制，一季度，加快转化办理安岳县东风路周边路网等95个"十四五"重点项目的前期工作，力争2022年实施建设，总投资598亿元。三是坚持量化推进。推行三级调度、"红黑榜"、比晒亮等工作机制，推动正邦集团生猪产业一体化等33个项目迅速开工，俄罗斯Kari鞋业生产基地等62个项目复工建设，第三人民医院迁建等2个省重点项目建设进度超目标任务。四是坚持竞进拉练。举行重大项目拉练3次，通过现场晒成绩、找差距、解难题，形成你追我赶、大干快上的项目建设热潮。

深化生态文明建设
加快推进碳达峰碳中和工作

福建省泰宁县发展和改革局

习近平总书记在福建工作期间，先后3次深入泰宁调研指导工作，提出了一系列具有战略性和前瞻性的重要指示，也留下了"一条鲤鱼"的生动故事，为泰宁走好"生态产业化、产业生态化"发展之路指明了方向。多年来，泰宁县始终牢记习近平总书记的殷切嘱托，深入学习贯彻习总书记来闽考察重要讲话精神，贯彻习近平生态文明思想，认真践行"两山"理论，坚定不移走生态优先、绿色低碳的高质量发展道路，先后跻身国家首批生态文明建设示范县、国家重点生态功能区、国家生态综合补偿试点县，绿色已经成为泰宁发展的底色和优势，国省控交接断面水质达标率、主要小流域水质优良比例均达100%，空气质量、地表水环境质量跃居全省第一，荣获国家全域旅游示范区、省级森林养生城市，全省生态产品市场化改革试点，全国森林康养产业政策培训班、全省森林康养产业发展现场会在泰宁召开。

一、优化结构，经济持续高质量发展

一是从战略上着眼。逐步形成"12345"总体思路，即：明确一个主题（中国静心之地）、两个转变（由全省知名向全国一流旅游目的地转变，由观光型向休闲度假型转变）、三大功能（森林康养、休闲度假、文体创意）、四大板块（滨湖休闲、古城开发、乡村旅游、高山安养）、五种业态（森林康养、特色民宿、影视文化、研学培训、运动休闲）的发展思路。2019年游客接待量创历史最高水平671.3万人次，助推全县地区生产总值"十三五"时期年均增长6.7%，三次产业结构从2015年的17.7：49.7：32.6优化为2020年的14.46：48.71：36.83。二是从布局上着手。制定《泰宁县全域森林康养基地建设实施方案》，聘请中国林业科学研究院、北京林业大学等机构，高标准编制森林康养规划，策划推进"耕读李家""牧心谷"等13个森林康养基地项目，打造"三际三园一夜游"等精品项目，形成全域布局、串珠成链的良好格局。三是从政策上着力。出台支持旅游产业转型发展、特色现代农业产业加快发展、民宿发展7条、林下经济专项资金补助暂行办法等"政策套餐"，对生态产品和康养产品予以重点扶持，优先保障森林康养基地基础设施建设，特别在国家和省级森林公园内，依托已有林间步道、护林防火道等建设康养步道，实施完成了龙山步道等项目。

二、融合发展，生态产业化持续丰富

一是与乡村振兴相结合。依托泰宁村庄依山傍水的天然优势，在新村新房建设、农村人居环境整治中，融入康养理念，引入康养业态，推动乡愁村味转化为康养度假产品，泰宁成为全国森林康养基地试点建设县，梅口乡成为省级森林康养小镇，际溪村积极引进静心书院、读隅山居等康养产品，成功打造"耕读李家"省级森林康养基地，入选全国首批乡村旅游重点村。二是与特色农业相结合。发挥全国林下经济及绿色产业发展示范县品牌效应，大力发展林下经济，挖掘铁皮石斛等中草药林下种植、产品采集深加工等经济潜力，形成一批特色鲜明的优质森林康养品牌，入选全国休闲农业与乡村旅游示范县。比如，泰宁铁皮石斛是国家地理标志保护产品，该县立足这个优势，重点打造铁皮石斛产业园，开发饮品、保健品等康养产品。三是与民宿发展相结合。将森林康养元素有机融入特色旅游主题民宿建设，打造了"晟境·未茗""状元茗舍"等中高端特色民宿20余家，成为森林康养的重要载体。比如"晟境·未茗"，利用废弃厂房、融入康养理念进行改造，成为全国著名品牌"花筑"旗下一员。四是与运动休闲相结合。常态化举办环大金湖世界华人山地马拉松、环大金湖骑行大赛、水上马拉松等体育赛事，每年吸引康养和运动爱好者2万多人次，泰宁入选省级体育产业示范基地，马拉松赛获评中国体育旅游精品赛事和精品线路。

三、发挥优势，生态环境持续改善

一是以全域森林康养为重点。完成编制《泰宁县森林经营规划（2021—2030年）》，以小流域、山系或林班单位将林地资源进行功能区划，划分为水源涵养区、生态保育（护）经营区、林票改革区、中草药种植区、森林康养产业区、林下经济产业区等，推行"一区一策"，实行分类指导，分区经营管理，峨嵋峰自然保护区升格为国家级自然保护区，连续三年上榜中国最美县域，荣登"2021中国最美乡村百佳县市"榜首，入选全国乡村旅游典型案例。二是以优化林分结构为抓手。全面启动"林长制"工作，在全市率先挂牌成立"泰宁县林长办公室"，整合国有林业企事业单位、村集体经济组织及成员的资源，创新推出林票制度，开展了杉城镇长兴村、大龙乡李地村等7个村林票试点工作，实现场村合作造林面积4151亩，发行林票220万元。抓好全省林业碳汇交易试点，开展森林经营碳汇项目面积51699亩，一期减排量74306（tCO2-e）。推进森林质量精准提升，森林覆盖率78.4%、比增5.95%，森林蓄积量1213万立方米、比增3.67%，$PM_{2.5}$浓度年均值为15ug/立方米。三是以开发养生产品为方向。结合"三医联动"改革和全国基层中医药工作先进单位创建工作，发挥中医药特色专科优势，促进医养融合发展，深入挖掘泰宁籍元代养生名家邹铉所著的《寿亲养老新书》精髓，现已开发特色药膳100多种。

四、创新机制，制度建设持续完善

一是生态保护机制。制定《泰宁县国家重点生态功能区产业准入负面清单》，涉及国民经济6门类23大类23中类19小类。初步划定生态保护红线面积约670.5平方千米，占全县面积的43.85%。在全省率先依法征收风景名胜区资源有偿使用费，对世界自然遗产地核心区5万余亩生态公益林，在省市补偿标准的基础上再增加6元/亩。二是生态补偿机制。以列入生态综合补偿试点县为契机，完成实施方案编制工作，已上报国家发展改革委审核，梳理出自然资源开发补偿、河湖生态保护补偿、森林生态效益补偿、生态污染治理补偿、生态产品市场化补偿、生态产业发展补偿等6个方面制度举措，提出了17项具体建设任务。三是生态执法机制。创新生态执法模式，建立生态综合执法大队、公安局生态分局、检察院生态检察联络室、人民法院生态法庭"四方联动"生态执法机制，全国首发"生态环境修复失信令"和首份"林区司法禁令"，全省首发"护河令"。

打造一流营商环境 助推全市高质量发展

陕西省神木市发展改革和科技局

近年来,神木市高度重视优化营商环境,始终将招商引资作为推动高质量发展的第一抓手,为了抓好此项工作,党政一把手亲自部署,亲自上阵,形成人人都有招商任务,处处都是营商环境的生态系统。2020年,实际利用外资1845万美元,入统招商项目109个,到位资金224.2亿元,招商引资综合考评居榆林市第1位。成功入选全国最具投资吸引力县市十强(第9位)。我们的具体做法如下。

一、凝聚共识,打造全社会亲商神木生态

对标沿海发达地区,出台了促进民营经济高质量发展一系列招商优惠政策。每年安排2亿元高质量发展专项资金用于支持招商引资。率先建立了营商环境体验官、首席服务官制度,践行"企业办事不求人、百姓办事不找人"理念,及时研究讨论给予项目的支持和奖励,协调解决项目建设与生产中的实际困难和问题。营商环境排名全国百强第89位。

二、文化铸魂,讲好全系列荐商神木故事

发挥文化旅游资源优势,创建神木高家堡"中国摄影小镇",举办全国摄影大赛等活动。拍摄专题招商宣传片,创办神木视野报纸,制作宣传神木城市形象系列画册,建成神木市乡村VR掌上全景可视化数字博物馆。通过讲好神木故事,让越来越多的客商了解神木,走进神木,投资神木。

三、多元布局,构建全方位引商神木模式

以神木滨河新区政务服务中心周边为核心,从神木到西安,建设一体多地、一园多点创新创业平台,已建成投用6个创新创业孵化器,2020年招商项目兰炭联互联网平台正式启动运行,上线交易量达到18亿元。煤炭科技孵化园成功创建国家级孵化器,煤亮子上半年产值突破20亿元。神木市(西安)科技创新中心揭牌运营,正式开启了"三内三外"神木飞地布局发展模式(注册、税收、应用在内,人才、研发、创新在外)。

四、借力汇智，锤炼全视野选商神木铁军

发改科技局牵头，五大园区和相关职能部门联合行动，从考察、尽调、研判、决策全程参与介入，保证招商过程透明高效，风险可控。借力招商专业机构精准招商，深化同上海东方龙、北京创业黑马、广州恒创、广州粤开、西安商会等中介机构合作，成功引入了新石器无人车、智慧畜牧肉牛养殖繁育等一批高科技产业项目。先后在长三角、珠三角、京津冀等地开展主题招商活动，召开了多场在线投资推介会，吸引了一大批国内外客商来我市考察投资。

五、精准定位，开创全产业招商神木特色

积极导入科技创新资源，促进产业提质增效。围绕传统产业改造、智慧畜牧、人工智能、两链融合等领域，积极引进中科院、陕煤研究院、英特尔中国研究院等各类研究机构与我市企业建立联合创新中心和德国菲尼克斯实验室。依托神木市国资投资运营集团主体 AA+ 信用评级优势，开展发债融资和通道招商，吸引了中金公司等一批知名金融机构来神投资。开展神木市碳达峰和碳中和实施路径规划研究，围绕数字经济、镁铝合金加工、智能制造、生态环保、现代物流等领域招引了一批战略性新兴产业落地神木。

第三篇

自然资源的开发利用与地方建设的发展研究

铸就自然资源先锋

云南省牟定县自然资源局

常态化疫情防控，优先发展农业农村，全面推进乡村振兴，农业农村现代化，"十四五"奋斗目标使得自然资源治理体系和能力应对了全新的挑战。在彝族左脚舞之乡的牟定县自然资源局党组织以高质量党建保障高质量发展，为牟定常态化疫情防控和全面推进乡村振兴提供坚实的自然资源先锋保障。

一、创新筑牢"五个过硬"

创新筑牢"五个过硬"："政治过硬、服务过硬、能力过硬、队伍过硬、纪律过硬"的目标任务。

创新实践之一：筑牢政治过硬的模范机关。该局党员干部增强"四个意识"、坚定"四个自信"、做到"两个维护"，始终在政治立场、政治方向、政治原则、政治道路上同党中央保持高度一致。提高明辨政治是非的能力，全面贯彻执行党的路线方针政策。严守党的政治纪律，突出党建统领作用，积极涵养政治生态以及加强政治文化建设。进一步发挥"牟定自然资源党建红色堡垒群"的作用，打造党务、政务、服务有机融合的阵地。

创新实践之二：筑牢服务过硬的模范机关。该局党组织深入贯彻新发展理念。把立足新发展阶段，贯彻新发展理念，构建新发展格局作为一个系统整体推进，融入自然资源工作全部领域、全部环节、全部过程。服务发展当先锋。党组织和党员干部紧扣"先锋自然"建设目标，在服务保障优先发展农业农村，全面推进乡村振兴，特别是重大改革创新、重大项目建设，在履行自然资源核心职责中有作为、当先锋、创一流。保障民生当排头。坚持践行以江山就是人民，人民就是江山的发展思想，切实加强自然资源领域民生建设，统筹抓好征地补偿、信访矛盾化解、行政争议案件处置、地质灾害防治、全县农民群众住房条件改善等民生工作。

创新实践之三：筑牢能力过硬的模范机关。该局党组织党建融合当标杆。强化党建与业务一起谋划、一起部署、一起落实、一起检查的制度机制。并将开展党支部、党小组推进党建业务融合的有效经验和重要抓手，汇聚攻坚克难强大合力，以实际行动让党旗飘扬在乡村振兴、自然资源工作、重点工程建设的第一线。推动党员干部进村、进农户、进项目，提高服务基层、服务群众、服务发展的主动性。典型推动显成效。推进党支部标准化、规范化建设，积极探索党支部建设积分制管理，按照试点探路、典型引路、经验开路的思路，推进"局有品牌，支部有特色""党员教育实境课堂示范点"创建，开展"优秀共产党员""最美自然资源人"评选等活动，将不动产登记窗口"党员先锋岗"创建活动拓展到乡镇网点。选树培育一批群众信服、组织公认的先进典型，总结推广一批可复制、可推广的支部工作法，推动后进赶先进、中间争先进、先进更先进。

创新实践之四：筑牢队伍过硬的模范机关。局党组织严格党员教育管理。加强党员干部政德和社会公德、职业道德、家庭美德、个人品德建设。加强干部队伍建设，强化党务干部培训，发挥群团桥梁作用，完善党建带群建制度机制。始终把人民放在心中最高位置，自觉拜人民群众为师，从人民的伟大实践中汲取智慧，在一线实践中学习受教，不断练就过硬本领。始终把群众切身利益放在第一位，认真解决群众急难愁盼问题，以实际行动做人民群众的贴心人、暖心人、知心人。

创新实践之五：筑牢纪律过硬的模范机关。局党组织健全党建工作责任制，落实全面从严治党，持续开展纠治"四风"。发挥机关纪委监督作用。建立内外关系顺畅、职责任务明确、监督内容合理、作用发挥良好的日常监督工作机制。党员干部积极开展批评与自我批评。对照党章党规党纪，经常地检视和反省自己，并自觉接受同志们的批评，及时发现思想和工作中的缺点和不足，及时解决问题和纠正错误，增强自我革命精神，提高政治免疫力。运用监督执纪"四种形态"，加强对全局党员干部的日常管理监督。

二、创新抓实"四个推进"

牟定县自然资源局党组织结合建设"自然先锋"模范机关工作思路，创新抓实"六个推进"，即：抓引领，勇担使命推进中心。抓保障，援企稳岗推进发展。抓为民，谋需于计推进振兴。抓执法，护航耕地推进民生。抓品牌，践行一线推进项目。抓治理，安全生产推进稳定。

创新实践之一：抓实引领，勇担使命推进中心。在新冠肺炎常态化疫情防控中，局党组织按照党中央的统一部署，把常态化疫情防控工作作为重大的政治任务，以最严的措施、最快的速度，组织动员各党支部和广大党员干部把常态化疫情防控作为最重要的工作来抓，在组织领导、责任落实、排查防控、值班值守、服务监管、宣传引导方面采取了一系列扎实有效的措施，取得了良好成效。局办公室注重加强对局贯彻落实举措的宣传，坚定主心骨、集聚常态化疫情防控正能量、振奋精气神，在州级党建网主流媒体发表战"疫"报道2篇。常态化疫情防控中，局机关党组织迅速组建了常态化疫情防控办公室，开展常态化疫情防控服务工作，并做好防疫知识宣传。

创新实践之二：抓实保障，援企稳岗推进发展。为了锚定重点，激活"资源保障"主战场，自然资源局明确了应对常态化疫情防控服务企业各项清单以及2021年为民办实事项目，具体包括落细落实自然资源各项援企政策措施，做好企业用地、用矿、自然资源国土空间规划、测绘地理信息等精准化服务,确保企业充分享受政策红利。根据清单,自然资源局对工业用地成本大幅降低,切实减轻企业负担。认真贯彻落实《云南省人民政府关于印发云南省降低实体经济企业成本实施细则的通知》(云政发〔2017〕50号文件)有关要求,汇同财政部门认真执行取消工业用地基金计提,按征地和报批成本合理确定园区工业用地出让底价为10.67万元每亩,积极探索工业用地先租后让,弹性年期,土地出让金分期缴纳政策,免缴工业用地坝区耕地质量补偿费。2020年工业用地出让为163元每平方米,合10.87万元每亩,工业用地出让均价比上年同比下降0.2万元每亩,同比下降2.1%。

创新实践之三:抓实为民,谋需于计推进振兴。加强局机关与农村群众直接联系。深入基层问需问计,尽心尽力办好自然资源为民实事,更好回应群众诉求和期盼,全力助推农民群众住房条件改善。空间规划股在土地利用总体规划修改时,充分考虑农民群众住房条件改善项目用地需求,优先保障农房项目用地。优先发展农业农村,全面推进乡村振兴。积极开展耕地占补平衡补充耕地工作,2021年计划项目13个,计划总规模6599.1亩,其中上半年可入库项目6个,计划规模3249亩;下半年计划入库项目7个,计划规模3350.1亩。上半年已开工项目6个,计划5月5日前全面完工,5月30日前完成指标入库。一是牟定县共和镇散花等3个村土地整治(提质改造)项目,项目建设规模2104亩,项目实施后预计新增耕地数量485亩公顷(其中新增水田数量436亩),提质改造1310亩(其中旱改水920亩),新增粮食产能50.57万千克。目前土地平整工程已经全面结束,水利灌溉设施已经完成近95%。二是楚雄州牟定县蟠猫乡碑厅村土地整治(提质改造)项目,建设规模174亩,预算总投资295.89万元,新增耕地5.1亩,水田规模114.9亩,新增粮食产能13236.17公斤,目前完成土地平整90%,500立方水池已浇筑完成。三是楚雄州牟定县蟠猫乡蟠猫村土地整治(提质改造)项目,建设规模272.14亩,预算总投资465万元,新增耕地-0.7350亩,水田规模212.82亩,新增粮食产能21282公斤,目前完成土地平整70%,水池、水沟还未浇筑。四是楚雄州牟定县新桥镇冷水村土地整治(提质改造)项目,建设规模263.54亩,预算总投资409.12万元,新增耕地3.02亩,水田规模187.28亩,新增粮食产能15023.64公斤,目前生产道路已开挖结束,土地平整完成30%,灌溉与排水工程还未施工。五是楚雄州牟定县凤屯镇建新村土地整治(提质改造)项目,建设规模153.01亩,预算总投资257.12万元,新增耕地4.9575亩,水田规模118.27亩,新增粮食产能25638.45公斤,目前完成土地平整70%,灌溉排水工程还未开始施工。六是楚雄州牟定县共和等四个镇代冲等8个村土地整治(提质改造)项目,建设规模306亩,预算总投资37.29万元,新增耕地5.07亩,水田规模306亩,新增粮食产能21464.91公斤,目前完成土地平整30%。下半年计划实施项目7个,分别是牟定县新桥镇马厂村土地整治(提质改造)项目、牟定县共和镇余丁村土地整治(提质改造)项目、牟定县安乐乡直苴村土地整治(提质改造)项目、牟定县共和镇天台村土地整治(提质改造)项目、牟定县江坡镇立威模土地整治(提质改造)项目、牟定县新桥镇下长冲土地整治(提质改造)项目,总建设规模3350.1亩。

创新实践之四：抓实执法，护航耕地推进民生。全面加强自然资源违法行为查处力度，着力开展农村乱占耕地建房问题专项整治。一是农村乱占耕地建房问题专项整治工作有力推进。第一时间成立了牟定县农村乱占耕地建房问题整治摸排工作领导小组，并制定工作方案，县政府常务会议、县委常委会议专题研究整治摸排工作，高位推动，按时按质完成了一阶段的摸排工作。部、省先后三次下发牟定县农村乱占耕地建房疑似问题图斑7504个，牟定县拓展摸排238个，通过全面摸排，录入摸排系统1061个，通过信息平台会交上报1061个，违法率达14.14%，未发现7月3日后新增农村乱占耕地建房行为。二是矿产资源领域打非治违工作成效显著。认真开展矿产资源领域打非治违，定期深入矿山企业开展动态巡查，2020年查处矿产资源违法越界开采9件，收取罚款52.39万元。三是扎实开展扫黑除恶行业综合整治。深入开展行业治乱工作，针对群众反映强烈的行业乱象，制定了五个专项整治方案，集中各方力量，全方位进行专项整治。

五举措全力推进生态环境数字化转型

浙江省衢州市生态环境局

近年来，衢州市在生态环境信息化建设方面取得了突破性进展，建成全省领先的智慧环保监控平台。

为进一步加快推进生态环境领域数字化转型工作，积极探索数字化成果应用落地，市生态环境局充分发挥智慧环保基础作用，坚持对标"窗口"要求，确保将生态环境信息化建设作为一项重要工作抓紧抓实抓好，努力打造全省生态环境数字化转型建设衢州样板。

一、强化顶层设计，高规格编制项目实施方案

围绕市委"1433"发展战略体系，严格遵循省市政府数字化转型"四横三纵"体系和数字政府建设要求，以持续改善环境质量和支撑打赢环境污染防治攻坚战为目标，高规格编制生态环境数字化转型实施方案，形成"18611"的体系建设方案总框架：即城市大脑环境数据智能"1数仓"、生态环境全要素态势感知"8张网"、环境综合业务"6应用"、污染防治攻坚协同指挥"1中心"、生态环境展示分析"1张图"。

二、突出特色亮点，形成系统重点建设任务清单

注重突出系统的实用性、亮点、特色，并考虑系统的扩展性、可维护性、可复用性，坚持从实际出发，在省生态环境厅的指导帮助下，多次组织信息化专家、局业务处室等工作人员根据实施方案进行反复提炼重点，突出服务企业、治水、治气、执法、监管、环保督察等核心模块的实际应用和互操作性，形成"五个一"重点建设任务清单，即一图分析研判、一网监管执法、一码精准服务、一单协同治理、一钉集成办公。

三、盘活数据资产，构建一体化生态环境数据资产库

严格按照省市政府数字化转型要求，坚持一体化建设原则，对数据标准、数据格式、数据共享交换方式等进行统一规范。全面梳理我市涉环保类数据，一库归集水、气、污染源等相关环境数据。截至目前，已归集300类数据项，2500余万条数据，涉及322家涉水污染源企业、107家涉气污染源企业、76座地表水质自动站、5座饮用水源地自动站、54座大气自动站，21个国省控考核断面，151个乡镇交接断面等在线数据，生态环境数据资产得到有效盘活，为下步

决策分析提供强大支撑。

四、注重业务融合，打造一体协同工作平台

以实现生态环境全生命周期管控为目标，借助云计算、大数据等信息化手段，建立生态环境监测、分析、执法处置、评价与辅助决策全业务支撑系统，立体化、实时化反映我市生态环境质量状况。同时，充分利用原有智慧环保建设成果，坚持问题导向，以重点工作为主线，全面梳理水质断面超标协同流程、污染源在线超标处理协同流程和大气站点超标问题协同流程等重点工作流程，优化形成18类业务协同表单，打通地区、部门协同路径，实现跨部门、跨层级、跨地区生态环境协同治理体系，打造生态环境治理体系和治理能力现代化衢州模版。

五、加大组织保障，组建专班全力推进

成立以局主要领导为组长，分管领导为副组长、各处室（单位）主要负责人为成员的生态环境数字化转型领导小组，负责统筹协调项目建设重大事项。领导小组下设系统建设专班，根据系统重点建设任务清单将责任落实到具体处室、具体人员。同时，引入绩效考评机制，把生态环境数字化转型工作与《衢州市生态环境局"一图两单三指数"绩效考核办法（试行）》相结合，定期通报项目进展情况，并与干部评先评优、提拔任用相挂钩。

四举措助推自然资源高质量发展

内蒙古化德县自然资源局

2021年以来，我县自然资源局采取四项措施，助推自然资源高质量发展。

一、抓实耕地保护，落实节约用地

紧扣保护优先、自然恢复为主的自然资源工作机制，建立健全"政府牵头、部门联动、群众参与"的耕地保护责任体系，强力推进"违法土地"整治，坚决守住耕地保护红线。加快高标准农田、占补项目和生态土地整治试点项目建设，提高新增耕地质量。同时，强化节约集约用地，巩固深化农村土地制度改革试点。

二、优化空间布局，保障资源安全

以规划引领自然资源开发利用，优化国土空间布局，落实"多规合一"建立国土空间规划体系。加强国土空间生态保护修复，积极做好自治区、市和县重点项目等民生项目用地服务，确保落地落实。深入抓好增减挂钩、工矿废弃地创新试点，保障节地、环保、高效项目及时落地。提高矿产资源保护与综合利用水平，加强地质调查和矿产勘查，夯实全民所有自然资源资产所有者职责。

三、加强矿山地质环境保护治理

树牢"绿水青山就是金山银山"生态文明理念，重点打击"偷采盗采"，提升科技支撑能力。加大工程治理和源头管控，消除安全及环境隐患，确保矿山恢复治理达90%以上。加快推进"矿山复绿"工程和地质公园建设，促进矿产资源开发与保护同步推进。抓好矿山地质环境保护治理和地质灾害防范，保障人民群众生命财产安全。

四、深化"放管服"改革，维护群众权益

加快用地用矿审批制度改革，强化服务监管，切实提高不动产登记效率和服务水平，健全隐患排查调解机制，落实维稳信访责任，最大限度化解不和谐因素。科学编制扶贫用地规划，在地质找矿、矿山复绿等方面予以倾斜。做好简政放权和监管服务，让审批更简、监管更强、服务更优。

提升政务服务水平 持续优化营商环境

湖南省茶陵县自然资源局

关键之年当有关键之为。2021年以来，县自然资源局以行政效能、工作作风、履职能力、服务意识等为工作切入点，切实提升驻县政务服务中心办事大厅工作人员业务能力和服务水平，持续优化营商环境，企业群众获得感持续提升。

一、抓学习促提升

窗口是与群众面对面接触、零距离服务的最前线，对工作人员的业务水平、服务意识等综合素养要求非常高。通过学习作为提升窗口工作人员思想境界、改进工作作风、增强履职能力、提高工作效能的基本途径。坚持理论武装。把学习宣传贯彻习近平总书记重要讲话精神和全国"两会"精神作为当前和今后一个时期的重大政治任务，认真安排学习计划和组织主题活动，掀起"看两会、学两会、议两会"热潮；通过领导带领集中学、个人自主灵活学、学习平台督促学等方式，运用"三会一课"、主题党日和"学习强国""株洲党建"APP等平台，对省委"三高四新"、市委"一谷三区"战略部署、县委"一心四区"和全省自然资源系统"三大体系"建设等发展目标进行了全方位、高频率传达学习，提高全员聚焦总目标、落实总目标的学习和行动自觉。坚持业务提升。主动适应新时代、新要求，对中央省市近年来新出台的政策文件、法律法规、行政审批流程和标准等进行系统学习，对不动产登记发证、项目审批等业务进行重点学习，对不同窗口、不同领域业务开展互相交流、交叉学习，营造了全员力争"学深一点、多学一点、学新一点、学实一点、学活一点"的浓厚氛围。坚持清风正气。组织窗口干部职工认真学习党章、党纪规定和法律法规，做到"廉洁风"常吹、"预防针"常打、"警世钟"常敲，要求全体人员以案为镜照自己，以规矩为尽量行为，知敬畏、存戒惧、守底线，增强纪律观念、法制观念，筑牢拒腐防变思想防线。

二、抓管理树形象

在县政务服务中心日常管理制度的基础上，结合自然资源部门业务工作实际，进一步完善《茶陵县自然资源局驻县政务服务大厅工作人员行为规范》和考评实施方案、考评细则；更新业务手册和服务指南，对具体业务事项再一次进行服务内容细化、审批标准量化、办理流程简化。细化日常管理。全面实行周例会、月调度、季讲评制度，要求必须有一个主题、一张照片、一本记录，杜绝走形式、走过场，达到总结经验、鼓舞士气的效果；制定城区内私人建房规划受理登记、反映问题记录表等台账，统一入口受理业务，统一标准解释政策，各规划所1个工作日内认领任务、回访处理到位，变群众追着工作人员跑为工作人员追着业务跑、群众等着工作人员找，大大减少了办事群众来回跑、到处找、长时间等现象。加强督查督办，实行首席代表督查、行政审批督办制度，制定每日巡察表、工作人员去向登记表，对到岗、着装、佩牌、服务意识、内务卫生和首问负责、一次性告知及限时办结等内容进行检查，确保及时发现问题、及时纠正问题。热情周到服务。以业务量最大、来访群众最多的不动产登记服务区域为主，明确专人负责日常引导咨询、秩序维护、纠纷调处和等待区域茶水、卫生等服务工作，做到来访有人接、疑问有人回、突发事件有人管，自然资源服务区域秩序大为改观；对园区产业项目和重点基础设施、民生工程设立绿色通道、专人跟踪指导、限时提速审批。

三、抓效能提速度

坚持以人民为中心的发展思想，积极回应人民群众所想、所盼、所急，在"提速、提质、提效"上发力，组织全体入驻股室和工作人员深入开展周末"不打烊"、工作日延时服务等举措，全力加速推进化解房地产领域历史遗留问题、工程建设项目审批、项目土地复核验收等重、难点工作。1—3月，该局窗口共完成不动产各类型登记业务3773宗；完成国有土地转移审批226宗；完成私人建房用地规划许可72户，工程规划许可59户。完成湖南佳家欢食品冷链物流、移民创新创业小微创业园、县人民医院二期建设工程等13个产业和基础设施建设项目审批，发放建设用地规划许可证13本，建设工程规划许可证10本，涉及总用地面积223453平方米，总建筑面积400158平方米；完成政德医院、幸福里·财富中央等6个项目土地核验。在各项措施的积极推动下，该局驻政务服务中心办事大厅广大干部职工切实转变工作作风，提升政务服务水平，提高文明礼仪意识、规范服务行为，"一门办理""一窗受理""一次办成"落到实处，持续优化营商环境，取得了良好的社会反映。

推出系列举措办实事

吉林省辽源市自然资源局

辽源市自然资源局不动产登记中心始终将党史学习教育贯穿实际工作中，着力解决群众的"操心事，烦心事，揪心事"，切实把党史学习教育成果转化为党员干部干事创业的动力和成效，推动中心工作健康有序高质量发展。

回迁安置房登记就近办理，跑出服务"加速度"。辽源市自然资源局不动产登记中心推行棚户区回迁安置房登记业务小区就近集中办理。富国新村是在矿区旧址回迁安置的小区，共有161栋楼房、13000余住户，针对小区地理位置远离市区、人员集中，年龄普遍较大的实际情况，辽源市自然资源局不动产中心成立"驻富国新村临时办事处"，群众可以在家门口办理不动产登记业务，享受到了就近办、马上办的便利。目前，该办事处已为富国新村小区现场办理6300余件不动产登记发证业务，"一次办好"展示"辽源亮度"。

村镇土地登记上门办理，实现服务"零千米"。为进一步加快宅基地和集体建设用地使用权确权登记办证工作，辽源市自然资源局不动产登记中心结合农忙时节，村民前往市区路程远，耗时长的问题，创新机制，为村民上门服务。中心继续由党员带队先后多次下村到组挨家挨户采集基础登记资料，要件齐全后带回中心录入、受理、打证，真正做到村民"零跑动"。目前，中心共受理集体土地登记业务共276宗，发放《不动产权证书》共217本。

惠企服务见真情。为推动"不动产登记+金融服务"深度融合，2021年6月17日，辽源市自然资源局不动产登记中心在邮政储蓄银行辽源分行长寿街支行大厅设立抵押登记窗口，延伸了不动产登记业务。为用户提供"抵押贷款、注销、无还本信贷"业务，有效解决了企业及群众在办理银行信贷业务时筹措过桥资金难的困境，打破了群众"多地跑""折返跑"的壁垒，实现了"通办改革一小步，便民利企一大步"。

"夜市"办证解民"忧"。因"上班时间没空办证、休息时间没处办证、事务繁忙不能请假办证"等诸多因素，由市不动产登记中心党支部牵头，联合市税务局、市住建局市场服务中心、物业维修基金管理办公室等部门，于2021年6月30日至7月7日期间实行"夜市"服务工作模式，为正常工作日不便办理相关业务的企业和群众提供"延时"服务，进一步方便企业和群众办理不动产登记业务，得到了办事企业和群众的一致好评。

中心针对特殊群体成立的爱心服务科,也是一支由党员带队的队伍,一直坚持主动上门服务,不论是疫情还是风雨交加的日子,都始终没有阻挡住爱心服务团队奋战在服务群众零距离的最前线。

在服务企业方面,中心开辟企业绿色通道,实现即办即结,对企业申请、受理,实行一对一领办负责到底,推行容缺受理方式和承诺企业办证制度,成立大宗业务整理室,为企业提供一个良好的办公环境。

多举措深化放管服改革 优化营商环境

湖南省江永县自然资源局

为优化营商服务环境，服务地方经济发展，永州市江永县自然资源局紧紧围绕《湖南省2021年深化"放管服"改革优化营商政务环境监督评价工作方案》目标任务，逐级分解责任，细化工作措施，不断推进信息化建设，实行全程网上办理，积极推广"一件事一次办"，提高办事效率，取得了阶段性成效。

一、"不动产＋互联网"服务深入推进，实行不动产登记提质增速

优化网络系统。不动产登记中心从成立之日起一直实行不动产登记系统线上办理。2021年以来，所有登记业务均按一窗办事要求通过政务中心两个综合窗口受理，然后派件给登记窗口办理，同步录入互联网＋政务服务一体化平台及一件事一次办平台。2021年3月江永县不动产登记系统完成2.0升级及外网迁移，升级后的系统全外网受理、审查、登记和发证，实行流程再造，减少办证环节，目前已将收件—初审—复审—核定的办理流程优化为收件—初审—核定，由三审制优化为两审制。全部登记业务已实现3日办结制，抵押注销、查封登记等当场办结，比原承诺时限减少2个工作日。

加强部门信息共享。2020年11月成功对接省共享平台，已实现与市场监督管理局信息、民政婚姻信息等十六个部门信息互通共享。2021年5月江永县不动产登记系统与湖南省不动产网上"一窗办事"平台完成对接，开通不动产权证书和不动产登记证明电子证照签章授权，实现电子签章应用到网上查询证明及电子不动产权证书。

延伸服务终端。2021年6月开通了"一窗办事"平台，县内11家主要开发商企业、银行金融机构成果接入服务端口，直接上传办理申请资料。8月设置一台自助查询机，放置于政务大厅24小时营业厅内，用于群众自助查询并打印个人产权登记情况。10月开通了"江永不动产"微信公众号，可自主查询不动产信息和办理进度、业务办理申请、在线缴费等。

减轻涉企收费。根据自然资源部及自然资源确权登记局相关文件精神，对小微企业免收不动产登记费。小微企业凭书面承诺、个体工商户凭营业执照直接免收不动产登记费。2021年以来已有21家小微企业及个体工商户共免收登记费131880元。

二、全面深化"放管服"行政审批改革

全面执行"三集中三到位"制度。实行事项进驻到位、办理人员到位、审批权下放到位，完成进驻政务中心办理事项 157 项，其中不动产 98 项、行政审批 59 项，实现了应驻尽驻，推动"一窗受理·一次办好"改革再提速、再提效，全力打造"审批事项少、办事效率高、服务质量优、群众获得感强"的一流营商环境。

推进规划审批事项改革。完成建设项目用地批准书和建设用地规划许可证、建设项目用地预审和选址意见书实现"合二为一"，进一步减少了办事流程，压缩了办事时限，完成办件数 1641 件。

实行园区赋权。一是深化审批权限赋园，分两批次将建设项目用地预审与选址意见书核发、建设工程规划类许可证核发、出让土地使用权按现状转让等 11 个服务事项审批权下放工业园区，实现园区事项园区办。二是在全市率先推进"拿地即开工"工作。2021 年 8 月 19 日在县工业集中区举行"拿地即开工"仪式，县自然资源局为华皓新材料项目颁发了规划许可首证，解决企业"办证难""办证慢"问题，向工程项目建设并联审批"一窗受理、集成服务"、全面推进"一件事一次办"迈出新步伐。

推进"交房即交证"工作。出台《江永县"交房即交证"实施方案》，明确责任和工作重点，完成全县在建楼盘试点摸底工作。2021 年 8 月 2 日，江永县自然资源局启动千源山清水秀小区一期项目"交房即交证"试点工作，完成办证 508 本，大幅度缩短拿证时间，充分保障购房者合法权益。

推进容缺受理改革。2021 年 5 月江永县自然资源局出台《江永县自然资源局容缺受理审批实施方案》（江永自然资发〔2021〕5 号），率先推进建设用地许可证核发、修建性详细规划建设工程设计方案审查、建设工程规划许可证核发、用地预审和选址意见书核发、国有划拨土地使用权（转让）补办出让许可、采矿权许可审批等 9 个事项容缺办理，完成容缺办理数据 37 条。8 月出台《江永县自然资源局关于推进不动产登记容缺受理机制的通知》（江永自然资〔2021〕4 号）文件，实施不动产登记容缺受理改革工作，已为县工业园区内 10 余栋厂房提前介入，受理容缺办证。

三、强化执法，维护自然资源市场秩序

多举措整治自然资源市场乱象。一是大力整治违法占地行为，开展执法巡察 569 次，制止违法行为 98 起，拆除违法占地建筑与构筑物 60 起，拆除面积 134.6 亩，恢复耕地 21.5 亩；清理"大棚房"12 个共 18.944 亩；清理违建别墅 1 个。二是严格规划执法，查处违规建设案件 33 起，下发拆除通知 18 份，参与联合执法 8 次，拆除违法建筑 14 处，拆除面积约 3600 平方

米。三是严厉打击非法盗采行为，立案查处违法采矿13宗，没收违法所得95.9959万元，罚款16.65万元，有效维护矿产资源有序利用。四是做好存量违法用地整改工作，2018年以来全县违法用地111宗，已完成整改107宗，全面降低违法用地占比，进一步规范了江永土地市场秩序。

四、加强监督，提升服务水平

开展办理"回访"工作，找准问题"症结"。根据优化营商环境检查要求，从2021年1~9月办理台账中筛选了100个服务对象为"回访"样本，围绕"办理转移登记情况""办理情况是否满意""对不动产登记的意见和建议"内容，开展"回访"，满意度为100%。

畅通线上线下投诉渠道。设立专门的投诉岗，接收市民投诉，开通不动产登记和土地测绘调查线上市民投诉热线，畅通线下线下投诉渠道，及时回复群众诉求。

创新"2+1+1"举措 深化"放管服"改革

贵州省黔南州自然资源局

黔南州自然资源局聚焦深化"放管服"改革,以"我为群众办实事"为目标,创新提出"2+1+1"改革举措,即"两精简""一集成""一优化"政务服务措施,解决企业用地、矿产资源配置要素保障等问题。以实际行动优化营商环境,推动自然资源政务服务取得显著成效,促进经济社会高质量发展。

一、"两精简"构建政务服务"快车道"

以"电子材料共享互认、优化业务流程、精简申请材料、服务高效便捷"为目标,精简申请材料和办事环节。联动推进工程建设项目并联审批,合并建设项目选址意见书与建设项目用地预审意见,立项用地规划许可压缩至16个工作日以内。按流程最优、材料最简的原则推进不动产登记提质增效,不动产登记平均申请资料从18.7份减少至10份以内,办事环节从平均5.7个减少至1个,一般业务登记时限由法定30个工作日压缩至3个工作日以内。

二、"一集成"畅通政务服务"快车道"

实施"数据集成",推行"天上看、数据跑、网上办"高效服务模式。搭建"一张蓝图"统筹空间规划服务,实现"多规合一"业务协同平台与"工改"系统、"生态文明云"系统互联互通,策划生成项目109个,完成项目储备2477个,完成省级以上重点项目用地预审意见集成办理19个,总用地面积2052公顷;搭建黔南州房产抵押普惠金融"线上窗口",实行"互联网+金融服务+不动产登记"创新服务,房产预售登记和抵押登记已通过互联网办理9000余件。

三、"一优化"拓展政务服务"快车道"

优化政务服务模式,根据不动产登记窗口和行政审批窗口人流量设置绿色窗口、"潮汐窗口",对高龄老人或身处异地不能到场的企业、群众等特殊人群开通绿色通道,提供上门服务、远程服务276次,为企业和群众提供高效、便捷、优质服务体验。坚持实地走访服务工业企业,收集企业反馈问题,分类研究解决办法,因地制宜、分类指导、精准帮扶,有针对性地开展服务。先后走访调研7家企业,征集企业诉求共计30余条,切实从自然资源职责出发解决企业用地、矿产资源配置等要素保障问题。

真情服务群众

四川省乐山市沙湾区自然资源局

2021年以来，区自然资源局结合党史学习教育，认真贯彻落实习近平总书记系列重要讲话精神，引导机关党员干部，围绕主责主业，聚焦对口帮扶，解决社情民意，扎实推动"我为群众办实事"走深走实。

一、开展支部联建，对口帮扶显实效

与金口河区自然资源局机关党支部开展"追寻红色印记，砥砺奋斗初心"主题党史联学共建活动。前往铁道兵博物馆、成昆铁路建设纪念碑开展现场教学，学习先辈们在漫长的中国革命和建设历程中的光荣传统以及"逢山凿路、遇水架桥"的铁道兵精神。开展党史学习教育交流座谈，深化知史爱党、知史爱国的使命感和责任心。将党史学习教育与对口帮扶有机结合，机关3名党员同志勇担重担，主动请缨到金口河区挂联帮扶。2021年以来，区自然资源局到金口河区和平彝族乡蒲梯村开展调研2次，走访慰问彝族脱贫户17户，赠送6000余元的办公文具、大米、食用油等工作、生活物资。

二、聚焦社情民意，危难时刻显身手

踏水镇柏林村几位村民代表将一面印有"关爱民生，为民排险"的锦旗送到区自然资源局，感谢自然资源局为村民排除地灾安全隐患，解除后顾之忧，让群众住得安心。

2020年8月，沙湾区遭受强降雨袭击，踏水镇柏林村5组官斗山山体因滑坡出现明显变形，直接威胁下方2户4名群众的生命财产安全。区自然资源局收到险情报告后，立即组织人员疏散，并请地质专家对该滑坡点进行勘查，同步向省财政申请专项资金，实施排危处理。近年来，沙湾区自然资源局累计申请地灾治理专项经费750余万元，化解处理地灾隐患7处，涉及群众86户255人。

三、提升行政效能，温情服务暖民心

10月29日午休时间，一名老人精神疲惫、行动缓慢地来到区自然资源局不动产登记中心，要咨询办理林权不动产登记事宜。当得知老人一大早从沙湾镇五七村赶来，早饭和午饭都没有

吃，不动产登记中心工作人员立即为老人买来午饭和水，让其先用餐。待老人精神状态恢复后，工作人员第一时间帮助找资料，耐心解答相关问题，直到老人弄清楚并带着满意离开。

区自然资源局始终秉持"以人民为中心"的服务理念，践行各项便民服务措施，延伸便民服务渠道，主动贴近群众，千方百计为群众解难事、办实事、做好事。2021年以来，共为群众办理不动产权证书10887件，不动产登记证明1405件，暖心服务得到了办事群众的一致好评，下属事业单位不动产登记中心创建为市级青年文明号集体。

创新服务举措 提升服务效能

河南省商城县自然资源局

为切实转变工作职能，扎实推进"放管服"改革，不断优化营商环境。商城县自然资源局按照优化营商环境工作要求，切实履行职能职责，创新服务举措，提升服务效能，持续优化营商环境，积极推进政务服务便利化，持续提升企业群众的获得感，以优质的营商环境助推全县高质量发展。

一、合法即登记

为进一步贯彻落实深化"放管服"改革优化营商环境要求，方便群众办事，该局本着"人人都是营商环境、事事都是营商环境、处处都是营商环境"理念，以群众满意为第一标准，在解决历史遗留问题方面，做到"合法即登记"。城镇规划区建成区内，对于已经办理房屋所有权登记而无用地手续的，房屋占用土地的宗地权属界线清晰，经地籍调查并公告，权属无争议的，经人民政府确认批准，可以按现状登记为国有划拨使用权不动产证；对于群众反映较多、困扰群众办证较长的"楼梯帽"等问题，对多出允许建设的"楼梯帽"等建筑物，不影响权籍落宗的，该部分不予登记，其余按规进行登记，上盖为彩钢瓦结构不管墙体结构，影响权籍落宗的，该部分不予登记，其余按规进行登记。

二、选址即开工

对入驻"一园两区"的市级以上重点工业项目，符合国土空间规划的，在企业承诺完善相关手续的前提下，出具选址意见书后，允许企业先行开工。

三、缴费即发证

为推动重大项目开展，服务经济社会发展，助力"富裕商城、活力商城、美丽商城、幸福商城"建设，该局围绕中心，服务大局，立足职能，发挥作用，安排专人与企业对接，为支持企业项目建设，送政策上门、送服务上门；西河旅游公司经过多年努力，已将西河景区打造成为全县重要的旅游品牌，也是该县全域旅游建设的重要节点，发展前景较好。但受疫情影响，景区收入持续下滑，企业现金流出现困难。为减轻企业资金压力，报经县政府同意，在企业办证过程中实行竞买保证金缴纳20%的情况下签订协议出让合同，先行发放不动产等级证书，合同签订一个月内缴纳50%土地出让金，剩余土地出让金由企业做出承诺一年内缴清。

四、报地即许可

在符合国家相关政策要求的前提下，为保证重点项目及时开工，积极推行"清单制+告知承诺制"，加强项目承诺事项核查及事中事后监管，要求项目积极履行承诺，对省重点项目商城县红色旅游特色小镇先锋传承区项目、民生项目西片区自来水加压站项目农转用及征收手续，已报省政府待批，未办理供地手续，项目建设工程规划许可证没办理，图审无法进行，报经县政府同意后，县自然资源局按照"容缺办理"的原则，先为商城县红色旅游特色小镇先锋传承区建设项目、西片区自来水加压站项目办理建设工程规划许可证，为项目提供"报地就发证"式服务，为项目发展节约时间。

五、批地即发证

易地扶贫搬迁是行之有效的扶贫措施之一，然而该县易地扶贫搬迁贫困户在办理不动产证方面，部分完全不具备不动产登记的各项条件，为了及时把易地扶贫搬迁不动产登记工作推动起来，商城县主动担当，敢于承责，主动与县发改委、县扶贫办和有易地安置的乡镇对接，了解情况，掌握第一手资料，做到情况清、底子明、问题知。报经县委、县政府同意后，由县政府承诺，对已批农转用的直接分权到户；没有土地权属的由乡政府批准，印发批准文件，房屋质量由责任主体做出安全承诺，凡是易地扶贫搬迁户全部登记发证，做到"批地即发证"。目前，该县易地扶贫搬迁不动产登记工作圆满完成，登记证书也已全部发放到了群众手中，得到了群众的赞誉。

推动自然资源工作高质量发展

河南省沈丘县自然资源局

近年来，沈丘县自然资源局深入学习贯彻习近平总书记重要讲话精神，按照省委、市委、县委及市自然资源和规划局的部署要求，推进以案促改工作制度化常态化开展，让"严"的主基调更加鲜明，让风清气正的政治生态持续巩固，干部队伍形象作风进一步改进，依法行政依法履职能力进一步提升，在新的起点上以党的建设高质量推动自然资源事业发展高质量。

一、部署落实制度化

推动工作，重在落实。沈丘县自然资源局党组书记、局长朱丽以高度的政治责任感，带领局领导班子发挥"头雁效应"，坚持"惩前毖后、治病救人"的原则，把开展以案促改工作作为重中之重，定期召开专题党组会，研究落实具体措施，及时组建工作专班，制定工作方案，召开警示教育大会，并多次邀请县纪委监委领导作廉政报告，以案促改工作按照"动员、部署、推进、检查"模式顺利开展。

二、案例筛选靶向化

以案促改，基础在"案"。案例是对党员干部开展党性教育和纪律教育的鲜活教材，只有抓住典型案件这个鲜活例子和反面教训，开展教育才有警示性，查找问题才有针对性，落实整改才有方向性。该局聚焦本系统、本单位典型案例，精心选取发生在基层的科级、股级、工作人员违法违纪案例20多个，用身边的事教育身边的人，举一反三，正本清源。

三、学习教育经常化

政治引领，学习先行。该局印发《以案促改学习资料汇编》500余册，规范细化学习内容，让党员干部"学有所依、目标明确"；利用"周二学习日"，采取"集中学习与分散学习相结合""班子成员领学"等方式，深入学习习近平总书记关于全面从严治党重要论述，学习《党章》《中国共产党纪律处分条例》等，要求全系统党员干部在学习的基础上，结合典型案例，对照自身情况，认真撰写心得体会、对照检查材料。

四、剖析查摆精准化

以案为鉴，警钟长鸣。以案促改对每个党组织、每个党员干部来讲，都是一次自我净化、自我改造、自我提升、自我完善的良好机遇。全系统党员干部以反面典型案例为镜鉴，深刻剖析典型案件发生的深层次原因，谈认识、找原因、思危害，并结合岗位职责深刻对照检查，采取"个人找、单位查、群众提、领导点"等方法，重点开展"五查五看"，排查廉政风险点56个，查摆股室及个人问题40余个，制定整改措施80多条。

五、问题整改实效化

以案促改，核心在"改"。该局以"工作态度好不好、服务效率高不高、群众满不满意"作为衡量以案促改工作效果的标准，聚焦群众关注的热点、难点问题，迎着问题抓，对准问题改，取得了让群众满意的效果。该局之前存放的地籍档案大多是纸质档案，查阅档案只能靠人工查询，查阅过程烦琐复杂，同时也存在着管理漏洞，容易出现廉政风险。针对这一问题，该局积极开展专项治理活动，取得了良好社会效果。

该局完成了安钢等重点项目用地报批3000余亩，出让土地3821.36亩，收益16多亿元；国土三调工作一次性通过国家内业核查，在全省动态量化考核中排名第一位；办理不动产权登记24358宗，实现了不动产抵押类登记业务3个工作日内办结，查封、查询、注销等7项业务1小时内办结，办事效率大幅提升。

谈起以案促改工作取得的成效，沈丘县自然资源局干部职工深有感触地说："严管是爱，管早、管小、管在平时，从严管理监督干部，看似有了更多的约束，实际是对我们最大的关心和爱护。"全系统党员干部的"初心、使命"意识更加强烈，"依法依规按程序办事"成了共识，工作积极性更高了，干事创业的决心更加坚定了。

"四项举措"凝聚基层站所合力提升资源监管能力

甘肃省金塔县自然资源局

为进一步提升乡村级自然资源工作的执法监管能力,金塔县自然资源局再次优化调整了股室、站所职责,理顺了管理机制,优化整合了工作力量,形成了上下政令畅通、左右协调联动的良好工作机制。

一、职能再优化

按照"山水林田湖草沙冰"统筹治理思路,进一步梳理单位职能职责,科学统筹设置内设机构职责,合理安排人员,注重分管领导与机关内设股室、基层站所工作的纵向对接;将原先的护林站、国土所横向整合为自然资源所,由所长牵头抓总;林草矿土执法工作归并由执法大队统一执法,最大程度保证了工作动能,凝聚了工作合力。

二、流程再构建

按照基层自然资源所的运行构架,对工作运行机制、管理制度、办事流程重构重建,进行整合、再造,确保自然资源系统工作机制健全、合理,运行流程简明、高效,着力推进自然资源工作高质量发展。加强自然资源所与当地党委政府工作的衔接沟通,相互协作,积极配合,管好自然资源,致力于推动当地经济的发展,重塑基层站所新形象。

三、工作再融合

明确把握机构职能职责整合带来的变化,将工作重心从自然资源要素管理向生态文明建设转变,充分调动基层自然资源所的统筹监管能力,聚焦乱搭乱建、滥砍滥伐、滥采滥挖、滥排滥放、滥捕滥猎等突出问题,坚持齐抓共管,严惩违法行为,加大保护力度,加强督查检查,坚守生态安全红线。

四、保障再加强

金塔县自然资源局主要领导和分管领导通过实地走访了解、调研督查的方式对金塔、鼎新、中东、东坝自然资源所及北河湾矿产资源服务所五个基层单位开展了下基层、排难题、提效能纪律作风督查活动，及时为基层所人员到岗到位、工作衔接、资产管理"把脉会诊"，及时协调配备卫星电话解决矿区信号不通、为基层干部职工解决工作生活困难等问题，提高了基层干部的积极性和归属感，切实为基层自然资源工作提供了坚强的组织保障。

靶向发力 重点突破 狠抓落实

江西省南昌市自然资源局新建分局

2021年以来，南昌市自然资源局新建分局聚焦转作风优环境，开展优化营商环境三年行动，围绕影响自然资源营商环境优化提升的痛点、难点、堵点，精准发力、综合施策，结合党史学习教育，出台了优化营商环境五大举措25项刚性措施，切实有效解决营商环境政策落地"最后一公里"问题。

一、规划引领促发展

规划是擘画城市发展蓝图，实现经济社会高质量发展的重要前提，2021年以来，市自然资源局新建分局严格遵循省市明确的各类规划战略指标等约束性指标，突出城市发展定位，在《南昌市新建区国土空间总体规划（2021—2035年）》编制工作中，以满足新建区未来发展需求为目标，着力于解决招商引资工作中面临的规划布局不够合理问题，加快形成"多规合一"的国土空间规划体系。

二、行政审批再精简

市自然资源局新建分局持续深化重点领域和关键环节改造，推进行政审批"放管服"改革，在为民服务上做"加法"，在办事流程上做"减法"。推行土地"标准地"出让，一次性公示出让条件，推动项目"拿地即开工"，助力项目加速"落地"；缩短工程建设项目审批时限，办理建设项目用地预审与选址意见书、建设用地规划许可证、建设工程规划许可证（交通市政工程类）、建设工程规划条件核实均由法定时间20个工作日，缩短至承诺7个工作日办结；办理建设工程规划许可证（建筑类）法定时间20个工作日，缩短至承诺10个工作日办结；采取"容缺审批+承诺制"模式办理审批事项，在具备主审材料但暂时缺少可容缺报审材料的情况下，经项目单位自愿申请、书面承诺按规定补齐，即可先行办理；简化管线综合规划方案审批，涉及管线开挖审批事项，规划方案审查合格后，即可办理。一个个"硬骨头"被砸开，一件件行政审批事项的再精简，切切实实地为企业和群众办了实事、解了难题。

三、登记财产再提质

市自然资源局新建分局结合党史学习教育，积极开展"我为群众办实事"活动，推动不动产登记工作提质增效，以便民利企为目标，简化流程、创新服务、提高效率。进一步压缩不动产登记办理时限，首次登记和转移登记 3 个工作日办结，抵押登记 1 个工作日办结；"互联网+不动产登记"上线，实现不动产登记业务"不见面审批""网上办""在线办"，网上登记办理一手房转移登记共 6875 笔，一手房抵押登记共 7354 笔。同时，将不动产登记信息平台延伸至银行，通过银行前台受理、不动产登记部门后台审核的方式，实现在银行完成抵押登记业务；推进部门间数据共享，开展不动产登记电子证照试点，实现部门间互认共享，让数据多跑路，让群众少跑腿；不动产转移登记与水电气过户"一窗联办"，由"一事跑多窗"变"一窗办理"，切实解决群众操心事、烦心事。

四、暖心服务不打烊

市自然资源局新建分局始终坚持为民服务理念，政务服务不仅有速度，更有温度，把服务做到群众心坎上，用心用力用情做实做细三大暖心服务。实施错时延时服务，服务窗口实行工作日延时和双休日、节假日错时服务；实施绿色通道服务，对于符合条件的项目，开通"绿色通道"，启动不动产登记容缺机制，先行受理，安排专人提供全区域、全业务的对接服务，提供事前咨询、事中速办、事后回访的跟踪服务；实施预约上门服务，针对行动不便等不能到现场办理业务的特殊人群，公布预约电话，提供上门服务，想群众之所想、急群众之所急。

五、便民惠企不停歇

群众利益无小事，点滴行动见初心。市自然资源局新建分局还专门设立了不动产登记"24小时不打烊"自助专区，配备自助查询机、打印机，方便群众进行自助查询、打印不动产登记证书（证明）；多渠道提升便民利民服务水平，实现不动产登记费快捷支付、开通短信告知领取不动产权利证书（证明）服务、根据需求开通邮寄不动产权利证书（证明）服务；加强政务信息公开，严格落实信息公开条例，依法做好主动公开，加强对规范性文件、规划信息、土地市场信息、自然资源审批信息、不动产登记信息、办事服务指南等公开发布，方便群众查阅，接受群众监督，推动自然资源领域全要素公开的营商环境。

办事顺不顺、快不快，是企业和群众最关心的事情，也是检验优化营商环境成效的重要标准。今后，市自然资源局新建分局将继续推动转作风优环境，牢固树立"乙方思维"，增强服务意识，切实推动新建自然资源营商环境再上新台阶。

为新时代高质量发展提供坚实资源保障

江苏省仪征市自然资源和规划局

2021年以来，仪征市自然资源和规划系统紧扣自然资源"两统一"核心职责，以"优空间、护资源、促发展"为主线，高点定位，实干担当，重抓落实，为仪征"十四五"高质量发展提供更加坚实的资源保障，以优异成绩庆祝建党100周年。

一、着力完善规划体系，调整优化国土空间布局

深化"多规合一"，全面推进国土空间规划体系编制，统筹确定城市发展的规模、结构、布局和时序，科学布局生产、生活、生态"三生"空间，推动土地利用集约集聚、空间结构持续优化、空间资源有序开发，形成全域覆盖、要素叠加、布局精当、结构优化的"一本规划、一张蓝图"。抓紧完善老城更新详细规划，促进老城功能再生。以创新精神和绣花功夫，编制完成文化体育设施、电力设施、气象设施、医疗设施、城市综合交通、中心城区建筑风格与色彩等专项规划，不断提升完善城市功能品质。坚持多规融合、坚持城乡统筹、坚持彰显特色，全面推进编制"多规合一"实用性村庄规划，助推乡村振兴战略。

二、推进国土空间生态修复，全面展示绿色发展成效

切实履行耕地、林地、河流、湿地等生态自然资源保护责任，进一步加强山水林田湖草，尤其是耕地、林地和永久基本农田生态保护，从严守护69.39万亩耕地、53.59万亩基本农田和20万亩林地保护红线。大力实施土地整治和增减挂钩项目，积极挖掘后备资源，维护粮食生产安全。坚持"共抓大保护、不搞大开发"，序时推进国家森林城市创建，大力推进森林抚育，试点开展退化林修复与低效林改造，稳步提高以生态公益林为主体的森林质量。推进国土绿化扩面提质，加快补齐生态短板，进一步提升林木覆盖率、自然湿地保护率。持续推动国土空间用途管制和纠错机制试点，积极争取政策"红利"。

三、聚焦重大项目保障，全力打造高质量发展新引擎

抢抓长三角一体化、宁镇扬同城化战略机遇，紧扣世园会、万有文旅、中星北斗等重大产业项目，突出精准供给、高效供给，调节优化资源的供给投向、配置结构，将空间、土地等要

素投放到产业链长、带动性强、成长性好、有持久竞争力的高质量项目上，实现供给结构与需求变化精准匹配。助力发展汽车、新材料、大数据、文旅文创四大产业，促进产业集群做大做强做优。建立重大项目挂包服务机制，在合法合规的前提下，先行介入、主动对接、预先服务，扎实推进规划用地"多审合一""多证合一"，紧扣项目规划调整、用地预审、土地征供、项目报建、权证办理等重点环节，提前用地预审、规划预查，推行容缺受理、并联审批，实现审批流程再优化，审批材料再精简，审批时限再压缩，服务效率再提高，促进各类项目加快落地、投产达效，实现"拿地即开工"目标。

四、以循环集约为导向，全力推进资源利用提质增效

突出"亩产论英雄"，紧扣省、扬州市高质量发展指标，借力"亩产效益"大数据系统，优化"工业企业资源集约利用综合评价"，促进企业结构持续优化，加快形成特色产业集群，切实提高土地产出效益。严把项目准入门槛，强化监管协议责任约定，实现全过程监管，力促项目早落地、早产出、早见效。探索实施用电、用水、排污、贷款等资源要素差别化配置，促进企业结构持续优化，加快形成特色产业集群。深挖低效存量盘活，全力助推"退二进三""退城进园""退地复绿"，减少建设用地总量，提升用地质态，推动我市产业转型升级、经济提质增量。

五、深化"法治国土"实践，进一步规范土地开发利用秩序

引导系统党员干部深刻认识耕地保护极端重要性，坚持问题导向，强化资源管理，突出从严执法，推进耕地保护督察、占用耕地建房、卫片执法检查，用好自然资源违法行为实时监管系统，源头遏制新增违法违规用地行为。贯彻落实新《土地管理法》，吃透把准征地报批政策，重点把握"双公告"35天公示时限、安置补偿协议前置等规定，促进各类用地合法合规。全面落实土地出让"十六字"方针，加强土地市场动态监测与研究，优化上市节奏和区域布局，提高土地出让精细度和溢价率。做活土地文章，突出企业退城进园、盘活存量，持续推进百家丽、万捷线缆片区收储，加快在库土地前期开发和出库进度，为后续收储提供资金来源。

六、提档升级管理服务，切实维护人民群众合法权益

巩固提升"放管服"改革成果，完善优化"一窗受理、集成服务"模式，持续推动行政审批事项向窗口集中，实现不动产登记数据共享，助力打造"真省心"政务服务品牌，优化提升营商服务环境，不断增强企业、群众获得感。严格落实省政府93号令，逐步化解历史上被征地农民进保问题，完善征供分离机制，减少安置矛盾，保证土地按期交付，维护社会和谐稳定。牢固树立"安全生产就是最大的发展、安全生产就是最大的民生、安全生产就是最大的稳定"

三种观念，坚决树立"管行业必须管安全"意识，及时传达贯彻上级安全生产会议精神，重点抓好地质灾害防治和森林防火安全，强化内部安全管理，着力营造自然资源领域和谐稳定的安全环境。

七、持续改进工作作风，全面增强干事创业本领

紧扣"先锋自然"目标，讲政治、勇担当、走在前，认真落实管党治党主体责任，推动全面从严治党向纵深发展，严格落实"一岗双责"。扎实推进党风廉政建设与业务工作深度融合，全力开展"三个表率"模范机关建设。坚决整治形式主义、官僚主义，以"钉钉子"的精神驰而不息抓好整改，推进作风建设不断深入。坚持问题导向，强化权力制约，不断创新监督检查方式，进一步完善权力运行制约和监督体系。突出抓好理想信念、党规党纪和廉政教育，增强纪律规矩意识，营造风清气正的政治生态。用活选人用人"三项机制"和执纪监督"四种形态"，加大优秀年轻干部选拔培养，着力打造一支忠诚、干净、担当的自然资源规划队伍。

突出"三个导向" 提升为民服务质效

四川省广元市自然资源局

广元市自然资源局开展"我为群众办实事"实践活动以来，突出"三个导向"，全面提升为民服务质效，全力提升群众的满意度。

一、突出问题导向，把清单列准列具体

市自然资源局突出问题导向，注重从群众信访反映强烈的问题、群众身边的"急难愁盼"问题、基层反映集中的痛点难点堵点问题入手，结合行业职责和年度工作目标任务，通过专题部署、走访调研、信访件排查、会商研判等方式，广泛征询、全面摸排、集中梳理出基层和群众反映迫切的37件民生实事，建立局党委办实事重点项目清单、班子成员办实事项目清单和科室（单位）办实事项目清单，切实把党史学习教育融入自然资源人联系服务群众的全过程、各方面。

二、突出目标导向，把责任压实压到位

制定《广元市自然资源局"我为群众办实事"实践活动工作方案》，实行清单式管理，坚持项目化推进，逐项明确每件实事的牵头科室、责任人、任务要求和完成时限。局党委班子牵头3项重点实事项目，局党委班子成员每人牵头1项实事项目，每个科室、直属事业单位确定为民办实事1件。强化过程跟踪和情况通报，定期召开"我为群众办实事"实践活动调度会，以时间倒逼进度、以目标倒逼过程、以责任倒逼落实，确保实事清单一项一项兑现落实，让群众切实感受到党史学习教育带来的实惠和变化。

三、突出效果导向，把实事办好办出彩

市自然资源局坚持把人民群众是否满意作为检验"我为群众办实事"实践活动成效的唯一标准，用心用情用力解决基层和群众关心关切的实际问题。完成全市易地扶贫搬迁安置住房共32715套的不动产登记发证工作、完成5处重大地质灾害隐患点工程治理、积极推进重复信访事项化解、实行不动产登记一网通办、精简采矿权申报材料30%……一件件实事的办理切实增强了人民群众获得感。目前，全局确定的37件为民办实事项目已经全面启动，局党委班子牵头3项重点实事项目已完成2项，班子成员牵头的9项实事已经完成5项，科室、直属事业单位牵头的25件实事已经完成15件，其他未完成项目正稳步推进。

创新实干　为全县高质量发展贡献自然资源力量

湖南省长沙县自然资源局

艰难方显勇毅，磨砺始得玉成。2021年，长沙县自然资源局扎实开展党史学习教育，紧扣县委"1345"发展思路，全面打响"项目大会战、征拆攻坚战、要素保障战"，全方位提升要素保障能力，积极服务县域经济社会发展大局，为全县高质量发展贡献了自然资源力量。

一、坚持规划引领，着力优化发展空间

2021年是"十四五"开局之年，长沙县立足新发展阶段，贯彻新发展理念，坚持规划引领，成立县国土空间规划委员会，实施"南征北战、西融东拓"空间发展战略，构建"两级三类"国土空间规划体系，国土空间治理能力不断提升。

随着乡村振兴战略实施，县自然资源局为全面助力乡村振兴与美丽乡村建设，加快推动镇、村"多规合一"规划编制，已完成13个镇级国土空间规划初步方案，91个村庄规划初步成果，20个省级试点村庄规划报省市备案。金井镇古井古寺片区荣获全省国土空间规划优秀案例二等级。

"去年，我们先后完成县级国土空间总体规划初步成果编制和8个专题研究成果，划定生态红线保护面积43平方千米。"县自然资源局相关负责人介绍，通过有序推动"三区三线"统筹划定，目前全县城镇规划用地、耕地保护、林地保护"一张图"模拟方案都已形成初步成果。

县自然资源局为推动专项规划支撑体系建设，启动了《长沙县城市综合交通体系专项规划》《长沙县浏阳河文化旅游产业带发展规划》等规划编制，19个专项规划形成初步成果，《长沙县"十四五"自然资源规划》形成正式成果。并通过严格执行《星沙新城建设品质管控导则》，城市品质进一步提质提档。

二、坚持项目为先，着力保障要素供给

项目为王，项目为大。随着长沙机场改扩建工程1.5万亩建设用地获批，作为新《土地管理法》实施之后在长沙县建设的首个国家级重点工程项目，县自然资源局以"时不我待、只争朝夕"的干劲开展征拆攻坚战，创下近年来全县单个项目拆迁面积最大纪录。此外，县自然资源局深入贯彻县委县政府"项目大会战、征拆攻坚战、要素保障战"工作要求，吹响了项目建设的冲锋号，全力加快省市县重点项目和重点片区项目拆迁清零，完成腾地1.9万余亩，68个项目实现拆迁清零。"这一年，我们批回项目建设用地1.8万余亩，林地6500亩，有效保障了重六、民生、紧急项目建设需求。"县自然资源局相关负责人介绍，他们通过健全用地报批联审制度，并大力推广使用智慧自然资源"一张图"等信息化平台，优化项目选址服务，精准实施用地报批，确保了重大项目落地需求。

为扎实推进"项目大会战"，切实有效为项目建设做好要素保障，长沙县成立了土地管理委员会，进一步规范全县土地资源供应，精准保障重点项目用地需求，全年完成土地供应146宗7200余亩。

三、坚持监管从严，着力强化资源保护

2021年，在统筹推进自然资源全生命周期监管体系建设中，县自然资源局出台了《国有建设用地批后监管工作方案》，新批准建设用地项目全部安装视频监控实现24小时常态化监管，对已供土地采取"绿线提醒、黄线调查、红线惩戒"监管，实现年度新增闲置土地宗数、面积全市最少。2020年，县自然资源局采取"长牙齿"的硬举措，落实"两个耕地占补平衡"，完成全年项目用地报批耕地补充任务，重点加强了耕地"非农化""非粮化"专项整治和卫星监测图斑扣冻耕地指标解扣解冻，全力坚守耕地保护红线。

绿水青山就是金山银山。县自然资源局全面推进林长制落地，印发《长沙县全面推行林长制实施方案》，启动了《长沙县林地保护利用规划（2021—2035年）》编制，加强了天然林、公益林资源管护。在开展安全生产专项整治三年行动中，县自然资源局先后开展矿山、竹木加工、自然保护地等领域安全生产自查、抽查，注销到期砂石土矿采矿权16家，摸排防控地质灾害隐患点160余处，纳入市县两级重点管控64处，并积极推进森林防火专项整治，连续多年完成实现"四零"目标。

四、坚持改革提效，着力服务民需民要

2021年，县自然资源局深化"放管服"改革，完善"五化"窗口建设，推广实施告知承诺制、容缺受理、并联审批，推动规范化审批服务落地，大幅提升审批质效，进一步优化营商环境。全年共完成总图审批70个，核发建设工程规划许可证71本、用地规划许可证62本、用地预审与选址意见书80本，办理项目竣工验收88个，完成经济技术指标、建筑面积复核、日照分析等350余个，出具规划依据图1300余个。工程建设领域"多测合一"改革落地，实现全流程测绘市场化，测绘服务能力全面提升，全年共完成合同备案项目340余个，各类测绘面积1900余万平方。"'智能面签'系统的上线，让网签业务全面进入'不见面、无纸化'时代。5246户购房群众享受到'交房即交证'的改革红利。"县不动产登记中心相关负责人介绍，去年，全县共办理不动产登记业务21万余笔，办结省内首宗抵押权下转移登记业务，11个历史遗留办证

难项目完成销号。

2021年，全县农村宅基地确权登记实现发证99975本，率先在全省完成城区规划范围外房地一体确权登记市级验收，率先开展城区规划范围内确权登记。长沙县农村宅基地确权登记发证工作已经顺利通过省级抽查。

这一年，县自然资源局完成青山铺天华矿业矿区生态修复项目建设和52个农土资金及土地整治整修维护项目建设，向社会开放义务植树基地16个，实现造绿1.9万亩。同时，长沙县在花卉苗木产业闯出新路，荣获省花木博览会室外展区金奖，10余件参赛作品分获金、银奖。

2022年，是落实"十四五"规划关键年，也是党的二十大召开之年。县自然资源局将全面对标"三高四新"战略定位和使命任务，牢记嘱托、创新实干、勇攀高峰，全力落实好"招商引资提效年、项目建设提速年、营商环境提升年、城乡品质提档年"行动，打造自然资源铁军队伍，为县域高质量发展贡献自然资源力量。

细化举措持续优化营商环境

四川省广元市住房和城乡建设局

近年来,广元市住房和城乡建设局持续聚焦营商环境痛点、难点、堵点问题,以群众和市场主体期盼为出发点,对症下药,在纵深推进营商环境优化工作上做出有益的探索。

一、坚持目标导向,建立一套机制

"一个方案",广元市住房和城乡建设局牵头制定了营商环境(办理建筑许可、获得用水用气)迎评工作方案,切实发挥好牵头抓总的关键作用,进一步强化统筹协调力度。

"一套资料",根据办理建筑许可和获得用水用气指标的测评要求,结合2020年评价的工作经验,全面梳理2021年以来广元市住房和城乡建设局在优化营商环境方面的各项工作,收集整理包括政策文件类、网页平台截图类、实景照片视频类、真实样本数据统计类、操作演示视频类、真实案例类等一套佐证资料。

"一个集中",根据省市工作要求和迎评工作进度,不定期组织进行集中办公,进一步协调解决问题、攻坚重点难点、深入查找不足。

二、聚焦工作推进,强化两个保障

组建"两个专班"。分组组建办理建筑许可和获得用水用气工作专班,由明确熟悉业务的分管副职具体负责省评指标的调度、督办和数据填报工作,将熟悉国家、省市政策文件、了解办理建筑许可指标工作情况的业务骨干作为负责迎评工作的具体经办人员,并加强对具体经办人员的作风建设和业务培训,提高对省营商环境评价重要性认识,加快收集符合办理建筑许可指标评价要求的典型案例、真实数据等。

实行"两周调度"。每两周组织相关部门工作人员召开工作调度会,部署工作任务,调度工作进展,促进各项工作有序推进。

三、不断创新举措,实现三个突破

率先简易项目改革。该局牵头在全省率先出台社会投资小型低风险建设项目审批服务改革实施方案,将全流程审批合并为2个阶段,事项精简至8个,材料减少至5件,全流程审批时间压缩至21个工作日（行政审批时间控制在6个工作日内），并免收城市基础设施配套费、人防易地建设费和不动产登记费。目前已成功实践真实案例5个，实现1个工作日内，用地许可、规划许可、施工许可"三证齐发"。改革经验被省政府官网和政务晨讯刊载，相关改革工作经验被《四川日报》等新闻媒体宣传报道达4次以上。

国内首创"三标一网"。广元市在国内首创提出获得用水用气"三标一网"，推动质量安全标准化、工程报装标准化、服务管理标准化，打造智慧水气物联网，全省首例成功实现供水报装系统与"工改"系统的对接。改革经验被《四川省营商环境指标提升行动专刊》（第二期）刊载，并被国家发改委主编的《优化营商环境百问百答》收录。

开启"拿地即开工"模式。2021年在全省率先制定出台《广元市社会投资工业项目"拿地即开工"实施方案》，做深做实前期策划咨询和辅导报建，将社会投资工业项目开工前的审批由3个阶段合并为2个阶段，主线事项由8个精简至5个，进一步压缩项目从签约到开工的时间，确保工业项目在交付土地后4个工作日内完成开工所需的全部行政审批事项，实现"拿地即开工"。改革经验被人民网、《四川日报》等新闻媒体宣传报道。

主动作为 促进服务
打造优质营商环境新局面

贵州省贵阳市乌当区住房和城乡建设局

为加快我区重点项目建设进度，及时解决项目建设中存在的困难，明确目标，落实责任，确保各项任务按期高质量完成，乌当区住房和城乡建设局以"强省会"五年行动为契机，积极推动乌当区新型城镇化建设为抓手，把我区重点项目建设同全局重点工作结合起来，把解决项目矛盾问题同推动区域经济发展结合起来，提升政治站位，采取有力措施主动作为，积极打造我区优质营商环境新局面。区住房城乡建设局班子成员检查东新路项目、外滩一号二期项目，并协调处理外滩一号二期和乐湾国际项目延期交房问题，通过实地察看和现场交谈，进一步了解目前项目的施工进度、存在的问题；并协调化解项目延期的矛盾纠纷，有效促进项目的复工建设。

一、高度重视，提升站位，牢固树立"抓项目就是抓经济、就是抓发展"的理念

东新路项目建设作为区级实事的重点项目，是区委、区政府做出的重大决策，与民生建设和提高百姓生活质量息息相关。区住房城乡建设局将东新路项目建设作为当前一项重要政治任务来抓，精心组织、周密实施，切实增强思想认识，统一思想、提升站位，以强烈的责任感和使命感积极推进重点项目建设，坚决按时完成区委、区政府交给的重点项目建设任务。

二、着力解决企业发展新问题，排解群众揪心新需求，有力推进我区营商环境建设新发展

我局结合党史学习教育开展好"我为群众办实事"活动，以"解决群众难度，帮助群众办事"作为检验党史学习教育的重要标准。外滩一号二期项目以及乐湾国际项目延期交房问题给群众带来极大困扰，为更好解决：一方面加大项目调度力度，督促项目责任主体加快推进外滩一号二期项目以及乐湾国际项目建设进度；另一方面搭建平台积极化解好项目建设延期造成的矛盾纠纷，进一步提高群众的满意度。

三、精心组织，主动作为，加强服务，落实各项任务目标

区住房城乡建设局责任科室要积极对接主动服务，帮助项目的各个环节能超前衔接，减少

流程，缩短施工时限；要帮助项目全盘谋划，各项手续快速有序办理，压缩各项手续的办理时限，确保项目快速推进；要定期组织项目责任主体召开工作会，听取汇报、指出问题，分析研判重点项目建设存在的重点、难点问题，帮助协调解决问题进一步推动施工项目进度。

创新工作举措　推动工作实现新突破

河南省洛阳市老城区住房和城乡建设局

自党史学习教育开展以来，区住建局在着力抓好党史学习教育的同时，坚持以实践为载体，将党史学习教育成果转化为推动工作的新思路、新举措，以民生为中心，以项目为抓手，从解决群众最关心、最直接、最现实的问题入手，切实为民办实事，让群众幸福感、获得感成色更足。

一、党建引领助推老旧小区改造

为全力打造让居民群众满意的改造工程，我局积极争取居民的理解、支持、参与，真正从群众需求出发，坚持"共同缔造"理念，发挥党建引领作用，深入开展调研，实施"菜单式改造"。我局牵头落实五方联席会制度，5月至8月期间每日召开工作例会，精准掌握民意、实时传递民情、及时解决民忧，多方联动传导压实工作责任，高效推动跟踪改造进度，以实际行动为居民办实事、办好事。采取"马路办公"工作法、践行"行走办公"理念的实际行动，在各办事处、施工单位、监理单位等各方力量的紧密协作下，在党员群众的理解和支持下，2021年老旧小区改造已完成85%总工程量，其中44号春都家属院、34中西院等12个小区已完成改造，意诚小区、东城壕小区等25个小区改造进度已达到90%，进入收尾阶段。

二、探索背街小巷整治提升新模式

为了补足城市基础设施短板，完善城区背街小巷功能，提升背街小巷颜值，打通城市交通微循环，2021年区住建局针对辖区内13条总长近5千米的背街小巷开出"改造良方"，背街小巷提升工作已取得初步成果，惠及住户7.5万户，居民23.8万人。严格按照精细化管理思路，安排专人下沉工地一线，组建现场工作小组，针对施工问题现场办公、当场协调，施工单位每日进展汇报，监理单位每日问题上报，马路办公，马上就办，实地解决改造过程中遇到的困难和问题。丁家街、凤化街、东平街、西平街均已完工。

三、织密市政路网便捷城市交通

2021年，我市扎实推进市政道路建设，进一步织密、织牢市政路网，打造便捷、高效、安全的城市交通。我局积极配合市级单位扎实推进市政道路建设，已取得初步成效。金业路拓宽改造工程拆迁工作大头落地；嵩山北路打通工程征迁已完成放线工作；二乔路打通工程征迁已完成放线工作；琴书路建设工程已完成初步设计，正在准备进场工作。

四、多举措夯实扬尘污染防治工作

为全面打赢环境污染防治攻坚战，区住建局紧紧围绕大气污染防治攻坚战目标任务，多举措启动扬尘污染治理提升行动，旨在落实扬尘污染管控措施，推进扬尘污染治理，确保环境空气质量持续改善。以"服务、督导、处罚"的工作方式，通过集中整治和持续不断推进，逐步实现了扬尘治理工作常态化。全年因扬尘问题处罚38家，处罚金额49万元。

五、主动服务企业当好"金牌店小二"

万人助万企活动开展以来，按照"项目为主"的总基调，闻令而动、扛牢责任，区住建局积极开展助企工作，受到企业好评。为企业解决具体问题时，区住建局勇担当勤作为，争当"金牌店小二"，助推企业高质量发展。活动开展以来，已成功对接企业5户，其中谈话对接16户，实地走访13户。已妥善解决"万人助万企"活动办公室交办的8个问题。

让"办成事"成常态 让"难办事"成例外

安徽省铜陵市住房和城乡建设局

2021年以来，铜陵市住建局坚持以"服务第一、效率第一、满意第一"为目标，建立主要领导靠前指挥、分管领导定期调度、业务科室统筹推进、相关单位协同配合的政务服务工作推进机制，认真落实首问负责、说"不"提级管理、行政审批例会、政务服务（营商环境建设）专题会议、周一服务窗口晨会制度，充分运用"互联网+"手段，以"办成事"为导向，努力推进政务服务工作高质量发展。

一、聚焦"高效服务"，以"便民利企"为重点，优化服务事项要素

抓对标，动态调整服务事项指标。按照"能减则减、应简尽简"的原则，全面梳理政务服务事项的设定依据、办理流程、办理深度、承诺时限、办件材料等要素，确保各事项要素清晰、规范、准确。抓高效，增强服务对象获得感。通过"三提升、两压缩"专项行动，切实增强企业群众获得感。

二、聚焦"智慧服务"，以"互联网+"为依托，集约推进在线服务

抓集成集约，以管理系统统一工程项目审批模式。落实工程建设项目"一窗受理、分类审批、全程网办、限时办结"的服务模式，实现"清单之外无审批、系统之外无办件"。抓信息共享，以资源整合提升政务服务效率。积极承接建筑业企业、房地产开发企业资质审批权限下放等工作，整合现有分散的审批系统，谋划建设综合性行政审批系统；推广使用施工许可证电子证照，推进覆盖范围广、应用频率高的物业专项维修资金管理信息系统与全国一体化政务服务平台实现数据对接，并向移动端延伸，用网络化手段为数据赋能，变"群众跑腿"为"数据跑路"。

三、聚焦"承诺服务"，以"提质增效"为目标，创新服务监管机制

抓证照分离，以告知承诺优化资质审批方式，深入开展全市住建领域"证照分离"改革。抓思路创新，以简化要件优化工程审批改革。推行施工许可"容缺发证"审批模式；出台简易低风险项目审批规定。出台城镇老旧小区改造审批事项清单，明确老旧小区改造仅需政府投资项目建议书审批、施工图设计文件审查、建设工程质量监督手续报备、建设工程竣工验收备案4

个事项，审批全流程控制在 10 个工作日以内，材料仅需 7 份；推行水电气外线工程占挖市政道路和绿化 200 米以内免审批制度。

　　下一步，铜陵市住建局将继续以企业和群众的需求为着力点，继续落实说"不"提级管理，规范服务标准，精简审批环节，以高质量政务服务为全市创优"四最"营商环境贡献力量。

全面推动"双十镇"高质量发展

山东省枣庄市住房和城乡建设局

市住建局认真贯彻落实市委、市政府"双十镇"建设重大决策部署，聚焦基础设施和公共服务设施配套、清洁取暖建设等核心任务，实施"示范+梯队"培育工程，全方位推动"双十镇"高质量发展。

一、优化政策组合，强化要素保障

组织开展小城镇建设专题调研，走访了解小城镇建设双向需求，形成全市小城镇建设发展调研报告，出台了《关于支持城镇老旧小区改造十条措施的通知》《枣庄市清洁取暖建设实施方案》等文件，建立了住建领域支持"双十镇"政策清单和领导干部联系帮包制度，进一步加大对小城镇建设项目、人才支持力度，释放小城镇发展活力、潜力。2021年，推荐西岗镇、鲍沟镇、滨湖镇、城头镇、徐庄镇成功申报山东省特色小镇；西王庄镇、西岗镇等6个镇驻地居民实现集中供暖，44个镇完成农村清洁取暖建设10.4万户；组织开展建筑师、工程师、建造师"三下乡"和城乡融合发展、质量安全监管、老旧小区改造、绿色建筑示范推广、美丽宜居乡村建设"五服务"活动15场次，办理"双十镇"诉求6件。

二、实施小城镇梯队建设工程，推动多点耦合发展

在"十三五"新生小城市、重点示范镇、特色小镇建设基础上，委托编制《枣庄市"十四五"新型城镇化和城乡融合发展规划》，把乡村振兴示范镇和特色镇作为基点，放到全市城镇化和城乡融合发展整体框架下谋划建设。建设时序上，指导各镇优化城镇基础设施和公共服务设施配置，合理确定科教、文化、商贸、卫生、体育、社会福利等公共服务设施的标准和规模。建设模式上，指导各镇充分发挥资源优势，发展特色产业，推动产城一体、镇园融合发展，走差异化、规模化、特色化的道路。

三、实施小城镇提升工程，建设精致城镇

借鉴先进地区工作经验，结合我市小城镇发展实际，组织编制了《枣庄市小城镇镇区提升建设指引（试行）》。围绕推进"人的城镇化"，指导10个乡村振兴示范镇和34个乡村振兴

特色镇狠抓基础设施建设、基本公共服务两项功能配套，从"硬件"和"软件"两个方面着手，推动小城镇成片综合开发，全面启动镇驻地提质升级。2021年，44个镇兴建道路交通、给排水等基础设施建设项目94个，兴办文教卫生、社会保障等社会事业项目34个，建设行政审批、就业服务等公共服务平台项目31个，吸引农村转移人口落户小城镇1.1万人，镇驻地户籍人口增长率达到2.17%。

创新路径 谱写温暖安居新篇章

浙江省温州市住房和城乡建设局

温州市住建局组织开展市本级第二批人才住房配售活动，并率全省之先采用线上摇号、在线选房、全程公证的方式，人才足不出户便圆了"安居梦"，赢得社会各界的纷纷点赞。人才住房政策出台以来，市住建局按照"温暖安居我先行""栽好梧桐引凤凰"的工作思路，通过突出党建引领、强化工作举措、创新工作方法、建立互动机制等系列举措，全面精准保障人才住房政策落地，着力提升人才住房保障服务水平，助圆人才安居梦，谱写温暖安居新篇章。截至目前，全市累计享受人才住房补贴保障人才15173人，享受人才住房配租配售保障人数9719人，累计发放补贴3.2亿元。

一、把准"共同富裕"切入点，着力打造"温暖安居"温州样板

全面领会《温州打造高质量发展建设共同富裕示范区市域样板行动方案（2021—2025年）》的通知》的精神实质，坚持把促进全体人民共同富裕摆在突出位置，坚持在发展中保障和改善民生，脚踏实地、久久为功，并结合工作实际将人才住房保障作为推进"共同富裕"的切入点，力争通过健全人才住房保障政策体系，做深、做实、做细人才住房保障工作，实现来温在温的广大人才安居、乐居，切实营造好"家"的氛围、"家"的温暖，使人才有幸福感、安全感和获得感。

二、聚焦人才需求，主动服务促发展，提升人才住房服务水平

市住建部门始终坚持主动服务、精准服务原则，聚焦我市人才关注的热点、焦点问题，加强人才住房政策宣传力度。2021年，市住建部门参加了市民中心广场政策宣传日、代表委员工作室接待日、房开企业"人才接待日"等活动，以"人才温服务 助圆温州梦"为主题，深入开展"红七月·服务月"志愿服务，以"面对面"的形式，积极为我市的应届毕业生、留温人才提供有关人才公寓、人才租房补贴、购房补贴等相关人才政策方面的咨询解答，将党史学习教育成果转化为人民群众看得见、摸得着的工作实效。

三、注重实践探索、完善政策体系，放宽资格条件

在全面贯彻落实人才住房租售并举政策的基础上，研究制定了人才住房分配、供后管理等

系列配套细则，明确人才住房使用、回购和退出条件等，进一步完善制度保障。今年年初，为扩大政策享受对象范围，提高人才住房政策覆盖面，会同市委组织部（人才办）对人才住房保障相关政策进行了调整，通过放宽 ABCDE 类人才在温工作时间限制、扩大 E 类人才认定范围、完善紧缺人才目录、调整住房资格限制条件等，让更多的人才可享受到住房政策优惠。

四、拓宽筹集渠道、强调住房品质，抓实房源筹集工作

2021 年，市本级第二批人才住房配售房源共筹集了 5 个项目、477 套、48898 平方米，与首批配售人才住房相比，房源项目数从 1 个增至 5 个，鹿城、龙湾、瓯海三区核心板块均有人才房分布，人才的选房空间更大了，可根据自身实际工作地点就近选房。另外，人才住房备案均价 19453—38600 元 / 平方米，户型从 90 平方米到 140 平方米不等，共达到了 10 余种，兼具两房、三房、四房不同类型，可满足不同人才的多样化需求。

五、强化技术支撑、创新服务模式，提高后续管理效能

为有效满足当前疫情防控工作的需要，并解决人才因工作、异地等原因无法亲临现场的矛盾，首次采用了"线上摇号直播 + 在线选房"的配售模式，人才通过手机登录进行相应操作即可轻松完成房源认购，足不出户实现"安居梦"。同时，市住建局不断深化"互联网 + 政务"，运用大数据对比技术，采用"互联网 +"监管方式，开发完成自动预警功能。当人才的社保、婚姻、不动产（预售房）等信息发生变化时，系统会在首页右下角弹窗显示提醒，审核人员可实时掌握人才资格条件变化情况，实现人才住房供后管理由"人管人"向"机管人"转变，有效防控人才住房违规发放补贴、配租配售的风险，推动人才住房供后管理智能化、高效化、精准化。

下一步，市住建局将及时总结经验，强化党建引领，进一步完善人才住房保障相关政策、简化申领程序、加大数字化改革，深耕人才住房保障领域，为民办实事、办好事，谱写温暖安居新篇章。

第四篇
健康中国建设与中医药事业发展的思考与实践

传承精华谋发展 守正创新谱新篇

山东省日照市中医医院 李晓艳 杨洪波

传承精华，守正创新。

当时间勾勒出新的年轮，回望过去的一年——

2021年，是党和国家历史上具有里程碑意义的一年，也是市中医医院发展史上不平凡的一年。

这一年，医院以"学"字为先，深入开展党史学习教育，扎实推进"我为群众办实事"实践活动，从党的百年奋斗历程中汲取奋进力量。

这一年，医院以"干"字当头，下好"十四五"开局"先手棋"，加快推进专业、专科、专项技术"三个一流"建设，吹响高质量发展的"冲锋号"。

这一年，医院以"实"字为要，聚焦主责主业，深耕内涵建设，系统推进中医"五个全科化"，全面提升中医药综合服务能力。

……

一年来，在市委、市政府和上级主管部门的正确领导下，市中医医院紧紧围绕"更加突出中医特色、做好中西医结合文章"，坚持提升疗效这一核心，全面体现价值医疗，聚焦主责主业、抓好中西医结合"两大任务"，夯实基础设施建设、运行机制保障建设、队伍作风建设"三个关键"，不断提升中医药服务能力，深化中西医结合，奋力谱写高质量发展新篇章。

一、以党建为引领，凝聚高质量发展"战斗力"

坚持党的领导、加强党的建设，是公立医院高质量发展的"根"和"魂"。

2021年，市中医医院党委充分发挥把方向、管大局、作决策、促改革、保落实的领导核心作用，坚持全面从严治党，以党建引领促发展、学史力行践初心，从党的百年奋斗历程中汲取智慧和力量，推动党建工作和业务工作深度融合，以高质量党建助推高质量发展。

强化理论武装，把牢政治方向。医院党委坚持先学一步、学深一层，通过组织党委理论中心组集体学习与专题研讨、参加市委专题读书班、邀请市委党校专家巡讲等多种形式，认真学习宣传贯彻党的十九届六中全会精神，深学透悟，把握理论精髓，切实把思想和行动统一到党中央决策部署上来。

学好百年党史，汲取奋进力量。邀请市委党史研究院、市委党校教授作专题宣讲，组织党委书记上党课、召开专题组织生活会、到红色教育基地现场教学等，推动党史学习教育走实走心、见行见效。参加"红心向党"党史知识竞赛，获市卫健系统、市直机关和全市总决赛"三连冠"。包揽市卫健系统"中国梦·新时代·跟党走"暨"初心向党·筑梦起航"演讲比赛一、二、三等奖。医院被评为日照市"学习强国"工作先进集体。

坚持学史力行，办好为民实事。扎实推进"我为群众办实事"实践活动，开展"中医中药进万家""冬病夏治"与敷贴文化节、肺与消化道早癌筛查等活动49项，健康义诊科普宣讲32场次。举办日照市第六届膏方节启动仪式暨五运六气临床应用培训班，承办"为民办实事"项目基层中医药适宜技术培训班。深入开展"听民声、走流程"体验活动，用心用情用力解决群众就医困难事、烦心事。

加强党风廉政建设，筑牢拒腐防变警戒线。严抓党风党纪教育，引导全院干部职工始终做到"警钟长鸣"。深化运用监督执纪"四种形态"，严肃查处违反中央八项规定精神以及漠视侵害群众利益问题。建立12345热线投诉办理情况月通报、季反馈机制，落实医德医风自评，开展医疗服务"不满意大起底"活动，进一步强化廉洁从医意识，营造风清气正的就医环境。

二、主动担当服务大局，提升高质量发展"向心力"

不忘医者初心，不负白衣韶华。2021年，市中医医院紧紧围绕全市卫生健康工作大局，凝心聚力、奋勇争先，积极唱响新时代"担当作为"主旋律。

全方位改善医疗服务，提升患者就医体验。建立老年患者绿色通道，为老年患者提供优先挂号、就诊、检查和取药"四优"服务。运行门诊慢特病诊间结算，实现医技检查分时段预约，升级自助一体机及微信公众号查询服务功能，患者就医更加便利。

全力推进日照中医医疗中心等重点项目建设。成立工作专班，调整优化设计方案和功能布局，涵盖区域中医诊疗中心、中医药文化传播体验中心、中医教学培训中心、中医药科研中心四大特色板块，合理布局15个中医药服务功能区域。"为民办实事"项目落地见效，高质量完成3处国医馆建设，目前均已投入使用。

三、聚焦主责主业，增强高质量发展"驱动力"

2021年是"十四五"规划的开局之年。一年来，市中医医院积极发挥中医药特色优势，聚焦主责主业，下好"先手棋"，全面推广"五个全科化"服务模式，加快"三个一流"建设，不断提升中医药服务能力，更好满足人民群众多层次、多样化的中医药服务需求。

中医经典全科化。开设"中医经典培优班"，强化中医经典学习应用，夯实中医思维。开展名中医专家联动查房，加强中医病历内涵的提升。不断优化优势病种诊疗方案及临床路径，充分体现经方、经术和专家经验应用。

中医外治全科化。建成医院中医综合外治中心和中医日间治疗中心，着力打造一个窗口接诊、多专业协同、一体化运行、规范化治疗、同质化服务的中医综合治疗共享平台。印制《中医医疗技术操作规范手册》，在疾病全程诊疗中充分发挥中医外治作用。

中医护理全科化。组织中医护理适宜技术技能竞赛，提升护理人员中医护理适宜技术应用水平。

中医康复全科化。贯穿临床早期康复、全程康复技术应用，开展中小学生近视和脊柱侧弯筛查，采取中医药和中西医结合等技术，巩固治疗效果，加快患者康复。

中医治未病全科化。制定并执行《临床科室中医治未病干预技术操作规范》和《治未病干预方案》，充分发挥中医治未病理念在疾病诊疗和预防中的特色优势。

学科建设是提升医疗技术水平和服务质量的"助推器"。

一年来，市中医医院加快推进"三个一流"建设。骨伤科等9个专科入选省级中医药重点专科，心血管科等4个专科加入齐鲁中医药优势专科集群进行重点建设。柔性引进12个专业18名知名专家常态化到院技术指导，36项医疗技术取得突破。巩固提升国家胸痛中心、国家卒中中心建设和水平，国家加速康复骨科试点落户医院。

2021年，市中医医院获批国家卫健委首批"国家级神经介入建设中心""国家中医药管理局中药炮制技术传承基地"，被授予"国家结肠镜规范化培训项目优秀示范基地"。"新青年"团队被表彰为全省"最佳志愿服务组织"。医院连续10年被评为"省级文明单位"。2人入选山东省名中医药专家，1人入选全国第五批中医优才培养对象，1人获得国务院特殊津贴。

四、逐梦新时代，奋进新征程

"作风，是一种状态、一种形象，更是一种精神、一种力量。"2月6日，一场"强作风、提效能、树正气"主题教育在市中医医院拉开帷幕，也正式吹响了新春奋进的"冲锋号"。

2022年是实施"十四五"规划承上启下的关键之年，也是市中医医院新一届领导班子全面履职的开局之年。

2022年，市中医医院将充分发挥党建政治引领作用，聚焦中医特色突出的人才队伍和学科建设这两大任务，不断强化急危重症和疑难病种诊疗能力、中医药科研创新能力，全面提升基础设施建设、运行机制保障建设、队伍作风建设水平，深化"我为群众办实事"实践活动，为人民群众提供更加优质高效的中医药服务。

（一）坚持党建统领，推进医院高质量发展

全面贯彻落实党的十九届六中全会精神，深入推进中医药"三进""方便看中医、放心用中药"行动，在全社会营造"信中医、爱中医、用中医"的浓厚氛围。全面推进医德医风和医院内部管理问题大排查大整治活动，开展"强作风 提效能 树正气"主题教育，确保党风廉政建设和作风建设扎实有效推进。着力破解排队时间长、就医流程烦琐等群众"急难愁盼"事。深化党建与业务融合发展，以党建引领学科建设和医疗水平的提升。加强现代医院管理制度建设，以改革创新为动力推动医院高质量发展。

（二）聚焦主责主业，增强中医药服务体系支撑

抓牢抓实疫情防控，提高中医药应急能力。深入推进"五个全科化"，加强中医经典研究室功能和中医经典骨干队伍建设，健全门诊及住院病人中医外治、治未病与康复方案，将中医经典、经方、经术和专家经验充分融入临床，实现中西医结合诊疗方案临床路径管理病种全覆盖等，全面提升中医药服务能力。深化"三个一流"，强化重点学科与人才队伍建设。深化医教研协同，增强可持续发展活力。

（三）强化医疗质量与安全管理，全力推进日照中医医疗中心等重点项目建设

扎实开展医疗质量与安全专项督导行动，全面加强医疗核心制度落实和流程管理，进一步提高病历内涵质量。加快日照中医医疗中心项目进程，提升国医馆服务功能，深化中医优势病种管理，打造融中医诊疗、慢病调理、养生保健为一体的高品质健康服务环境。建立大康复运行体系，发挥区域康复学科"龙头"作用。

（四）加强内控体系建设，强化后勤保障支撑

优化美化医院道路基础设施、改进医院职工停车管理、安装电动车充电桩等，解决好职工关切和切身利益。增强竞争发展意识，着力提升后勤保障效能，持之以恒抓好平安医院建设。加强共享平台建设，深化医疗集团和医共体建设，实现成员间资源共享和服务拓展。拓展医院健康产业链，实现资源统筹、联合联动、创新发展，更好助力健康日照，服务民生。

传承精华，中医药发展才能源远流长；守正创新，中医药发展才会清流激荡。站在新的历史起点上，市中医医院将紧扣高质量发展这一主题，锚定高质量发展航向，向着建设中医特色突出、专科优势明显、综合能力雄厚、服务品质优良的现代化综合性中医医院大步迈进，为日照精彩蝶变贡献"中医力量"。

坚定信念　抓住机遇　创新实干

辽宁省抚顺市中医院

抚顺市中医院始建于1956年，于1999年被评为三级甲等中医院，是辽宁省内历史最悠久的中医院之一。几代中医人胸怀"弘扬中医，为天地立心，为生民立命"的坚定信念，经过66年的艰苦创业，使医院从一个名不见经传的方寸之地飞速发展成为抚顺市唯一一所集医疗、科研、教学、康复、保健于一体的大型综合性三级甲等中医院，是"辽宁省示范中医院""全国健康促进与教育优秀实践基地创建单位""辽宁省中医住院医师规范化培训基地"，在辽宁省中医系统位居前列。2017年底被评为"国家级中医住院医师规范化培训基地"。

医院在习近平新时代中国特色社会主义思想指引下，全面贯彻党的十九大和十九届二中、三中、四中、五中、六中全会精神，学习贯彻落实习近平总书记系列重要讲话精神，不断增强"四个意识"、坚定"四个自信"、做到"两个维护"，自觉在思想上政治上行动上同以习近平同志为核心的党中央保持高度一致。认真执行党的路线、方针、政策，模范遵守国家法律、法规，牢牢把握推进中国特色卫生与健康发展总要求。对标党的十九大报告对中医药的新定位、新要求，紧抓新的发展机遇，迎接新的发展挑战，担负新的历史使命。领导班子信念坚定，凝聚力强，作风民主，团结和谐，廉洁奉公，团结有力；单位职工整体素质好，专业水平高，战斗力强，积极为人民群众提供优质服务，取得了突出的社会效益。

一、贯彻落实国家重大决策部署，推进医院改革发展

抚顺市中医院硬件老化，多地分离，一直是困扰医院发展的瓶颈问题。抚顺市石化总医院撤销关闭交由抚顺市中医院租赁管理使用，这是解决中医院发展面临困难的非常好的契机，可解决医院发展的关键问题。

双方经过近三年的不懈努力和多轮磋商，抚顺市中医院石化院区于2022年1月4日全面开诊。抚顺市中医院从原有建筑面积2.5万平方米，跃升到现医院总建筑面积6.6万平方米，编制床位1260张，实现了医院全方位跨越式提升。2021年总收入创造了历史新高，达到3.48亿元；2021年全年门诊量为43.18万人次。

中医院人用勤劳的汗水，默默地坚守，终于迎来了中医院崭新的篇章，掀开了抚顺市中医院南北院区共同服务广大人民群众的新局面。

二、医院持续提升卫生应急能力，在抗击疫情、处置突发公共卫生事件、对口支援等工作中发挥重要作用

医院严格按照各级部门要求常态化开展疫情防控工作，对援武汉、援锦州、援大连以及市内定点隔离点抗疫队员的派驻、医院发热门诊的管理、疫苗接种点及核酸检测实验室的规范性操作、疫情防控的日常管理培训等工作均严格细致执行上级要求，克服困难不打折扣。

抚顺市中医院作为市级中医三甲医院，在抗击疫情中派出援武汉医疗队9人、援锦州医疗队2人、援大连核酸检测应急队伍2人，且援大连医疗队反复三次入大连执行援助任务。派出人员数量为全市医疗单位第一。另按上级要求派出护理人员63人次，承担抚顺市四所隔离点防控工作，累计工作180余天。在全院各科室的共同努力下，医院有序开展疫情防控工作。明确职责分工，层层压实责任，全面构筑防疫工作战斗堡垒。

医院始终高度重视对口帮扶工作，在2016—2021年，六年间我院克服人员短缺等困难，精心选派优秀专家，前后共派出6支医疗队，共18名医生，远赴新疆、青海等地区进行对口支援工作，将良好的精神面貌和深厚的中医技术及文化内涵带到老少边穷和国家需要的地方，造福当地百姓。2020年底青海省化隆县中医院在我院派驻专家的帮助下已顺利申请二级甲等中医院评审资格。

三、注重培养中医药人才，提升中医药服务能力，建立区域中医联合体，推动中医药传承创新

医院现有省市学术带头人32人，国家名医2人，享受政府津贴2人，辽宁省名中医3人，抚顺名中医5人；国家中医药管理局重点专科1个，辽宁省中医药管理局重点专科4个，市级重点专科4个。

医院致力于加强医、教、研协同发展，建立完善的人才培养机制，逐步形成合理的人才梯队，满足各学科发展的需要。选拔高素质年轻医师，深入挖掘名医临床经验与诊疗方法，传承名医学术思想和技能，形成良好的科研学术氛围。

在国家医改政策不断深入的格局之下，医院不断寻找可持续发展路径，突出发挥中医药特色优势，持续提高医院的核心竞争力。

以抚顺市中医院为核心组建的抚顺市中医医疗集团成立于2019年，中医医疗集团加快推进医联体建设，助力构建分级诊疗制度，建立促进优质医疗资源上下贯通的机制，完善措施、固化经验、补齐短板，主动帮扶基层，切实发挥引领作用，充分调动四区三县各级各类医疗机构参与医联体建设的积极性。吸纳不同功能医疗机构参加医联体，形成错位发展模式，建立起引导公立医院主动下沉资源、与基层医疗卫生机构分工协作的机制。融合相关疾病的早期预防、

病患诊疗、健康干预为一体，提供连续性的医疗卫生服务。

中医医疗集团旗下现有签约单位40家，与33家基层单位建立双向转诊合作关系。与成员单位进行紧密型合作，组织开展中医适宜技术培训，定期进行义诊和讲座，落实家庭医生签约工作，与66家基层医疗卫生单位开展远程心电服务，自开展远程服务至2021年末，共开展了10.1万余例。其中2021年全年共开展远程心电服务12245例，远程影像服务2808例。

医院在发展上立足传承中医药文化，汇通中西医精华，打造绿色中医。将现有近百项传统中医适宜技术应用于临床。明确重点专科发展方向，推进重点病种诊疗特色，推动各专科学术技术创新，在人才、技术力量和资金投入等方面向重点科室倾斜，促进医院的全面综合协调发展。不断提高院内制剂质量，改进剂型工艺，增加特色制剂。院内现有制剂50余种，临床效果显、经久不衰，充分发挥中医药特色和疗效，享誉省内外。

抚顺市中医院把人民健康放在优先发展战略，顺应时代节拍，回应民生关切，坚持中西医并重，传承精华，守正创新，充分发挥在全市中医药事业发展中的龙头作用，将医院打造成为辽宁省内中医特色突出、综合服务功能强、专科优势明显、学科体系健全的现代化综合性一流中医医院，秉承"厚德、博学、继承、创新"的文化理念，在为人民群众健康事业保驾护航的道路上不断前行。

坚持党建引领 实现中医药高质量发展

青海省大通县中医院

一、基本情况

大通县中医院，二级甲等中医医院、西宁市中藏医名院、大通县中医适宜技术推广中心，其由原青海重型机床厂职工医院、青海水泥厂职工医院、青海化工医院三家企业移交地方的医院组建而成，是集医疗、预防、保健、康复服务为一体的现代化综合性中医医院，具有鲜明的中医特色优势。为政府指定的新型农村合作医疗、城镇职工、城镇居民基本医疗保险、生育保险、大通县工伤康复、儿童康复定点医院。2016年5月挂牌西宁市第一医疗集团第三分院，下辖东峡、良教、向化、朔北、塔尔、桥头、桦林、鸢沟、药草9个卫生院及92个村卫生室。

医院环境优美，总占地面积为19315平方米，总建筑面积达19619平方米。现有床位400张。医疗服务功能完善，学科设置齐备，拥有11个临床科室、5个医技科室。脾胃病科为国家级农村地区重点专科建设科室、"西宁市中藏医名科"，脾胃病科、针灸推拿康复科、疼痛科为青海省重点专科，内分泌科为西宁市特色专科。全院现有职工444人，卫生专业技术人员370人，占比83.33%，高级技术职称20人，中级职称51人，有西宁市中藏医名医2名、高原基层名医1名。拥有德国西门子16排螺旋CT、DR数字摄影系统、GELOGIQ E9全数字化多功能彩色多普勒超声诊断仪、奥林巴斯QH290电子胃肠镜、腹腔镜、宫腔镜、全自动生化分析仪、免疫发光分析仪、微生物分析仪、心电工作站、呼吸机、麻醉机、冲击波治疗仪、臭氧仪治疗仪、射频热凝器等先进医疗设备，为提高医疗水平提供了有力的科技保障。医院还引进了上肢智能训练器、电动直立床、神经肌肉低频仪、低频脉冲痉挛仪、空气压力波、超声波治疗仪、四肢联动康复训练器、全身功能康复训练器、减重步态康复平台、超声脉冲电导仪、磁刺激治疗仪等先进的康复设备，满足了各类患者的康复治疗。

二、不断加强党建、精神文明等工作，为医院健康发展提供政治保障

（一）认真开展党史学习教育及庆祝建党100周年系列活动

一是扎实开展党史学习教育，制订学习活动工作方案；丰富学习方式，坚持集中学习个人自学相结合，开好专题组织生活会、专题研讨会等，2021年，党总支班子成员和全体党员累计形成工作方案、安排、计划、讲话、发言、总结等文稿资料100余篇，领导班子讲党课7次，

开展集中学习教育15次、专题研讨7次，参观党史教育展览2次，观看专题片4次。二是根据《西宁市第一医疗集团第三分院党总支庆祝中国共产党成立100周年系列活动方案》文件精神，我院在建党100周年期间，开展了重温入党誓词、党员干部讲党课、"走访慰问贫困户，免费义诊暖人心"、大通县首届中医药文化节、"党史快问快答"录制小活动、"参观红色基地，重温红色记忆"——走进循化红光村、"唱红歌、颂党恩"、举办趣味运动会及表彰优秀党员、优秀党务工作者等系列活动。三是院领导班子成员结合工作实际，分别前往所属党支部带头讲党课，党课内涵深刻、生动形象，与工作结合紧密，各班子成员给广大党员干部学习党的创新理论、锤炼党性修养、提高能力素质，加强作风建设、纯洁道德品质树立了典范。

（二）扎实开展"廉洁文化进医院"活动

一是为增强党员干部、医务人员为民服务和廉洁从业意识，为医院健康发展营造风清气正的廉洁文化氛围，强化行风治理，把医院廉洁文化建设融入卫生健康"大宣教"格局，我院扎实开展"廉洁文化进医院"活动。组织召开专题会议2次；与医务人员签订了"廉洁行医承诺书"和"无红包科室承诺书"；观看青海省警示教育纪录片《王丽、白世德等人严重违纪违法案件情况通报》。党总支书记、院长阿俊仁以"学党史，廉洁行医"为题讲廉政党课，重点阐述了"廉洁"的深刻内涵，多角度、全方位结合工作实际，引用大量实例告诉大家廉洁工作的重要性，发人深省，督促大家让廉洁行医成为广大医护人员和管理人员的自觉行为，着力提高医疗服务质量。二是积极学习《医疗机构工作人员廉洁从业九项准则》，深刻解读了《九项准则》的制订背景、适用范围、主要内容及重要意义，同时利用医院微信公众号、LED电子显示屏等方式加大宣传力度，确保全部覆盖、全体动员、全员知晓，加强督查落实，以零容忍的态度，坚决查处违规行为。三是为切实加强医院党风廉政建设和反腐败工作，提高党员领导干部廉洁自律意识和拒腐防变能力，组织召开2021年度新任中层干部、卫生院院长廉政谈话大会。

（三）建设文化传播平台，形成特色突出的文化传播、展示体系

一是举办大通县首届中医药文化节。通过中医养生操、刮痧、中药养生茶饮品鉴等医药文化展示与体验，宣传中医药知识，传承中医药文化精髓。二是打造健康文化推进平台，开设县域内首个中医为主的电视专栏——《中医养生大讲堂》。栏目围绕人民群众最为关注的健康问题，选择优秀的医疗团队，通过现场直播的方式，为大家解读科学规范的疾病诊疗方法，发布专业权威的健康知识，为广大群众带来福音。2021年，共开播20期，老百姓学习和了解到一些健康养生知识，提升了百姓的健康意识，越来越多的病人将我院作为中医治疗和康复诊疗的首选医院。三是不断加强医院宣传工作，积极宣传医院改革发展中的新思路、新举措、新成果、新经验，不断提升发展质量，为我院的发展营造良好的社会环境和舆论氛围，树立医院的良好形象，更好地保障人民群众身体健康做出积极的努力和贡献。四是为充分发挥中医药特色诊疗优势，增强我院医疗专业技术人员中中医专业技术水平和整体素质，充分发挥中医药在我院医疗保健服

务中的引领作用，组织开展各类学术活动、西学中培训及义诊，突出中医特色，弘扬中医专长，为中医药文化传承发展和人民群众健康做出应有贡献。

（四）开展各类文娱活动，丰富职工文化生活

一是坚持各项制度，履行维权职能。三分院工会及时向医院反映职工心声，调动职工的积极性和创造性。二是坚持开展文娱活动，丰富职工的文化生活。成功举办"2021年春季登山健身活动""庆祝建党100周年暨2021年趣味运动会"；积极参加县卫健局举办的"奋斗百年路、启航新征程"为主题的唱红歌活动，并荣获医院一等奖、卫生院三等奖的好成绩，同时代表大通县卫生健康系统参加全县唱红歌大赛，荣获三等奖。三是开展各类庆祝护士节、医师节系列活动，充分展现了我院职工奋发向上的精神面貌。四是积极做好职工慰问工作，在春节、妇女节、中秋节、端午节等节点为全院职工发放节日福利。五是时刻关爱职工生活。2021年，探望住院职工11人次，慰问职工去世直系家属4人次，举办退休人员欢送会1次，慰问医院、卫生院重点岗位工作人员10余次。

（五）扎实开展创城工作

积极响应上级关于创建全国文明城市的号召，以对标落实创建文明城市活动为抓手，以宣传教育为先导，以解决百姓最关心、最直接、最现实的问题为落脚点，以提高全院职工素质、提升医院整体形象、保障人民健康服务为宗旨，充分调动全院职工的积极性与创造性，深入扎实开展全国文明城市创建工作。一是高度重视创城工作，成立工作领导小组，多次召开专题会议对创城工作进行安排部署，对创城工作进行分工。二是采取多种手段深化宣传创城工作，以此为契机，开展行业文明新风建设。在门诊、病房、大厅等公共场所摆放相关宣传栏与展板，运用微信公众号、电子显示屏等向职工广泛宣传创城知识，提高职工的知晓率，引导广大职工自觉投身到创城各项工作中去，营造出浓厚的创城工作氛围。

三、中医药工作开展情况

（一）深化中医院综合改革

为进一步加强医院内涵建设，医院始终坚持以中医药为主、中西医结合的办院方向，保持和发挥中医药特色优势，提高临床疗效和学术水平。

充分发挥中医药的特色优势。针对临床的常见病、多发病，大力发展中医药诊疗技术，扩大中医药服务领域，不断优化各科室中医药治疗单病种方案，各科室均制定了3—6种常见病、多发病中医特色诊疗方案，每年在以中医为主、中西医并重的原则下，不断改进优化，治疗效果稳步提升，治疗费用得到有效控制，取得了病人的认可。

加大中医特色专科的建设力度。建院以来，我院始终坚持"专科特色为龙头，提高整体功能，促进综合发展"的发展方向，在继承和发扬中医传统特色、优势的同时，努力引进和吸收现代医

学前沿技术，不断推动学科进步，增强竞争力，提升经济和社会效益，树立和强化医院品牌形象，使医院走出一条中医疗效凸显、西医互补交融的中医药特色创新发展之路。针灸推拿康复科运用中医传统中医疗法，采用针灸、拔罐、中药贴敷、刮痧、蜡疗、电火花、放血疗法等中医适宜技术治疗腰腿痛、中风后遗症、颈椎病、肩周炎等，同时运用运功疗法、作业疗法、言语吞咽疗法等对脑瘫儿童和脑卒中病人进行康复治疗，形成了独居特色的医院品牌及专科优势，深受广大患者的普遍欢迎。脾胃病科拥有一整套中西医结合治疗消化系统疾病诊疗方案，并取得明显疗效。内镜诊疗中心开展的无痛胃肠镜减少了患者对胃肠镜检查的恐惧心理，科室秉承"发现一例早癌，挽救一条生命，拯救一个家庭"理念，开展的消化道早癌的早期诊断和内镜下治疗已走在了青海省县级医院的前列，使我县消化道早癌的治愈好转率不断提高，降低了致残率、致死率。疼痛科拥有省市级专家5人，运用省内外先进技术治疗急慢性疼痛疾病。外科腹腔镜手术技术已走向成熟，在腹腔镜手术治疗消化道肿瘤取得成效。妇产科利用腹腔镜治疗子宫肌瘤，无痛人流、无痛分娩等治疗减轻患者痛苦。内分泌科用中西医结合手段在糖尿病及并发症、甲状腺疾病效果显著。心肺科、老年病科、急诊科在急危重症的诊治积累了丰富的临床经验。

中医医疗技术广泛应用。一是我院注重突出中医特色，发挥中医优势，紧紧围绕"中"字做文章，制定了强化中医特色、发挥中医药特色优势等一系列考核、鼓励制度。不断加强特色疗法的应用与推广，各类中医药适宜技术在针灸科的牵头下，各项中医特色诊疗技术在各科室得到了极大推广应用。各临床科室设立了中医特色诊疗室，越来越多的病人选择我院作为康复诊疗的首选医院。二是积极推进各项中医医疗技术广泛应用，在对患者进行一般诊疗的过程中，结合中医诊疗技术及带领患者进行康复锻炼，做到医防结合，提升疗效。医院开展有雷火灸、平衡罐、火轮罐、耳穴压丸等56种中医诊疗技术，开展有"八段锦""呼吸操""易筋经"等养生操，能够起到舒经活络、调节情志、增强体质、提升免疫力的作用。

持续开展"治未病"服务。按照医院中长期发展规划，加强治未病科建设，运用中医防病和治未病的优势，积极开展中医健康教育和健康指导，通过冬病夏治"三伏贴"等中医技术方法预防和干预各类疾病，得到广大群众的好评。

持续推进辖区卫生院中医馆特色诊疗，运用中医药特色诊疗方法治疗农村常见病、多发病、社区慢性病、老年人疾病、妇女儿童疾病，充分发挥中医药在预防保健中的积极作用，为广大农民提供优质、便捷、高效、低廉的中医药预防保健服务。

（二）稳步推进人才培养和业务指导长效机制

医院始终坚持"请进来，送出去"的人才培养原则，依托医疗集团、东西部协作对口帮扶工作，加强人才培养，每年选派多名业务骨干到总院、省级及省外三级医院进修学习；同时聘请省级知名专家来我院定期坐诊、教学查房、带教、师承等提升医务人员诊疗水平，指导开展新技术、新业务；返聘退休学科带头人、专家继续在医院服务，带动科室发展。通过集团总院、南京雨花台区、沈阳市中医院专家长期派驻和青海省中医院专家组帮扶，使我院整体服务水平明显提升。2021年，选派20余名业务骨干赴南京雨花台医院、省中医院、省人民医院、青大附院、青海省红十字医院、集团总院等省内外三级医院进修，通过进修学习为我院培养一批技术能力强的卫生专业技术人员，人员归院后能够把所学的理论及技术运用于科室内临床工作中，提高了科室的专业水平及整体素质。通过"请进来、送出去"，提升了医院整体业务水平和服务能力，患者满意度持续提高。

（三）加大业务培训力度，提升整体服务能力

一是充分发挥中医药特色诊疗优势，进一步提高疗效，增强我院医疗专业技术人员中医专业技术水平和整体素质，促进中西医临床诊疗工作的融合与协调，充分发挥中医药在我院医疗保健服务中的引领作用，对医院所有临床科室的医护人员展开中医基础知识培训，以加强我院临床医护人员中医基础理论知识水平，从而达到逐步扩大我院西医临床科室的中医药服务范围的目的。开办"西学中"中医专业知识提升班，提升了我院整体中医理论水平。二是2021年9月23日至9月28日，我院成功举办了大通县首届中医适宜技术推广暨岐黄针培训班，共计60名学员参加。此次培训班共教授了30余种中医适宜技术，使得基层老百姓在家门口就能得到多项中医适宜技术的治疗，得到了广大医务人员及患者群众的一致好评。

（四）改善就医环境，提升患者获得感

医院加强基础设施建设，不断优化服务流程，改善就医环境。2012年在县委、县政府的支持下在现址给予划分地皮，建设门诊楼，新老院区距离较远，医院管理不便，发展受到制约，2015年将老院区与县卫健局办公用房进行置换，完成整体搬迁。2018年再次争取到住院医技楼建设项目，于2019年底建设完成，2020年7月正式投入使用，业务用房面积由3000多平方米增加到18845平方米。投资100余万元进行院内绿化修葺，种植体现中医院特色的中医药材，在门诊楼与住院楼之间修葺长廊，供病患及其家属乘凉、休憩，极大地提升了患者就医获得感。

四、今后工作举措

按照省委、省政府传承创新中藏医药实施方案的要求，积极打造本院的"名医""名科""名药"。

加大中医药宣传力度，普及中医药文化知识，提升全民中医药健康文化素养，增进社会对中医药的认知和认同，不断推进中医药的传承和发展，积极营造人人"信中医、爱中医、用中药"的浓厚氛围。

加大人才培养力度，计划利用3—5年将全院专技人员送至省内外三级医院进行轮训，提升专业技术人员的技术水平和服务能力。

加大岐黄技术推广，加强中医适宜技术推广力度，拟开设岐黄针培训班，向乡镇卫生院、

村卫生室传授中医特色诊疗技术，让基层百姓受益。定期开展中医药文化宣传节，组织多名专家开展义诊咨询，开展中医传统疗法体验、养生保健操表演、中药饮片展示、中药香囊发放、中药养生茶饮品鉴等活动，进一步提升中医药健康文化素养，着力打造中医药文化。

进一步巩固国家、省、市重点专科，积极申报省市级重点专科，创建科室品牌。

进一步打造大通县中医适宜技术推广中心、大通县康复中心、大通县治未病中心。

让医养结合服务成为新时代敬老的文明新风尚

新疆生产建设兵团第一师十二团医院 梁明科

新疆生产建设兵团第一师十二团医院成立于1958年，占地面积70余亩，建筑面积近22500平方米，其中门诊楼、住院楼共计18600平方米，疾病预防控制中心办公楼1900平方米，是一所集康复治疗、社区卫生服务、疾病预防控制、妇幼保健、人口与计划生育、中医适宜技术服务为一体的县级甲等综合性医院。目前在职职工246人，党员40名。离退休职工95人。

迄今，本院把中医药预防疾病与养生保健纳入日常开展的社区卫生服务和医养结合服务，让老年人都能够享受到方便、有效、安全的中医药预防与保健服务。

据悉，2016年，争取上级资金2270.9万元，新建的10117.54平方米的十二团医院综合住院楼一期工程于2017年4月份正式投入使用。其中，在本院二楼专门开设了中医馆，兵团卫生局拨付了20万元的中医发展扶持资金，就医环境和基础设施得到了进一步改善和提升，职工群众看病就医更加方便快捷。

2020年，新疆生产建设兵团卫生健康委员会把本院作为兵团第一师医养结合示范基地，给予40万元的医养结合项目服务经费补助，旨在进一步提升医养结合机构的服务能力，为老年人提供连续、全流程的医疗卫生服务。

2021年，本院结合党史学习教育，申请第十批援疆项目资金1630万元（其中检验设备450万元，新建食堂及会议室500万元，中医馆改建200万元，犬伤门诊10万元，智慧化门诊50万元，能力提升购置胃镜和麻醉呼吸机300万元，标准化卫生室4个120万元），极大地满足团场周边城乡居民的就医问题。

十二团地处塔里木河南岸，是阿拉尔市南市区。目前，随着阿拉尔市城镇化进程的加快，空巢老人、独居老人数量急剧增加，城乡老龄化倒置问题日益凸显。为实现"老有所养、病有所医、老有所学"的工作目标，本院对社区、养老院制订了不同的医疗服务保障方案。在养老院开启了"医疗绿色通道"，对院内老年患者提供了专业的养老康复护理服务。从满足老年人多样化的健康养老需求出发，坚持以居家养老为基础、社区养老为依托、机构养老为补充的医养结合发展的新业态，来满足不同群体的老年人日益增长的健康养老需求。

一、政治上关心、精神上充实

我们应该认识到，尊重今天的老人，就是尊重昨天的历史；关心今天的老人，就是关心明天的自己。本院现有离退休干部97人，其中离休干部2人，退休干部95人。易地居住39人，团场居住34人，院党支部紧紧围绕"老有所养、老有所医、老有所学"的工作目标。每逢重大节日，老同志生病住院，院支部都要深入病房和老同志家中进行看望、慰问等。

为使本院离退休老同志以健康、科学、文明的生活方式安度幸福晚年。2021年，院党支部投入资金1.7万多元，免费为97名离退休老同志订阅了《金秋》《生活晚报》和《老年康乐报》等报纸杂志。目前，生活在异地和十二团的离退休老同志都说："党组织对我们很关心，我们在这里安享晚年，没有后顾之忧，非常幸福和知足。"

二、医养结合保障居民养老

近年来，本院坚持以"大卫生、大健康"的发展理念，发扬"敬老、爱老、助老"的优良传统。把医养结合发展作为健康兵团和健康师市战略、实施基本公共卫生服务项目的民心工程、惠民工程来抓，让老年人真正感受到老有所医的惠民政策。

目前，本院与阿拉尔银龄养老院积极探索医养结合家庭医生签约服务工作，助推一师阿拉尔市医养结合全面发展。

本院把服务质量作为家庭医生签约服务的生命线。2015年5月份，本院在阿拉尔银龄养老院举行了医养结合家庭医生签约服务启动仪式。开展契约式、合同式的上门服务。签约服务对象为在银龄养老院养老的老人，阿拉尔2大街道社区及该团3个社区65岁以上的老年人，做到家庭医生签约服务及时、周到有效。

本院根据养老院的实际需求，在养老院设立老年病门诊、康复中心、护理、中医等医疗机构，或内设医务室或护理站。依托医院管理团队，选派具有副高职称的全科医生等常年在养老院坐诊，为老年人提供全方位多层次的健康管理、保健咨询、预约就诊、急诊急救、中医养生保健等服务，缓解老年人医疗护理供需矛盾。

三、医养结合上门服务

十二团医院与阿拉尔市毗邻，打破空间的限制，将医养功能放在触手可及的范围内，形成了一种新的医养结合与医疗保障的服务新型模式，是优化养老与医疗资源配置，解决养老难、看病难的重要举措。2015年以来，本院整合医疗卫生资源，在阿拉尔设立三五九卫生服务中心分院，养老院内设的医疗机构已经配备了一些硬件及相关医技人员，可直接利用卫生服务中心的相关科室开展服务。与阿拉尔银龄养老院开展医养结合工作，推动本院由单纯医疗服务向医养一体转型或全面提供医养结合服务功能，医养结合服务运行质态良好。

为了实现"小病不出养老院"的目标，本院与养老院签约，由专门的全科医生团队定期或不定期上门，为院内100多位老人提供检查和健康指导。当这些老人需要急诊就医时，本院在就诊、检查等方面开通绿色通道，并提供免费接送服务，本院预留部分床位，以最快的速度安排老人入住医院。本院还为老人们建立了健康档案，养老院发现异常可通知医生对老人进行诊治。

特别在2021年新冠疫情期间，为防止出现病情延误等情况，本院每个医生都定期与签约老人进行电话沟通，对于病人急需的药品，医生都及时开好处方单送至病人家中。在做好疫情防控的同时，2021年头伏第一天，本院医生专门为阿拉尔银龄养老院的每位老人进行了中医适宜技术针灸、理疗以及三伏贴等中医治疗，进一步提升老年人的免疫力。

2021年5月19日，本院结合第11个"世界家庭医生日"主题活动，组织家庭医生服务团队到阿拉尔银龄养老院，为老人免费义诊，受到老人们的欢迎。

老年人和患有心肺病、糖尿病等基础疾病的人患流感后，容易引起严重的并发症，接种流感疫苗是最有效的预防手段。开展流感疫苗预防接种是预防控制流感疫情、保护老年人身体健康的有效手段。2021年，为做好秋冬季流行性感冒防控工作，本院结合全国"敬老月"活动，医院家庭医生服务团队为阿拉尔银龄养老院的30名老人接种了流感疫苗。同时医护人员提醒老人注射疫苗后的3天内不能吃辛辣等刺激性食物，24小时内不能洗澡，要多喝水，注意休息，推动秋冬季多病共防。

医养结合为老人们的诊疗及健康带来更加便捷、高效的医养结合服务体验，让越来越多的老人放心养老。

四、拓展医养服务，提升百姓健康

近年来，本院采取因地制宜提供多元医养服务。针对社区不同老年人群和多样化的医养服务需求，设立社区卫生养老服务中心，根据社区卫生服务中心服务能力和居民实际需求等提供因地制宜的医养结合服务。目前，社区卫生服务中心为签约老人提供公共卫生、医疗、卫生直通车接送等服务，减轻了家庭陪护负担。2017年，该团打造机构养老模式，即将养老院与团场医院融合式建设，打造环境优美、功能齐全、设施完善的专业养老机构。入住老人在疾病加重期或治疗期进入住院状态、在康复期和病情稳定期转为养老院休养状态，既保障了老人基本生活需求又满足了老人的医疗康复保健需要。对入住养老院的老年人群，实行医院与养老院之间的医养协作"联合运行"模式。对居家养老人群，即以"家庭医生签约式"服务为基础，由本院调派乡村医生、执业医师、劳动服务人员为生活不便的居家养老人员提供上门服务的"支撑辐射"的医养融合服务模式。目前，该服务模式在该团连队、团场社区进展顺利，已服务80多名老人。该模式主要是提供包括健康保健、医疗救治、紧急救护、临终关怀等在内的医疗服务。

同时本院与阿拉尔医院医共体牵头医院开展紧密型医共体技术合作，邀请专家定期来院坐诊、查房、授课，选派医护人员到阿拉尔医院进修学习，不断提升服务能力。建立老年医养数据库，准确掌握服务对象底数。进一步优化服务流程，专设老年绿色通道，实现医疗与养老的双向转诊。

通过多年来的探索实践，本院医养结合服务稳定运行，相关工作得到了社会各界的高度肯定和普遍欢迎。据统计，本院养老康复护理的老年人累计100多人次，住院医疗护理老年人230

人次；门诊已累计就诊服务 3000 多人次；为养老院、社区 65 岁以上老人免费健康体检 5000 多人次，开展上门医疗服务 1500 人次。本院与阿拉尔 2 个街道社区、团场社区开展 65 岁以上老年人居家养老医养签约服务 2500 人。

如今，本院与阿拉尔银龄养老院建立健康稳固的健康服务合作关系，通过实施家庭医生与每位老人签约服务，充分发挥医养结合的最大优势，使基本公共卫生服务在养老机构全覆盖，达到"普及健康知识、参与健康行动、提供健康保障、延长健康寿命"的目标，进一步提升老年人的健康和幸福指数。

党的十九大以来，本院医养结合服务成为新业态，促进医养结合服务逐渐走上科学化、规范化、标准化、制度化轨道。2020 年本院荣获全国"敬老文明号"称号先进单位。

在传承创新中高质量发展

辽宁省海城市中医院

党的一百年，是创造辉煌开辟未来的一百年。站在新的历史交汇点上，党的十九届五中全会提出"全面推进健康中国建设"的重大任务，这是以习近平同志为核心的党中央从党和国家事业发展全局做出的重大战略部署，为新时代的卫生健康事业发展指明了方向，也赋予了卫生健康工作者新的使命和责任。海城市中医院在海城市委、市政府、市卫健局的正确领导下，秉承"悬壶济世、至善若亲、笃学慎行、精诚创新"的院训精神，坚持中医为主的办院方向，坚持"以生命健康为中心，创建现代化新型综合性中医院"为宗旨，在确保疫情防控工作的同时，进一步增强广大职工的服务意识和创新意识，通过强化内部管理建立长效机制，加强内涵建设提高竞争能力，使医院走上了跨越式发展的道路。

海城市中医院创建于1969年，1997年晋升为国家二级甲等中医医院，2012年晋升为国家三级甲等中医医院，是一所集医疗、科研、教学、康复、保健于一体的大型公立性中医医院。医院拥有两个院区，总占地面积55965平方米（站前院区占地面积5500平方米、铁西院区占地面积50465平方米），总建筑面积59990平方米（站前院区建筑面积16000平方米、铁西院区一期建筑面积23990平方米、铁西院区二期建筑面积20000平方米），固定资产3.5亿元。至2020年12月有职工1250人（正式职工418人、聘任职工832人）。

医院编制床位800张，设有一级科室17个、医技科室3个。4个省级重点专科中风病科、糖尿病科、康复科、泌尿外科。现为国家建立健全现代医院管理制度试点单位，辽宁中医药大学教学医院，中国医科大学附属盛京医院联盟医院，辽宁中医药大学附属医院联盟医院，辽宁中医药大学附属第二医院联盟医院，辽宁省肿瘤医院协作医院，海城市中医院医疗集团总院。

一、加强和完善中医人才队伍的建设，为充分发挥中医药特色优势奠定基础

在人才引进方面，我院招聘辽宁中医药大学毕业研究生、本科生近20余名，充实到临床一线的医疗队伍，建立合理的人才梯队，为医院的发展增添后劲。

我院与辽宁中医药大学附属医院、辽宁中医药大学附属第二医院签订联盟协议，实现了组织内资源共享、双向转诊、人才培养、技术分享等工作机制，从而使优质医疗资源下沉，提高我院中医医疗服务水平。

聘请辽宁中医药大学附属第二医院的省级著名专家定期来院坐诊，既为海城百姓提供高水平的中医服务，又对我院中医临床人员起到传、帮、带作用，使我院中医医疗技术水平得到迅速的提高。

二、把发挥中医药特色优势贯穿医疗护理工作始终，为提高中医临床疗效提供保障

医院以重点专科为发挥中医药特色优势的主体，中风病应用"急救—中西医治疗—康复"一体化的脑血管病治疗模式，在中风及中风后遗症治疗中充分发挥"醒脑开窍针法"、院内专利制剂的治疗，疗效显著。

康复医学科在海城地区率先开展了脑卒中康复、运动损伤康复、小儿脑瘫康复及脊髓损伤康复，开展的治疗项目有运动治疗、作业治疗、言语治疗、构音障碍治疗、吞咽困难治疗，并同时开展针灸疗法（包括传统针法、温针疗法、雷火灸疗法）、全智能蜡疗系统、中药熏蒸等中医传统康复治疗项目，形成现代康复与传统康复齐用并举的康复特色。

我院中医治未病中心拥有雄厚的技术力量，先进的医疗设备，包括中医综合诊断系统和短焦距非致冷远红外线成像仪，是集健康体检、中医预防保健及健康管理为一体的具有中医特色的预防保健机构，使用一流的中医体检软件系统，通过信息化管理，为受检者建立和保存个人健康档案，进行历年对比，针对团队体检进行疾病统计和分析，给出健康建议。中医体检已经成为海城市中医院体检特色，深受受检者的欢迎。

护理部多次举办中医护理技术操作竞赛、中医护理创新竞赛，激发全院护士学习中医护理技术的热情。开展的中医护理项目有：中药熏洗、穴位按摩、耳穴埋豆、艾条灸、拔火罐、敷药、涂药、贴药、刮痧，中医护理操作逐年递增，操作技术的应用得到患者的高度评价。

出台中医药使用激励政策，鼓励医务人员使用中药饮片和院内制剂。我院引进中药颗粒调剂设备，它能够按医生处方或患者所需要的用药剂量、味、剂数等配方参数，完成药品识别、称重、计量等动作，避免调剂过程中的人为失误，安全性强、可靠性高，调剂后的颗粒药品方便患者服用。

成立中医护理门诊，使中医护理技术得到规范化发展，为百姓提供全方位中医护理服务。

打造国医馆、传统疗法综合调制区、国医圣药等特色服务区域，开展冬病夏治、夏病冬治等特色服务，在传统针灸疗法的基础上，开展雷火灸等，使中医疗法不断发扬光大，传承创新。

为更好地服务于广大人民群众健康，在药剂科的精心组织下，我院连续举办了五届膏方节，两院区同时举行。邀请北京中医药大学衷敬柏教授、中国中医科学院老年医学研究院副所长李跃华教授、北京中医药大学东直门医院肾病风湿科主任周静威教授、天津市中医药研究院附属医院住院部中医主任杨洪浦教授为大家把脉问诊，旨在让大家充分了解膏方、体验膏方、使用膏方，从而推进中医药继承、创新与发展，更好地服务于广大人民群众健康，为维护人民群众健康加油助力。

在铁西院区精心打造了药草园，以种植中药作为绿化的主要标准，暨成为中医药教学基地，又美化了环境，为患者提供了休闲散步的好去处。药草园已经成为海城市中医院的一张名片，各地中医院先后来院参观学习。医院出版了《海城市中医院中医药传承 创新 发展·药草园篇》精装版书籍，营造浓厚中医药文化氛围。

中医院作为基层中医药适宜技术服务能力建设项目单位，2017年被辽宁省中医药管理局授予"鞍山市中医药适宜技术推广培训基地"。对全市各乡镇卫生院、村卫生室从事中医工作的人员进行培训，聘请辽宁省、鞍山市及本院高职称专家授课，培训基层医生2100余人次。

2018年8月29日，我院在三楼会议室隆重举行了贾春生中医传承工作室揭牌暨拜师仪式。我院职工通过拜名师，读经典，学心得，跟临床，进一步加强中医传承工作，加大中医人才储备，大力传承中医药宝贵财富。通过这种形式，不断提升中医药水平，培养高层次中医药技术人才，推动我市中医药的继承和发展。

充分利用三伏贴、三九贴的中药膏，贴敷于人体特定穴位达到中医内病外治的效果，对于反复呼吸道感染、慢性咳嗽、过敏性体质的人群，特别是患儿，通过三伏贴、三九贴穴位治疗的方法，起到振奋身体阳气、提高免疫力的作用。我院已经连续开展13年，疗效显著，得到广大患者的认可和好评。

三、坚持中西医并重，医院学科建设不断完善，科学化管理水平不断提升

作为辽宁省血栓病重点专科，医院始终重视专科的发展和建设，血栓病的治疗已经达到省内先进水平，深受广大患者的认可和好评。近几年，糖尿病科、康复科、泌尿外科也晋升为省重点专科，为医院的发展提供了更高的平台，为解决患者不断增长的就医需求奠定了基础。

在血栓病原有中西医结合疗法、溶栓疗法的基础上，医院投巨资引进DSA进行介入治疗，为心脑血管疾病的诊断和治疗开辟一个新的领域，同时对身体其他部位的疾病（如肿瘤、外周动脉狭窄、深静脉血栓等）的介入治疗提供了良好的平台。我院与陆军总院、医大一院、盛京医院、省人民医院达成协议，对不同治疗专业，能够聘请到具有国家级水平的教授亲自手术，处于国内领先水平，为患者解决了"看病难"的问题。

内科的发展突飞猛进，外科的发展更上一层楼。手术科系要做大做强，必须与微创时代接轨。因此我院在普外、胸外、泌尿外科、妇科、骨科等领域已经全面开启以腔镜为代表的微创外科手术的新纪元。

铁西院区二期工程于2019年8月奠基，目前基础工程已近完成，争取早日投入使用，届时中医药特色优势将得到更大的发展，医院的综合实力也将得到大幅度提升。

四、充分发挥公立医院的公益性，圆满完成援藏工作任务

2019 年 6 月，我院接到国家中医药管理局、国务院扶贫办联合印发的《关于印发加强三级中医医院对口帮扶贫困县县级中医医院工作方案的通知》，院领导高度重视，2019 年 7 月初，在上级部门的指导下，由我亲自带队，一行四人组成考察调研工作组，远赴西藏巴青县藏医院对援藏工作开展调研，了解了巴青县藏医院基本情况、院业务开展情况、现状和问题、困难以及受援地的实际需求，切实需要帮扶医院支援的相关内容，切合实际的签订了《海城市对口帮扶巴青县藏医院协议》。

2019 年 8 月，我院正式派遣援藏医疗队入驻巴青县藏医院。在了解了当地薄弱之处后，援藏队决定先从完善科室建设，建立健全医院管理制度着手。首先辅助医院办公室完善信息化建设，完成医院办公人员软件基础操作培训，实现医院现代化办公；其次初步建立西药局、针灸科、心电图、护理部、检验科室、院办公室、党建办公室；第三，完善医院职能科室规章制度，组织医务人员重点学习首诊医师负责制度、查对制度等十八项医疗核心制度；第四，辅助医院理疗医生共同开展针灸常见病的诊断与治疗；第五辅助医院开展西医内科常见病的诊断与治疗。

2020 年，总结上一年的援藏经验，我们发现西医在藏区受到硬件设施及民众思想认知的限制，得不到很好的开展，然而中医却大受藏族同胞的信任和欢迎。利用这一特点，我们决定借势弘扬传统中医药精粹，突出中医特色与优势，树立品牌医院形象，大力兴建艾灸室，并定期对在院藏医进行专业技能培训，为他们讲解颈椎病、腰椎病、第三腰椎综合征及面瘫等疾病的解剖、诊断及治疗、针灸刺法、推拿手法，日常无菌操作技术以及中西医基础知识等教学，仅 2020 年下半年，累计培训 16 场次，培训 180 余人次。带教学生 7 名，会诊 10 余次。

艾灸室的成立，改变以往单纯用针灸治疗的模式，采用针灸结合推拿的治疗方法，已经成功治愈颈椎病患者百余例，腰脱患者 80 余例、肩周炎患者 60 余例，肱骨外上髁炎 30 余例，膝关节炎百余例，治疗效果显著。

在得知巴青县藏医院资源薄弱，科室建设受限之后，援藏医疗队及时向院领导反馈，并得到我院的大力支持。协助巴青县藏医院引进先进、适用的设备，主要包括体外冲击波治疗仪 1 台、立体动态干扰电治疗仪 1 台、颈椎牵引机 1 台、腰椎牵引床 1 台、药浴床 1 台。并捐赠开展新项目所必需的医用材料及部分药品。

2021 年，在巴青县藏医院的要求下，我院特派出创建"二级甲等"民族医医院专项援藏队，对巴青县藏医院晋级"二甲"进行指导与帮助。入驻藏区后，首先对巴青县藏医院开展了为期 1 周的管理模式、服务类别、诊疗规范、人员配备及硬件设施等项目的全方位调研活动。通过调研，结合藏医院实际情况，积极沟通班子成员，整理藏医院现有各项规章制度加以完善，并建立健全各项管理制度、诊疗规范、应急预案等并传达到各科室，敦促各科室负责人组织学习并贯彻

执行。

2021年6月初，经与藏医院班子成员与会讨论，成立《藏医院创甲工作指导委员会》，并制定创甲工作具体实施方案和藏医院中长期发展规划。为加强医院信息化建设，8月8日，我院援藏队应藏医院班子邀请，参加藏医院HIS系统招标会，参与三家投标企业的评审工作和HIS系统使用后续指导工作。藏医院HIS系统已安装完毕，现进入调试运营阶段。经过努力，目前协助巴青县藏医院拟定成立临床科室5个，藏医重点专科2个；建立健全各类管理委员会13个，逐条对照《创建二级民族医医院评审标准细则》内容，完善各类所需资料，共形成电子版书面材料728份，累计5970万余字，至此巴青县藏医院创甲前期准备工作初步完成。2021年11月3日，我院援藏的三名同志顺利凯旋，这标志着饱含艰辛而又颇具意义的三年援藏工作圆满结束。

在未来，海城市中医院还将努力把中风病科、康复科晋升为国家级重点专科，心病科争取省级重点专科，肺病科、肿瘤内科争取省级特色专科。在争取晋级的过程就是我们不断提高的过程，不断规范的过程，达到以评促改，以评促建的目的。百尺竿头思更近，快马扬鞭自奋蹄。在今后的工作中，我们将不忘初心，牢记使命，以习近平新时代中国特色社会主义思想为指引，紧跟时代步伐，明确医院发展中心任务，在各级领导的正确领导下，全院职工团结一心，不负新时代，担负新使命，展现新作为，以"百姓就医放心的中医院；员工引以为荣的中医院；省内创新领先的中医院"为愿景，为争创"管理一流、技术一流、服务一流、环境一流"医院而砥砺前行。

从"十四五"期间的机遇与挑战寻求欠发达省份中医院的高质量发展之路

甘肃省中医院党委副书记、院长 张志明

习近平总书记指出,中医药学是"祖先留给我们的宝贵财富",是"中华民族的瑰宝",是"打开中华文明宝库的钥匙","凝聚着深邃的哲学智慧和中华民族几千年的健康养生理念及其实践经验"。这些重要论述,凸显了中医药学在中华优秀传统文化中不可替代的重要地位。

一、中医药振兴发展迎来最美好的春天

党的十八大以来,以习近平同志为核心的党中央高度重视中医药传承创新发展,明确做出"传承精华、守正创新""着力推动中医药振兴发展"等一系列重要指示、批示和部署,从国家战略的高度对中医药发展进行全面谋划和系统部署,从顶层设计上明确了新形势下发展中医药事业的指导思想和目标任务,为推动中医药振兴发展和高质量发展指明了目标方向、提供了根本遵循。中医药事业发展迎来了天时、地利、人和的大好局面,中医药在全面小康社会建设和满足人民群众健康需要中发挥着越来越显著的作用。特别是在新冠肺炎疫情防控中,中西医结合、中西药并用成为我国抗疫方案的亮点,为成功战胜疫情做出了重要贡献,中医药再次彰显了中华民族原创科学和传统文化的价值和优势,中医药振兴发展迎来了我国历史上最美好的春天。

在习近平新时代中国特色社会主义思想引领下,作为中医药资源大省的甘肃省,借力国家大力发展中医药事业的大好政策,站在文化自信的高度,因势而变,顺势而为,中医药事业迎来了千载难逢的发展机遇,在各级中医药机构和全体中医药人共同努力下,取得了显著成效,赢得了各级政府和广大百姓的称赞和好评,激发了广大群众爱中医、信中医、用中医的热情,中医药文化逐渐深入人心、进入寻常百姓家。

二、中医药政策法规史无前例地出台

《中华人民共和国中医药法》2017年7月1日起施行。《甘肃省中医药条例》2021年7月1日起施行。这标志着我国、甘肃省中医药全面发展进入有法可依的法制化轨道。

党中央、国务院史无前例地出台了《关于促进中医药传承创新发展的意见》,明确提出"大

力推动中药质量提升和产业高质量发展""加快推进中医药科研和创新"等内容，为中医药发展"把脉""开方"，更为新时代传承创新发展中医药事业指明了方向。国务院办公厅印发的《关于加快中医药特色发展的若干政策措施》，明确提出"完善中西医结合制度、创新中西医结合医疗模式、健全中西医协同疫病防治机制、完善西医学习中医制度、提高中西医结合临床研究水平"等中西医并重的具体举措，为落实中西医并重提供了国家层面的政策依据。国务院办公厅印发的《关于推动公立医院高质量发展的意见》，在构建公立医院高质量发展新体系、引领新趋势、提升新效能、激活新动力、建设新文化、坚持和加强党对公立医院的全面领导等方面提出了明确要求，其中每一个方面都明确了中医医院高质量发展的具体举措，这为落实公立中医院高质量发展提供了国家层面的政策支持。最近，国家卫生健康委、国家中医药管理局印发的《公立医院高质量发展促进行动（2021—2025年）》提出，到2025年，初步构建与国民经济和社会发展水平相适应，与居民健康新需求相匹配，上下联动、区域协同、医防结合、中西医并重、优质高效的公立医院体系。国家医疗保障局、国家中医药管理局《关于医保支持中医药传承创新发展的指导意见》出台，为充分发挥医疗保障的制度优势，支持中医药传承创新发展，更好满足人民群众对中医药服务的需求奠定了良好基础。以上这些文件都为落实中西医并重的卫生健康工作方针和促进公立中医医院高质量发展提出了要求，在今后工作中要更好地加以贯彻落实。甘肃省委、省政府也相继出台了《关于中医药传承创新发展的若干措施》，省政府办公厅印发了《关于加快中医药特色发展的若干措施》《关于推动公立医院高质量发展的实施意见》。以上这些政策文件，都为落实中西医并重的卫生健康方针和促进公立中医院高质量发展提供了政策支持。

三、走相互补充协调发展的中西医结合之路

当前，中医药发展面临着国际认同感更高、产业发展前景广阔、交流合作更加顺利等良好机遇，而面临的挑战源于中医自身、现代医学、政策支持、人才队伍建设、信息化建设等多个方面，其中核心技术少、治疗过程不连续、人才断档、失去"中医味"是中医自身面临的主要挑战；现代医学具有展示的知识能够得到实证的支持、疾病的诊断有明确的生化物理指标、能借助不断发展的现代科学技术手段提高诊断和治疗等优势，对中医药发展带来很大冲击；在政策方面，目前医保政策是建立在现代医学基础上，中医医疗服务价格体系相对滞后，中医治疗新项目、新技术出现后缺少有效的价格申报和确认的快速通道；人才培养方面，中医药人才的培养时间、培养模式和薪酬待遇均低于西医院，对人才的吸引力不足；中医院信息化建设滞后、外部医疗信息系统与中医院的对接保持个性化挑战、利用多种信息化软件提高就诊效率能力欠佳等是信息化建设面临的挑战。

2021年5月12日，习近平总书记在河南南阳考察时强调，要做好守正创新、传承发展工作，

积极推进中医药科研和创新，注重用现代科学解读中医药学原理，推动传统中医药和现代科学相结合、相促进，推动中西医药相互补充、协调发展，为人民群众提供更加优质的健康服务。这要求我们，中医药发展需要插上现代医学的翅膀，坚持走相互补充、协调发展的中西医结合之路。

四、做实中医院"三大功能"实现高质量发展

要实现中医院高质量发展，必须具备"两个基础"，发挥"三大功能"。"两个基础"：一是基础设施和诊疗设备完善，能够具备综合性医院所能开展的应急、救治任务；二是管理制度和运行机制科学有效，在医院管理、绩效考核、科研创新、运营机制、医保管理等方面，要有一套全新的、符合中医自身规律、符合中医院发展的管理制度和激励机制。"三大功能"：一是"治病"功能，即医疗功能，救死扶伤是医院三分之一的工作内容；二是"健康干预和辅助治疗"功能，即康复功能，要充分利用中医药传统优势和诊疗技术解决一般健康问题，降低大病、重病的发病率；三是"治未病"功能，即保健功能，做好健康管理，引导辖区居民养成健康的习惯，在运动、饮食、心理等方面给予指导，规避不健康因素，实现少得病、不得病，降低患病率。

中医医院，首先是治病救人的医院。要快速有效解决患者的身心问题，同时要符合现代医学规范，立足于现代医学基础。其次，要突出中医药特色。要坚持中西医并用，同时合理、规范、科学地找到中西医的结合点，优势互补，最大限度地发挥中医药作用。第三，要注重铁杆中医药人才的培养。在原创思维模式下培养中医药人才，同时要掌握现代医学的诊疗手段和技术方法。第四，要建立符合中医院特点的医院管理和考核评价体系，从而助推中医院高质量发展。

回顾过去，我们豪情满怀；展望未来，我们信心百倍。站在开启第二个百年奋斗目标和建设社会主义现代化国家的新征程上，我们要不断增强"四个意识"、坚定"四个自信"、做到"两个维护"，按照习近平总书记"传承精华、守正创新"的中医药工作方针，认真谋划"十四五"期间中医院高质量发展的具体措施，为全面开启建设社会主义现代化国家开好局、起好步，为更好地保障人民群众健康做出中医药人新的更大的贡献。

强化党建引领　凝聚奋进力量

山西省高平市中医医院

一年来，在市委、市政府坚强领导下，在市卫体局的正确指导下，我院紧紧围绕高平市委的重大决策部署及省卫生健康委、晋城市卫生健康委、高平市卫生健康和体育局下达的重点工作任务，精心组织，周密部署，狠抓落实，扎实开展了新一轮"晋城的事，大家想大家说大家干"思想解放大讨论活动，扎实开展了党史学习教育活动，紧密结合工作实际，团结协作、群策群力、真抓实干，严格落实新冠肺炎疫情防控工作，认真做好勤政廉政工作，狠抓医护服务质量，加强医德医风建设，坚持"全心全意为病人服务"的理念，发挥中医药特色优势，走中西医并重之路，不断扩展医院业务，持续提升医疗质量和服务水平，努力为全市人民提供优质高效的中医药服务。

一、以党建引领医院发展，狠抓党风廉政建设

一是扎实开展了新一轮"晋城的事，大家想大家说大家干"思想解放大讨论活动。按照晋城市委、高平市委的统一安排部署，制定了思想解放大讨论工作方案，召开了动员部署会议，对我院大讨论工作进行了安排部署。紧扣思想解放大讨论活动主题，开展了集中学习研讨、组织召开座谈会、积极征集"金点子"等活动。

二是扎实开展了党史学习教育工作。按照中央、省委、晋城市委和高平市委关于开展党史学习教育的安排部署，我院扎实开展了党史学习教育各项工作。召开了动员部署会，制定了我院关于开展党史学习教育的工作方案，对我院党史学习教育工作进行了周密安排部署。在开展党史学习教育过程中，我院坚持把学习习近平新时代中国特色社会主义思想贯穿始终；把学史明理、学史增信、学史崇德、学史力行贯穿始终；把学党史、悟思想、办实事、开新局贯穿始终。全院党员干部从党的光辉历史中吸收了营养，汲取了力量，提高了政治判断力、政治领悟力、政治执行力。结合医院工作实际，扎实开展了新冠病毒核酸检测、开设新冠疫苗方舱接种点、健康义诊、公益性讲座等"我为群众办实事"活动。

三是持续强化医院党风廉政建设、行风建设、医德医风建设各项工作，坚持把党风廉政建设工作、行风建设工作、医德医风建设工作与业务工作同安排、同部署、同考核。持续传导压力，层层压实责任，严肃执纪问责。健全完善各项制度规定，狠抓各项制度规定的落实。按照山西

省卫健委统一部署，7—9月开展了"打击收受红包，加强作风建设"专项行动，12月对"医疗机构工作人员廉洁从业九项准则"进行了全员培训、考试，杜绝了"收红包""吃回扣""吃、拿、卡、要"等违规违纪、损害群众利益行为的发生。

二、全年目标任务完成情况

根据山西省委、省政府《关于建设中医药强省的实施方案》，晋城市委、市政府、高平市委、市政府《关于建设中医药强市的实施方案（2021—2030）》文件精神，我院依托山西神农中医药研究院、晋城市王叔和文化研究会，积极与山西中医药大学对接，成功举办了两期由山西省王叔和文化研究会、晋城市王叔和文化研究会主办，高平市卫体局和我院承办的"叔和中医大讲堂"，邀请了山西省中医药大学副校长冀来喜教授、护理学院书记梁晓崴教授为我市中医药人才传道授业。

我院于12月9日主办了首届"高平市中医药师承学术交流暨拜师仪式"，一大批中医药师承学员拜入名师门下，使老中医学术经验、老药工传统技艺、民间中医药验方、秘方和技法将得以活态传承，为我市中医药事业的发展和振兴提供了平台和人才保障。

作为"山西中医药大学实习医院"，我院成功接收并完成了中医药大学25名实习生的带教工作；并分批次送出医护人员11名到三甲医院进修深造，派出两名新进人员到和平医院进修彩超；两次到山西省中医药大学、山西医科大学进行校内引才招聘，成功引进硕士研究生3名，公开招聘专业技术人才18名；通过"请进来，走出去"，为我院学科建设以及人才的培养提供了保障，人才梯队建设得以加强。

我们将依托山西中医药大学、山西高平神农中医药研究院中医科研人才和技术优势，共同打造学术研讨平台、人才培养平台、文化交流平台，深度挖掘、传承弘扬神农炎帝文化、王叔和中医药文化，服务高平市人民卫生健康发展需求、服务高平中医药强市发展战略、服务新时代高平高质量转型发展。

在全院广大干部职工齐心协力及共同努力下，我院圆满完成了年初制定的各项工作计划。主要表现在：

（一）狠抓医疗质量，提高医护服务水平，保障医疗安全

一是严格医疗质量管理，保障医疗安全。严格落实医疗核心制度和各项诊疗常规，从诊疗流程、首诊负责制、医疗质量督查、减轻患者负担、降低患者药费、合理检查、合理用药等方面进行规范和落实。二是不断提升医疗服务水平。护理部以社会新需求为导向，延伸提供优质护理服务，成功入选国家中医药管理局"2018—2020改善医疗服务先进典型"单位，并在媒体中予以通报表扬。三是加大病历抽查力度，加强病案首页管理、提高病历书写质量。定期对终末病历进行质控，重点检查病历书写的内涵质量和完整性，做到及时发现、及时反馈、及时纠正。四是严格落实医疗业务查房制度，进一步规范医疗管理质量。五是预防和妥善处理医疗纠纷，加强医患沟通工作，确保医疗安全。

（二）改善就医环境，增加就医项目，创建"平安医院"

一是更换了已使用 20 余年病房窗户、暖气，改善了就医和工作环境，改变了以往入冬后病房温度低的状况。二是对儿科病区、口腔科的治疗环境进行了改造提升。三是为体检科增配了职防体检配套设备及体检车，完善了职防体检科目，提升了我院服务职业病防治以及全市人民的体检服务能力；为口腔科更换口腔治疗椅四台，增加口腔 CT 一台，增强了口腔科的诊疗水平和能力；为妇产科增配电子阴道镜，丰富了妇产科诊疗项目。四是增加保安力量，进行全院消防演练、培训，对职工车棚进行了清理改造，对配电室、消毒供应室等重要安全区域严格按照消防、安全要求更换了配套设施，积极创建"平安医院"。五是我院创建"三零"活动小组，开展了出院病人电话随访工作，患者在住院出院期间满意度调查达 95%。

（三）提升中医药特色服务能力，树立良好社会形象

一是认真贯彻落实了《晋城市中医药康复服务能力提升工程实施方案（2021—2025 年）》的工作要求，积极开展中医康复建设工作。配备了中医康复设备，对中医康复人员进行了临床带教、外出培训等，开展了针灸、推拿、穴位敷贴等中医康复治疗项目，中医康复建设初见成效。

二是各科室 2021 年度中医参与率、中医治疗率、中药处方数较 2020 年大幅提高，中医特色建设初见成效，如：外科采用中医治疗难愈性疮疡、儿科开展中医推拿治疗儿科疾病等中医特色项目成效显著，深受广大患者的认可和好评。

三是中医药特色服务取得了新进展。针对高平煤矿工人较多的实际情况，我院研究制定了"煤矿工人中药药浴"中药处方，并制作成了"中药药浴包"，已在高平市科兴集团下属的 3 家煤矿中推广使用，主要用于预防或缓解煤矿工人长期在寒冷、潮湿的矿井环境中引发的职业病，受到了煤矿工人的好评。已为高平科兴集团前和煤矿、南阳煤矿、云泉煤矿等 3 家煤矿配送了"中药药浴包"3340 包。

四是全年健康教育宣讲 45 次，组织医护人员 30 余人开展义诊活动和免费咨询活动 5 次，发放宣教资料 2514 份，并通过楼前显示屏、健康教育宣传栏和微信等新闻媒体平台大力宣传各项健康教育内容和常见病、多发病的预防，倡导健康生活，提升了医院社会形象。

与时俱进 攻坚克难
全面推进医院高质量发展

山东省乐陵市中医院

岁月不居，光阴代序，2021年是"十四五"规划开局之年，也是建党100周年，更是中医院砥砺奋进、全面落实各项工作任务的一年。在市委、市政府的正确领导和市卫生健康局的大力支持下，全院干部职工认真学习习近平新时代中国特色社会主义思想，全面落实各项医疗卫生政策，攻坚克难，与时俱进，圆满完成了预期工作目标。现将有关工作总结如下：

一、基层党建工作进展顺利、成果丰硕

2021年中医院党委紧紧围绕党中央、省委、德州市委、乐陵市委和卫生健康工委的工作部署，研究制订了党委、基层党支部学习工作计划，坚持"三会一课"制度，采取集中学习和自主学习相结合的理论学习方式，切实抓好党的十九大和十九届历次全会精神学习，并定期对党员的学习情况进行阶段性督导，确保理论学习工作有序开展。2021年举行十九届六中全会精神学习活动3次，开展主题党日12次，党委书记上党课2次，党支部书记上党课4次。2021年选派第一书记2名，持续开展市直单位帮扶乡镇工作。鼓励优秀医务人员积极加入中国共产党，2021年发展党员4名，发展入党积极分子8名。

二、各项业务有序推进、显著提升

2021年，在全面做好新冠肺炎疫情防控的前提下，医院全体干部职工勇于担当作为，敢于开拓创新，善于审时度势，业务工作和群众满意度均取得了可喜的成绩，综合服务质量和服务水平取得了显著提高。全年门急诊人次22.3万人次，较上年同比增长13%；住院人次1.64万人次，较上年同比增长14%，实现医疗业务收入1.71亿元，取得了良好的经济效益和社会效益。

三、医疗综合楼建设有序进行

（一）项目总体概况

乐陵市中医院医养结合建设项目（医疗综合楼）位于中医院西南侧，由主楼、裙楼、附属用房构成，其中主楼裙楼地下一层，地上主楼九层、裙楼四层，项目总投资2.3亿元，占地面

积63270平方米，建筑面积30990平方米，拟建成集临床、科研、教学于一体的二级甲等中医院。该项目可研报告、环境影响评价、地质勘探、建设用地规划许可证、建设工程规划许可证、建设工程施工许可证等手续齐全并于2020年8月开工建设。

（二）项目施工建设进度

2021年8月，项目顺利封顶，标志着该项目建设工作取得阶段性的胜利。截至2021年12月底累计完成总工程量的90%，其中土建、主体、砌体、亮化工程、空调水系统、通风系统、消防栓及喷淋系统、自来水及热水系统、排水雨水系统、桥架系统、动力及照明系统电线电缆、配电箱、火灾报警线路、智能化线路、抗震支架、保温工程、制冷机组、生活水泵消防水泵等工程施工完毕，室内无机预涂板安装、乳胶漆粉刷、室内精装、室外窗户、干挂石材等工程完成90%，影像科、中心供应、静配中心、手术室、ICU等专业科室工程完成70%，室外管道工程完成50%。预计将于2022年竣工并搬迁启用。建成投入使用后，将大大改善中医院的就诊环境，进一步提升中医院的综合服务能力。

四、各级名医模范带头，人才梯队构成完善

我院现有全国名老中医药专家传承工作室1个（带头人：李鸿娟，系全省唯一一所获批的县级二级甲等中医院），德州市名中医药专家传承工作室2个（带头人：李斌、朱金庆）；省五级师承带教老师3名（郑延辰、庞晓钟、朱金庆），德州市名中医6名（宋登海、孟凡光、郑延辰、庞晓钟、李斌、朱金庆），德州市青年名中医2名（孙晓东、白冰）。近年来，医院不断加强院内重点人才培养，大力实施"科技兴医，人才强医"政策，形成了老、中、青相结合的人才梯队建设。

五、重点科室建设不断优化，亮点纷呈

骨伤科获批齐鲁中医药优势专科集群，已形成运用中医传统整骨手法、自制小夹板外固定治疗四肢骨折、脱位的骨科团队，尤其是在治疗股骨头坏死、膝关节骨性关节炎、腰椎间盘突出、腰椎管狭窄等疾病方面，有着良好的效果，在当地及周边县市赢得了良好的口碑和社会赞誉，在打造区域性技术高地方面起到了"领头羊"的优势。

脑病科获批山东省中医药优势专科，现已成为我院集脑病预防、治疗、护理、健康教育于一体的专业科室，在脑梗死、脑出血、高血压、癫痫、眩晕、头痛等各种脑病临床诊疗方面，积累了丰富的临床经验。经过长期的临床实践，形成了中西医结合治疗和心理治疗并举的独特治疗方法，在中风病的防治及康复方面，突出传统中医特色疗法，结合现代医学治疗技术，对中风病的不同阶段采取不同的治疗方法，指导病人及家属进行系统性、科学性的功能训练。

眼科自2003年率先在德州市采用进口超声乳化治疗仪自主开展了超声乳化白内障手术，并且对复杂白内障手术，如外伤性白内障晶体脱位者行折叠式人工晶体悬吊术，青光眼术后继发

白内障等，有着良好的复明效果，为本市及周边县市的患者解除了痛苦、带来了光明，有着良好的社会反响。

胃镜室拥有世界最先进的日本奥林巴斯胃肠镜十余套，能够独立开展镜下消化道早癌诊断、急诊止血、异物拾取、支架放置、狭窄扩张、息肉摘除、早癌黏膜下切除等先进镜下诊疗技术，特别是我院率先实施的内镜无痛诊疗技术，让广大患者在无痛苦状态下完成诊疗过程，消除了患者对胃肠镜检查的恐惧心理。年完成检查、治疗人次超1万例，服务人次及技术水平已经位列山东省前列、德州市首位。

磁共振室与"一脉阳光"搭建了合作平台，通过远程会诊的方式把患者的检查图像发往北京安贞医院、北京协和医院、山东齐鲁医院等知名医院，让专家进行诊断，并且能把最终诊断结果直接发送到患者手机上，让患者在本地就可以享受到国家级、省级专家的医疗服务，年服务量超过1万人次。

众多优势科室齐头并进，得到了社会各界和群众的广泛认可。儿科学科带头人寇静波主任医师是80年代青岛医学院儿科系毕业的本科生，她带领的儿科团队，运用中西医结合治疗儿科疾病方面在我市及周边县市有着很大的影响和良好赞誉。康复科、脾胃病科获批德州市中医药重点专科建设单位；"朱氏流派中医药特色技术"发展至今经历了五代传承，成为齐鲁医派中医药特色技术整理推广项目之一，在治疗妇科、心脑血管等内科常见病、多发病方面形成了极为完善的中医治疗体系。

全院已经形成了国家级、省级、市级配备较为完善的重点专科集群，将有效助推重点科室技术拓展和人才队伍培养，全面形成"树名医、建名科、创名院"的发展目标。

六、坚持"走出去，引进来"的人才培养目标

中医院始终坚持"走出去，请进来"的人才培养目标。在落实"走出去"方面，2021年医院选派5名临床技术骨干分别到山东省立医院、山东大学齐鲁医院进修学习，选派15名护理骨干到山东省中医院进修学习。在落实"请进来"方面，中医院一方面持续加强与北京、济南等上级医院合作，聘请国家级、省级知名专家来院开展定期坐诊、教学查房、开展手术等医疗服务；另一方面通过高层次人才引进的方式，招聘3名硕士研究生（徐伟、潘程程、胡炀），同时我院与山东中医药大学针灸推拿学院合作，建立"山东中医药大学临床实践教学基地"，双方通过合作为医院发展提供了更好的技术支撑。

突出中医药特色
推动医院高质量发展

甘肃省定西市中医院

近年来，我院认真贯彻落实习近平总书记对中医药工作"要遵循中医药发展规律，传承精华，守正创新，推动中医药事业高质量发展"的重要指示，坚持"以人民健康"为中心的服务理念，大力推广中医适宜技术，充分彰显中医药特色优势及品牌优势，以"厚德精医、传承创新"为院训、"弘扬中医、患者至上"为宗旨，一切以人民健康为中心的原则，使人才培养体系、医疗技术、科研创新能力、专科专病建设等方面取得长足发展，打造陇中一流的中医品牌医院和特色医院，促进医院高质量发展，现汇报如下：

一、凸显特色专科树名医

一是建成一个省级区域中医（针灸推拿）医疗中心，康复科、中医儿科、中医骨伤科三个省级重点专科，已申报省级肛肠科特色优势专科；风湿骨病科、肺病脾胃病科、骨伤二科三个甘肃省县级医疗卫生重点学科。二是建成了国医大师李佃贵传承室、全国名老中医崔公让、刘宝厚、胡国华、省级名中医王福林5个工作室，北京中医药大学东直门医院、青岛市中医院专家2个工作站；三字经流派小儿推拿、小儿脏腑点穴推拿手法2个工作室。医院外聘省内外名医专家12人，15人拜师于国医大师和全国名老中医。现有省级基层名中医3名，市级名中医9名，甘肃省卫生健康行业骨干人才1人，区管拔尖人才2人，市管拔尖人才1人，定西市十大名医、中医优秀继承人、中医优秀管理者各1名，甘肃省优秀医师10名，为中医药特色发展注入了活力。

二、治未病理念融管理

充分运用中医药技术和方法，开展儿童、孕产妇、老年人和高血压、糖尿病等患者养生保健和健康管理，服务范围由医疗为主，拓展到预防、保健、养生、康复等方面。医院采购经络检测仪（中医CT）1台，开展中医体质辨识、健康状况评估12000余人次。大力推广落实针灸、推拿、蜡疗、拔罐、刮痧和"三伏贴""三九贴"等中医适宜技术，逐步形成了"治未病"预防保健和康复医疗服务网络，切实发挥了中医药简、便、验、廉的独特优势。近年来，开展"中医中药乡镇行"和"中医中药进社区、进学校、进企业活动"，举办中医保健知识讲座50余次。

三、医教科研同发展

一是注重中医药科研项目研发。市科研立项达12项，其中中医药科研立项达7项，审批专利15项，论文136篇，获科技成果奖共5项，其中中医药方面获优秀科技成果奖共2项，省中医药科研1项，省科技进步二等奖共一项，市科技进步二等奖共2项。近5年来，有134篇论文分别发表在国家核心期刊或省级以上刊物或学术交流会上。二是注重在岗人员中医药再教育。近5年来，我院先后选送到省内院各级医院进修各类专业共计330人次，涉及11个专业领域，开通了与所有省级医院、北京中医药大学东直门医院远程会诊；每年开展西学中培训120课时，在全院形成了人人"信中医、爱中医、学中医、用中医""学经典、读经典、用经典、悟经典"的浓厚氛围。三是狠抓中医药师承教育。我院现为中医药大学临床教学医院，研究室规培基地，实习人员70人，规培人数57人。完成县级师承教育，聘老师6人，徒弟12人，均已出师，持续推进新时代医师高质量发展。四是注重中医药制剂创新。医院现有中药饮片401种，中药配方颗粒414种，调剂使用省中医院中药制剂30种。自2020年开始，医院全面推进膏方制作、中药养生茶、养生汤剂的应用，现制作养生茶12种有阿胶膏、川贝止咳膏、祛风通络膏、紫草油膏、生肌玉红膏等11个膏方制剂，并取得了良好的成效。

四、中医药服务逆突围

一是运营指标。门诊非药物中医诊疗人次比例6.1%；中药饮片处方占门诊处方总数的比例45.59%、中药饮片处方占门诊人次的46.52%、中药饮片调剂复核率100%、出院患者应用中药饮片人次占出院患者人次的比例78.16%；近三年来，以中医为主治疗的出院患者呈逐年递增趋势。二是开展的诊疗项目。医院目前采用针灸、推拿、拔罐、督灸、温针灸、隔物灸、穴位贴敷治疗、小针刀、筋膜内热针、三字经流派小儿推拿、脏腑图点穴法等79种中医适宜技术治疗82种常见病、多发病。三是中医药助阵疫情防控。新冠肺炎疫情期间，我院充分利用中医药在防疫中的独特作用，辨病施策，与市卫健委联合研制的10万余份中成药茶饮"益气安神饮"，助力武汉、福州、兰州新区，疗效显著。2021年10月21日以来，向患者、陪员、职工、北站交通检疫点、安定区中华路社区、安定区中国石油火车站加油站等单位发放"岐黄避瘟汤"17463袋，向企事业单位发放颗粒剂3400包。

五、构建医疗联盟共发展

依托北京中医药大学东直门医院、青岛市中医医院对口帮扶的有利优势，以点带面，全面开展医疗协作的发展模式。一是积极促进中医专科联盟建设。根据市卫生健康委整体安排部署，组建定西市中医专科联盟，成为全市专科联盟理事办公室单位，并牵头成立全市针灸推拿专科联盟，于2021年10月8日，召开定西市针灸推拿专科联盟暨县域中医专科联盟启动会，与联盟单位签订协议并授牌；于 12 月 28 日，召开定西市中医专科联盟理事会，开展相关工作。二是持续推动紧密型技术联盟建设。与甘肃省中医院签订护理专科联盟、小儿推拿适宜技术联盟，并签约。

今后的工作中全面落实党的十九大及十九届历次全会精神，坚决贯彻落实市第五次党代会精神，按照市委、市政府的决策部署和市卫生健康委的具体安排，坚守"感恩创新苦干、勇毅追赶奋进"的定西精神，深入坚持"以人民健康"为中心的服务理念，围绕创建"三级甲等中医医院"和推进"医院高质量发展"两个目标，持续加强"基础设施、人才队伍、质量管控、医疗改革、专科建设、党的建设、运营管理"七项重点，始终坚持问题导向，强力实施"转追工程"，健全目标考核机制，奋力推进医院高质量发展。

对口帮扶 中医院变强了

江西省于都县中医院

国务院《关于支持赣南等原中央苏区振兴发展的若干意见》政策出台后，2015年1月，在国家卫健委的支持下，北京市肛肠医院与江西省于都县中医院建立对口帮扶关系。

建立对口帮扶关系以来，于都县中医院肛肠学科很快实现了由弱变强的转变，并带动了医院全面进步，惠及革命老区百万人民。

一、将大医院诊疗技术带到县里去

自帮扶工作开展以来，北京市肛肠医院每年均派出专家团队前来于都县中医院开展帮扶工作，肛肠研究院谭静范院长更是以70岁高龄多次前来指导。于都县中医院为此特别设立了"北京市肛肠医院专家工作室"，专家们以先进的管理经验指导于都县中医院建设肛肠科，建立起高效管理制度，协助进行医疗质量检查，解决在临床工作遇到的难题，理顺了科室运行流程，极大地提高了科室医疗质量和运转效率，为于都县肛肠学科发展注入强大动力。

据统计，对接帮扶以来，北京市肛肠医院专家指导于都县中医院医生开展手术近300台，其中高难度手术20台，参加坐诊、查房、义诊宣教等活动十余次，受益群众千余人次，发放宣传单3000余份，极大提高了群众的健康意识。

同时北京市肛肠医院还在帮扶工作中着眼于如何做到"接地气"，认真调研于都肛肠疾病情况，把帮扶重点放在当地的常见病、多发病上，同时结合帮扶医院为中医医院的情况，带来了价值几万元的自制特色中药剂，指导于都县中医院开展中药熏洗、外敷、塞药、灌肠等中医疗法，成了于都县中医院提供差异化特色服务的金字招牌。

而今，肛肠疾病到于都县中医院就诊，已经成了当地百姓的共识，大家都知道在县中医院可以享受到北京知名医院的诊疗技术，肛肠疾病就诊率达到90%以上。

二、"授人以鱼不如授人以渔"才是帮扶之道

帮扶期间，北京市肛肠医院指导新技术项目十余项，包括经肛门内镜下微创手术（TEM）、消化系统特色超声诊疗技术、视频辅助治疗肛瘘（VAAFT）——肛瘘镜技术、全消化道窥镜诊疗技术、微创治疗技术——痔上黏膜环切吻合术（PPH）、直乙肠癌筛查等，使于都县中医院多项

技术达到江西省领先水平。

北京市肛肠医院还帮助于都县中医院打造肛肠专业技术团队，除了在日常坐诊、查房、手术中注重教学指导外，还特别组织了疑难病例讨论、学术讲座等传授技术经验。同时接收于都县中医院管理层、业务骨干进修学习，将北京市肛肠医院的先进管理经验、服务理念、重点科室建设措施等带回医院。

在北京市肛肠医院富有创新的全力帮扶下，于都县中医院实现了"从无到有"：建立一支高素质的肛肠专业团队，现有肛肠科医生5人，其中副高1人，中级2人，护士7人，全县肛肠疾病研究院设立在了于都县中医院肛肠科；也实现了"由弱变强"：医院肛肠门诊人次由帮扶前的300余人次/年提升为3000余人次/年，住院人次由100余人次提升到千余人次，手术人次数由70余人次提升到800余人次，患者平均住院天数由8.9天下降为5.8天，被评为江西省基层特色专科。

为了进一步取得更大成果，在新一期的帮扶规划中，医联体建设将实现两院信息、技术的全面互联互通，肛肠疾病筛查项目的推进将实现老区肛肠疾病谱的数字化，并成为县域样板，将于都县中医院建成区域肛肠疑难疾病诊疗中心，扩大于都肛肠专科区域影响力。

更好发挥党建引领保障作用
推动高质量发展迈出新步伐

重庆市涪陵区中医院

2021年，涪陵区中医院在区委、区政府的支持下，在市卫生健康委的关心下，在区卫生健康委领导下，全院上下深入学习贯彻习近平新时代中国特色社会主义思想和党的十九大及十九届二中、三中、四中、五中、六中全会精神，以庆祝中国共产党成立100周年为主题，深入开展党史学习教育，全面贯彻医改政策，深化内部改革，强化内涵建设，推进医院精细化管理，开启医院"十四五"规划编制，全力打好新冠肺炎疫情防控阻击战，统筹推进医院各项工作有序运行。有关情况如下：

一、2021年主要指标完成情况

医院总收入27233万元，其中业务收入22204万元，较上年同期增长13.51%（数据截至2021年11月，下同）。

完成服务量：门急诊服务289554人次，较上年同期增长16.59%；其中急诊服务11172人次，同期增长10.94%；出院服务18251人次；床位使用率97.35%（开放床位615张），平均住院天数10.79天；药占比36.8%（不含中药饮片），较上年同期下降1.67个百分点；百元收入耗用卫生材料（不含药品收入）19.26元，较上年同期增长3.19%。

中医药参与率：全院中医参与治疗率达97%，中成药辩证使用率99%；门诊中药处方率55.18%；门诊中药饮片处方率18.72%。16项中医药特色基础指标明显提升。

亏损情况：截至2021年11月，我院收支结余-90.7万元，亏损较上年同期下降97.76%。

二、主要工作完成情况

（一）疫情防控取得阶段性成效

制定了《新冠肺炎疫情处置流程》《新冠肺炎应急预案》《新冠肺炎疫情防控方案》等23个制度及相关工作方案，充实了应急防控领导小组、医疗救治组、院感控制组、防控督查组、应急处理后勤保障组等领导小组，构成面对常态化新冠肺炎疫情的指挥和协调系统，全年开展2次疫情防控实战应急演练；建立职工新冠疫苗接种6本台账，开展真实性抽查，并于每日、每周上报相关信息；全年累计开展疫情防控相关培训50余次、超2000人次；累计规范治疗发热患者500余人、发热婴幼儿2000余人。

我院18岁以上人群共1116人，完成新冠疫苗接种首剂1085人；其中，完成全程接种1075人（退休职工10人未完成全程接种），第一剂次完成率100%，全程接种率99.08%。不适宜接种29人（退休职工15人，在岗职工14人）。

自PCR实验室投入使用至今，共计检测核酸325441人次，累计开展相关技术培训8次；针对长江师院、交通技校、区公安局、武装部等19个单位开展了外出核酸采集工作，共外采40937人次。

完成对酉阳、秀山、丰都、武隆等中医院及片区9家医院疫情防控"四级"督导工作。

（二）提升医疗服务质量

按照"三甲"新标准要求，贯彻执行18项医疗核心、专科专治等制度，基本形成了"院级医疗质量检查体系"；每月对临床科室的药占比、中药饮片使用占比、非药物疗法费用占比等进行考核；共处理医疗投诉13起，同比下降50%；总赔偿金额为8.1831万元，同比下降28%。

开展病案首页质控。结合《中医病案首页质量控制细则2017版》的标准，严格质控出院病案，全年共完成1600余份归档病历质控。

开展新技术、新项目静脉输液港植入术、右心声学造影等9项；门急诊2008台次，住院手术间含局麻1553台次，全年手术开展共计3561台次；每个临床科室开展不少于2个病种临床路径。2021年入径人数共计118例。

三级公立医院绩效考核初显成效。门诊中药处方比例从52.79%提高到55.18%；门诊患者中药饮片使用率从30.23%提高到32.86%；门诊患者使用中医非药物疗法比例从3.43%提高到4.95%；出院患者中药饮片使用比例从39.36%提高到48.75%；出院患者使用中医非药物疗法比例从58.49%提高到79.1%；中医类别执业医师（含执业助理医师）占执业医师总数比例从45.45%提高到51.84%；医院住院医师首次参加医师资格考试通过率从61.54%提高到90%。

优质护理服务开展覆盖率达100%。建立完善护理质量与安全质量管理方案，各级质控组织采取分组质量控制，遵循PDCA循环模式，实行目标管理。

（三）凸显中医特色优势

中医特色诊疗技术项目（65项）全面开展，临床科室平均开展有效中医诊疗项目12项以上；继续落实名老中医业务查房制度，进一步加强中医医师会诊及中医三级医师查房。

全年共开展中医护理技术操作项目34项，完成15335人次；中医特色护理技术开展率为77.90%，较上年全年增加2.3%。

门诊中药处方比例从52.79%提高到55.18%，门诊患者中药饮片使用率从30.23%提高到32.86%，门诊患者使用中医非药物疗法比例从3.43%提高到4.95%，出院患者使用中医非药物疗法比例从58.49%提高到79.1%。

推进中医医养结合，与涪陵区残联共建涪陵区残联卫生服务中心。

（四）加强重点专科建设

积极组织并完成康复科申报市级重点学科工作。2021年5月，康复科被确定为重庆市中医药重点学科培育建设项目。

完成2021年区级名科（心内科、外科、急诊科）申报工作，肿瘤科、心病科两个科室确定为区级名科；脑病科陈正权同志获选涪陵区名医。

组织完成市级中医名科（脑病科）的申报工作，并完成脑病科年度国家重点专科特色指标数据监测上报工作。

（五）科研能力增强

2021年申报科卫联合中医科研项目4项，市卫生健康委科研项目1项；申报区科技局科研项目11项，4项区级科研成功立项，获得科研经费6.5万元；获得区级第一批科研指导性立项8项；全年完成区科委科研课结题3项、市卫生健康委科研课题结题3项；成功申报市级中医药继教项目1项，区级项目3项；参加涪陵区第十二届自然科学优秀论文评选活动，获得一等奖1篇，三等奖4篇。

与重庆希尔安药业有限公司成功签订国家药物临床试验合同，获得试验经费5.6万元。

加大中药制剂研发力度，5个中药制剂开发研究及备案项目进展到中试阶段，预计2022年上半年能正式进入临床使用。

（六）持续推进公立医院改革

建立健全现代医院管理制度试点工作。结合实际，推行临床医技科室目标责任制管理、行政职能科室岗位责任制管理，编制管理制度手册，进一步完善绩效分配方案；开展收入结构分析，降低药占比、耗材占比，降低运行成本。

"医联体"及对口支援工作。2021年共派出40名骨干技术人员前往医联体单位开展工作；派出2名专业技术人员驻点对口帮扶武隆区中医院，累计完成门诊病人272人次，收治住院患者113人次，开展教学查房18次，协助完成手术10余台。

制定医共体实施方案，近期将与涪陵区龙桥街道社区卫生服务中心建立医共体。

深化药品供应保障制度改革。截至11月（下同），住院中药饮片使用率为48.75%，逐年攀升；国家基本药物使用品种占比为41.24%，基本药物使用金额占比为31.76%，均达上级下达指标要求；落实国家、联盟药品集中采购工作，在用带量采购品种171个，2021年全年采购金额545.2万元。

落实健康扶贫。截至11月，先诊疗后付费贫困人员869人，建卡贫困户住院病人511人次，医院减免22780元，政府兜底178240元；门诊建卡贫困户慢特病人18人次，政府兜底3825元。

（七）圆满完成公共卫生防保工作

全年开展公共卫生服务季度项目工作督导共2次，半年考核督导1次；组织培训2次，培训人数约800余人；全区辖区常住65岁及以上常住居民数200900人，老年人健康管理服务健康管理率为68.16%，中医药健康管理服务健康管理率为66.26%；对全区13555名儿童家长开展了中医药健康指导，管理率75%；全区家庭医生服务共签约121256人，其中脱贫户41684人，有康复需求的持证残疾人和残疾儿童8039人，有偿签约14142人。有康复需求的持证残疾人和残疾儿童签约覆盖率全区均达85%以上，满意度为97.01%。

全年共审核上报传染病339例，食源性疾病疑似病例18例，慢性非传染性疾病审核上报死亡131例、脑卒中357例、急性心肌梗死5例、恶性肿瘤292例。

（八）党建工作深入推进

紧扣党史学习教育、疫情防控、建党100周年等主题，以疫情防控、预检分诊、环保卫士等多种形式开展特色实践活动；常态化落实抓好"三会一课"、"学习强国"、志愿服务，严格按照"五个好"标准加强支部建设；全年正常发展党员30名，接转组织关系11人。

积极开展医德医风教育，收到表扬信8封，锦旗25面，拒收红包5400元；狠抓党风廉政建设，全年共约谈21人次，其中提醒谈话2人次，常规谈话19人次；收到投诉案件12起，处理回复12起，办结率100%。

2021年，院党委荣获市级先进基层党组织；2名同志获区卫健委优秀党务工作者、3名同志获优秀共产党员、2个支部获先进基层党组织光荣称号。

（九）加强人才队伍建设

2021年新进职工31人（非编招聘28人），其中硕士研究生1名、中医药人才5名；现全院在职职工664人，其中正高级职称12人，副高级职称74人，中级职称218人；卫生专业人才中研究生27人，本科学历353人。

聘任高级、副高级、中级、初级专业技术人员分别为1人、2人、8人、11人；院内聘任高级、中级、初级专业技术人员分别为11人、75人、46人；申报卫生类高级职称18人，非卫生类2人。

（十）狠抓消防安保工作

消防安全管理方面。组织全院消防安全巡检合计12次，开展消防知识培训6次，消防演练4次，反恐防暴演练2次；共排查出一般消防安全隐患16处，整改16处，提出防范措施4条，无重大安全隐患；查出应立即维修保养36处，均已落实。我院正积极打造"涪陵区行业消防安全标杆单位"。

健全完善安保工作机制。严格执行日周月排查制度，加强巡逻管理，本年度共开展安全生产知识培训4次，应急演练2次，扫黑除恶教育培训会15次。

三、存在的问题

高端人才引进和学科带头人培养有待进一步加强。

中医药专科特色优势还有待提升。

医院综合管理和服务能力有待进一步提高。

历年城市改造、新院变迁成本剧增等，造成政策性和历史性亏损导致的债务偿还。我院向农行贷款3亿元用于归还涪陵国投公司借款，贷款期限15年，年利率4.9%；贷款本金从2019年起逐年归还，2019年500万元、2020年500万元、2021年275万元，至2021年12月10日医院已支付1275万元归还本金。

四、2022年工作重点

组织全院职工认真学习习近平新时代中国特色社会主义思想和党的十九大及十九届二中、三中、四中、五中、六中全会精神，提高全员政治理论水平。

做好常态化疫情防控工作，杜绝新冠肺炎院内感染事件。

持续开展三级公立中医院绩效考核工作，突出中医特色。

全面推进现代医院管理制度试点工作，促进管理水平提升。

拓展业务收入，调整收入结构，控制药耗比。

严格预算管理，开源节流，减少医院债务。

2021年上半年开工建设内科大楼。

完善安全管理体系，杜绝安全事故发生。

加强医保管理，避免发生违规事项。

积极推进医共体建设。

从县内第一例冠脉造影到皖北第一例无导线起搏器

安徽省固镇县中医院 杨 珂

一、基本概况

冠心病在皖北地区一直具有较高的发病率，致死率，但在 6 年前我院心脏介入治疗尚属一片空白。固镇县中医院 2016 年开始率先在县内开展各类心脏手术，目前已完成各类心脏手术 3000 余例，在全国县级中医院中处于领先水平。

二、主要做法

（一）白手起家

在 2015 年，当时可开展心脏介入手术的县级医院尚属少数，能够独立开展心脏介入手术的县级中医院更是凤毛麟角。由于当时大型医疗设备配置证的限制，二级医院心脏介入手术准入制度束缚，固镇县中医院要想发展心脏介入，需要面对各种难题。我院领导班子以敢为天下先的精神，经过多次多处实地考察，学习河南县级医院经验，购买了一台手动中型飞利浦 DSA，并在安徽省中医药管理局备案拟开展各类心脏手术项目。就在这台中 C 上，固镇县中医院完成县内第一例冠脉造影术、第一例心脏支架植入术、第一例永久起搏器植入术、第一例心律失常射频消融术、第一例先天性心脏病封堵术、第一例左心耳封堵术，填补了固镇县心血管技术领域的各项空白。至今为止，固镇县中医院仍是蚌埠地区中医系统中，率先独立开展各类心脏介入手术的单位。

（二）青年才俊

医院的发展离不开学科建设，学科的建设离不开人才队伍。2016 年，30 岁的南京中医药大学心血管硕士研究生杨珂主治医师被委以重任，担任心导管室主任。整个心血管介入团队从医生、护士，到技师清一色全是由不到 30 岁的年轻人组成。这一群青年才俊热爱钻研，团结进取，克服了今日看来难以想象的困难：由于当时的 DSA 机器是手动操作，整个过程技师需要暴露在射线最强的机头部位。由于机器的球管散热较慢，即使在寒冷的冬天，术者腿前的球管也需要冷风机加冰块直吹散热。然而种种困难并没有难倒这个年轻团队，反而激发了他们的斗志，开创了县内各项技术先河。

（三）勇攀高峰

虽然取得了一定的成绩，固镇县中医院的院领导、心脏介入团队并没有躺在功劳簿上。2019年医院新购置了GE330大型DSA，成为县级医院中为数不多拥有两间导管室的单位。医院新购置32道电生理记录仪，启动胸痛中心建设，建立标准化CCU病房。2020年新增完成冠状动脉旋磨手术19例，位于全国第15位。仅过去一个年度就完成冠脉支架植入术（PCI）442例，血管内超声检查（IVUS）28例、冠状动脉旋磨术13例、房颤射频消融术36例，并开展了皖北第1例、安徽省第3例无导线心脏起搏器植入术。在保证优质医疗的同时，心血管科和心脏超声科又尝试开展舒适医疗，在全省率先常规开展无痛经食道超声（TEE）检查，目前已完成无痛TEE检查50余例，筛查出左心耳血栓3例。

（四）体会启示

现代医学的发展突飞猛进，中医院也要跟上时代的步伐。对于开展高新技术的县级中医院来说，多无前路可借鉴。唯有以坚定不移的决心去搞学科建设、以任人唯贤的态度去搞人才培养、以敢为人先的勇气去迎接挑战，才能独立潮头。

凝集党建力量　引领蒙医发展

青海省乌兰县蒙医医院

近年来，医院坚持以习近平新时代中国特色社会主义思想为指引，深入贯彻党的十九大和十九届历次全会精神，全面贯彻新时代党的建设总要求和新时代党的组织路线，紧扣"围绕医疗、建设队伍、服务群众"职能，聚焦"人民至上"的初心，贯彻落实现代医院管理制度，充分发挥党建引领作用，遵循蒙医药发展规律，坚持"传承精华、守正创新"原则，全面推进民族医药高质量发展。

一、医院基本情况

医院成立于 1987 年 10 月 10 日，是一所集医疗、教学、科研、保健、康复为一体的二级甲等民族医医院，也是全省唯一一家蒙医医院。现有医务人员 58 人，其中在编人数 36 人，自主聘用人员 22 人。医院目前正式党员为 8 人（其中 3 人已退休），预备党员 1 人，医院占地面积 9240 平方米，建筑总面积 5673 平方米，编制床位 70 张，实际开放床位 70 张。医院设置 11 个科室，其中 5 个行政职能科室，6 个临床、医技科室，拥有 2 个省、州级重点专科。

二、主要开展工作及业绩

（一）以党建引领，全面加强基层党组织

乌兰县蒙医医院在县委、县政府的坚强领导下，在上级卫生健康行政部门的正确带领下，抓特色，发挥优势，积极组织开展"不忘初心、牢记使命"主题教育和"党史学习教育"等活动，努力建设完成服务型基层党支部。我院党支部结合新时代基层党建工作的新特点和新要求，紧紧围绕"党建+"模式，积极推行"党建+民族团结""党建+医改""党建+人才队伍建设""党建+专科建设""党建+干部作风建设"等运作模式，实施"健康乌兰·民族团结先锋"党建品牌工作，充分发挥党组织的战斗堡垒和党员干部的先锋模范作用，推动党建工作与医疗服务工作有机融合，实现了党建工作对各项工作的主导引领地位进一步强化，医疗服务能力和服务水平进一步提升。

（二）全力推进医改工作

牢牢抓住公立医院公益性，紧紧围绕公立医院改革任务，深入开展党建品牌工作，认真落

实药品零差率销售、"先住院后结算"及"一站式"服务模式、无节假日门诊等医改惠民政策。截至 2021 年 9 月，为患者提供零差率销售药品优惠共计 15 万，"先住院后结算"服务模式垫付医疗费用 80 万元，并定期组织开展"送医送药送健康"和"健康扶贫"等惠民义诊活动，为百姓每年免费提供医疗、药品、物资等共计 1 万余元，确保医改惠民政策实实在在落到实处。

（三）全面加强人才队伍建设

1. 目前医院人才队伍结构情况

医院现有工作人员 58 名（其中医师 17 人，占 29.3%；护师 13 人，占 22.4%；医技 6 人，占 10.3%；药剂 8 人，13.8%），专业技术人员中研究生 1 人，占专业技术人员的 2%；本科 29 人，占专业技术人员的 66%；大专及以下 14 人，占专业技术人员的 32%；学科带头人 5 人，占专业技术人员的 11.4%；高级职称 4 人，占专业技术人员的 9 人%；中级职称 10 人，占专业技术人员的 22.7%；初级职称 30 人，占专业技术人员的 68.3%。

2. 人才队伍建设工作中取得的主要业绩与亮点

近年来，在县委、县政府的坚强领导下，县委组织部和县卫健局的协调帮助下，实施人才兴院战略，以名医传承与人才培养为目标，前后返聘当地有名的老蒙医 2 名在医院门诊坐诊，同时以"传帮带"方式带教年轻医师。2020 年我院在上级部门的大力支持下及协助帮助下，引进了"桑杰全国名中（蒙藏医）医工作室"，同时从新疆巴州蒙医医院引进蒙医传统疗术科骨干阿力泰主治医师并任命为工作室负责人。2021 年 9 月份，从州直医疗单位引进海西州蒙藏医医院副院长、副主任医师红纲并担任乌兰蒙医医院院长。通过人才引进项目，结合实际，建立"临床带教、名医传承、医院管理、教学培养"等平台及教学基地，以"师带徒"和"传承培养"等方式，培养学科带头人 1 名，临床骨干 2 名，提升科室人才梯队建设，从而有效带动全院技术水平。此外，在专业技术人员严重缺乏的情况下，医院坚持培养人才为目标，选派 1 名人员赴省医院为期一年进修学习康复专业，2 名人员赴内蒙古国际蒙医医院规培学习三年。

（四）全面加强特色专科建设

医院坚持蒙医药传承创新，拓宽服务领域，发挥特色优势，不断规范专科专病建设工作。一是确立"院有专科、科有特色、人有专长"的专科建设目标，持续巩固原有"蒙医五疗科"省级专科和"治未病科"州级专科建设，进一步建立完善规章制度和优势病种诊疗方案，规范专科建设标准。二是加大资金投入，建立完善"桑杰全国名中（蒙藏医）医工作室"平台，树立了医院名医品牌。三是强化理论基础，搜集整理蒙医药传统疗法和民间技术，结合现代医学科技，不断创新新技术、新疗法，在原有帖敷、推拿、按摩、刮痧、热敷、针灸、放血、艾灸、排毒等 20 余种传统疗法基础上新增潮热拉呼、玉石、震动复位、小针刀、淇特哈呼、整脊等 10 种特色疗法，扩大了特色品牌效应，提高规模效益。其中淇如拉呼、玉石、震动复位、淇涂哈呼、整骨等疗法效果显著，州内外患者慕名而来，得到了高度认可。四是本着传承、保护、研究和展示为目的，先后组织 20 余位蒙藏医学领域的专家教授参与研究论证，对照翻译，并组织

40余位蒙、藏、汉、土族顶尖工艺美术师家，历时五年时间精心创作绘制完成世界独一无二的蒙文精致版《四部医典医学挂图》，为医院教学基地增添了新的教材。

（五）全力推广蒙医药适宜技术

充分发挥蒙医药"简、便、验、廉"优势服务群众，为进一步加强我院蒙医药服务能力建设，启动蒙医药适宜技术推广项目工作，筛选符合当地疾病谱的适宜技术项目，入驻乡镇卫生院"以集中授课和临床带教"等方式推广适宜技术，即提升了乡镇卫生院蒙医馆蒙医特色优势服务水平和能力，又传承培养了基层蒙医药专业技术人员，也为广大农牧民群众健康提供了保障。从2020年至今，共开展活动13期，培训人次32人，推广项目6项。

三、存在的问题

（一）专业技术人才严重匮乏

目前我院工作人员58名，其中编制人员36名、临聘人员22名。随着群众看病就医需求不断提高，医院业务范围不断扩大，人员不足、人才断层的矛盾日益凸显，严重影响着医院各项业务的正常开展和医院的发展。

（二）医院无制剂室，严重影响群众看病就医

医院现有设施设备基本符合要求，也能基本满足患者需求，但医院目前无制剂室，医院所使用的蒙药一直以来靠州蒙藏医医院调剂或在其他药厂采购使用。

四、下一步工作计划及思路

（一）持续加强党建工作，全力推进蒙医药传承发展

以"党史学习教育"活动为抓手，牢牢抓住公立医院公益性，紧紧围绕公立医院改革任务，深入开展党建品牌工作，充分发挥党组织的战斗堡垒和党员干部的先锋模范作用，将党建工作与业务工作不断融合，推动蒙医药传承创新发展，实现党建工作对各项工作的主导引领地位进一步强化，不断提升医疗服务能力和服务水平，推动医院新常态下的新发展。

（二）引进新学科，带动专科建设

借助医改政策要求及联盟建设平台，与省内外三级民族医院建立帮扶协作关系，引进符合当地疾病谱和群众需求的新学科，吸引周边地区患者，提高医院业务量和业务收入，带动医院临床科室及辅助科室建设，不断提高医护人员技术水平及业务能力，促进乌兰蒙医药事业的发展。

（三）加快人才队伍建设，加大传承培养力度

制定专业技术人才培养计划和高层次人才引进计划，坚持和完善蒙医药人员规范化培训制度，建设全州蒙医药专业技术人员培训教育基地。

（四）争取项目资金，建设医院制剂室

借助辽宁、浙江援建工作平台以及国债资金项目，积极争取项目资金，建立建设医院制剂

中心，打造"专科、专病、专药"品牌，满足群众蒙医蒙药需求，填补乌兰蒙医医院无制剂室空白。

（五）发挥特色优势，建设医养中心

党的十八大以来，党中央、国务院高度重视中国老龄化和养老问题，国务院前后出台相应的政策和措施，解决养老问题，提高生活质量，为健康中国行动打牢基础。蒙医是传统医学，自古以来特别重视预防保健和养生，也积累了丰富的实践经验，尤其是蒙医蒙药的特色疗法和强身药物对老年人的养身疗效显著。因此，要抓住政策机遇、发挥特色优势、争取项目资金，建设乌兰县医养中心，解决孤寡老人养老、就医问题，打造全州乃至全省医养中心领先工程，推动新时代多彩乌兰高质量发展。

优化康养服务——为健康保驾护航

贵州省凯里市中医院

健康促进医院是落实健康中国战略的重要举措,是将健康放在优先发展位置、"将健康融入所有政策"的具体实践,是健康领域的社会治理行动。

我院在重视医疗业务发展的同时,始终把健康促进及教育工作视为推动医院快速发展的引擎,将健康促进作为改善医患关系、提升医疗质量和服务水平的一项重要举措,努力满足人民群众健康需求。

一、主要做法

(一)加强组织领导

成立以院党委书记、院长为组长的创建"健康促进医院"工作领导小组,负责全面指导、协调、组织全院的健康促进工作。成员涵盖各临床、医技、财务、职能等科室;抽取各临床科室骨干力量成立健康科普讲师团;同时,各临床科室成立了以科主任为组长的临床健康促进工作小组,负责本科室健康教育和健康促进工作的实施。将健康促进工作纳入年终目标考核,严格执行派单管理,形成"主要领导亲自抓,分管领导具体抓",部门负责人、科室主任和护士长分工负责,实行目标管理责任制的"一盘棋"工作格局。

(二)建设医养产业健康发展

根据《国务院办公厅转发卫生计生委等部门关于推进医疗卫生与养老服务相结合指导意见的通知》(国办发〔2015〕84号)文件要求,结合我市实际情况,我院于2018年正式开展医养结合服务。是黔东南第一家公立集养生、医疗、学习、娱乐、教育、休闲于一体,生活舒适、设施配套、功能齐全的现代化新型老年社会福利机构。凯里市中医院康养中心面积2.2万平方米,位于凯里市区边缘的苗侗风情园内,是我市积极探索和全力打造机构养老、旅居养老和居家养老三位一体养老新模式的体现。

二、主要成效

(一)养老科

建设标准按星级酒店配置提供24小时供热水及中央空调服务,居室内配备独立带全封闭浴室及抽水马桶的卫生间、电视、冰箱、饮水机、普通床及医疗用床、衣柜、鞋柜、书桌、每人一套的单人沙发和小圆桌、专供瘫痪老人使用的休闲躺椅、温湿度计、加湿器、无线呼叫设备以及绿植和装饰画等设备设施，为住养老人营造一个温馨、舒适和时尚的居住环境。此外，生活配套设施如餐厅、厨房、洗衣间、公共浴室、娱乐室、健身房、康复治疗室、多媒体功能室、"夕阳红网吧"、心理咨询室、宗教活动室、治疗抢救室等一应俱全。同时积极开展各种活动，如敬老节、植树节、集体观看电影集、集体生日会等，通过健康知识传播和健康行为干预，提升老人健康意识和自我保健能力，提高其健康素养水平，改善健康品质。

向景珍老人入院时我们通过家属得知老人刚遭受亲人去世的打击，导致老人老年痴呆加重，精神萎靡不振且喜怒无常，作息日夜颠倒。刚入住时老人几乎每三天就会发病，在科室大哭大闹并拒绝服药。我们尝试摸清楚老人脾气、秉性，尽我们所能在行为和语言上不要触及老人的禁忌，这两年在我们医护人员的精心护理和药物调理下，老人发病次数明显减少，基本每天都能按时按量服药，病情得到了有效的控制。老人面色也逐渐变得红润，精神饱满，时不时还能听到老人的欢声笑语。

（二）康复科

经过不断的发展，从小到大，从简单到完善，将祖国医学与现代康复医学完美融合，开创了"中西医结合个体化康复治疗"的新模式，开展中风康复、老年病康复、面瘫康复、失语症康复、吞咽功能障碍康复、骨折术后康复、运动损伤康复、儿童康复、疼痛、产后康复等康复单元，形成了中西医学并重，"苗侗医药＋现代康复"为特色的大康复治疗理念。

家住凯里86岁的杨爷爷是康复科首批患者之一。他因高血压诱发脑梗死，多次复发后遗留行走不便的后遗症，给家庭带来了不少负担。然而祸不单行，一次意外摔伤致左侧股骨颈骨折，使原本忙乱的家庭瞬间笼罩了阴云。但是困难并没有将他们打倒，在我院接受"手术康复"一体化的治疗后转入康复科进行康复治疗。康复科医生、康复师及责任护士"三者合一、三管齐下"，从中西医药物治疗、个性化康复功能锻炼、中医特色治疗方法等方面入手，制定了全方位的康复治疗方案，并结合实际康复进程进行调整改进。经过两个多月的系统康复训练，杨爷爷已能使用助行器独立行走，生活大部分自理，有效减轻了家庭人员及经济负担。

同时在东西部帮扶下，我院成功为多名脑瘫患儿进行了康复手术。其中在2020年3月19日，我院为脑瘫患儿小青梅做手术，小青梅从当初的无法独立站立、行走，双膝关节、双踝关节僵硬，活动明显受限，到术后经过针刺、磁热疗法、肢体综合训练、作业疗法等对症治疗，小青梅现在已可以在器械扶助下自行行走，双膝、双踝关节可以活动，相信不久的将来，小青梅就能脱离器械自由行走，过上能够自理的生活。

（三）治未病科

遵循"上医治未病，中医治欲病，下医治已病"的原则，我院成立了治未病科。针对慢性疾病、亚健康人群、中老年养生保健人群治未病科建立了三疗一体服务体系，通过中医经络检测+苗医特色，为客户提供体质辨识，根据不同体质，为客户定制个性化的药疗方案、理疗方案、饮食干预方案等。通过药疗、食疗、理疗为客户解决慢性病和亚健康问题。

2019年，我院举行中医药健康文化推进行动——"凯里市第一届膏方养生节活动"。中国中医药事业的发展和人民群众对生命健康的"膏方养生"成为冬季进补的主题，膏方节旨在传播中医药传统文化，提高全民防病意识和能力，让广大市民充分了解具有冬令进补和调理作用的中药特色膏方。膏方节活动现场还特地开展了膏方历史文化展示，市民还可以亲身体验膏方的制作过程，进而更深层次地了解中医药，认识中医药，感受中医药在医疗保健和"治未病"中的独特功效。

在治未病的理念下，我院与黔东南州军休干部服务中心签署康养活动协议，为了让军休干部在疗养中学有所获、身心愉悦，疗养活动内容安排丰富，形式多样。有健康体检、保健理疗，同时我院安排资深专家给参与疗养的军休干部做健康知识宣教，并安排专家对军休干部提供针对性的个体化健康指导；又有赴凯里党史陈列馆开展党史学习教育、学习贯彻习近平总书记"七一"重要讲话精神专题党课、赴凯里金泉湖烈士陵园、李家祠堂开展党史学习教育、观看"闪亮的名字2020年度最美退役军人"等活动，丰富军休干部文化生活、增进军休干部友谊、促进军休干部身心健康和精神文明建设的同时，努力增强军休干部荣誉感、归属感、获得感，让他们充分感受到党和国家的关怀温暖。

我院将以健康促进医院为契机，紧紧围绕把以治病为中心转变为以人民健康为中心，抓好医院环境建设、控烟工作、健康教育阵地、病区健康教育等工作，加强疾病预防和健康促进，切实解决老百姓看病难、看病贵问题，使人民群众健康生活得到有效保障。

政府鼎力支持发展中医
杏林春暖惠及一方百姓

山西省古交市中医医院

古交市中医医院成立于1989年,是一所集医疗、康复、预防、养生、教学为一体的,以中医为主、中西医结合的二级甲等中医医院。近年来,医院在古交市委、市政府、市卫体局的大力支持下,不断推进中医药各项工作,中医药服务能力不断提升,为老百姓提供了优质、安全、周到的服务。

一、市政府依托医院为中医医联体和古交市中医适宜技术推广基地,整合中医医疗资源,促进优质中医医疗资源下沉、提升基层中医药服务能力、完善中医医疗服务体系

2021年医院先后6次深入社区、厂矿,开展中医药知识"进社区 进厂矿 进机关"大型巡讲义诊活动,让老百姓充分认识中医药在维护健康、防治疾病、养生保健等方面独特的理念和方法,让中医药惠及千家万户。

2021年7月5日,在医院多方努力下,中国中医科学院、山西省中医药大学专家团队走进古交,在我院开展了我省首个国家区域中医医疗中心的首次基层义诊。患者邢先生说道:自己是中医科学院史大卓教授的老患者,曾在五年期间,每月北上京城前往中国中医科学院西苑医院就诊,现在身体很好,如今市中医医院把专家请到了家门口,太方便患者了,这对患有心血管病的患者是莫大的福音,真的是太好了。国家级和省级优质的医疗资源下沉真正缓解老百姓看病难的问题,更让老百姓足不出户便享受到高水平的中医药服务。

政府和卫生主管部门依托医院为中医适宜技术推广基地。医院举办六期培训班,累计共计培训社区、村卫生所的基层医务人员共计180余人,让基层医师掌握了如:拔罐、刮痧、针刺等五项中医适宜技术,推动古交中医事业的发展。

2021年12月,以基层所需所想所盼为导向,举办了国家基本公共卫生服务项目中医药健康指导工作培训,组织了专家担任老师,从中医健康养生、中医治未病、儿童中医药健康管理、中医治疗腰腿痛、中西医治疗高血压、中医对腰椎间盘突出症的诊治等方面,对160余名学员进行了培训。让参培人员进一步掌握了基本公共卫生服务中医药健康管理项目内容,规范了服务行为,提高了基层医务人员的中医基础理论知识、专业能力和服务水平。

二、古交市政府出台了古交市关于贯彻《山西省中医药强省的实施方案》，医院顺利通过二级甲等中医医院复评审，并以"二级甲等"中医院为平台，推进中医名科名医建设，致力发挥中医药特色

2020年，财政投入21万建成康复大厅，卫体局利用医改资金113万配套了康复基础设备。康复大厅建成之后，医院全面开展了例如：督脉灸、摸筋术、埋线、小儿推拿、泥灸、小针刀等近44项中医适宜技术，同时结合现代康复医学，开展运动疗法、作业疗法等，开展特色治疗，提高了技术水平，打造出特色专科，扩大了地方中医药康复覆盖面，达到了二级甲等医院的标准。门诊住院病人大幅增长，业务收入翻了一番，职工收入得到大幅提升。在一年的时间里，医院全额补交了职工的医疗保险和养老保险，奖励性绩效也从无到有，从有到翻倍。职工的积极性提高了，全院争学习、争创新、争发展，充满朝气。中医技术的开展不但给老百姓带来方便和疗效，也搞活了一个医院，同时也带动了古交市的中医发展，并且为我们下一步继续做好全市中医适宜技术的推广奠定了更加扎实的基础。2021年1月起，财政全额保障医院在编职工五险和职业年金，解除职工后顾之忧，助力中医发展。

全面启动重点专科创建工作。秉承发展中医药的传统精华，科学制定、实施了"院有专科、科有专病、病有专药、人有专长"的建设发展战略，重点加强专科专病建设及人才培养工作，突出专病专科特色，进一步扩大了医院的中医学科群体，为医院凝练学科发展方向、培养优秀人才队伍提供了更好的平台并由点及面，通过专病专科的建设与发展，带动了医院整体业务水平的不断提高，在原有省级重点专病（消渴病）的基础上，2021年老年科和糖尿病两个市级重点专科挂牌。

积极开展名中医培养工作。成立以董卫教授、武建军主任为领衔的太原市市级名中医工作室工作，为医院搭建了学术传承、人才培养、学术交流、特色服务的平台，多角度、多方位开展工作，推动医院整体发展。

三、在市政府的大力支持下，利用3P项目及政府资金，选址重建古交市中医医院和古交医养结合康复中心，大幅提升中医药服务能力，满足县域内中医药需求，推进文化养老、智慧养老等主题项目建设，建立中医—康养—医养结合新体系，打造古交最大的康养中心

中医医院火山新院占地30亩，总用地面积20348.74平方米，包括门诊住院楼、康养楼、后勤综合服务楼、发热门诊、PCR实验室，设置停车位179个。门诊住院楼和后勤综合楼投资12460.64万元；康养楼、发热门诊、PCR实验室投资3916.22万元；新院配套设备投资1.8亿。目前新院门诊住院楼、后勤保障楼主体已封顶，医养结合康复中心项目已开工，预期2022年年底可实现整体搬迁。

新院建成后，其优美的环境、合理的布局、先进的中医特色设施将成为古交医疗一大亮点。新院将拥有中医综合治疗中心、医学康复中心、中医理疗室、康养病区、中医讲堂等区域；拥有 CR、CT、DMS 等先进的医疗设备。可开展 44 项中医诊疗技术，大幅提升医疗服务能力，满足县域人民群众中医药服务需求。医院将以提供基本中医医疗服务为目标，积极开展中医"治未病"工作，充分发挥中医药在疾病预防控制和应对突发公共卫生事件方面的作用，形成服务优势和特色，使之成为带动基层中医药事业发展的龙头。康养中心将成为以中医康复、养生、安宁疗护为一体的新型医疗养老体系，满足老年人多层次、多样化的中医药健康养老服务需求，推进文化养老、智慧养老等主题项目建设，发挥中医药在医养结合中的独特优势。

抓住机遇 乘势而上
掀起跨越式发展新高潮

山西省晋中市中医院 杨 润

医院新一届领导班子成立以来，坚持以政治建设为统领，以改革创新为抓手，以提质增效为动力，以目标任务为导向，履职尽职、担当作为，带领全院干部职工守正创新、砥砺奋进、内抓管理、外扩影响，推动医院持续快速发展。

一、强化党风廉政建设，推动行风建设见成效

医院始终以加强党风廉政建设，狠抓职工思想教育，转变工作作风，净化医院环境为首要工作，以党风廉政建设为抓手，持之以恒推动行风建设。

（一）党建引领，筑牢思想政治根基

医院党委始终坚持党要管党、从严治党的工作方针，以为人民群众服务为核心、以提升党员整体素质为主线，贯彻落实"学党史、悟思想、办实事、开新局"总要求。深入开展党史学习教育，强化思想教育，丰富学习形式，注重学习成效，各支部全年开展集体学习共计105次，2195人次参加，开展集中研讨10次。组织开展专题培训16次，外请讲师、专家授课7次。

以"我为群众办实事"实践活动为出发点和落脚点，党办积极与各支部医护人员对接，组建党员医疗服务队，利用闲暇之余，进社区、入校园、下农村开展各类免费义诊、健康宣教活动，全年开展志愿服务共计70余次，被晋中市文明办、晋中市义工协会授予"2021年度志愿者服务优秀团队"荣誉称号。

坚持思想建党、组织建党和制度治党相结合，全面推进从严治党，党委充分发挥把方向、管大局、作决策、促改革、保落实的作用，组织起草制定了《晋中市中医院章程》，修订完善了《党委领导下的院长负责制工作细则》《晋中市中医院"三重一大"制度实施方案（试行）》《晋中市中医院议事规则》等方案，强化制度保障。

精心组织建党百年系列活动。隆重举行庆祝建党100周年暨"七一"表彰大会，对做出突出成绩的先进党支部、优秀党务工作者、优秀党员进行了表彰，为7名离退休老党员颁发"光荣在党50年"纪念章，开展了"九九重阳节，浓浓敬老情"座谈会，以实际行动向党的百年华诞献礼。

院党委始终致力于为群众做好事、办实事、解难事,以更强烈的责任担当、更务实的工作举措,将巩固和深化党史学习教育成果转化为为民服务的具体实践中,以实际行动为医院高质量发展注入强劲活力。

(二)持之以恒,严抓行业作风建设

院纪委加强对重点部门、重点岗位和医护人员执业行为的监督,重新修订印发了《晋中市中医院医务人员医德考评实施方案》,坚持有案必查、有腐必惩,做到有群众举报的要及时受理,有具体线索的要认真核查。充分发挥"纪检监察专栏""纪检监察信号灯专栏"、院纪通的作用,在每个科室选优配强了纪检联络员,做到监督上下贯通,警示教育宣传全覆盖、无死角,将监督的触角延伸到"最后一公里",不断强化理想信念和宗旨意识教育;开展"打击收受红包、加强行风建设"专项行动,确保专项行动和中心工作"两不误、两促进",认真落实《医疗机构工作人员廉洁从业九项准则》,组织全院干部职工学习《监察法》等法律法规;院纪委、领导班子、科主任层层签订《落实全面从严治党监督责任书》,科室负责人与职工签订《依法执业廉洁行医行风建设责任书》,及时发现和解决苗头性、倾向性、潜在性问题,严肃查处收受红包等侵害群众利益的不正之风;严格执行医用药品、设备、耗材招标采购各项规定,并进行事前事中事后报备监管,与药品、医疗设备、总务后勤供应商签订《医药产品廉洁购销合同》和《医药购销廉洁协议书》,坚决杜绝违规违纪行为发生,以行风建设推动医院中心工作,从而打造医院廉洁文化新局面、新气象。

此外,按照《晋中市中医院章程》、院务公开和"三重一大"制度要求开展各项工作。全年医院共收到感谢信19封,锦旗87面,牌匾4块,拒收红包8人次共计8800元,无重大违规违纪事件发生。

二、稳中求进、打造高峰、夯基垒台,全面提升医疗质量内涵

(一)医疗护理质量稳步提升

核心制度落实。结合医院实际,完善细化了核心制度,并针对全院医师开展了核心制度培训工作,对十八项核心制度尤其是死亡病历讨论、术前讨论、疑难危重病历讨论、临床用血审核管理、特殊级抗菌药物审核、三级查房制度及会诊制度进行重点监管,加大考核力度,多措并举推进制度落实,保障医疗安全。

加强病历质控。始终坚持以提高病案质量为核心,以病历质控为抓手,找漏洞,补不足,将关口前移,严把运行病历质量关,加大对运行病历的考核力度,同时对科室一级质控进行现场检查督导,将发现的问题及时反馈给科室及本人,并要求立即整改。

严格把控器械耗材准入。首先,优化设备准入论证,充分发挥委员会职能,将适合临床需求的设备进入医院。其次,在医保政策不断变动的大环境中,积极按国家医保三目调整并对应了三千余种耗材品类,有效保障了临床工作的顺利开展,同时严格执行阳光采购流程,随时调整耗材价格，极大地降低了供货金额。此外，严格采购环节，年内万元以上设备做到百分之百以公开招标形式进行，在采购环节中做到公开透明。

护理培训基地建设。对照"山西省专科护士临床培训基地建设"评审标准，护理部组织全体护士长认真学习，积极准备，并于2021年10月16日和2021年12月16日分别对"中医治疗专科护士临床培训基地"和"血液净化专科护士临床培训基地"进行实地评审，通过大家的共同努力，圆满完成了基地评审工作，使我院专科护士临床教学工作上了一个新的台阶。

（二）临床医技科室工作成效显著

卒中中心开展急性脑梗死超早期静脉溶栓17人次，率先通过肌肉活检和皮肤活检确诊病例3例，通过基因检查确诊亨廷顿病家系1个，全年收治的少见罕见疑难病种明显增加，并在国家级和省级学术会议上发言各1次。

耳鼻喉科克服困难，以积极向上的饱满精神，全年住院病人增加154人次，门诊诊疗人次增加1449人次。

本着"一心为患者考虑，一切为临床服务"的理念，CT核磁室排除种种困难，改进工作模式，在原工作时间基础上延长工作日时间，全年节假日无休，做到门急诊患者当天来当天做，住院患者预约时间不超过2天，最大限度满足临床检查需求，方便患者，大大缩短了患者预约等待时间，科室工作量较去年同期明显增加，增幅达29%，社会形象明显提高，知名度进一步扩大，晋中电视台报道了这一好的举措。

功能科着力解决临床难题，开展了超声可视化引导，精准定位，配合颈腰椎病科开展全市首例超声引导下小针刀微创技术，配合ICU疑难穿刺病人开展中心静脉置管，外二科开展颅腔超声，为针灸科星状神经节阻滞做了充足准备。

（三）对外交流协作深入开展

2021年11月，我院与山大一院神经外科签署科室共建协议，山大一院神经外科博士工作站正式落户，在"同质化、规范化"的原则下成立"山大一院神经外科晋中病区"，"专家联合会诊，省市上下联动、科室同质共建"机制初步形成，一批神经外科"高、精、尖"手术陆续开展，博士工作站"惠民医疗"社会反映良好，科室声誉、医疗质量、诊疗人次明显提升，8名患者已入组进站，让优质医疗"跟跑"百姓健康，切实解决老百姓"看病难、看病贵"的问题。

我们在广州番禺区人民医院乔铁教授指导下开展了5例内镜微创保胆取石术，手术成功，患者恢复良好。同时，邀请山西中医药大学附属医院陈红谨医师、晋中市第一人民医院侯丽芳医师、返聘名老中医王思曾副主任中医师、原晋中市第一人民医院齐广珍主任医师分别于内分泌科、胃镜室、治未病科、外二科出诊，不断提高科室疾病诊疗水平。

三、立足本职，着力突出社会公益性

积极完成对口支援工作。年度内共计派出20人到榆社县中医院、和顺中医院、汾西县中医

院参与对口支援和医联体工作，开展诊疗3129人次、收治住院262人次，开展手术46台，进行教学查房216次，业务培训29次，开展新技术35项、专题学术讲座34次，疑难危重病例讨论18次、义诊238次，入户诊疗3次，使百姓切实体会到优质医疗资源下沉带来的好处。

有序推进医联体工作。共派出7人到12个社区和卫生院进行医联体对接工作，分别为新建社区2人、锦纶社区2人、北关社区3人，开展义诊、教学、指导工作。助力乡村振兴发展。积极组织选派党员工作队驻榆社县北寨乡赵王村开展乡村振兴巩固拓

展脱贫攻坚成果工作。一是，举办结对共建义诊活动，以结对共建促区域发展，切实为群众百姓办好事、办实事，提升群众百姓的获得感、幸福感。二是，组织驻村工作队第一时间奔赴田间，和百姓一起投入田间地头的灾后抢收工作中，全力保障人民群众生命健康安全。同时，号召院内职工进行捐款，两次捐款共计31570元，为灾区的灾后重建工作贡献绵薄之力。

2022年，我们要汲取经验、摒弃不足，满怀信心、砥砺奋进，以永不懈怠的精神状态和一往无前的奋斗姿态，把班子建设得更加坚强有力，把队伍带得更加团结奋进，把各项工作抓得更加富有成效。具体重点工作如下：

一、完善医院内涵建设

（一）强化科室管理

1. 职能后勤科室根据工作量进行年度考核；此外，器械科、总务科设备采购要经过严格的可行性论证、设备效能评估等程序，提前做好设备采购计划，年底按计划对科室进行考核。

（二）提升医疗水平

加强核心制度的落实，多措并举真正把核心制度落实到位，进一步提高医疗质量，保障医疗安全。

强化病历质控管理工作，重点专项检查三级医师查房、术前讨论、疑难死亡病例讨论、会诊制度、危急值等核心制度落实情况，以及非计划手术、大于30天病人管理、中医临床路径病历等。增强服务意识，继续推进入科指导频次。

继续加强中医临床路径考核工作，力争2022年底入径率、完成率和覆盖率全部达标。

进一步推进防治卒中中心建设，提升脑卒中防治能力，力争2022年底完成验收工作。

新建介入手术室，在现有专业的平台上抽调专科骨干实力人员并对基础设施进行大力改造，购置导管介入设备，开展心脏及外周血管介入手术，弥补专业实力空白。

（三）优化护理服务

继续深化"优质护理服务"工作内涵，落实责任制整体护理模式。适时优化护理质控标准，完善相关制度，提出改进措施，促进护理质量的持续改进；加强专科护士建设及培养，储备专科人才，计划培养中华级专科护士1—2名，省级专科护士1—2名，提高护理队伍整体素质；2022年1月27日，《山西省卫生健康委办公室关于确定全省专科护士临床培训基地的通知》正

式确定我院血液净化专科、中医专科为山西省专科护士临床培训基地，进一步提高临床培训教学能力，多方位培养中医护理人才，通过强化护理专业内涵建设，为患者提供安全、科学、优质、满意的护理服务。

（四）强化队伍建设

严格按照《晋中市干部政治素质考察办法》考察任用干部，做好中层干部选拔任用工作，规范干部人事档案管理；完善招聘流程，继续通过多种渠道发布招聘信息，有针对性地参加部分院校校园招聘会，全面地、保质保量地完成招聘任务。

（五）建立新型康复医疗服务模式

坚持现代康复治疗技术与中医传统康复治疗相结合，中西医结合，个性化治疗，打造康复科VIP诊疗中心，不断满足群众个性化就医需求。充分开展督脉蜡药疗法康复治疗，同时挖掘一些临床疗效好，简便廉验的特色治疗，形成中医特色明显的优势专科，增加康复治疗项目，拓宽诊疗范围，购置治疗设备，联合产科，逐步有序开展产后康复治疗。积极招聘专业医师，培养康复专科护师，利用中医康复专科联盟组织，派出治疗师、医师、护师外出学习，同时引进专家来科授课，学习先进康复技术，更好地服务患者。

二、突出中医特色优势

充分发挥中医药特色治疗优势，开展多层次医疗服务工作，聘请名老中医来院坐诊，使广大患者在家门口就能够享受到名老中医专家提供的优质诊疗服务，扩大知名度，提升影响力。

推动中医护理发展，以辨证施护为根本，在临床工作中要充分尊重患者，能够在生活起居、用药、饮食、情志等方面提供具有中医特色的康复和健康指导。努力提高临床中医护理技术，创新具有实用性的中医护理模式，促进中医护理系统化、现代化、科学化的发展，使新模式成为真正能指导临床实践的实用模式。

进一步发挥中医"治未病"主导作用，按照市卫健委相关文件要求，积极推动中医经典病房、老年病科、中医药特色健康管理中心建设工作，推进常见病、多发病、慢性病等防治关口前移，更好地发挥中医药特色与优势，提升中医药临床诊疗能力。

全力推进中医馆项目建设，带动基层中医药适宜技术的推广及应用，基层中医药服务能力提升，让市民在家门口就能享受传统中医药健康服务。

推进中医药文化进校园活动。积极和晋中市教育局相关部门对接，目前已确定榆次区晋华小学和安宁小学为中医药文化进校园活动试点学校，制定《中医药文化进校园活动实施细则》，预计于2022年第二季度开展中医药文化进校园活动。

三、深入推动地校合作

提升中医医疗水平和科研能力，完成我院挂牌山西中医药大学直属附属医院、山西中医药大学第四临床学院工作;制定博士工作站建设方案,成立领导组,逐步提升医院综合服务能力、核心竞争力和品牌优势;提升重点专科建设水平,完成省级重点专科验收和市级中医重点专科申报工作,实现医教研互补协同发展。

将晋中学院建设成为晋中市中医院分院。

四、坚持政治统领,党的建设更加坚强有力

(一)以党的思想建设为引领

坚持党对医院工作的全面领导,以习近平新时代中国特色社会主义思想为指导,增强"四个意识"、坚定"四个自信"、做到"两个维护",全力保障党中央、省委、市委和院党委的重大决策落地见效。

(二)以行业作风监督为标尺

加大对重点岗位和关键环节人员的监督力度。针对重点岗位、关键环节的苗头性、倾向性问题,充分发挥纪检监督作用,运用好监督执纪"四种形态",做到关口前移、早警示、早发现、早预防;深入开展"严作风、强医风、重师风、树新风"专项整顿活动,打造有温度的医院,提供有关怀的医疗,培养有情怀的医生;强化医德医风和行风建设,严格落实《医疗机构工作人员廉洁从业九项准则》,以先进典型为标杆、以反面典型为镜鉴,维护风清气正的医疗环境;积极做好群众举报案件的调查处理工作,让全院干部职工知敬畏、明底线、守纪律。

律回春晖渐,万象始更新;行者方致远,奋斗正当时。我们坚信,只要凝聚同心筑梦的精神力量,激发接续奋斗的责任担当,坚守医务工作者的初心使命,以史为鉴、开创未来,埋头苦干、勇毅前行,把握新思想、聚集新能量、构建新格局,以更加优异的成绩迎接党的二十大胜利召开!

转作风医心为民　数字化助力健康

江西省进贤县中医院　赵根香

进贤县中医院建院30多年来，始终坚持以中医特色为办院方向：医院现有骨伤、胃病、糖尿病、康复妇科、肾病、肛肠、创伤、肺病、外科等十大省中医重点专科，始终坚持"中西并重、造福社会"的服务理念。在樊国根书记、赵小忠院长及全体班子成员的带领下，该院开创"中医传统＋西医融合与数字化智慧医疗"相结合的办院思路，充分发挥中医药优势，坚持走中西结合特色之路，做好"中医特色"专科，为人民提供优质的中西医结合医疗服务。

一、转作风，锤炼党员干部"医心为民"的初心

（一）整章建制转作风、提效率

面对医院改革转型、疫情攻坚、体制转化、机制融合的多重考验和挑战，医院上下齐心协力、团结一心，抓制度建设，促作风转变，主动服务、靠前服务，时刻以"马上就办、高效处理"为工作准则，倾听患者心声，拉近医患距离，构建和谐医患关系。

（二）强化职能转作风

从强化职能发力，加强职能科室横向沟通、上下协调。职能科室深入发热门诊开展"防护服穿脱""疫情防控"专项培训。在常态化疫情防控的当下，职能后勤靠前服务，每天抽调数名人手，支援临床导诊工作，维护医疗秩序，构建安全有序的就诊环境。

（三）行风环境转作风

在门诊各诊区、住院各病区显要位置张贴"转作风优环境活动年"及公示投诉电话，多渠道收集患者及家属投诉，及时处理患者投诉，完善无障碍设施、开通网络电视，实现数字化病房等。通过优化服务流程、改善服务态度提升服务形象，不断提高患者就医体验和员工职业归属感。

（四）党建引领转作风

从党建引领着手，将党建阵地用好，打造"四好支"。统筹抓好党建与医疗工作深度融合，以庆祝建党100周年为契机，讲述红色战疫故事，弘扬行业主旋律。创建"进贤县中医院专家医疗服务队"，开展"公卫服务基层行"下乡免费义诊活动，每年志愿服务下乡义诊达百余场。

二、数字化，新技术助力健康

进贤县中医院以关爱患者身心、提高群众就医和医务人员行医感受为核心，致力于加强数字化与医疗新技术开展构建和谐医患关系。

（一）诊间支付免排队优化流程，提高患者获得感

根据常态化疫情防控、日常医疗工作、患者就诊需求实际，坚持走流程、调布局、再挖潜，不断优化医疗服务流程，开通"进贤县中医院"公众号挂号、缴费检查结果查询一站式服务，免除患者排队烦恼。数字信息化助力就诊挖潜提速，就诊效率不断提高缩短患者检查等候时间。

（二）智慧停车场免费停车优化措施，提高患者满意度

医院由于地处县中心，交通虽便利，占地面积少造成停车困难一直以来是全院人员的"心病"。为解决"停车难、就医难"的问题，医院开通智慧停车场，全院职工无私奉献一律"以步代车"或自行租赁社会停车场，将医院有限的停车位让给前来就医的患友免费停车，创造便民的就医条件。

（三）中医新技术开展优化服务内涵，提高患者幸福感

该院有"按摩推拿、艾灸、拔罐、刮痧、耳穴埋豆中药湿敷熏洗针灸、小针刀"等多项传统中医技术。新开展的热敏灸运用于内外妇儿各种病症，此技术不用针、不接触人体，无伤害、无副作用，属于临床针灸替代疗法。开展的新技术雷火负和中药灌肠，广泛运用于临床痛经闭经、月经不调、产后恶露不绝等，弥补了县域治疗的此项空白。

谱写中医药传承创新发展新篇章

四川省自贡市中医医院 陈 彬

一、基本情况

自贡市中医医院是一所集医疗、教学、科研、预防、保健于一体的国家三级甲等中医医院，创建于1955年，1981年改建为自贡市中医医院；1995年建成全国首批三级乙等中医医院；2011年挂牌成立"自贡市治未病中心"；2012年建成国家三级甲等中医医院；2017年成为成都中医药大学附属自贡医院；2019年获批四川省首批中医医疗区域中心；2020年获"省中医药传承创新发展先进集体"称号，在全国三级公立中医医院绩效考核中排名第92名。

医院占地124亩，业务用房11万平方米，编制病床800张，有卧龙湖、马冲口和汇东3个院区。目前医院在岗职工831人，拥有全国老中医药专家、享受国务院特殊津贴专家、省市名中医等名医名家144人次。现有国家、省市、重点中医专科18个，国家、省名中医工作室2个。拥有直线加速器、3.0T磁共振、256排超高端螺旋CT等现代诊疗设备近1000台（件）。医院是国家中医住院医师、全科医生规范化培训培养基地、西南医科大学教学医院、省肺癌病中医药防治中心建设单位。

二、坚持党建引领，深化改革焕发活力

认真贯彻公立医院改革部署要求，落实党委领导下的院长负责制，医院党委充分发挥把方向、管大局、作决策、促改革、保落实的领导作用，坚持大党建工作思路，构建大党建工作格局，牢牢把握公益性办院方向，建立健全现代医院管理制度，提高运行效率，推动改革建设。在全市医疗机构率先开展"定岗定编定员"改革，759个岗位重新聘用；实施绩效分配制度改革，严格目标绩效考核，营造思进思干、奖勤罚懒新风；加快人才培养，推进学科建设，加强与高校合作，与四川卫生康复职业学院共建针推临床班，采取1.5+1.5的教学模式，夯实理论知识学习，提升专业实践能力；制定《容错纠错实施办法（试行）》，营造敢进敢干、崇廉尚实正气，党员干部职工精神面貌焕然一新，凝聚力战斗力显著增强。建设川南首个智慧药房，配备智能机器人，实现处方系统与药房配药系统无缝对接。加强自身中医药内涵建设，充分发挥带头示范效应，建立城市紧密型中医医联体，签约针灸、肛肠专科联盟74家，对基层医疗机构业务指导上万次，促进全市中医药健康服务能力有力提升。

三、坚持弘扬国粹，全力以赴抗击疫情

面对突发公共卫生事件，医院迅速反应，科学研判，第一时间组建志愿队、党员先锋队，主动将中医药服务下沉社区，控制源头，推进防控工作差异化、精准化，充分调动中医药人员物资，构建整体化、全方位的疫情防控中医管理模式，充分发挥中医药在重大公共卫生事件中的作用。2020年，突如其来的新冠肺炎疫情猝不及防，医院广大医务人员主动请缨奔赴抗疫前线，先后多名援鄂医疗队员前往一线，同时积极组建"高速路口监测点"工作队、后备定点病区临时党支部，运用"同病同治、中药漫灌"的防治方法，第一时间引进研发、主动公布、积极推广自贡防冠1—4号方、防冠熏蒸液方，受到基层医疗机构和群众广泛好评。医院向省内外群众提供调剂防冠中药13万剂、防流感香囊15万个、免费中药"大锅汤"500万毫升，推出中药"免邮到家"服务，共服务群众40万人次，有效缓解疫情严重时期群众居家恐慌焦虑、无药预防等问题，为全市抗击新冠肺炎疫情提供了强有力的中医药保障。医院被省委、省政府表彰为抗疫先进集体。

四、坚持守正创新，传承中医树立品牌

为传承精华，奏响中医发展主旋律，医院制定中医优势病种诊疗常规60种、优势病种中医护理方案52个，将腰椎间盘突出症、混合痔、面瘫等54个病种纳入中医临床路径管理。自贡市肿瘤、病案、护理等6个市级中医质控中心挂靠我院。持续把"专科建设、专病专治、专方专药、专人专长"作为提升医疗水平的有力抓手，全力打造专科集群，实施"树名医、制名药、建名科、创名院"工程。选树名医，持续建设"冯志荣全国名老中医药专家传承工作室"，全力打造何爱国、鄢路洲、李传芬、李成秀等省、市名中医工作室。研制名药，积极推广三匹风、苦黄洗剂、金黄散等17种院内制剂，与华西医院下属公司合作研发乌莲止痛合剂、健胃止呕合剂、参杞补血合剂等12种院内制剂，今后将实现申报备案和规模生产。建设名科，持续建设针灸、肛肠、肿瘤等9个国家、省级中医重点专科（学科），培育、升级建设骨科、妇科、肺病、脾胃病等专科，力争重点专科数五年翻番。创建名院，做大、做强、做精川南针灸、肛肠病医院和中西医结合肿瘤防治中心，持续建设全省中医医疗区域中心。

五、坚持中西并重，提升教学科研水平

医院党委始终把医疗质量视为医院生存和发展的生命线，把支部建在临床一线，把业务骨干发展为党员，支部建设和临床业务"一肩挑""团队担"，党建业务深度整合，引领互促。强力推进多学科合作，创新中西医结合医疗、疫病防治、临床研究模式。注重打造中西医结合团队，开展重大疑难疾病、传染病、慢性病等中西医联合诊疗、多学科协作诊疗。实施"手术、放化疗+中医药固本培元、消癥散结"治疗肿瘤模式，疗效明显。率先在全市实施4K腹腔镜下直肠癌根治术，成功为罹患多种疾病的患者切除7.5千克巨型肿瘤，持续开展粒子植入术、冷

热消融术等，年诊治肿瘤患者 2 万余人次。引进开展经皮冠状动脉支架植入术、药物球囊技术、永久起搏器植入术、肌骨超声介入治疗等新技术，呼吸道、消化道镜下冷冻、热消融、支架植入等微创介入诊疗技术全面发展，手术难度、危急值管理水平不断提高。医院在全省率先成立自贡市中西医结合研究院。近年来，医院获得国家实用新型专利 13 项，自创有面瘫康复操、静坐调息法、降压操、舌操等 9 项中医养生康复操，获得版权专著。申报科研项目 80 余项，获市政府科学技术进步一等奖（协研）1 项、二等奖 1 项。

六、坚持上工治未病，多维宣传中医药

未病先防重在养生，既病防变重在及时。近年来，医院采取多形式、多渠道、多平台宣传传统中医药文化，让群众更好地了解、认识中医药，从而感受中医药、运用中医药。利用媒体、网站、公众号、院刊等多维宣传普及中医药预防疾病知识 300 余次；医院科普专家做客自贡电台、电视台等，通过《名医访谈——走进自贡市中医医院》专栏形式，开展中医药知识展示、宣教；拍摄微电影《中医日记》、微视频《中药腊叶标本制作》，制作精美中医药叶画系列文化产品，编制诗歌朗诵《英雄归来》，编印院刊《杏林》43 期，印发大量健康科普手册，举办中医药文化展、膏方节等活动，全面增进群众对中医药知识的了解，让中医药知识走进生活；坚持开展中医文化"六进"活动，进行中医医疗查房 58 次、义诊服务 155 次、健康讲座 57 次，其中派出医务人员 1000 余人次，开具中医处方 6000 余张，发放中医药健康宣传资料 25 万余份，为群众免费测血糖血压 2.1 万人次，惠及群众近 3.4 万人，免费赠送防暑制剂、药品等 2 万余元，为群众提供连续的保养身心、改善体质、诊疗疾病、增进健康的中医药健康管理和医疗服务，得到广大群众的一致好评，医院荣获了"盐都十佳志愿服务项目"，全面为自贡中医药事业的健康发展奉献力量。

提素质强技能铸匠心　十年华丽蝶变

河南省开封市第二中医院

成为河南省区域中医骨伤专科诊疗中心、成功创建河南省中医重点专科肝胆脾胃科、足踝专科领跑开封市水平、中医护理特色门诊简便惠民、开封市中医骨伤研究院重点实验室正式开放运行、疑难重症救治能力大幅提高、人才队伍整体水平明显提升、医院综合服务能力持续增强、医患关系更加和谐……近年来，开封市第二中医院交出的"成绩单"格外亮眼。

亮眼成绩单的背后折射出的是第二中医院"一切为了患者"的真挚承诺。开封市第二中医院院长万永杰介绍，医院的发展，离不开开封市委、市政府，市卫健委的正确领导及社会各界的鼎力支持，更离不开职工群众的认可和肯定。

经过几代人的不懈努力，如今，开封市第二中医院已发展成为骨科实力雄厚、技术人才密集、服务功能完备、临床学科齐全、仪器设备先进的集医疗、教学、科研、预防、保健、康复为一体的三级综合性中医医院。医院围绕技术、科研、人才、学科、制度等一系列任务主动作为、加速发展，医院各项建设成果凸显、成绩斐然，把全力创建智慧型现代化医院作为新的奋斗目标。

一、打造品牌特色，强化医院发展定位

发展强势学科，形成区域优势。医院现为河南省区域中医骨伤专科诊疗中心，牵头成员单位兰考县中医院、杞县中医院、郸城县中医院、汝州市中医院等4家县级中医院，计划打造集医疗、教学、科研、预防为一体的豫东地区区域诊疗中心品牌。医院骨科、颈肩腰腿痛科、肝胆脾胃病科为省级重点专科，其中骨科开设8个病区，分为创伤、关节、脊柱、足踝、微创、显微、疼痛康复7个亚专业。心血管内科、神经内科为市级重点专科，形成了以骨科、颈肩腰腿痛科、足踝外科、康复科、中医科、普外科、消化内科、神经内科、呼吸内科、重症医学科等为主要特色的省市级临床重点学科群，在本地区形成了强劲的核心竞争力和品牌优势。

扶持弱势专科，提升综合实力。在巩固强势学科的基础上，针对弱势专科，医院采取引进学科带头人、遴选优秀人才组团式外出学习、整合专科建设形成区域竞争力三大举措，持续发挥学科整体优势，提升学科综合实力。

增加硬件投入，提升诊疗水平。近年来，先后添置了多层螺旋CT、飞利浦彩超、消化内镜及相关设备、病理室设备、核酸快速检测分析仪等一大批先进的医疗设备，大大提高了诊疗水平。

二、夯实人才队伍建设，丰富医院发展内涵

在人才引进方面，近年来，医院大力引进高校应届毕业研究生和高级以上职称临床业务人员，与河南省中医药学院、商丘学院应用科技学院联合建立实习培训基地。

在人才培养方面，医院制定了层次分明的培养计划。对于青年医生，一方面重点实施了"中青年医学人才培养计划""中医师带徒"计划，投入大量财力用于其学习深造、业务发展、科研创新等；另一方面，在科室内部确立多个亚专科方向，并围绕专业专科技术重新配置资源，力求每个医生都有自己的发展方向。

在人才管理方面，为充分调动科主任的积极性，发挥其在科室管理和学科引领方面的作用，医院对科主任实行了绩效动态化管理。此外，对处在管理塔尖的医院领导层，医院更是以开放的心态积极鼓励他们前往国内知名的医院、高校，取经学习。同时聘请国内优秀医院管理专家到院进行系统的管理培训，为提高整个管理团队的能力而不遗余力。

三、持续提升智慧服务能力，建设现代化智慧医院

医院在应用平台化的业务系统基础上，针对电子病历四级业务系统模块功能要求，通过升级改造，逐步完成手术麻醉、临床输血管理、危急值管理等系统建设。

在智慧服务方面，医院于2019年在全市率先开通了线上就诊流程。通过"互联网+医疗健康"模式，利用信息化技术，实现了医院线上服务与院内信息系统的深度融合。同时结合河南省通卡就医和便民服务要求，先后完成了统一资源预约平台、统一支付对账平台建设，整合了多种支付方式，实现了多种便民服务应用。目前患者到院就医无须办卡充值，持本人有效证件，即可在医院各环节进行身份识别。同时自主开发线上智慧医院小程序，实现了多种医疗服务。

通过远程教学平台，充分满足疫情下医院对院内外教学、培训、考试、学员管理的需求，更解决了基层医联体单位影像诊断能力不足的问题，为医院影像诊断中心的成立奠定了基础。

四、加强顶层设计，医院基础建设再拓宏图

2021年，医院新门诊病房综合楼开工建设，开启医院发展史上的第三次创业历程。医院拟在可用地范围内建设一栋11层门诊病房综合楼，预计2022年年底投入使用。新院区是医院打造高水平医疗服务高地的重要支撑，也是医院增强核心竞争力的硬核驱动。

项目投入使用后，医院将科学规划、合理布局，增设骨科、中医、内科病区，多元多措打造特色中医院，不断巩固提升市内公立医院的标杆地位，全力冲刺省内顶级中医医院的方阵。

五、勇担社会责任，坚持医院公益属性

医院始终追求社会责任担当。为更好地发挥三级中医医院传、帮、带作用，提升基层医疗

技术水平，先后与全市20余家乡镇卫生院、社区卫生服务中心建立医联体关系，寻求或提供技术支持，为实现群众健康新期盼助力，切实缓解了辖区内群众看病难的局面。

完成和市中心血站的数据对接，开展了无偿献血者及其家庭临床用血费用减免服务，确保他们临床用血在医院直补，为无偿献血者及其家庭成员提供优质、高效、便捷的服务，用实际行动让无偿献血者享受到献血带来的优惠政策。

积极推行公立医院改革，在行业次均费用不断增长的情况下，通过降低药占比、耗材比，大幅降低CT、MRI等大型仪器检查设备收费标准，严控不合理用药、检查等有效手段，使得门诊、住院费用和次均费用远低于全市同级医院水平；另外，为不断强化院前医疗急救与急诊的无缝交接，积极完善急救体系，打通生命急救"绿色通道"；每年累计30余次深入学校、社区、企业开展义诊、健康宣教等活动，传播健康防控知识。

风好正是扬帆时，征衣未解再跨鞍。千头万绪的事，说到底是患者的事。"学科立院、人才强院、医德立院"的发展战略为医院赢得了诸多优异成绩同时，也更加坚定了发展信念。"十四五"期间，开封市第二中医院将加大力度创建国家区域诊疗中心、省级和市级重点专科，全力提升综合能力，持续不断引进高层次专业人才，加快新院区建设步伐，不断优化中医适宜技术和中医特色诊疗服务，最大限度地满足开封市人民群众对中医药服务的需求。

学党史 悟思想 为民办实事

河北省香河县中医医院

初心如磐，使命如焗，香河中医人始终坚定为民务实的情怀，致力于把香河的中医药事业发扬光大，更好地服务广大百姓，让百姓受益得实惠。"我们绝对禁止，而且坚决反对，绝对不搞那一套头痛医头、脚痛医脚，治标不治本的医疗发展模式，我们要做一些让百姓看得见、摸得着，实实在在为民务实的好事，真正把医院建成治病救命的百姓医院。"医院党总支书记李瑞峰经常提醒告诫大家。

深入基层不放松，立根原在群众中，近年来，香河县中医医院始终坚持公立医院的公益性，认真学习贯彻习近平总书记提出的大健康战略，本着发展不忘初心、牢记使命的宗旨，大力实施健康中国战略，为人民群众提供全方位、全周期的健康服务。医院始终坚持和秉承"中西医并重"的发展方针，大力弘扬"忠诚、仁爱、精益、笃行"的医院精神，在保持原有西医技术并不断强化的基础上，不断赓续弘扬中医药文化传统，发挥中医药特色优势，大力实施中医适宜技术的推广和应用，引领带动乡镇卫生院中医药技术的提升。同时，医院紧紧依托京廊中医药协同发展"8·10"工程，将北京优质的中医药医疗资源下沉，通过北京中医药大学专家老师来院讲授《伤寒论》《金匮要略》《黄帝内经》《温病》四部中医经典、与北京各大知名三甲医院进行医疗合作对接、师徒带教、选送进修等一系列有力措施的实施和推广，不断提升我院及乡镇卫生院的中医药技术水平，辐射带动全县整体中医药工作的发展。

疫情就是命令，防控就是责任。自疫情发生以来，我院不辱使命、共克时艰，严格按照上级的规定动作，扎实做好每项工作，面对疫情的不断变化和反复，我院及时迅速传达执行国家卫生健康委员会印发的新型冠状病毒感染的肺炎诊疗方案和上级关于疫情的文件通知要求，并及时做好培训，达到全院知晓，同时，不断细化优化流程，加强管理，科学研判，将关口前移，制定有效措施，有条不紊地推进各项防控工作，广大医务人员更是义不容辞，白衣执甲，不畏艰险，挺身而出，逆行而上。为切实做好医院复工复产后的医疗工作，根据上级部门的安排部署，院领导班子第一时间对疫情防控和医疗服务工作进行再安排、再部署，坚持一手抓疫情防控，一手抓医疗服务，确保医院各项医疗工作正常有序开展，确保人民群众能够安全就医、放心就医。

在做好疫情防控，保障医疗服务的基础上，医院将党史学习教育成果转化为为人民服务的实际行动，不断拓展为民办实事的渠道，深入开展走基层、送健康系列服务活动，牢固树立以人民为中心的发展思想，帮助群众解决实际问题，采取了一系列服务性措施。

一是积极承接县域城区内国家基本公共卫生服务项目，专门成立了健康管理科，组织医院各科主任、专家及高年资医护人员深入社区、企业开展义诊宣传、健康咨询、急救培训、建立居民健康档案、现场解读体检报告等。

二是组织开展"走基层、送健康、服务百姓"活动，我院组织各科力量深入乡镇、村街、敬老院开展了以"中医健康大篷车"为主题的大型义诊服务活动，深得百姓好评。

三是医院为了大力推广中医药技术文化，将中医适宜技术推广到千家万户，医院成立6个医疗服务战队进行网格化管理，积极与乡镇卫生院和村乡医对接，手把手把中医适宜技术教给他们，让百姓受益。

四是积极推进慢病管理工作，2020年10月，医院很荣幸被廊坊市卫建委确定为市慢病管理工作试点机构，按照项目组要求，我院积极与河北咱家健康软件科技有限公司对接，通过移动互联网、物联网、大数据等信息技术，做好以高血压、糖尿病、冠心病、慢阻肺、脑卒中为主要病种的慢病管理工作，目前，各项工作正在有序开展，并取得了阶段性成效。

医院通过开展走基层、送健康系列服务活动，深入乡镇、村街、社区、敬老院、企业进行义诊宣传、健康咨询和培训，大力普及健康知识，提高居民健康素养，为城乡居民提供全周期、全方位的医疗健康服务。在义诊服务活动现场免费提供量血压、测血糖、心电图、超声检查和中医适宜技术。在受疫情影响的情况下，近一年时间，共开展义诊活动90余次，派出医护人员1200余人次，受益群众达到1.5万人次，发放健康手册、宣传资料8000余份，受到广大城乡居民的一致好评。

这些活动服务举措的开展实施，真正地把县级公立医院的优质医疗资源辐射下沉到基层，解决好老百姓看病难、看病不方便的问题，不断增强了广大人民群众的获得感和幸福感，切实把群众所急、所盼、所想的操心事、烦心事、揪心事落到了实处。

多举措提升医疗质量 完善医疗服务

浙江省湖州市南浔区中医院

近年来，湖州市南浔区中医院深入落实新医改实施意见，以"转方式、调结构、强内涵"为重点，落实疫情防控各项措施，改善医疗服务质量，强化医疗安全，创新发展思路，通过一系列改革措施，使医院的改革发展呈现可喜局面，医疗服务质量和患者的就医感受明显提升。

一、科学决策，深化医改

院领导高度重视，多次召开临床医技科室主任座谈会，听取多方意见和建议，对医院的建设发展进行科学决策，要求全员持续强化质量安全意识，规范管理。优化医院质量与安全管理委员会各项制度，由医院一把手任主任委员，制定全院质量与安全管理措施，梳理医院服务流程中的缺陷问题，优化服务流程的目标和重点；加强核心制度落实的督查，组织医疗质量专项检查。

医院选定目标，重点突破。针对以往电子临床路径推行困难的问题，医院制定了《关于电子临床路径考核暂行规定》，确定科主任为电子临床路径的第一责任人，医疗组长、临床科室路径管理员为直接责任人。电子临床路径的制定严格执行"三合理"标准，病种涵盖各临床科室的多种常见病种。通过考核规定的落实，电子临床路径得以有效推广，使医院的临床路径管理率明显提升，即保障了医疗质量安全，又减轻患者经济负担。

二、探索新思路，提升高质量

医院积极探索管理新思路，以管理与医改相结合，按照等级医院建设标准、省市卫健委医院管理考核标准和公立医院绩效考核评价细则等，健全完善《医院综合目标管理考核方案》，建立责任更明确、考评体系更健全、责任追究更严格的管理考核体系，促进医院综合管理、内涵质量技术水平、人才梯队、科研教学、优质服务等全面稳步提升，确保医院各科室的管理效能不断提高。

医院从绩效核算、考核等环节进行改革，向临床一线倾斜，向高强度、高风险的科室倾斜，对高新技术的应用实行特殊政策；加大对各科室的成本控制及核算。职工积极性得到提高，患者的"平均住院天数"和"次均费用"明显下降。

三、强化管理，成效显著

医疗质量是医院管理永恒的主题，是医院生存和发展的基础。对照制定的质量指标，根据全年检查结果，评定各级别、各层次的质量奖，予以奖励；根据《医疗质量管理办法》要求，实行分科室、分层次，全员进行质量监控；加强对全院医师的定期培训和考核工作，坚持把"三基三严"训练作为确保医疗质量的基础，继续抓实"三基"考核，突出基本制度和基本技能的考核；进一步控制好手术操作、药物调配、临床输血、基础护理、院内感染等关键环节，实施全程质量管理，注重环节质量控制，不断提高内涵质量；举办新技术新项目评比，鼓励新技术新业务开展，加强临床能力建设；举办医疗救护竞赛，提升疑难危重急症的救治水平；举办持续质量改进竞赛，提升医疗服务质量和水平，提高医院综合服务能力；严格实行手术分级管理，进一步扩大日间手术实施范围，积极推行多学科联合诊疗模式，提升服务效率；实行各类突发事件医疗救治常态管理，确保医疗救治工作有力、有序、有效，提高抢救成功率，降低病死率。

四、重视传统医疗，推进中医药发展

加大师承教育，鼓励中医医师与继承人建立师徒关系，培养中医药适用型人才，并积极举办中医病历、中医护理、中药、中医适宜技术等技能培训、竞赛。大力支持建立名中医传承工作室，褚娟红等3个传承工作室已运行；积极与上海中医药大学及其附属医院开展合作，成立上海中医药大学附属岳阳医院吴士延名中医工作室；整理南浔中医传承资料，提升中医药文化建设；开展中医药文化科普进机关、进社区巡讲活动，营造了浓厚的中医药发展氛围。

笃行不怠勤履职　再接再厉谱华章

湖北省阳新县中医医院

2021年工作回顾

2021年是全面建设社会主义现代化国家新征程开启之年，也是我院实施"十四五"发展规划的开局之年，更是经受严峻考验，战胜各种困难、取得新冠肺炎疫情防控阶段性胜利极不平凡的一年。一年来在县委、县政府、县卫健局党组的坚强领导下，在社会各界的关心支持下，医院深入贯彻党的十九大和十九届历次全会精神，坚持以人民健康为中心，以党史学习教育等党建工作为引领，以重点专科建设及医院内涵建设为抓手，以创建三级中医医院为契机，强化科学管理，突出内涵建设，健全各项规章制度，规范医疗行为，改善就医条件，提高医疗服务质量，全院上下凝心聚力，较好地完成了全年各项任务。

2021年我院总收入20679万元，其中业务收入18508万元。门诊人次22万左右人次，门诊患者人均医疗费用210.03元，比上年下降24元，中药饮片收入1320万元；住院人数2.77万左右，比上一年度增加3200余人次；手术台次5195台次；住院床日198518床日，病床使用率达95%，住院患者人均医疗费用5026元，比上年下降240元，住院病人平均天数7.2天，经去年下降0.3天；全年药占比20.5%，比上年下降0.6个百分点。取得了较好的社会效益和经济效益。

一、落实公立医院职责，圆满完成指令性任务

（一）全力以赴做好常态化疫情防控工作

医院始终把人民群众生命安全和身体健康放在第一位，在县政府和县卫健局的统一领导下，坚定信心，同舟共济，科学防治，精准施策，有序开展常态化疫情防控工作，以责任和担当筑起了疫情防控的"铜墙铁壁"。一是严格落实疫情防控政策，及时传达学习上级党委、政府关于疫情常态化防控工作部署，研究制定本院常态化疫情防控具体措施，把常态化防控措施细化、量化、硬化到各处室、各岗位，形成了无空隙的网格化管理模式。二是提升医务人员疫情防控专业技能，先后举办各种形式培训班30余次，培训人员600余名。三是加强督查考核，不定时对预检分诊、发热门诊、门诊部，以及住院部等科室的常态化疫情防控制度落实情况进行监督

检查,检查结果与科室每月效益工资挂钩。四是全力做好新冠疫苗接种工作和核酸检测工作,2021年我院累计接种新冠疫苗9万人次,核酸检测5万人次。五是充分发挥中医药在新冠肺炎疫情防控中的特色优势,发放中药汤剂,助力新冠病毒预防。全年为隔离点送去中药汤剂3456服。

(二)坚决落实各项社会公益工作

全年完成两会、中考、高考等各类医疗保障任务50余次;号召干部职工广泛参与黄石市红十字会"慈善一日捐"活动,共计捐出34815元;8月份组织全院医务人员开展无无偿献血活动,累计献血近25000毫升;开展建设老年友善医疗机构,切实做好老年人就医便利服务工作,今年起我院实施年满70周岁以上老人可凭有效证件享受免费挂普通号的优惠政策,另外我院导医台新增志愿者服务台、便民服务台、助老服务点等,为来院老年患者提供健康绿色就诊通道,经过积极创建,经县卫健局初审评估、市级卫生健康委复核审查推荐上报,省卫生健康委组织专家进行集中评审与书面复核等程序,我院于2021年12月被省卫健委命名为"湖北省老年友善医疗机构";以我院为主体成立的山茶花志愿者协会,2021年志愿者服务时间3000余小时,服务对象达6000人次,合计开展各类公益活动120场次,发放各类爱心物资达15万余元。

(三)扎实开展我为群众办实事暨323攻坚行动

开展"323攻坚行动"义诊、筛查活动38次,开展健康知识宣传、讲座11次,针对"323"疾病病友免费发放药品5万余元,发放健康知识宣传资料1万余份,免费体检1万余人次,超声检查7000余人次,内科检查3000余人次,白内障3000余人次,心电图5000人次,现场中医针灸推拿1000余人次,义诊活动得到了广大群众的认可和赞誉,同时也以实际行动表达我院服务社会,为群众办实事办好事的良好愿望。2021年11月,"323"攻坚行动——"阳新县慢性呼吸系统疾病防治中心"在我院挂牌成立。

(四)推进精准扶贫与乡村振兴有效衔接

2021年8月,我院派出1名党委委员、副院长,2名驻村书记,3名驻村队员到白沙镇枫树下村、坪湖林村开展乡村振兴工作,驻村工作队通过走访脱贫户、边缘易致贫户、突发困难户"三类人员",了解"两不愁、三保障"和饮水安全巩固情况,了解防止致贫返贫在帮扶政策和帮扶措施落实情况,了解群众生产生活以及产业增收情况。医院全年在驻村帮扶方面投入资金超过4万元,组织党员干部、医务人员到驻点村开展健康宣教、健康体检等社会公益活动义诊4次,惠及基层群众300余人次,切实将健康扶贫、助力乡村振兴帮扶工作落到实处。

二、持续加强内涵建设,提升整体医疗水平

(一)狠抓基础医疗质量

严格执行首诊负责制、会诊制度、三级医师查房制度、交接班制度、病历书写进本规范和管理制度、疑难病例讨论制度、医患沟通制度等医疗安全核心制度的贯彻执行,并下发了《医

疗核心制度》《医疗核心制度考核细则》。采取每周定期和不定期检查、重点问题专项检查、夜查房、每月一考等多种考核方式，杜绝隐患，每月考核结果进行全院通报，开展PDCA持续整改，并纳入本月绩效考核管理；预防、减少医疗差错、医疗事故的发生，2021年医疗纠纷大幅下降，全年赔款在5万元以上共3起。

（二）增强全员质量意识

2021年开展各类质量管理及院感培训，全年累计超过20余次，培训人次4000左右。邀请湖北省医学会医疗鉴定办公室陆泓、武汉协和医院法律顾问王建强、黄石市医学会主任王丽钧等知名专家来院开展省继教项目《医疗安全风险防范》研讨会，为提高医疗安全风险防范能力及医疗质量管理水平，减少医疗损害责任纠纷、化解医患矛盾提供坚实保障，有效帮助全体医务人员树立了良好的质量及安全意识。

（三）完善医疗质量核心制度，执行各项核心标准

以医疗、护理、院感、药剂各项核心制度为重点，采取集中和分散的形式，开展培训、解读、推广。着重以会诊、疑难病例讨论、不良事件上报等一批执行起来有难度的核心制度为主要强化对象，通过各类查房、督查、考核、分析、整改、跟踪等方式，推进执行落实向好发展。2021年全年累计扣罚各科医疗核心制度绩效215分，特别是违反医疗核心制度，扣罚科室整体绩效10分；目前，全员的医疗安全意识和风险防范意识明显提高，医疗投诉、纠纷大幅下降。

（四）完善医疗质量、医疗安全内部质控工作

建立医疗质量监控指标体系和评价方法；定期组织医疗质量检查、考核、评价，判断医疗质量，提出改进措施；成立质量与安全管理委员会，各质量管理小组；定期开会研究医疗质量管理问题；设立专门的医疗质量管理部门，负责全院医疗、护理、医技质量实行监管，并建立多部门医疗质量管理协调机制。2021年组织质控查房50余次，每月形成质量简报为院长决策提供支持，提供给绩效考核办为各科室绩效考核依据。同时反馈给各科室并要求其整改。

（五）深化护理专业内涵，提升优质护理服务水平

一是加大在职培训，护理部深入科室严格考核，现场抽查，实地进行医嘱查对和交接，掌握制度落实情况。二是加强护理质量控制，每月进行科室内部及科室交叉质量检查，每季度召开一次护理质量与安全管理委员会议，将本季度存在的护理质量问题进行讨论分析，针对存在问题提出有效的建议，并在会后进行落实。三是加强护理管理，强化护士长的管理意识，坚持护士长例会和护士长夜查房制，将年计划、月重点、周安排及时安排部署，组织实施。通过不断激发护理人员理论学习的积极性，践行优质护理服务的主动性，促使医院护理质量再上新台阶，切实提高患者就医满意度、获得感。

（六）科教工作圆满完成

一年来，一是加大对各专业的内培外训，全年组织院内各类专业知识培训超过60次，培训人员6000余人次。二是积极申报和实施继续医学教育，全年共举办了12个继教项目，其中黄石市继教项目10次，省级继教1次，承办省级继教1次培训人数达2000余人。三是加强临床教学与带教工作，2021年我院实习生、见习生、进修生90余人次，其中湖北省中医药大学实习生、见习生达25余人。四是选派学科骨干外出进修学习，全年共派出院外进修21人，其中进修半年的有5人，进修3个月的有16人。五是认真做好临床研究成果总结，积极撰写论文，全年全院发表学术论文近30余篇，其中国家级核心期刊10篇。六是积极组织科研课题的申报与结题，2021年我院成功申报省级科研课题1项，省级科研课题结题2项。七是积极参加各项比赛，2021年我院参加黄石市中医药比赛，获得二等级二名，三等奖三名，纪念奖八名，其中有四个项目代表黄石市参加省级比赛。八是加强重点专科建设，2021年我院5个科室参加湖北省中医重点专科评审，其中推拿科、骨伤科、心病科、脑病科答辩成绩排全省第一名。皮肤科成功申报黄石市重点专科。

三、全面创新医院管理，提升综合发展能力

（一）强化绩效考核力度，提升管理服务水平

2021年绩效考核办进一步完善、调整绩效工资考核办法，形成了较为稳定的联合督查模式，检查结果均纳入各科室当月的绩效成绩。业务科室分别从医疗、护理、中药、西药、院感、科教、满意度、医德医风、行政管理、执行力和医保管理等方面进行考核；行管职能科室从工作任务、科室管理、服务工作、工作时效、教学与科研、行政管理、业务科室满意度、医德医风和执行力等方面进行考核。全年计调查满意度问卷4334份，平均满意度达90%以上；计收受投诉11起，意见与建议25份，及时反馈并合理处置了投诉、意见与建议，进一步提高了相关科室的细节服务。

（二）持续推动二级公立中医医院绩效考核工作

我院是首批参加二级公立中医医院绩效考核工作的医院，每月15号之前上传上一个月的病案首页数据，同时需要上传输血病案数据，我院上传合格率均已达标；积极开展门诊、住院患者及职工满意度调查工作，2021年我院满意度调查数据已达标。

（三）有序开展"经济管理年"活动

一是成立了以院长为组长、副院长为副组长，各职能科室主任为成员的"经济管理年"活动领导小组。二是下发《阳新县中医医院"经济管理年"活动实施方案》给各科室。三是召开经济管理年专题会议，统一思想，明确分工，把经济管理年活动列入医院工作的重要议事日程。四是利用宣传栏、公众号等形式广泛宣传发动，营造良好的舆论环境。五是对照标准查不足、找问题，不断改进、不断提高，将经济管理年活动做细做实。

（四）继续打造与外院交流平台，提高专科建设能力

一年来，我院利用已成立的黄石市首家远程心电网络诊断系统，把所有乡镇卫生院及大部

分骨干乡村卫生室联系起来，2021年为乡镇卫生院及大部分骨干乡村卫生室提供心电诊断业务，全年累计开展远程心电16835人次，切实发挥中心优势，造福广大百姓，为我县卫生健康事业的发展做出更大贡献。医院中高层领导利用双休日到乡镇卫生院指导国医堂建设，并委派多名医生到乡镇卫生院国医堂坐诊、教学、查房，目前我县乡镇卫生院国医堂建设全覆盖。

（五）加强人才队伍建设

2021年通过招聘和考试聘用不同层次中医药人才，聘用中医药人才40人，聘请了超声、泌尿、骨科、肝病、脾胃、消化、针灸推拿、心血管、皮肤等多个专家来医院坐诊、教学、查房，合理配置了医院人才队伍梯队建设。

（六）坚持"大专科、小综合"的发展定位，用重点学科建设带动医院各项医疗建设

一年来，加大对心病科、泌尿外科、眼耳鼻喉科、康复科、肿瘤科、妇产科、推拿科、皮肤科的学科建设的投入，进一步整合专业优势，不断提升医院的学科品牌。

四、全面改进服务能力，提升医院品牌实力

（一）加强信息化建设，打造信息化、数字化医院

在基本完成HIS系统和电子病历系统建设的基础上，进一步解决系统问题、完善系统，使系统处于稳定的工作状态；完成全国医保接口改造工作，使全国医保在规定时间内平稳上线；完成医院企业版360杀毒软件招标工作，确保医院内网的安全性；完成了城东新院区机房硬件和三级等保建设的招标工作，为新院区信息化迁移奠定了基础。

（二）促进大型医用设备合理配置

紧紧围绕推进健康中国建设和深化医药卫生体制改革，以提高医疗质量保障医疗安全为前提，以优化资源配置和控制医疗成本为重点，统筹规划大型医用设备配置数量和布局，不断满足人民群众日益增长的医疗服务需求，2021年度共计采购大型设备（50万元以上）金额总计3068.53万元，其中PCR核酸检测实验室128.68万元；悬吊式数字成像摄像机249.1万元；高频电刀系统64.85万元；城东院区40排CT397.8万元；双极反渗水处理系统228.6万元；大功率钬激光设备78万元；耳鼻喉超高清摄像系统一套79.8万元；高清胃镜一套339.6万元；全自动发光生化流水线一套248.5万元；血透机一批（单泵23台双泵7台）612.7万元；纤维支气管镜一套138.6万元；数字化放射成像系统（立柱DR）196万元；皮肤科医疗设备一批161.8万元；椎间孔镜一套144.5万元；院长多方寻求支持，接受社会慈善捐赠临床检验中心高端设备一批，市场价格2000余万元。

（三）做好双向转诊工作

在2021年的工作中，社会服务科加强与上级医联体及与阳新县中医院医共体、阳新县中医医院中医药联盟的联系，与临床科室加强沟通，努力做好患者双向转诊工作，2021年全年由各乡镇卫生院转入我院的患者有 1679 人次；我院转出到各乡镇卫生院的患者有 228 人次；我院转到上级医院的有 692 人次。

（四）基建工程有序推进

2021年，城东新院区一期建设项目已全面进入内装饰阶段，各分包单位均已进场施工。其中发电机、锅炉、水泵及换热器、电梯等设备均已全部安装完成，信息智能化工程完成 80%，暖通工程完成 95%，外墙工程完成 98%，其他医疗专项装修及室内装修完成超过 85%，室外市政工程已完成 70%，门诊楼南广场铺装完成，院区内部分路灯安装完成，相关雨污水弱电管井安装部分完成，其他单位正在陆续穿插施工，高低压配电工程已完成土建工程及其附属工程施工，2021年12月底已正式电源通电；招标采购方面，工程项目招标已全部完成；传染病大楼已建设完成，目前正在组织相关验收。12月14日，我院举行了隆重的搬迁启动仪式。

（五）积极谋划和打造健康管理中心

2021年3月我院邀请县卫健局组织并由王勇副局长带队，一行6人前往湖南平江市中医院万孚区域医技共享中心（含检验中心、放射影像中心、体检中心）考察，2021年10月我院组织相关人员赴湖南岳阳市中医院"治未病中心及健康管理中心"进行了考察学习，认为可以参照平江中医院、岳阳市中医院的模式，将治未病中心及健康体检业务通过招标方式与专业健康管理医疗公司进行技术服务合作，目前正在向上级单位提出相关申请及前期招标工作。

五、加强医院党建及文化建设，提升职工人文素质

（一）党建工作成效显著

在加强公立医院党的建设中，医院坚持充分发挥党组织的领导核心作用，把党的领导融入医院治理的全过程。召开了党史学习教育、清廉医院建设、思想破冰等活动动员会、推进会、专业解读会等会议40余次；接受上级领导督查6次、院内自查12次、党委和支部学习班4次，组织收看了教育片《阳新史话 红色足迹》《风云江城——1927中共中央在武汉》《党课开讲啦》《"四有"好老师》，警示片《贪欲不遏 自毁人生》，专题节目《廉润东楚》等栏目并开展讨论；党史宣讲20余次，廉政课堂5次、每月一法3次、廉政谈心7次，营造了浓厚的党建学习氛围，促进医院新时代建设。

2021年以"我为群众办实事"实践活动作为党史学习教育的重要内容和突出抓手，以主题教育和支部主题党日活动为载体，突出工作重点，开展了形式多样的党建活动，举办"城东院区'奋建百日'推进会暨献礼建党百年特别主题党日""党史知识竞赛""中华魂"演讲比赛，开展"优秀党员"评比、赴龙港革命旧址开展红色教育暨义诊活动等活动，有效推动了医院的健康持续发展。2021年我院外科支部被中共阳新县委授予"全县先进基层党组织"荣誉称号。党史知识竞赛中医院代表队获得阳新县党史知识竞赛三等奖、党办主任荣获"优秀党务工作者"

荣誉称号。

2021年采取"科室推荐、支部挑选、集体研究、择优吸纳"的原则，吸纳30余名入党积极分子向党组织靠拢，转正8名发展对象，2021年12月21日"中共阳新县中医医院总支部委员会"正式升格为"中共阳新县中医医院委员会"。

（二）加强法制教育和医德医风教育，推进清廉医院建设

认真贯彻中央、省、市、县关于加强公立医院党的建设有关文件精神，落实"三重一大"事项集体决策制度，院务监督全程参与，在设备采购、药品遴选、人事招聘等方面实行阳光操作，让权力在阳光下运行。举办《政务处分法》知识讲座，观看《斩断围猎与被围猎的黑色利益链》警示教育片，组织全院共同学习国家卫生健康委、国家医保局、国家中医药局共同制定发布的《医疗机构工作人员廉洁从业九项准则》，将医疗卫生人员贯彻执行《九项准则》情况列入年度考核、医德考评和医师定期考核的重要内容，与个人待遇相挂钩。建立了党风廉政责任制，修订了《工作纪律奖惩办法》，完善了《物价奖惩制度》《基本医疗保险工作奖惩制度》和《医师不合理用药约谈制度》，对发现的违规违纪线索开展提醒约谈7次，涉及8个科室，27人次。全年共收到表扬信、锦旗、牌匾110余件，拒收"红包"金额超过5000元。

（三）持续推进医院民主监督、民主管理

2021年2月7日我院顺利召开了十三届职工会员代表大会第二次全体会议。与会代表积极参政议政，认真听取审议医院工作报告及各部门工作报告，讨论医院改革发展的重大措施、规划，纷纷为医院的改革、发展、稳定献计献策，为本次职代会的顺利召开打下了良好的基础。于同年2021年8月17日、12月16日分别召开第二次、第三次主席团暨院务委员会扩大会议，对评选10名优秀医生、城北民政医院回迁本部、中医院家属楼产权问题等三个议题进行商讨表决，积极引导、动员广大干部职工以主人翁的责任感和使命感，理解、明确、倡导和支持我院公立医院改革，不断完善和科学优化我院的各项管理机制和优质服务机制。

（四）丰富职工文体活动

组织医院篮球队与兄弟医院进行篮球联谊赛；举行"爱院感，致青春"演讲比赛；举办新入职护士宣誓及护士风采展示活动；参加黄石市"不忘初心跟党走，牢记使命护健康"主题演讲比赛；开展优秀医师选优评优活动；参加老年协会组织的象棋比赛；参加体育协会组织的游泳比赛；参加"中华魂"主题教育演讲比赛等，进一步丰富了职工业余文体生活，让职工能够快乐工作、健康生活，同时也营造了健康向上、团结协作的良好氛围。

（五）医院宣传鼓劲加油

2021年医院宣传工作得到了院党委、院行政的高度重视，在全院各科室和全体通讯员的共同配合下，宣传科全年紧紧围绕常态化疫情防控、党史学习教育、我为群众办实事、清廉医院建设、医院管理年、文明城市创建等6大主题活动，成功打造出"感召力强，可信度高，真实性强"

的公益宣传，大力弘扬先进典型的正面宣传，巩固医院职工砥砺奋进的共同思想基础，提升医院宣传的传播力、影响力、公信力，为打造医院品牌形象奠定了基础。

当然，在取得成绩的同时，我们必须客观地认识到部分工作的不足。医疗质量和医疗安全有待加强。部分科室和医务人员执行核心制度不到位，医疗质量和医疗安全意识淡薄，导致医疗投诉时有发生。中层干部的业务和管理水平有待进一步提高。信息系统有待进一步完善。各科室的宣传工作有待进一步加强。科研和教学体系不完善。专科联盟建设有待进一步加强。纪律作风还需持续改进。与基层乡医的联系及病人回访还需要大力加强。社会医疗发展服务工作范围需要进一步拓宽等等。在2022年的工作中，我们要以高度责任感和主人翁思想，必须清醒地认识到医院发展的紧迫性和短板，必须保持谦虚谨慎，戒骄戒躁，努力开创工作新局面。

2022年工作展望

2022年，我们要全面贯彻落实医院"十四五"发展规划，主动适应疫情防控常态化形势下加快发展的新格局，始终保持医院发展的良好势头，使出众人拾柴的心劲、逢山开路的闯劲、善作善成的干劲、勇毅笃行的韧劲，咬定目标不放松，脚踏实地加油干，朝着建设"三级中医医院"目标前进，共同谱写医院高质量发展新篇章，共同为健康阳新建设做出新的更大贡献。

计划2022年全年完成出院病人3.3万人次左右，门诊26万人次左右，手术7000人次左右，实现业务收入2.3亿左右。

（1）坚持以中医药诊疗为主的发展方向。明确医院发展战略，制定医院中医药事业"十四五"发展规划，建立健全多种类考核和奖惩激励机制，对于重点发展的特色专科予以各方面大力支持。

（2）加大创建中医名医工作室。争取创建一个省级知名中医传承工作室，创建3个市级知名中医传承工作室。

（3）加强党务建设，提高政治站位。坚持贯彻落实党的十九大精神，积极主动顺应国家社会的发展需要，在思想上、行动上始终同以习近平同志为核心的党中央保持高度一致，从政治上站好位，从本职上履好责。认真抓好医院党建工作，加强医院党员的党性锻炼，积极培养入党积极分子，计划发展入党积极分子5人以上，吸纳医疗骨干积极向党组织靠拢。

（4）医院规模适度扩大，2022年初必须完成三级医院设置工作。

编制床位900张，开放床位达到1000张；计划新增3—5个临床科室，到2025年临床科室（含血透、介入、急诊、手术）达到28个；人员配备数目，按照三级医院每床最低标准，不少于1000人；建筑面积，按照三级医院标准，房屋使用面积达到10万平方米；业务经济总量，逐年递增10%左右，到2025年，业务收入突破3.0亿，门诊35万人次，住院病人4.5万人次，手术9500人次，医院总资产增至7.0亿以上。2025年底建成三级甲等中医院。

（5）进一步完善城东院区建设。通过中央项目支持和多渠道筹集资金，计划2022年初动工兴建中医药培训及制剂大楼，2022年底投入使用，打造医院利润增长极。计划2022年底动工兴建医养结合大楼（预算0.8亿左右），2023年投入使用。

（6）科室设置更加完善，专科建设更加突出"十四五"期间病区从17个扩大到28个，必须建成省级中医重点专科3个及以上，市级重点专科6个。

（7）医疗技术优势显著提高，业务水平明显加强。"十四五"期间，要着力打造一批具有竞争优势的专业技术品牌科室。介入技术，特别是心脏介入在县内做大做强；医养结合模式在城东新区医院建成，并在黄石市范围内成为示范典型；所有科室均有中医优势病种，特色优势治疗技术；临床路径全面开展；优质护理全面落实，医疗安全有制度保障，整体技术水平和服务能力较"十三五"有大幅提升，社会认知度明显提高。

（8）人才建设全面改善，科研能力大幅提升。进一步完善人事管理制度，大力引进专业技术人才，加大人才培养，扩大人才成长空间，提高骨干人才待遇，合理布局、使用人力资源。

到2025年，本科以上学历人员比例达到80%，中医药职称人员占比达到65%以上，每个临床科室引进研究生1—2人。

全面加大人才培训，注重学科带头人和业务技术骨干的培养，落实中医师带徒机制，为"三名"（名医、名科、名院）战略奠定人才基础。

（9）设立院内科研基金，鼓励、支持业务科室开展科研工作。要求省级重点专科每年不少于2项临床科研，市级重点专科每年不少于1项临床科研。全院每年发表论文不少于20篇，五年内在核心期刊发表论文不少于100篇。充分发挥中医药和中西医并重的优势，重点组织对高血压、不孕不育、颈肩腰腿痛、肝病、糖尿病、眩晕、中风、老年疾病、中医护理等进行研究，提高临床疗效，创新科研成果，力争"十四五"期间获3个以上市、县科技成果奖。

（10）诊疗设备迈向高精，信息化全面覆盖。在"十四五"期间，各类专科设备全部要配齐，大型诊疗设备向高端精密型发展。各类检查设备（包括检验、B超、DR、内镜、病理、微生物等）、各类手术设备、各类中医诊疗设备、血液透析机等要及时更新升级，购置16排和64排CT，配置ICU病房；购置1.5TMRI，购入健康体检设备，形成业务、技术、设备相配套的格局。

进一步完善信息化建设，充分满足医院管理、临床诊疗和改善医疗服务的工作需求。建立互联互通的大数据信息库，全面推行电子病历，提供诊疗信息查询和引导、费用结算、自助打印等服务。

（11）中医药服务能力大幅提升，服务网络全面加强。坚持中医为本、中西医并重的发展战略，着力提高中医辨证施治准确率，确保中医临床疗效；积极推进中医临床路径、中医诊疗方案、中医护理方案的落实，充分发挥中医药特色优势，并在促进"医养结合"方面取得巨大实效，加大中草药及中医适宜技术的推广和应用，强化中医药专业人才的配备，完善"治未病"

工作平台和工作机制，规范中医科室的命名，加强中医对口支援工作，逐步将中医药服务网络向基层卫生院、社区医院延伸。到2022年，在阳新及周边地区形成中医药服务深入人心、服务能力首屈一指的局面。

（12）进一步加快医共（联）体的建设和发展。医共（联）体对口帮扶工作已进入常态化，针对对口帮扶的乡镇卫生院学科发展需求，开展疑难病例会诊、手术指导、医疗技术培训等工作，为基层医院带去了先进的医疗技术和服务理念，使基层医院的诊疗水平、服务能力和综合效益不断提升，基层百姓得到更高层次的医疗服务，也使老百姓"看病难看病贵"的问题得以逐步缓解；加强我院与上级医联体的沟通合作，打造特色的专科联盟；另外严格执行"基层首诊、双向转诊、急慢分治、上下联运"的分级诊疗机制，逐步实现医疗质量同质化管理，提高县域整体医疗服务能力，切实减轻人民群众疾病负担，促进健康产业发展。

总之，医院秉持"格物穷理、仁爱济世"的院训，本着"大医精诚"理念，医院将朝着"环境优美、功能完善、设备先进、领先技术、至微服务"的目标着力建成一个最具中医特色、享誉鄂东南的三级甲等中医医院，更好地服务人民群众！

鹰击天风壮，鹏飞海浪春。推动医院高质量跨越发展、谱写区医人梦想新篇章，是新时代赋予我们的使命，我们都是奋斗者，更是追梦人。新的一年，机遇和挑战并存，让我们紧密团结在院党委班子周围，以一张蓝图干到底、咬定青山不放松的定力，真正拿出逢山开路、遇水架桥的闯劲，直面困难、迎难而上的干劲，百折不挠、驰而不息的韧劲，以更实的作风、更大的力度、更强的举措，咬定目标，脚踏实地，埋头苦干，久久为功，奋力开创医院高质量跨越发展新局面，以优异成绩迎接党的二十大召开！

医路前行

福建省云霄县中医院

福建省云霄县，漳州文明的发祥地，素有"开漳圣地"之称谓。三面环山，漳江之滨，物华天宝，人杰地灵，孕育着一座现代化的大型综合医院——云霄县中医院。

云霄县中医院建于1982年，地处漳州市云霄县江滨路，是集医疗、急救、预防保健、康复、教学科研为一体的非营利性二级甲等中医院。服务范围人口数达55万人，是福建省中医药大学的教学医院。

近年来，医院在县委、县政府及上级有关部门的正确领导下，以党建为引领，注重人才队伍培养，不断提高医疗技术水平，强化医疗服务质量，提升中医药服务内涵水平，完善基础设施条件，经过全院干部职工的齐心努力，医院不断取得新的成绩和突破，赢得了广大患者的信任，开创了各项工作的新局面。

医院占地面积4777平方米，建筑面积15608.1平方米，开放床位400张。2021年全年门急诊人数251260人次，出院人数16856人次，全年业务收入达1.8亿元。

我院一直以"仁爱、敬业、务实、进取"为理念，以病人为中心，以质量为核心，以人才为根本，将现代医学技术与传统中医药诊疗技术相结合，实施品牌战略，以学科建设为引领，创办名院名科，不断满足群众的医疗需求。

近几年，在县委、县政府的关心支持下，将原楼房进行重新整合改造，共改扩建面积约3000平方米，创建14个新学科，如：血透中心、康复科、胃肠镜中心、内三科、呼吸与危重症医学科、PCR实验室等，完成了产儿科床位建设、康复科、血透室、ICU改扩建，新增160张床位。

医院现共有12个病区，30个临床专业组，9个医技科室。其中内一科（呼吸与危重症学科）于2021年通过国家PCCM规范建设认证；内二科（中医脑病科）于2019年被评为第二届漳州市中医重点专科建设项目；内三科是胡希恕经方医学云霄传承基地、福建省中医风湿病联盟单位、"星火计划"癌痛规范化诊疗培育单位；骨伤科于2016年和2019年分别被评为市中医重点专科和省级农村特色专科；康复科在2017年被评为省级农村特色专科；胃肠镜中心是国家消化道早癌防治中心联盟、福建省消化道找（早）癌八闽行早癌规范化筛查点。

2018年成立云霄县中医药资源普查队，先后发现了中国新记录种漳州越橘1种，福建省新记录属1属以及福建省新记录种2种，还有紫纹兜兰、野大豆、桫椤等国家保护物种。其中漳州越橘送至 2022 年北京冬奥会中医药展厅。

人才兴则事业兴，事业兴则医院强。医院大力实施"人才兴院"战略，采取"人才引进、外派进修、院内培训、对口支援"等多种形式，持续加强我院中医药人才培养和队伍建设，塑造了一支具有高度凝聚力和良好职业素质的医护队伍，拥有一批德才兼备的学科带头人。全院共有干部职工 440 人，卫生技术人员 392 人，其中高级职称 41 人，中级 64 人。中医药专业人员占全院医药人员总数 61%。共建立 3 个名医工作室，与多家国内知名医院（如：漳州市医院、广东南方医科大学南方医院、厦门市中医院、上海瑞金医院）建立合作关系。

工欲善其事，必先利其器。我院勤俭立业，致力于医疗技术装备的购置和更新，先后配置了一大批先进的医疗设备，如：骨伤手术导航定位系统、实时荧光定量 PCR 分析仪、全自动核酸提取仪、非接触性眼压针、多功能呼吸机、西门子核磁共振（DSA）、进口西门子 64 排 128 层螺旋 CT、四维彩超、C 臂 X 光机、心脏除颤起搏监护仪、电子胃肠镜、全自动生化分析仪、血细胞分析仪、免疫化学发光分析仪、多功能麻醉机等，以及中药熏蒸治疗仪、艾灸治疗仪、骨伤治疗仪、磁振热治疗仪等超过 50 种中医诊疗器械。

服务是发展之本。医院始终围绕"以人为本、以病人为中心，全心全意为人民的健康服务"的办院宗旨，不断强化服务意识、规范服务行为，优化服务环境，提高服务意识，实现了医院环境花园化，病区管理规范化，文明服务温馨化。

四十年的救死扶伤，四十年的薪火相传，一代又一代云霄中医人，以匠心致敬初心，用奋斗诠释使命。在全面建成社会主义现代化强国的新时代里，在全面推进公立医院高质量发展的大浪潮里，医院切实践行"医疗质量好、服务质量好、医德行为好、让群众满意"的服务准则。不断优化医疗服务流程及服务质量，形成科学的现代医院管理体系。以全新姿态迎来前所未有的快速发展，百舸争流，云霄县中医院将乘风破浪，昂扬前行，为云霄及其周边地区广大人民群众的健康做出更大的贡献！

聚焦民生 推进紧密型医共体

青海省门源县中医院

门源县紧密型医共体以县中医院为主体医院，州二医院（门源县人民医院）、县疾控中心、县妇计中心、鲁青眼科专科医院、15所乡镇卫生院（包括村卫生室）为成员单位，本着优化资源配置，提升服务效能的目标，坚持统筹兼顾、稳步推进、统一管理、分级负责、城乡一体、管办分离、资源整合、医防融合的原则，着力强化"五医联动"（医药、医保、医院、医学、医疗）机制，真正实现业务、人员、财务、设备、绩效、药品、信息"七统一"管理。

一、业务统一标准

实现优势资源上下贯通，县级专家下沉基层制度化，积极构建"基层首诊、双向转诊、急慢分治、上下联动"的分级诊疗机制，促进县乡两级联动发展，并依托山东专家在医共体内建设鲁青眼科专科医院、病理科、耳鼻喉专科、口腔专科、肾透析中心、早期肺癌筛查中心、早期胃癌筛查中心等。依托县级能力提升专科项目，获批省级资金400万元对海北州第二人民医院麻醉科及口腔科进行建设。自2021年后半年起，由医共体主体医院门源县中医院投资350余万元，购置了腹腔镜、麻醉机、手术器械等设备，对在青石嘴院内开展腔镜胆囊切除术的患者（县域内参保）手术费用给予减免，截至2022年3月，共完成手术12例。针对各成员单位医疗业务薄弱环节，2021年共举行疫情防控、业务扩展等各类培训40余次。门源县人民医院传染病区的建设已完成，投入使用，加强了对疫情防控工作的硬件设施建设。

二、人事统一管理

改革现行的人事管理机制体制，用人自主权归属医共体总院党委，人员统一管理、统一招聘、统一调配、统一培训。本着人岗相适、人事相宜、人尽其才的原则，优化人才队伍结构，实行人才柔性流动。自医共体成立以来，面向社会公开招聘编外专业技术人员287人，通过总院党委会议讨论，对县级两级公立医院部分科室人员进行了调整和整合，对部分科室负责人进行了调整。安排县级公立医院5人下派至乡镇卫生院，并安排乡镇卫生院6人前往医疗能力较弱的卫生院针对具体工作进行交流。尤其是针对东川卫生院中医诊疗，针对青石嘴卫生院手术及口腔科工作的开展进行专门扶持。安排乡镇卫生院2人前往海北州第二人民医院进行专项学习。

2022年度15名山东医疗卫生骨干进驻医共体口腔、妇产、消化等科室开展帮扶工作，助推了全县专病专科服务能力水平。

三、财务统一核算

按照紧密型医共体建设方案的要求，建了医共体财务核算中心，实行总会计师制度，每周统一对各成员单位财务进行会审会签。核算中心内保留成员单位账户，由医共体统一管理、集中核算、统筹运营。加强医共体内审计工作，自觉接受审计监督。

四、设备统一管理

根据实际需求实行医共体内所有设备物资统一招标采购、统一调配使用、统一管理。提高设备及物资的使用效率，逐步实行医疗卫生资源集约化管理。

五、药械统一管理

在优先配备使用基本药物的前提下，实行县乡村三级统一目录、统一议价、统一采购、统一配送、统一结算。统筹医共体药事管理，提升药事服务管理效能，促进药品耗材合理使用。推进中药制剂在医共体内调剂使用。2021年度医共体内15家卫生院共采购491.2万元，占总药品采购的78.52%。

六、绩效统一考核

依据《海北州公立医院薪酬制度改革试点工作实施细则（试行）》，建立符合我县实际，具有科学性、可操作性的绩效考核办法，统一考核、统一兑现。根据县乡医疗机构具体情况，制定完善了县级公立医院及乡镇卫生院绩效实施方案（试行），绩效总量按在编在岗人员数核定总额1113.98万元，在上年基础上统一按增长4%核定分配，2021年度核定分配医共体总院74.12万元，门源县中医院核增绩效总额536.51万元，州二医院核增绩效总额97.73万元，根据2021年医疗分析及在岗人员情况暂核定15个卫生院医疗绩效核增总量126.49万元。2021年度实际发放绩效：县医院527.9万元；州医院90万元（二季度）；总院53171元（二季度）。2022年度绩效已完成初步核算，待上报审批。对所有成员单位进行年度考核，并将根据考核结果进行相应奖励。全面实施"奖勤罚懒、多劳多得、优绩优酬、重点倾斜、兼顾平衡、体现基层特点"的薪酬制度，鼓励医共体成员单位负责人实行年薪制。

七、信息统一建设

实现信息共建共享、互联互通。建立共享共用的医学影像、医学检验、消毒供应等中心，全面推进资源调配、业务经营、质量评价、财务分析、效率监测、绩效考核等数字化管理。探索快捷、高效、智能的诊疗服务形式和全程、实时、互动的健康管理模式。发展"互联网+"健康服务，开展远程专家门诊、远程会诊、远程心电、远程影像等远程医疗服务，提供分时段预约、在线支付、检查检验结果推送等服务。创新"互联网+"健康服务，开展慢性病、母子健康和家庭医生签约等在线服务管理，提供健康咨询、健康教育、健康管理等服务。

能力作风建设抓难点　提升服务下功夫

河南省宝丰县医疗健康集团中医院　祁亚娟

宝丰县医疗健康集团中医院把"能力作风建设年"活动与实际工作紧密结合，切实把能力作风建设体现在医疗水平提升、服务能力增强等各项工作中，取得了良好效果。

一、加强硬件建设，开展新业务新技术

"工欲善其事，必先利其器。"硬件设施的变化，带来的不仅只有寻医问药的便利，医院搬迁新址以来医疗设备的全面升级，更赋予了宝丰县中医院诊疗能力上质的飞跃。在县委、县政府的支持下，持续购置了1.5T超导核磁共振成像（MRI），64排CT、数字减影血管造影（DSA）、关节镜等设备。此外，导管室正在建设中。一大批先进医疗设备的陆续完善，为临床开展新技术、新项目提供了坚强的保障。

儿科开展的支气管镜检查+支气管镜肺泡灌洗术、针推科开展的椎间孔镜手术、射频消融术、UBE微创技术等县域领先，外科开展经腹腔镜疝修补术、乳腺旋切术，康复科开展的环状软肌球囊扩张术，老年病科开展肝占位穿刺活检术，CT室开展肺动脉CTA，脑内动脉CTA，重症医学科开展彩超下中心静脉置管、成人纤支镜检查逐步成熟，更多的新技术、新疗法服务于患者。

二、抓中医特色，充分发挥中医药优势

走进宝丰县医疗健康集团中医院院区门诊大厅，阵阵艾香扑面而来。循着艾香，笔者看到，在该院门诊大厅内每个区域，都摆放着艾熏盒，艾烟氤氲，患者和医务人员穿梭其间，一切井然有序。

"挺好闻的，既净化空气，也让我们心里感到很踏实。"正在排队取药的张女士这样说道。

院党委书记、院长李旭峰介绍，"在《新型冠状病毒感染的肺炎诊疗方案（试行第四版）》中医治疗方案当中，把新型冠状病毒感染的肺炎归属于疫病范畴，其病因为感受疫戾之气。我们在做好常态化疫情防控工作期间，除进行常规的清洁消毒以外，利用传统的中医药疗法，增加熏艾清洁空气，提振人体正气。此外，还结合八段锦、五禽戏等中医保健操，设计了健身操，日常指导住院患者及陪护通过适当锻炼，提高自身抗病免疫力，缓解紧张情绪，以中西医结合的方式切实做好新冠肺炎中医药防控工作"。

作为县中医药服务的"龙头"单位，宝丰县医疗健康集团中医院积极发挥中医药特色优势，陆续开展了腕踝针、葫芦灸、核桃灸、脐火灸等20余项中医护理新技术、新项目，满足人民群众的健康需求的同时，积极推广中医药适宜技术，基本形成了以中医院为龙头，县级综合医院、妇幼保健院等医疗机构中医药科室为骨干，乡镇卫生院为基础，村卫生室为补充，集预防保健、疾病治疗和康复于一体，公立为主、民营为辅、覆盖城乡的中医药服务网络。

三、强化医德医风建设，提升医疗服务质量

市民李女士在宝丰县医疗健康集团中医院妇产科待产，因为是头胎没有生产经验，她和家人十分焦虑，就给医生送了一个"红包"。顺利生产后，医生把红包退还给了她，这令李女士尤为感动。"这样的情况已经不是第一次了。"妇产科主任蒋银辉说，前两天一位出现先兆流产症状的孕妇，住院保胎时也塞了一个红包，医生告诉她不要多虑，安心治疗，把钱转存到了她的住院押金里。"红包我们是拒绝的，但是面对一些特殊情况，为了让患者安心，只能先收起来，转存到住院押金里或者出院时再退还。"

在宝丰县医疗健康集团中医院办公室，有专门登记医生退还、上交红包的"拒收红包登记表"，里面详细记录了每笔红包退还的时间、金额、患者姓名住院号、上交人、证明人等信息。

为构建风清气正的医疗服务环境，宝丰县医院始终将廉洁行风建设作为医院重点工作，纠正医疗服务不正之风，全面提升服务能力，推动医德医风、行业作风向好向善。

四、多学科诊疗团队，解决危重症患者就医难题

"多亏中医院几个科室专家的联合诊治，终于使我这多年的老毛病逐渐好转，来一次门诊中医、西医一起看，同时解决了几个疾病问题，中医院的专家就是中！"来医院复诊的侯先生激动地说道。

为进一步落实提升医疗服务，中医院集中了院内优秀专家资源组建了多学科诊疗（MDT）专家团队，对门诊及住院疑难、复杂、危重患者进行联合诊疗。一名患者挂一次号，同时能得到多名中、西医师一站式服务，获得更加科学、全面、有效的中西医联合诊疗服务，为患者节省了诊疗费用，减少患者来回奔波之苦，使患者受益最大化，是提高患者满意度的一项有力举措。

一直以来，我院不断创新服务模式，优化服务流程，着力改善提升群众看病就医获得感。未来，医院将在不断提升医疗技术的基础上，以"能力作风建设年"为契机，以构建和谐医院、中医药文化建设为抓手，不断增强干部职工的责任和使命意识，努力提高群众满意度，推动构建和谐医患关系。

凝心聚力勇担当 奋力拼搏谱诗篇

河南省孟州市中医院

南临滔滔黄河，北依巍巍太行，这里是韩愈故里，四大怀药主产地之一——孟州，在这片钟灵毓秀、文化底蕴深厚的热土上，孟州市中医院薪火相传，继往开来，牢记初心使命，重温党的誓言，为护佑生命保驾护航！

孟州市中医院成立于1984年，是一所集医疗、教学、科研、预防、保健、康复为一体的综合性公立二级甲等中医院。现有职工556人，设置床位500张，开设临床科室21个，医技功能科室11个，门诊科室25个。其中脑病科为河南省中医特色专科、焦作市重点中医专科，骨伤科、肛肠科、糖尿病科为焦作市中医特色专科。医院拥有宝石能谱CT、16排螺旋CT、1.5T核磁共振、血管造影机、床旁血透机等现代诊疗设备。

医院高度重视技术创新和学科建设，是国家卫健委推广项目颅内血肿微创清除术临床协作医院、河南省中医药大学实习基地、河南乡医之家孟州培训基地、焦作市级紧急医学救援队，是省市级多家三甲医疗机构医联体协作单位及专科联盟成员。

2021年3月，以孟州市中医院为牵头单位的孟州市紧密型医共体，即孟州市公立医疗健康服务集团成立，标志着孟州医疗改革迈向了新征程。持续推进医共体建设，加大在资源共享中心、双向转诊、分级诊疗、绩效分配等方面的投入力度，进一步强化人员培训，全面提升服务水平。医共体内信息互通、检查结果互认，极大地方便群众就医，增强了基层群众的幸福感和获得感。为进一步健全孟州市公共卫生服务体系，提高公立医院重大疫情防控和突发公共卫生事件应急处置能力，该院新建了孟州市中医院传染病区项目，总投资5500万元，建筑面积6300平方米。

孟州市中医院作为焦作地区"廉洁从家出发"示范医院，领导班子以身作则，率先垂范，成立创建了"廉洁从家出发"示范医院领导小组，以弘扬清正廉洁家风为主要内容，提高广大党员干部廉洁从政意识。一墙一文化，一画一风景。该院把廉政文化的宣传遍布到中医院的每个角落，让廉洁成为一种习惯，一种品格，一种文化。

医院先后荣获"河南省健康促进医院""焦作市抗击新冠肺炎疫情先进集体""焦作市廉洁从家出发示范医院""焦作市文明单位""焦作市深化医药卫生体制改革先进单位""焦作市卫生工作先进单位""焦作市中医工作先进单位""焦作市行风建设先进单位""焦作市五一巾帼集体""孟州市抗击新冠肺炎疫情先进集体""孟州市三八红旗集体"等荣誉称号。

敬佑生命，奋勇担当，风鹏正举，百舸争流。孟州市中医院永葆党的青春活力，勇担百姓健康之责，以提质升级、铸就中医品牌，以无私奉献践行初心使命，以求真务实传承中医药文化，在健康中国的伟大征程中，用拼搏、责任和信仰，去抒写健康中原的壮美诗篇！

县域中医医共体的"馆陶实践"

河北省馆陶县中医医院

近年来,馆陶县中医医院始终坚持以人民健康利益为中心,致力于将中医药具有的"简、便、验、廉"优势进一步发挥出来。2018年起,馆陶县中医医院开始建设紧密型中医医共体,全面助力医院发展,完善基层医疗服务体系,优化医疗资源配置,有效减轻群众就医负担。2018年,馆陶县被确定为河北省第二批省级医联体建设试点县;2019年,馆陶县被确定为全国推进紧密型县域医共体建设试点县。

一、主要做法

(一)建立健全医共体运行机制,医共体管理更加规范

馆陶县委、县政府高度重视,相继出台了《馆陶县医共体试点工作方案》《馆陶县医疗共同体建设规划(2019—2021)》等系列文件,从制度层面搞好设计,科学指导医共体建设。结合全县医疗资源分布现状,按照医共体内各单位产权归属、功能定位、财政补偿政策和政府投入方式不变等"三个不变"原则,以县级中医院为龙头、乡镇卫生院为枢纽、村卫生室为基础,将中医医院与王桥、房寨、寿山寺三个乡镇卫生院及粮画小镇社区组成中医紧密型医共体,构建了县、乡、村三级联动的基层医疗卫生服务体系。

在馆陶县公立医院(医共体)管理委员会指导下,医院成立了紧密型医共体办公室,配备专职人员加强管理。院领导班子、医共体办公室等科室负责人深入医共体成员单位就建立紧密型医共体、加强内部管理、开展绩效考核等方面进行广泛调研,认真听取医共体成员单位意见和建议。结合医共体实际,建立了医共体成员单位例会制度,定期考核、分析医共体核心指标等运行情况,同时出台《医共体医疗结算与基金分配管理办法》《医共体内转诊工作实施方案》《医共体组建方式及功能定位制度》《医共体成员单位目标考核管理办法》等20余项具体措施。

(二)创新实施院长年薪制,创新实施控制数管理

一是核定院长年薪。根据《馆陶县县级公立医院院长年薪制度实施办法》,院长年薪由基础年薪和绩效年薪构成,2018年、2019年,中医院院长年薪调整为12.8万元,院长年薪达到改革前工资的2倍以上。2020年将中医院院长年薪调整到20万元,由县财政全额拨付,院长工资不与医院经济收入直接挂钩,避免了院长追求高收益的冲动,倒逼医院回归公益属性。

二是创新实施控制数管理。改革前中医医院128人，随着医院规模、业务的扩大，编制远远满足不了医院发展的需求、但受编制限制，又无法招聘体制内医护人员，只能聘用临时人员和人事代理人员，创新实施人员使用控制数管理，按照床位数与人员使用控制数1∶1.5—1∶1.6的比例，核定医院控制人数为857人。对2017年10月前进入医院工作的临时和人事代理人员，委托第三方进行考试，将284人过渡为控制数管理，建立了以合同管理为基础的人事管理制度，变固定用人为合同用人，变身份管理为岗位管理。同时，落实同工同酬待遇。过渡人员享受正式人员工资、养老保险、失业保险、工伤保险、职业年金等待遇，中医医院月人均工资由2200元提高到月人均5908元，其中基础薪酬月人均2325元，既增加了医院用人自主权，又调动了编外人员工作积极性。

（三）积极探索对口帮扶，提升基层服务能力

一是实施精准帮扶。根据成员单位收治能力的短板制定针对性帮扶工作计划，确保每天都有驻点帮扶医师，实行"人对人""科对科"的"1+1+1"结对紧密型的精准帮扶服务。以乡镇卫生院科室为基础，形成了全国基层名老中医张洪洲、心脑血管专家冀同振、糖尿病中医专家马新航等组建的内科专家团队，定期坐诊、查房及授课，并以糖尿病为主建立慢性病筛查中心，免费为60岁以上的老年人发放高血压、糖尿病治疗药品，加强随访，指导慢性病患者健康管理。外科以骨伤科、肛肠科、烧伤整容科、急诊科组成的帮扶团队，每科派出一位中级以上职称医师长期全日制坐诊，实行每周有内科专家、天天有外科专家坐诊的精准帮扶。至今，卫生院已有20余名业务人员到中医医院进行进修学习，大大提升了卫生院整体业务水平。

二是发挥中医药助力大健康优势、助力家庭医生签约服务。馆陶中医医院自2017年起，与县卫健局公共卫生基层指导相结合，利用公卫检查、服务等时机，开展中医药适宜技术推广，坚持"每周一村"，中医技术团队已完成医共体内120余个行政村卫生室的两轮中医技术指导。

三是"中医药服务三级网络"能力增强。馆陶县中医医院建设了全省规模最大的县级中医康复中心，创建了冀鲁豫交界地区唯一经国家权威认证的胸痛中心、卒中中心。推行以艾灸为主的中医适宜技术和中药饮片措施，中药使用率较医改前增加22%。实施中医临床路径管理61个病种。区域医疗中心初步形成，综合救治能力明显提高。发挥县中医医院业务龙头作用，指导乡镇卫生院"国医堂"业务开展，建成艾灸等中医适宜技术培训基地。建成以中医专家命名的健康小屋和家庭医生签约服务团队89个，融合基本医疗服务、中医技术推广、家庭医生签约、公共卫生服务、健康大讲堂，形成"健康小屋"五位一体服务新模式。中医院一方面充分发挥中医药的独特优势，以"健康小屋"为抓手，把更多优质中医药资源"植入基层""落地生根"。另一方面，将以医共体为示范试点，带动全县基层中医药服务能力的提升，实现优质中医医疗服务辐射全县。

四是中医药健康产业精准帮扶助力脱贫。将艾灸健康扶贫与艾草产业扶贫相结合，县中医院在普及艾灸防病治病知识的同时，牵头对全县贫困户免费进行艾条手工制作工艺培训，免费发放艾条机1000台、艾绒45吨,并派专人进村入户教授加工艾条、艾香包技术,带动贫困户1000余户增收,人均年增收达2000元以上,助推了省级贫困县摘帽。

(四)创新实施资源共享,变"群众跑腿"为"数据跑路"

一是建立两个中心。为解决乡镇卫生院专业技术人才不足的问题,馆陶县中医医院医共体内先后建立了心电远程会诊中心、影像远程会诊中心,运用馆陶智慧医疗信息平台建设等信息化手段,远程开展会诊、预约、转诊,已覆盖3个乡镇卫生院,乡镇卫生院为患者检查心电、拍影像,由县中医医院实时会诊、出报告、提出治疗方案,打造了快捷、高效、智能的诊疗服务形式和全程、实时、互动的健康管理模式。医共体工作运行2年来,累计远程心电会诊275例次、远程影像会诊163例次。

二是模块化培训。馆陶县中医医院医共体每天安排1名医生,2名护士下沉到乡镇卫生院坐诊,基层医师到县级医院参加科室查房,病例讨论,模块化培训,形成有效的闭环,从而使乡镇卫生院医疗能力得到整体提升。

在中医医共体工作中,我们切实做到"三联"(即联体、联心、联网)、"四个确保"(即确保乡镇卫生院人员工资收入有适度增长、确保乡镇卫生院医疗服务能力和服务水平有提升、确保对乡镇卫生院投入保障到位、确保乡镇卫生院资产有增值),使医共体工作不断深化、细化,为下一步的工作开展奠定了基础。

二、取得的成效

(一)群众医疗费用持续降低

我县创新实施的紧密型医共体内医保基金打包支付方式,极大减轻了群众看病负担,馆陶县中医医院住院次均费用由2018年的6429元下降到2020年5635元,平均住院日连续5年来均保持在7天以内,下降至6.2天,实际补偿比由2018年的63.7%提高到2020年的70.23%。

(二)医务人员收入得到提高

2018年、2019年我院院长年薪为12.8万元,达到改革前工资的2倍以上。2020年院长年薪调整为20万元。工资分配重点向临床一线倾斜,医护人员年收入由改革前的3.7万元提高到7.9万元,充分调动了医院院长、医务人员参与改革的积极性。

(三)分级诊疗效果初步显现

馆陶县中医医院紧密型医共体成立以来,馆陶县中医医院组织50余名专家团队到乡镇卫生院坐诊帮扶,诊疗人次达2000余次,帮建临床科室4个,开展手术10余例,开展新技术3项;2017年至今,医共体内累计上转病人1775人次、下转病人485人次。

(四)医共体医疗水平持续提升

县中医医院被省医改办确定为"2019年度现代医院管理制度建设样板",为全省5家医院中唯一县级中医医院,顺利通过2019年度全国基层中医药工作先进单位复审,2019年,馆陶县被确定为全国推进紧密型县域医共体建设试点县。

县中医医院医共体：以县中医医院为龙头，以王桥乡卫生院、房寨中心卫生院、寿山寺卫生院等3个乡镇卫生院为枢纽，覆盖106个村卫生室，服务人口9.5万人。县中医院设有23个科室，共有586名职工，2020年营业收入13489.36万元，同比增长4.4%。3个乡镇卫生院有医护人员116人，2020年营业收入697.57万元，同比增长29.97%。106个村卫室有村医106人，2020年营业收入212万元，同比增长13.9%。

三、下一步工作安排

（一）强化宣传教育，普及医疗卫生常识，引导群众正确有序就医

加强健康知识的宣传，普及健康卫生知识特别是常见病、多发病、慢性病防治知识，引导群众按照正确的方式方法就医，增强群众"防未病"意识，降低群众发病率。大力宣传医共体自身的服务能力和水平及相关政策，特别是分级诊疗制度、医保报销政策、有关优惠措施等，让群众明白到医共体成员单位有序就医能够少花钱、看好病，获得人民群众的认同。同时，将家庭医生签约服务落到实处，充分发挥村医作用，引导群众正确有序就医，促进区域内就诊率的提升。

（二）突出龙头带动作用，努力提升医院"治大病"水平

紧紧围绕"治大病"功能定位，坚持外引与内培并举、扩量与提质并重，全面增强医院综合实力。着眼医疗卫生学科发展、岗位急需人员和紧缺人才，进一步创新选人用人引人方式，培育造就一支与区域医疗卫生需求相适应、用得上、留得住的高层次人才队伍。加强与省内外和国家大型知名医院合作，借力发展，对上建立各种形式的医联体，将省内外知名专家请进来进行讲学示教、经验交流，学习上级医院的先进技术和管理经验，促使医院强筋壮骨，实现学科、技术、人才、信息等方面的借梯登高。

（三）加强基层基本医疗能力建设，增强基层卫生院"看小病"和村级卫生室"防未病"的能力

科学制定医院下派医务人员援助基层卫生院方案，完善相关奖励政策，并与下派医务人员晋职晋级挂钩，让下派医务人员沉下心来帮扶基层，见到实效。将中医"师带徒"工程落到实处，强化村医业务培训，提升村医慢病防治技术，增强村医"防未病"能力。

逐梦"健康中国" 彰显"中医"力量

甘肃省成县中医医院

青泥河畔，鸡峰脚下，在美丽富饶的成州大地上，成县中医医院四十年栉风沐雨，历经了从无到有、从小到大、从弱到强发展的历史变迁，也积淀了医院厚重的中医药文化底蕴。

成县中医医院始建于1981年，是甘肃省最早建立的县级中医医院，现已发展成为一所集中西医诊疗、教学科研、预防保健、康复服务于一体的二级甲等中医综合医院。医院现有床位编制数400张，实际开放病床360张。医院现有职工369人，专业技术人员301人，其中正高级职称5人，副高级职称21人，全国基层名老中医药专家经验传承工作室2个，省级重点中医药专科3个，甘肃省名中医2人，形成了一支结构合理，医、护、药、技力量均衡的人才队伍。特别是近年来，医院以"改革—创新—发展"的思路，坚持"突出特色，科技兴院，内强素质，外塑形象"的办院宗旨，服务功能逐步完善，服务能力不断提升，服务人次逐年增加，2020年总服务人次为134723人次。2018年以来医院先后获得"全省中医药工作先进集体""综合服务能力全面提升500家县级中医院""2018—2020年改善医疗服务先进典型医院"等荣誉，这些荣誉的取得，承载了各级领导的关怀，凝结了社会各界的支持，彰显了中医人奋发创业的艰辛，昭示了中医人传承岐黄的坚韧，也见证了中医人逐梦健康的初心。

一、医心向党，砥砺前行

（一）党建引领，凝心聚力催奋进

近年来，成县中医医院在院党支部的带领下，坚决维护习近平总书记在党中央和全党的核心地位，认真贯彻党的十九大精神，充分发挥支部的战斗堡垒作用，将党建工作融入医院的一切工作之中，坚持"抓责任落实，严行业党建；抓政治引领，活基层组织；抓能力建设，强队伍素质；抓党风廉政，正行业风气"，保障了医院的可持续发展。

成县中医医院以党建促人文建设，通过开展"不忘初心、牢记使命"主题教育，让职工时刻谨记自己是一名医务人员的责任，把人民群众的健康和利益放在第一位，始终牢记"救死扶伤"的初心。医院组织全体党员、入党积极分子在"七一"建党节、"五四"青年节及世界传统医药日等节日，举行大型宣传义诊活动。医院通过缅怀革命先烈、重温入党誓词、观看爱国教育影片等形式的主题活动，不断坚定全体党员的理想信念，增强党性，提升党组织的凝聚力和战斗力。医院利用"三八"国际妇女节、"五一"国际劳动节、"5.12"国际护士节举行入职仪式，开展职业道德教育，组织职工运动会、演讲比赛、健康讲座等形式的活动，丰富职工文化生活，增强凝聚力，振奋精气神，传播好声音，弘扬正能量，营造积极向上的文化氛围。2020年4月10日我院120司机陈新军和保卫科保安蹇鸿超2人在东河拦水坝下方的堰塞湖中勇救一名落水儿童的英雄壮举感动了广大人民群众，受到市县领导部门表彰，中央省市媒体跟踪报道，在社会上引起强烈反响。近年来，像这样挺身而出、见义勇为的好职工，廉洁行医退还患者红包的好医生，拾金不昧、扶老助弱等先进事迹在医院不断涌现，赢得了广大患者的信赖和社会的赞誉。

（二）健康扶贫，心系百姓传大爱

2018年4月以来，为助力全县脱贫攻坚，医院积极贯彻落实县委、县政府关于"健康扶贫"相关文件精神，精心组织，克服工作量大、人员不足等困难，承担了全县八个乡镇建档立卡贫困人口因病致贫、因病返贫户的健康扶贫任务，并承担了乡镇农村人口慢病筛查和65岁以上老年人健康体检任务。医院组建健康帮扶专家团队7个，选派40余位医院各科室业务骨干进村入户为建档立卡户进行常规检查、健康宣教、制定帮扶措施及用药指导等健康帮扶工作，帮扶团队采取分片包干、责任到人、大病定期随访等方式，全面落实"一人一策""送人就医，送医上门"健康扶贫工作，并在县域内率先启动"先诊疗后付费""一站式"结算。2018年以来，医院完成8个乡镇88个行政村4158户15527个建档立卡贫困人口因病致贫、因病返贫户的健康扶贫任务。

2018年5月，成县中医医院党支部书记、院长王晓凤带领医院帮扶团队在抛沙镇坪岛村巡诊时，发现一名9岁儿童左某某因患先天性脑瘫卧床在家，由于家庭困难，该儿童未能及时接受系统治疗。她安排专家团队上门访视，制定康复治疗措施，为患者开启绿色通道。经过多次康复治疗，这名患者从原来只能在床上爬行，到现在双下肢肌力明显改变，已能扶着栏杆学走路，脸上露出了灿烂的笑容。王晓凤院长还带领院党支部成员和帮扶队员，利用春节期间和"六一"儿童节等，多次到患者家中看望，捐赠衣服、食品、图书、文具等，鼓励患者坚持训练，争取早日康复。医院党支部副书记黄永斌多次深入帮扶村王磨镇水泉湾村开展入户帮扶工作，和帮扶对象"面对面"接触，"心连心"交流，两名非贫困村驻村帮扶队员根据帮扶对象家庭情况和村情实际有针对性地制定救助帮扶措施，落实帮扶计划，医院为帮扶对象送去了慰问金及大米、食用油等生活物资，为村里捐献电脑和全村公用大型垃圾桶，这些举措深得镇村干部和帮扶群众的拥戴。

（三）白衣披甲，战疫阵地党旗红

2020年初，新型冠状病毒感染的肺炎疫情悄然蔓延，波及全国，牵动人心。当时正是春节期间，面对突如其来的疫情，成县中医医院迅速行动，立即启动应急预案，成立新冠肺炎疫情防控工作领导小组，科学施策、沉着应对、统筹协调、高效运作，全体医护人员取消休假，实行24小时值班制，从组织保障、工作联动、医疗救治、院感防控、物资储备、驰援救助等多方面强化措施，为有效应对新冠肺炎疫情构筑起了健康屏障。

在疫情防控第一时间，党支部号召全体党员干部站在防控疫情的最前沿，职工先后递交请战书280余份、火线入党申请书41份，共产党员、内二科医生卢永恒加入甘肃省第6批援助湖北医疗队驰援武汉参与一线救援33天，康复科护士张扬扬支援兰州新区抗疫在入境人员集中隔离点辛苦工作40天；医院抽调15名骨干人员赴青岛支援核酸检测工作，累计采样1880人次，均出色完成了抗疫任务，充分体现了中医人的担当和医务工作者逆风而行的勇敢和对职业的忠诚。

2021年新一轮疫情发生后，为充分发挥中医药在疫情防控工作中的特色作用，医院结合2020年抗疫经验和本轮疫情的特点，召开新冠肺炎中药预防方剂讨论会，庄王晓凤院长牵头，组成医院中医药专家组，在甘肃方剂"岐黄避瘟汤"和成县中医医院拟定的新冠肺炎中药预防Ⅰ号方的基础上，结合成县地域环境和气候特征，经反复论证拟定了"新冠肺炎中药预防Ⅱ号方剂"处方，经加班加点煎制成汤剂，免费送至疫情集中隔离点、陇南机场、高速公路及各乡镇疫情监测点，同时在医院门诊和住院部大厅等场所设置汤剂免费饮用点，为来院就诊群众提供中医药预防服务，累计免费配送中药预防汤剂近15000袋。一袋袋暖心的中药汤剂，为广大群众和一线医务人员带去了安心与温暖，坚定了大家抗击疫情的信心和决心。为了打赢这场疫情防控阻击战，医院各党小组、党员干部充分发挥战斗堡垒和先锋模范作用，主动坚守在疫情防控一线，用实际行动，让党员在防控疫情一线拼搏，让党徽在防控疫情一线闪光，让党旗在防控疫情一线飘扬，用初心和使命筑起全县广大人民群众安全的"生命线"。

二、传承精华，守正创新

（一）突出特色，中医学科品牌亮

成县中医医院四十年来励精图治走出符合时代特色、切合中医医院实际的中医药特色发展道路。特别是近年来，在医疗技术全面综合发展的基础上，医院突出中医特色，以中医理论为指导，以发展创新中医为己任，以服务病人为目的，不断提升服务质量，现门诊中医服务人次占总服务人次的70%以上。2018年以来陆续成立风湿骨病科、重症监护室（ICU）、乳腺科、体检科、专家门诊、便民门诊、陇南师专门诊、婴儿洗浴室、眼科、疫苗接种室、口腔科、皮肤科等，并通过"派出去，请进来"的方式，近三年选派业务骨干到省人民医院、省中医院、青岛市城阳区人民医院等中长期学习进修培训52人次，短期进修培训61人次，开展新业务、新技术27项，医疗服务功能逐渐完善，探索出了惠及民生、适宜医院快速发展的新路径。

同时医院充分发挥中医特色优势服务群众，在全院大力推广艾灸、火罐、耳穴埋豆、穴位帖敷、中药外敷、中药熏洗等中医药特色诊疗技术，形成了几个中医特色优势突出、诊疗水平较高、示范性较强的特色品牌专科，让当地及其周边群众获得了良好的中医药服务，也不断了解了中医药、更加信赖中医药。2018年11月，依托甘肃省中医院风湿骨病专科联盟成立成县中医医院风湿骨病科，邀请省中医院专家常驻科室指导，引进小针刀、拇指罐、石疗等30余种特色疗法，填补了陇东南没有风湿骨病专科的空白。医院进一步强化中医药特色科室康复科建设，针灸理疗与残疾康复治疗同步推进，2019年5月康复科被省卫健委确定为"甘肃省第七批重点中医药专科"，被陇南市残疾人联合会、陇南市卫健委评定为"肢体、脑瘫康复训练定点服务机构"，满足了患者多层次就医需求，服务人次逐年提升。

（二）未病先防，中医文化广传承

作为全县中医药适宜技术推广基地，医院积极倡导未病先防理念，承担传播中医文化、推动中医传承的时代责任。医院从关注民众大健康入手，在健全康复科、老年病科服务功能的同时，成立了健康促进科负责开展健康教育、健康体检等。随着人口老龄化和人们生活水平的提高，糖尿病、高血压等慢性病发病率的升高已成一个社会问题，为防止慢性病的发生、合理控制慢病的发展及并发症，医院开设了"三高"整合门诊，采用中西医防治结合手段为慢病患者开展健康筛查、预防保健指导、科学系统治疗，推进大健康教育，创新大健康技术，发展大健康产业，完善大健康服务，从单一救治模式转向"防—治—养"一体化防治模式，结合季节特点在各病区开展流行病知识宣讲，这些无不体现出医院的服务理念。

医院发挥中医适宜技术推广基地职能，承办各类中医药培训提升班，累计培训基层医务工作者1100余人次。医院推进全国名老中医药专家传承工作室建设及中医师承教育，两个国家级名老中医药传承工作室累计代教传承人22名。医院积极开展五级中医师带徒工作，通过甘肃省五级中医师承教育项目，累计带教老师10人，带教徒弟20人出师验收均合格。2018年10月，院长王晓凤带队代表成县参加2018中国（甘肃）中医药产业博览会陇南分会，为参会的广大省内外客商及周边群众通过望、闻、问、切和特色诊疗体验，展示了传统中医博大精深的魅力，推广中医药文化，让当地及其周边群众获得了良好的中医药服务和中医药文化体验，获得广泛好评。

2018年开始，为推动健康教育工作，医院以开展各病区健康小课堂为依托，普及健康科普常识，传播中医未病先防理念，引导群众健康生活方式，累计开展健康小课堂288次。医院在世界无烟日、世界高血压日、重阳节等举行大型健康宣传和义诊活动，多次举办中医知识、技术、文化进校园、进机关、进社区、进乡村活动。医院以中医体质辨识仪和中医理论为依托，传播中医未病先防知识，推动健康人群体检，服务健康和亚健康人群42858人次。在此基础上，2021年起医院开展积极参与各类学术讲座、文化活动，推广中医药文化。2021年3月，在"三八"妇女节之际，院长王晓凤以"巾帼筑梦 健康同行"为主题，面向社会开展了"中医养生保健知识——春季养生"专题健康讲堂；2021年6月，院长王晓凤受邀在成县政协举办的"书香政协·读书讲堂"卫生保健讲座中作专题讲座，倡导让更多的人了解中医、学习中医、运用中医，传导中医治未病理念，有200人左右聆听了讲座。

同时医院主动向社会各界发声。医院公众号客观地反映了医院工作动态和发展成果。院刊《医苑》，营造积极向上的医院文化氛围和精神内涵。医院制作各类宣传展板、文化墙、大型健康科普宣传展板，各级部门微信公众号、网站、报纸等媒体宣传医院典型事迹，借助内外部广泛传播"中医声音"，有力彰显责任中医院品牌形象。

（三）整体迁建，奋楫笃行风帆劲

伴随着"健康中国战略"深入实施和综合医改全面推进，医院服务质量不断提高，服务人次逐年攀升，群众就医需求也愈发丰富多样。为有效解决中医院发展面临的困难和问题，考虑到全县发展规划及医院未来发展，成县中医医院整体搬迁建设项目应运而生。2020年7月县委、县政府决定成县中医医院整体搬迁，迁建项目用地90亩。作为全县整体发展规划的一项民心工程和德政工程，在设计过程中打破新中式的立面设计手法，整体采用更为清新靓丽、现代大气的设计风格，并在规划上坚持中西医医疗、医养康养、老年养生公园（中草药植物园）、中医药文化教育基地为一体的理念，建成后将有效改善中医医院现有的医疗条件，提升医疗服务能力和水平，满足广大人民群众日益增长的医疗保健需求，成为成县乃至周边地区极具规模、服务功能齐全、中医特色浓厚的县级中医医院，对增强区域医疗服务能级，推动城市建设、提升城市形象具有重要意义，也为成县中医药事业的发展提供了更广阔的舞台。

四十载奋斗抒写绚丽华章，四十载耕耘铺就锦绣未来。在喜迎建党百年和建院40周年之际，医院"十四五"发展蓝图已经绘就，医院发展建设也将进入新一轮加速发展期，医院整体迁建项目工程顺利推进，"三乙"创建正式启动。"潮平两岸阔，风正一帆悬"，成县中医医院人将继续赓续优良传统，弘扬抗疫精神，推动医院各项事业向更高层次发展，为增进人民群众健康福祉做出新的更大努力！

传统医学守正创新 现代医学追求领先

新疆医科大学附属中医医院

新疆医科大学附属中医医院（新疆维吾尔自治区中医医院）成立于1959年7月。在自治区党委和新疆医科大学党委的正确领导下，经过六十余年的发展和积淀，医院已成为全国规模较大、中西医人才汇聚、学科设置齐全、技术力量雄厚、中医特色突出、设备配套先进，集医疗、教学、科研、预防保健和康复于一体的三级甲等中医医院。

全院上下坚持以习近平新时代中国特色社会主义思想为指导，全面贯彻以习近平同志为核心的党中央治疆方略，聚焦社会稳定和长治久安总目标，坚持稳中求进工作总基调，埋头苦干、真抓实干，不断开创新疆中医药事业发展的新局面，让连续六届"全国文明单位"的荣誉实至名归。

一、加强党的领导，助推发展脚步

医院坚持以党的政治建设为统领，引领各项工作全面发展。院党委以着力提升医院党组织政治功能和组织能力为重点，以聚力夯实党支部标准化建设为抓手，深入开展党史学习教育，着力健全和落实党建工作机制，坚持"围绕总目标抓党建、发挥党建优势促发展"的思路，使党组织成为增强医院凝聚力、竞争力的源泉。

2021年是党和国家历史上具有里程碑意义的一年，也是医院通过疫情考验后迈出新步伐、取得"十四五"良好开局的一年，医院以党史学习教育为主线，抢抓中医药发展机遇，党建、医疗、教学、科研等工作高质量推进取得了显著成绩。

二、强人才精技术，跻身国内先进行列

医院爱惜人才、尊重人才、关心人才、培育人才，院内现有国医大师1人，全国名中医1人，国务院特殊津贴专家9人，岐黄学者1人，青年岐黄学者1人，首届自治区中医民族医名医3人，全国老中医药专家学术经验继承指导老师12人。医院是中医专业博士学位、中医专业硕士学位、中西医结合专业硕士学位及中药学硕士学位培养单位，也是国家级博士后科研工作站，现有国家卫健委"国家临床重点专科（中医专业）4个"，国家中医药管理局区域中医（专科）诊疗中心4个，国家中医药管理局重点学科8个，国家中医药管理局"十二五"重点专科及培育项目

10个。

医院的国家中医临床研究基地建设不断获得新突破，建成自治区级重点实验室——呼吸病研究实验室，慢性阻塞性肺病研究获多项自治区科技进步奖、国家发明专利；医院入选"国家中医区域诊疗中心协作单位""国家紧急救援基地联盟副主席单位"、全国第一批"银屑病规范化诊疗中心单位"，获批成为新疆中医外治诊疗中心、新疆呼吸道阻塞性疾病临床研究中心，荣登中华中医药学会、中国中医科学院"2021年度中医医院学科（专科）学术影响力评价"榜单前十名；医院编写的"针灸推拿诊疗规范系列丛书"为全疆针灸、推拿临床诊疗规范操作提供指导；医院的心脏中心团队成功开展新疆首例TAVR（经心尖入路经导管主动脉瓣置换术）、新疆首例心脏主动脉根部David手术、生物可吸收心脏支架植入手术，脑病中心完成脑室镜下脑室多发脓肿微创手术，脊柱专科团队完成新疆首例微创腰4.5椎前路椎体间融合术。普外医疗团队保留脾脏的胰体尾切除术、无充气腋窝入路完全腔镜下甲状腺手术，呼吸科团队经皮肺穿刺活检术等高难度手术均为新疆首例；脾胃病科成功开展消化内镜下黏膜下隧道肿物切除术（STER）等高难度手术。2021年李风森团队、吕刚团队共获得2项自治区科技进步一等奖。

在连续六届荣获"全国文明单位"称号的激励下，医院先后获得"全国卫生系统先进集体""全国卫生系统行风建设先进单位""中医药科技管理工作先进集体""全国中医护理先进集体""全国医院（卫生）文化建设先进单位""全国卫生系统思想政治工作先进单位""全国百家改革创新医院"等多项荣誉；2021年医院荣获"中国抗疫医疗专家组组派工作表现突出单位""自治区脱贫攻坚先进集体"；中开老年公寓（开发区分院）荣获"全国敬老文明号"模范单位称号；幸福路社区卫生服务中心被确定为自治区首批"社区医院"。医院多名员工荣获"中国医师奖""白求恩式好医生""全国医德标兵""全国医药卫生系统先进个人""全国百名杰出青年中医""自治区优秀共产党员""自治区教工委优秀共产党员""自治区民族团结进步模范个人"等荣誉。

三、一心服务患者，争办好事实事

医院党委始终坚持"以顾客为关注焦点，以员工为中心，以中医药为本，永续创新"的宗旨统领医院价值体系，在全院形成了"中医院没有行政命令，只有一种心声，即自我、自愿、自发地在第一时间把患者的需求和期盼变成对制度、机制、组织保证、行为规范以及对岗位和工作态度的要求"这一良好工作氛围。

自党史学习教育"我为群众办实事"实践活动开展以来，医院始终坚持优化就医流程，提高医疗服务水平。缴费窗口、挂号窗口、导医岗等重要窗口岗位坚持每日提前半小时上岗；拓展门诊中药调剂台取药区域，有效解决门诊中药调剂台取药人员密集的问题；开设无假日门诊、推拿小夜诊等提升患者就医体检，得到患者一致好评。

同时，医院救治和田断臂男孩的感人事迹广为传播，社会各界网络点击量超20亿次，展现了中医院人面对突发事件时的硬核担当与无私无畏的职业精神。

全院各党支部深入社区、机关、学校为市民、公安干警、教职工等群体开展爱心义诊，面向老人、妇女、农牧民、企业职工等群体开展针对性的义诊服务、疫情防控知识宣讲及健康知识宣讲，为群众发放药品及健康宣传册，免费测量血压、血糖，开展超声检查，进行中医特色治疗，服务患者数万人，让中医药服务扎扎实实地惠及百姓健康。

为把文化润疆落到实处，在院党委的统筹安排下，每周都有4个临床党支部党员走进乌鲁木齐市小学，党员们结合科室特色与学生兴趣，以丰富的内容和课堂活动开展了别样的中医药文化课程，引导少年儿童用中医药这把"钥匙"去探索博大精深的中华传统文化，增强对中华优秀传统文化的自信心与自豪感。

通过落实"民族团结一家亲"活动、全民健康体检活动、南疆支教、党员联系学生活动以及开展巡回医疗下基层、进社区等活动，增进了各族群众之间的友谊和感情。

四、聚焦总目标，勇担公立医院职责使命

医院坚决贯彻落实新时代党的治疆方略，牢牢扭住社会稳定和长治久安总目标，始终坚持人民至上、生命至上的思想，常态化抓好疫情防控工作。医院坚持"四个不放松"，严格落实三级预检分诊、发热门诊、核酸筛查等措施，积极开展院感防控、个人防护培训考核和应急演练，进一步优化医院疫情防控流程。

在认真落实自治区党委乡村振兴工作部署过程中，医院发挥公益作用，推动医疗惠民利民。医院通过对口帮扶和田市人民医院、和田县人民医院、察布查尔县中医医院、策勒县人民医院，持续派遣帮扶队员进行业务培训、手术示教、协助管理等，帮助受援医院提升人才队伍和专业技术水平，并搭建医学影像远程诊断云平台，实现了医院与基层医疗机构间影像信息的互联共享。同时，医院积极推动医联体和专科联盟建设，组织开展"服务百姓健康行动"大型义诊周活动，不断提升群众获得感和幸福感。

新时代、新起点、新征程。新疆医科大学附属中医医院将始终贯彻新发展理念，全面实行精细化管理，大力推进医院高质量内涵式发展，求真务实、奋发有为，把党中央决策部署不折不扣落实到位，以优异成绩迎接党的二十大胜利召开。

立党旗　志为民

四川省资阳市中医医院

2022年3月，中共四川省委组织部、中共四川省卫生健康委员会党组发布关于表扬2021年度四川省公立医院"标杆党支部"的通报，资阳市中医医院外科党支部榜上有名。

该党支部由医院外一科、外二科、外三科、妇科等科室组成，现有党员22名。在新冠疫情防控期间，该支部统筹协调，党员同志冲锋在前，党员干部夜以继日开展工作，在扫码、测温、流行病学调查、发热门诊、预检分诊、疫苗接种、社区防控中工作突出，用实际行动谱写了一曲曲奉献之歌。

外科党支部获此殊荣是资阳市中医医院发挥党建作用，引领医院高质量发展的缩影。医院牢固树立"抓党建、强队伍、促发展"工作理念，找准党建工作与医院业务工作的结合点，建体系、强基础、抓融合，助推医院各学科取得显著成效。

资阳市中医医院共计7个党支部，现有党员181名。在医院党委的领导下，所有党员同志无论身处什么岗位，始终坚守初心使命，用心用情护佑群众健康。

一、建强队伍，筑牢堡垒

资阳市中医医院建立健全中医药人才引进和培养机制，制定了医院人才建设规划，逐步完善人才梯队建设，提升员工整体素质，为医院发展夯实基础。实施人才"传帮带"工程，引进大批高层次人才，形成人才推动创新改革、人才支撑医院发展的生动格局。此外，以成资同城化建设为依托，医院完善了多途径、多层次、上下联动的人才培养模式，建立了省、市、区级名医团队培育和培养机制，以及师带徒、住院医师规培、外出进修、对口支援、学术活动、内部培训等的人才培养体系。同时，以打造资阳市名医馆为平台，实施了师承教育、人才"传帮带"工程。

二、强化学习，切实服务群众

结合党史学习教育契机，资阳市中医医院切实将服务群众落到实处。通过扎实开展调查研究，积极为职工排忧解难，由分管领导带队，分组实地走访各科室收集问题及意见建议，建立为职工办实事项目；积极开展"我为群众办实事"实践活动，组织各党支部立足实际，把党的温暖送到人民群众心坎上，让广大党员干部在实践中学、在为民服务中学，真正做到学有所思、学有所悟、学有所获；积极组织开展党员"双报到"活动，与包联单位半山社区和党员居住地所在社区（小区）完成了报到登记工作，主动认领志愿服务岗位，开展各类公益活动或志愿服务。

三、创新载体，强化思想引领

充分发挥"关键少数"的示范带头作用，医院党委将党史纳入每周晨会，"一周一集中"学习，每月中心组集中学习，引导领导干部先学一步，学深一层。

营造学习载体，建好阵地深入学。通过 QQ、微信群等新媒体进行党史学习宣传。在医院微信群每日更新党史知识，定期公布党史测试题，交流党员学习体会，及时发布各支部学习动态，展示党史学习教育活动成效和生动案例。组织各党支部成员参加党史学习系列活动，采用讲述、电影节选、舞台剧等方式，逐级讲好党课，医院党委领导班子成员在各自联系的党支部讲党课、各支部书记分别为所在支部讲党课，受到了党员干部的欢迎，取得了较好效果。

利用红色资源，丰富形式现场学。先后组织党员到乐至陈毅故居、红军飞夺泸定桥纪念馆等地开展传承红色主题教育活动。通过缅怀中国革命先烈的丰功伟绩，引导党员干部进一步坚定理想信念，弘扬优良传统，传承红色基因。

坚持和加强党的全面领导，是提高公立医院治理能力、落实"全心全意为人民健康服务"的根本保障。资阳市中医医院将时刻谨记医学誓言，不忘从医初心，忠于人民，恪守医德，着力构建党建引领卫健事业高质量发展，为建设成资同城化创新发展先行区提供坚强保障。

以高质量党建引领 推动医院高质量发展

山东省商河县中医医院

商河县中医医院于2013年6月被省卫生厅评为二级甲等中医医院，2019年5月顺利通过复审。医院针灸科是山东省第四批中医药重点专科，心血管病科、脾胃病科、眼科、脑病科是济南市中医药重点专科。

作为济南市县级中医医院"五个全科化"工程试点项目单位，商河县中医医院于2022年3月29日召开启动大会，成立以院长为组长的项目领导小组，制定工作方案，全面开展中医经典、中医治未病、中医外治、中医康复、中医护理"五个全科化"建设试点工作。这标志着商河县中医医院全科化诊疗、临床应用、治未病辨识、康复指导、外治调理、护理调护工作均迈上新台阶。

一、发挥优势，医教研齐发展

做百姓身边的健康守护者，这是所有基层中医药从业者所担负的重要使命。在新发展阶段，基层中医药从业者要如何将几千年形成的中医药技艺传承发扬，商河县中医医院充分发挥中医药治未病、重养生等优势，守护群众健康"最后一公里"。

2022年以来，商河县中医医院中医药服务设施进一步完善，综合楼九楼针灸康复治疗区和新建中医综合治疗室（300平方米）总面积2000平方米，基础建设总计投入1500万元。

自2022年1月商河县中医医院加入齐鲁中医药优势专科集群肺病2群后，牵头单位根据集群项目建设任务要求，多次通过线上、线下等形式开展肺病科危重症及疑难杂病的病症讨论、间质性肺疾病的诊断与治疗及中医适宜技术通经宣肺法、扶阳脐贴等技术的推广，使该院肺病科诊疗技术得到一定的提高。

积极运用中医护理技术，全院开展艾灸、中药塌渍、穴位贴敷、中药涂擦等16项中医护理适宜技术，每个科室开展项目均超过6项。加强中医药知识分层次培训，非中医护士系统接受中医药知识与技能培训占比达到80%以上。落实中医护理方案，做到一科一特色。

2021年1月，院康复科、肺病科被山东省卫健委遴选为齐鲁中医药优势专科集群成员单位，医院高度重视，成立由院长任组长的领导小组，制订方案和措施，加强专科集群建设。

肺病科引进日本产奥林巴斯BF-260电子纤维支气管镜，广泛开展纤维支气管镜检查技术。根据集群项目建设任务要求，多次通过线上、线下等形式开展肺病科危重、疑难病的病例讨论及中医适宜技术学习。省中医刘庆申教授每周来院进行查房、教学、坐诊，提高科室业务水平。定期开展社区义诊，推广中医药优势病种诊疗方案的中医特色疗法。

大力发扬中医药特色，开展针刺、三部灸、拨针、塌渍等多项中医适宜技术，针对康复患者病情制定中药协定有效方剂。开展呼吸吐纳、站桩等中医养生保健治疗，并结合八段锦、易筋经及现代康复理论制定综合康复训练技术，对科室患者全面推广。开展椎间孔镜、低温等离子、脉冲射频等微创治疗技术。

2021年8月医院与山东尧侠医疗科技有限公司、北京康仁堂药业有限公司签署了战略合作协议，共同合作建设智慧化中药房，目前项目正在积极实施中。

医院不断加强中医医共体建设，下派5名业务骨干挂职乡镇卫生院业务院长。不断完善中医临床指导，开展中药饮片、临床检验、消毒供应等多项业务合作，促进医共体的建设。

中医"五个全科化"项目及两个齐鲁中医药优势专科集群成员专科建设的开展，使医院基础设施、医疗设备更加完善。临床医护人员积极参加培训、讲座、带教等多种形式的学习，以点带线，以线带面，中医技术全面提高，全院诊疗水平整体提升，医疗质量全面提高，患者满意度得到极大提升。

二、关爱儿童，为折翼天使点亮康复梦想

近年来，党和政府高度重视残疾儿童康复工作，制定了一系列法规政策措施，实施了一系列残疾儿童康复项目，残疾儿童康复机构快速发展。2018年6月，国务院印发《关于建立残疾儿童康复救助制度的意见》，残疾儿童康复救助制度在全国铺开，将有效改善残疾儿童康复状况、促进残疾儿童全面发展、减轻残疾儿童家庭负担。立足医疗本职，商河县中医医院特成立商河县中医医院儿童康复中心。

基于近几年商河县残联持证儿童数据等反馈发现：全县残疾儿童人数逐年上升，认为建立商河县中医医院儿童康复中心，为患儿提供系统科学的康复治疗迫在眉睫，于是深入各大三级医院儿童康复科考察、查阅文献并经科室讨论后，向医院工会提出该提案。

提案自2021年5月得以落实，经过一段时间的筹备，医院在商河县社会福利服务中心开设商河县中医医院儿童康复中心并投入使用，面积约2926平方米。儿童康复中心成立，同时开展儿童脑瘫、发育障碍、言语障碍、脊髓损伤、脑炎后遗症、自闭症、注意力缺陷多动综合征、智力低下等疾病评估与康复、韦氏智力测试、Gesell婴幼儿发育评估，开展PT、OT、ST、吞咽、认知训练、感觉统合训练、虚拟现实训练等现代化综合性康复技术。以现代医学、传统康复医学、家庭康复为基础，结合Bobath疗法、Vojta疗法、PNF技术、Rood技术、运动再学习技术等手段实施多层次全方位的治疗，使轻者能够治愈或"正常化"，重者可改善运动功能，提高生活自理能力，能够成为不被社会歧视的一个整体。

儿童康复中心设有儿童康复门诊、功能评定室、运动疗法室、物理因子治疗室、作业治疗室、言语治疗室、针灸推拿室、情景互动室、多感官室、感统训练室、听觉统合训练室、心理咨询室、沙盘室等，并开展中医推拿特色疗法以治疗小儿常见病、多发病。日积月累，大部分患儿的残疾状况得到了稳定，有些患儿残疾程度还得到明显改善，让很多家长重拾信心、重获希望。

经医院决定，残疾儿童个人自付部分按照规定由残疾儿童康复救助资金补贴。超出的费用，由医院进行二次补贴。

三、医路守护，疫情防控秉初心勇担当

高温下的汗水浸泡，手指发白凹陷起泡；酷暑下连续作战，体力不支晕倒……他们精疲力竭但毫无怨言："让人民群众早一天接种，早一天建立免疫屏障，我们累点不算什么！"

自新冠肺炎疫情发生以来，商河县中医医院按照上级部门的要求，迅速行动，周密安排，积极进行疫情防控工作。修建新冠肺炎疫苗临时接种点，组建党员先锋队，抽调医务人员到接种点全职工作，不分昼夜服务百姓，打造了以人文关怀、有序接种等为特点的疫苗接种双流模式。

医院投资近200万元率先在全县建成PCR实验室，于2020年6月投入使用，后又投资40万元建成新冠疫苗临时接种点和核酸采集点。

在后续工作中，医院建设疫情常态化防控措施，做好接种点、医学隔离观察点的医疗保障救治工作，圆满完成了疫情防控各项任务。

四、多措并举，做好当前疫苗接种工作

商河县新冠疫苗接种工作开展以来，商河县中医医院严格按照"应接尽接、应快尽快、知情同意、自愿免费"的原则，多措并举，确保疫苗接种工作安全、有序、高效推进。

商河县中医医院高度重视，周密部署，精心组织，通过采取强化培训、拓增接种台、延长接种时间、优化流程、加大宣传力度等措施，全力推进辖区所有适龄人群科学有序接种，提高新冠病毒疫苗接种服务可及性、便利性，确保接种工作安全、有序、高效实施。

院里持续改善服务环境，在等候区提供疫苗接种宣传资料，让接种人员安心等候；在留观区配备舒适椅、空调、饮水机等，通过营造舒适放松的环境，让接种人员对新冠病毒以及疫情防控有更深入的了解，排除顾虑，缓解压力。以此形成疫苗接种良好氛围，加快建立有效免疫屏障。

五、蓄势赋能，"人才引擎"激活发展动能

助推高质量发展，人才培养是关键，"输血"更需要"造血"。2021年7月，医院评定青年名中医6名，薪火传承师徒带教指导老师7名，继承人9名，青年名中医门诊及师承工作均已顺利运行。

人民群众满意度不断提升，中医药文化氛围不断增强。全院23个优势病种中医五个全科化

参与率80%以上，开展中医综合技术68项。医院邀请院内外专家开展全院医护人员中医经典理论培训5次，共计9学时；45周岁以下医师考核率100%，考核合格率85%；经典知识竞赛1次；2021年7月评定青年名中医6名，薪火传承师徒带教指导老师7名，继承人9名，青年名中医门诊及师承工作均已顺利运行。

县域龙头作用显著增强。医院承担曲阜中医药学校教学实践基地教学工作，并建立名中医工作室1个，培养业务骨干6人，学术继承人4人，举办县级中医适宜技术培训6次。

中医药特色优势更加突出，中医药服务能力明显增强。制定优化中医优势病种诊疗方案6个，推广中医药适宜技术9项，培训医务人员2000余人次。肺病科王树荣、康复科王红敏分别成为牵头单位学术传承人。邀请山东省中医药大学第二附属医院康复科李丽主任、肺病科王珺主任来院检查指导工作，并派出人员前往学习。

2021年7月，成立儿童康复中心，现已收治患儿35人，填补了商河县残疾儿童康复空白。开展了眩晕、中风、喘病等20余个优势病种的治未病全科化健康指导，开展体质辨识的科室13个，建立健康档案400份，跟踪回访50人。

医院康复科成立疼痛、神经、儿童三个康复亚专科，主治颈肩腰腿痛、脑卒中、脑外伤、小儿脑瘫、自闭症等专业方面的疾病。

2021年上半年，医院收到锦旗、表扬信60余件，住院患者满意度在2021年8月达到95%以上。

当下正值"十四五"开局之年，商河县中医医院以公立医院改革、评审评价和绩效考核为抓手，坚持以病人为中心，坚持医院公益性，坚持以中医药发展为主，坚持党领导下的院长负责制，以健全现代医院管理制度为目标，强化体系创新、技术创新、模式创新、管理创新，不断加快推进现代化中医医院建设。

到"十四五"规划末，医院争取实现建筑面积9万平方米，床位800张；创建一个国家级中医药重点专科，完成1—2个省级中医药重点专科建设、多个市级中医药重点专科建设任务；加强智慧医院、医联体、医共体建设，加大和医学院校、科研院所的业务合作，不断提高医疗服务水平，努力建成行业内具有较高影响力的现代化综合性三级甲等中医院。

党建引领定航向　凝聚合力促发展
全面提升医院综合服务能力

河北省新乐市中医医院

河北省新乐市中医医院是集医疗、急救、康复、预防、保健、科研、教学于一体的国家二级甲等医院，2019年纳入三级医院管理，是河北中医学院附属医院。

近年来，医院在党委领导下，充分发挥党建引领作用，紧紧围绕公立医院改革目标和任务，以推行现代医院管理制度为抓手，不断提升医院内涵建设，医疗质量和服务能力得到全面提升，医疗业务平稳增长。医院现拥有河北省重点中医专科2个，河北省级重点建设中医专科3个，石家庄市重点中医专科5个，石家庄市重点培育专科3个，全国基层名老中医药专家传承工作室3个。医院先后荣获河北省示范中医院、河北知名品牌、河北省文明单位等荣誉称号。

一、党建引领，为医院平稳健康发展提供有力保障

2021年，以庆祝中国共产党百年华诞为契机，医院扎实开展党史学习教育，先后举办"红色义诊""走进晋察冀老区"主题教育等系列活动；在乡镇设立急救分站，开辟简易门诊，启动夜间门诊，深入推进"我为群众办实事"。党委领导下的院长负责制得到全面落实，规范执行民主集中制、"三重一大"集体决策制度，真正做到用制度管权管人管事，引领医院高发展的基础更加稳固。

2021年，医院抗疫精神凝聚高质量发展强大合力。院党委坚决贯彻落实上级疫情防控要求，积极承担援助石家庄市深泽县抗疫任务，9小时内安全分流和转院19个病区近400名病人，24小时完成700余平方米的穿衣区、脱衣区改造，200多名精干医护充实到5个综合病区，从11月6日零时接收第一批病人到21日清零，共收治深泽患者68人，其中危重患者36例。此外，新乐市中医医院广大职工援深泽、赴河南，协雄安，助冬奥，将使命和担当书写在疫情防控一线，构筑起守护群众生命和健康的坚固屏障。

二、聚集特色优势，深化专科内涵建设

在"内科外科化，外科微创化"的理念推动下，医院微创技术得到飞速发展，熟练开展冠

脉支架植入术、室上性心动过速射频消融术等，为胸痛患者在最短的时间得到有效救治提供了极大便利。同时开展肝癌介入术、膝关节单髁置换术气、压弹道碎石取石术等新技术20多项，四级手术26种。

（一）推进省重点中医专科提档升级

骨伤骨病科作为省级重点中医专科，设4个病区，目前正在积极创造条件申报国家级重点中医专科。中风病科是石家庄市十大名中医科，被北京天坛医院授予"卒中中心"建设单位，是河北省卫健委确立的"河北省急性脑卒中溶栓地图"首批入选单位。省重点专科建设单位肿瘤科与北京中医药大学东方医院合作共建肿瘤中心，引入中医肿瘤绿色疗法，改善患者生存质量。肾病科与省级医院开展技术协作，利用中西医结合方法治疗肾脏疾病，同时建有可容纳50人同时透析的高标准透析室。

（二）高标准推进五大中心建设

为更好打造"区域黄金时间救治圈"，医院启动了胸痛中心、卒中中心、创伤中心、眩晕中心、心衰中心五大中心建设。胸痛中心通过2020年第一批次中国基层胸痛中心国家级认证，实现一次认证一次通过的目标，2021年被河北省胸痛中心联盟授予"胸痛中心建设优秀奖"。卒中中心顺利通过省级专家验收，成为河北省第三批防治卒中中心。创伤中心、眩晕中心和心衰中心接诊患者全部翻番。

（三）加强中西医融合发展

以新乐市急救站为前沿，以医院多学科协作为基础，大力提升急危重症综合救治能力。设立承安、邯邰2个急救分站，开通5条120急救专线，10辆救护车均达到标准配备，更换了数字平台调度系统，GPS定位将急救车到达现场的抢救情况实时传输到调度中心，被石家庄市卫健委评为石家庄市首批五星级急救站。

（四）推广中医治未病

依托非药物治疗区，着力打造治未病特色品牌。与健康体检有机融合，开展中医体质辨识和健康评估，融合保健宣教、养生调养、健康干预，实现未病先防，已病防变。开发膏方以及香包、药枕等系列产品，推广针灸、推拿、中药熏蒸、冬病夏治等中医特色诊疗项目，提高治未病感知度和获得感。

三、加强信息化建设，逐步打造数字医院

在原有HIS系统基础上，对硬件设备进行了全部更新，对基础软件进行了升级扩容，对功能模块进行了添加完善，对网络及辅助设施进行了全部优化。升级后的信息系统具备电子病历评级五级功能，信息管理系统以电子病历为核心，包括LIS、PACS、临床路径、抗生素管理、医

疗质量控制、医保管理、农合管理等功能，在强大的数据处理技术支持下，数据分析和应用水平大大提高，综合统计系统实现全方位、全数据、全时段、全用途管理。为医院管理提供了更新的支撑体系。

党旗飘扬风帆劲，凝心聚力行致远。2022年，河北省新乐市中医医院将进一步筑牢党建根基，牢记使命，守正创新，落实新发展理念、服务新发展格局，为推进中医药发展，保障人民身体健康贡献新乐中医人的力量，以优异成绩迎接党的二十大胜利召开。

凝心聚力谋发展 共克时艰谱新篇

陕西省定边县中医院党委书记、院长 倪国栋

2021年，是充满机遇与挑战的一年，是举国同心全民续写抗疫史册的一年。一元复始，万象更新，在充满希望的2022年，在这美好时刻，我谨代表院领导班子向一年来精勤不倦、敬业奉献的全体干部职工及默默支持你们的家人致以诚挚的问候！向一直以来支持医院发展的各级领导、社会各界朋友表示衷心的感谢！向陪伴我们一路走来的广大群众致以美好的祝愿！

一、同心同德，真抓实干

2021年，在县委、县政府及县卫健局的坚强领导下，院领导班子和全院干部职工同心同德，真抓实干，把党的领导融入医院改革发展全过程，完善健全现代医院管理制度，促进中医药传承创新发展，加强医疗质量与安全管理，切实提高医疗服务水平，积极推进医共体建设，慎终如始抓疫情防控。2021年门急诊患者达24.8万余人次，出院患者达6000余人次，高质量完成了预期工作目标，医院各方面工作呈良好的发展态势。

二、勠力同心，共克时艰

2021年，新冠肺炎疫情的阴霾依旧笼罩，面对疫情，我们勠力同心，共克时艰。郑蓉、杜楠楠、魏鑫等预检分诊工作人员忍受严寒酷暑，站立在医院防控的第一线，为医院把好了第一关。韩洪好、朱晓蓉、陈仁芬等医护人员坚守隔离点173天，筑起全县疫情防控的有效防线。采集核酸、保障疫苗接种、转运人员、煎制中药预防汤剂……你们披星戴月，拖着疲惫的身躯，但目光坚毅。面对古城西安突发疫情，杨甜、马文莉、白晓润、王瑞、丁蓉、魏丽蓉、李夏茹、王改花、曹翻翻、高小芬等10名护士逆行而上，紧急驰援西安，与西安人民同舟共济。你们身披白甲，"舍小家、顾大家"，诠释了"甘于奉献、大爱无疆"的崇高职业精神，彰显了仁医精神、仁医初心，感谢有你。

三、甘于奉献，携手共进

这一年宝应县中医医院夏维清、孟仕贵，榆林二院郝昱芳、李佳娜、李蓉、尤文岗，6位专家积极响应号召，投身帮扶工作，与我们携手共进，给医院带来新的理念、新的技术，长期以来，

你们勤勤恳恳，积极肯干，甘于奉献。

四、传承精华，守正创新

这一年我们推进中医药传承创新发展，提升中医药服务能力，建立了国医大师李佃贵传承工作室、国家级名老中医冯兴华传承工作室，国医馆项目开工建设，切实解决了中医药人才尤其是高层次中医药人才缺乏、继承不足、创新不够的问题，使广大群众在家门口就能享受到优质的中医药服务，为定边县中医药事业进一步发展奠定了坚实基础。

五、勇于担当，不忘初心

这一年我们勇于承担社会责任，积极投身健康事业，在党史学习教育中开展"我为群众办实事"活动，组织杨井镇、姬塬镇义诊，举办"服务百姓健康行动"大型义诊活动周，承办"中医养生保健进社区，助力健康定边建设"活动，让中医药更广泛地进入社区基层，使居民得到了"简、便、验、廉"的中医药服务。一个个温馨的医患故事、一系列便民惠民的举措体现着"全心全意为人民服务"的宗旨。

六、砥砺前行，实干兴院

在新的一年里，我们要牢固树立"大卫生、大健康"理念，推动中医药工作更好地由"以治病为中心"向"以人民健康为中心"转变，建立健全现代医院管理制度，将医疗服务由"量的增长"向"质的提升"转变，推动医院高质量发展，为广大人民群众提供更加优质的服务。

在这个伟大的新时代，我们每一位中医人既拥有广阔的发展空间，也承载着重大的历史使命，让我们更加紧密地团结在以习近平同志为核心的党中央周围，凝心聚力、奋发进取，不忘初心，牢记使命，切实把老祖宗留给我们的宝贵财富传承好、发展好、利用好，为传承发展中医药事业，建设健康定边做出新的、更大的贡献。

旧岁已展千重锦，新年更近百尺竿。疫情挡不住我们前进的脚步！在新的一年里，让我们凝心聚力谋发展，共克时艰谱新篇！

奋进的足迹

河南省禹州市中医院

2020年，对于禹州市中医院来说，是值得纪念的一年。

2020年12月，经许昌市卫健委组织专家组进行三级医院执业登记现场评审，禹州市中医院顺利晋升国家三级中医医院，成为河南省首批成功创建三级中医医院的县级医院，也是我市县级医院中首家三级中医医院。

持之以恒，终有所成。自2019年9月启动三级中医医院创建以来，禹州市中医院对标达标、攻坚克难，通过对涉及管理、医疗、护理、药事、医技、感控6大组的13项共104条细则进行规范提升，在创建三级中医医院的道路上书写了浓墨重彩的篇章。

奋进的足迹铿锵而有力，更彰显着"一切为了患者"的不变初心。

一、中医特色强筋壮骨

中医是中华文明的瑰宝。禹州市中医院坚持中医姓"中"，传承精华、守正创新，牢固树立中医思维，形成了凸显中医特色优势、中西医齐头并进的良好局面。

该院大力开展督灸、葫芦灸、温罐灸、虎符铜砭、耳穴贴压、穴位按摩、中药涂擦等非药物疗法，采用非药物中医诊疗技术60余项，每年至少引进1项新技术、新疗法。该院中药房制剂种类齐全，共有中药饮片470余种、中成药160多种、中药免煎颗粒300余种，研制了安神清心丸、偏瘫康复丸、颈肩痛消丸等院内制剂26种，门诊中药使用率达到60.2%，住院患者中药使用率达到61.7%。

同时，该院大力提升中医药在治未病、重大疾病治疗、疾病康复等方面的作用，建立了完善的中医药预防保健体系。通过举办"西学中"培训班，该院将收集的疗效肯定的验方和150个经典方剂、100个经典条文制成《协定验方手册》。通过举办中医药适宜技术培训班，该院推广中医辨证、经方和中医特色技术等适宜技术30余项，充分发挥了中医药适宜技术在治疗常见病、多发病方面的优势。

目前，该院设有26个临床科室、13个临床医技科室、22个特色门诊。其中，省级重点专科1个、省级特色专科1个、市级重点专科2个。

二、服务理念气沉丹田

创建三级中医医院既是发展使然,又是惠民所需。

禹州市中医院创建于1979年12月。41年来,该院初心未改、道义未变,在"传承、创新、诚信、进取、仁心仁术"院训的指导下,落实、落细各项服务举措,为人民群众的身体健康和生命安全保驾护航。

为了提升服务意识,以科室为单位,每天传唱院歌、颂院训及《服务理念天天念》,通过各科室利用晨会时间带领大家天天念,使中医文化逐渐植根于全体员工心中,牢记神圣使命,热情服务患者。

为了让信息多跑路,让患者少跑路,该院加快信息化建设,较早地实行"先诊疗后付费"服务模式、"就医一卡通"服务和检验检查结果查询服务,开通了微信、支付宝移动支付,群众使用身份证或社保卡即可享受就诊、建档、挂号、交费、查询等就医全流程服务。该院还较早启动城乡居民医保与HIS系统直接对接,全面实现城乡居民门诊和住院医保患者先诊疗后付费,以及"一站式"诊疗服务,方便群众就医。

为了提高医院的医疗救治服务能力,该院加快设备购置和维护,购置了大型C臂、64排CT、核磁共振、全身彩超、全自动生化分析仪、腹腔镜等一系列先进的诊疗设备,让群众享受到优质的诊疗服务。

为了提升医疗服务能力,医院开展了神经血管介入技术、心血管疾病介入诊疗、内镜诊疗技术、血液净化技术等,医院急危重症救治服务能力得到有效提升,形成了凸显中医特色优势、中西医齐头并进的良好局面。

2020年,该院积极开展"健康中原行、大医献爱心"和百医包百村活动,组织专家128人次深入鸠山镇赵沟村、楼院村、西学村等,为当地群众义诊,进行健康体检,举办健康知识讲座,免费为群众发放药品。该院还为赵沟村、楼院村、西学村配备了电脑、体重秤等设施,完善基层村卫生室建设。

三、绩效考核活血化瘀

如果说抓住中医特色、内练筋骨增强了禹州市中医院的硬实力,那么开展绩效管理方案改革,则让禹州市中医院的发展血脉畅通。

2019年,禹州市中医院按照"维护医院公益性、调动医务人员积极性、实现医院可持续发展"的总体思路,确定了以"控总量、调差距、建机制、强考核、促发展"为改革策略的绩效运行体系,通过新绩效方案的实施和考核制度的落实,实行临床、护理、医技、行政四大责任项目指标分解,形成院科两级考核指标，将指标责任落实到科室、岗位和个人，并积极探索绩效管理结果运用范围，实现个人绩效与组织绩效的同步提升。

改革让禹州市中医院内部管理更加规范，医疗服务整体效率有效提升，分级诊疗制度更加完善，患者和医务人员的满意度稳步提升，逐步实现了医院管理精细化、规范化。

迈向"十四五"，开启新征程。未来，晋升三级中医医院的禹州市中医院将踏上新的征程，取得新的辉煌。

党建引领促发展　凝心聚力塑品牌

海南省东方市中医院

一直以来，我院坚持公立医院的公益性和社会效益原则，把维护人民健康权益放在第一位，坚持中医为主，中西医并重为特色，努力满足人民群众基本医疗服务需求，充分发挥党建引领作用，不断强化内涵建设，医疗质量和服务水平显著提高，较好地完成了各项工作任务。

一、主要做法

（一）重视党建引领，加速中医品牌建设

一是开展作风整顿建设，促进党风带政风促行风。深入开展"作风整顿建设年"活动，把作风整顿建设年活动作为推动各项工作的动力，充分发挥领导班子和领导干部的示范带头作用，以身作则、以上率下、带头解放思想、带头深入学习、带头转变作风、带头查改问题、带头攻坚克难、带头服务群众，以优良的党风带政风促行风，切实转变工作作风，提高工作效率，促进医院健康发展。

二是开展"为群众办实事"活动，切实提升患者满意度。我院把"我为群众办实事"实践活动作为党史学习教育的重要内容和突出抓手，坚持问题导向，立足群众需求，真心实意为群众办好事、办实事、解难事，不断增强人民群众获得感、幸福感、安全感，进一步提升患者满意度。2021年邀请广州中医药大学"琼籍"名中医专家、海南省中医院心血管内科专家到医院开展义诊活动4次；通过5.12护士节、庆祝中国共产党成立100周年等活动，组织本院党员干部协同郫都区专家下基层为老百姓进行义诊2次。

三是改善就医环境，不断提升医疗服务能力。始终强调为人民服务的宗旨，逐步改善基础设施和就医环境。建设发热门诊并按照《发热门诊设置管理规范》要求整改发热门诊诊室安装窗帘，改善就医环境，保护患者隐私。建设"一站式服务中心"，优化医疗服务流程，为患者提供一日清单、住院清单、检验单打印；免费血压测量；提供导医、送医；为老年患者及行动不便患者提供老花镜、轮椅等。

四是加强川琼医疗共建，逐步提升医院知名度。2021年，郫都区中医医院先后向我院派出急诊重症、肛肠、皮肤、妇科、麻醉、针灸推拿、内科等方面的专家团队共12人次。通过开展坐诊、手术、查房、技术培训、帮扶指导及带教，不断提高医务人员的技术水平及医疗服务质量，

提升医院知名度。

(二) 重视人才培养，提高核心竞争力

一是推行"走出去，请进来"。2021年选派骨干医师7名到省内外三级医院进修；选派医师、医技人员3名参加2021年紧缺人才培训；选派骨干护士共14名参加专科护理、急诊重症、中医专科护士班等进修学习。

二是积极开展院内技能培训。2021年医务科组织业务培训共9期；护理部开展基础理论及技能培训27期，同时组织在职护士在岐黄天使学习平台系统地学习了中医基础理论知识及操作技能培训；院感办组织新冠肺炎等知识及操作技能培训7期共702人次。

三是充分依托成都市郫都区中医医院派驻专家优势资源。郫都区中医医院专家通过带教帮扶、讲座的形式，对我院针灸推拿、麻醉科、肛肠科、皮肤科、急诊医学、急诊护理等技术人员进行指导培训，不断提升医务人员专业技术水平。

(三) 发挥中医特色优势，提升中医品牌

一是重视重点专科建设。加强省级中医重点专科骨伤科、市级中医重点专科针灸推拿科的质量管理，给予政策倾斜，提高针灸推拿科人员工资待遇。为骨伤科引进主任医师1名，主治医师1名。同时把骨伤科C臂机等重点设备、针灸科康复设备等列入2022年采购计划，不断提升重点专科能力，发挥中医药特色优势，形成拳头学科立标杆，从而带动医院的整体发展。

二是突出中医特色优势。在儿科大力推广小儿推拿、敷贴治疗感冒、发烧、腹泻、鼻炎、厌食、身体虚弱，疗效明显，便捷、无副作用，深受广大小儿患者家属信任。在住院病人中积极开展拔罐、刮痧、灸法、埋耳豆、湿敷、熏蒸等中医护理适宜技术特色治疗项目共计13项，特别是妇产科开展了梅花针、雷火灸技术等对妊娠剧吐、产后子宫复旧、带下证的治疗，取得良好的经济和社会效益；儿科小儿推拿、平衡罐、穴位贴敷等技术，疗效显著，得到病人的认可；内科、外科中药热熨等改善病人症状提高病人舒适度。

三是积极推广"治未病"理念。立足于患者需求，紧贴科室实际，在中医体检基础上，采用针药结合的中医特色疗法，有效地提升了健康干预的疗效。注重发挥中医药在治病、防病等工作中的作用，充分运用"简、便、验、廉"的中医药诊疗技术，提倡纯中医治疗，做到先中后西，能中不西，中西结合。

四是持续抓好名老中医学术传承工作。全国基层名老中医陈天壮副主任医师院内带徒6名，在传承的基础上创新发展，缩短中医人才成长周期，为我市中医药事业健康持续发展，提供了中医人才保障。

(四) 加强医疗安全质量控制，促医院在安全环境中稳步发展

一是健全质量管理组织，完善质量管理考评体系。

二是围绕医疗质量与安全，实施质量实时监控、定期评价、及时整改等综合措施。

三是注重核心制度的落实，严格执行技术操作规程和医疗原则，注重医患沟通与告知义务。

四是确定医院"危急值"项目，建立"危急值"管理制度与工作流程，医技部门相关人员知晓本部门"危急值"项目及内容，并能有效识别与确认。

五是落实医疗安全责任制和责任追究制，切实防范医疗差错事故的发生，严格查处可避免的医疗纠纷与差错，定期总结分析，做到认识到位、整改到位、处罚到位。

六是强化后勤保障体系，减少临床工作人员非业务性工作量，在医院形成"职能科室为临床科室服务、领导为职工服务、后勤为医疗服务、全院为病人服务"的工作机制。

（五）严抓疫情防控管理，保障群众身体健康

严格抓好预检分诊，并按照要求做好造册登记；加强住院病区管理，落实一患一陪护要求，陪护人员一律进行新冠病毒核酸检测，并发放陪护证；认真抓好新冠应知应会知识、诊疗方案、穿脱防护用品、采集咽拭子等内容的培训及考核工作。其中2021年医务科组织5期，共计444人次、护理部3期共234人次、院感办12期共1116人次，开展疫情防控演练2次；选派医务人员外出对疫情管控地区入琼人员进行核酸采集，共安排医务人员97人次，采集样本1779人次。认真开展新冠肺炎疫苗接种工作，2021年共计接种141752剂次（成人103027剂次，儿童38725剂次），其中第一针65146剂次，第二针60503剂次，第三针16103剂次。

（六）强化医院信息化建设，持续改进医疗服务

以"三医联动一张网"建设项目为契机，建设更新信息系统，解决住院医师工作站、电子病例、放射、心电、超声等医技系统，通过不断完善信息系统，提升医院现代化管理水平。

通过内强素质，提高服务质量，构建起和谐的医患关系，推动了医院健康持续发展。2021年，医院总诊疗约15万人次，同比增长12%；住院2104人次，同比增长16.63%；业务总收入3152.65万元，同比增长17.96%；药占比为22.52%，同比降低3.64%；纯中医治疗人数逐年增加，2021年门诊中药处方共计约17000张，同比增加6%；住院中药处方1200张，同比增加52%；医疗服务收入占比32.66%，同比增长6.73%；职工工资及福利待遇较往年有所提高，工作积极性明显提升。

二、目前主要存在问题

一是人才缺乏，特别是中医类别医师，目前仅有中医类别医师26人，占执业医师的39%，离60%的标准还存在一定差距。

二是专科建设特色不突出，品牌效应不够。骨伤科为省级重点专科，但由于专科建设特色不突出，缺乏C臂机、腔镜等常用医疗设备，人才缺乏等，医疗业务发展受限，住院患者较少，科室效益差。针灸推拿科为市级重点专科，但无设置住院病区，不能满足患者就医需求。

三是医院业务用房不足，建设用地有限，阻碍医院规模扩大和业务发展。

三、下一步工作设想

（一）加强人才队伍建设

一是形成以内部培训为主、外出学习为辅、紧缺人才引进为补充的人才队伍建设与培养体系，建立专业人才均衡、分布合理、层次分明的人才梯队格局，确保医院健康可持续发展。2022年计划通过急需紧缺人才引进政策、公开招聘等引进临床、麻醉、康复、医技、护理专业技术人员，特别是中医类别医师，缓解人才紧缺问题，确保中医类别人员占比达标。

二是选派医疗技术骨干"走出去"到郫都区中医医院等三级医院进修学习急危重症、宫腔镜、腹腔镜、胃镜、麻醉等，提升医疗技术队伍整体水平。

（二）加强重点专科建设

一是认真抓好目前省重点中医专科骨伤科、市重点专科针灸推拿科建设，2022年计划引进骨伤科医师1名，针推康复医师3名，康复技师1名，引进腔镜、C臂机等设备。恳请郫都区中医医院选派骨伤科专家进行骨伤科运营管理及腔镜等技术指导，提高专科人员的专业理论和诊疗水平，发挥重点专科的辐射、示范、带头作用，提高医疗质量，保证医疗安全，逐步形成中医特色突出、诊疗水平较高，能带动医院各项工作全面发展的重点中医专科，进一步提升医院综合服务能力、核心竞争力和品牌优势。

二是争取建设用地，扩大医院规模，解决医院创建"三级"中医医院业务用房不足问题。

中医院医共体打造中医共享新时代

浙江省苍南县中医院

近年来，苍南县以建设中医先进县为目标，积极探索中医医共体建设模式，由苍南县中医院牵头组建全市首个中医联盟，打造"联盟+共享"的新模式，促进全县中医药服务水平的提升，为全县中医药发展增添活力。

一、中医联盟，打造"联盟+共享"新模式

为盘活全县中医药服务资源，苍南县以苍南县中医院为核心单位，由中医院牵头与全县26家医疗机构签约，组建覆盖全县医疗机构的中医联盟。除了县中医院，联盟单位包括23家乡镇卫生院、2家县级医院和妇保院，其中有4家民营医院，形成了以"县中医院为龙头，乡镇卫生院为枢纽，村卫生室为网底"的中医药服务网络，让优质医疗资源实时上下互联共享，让百姓充分享受中医的魅力。

中医联盟汇聚了区域中医药力量，发挥和整合联盟成员单位的优势和特色，建立中医药知识与技能培训机制，搭建协作交流、资源共享、优势互补、共同发展的平台，通过"传、帮、带"培养能应用中医药技能的基层卫生人才50名，推广50项中医药适宜技术、15种中医协定处方、名中医工作室10个。每个联盟单位能开展2—5种中医优势病种，2—5个专病专科，创建1—2个苍南县示范中医科、基层医疗机构中医特色专科建设项目等。

县中医院将充分发挥联盟的核心作用，通过人才、技术深度融合，推动区域中医药名院、名科、名医的发展与建设，实现了优质医疗资源的上下贯通、共建共享，打造全市乃至全省的中医药改革的亮丽名片。

二、数字赋能，启用中医智能云系统

中医人才的匮乏、中药材短缺成为阻碍苍南基层中医药服务发展的老大难问题。为此，县中医院引进中医智能云系统，区域中医数字智能云诊疗系统以智能化、自动化、数字化重构中医模式，为患者提供就诊、开方、配送等全方位一站式服务。

中医智能云系统建了一个名老中医经方验案知识库，相当于有个老中医坐在"线上"，为中医师提供集患者管理、辩证、开方、学习于一体的全方位一站式服务，大大提升了基层中医

诊疗服务能力。中医院医共体桥墩分院李医生一边对患者进行中医问诊，一边快速在电脑上勾选症状，结合患者中医四诊情况，对系统推导出的参考药方稍作调整后，他将处方发送至苍南县中医院，由中医院统一煎煮配送，患者只需要回家等待即可，该智能平台让群众实现足不出户即可享受县城高质量的中医药服务。

丁忠源医生说："在门诊就能学习和智能诊疗，这样的中医智能化学习诊疗新模式，可以帮助基层中医快速成长，这对基层临床的医生帮助很大！"

"现在真是不一样了，不仅看中医很方便，连中药配送也很方便，直接煎好送上门！"家住桥墩镇的林大妈对中医智能云平台带来的便捷连连称赞道。

三、中医融入，助推未来乡村建设

苍南将中医药特色文化融入乡村建设中，塑造未来乡村新风貌，苍南马站中魁村荣获省未来乡村示范点。

中魁村依托中草药资源丰富的优势，融合风景园林精髓，种植很多园林绿化植物，如三角梅、桂花等便是药用植物；种植的很多瓜果菜蔬亦可入药，比如闻名天下的马站四季柚就是天然的中医良药保健食品，具有降压美容、消食解毒、润肺止咳之功能；乡村中、田野上，很多"杂草"也可药用，让老百姓有"身边处处是中药"的感觉，使孩子从小耳濡目染，知道中医药就在身边，让中医药深入人心。

中魁社区服务站围绕"健康大脑＋乡村医疗"的建设思路，引入智能中医体质辨识设备、中医数字化诊疗辅助系统，接入全县中药饮片中心，把传统中医药优势与健康养生相结合，将中医融入老年慢病管理，发挥中医药在治未病中的主导作用和在疾病康复中的核心作用。创建中医阁，阁内陈设布置的中医文化氛围浓厚。弘扬中医养生文化，中医院不定期派出医务人员开展中医药文化宣传教育，开展拔罐、艾灸、刮痧等适宜技术，打造健康养生中魁形象，积极探索一种可复制可推广的中医特色医养模式。

学党史 树新风 办实事

安徽省凤台县中医院

凤台县中医院党支部结合党史学习教育，积极开展"我为群众办实事"活动，依次开展了"专家党员下基层""新冠疫苗接种""'一站式'结算""解决就医停车问题"等一系列活动。

2021年4月，医院党支部为扎实开展新一轮深化"三个以案"警示教育，结合党史学习教育活动，开展了党史学习教育系列主题党日活动——"我为群众办实事，专家党员下基层"活动。

医院党支部抽调部分党员业务骨干，组成"专家党员下基层医疗服务队"。由院长王伟，院党支部书记李刚，院党支部委员、副院长吴劲松带队，先后前往凤台县中医院四家医共体分院所在的乡镇，对当地的村民进行健康体检和义诊活动。

活动中，院党支部医疗服务队深入村镇，进入村民家中开展相关诊疗项目，为当地村民进行健康体检、针灸治疗等项目。对前来问诊的群众，详细询问病情，细致进行诊断，给出相应的治疗方案，让群众在家门口就能享受医疗服务，受到群众的一致好评。

5月，院党支部为做好全县新冠肺炎疫苗接种工作，主动承担城关镇、刘集镇各社区接种任务，将预留的发热门诊改造为疫苗接种点。

院党支部承担疫苗接种任务后，精心组织，做好疫苗接种工作部署。为了维持好接种秩序，采取发放排队号牌的形式，并对号牌进行多次改进，减少群众排队等待时间，并且在等候区设置了遮阳棚、塑料凳，提供开水等便民措施。

针对群众就医报销结算方面，医院设立了"一站式"结算窗口，简化医保报销流程，优化医保报销结算方式，推进"最多跑一次"改革进程，并且设置了"自助挂号机"，方便了群众排队挂号，节省了就医时间。

6月，院党支部就患者就诊"停车难"问题和老年人"上楼难"问题，进行改进工作。

"开车到了医院门口，半天进不去，即便进去了，停车位也不好找，这是让很多患者和家属苦恼的事。"医院针对这一问题，将院区停车区域重新铺装路面，重新规划停车位，大门口实行进出口分设。通过增加车位、增添出入口、微信扫码缴费系统，对进出院区的车辆实现了有效分流，使来院就诊"停车难"问题得到了解决。

医院病案室设置在行政楼五楼，由于老楼没有电梯，很多老年群众复印病历出现"上楼难"问题。针对这一问题，医院在行政楼外侧加装了一部电梯，这样有效地解决了"上楼难"的问题。

7月，院党支部联合县卫健委、县卫校，开展"中医适宜技术推广——中医专家"送医下乡"活动。我院由吴劲松副院长带领院内针康科骨干深入基层乡镇，对古店、尚塘、马店等几家试点乡镇卫生院开展"送医下乡"，推广中医适宜技术。通过现场教学、现场诊疗等方式，为几家乡镇卫生院的医生进行中医适宜技术送教上门，为当地的群众免费进行针灸、拔罐等中医诊疗。

活动期间，各乡镇卫生院的医生得到了很好的中医技术培训，学到了很多中医诊疗技术，为以后更好地采用中医诊疗技术为当地群众治疗提供了很好的技术支持。同时，也使得当地的群众在家门口就能得到医院的诊疗服务，为群众就医提供了便利。

8月，院党支部为做好新冠肺炎疫苗接种工作，保障"全民接种"的总体目标，组织流动疫苗接种小分队进行上门接种疫苗。

医院为积极配合全县防控疫情的相关工作，满足老年人行动不便，接种疫苗困难等问题，抽调接种人员，上门为群众进行疫苗接种，打通了疫苗接种服务的"最后一公里"。由于很多群众年纪较大，子女不在身边，所以去接种点进行疫苗接种困难较大，所以医院组建了流动疫苗接种小分队，在社区党员志愿者的陪同下，登门拜访老人。医护人员先为老人做了详细的体检，并与家属进行细致沟通，在确保老人身体健康，适合接种疫苗的前提下，为他们接种新冠疫苗。这既满足了群众的接种需求，也保障了"全民接种"的总体目标。

9月，院党支部针对职工和患者电动车停放充电问题和就医患者母婴哺乳问题，采取了相应措施。

电动车停放和充电问题是一件大事，特别是电动车充电带来的安全隐患，医院针对这一问题重新规划了电动车停放区域，并且设置了免费的充电桩，给医院职工及就医患者提供了很大的便利，同时也有效地避免了因电动车充电带来的安全隐患。

针对有些哺乳期就医患者及家属母婴哺乳不方便的问题，医院在门诊大厅单独设置了母婴室。母婴室铺有防滑地面，设有洗手台，门、隔帘等保护哺乳私密性的遮挡设备，配置了婴儿尿布台、婴儿床、放置相关用品的桌子，并配备了带有冷、热水和洗手液的洗手台以及垃圾桶等。同时张贴了母乳喂养健康知识的宣传展板。母婴室功能贴心、设置温馨，关上外间的门独立使用母婴室，在这里给孩子喂奶、换尿不湿，哺乳妈妈们再也不用尴尬，受到大家的广泛好评，纷纷为医院点赞，提高了群众就医获得感。

聚焦中医药事业　加快传承谋创新

湖北省宜昌市中医医院

2021年以来，宜昌市中医医院聚焦中医药事业，围绕宜昌市"六城五中心"建设目标，坚持政府主导、统筹推进，不断在宜昌市传承创新中心体系、机制及工作内涵上下功夫，强化中心职能，加快推进全市中医药事业传承创新发展。

一、强化领导，成立组织体系

构建中医药传承创新平台。经市政府和市卫健委批准，医院正式挂牌宜昌市中医药传承创新中心。中心联合三峡大学、湖北中医药大学以及本市从事中医药医疗、科研、教学、生产、质控等行业专家组建了宜昌市中医药传承创新中心，构建面向全市、全省乃至全国的传统中医药传承创新交流研发平台。

二、着力实施，加快人才培养

（一）完善人才培养体系

实施"西学中"培训项目，由市中医药传承创新中心和市中医药学会联合承办的第一期"西学中"培训班开班，招收学员62名，开启了为期2年的培训，提升全市西医专业人员的中医技术水平。作为国家中医住院医师规范化培训基地，2021年以来，共招录规培生42人，其中，2018级36人通过结业考核。编制中医药文化读本，将中医药知识、养生保健技术、中医药传统典故等编制成中医药文化读本，推动中医药文化普及，让中医药文化代代传承。

（二）推进中医药学术传承

组织申报全国第七批老中医药专家学术继承项目，申报指导导师6人，学术继承人12人，组织申报全国老中医药专家传承工作室，学术继承工作指导老师梅和平、段砚方教授名医工作室即将落户传承创新中心。挖掘整理知名老中医药专家学术经验，收集整理宜昌老中医药专家医案、医话，编纂老中医药专家学术经验专著。

（三）落实中医药人才项目

承办了宜昌市第三届中医经典《温病学》大赛，全市18支代表队参赛，强化中医人才培养。按照省、市卫健委统一部署，承办湖北省确有专长医师资格考试（宜昌站）工作，完成宜昌和恩施地区的594名考生的考务工作，为区域中医药的发展提供了人员保障。

三、多措并举，发挥中心作用

（一）提升中医临床技术水平

以市中医药传承创新中心为依托，医院成功组建省级临床医学研究中心"功能性消化系统疾病中医临床医学研究中心"，成功获批宜昌市烧伤临床医学研究中心、宜昌市心脏康复中西医结合临床医学研究中心。

（二）深入开展中医药科研研究

开展竹节参系列科研项目，在研国家自然科学基金面上项目3项，湖北省自然科学基金创新群体项目1项，取得阶段性进展。开展中药资源普查工作，牵头完成点军、伍家、西陵三区中药资源普查省级验收工作。共采集药用植物840种、制作标本3390余份；拍摄照片2.4万余张；完成中药资源大典湖北卷113种药用植物和地方植物志495种药用植物的编写，基本摸清了三区的中药资源家底。

（三）搭建制剂研发平台

按照市卫健委下发的《宜昌市医疗机构制剂联合发展中心组建工作方案》，助力宜昌市制剂中心的筹建。挖掘、收集、整理经方验方，筛选临床疗效突出的院内成套医嘱进行医院制剂申报，重点遴选具有市场运用前景的老中医药专家经验方，强化院、企合作，与国药中联、恒安芙林、武汉东康等公司合作开发中药制剂品种10个。

（四）打造中医药健康信息平台

开通中医名方方证网，面向全国推广，先后有200位中医人参与中医文化学术交流，收集近300条经典医案。上线"云影像""电子健康卡档案调阅""先看病后付费"等信息系统，并顺利对接市健康信息平台，实现体检报告、诊断结果的城级共享。自主研发以三级公立医院绩效考核指标为核心的数据共享平台，向信息互联互通的目标更近一步。

（五）加快中医药成果转化

筹建西陵国医堂门诊部，与西陵区卫健局、西陵区健康产业促进会合作，成立西陵国医堂门诊部，挂牌宜昌市中医药传承创新成果转化基地，邀请市名老中医专家坐诊，打造成中医药人才培养、中医药健康产品孵化、中医药技术体验平台。积极向社会提供中医体质辨识、"冬病夏治""膏方调理""冬令进补"以及"三伏贴"等中医药治未病等服务。推进五峰分中心建设。协助五峰县政府、卫健局、县中医院，以五峰土家医药博物馆为基础，打造土家医药文化旅游景观。加强专家技术指导，为五峰县中医医院挂牌"肛肠疾病诊疗基地暨黎海龙工作室"。在两会《土家讲坛》上进行学术交流，助力发展道地中药材种植，将中药材产业种植与振兴乡村相结合，在五峰天麻、五倍子中药材种植基地基础上，推进竹节参基地建设和运用开发，打造竹节参产业链。

市传承创新中心将持之以恒地聚焦主责主业，认真贯彻落实国家、省、市关于中医药发展的系列文件，以突出中医药优势为主线，加快建设区域中医医疗中心，全力推进全市中医药事业高质量发展。

新型养老服务模式　助力健康幸福晚年

唐山市古冶区安馨医疗养老中心
河北省唐山市古冶区中医医院

唐山市古冶区安馨医疗养老中心是在响应党和国家医养结合新型养老服务体系的号召下建立起来新型医养结合中心，同时也是唐山市长期照护保险医养结合定点单位，一直秉承着"替天下儿女尽孝；帮世上父母解难；为党和国家分忧"的养老理念，探索出了"医疗与养老相结合、康复与养老相结合、保健与养老相结合"三位一体的新型养老服务模式，满足了老有所养、老有所乐、老有所用、病有所医的现代化养老需求。

一、医疗与养老相结合

唐山市古冶区安馨医疗养老中心依托唐山市古冶区中医医院这一现代化的中医医院，成立了老年医学科，设有老年综合门诊、评定室、重症监护室、安宁疗护室，整个病区覆盖有中心监护系统、集中供氧系统、床头呼叫系统、德国进口除颤仪、呼吸机等现代化的诊疗系统，实现了老年疾病的精准化医疗，为入住老人提供老年综合评估、老年缓和医疗、老年长期照护等特色的诊疗服务。入住老人足可以享受到优质的医疗服务。

二、康复与养老相结合

随着老龄化社会的到来，不能自理的老人数量越来越多，一般的养老机构只能提供简单的照料服务，而安馨医疗养老中心提供的康复服务能大大改善这部分老人的生活质量，减轻家庭及社会负担。

安馨医疗养老中心建设有现代化、智能化的康复训练大厅，能为入住的脑卒中后遗症的老人，运动损伤、神经损伤、各种疼痛的老人提供康复服务，提高老人的生活质量，使老人能更快地融入生活、融入社会。

三、保健与养老相结合

安馨医疗养老中心通过咨询、体检、综合评估、健康宣教、中医体质辨识等多种方式评估及调研，开展系统化老年健康管理与指导，为每一位老人建立健康档案，定期进行体检，定期为老人及家属举办健康知识讲座。运用中医传统养生功法、中医药膳等多种方式，改善老年患者器官功能，提高免疫力，使其健康、快乐地安度晚年。

三位一体的新型养老服务模式的建立配合安馨医疗养老中心现代化、智能化的养老配套设施、人文环境与自然环境相结合的养老环境，让所有来到这里的老人都会拥有一个自己意想不到的晚年生活，让所有送父母来到这里的子女都会为自己的选择获得一份安心。

最后用一句话来概括一下安馨医疗养老中心的服务模式："健、康、医、养，安馨更安心！"

行管临床科室对口帮扶激活健康发展新动能

河北省馆陶县中医医院 孙长林

如今，在邯郸市馆陶县中医医院，各行管科室都对口一帮一结对子帮扶着一个临床科室，主要任务是缓解临床科室工作压力，保障一线医务人员集中精力、集中力量、集中时间、全身心投入为患者提供优质医疗服务中，为建设冀南区域医疗服务高地、中医药强县、三级中医院助力加油，也为2022年整体工作开新局打基础。

馆陶县中医医院党委、院委会认识到，做好县级公立中医医院行政科室与临床科室的帮扶工作，是建立和完善现代医院管理制度、促进医院健康发展目标实现的重要抓手。近年来，河北省馆陶县中医医院党委、院委会通过组织职能科室到临床科室开展帮扶活动，让每一名行管人员都有了自己牵挂的"责任田"，各临床科室也以职能科室帮扶为契机，每天各科室都选派一名工作人员在对口科室帮扶半个工作日，同对口帮扶科室一起签到、签退，纳入临床科室人员绩效考核。在帮扶工程中双方人员相互帮助、发挥优势、共同提高，对口帮扶行动取得医护人员、对口帮扶人员和患者三满意的成效。

一是在科室帮扶工作中，馆陶县中医医院注重明确任务、精准对接。为提高职能科室帮扶临床科室实效，该院明确职能科室对被帮扶临床科室负有"指导参谋、帮助支持、督导共担"的任务。深入临床科室传达上级工作部署，制定整改落实方案，为科室创新发展鼓劲加油。

二是盯紧目标。帮助临床科室制定每周、每月、每季度工作计划，制定落实举措。组织召开周点评、月总结、季度推动、半年和年总结会，为实现全年目标奠定基础。

三是征求意见。就科室提质扩容、优化门诊办公条件、精准落实医保政策、提升病历质量、责任制护理、规范诊疗程序、人员培训等，提出合理化建议50多条。

四是帮扶支持。特别是在常态化疫情防控工作中，各职能科室在完成分担的防控任务同时，每天加班加点帮助临床科室分担患者体温测量、环境消杀、情绪安抚和来科室人员登记等辅助性工作，为临床科室医护人员专心医疗提供支持。主要有以下帮扶形式：指导方式。就是按照医院要求做好传达贯彻，既当"传声筒"、又当"指导员"，指导临床科室坚守公益性、体现社会责任、注重社会效益、服务人民健康，同时注重科室医疗服务水平提高和促进科室健康发展。参谋方式。对在例会上收到的建议意见进行归纳梳理，上报医院办公室后提交周二院长办公例会集体研究解决，对能立即解决的立即解决，对不能解决或不能立即解决的说明理由。督促落实方式。职能科室对帮扶科室目标完成进度实行周督导、月分析，督促临床科室对标先进找准差距、迎头赶上。在帮扶经常化方面，除规定的每周周一下午、周五上午下科室落实帮扶外，还不定期像"走亲戚"一样深入临床科室访医护、问患者、摸实情，千方百计帮助临床科室解决事关临床科室发展的难事、烦心事、堵心事，探索事前型帮扶方式。

五是在科室帮扶工作中，馆陶县中医院注重大胆创新、助推改革。该院建立行管服务临床医技科室微信群，加强科室之间横向联系，实现优势互补、互利双赢。该院还组织行管职能科室与临床科室开展现场观摩、经验介绍、亮点工作评选、优秀职能帮扶科室典型做法展示等活动，加强科室之间横向联系，共同提升医疗能力、服务水平。

2021年10月，该院归纳梳理帮扶科室加强科室之间病床统管使用的建议，新成立了"设备康复及中医适宜技术管理部"，对全院康复设备、中医治疗设备实行统一管理、统一调配使用。该院康复科技术骨干深入各临床科室，讲解设备使用方法和禁忌及注意事项，现场示范讲解康复设备正确使用要领。这样的设备管理调配使用模式，既提高了中医康复设备的使用率，也为有需求的科室搭建了设备共享平台，避免了科室之间设备重复购置，节省了医疗资源，让患者能够就近及时得到专业、低廉、满意的中医康复服务，受到医护人员和患者好评。馆陶县中医院注重善于总结、点面结合。"智慧源自群众，经验来自基层""群众才是真正的英雄"。该院组织职能科室人员下临床科室实行捆绑式帮扶，十分注重发挥各方面主观能动性和创造力，注重以点带面的工作方法，在督促临床科室抓落实、促发展和想方设法帮扶的同时，注重帮扶工作典型做法的发现、梳理归纳、总结升华，把好做法、好经验推上去，把制约科室发展问题解决好，让临床科室医护人员开心舒心，满腔热情投入工作之中。如该院办公室帮扶内一科提出的"印发《医保住院患者告知书》"的建议，增加了住院医疗服务透明度、密切了医患关系，得到院领导和临床科室认可和好评，在全院临床科室推广后收到良好效果。五是在科室帮扶工作中，馆陶县中医院注重领导带头、抓好关键。

馆陶县中医医院党委、院委会十分重视职能科室帮扶临床科室制度的落实，列入党委、院委会议事日程，制定了详细的帮扶方案，对帮扶职责、帮扶范围、帮扶建议落实、考核督导、综合评价均制定详细细则。该院党委书记武洪民、院长韩建书亲力亲为、从我做起，每周至少2次抽出时间到临床科室开展调研活动。该院党总支成员、院委会成员也与分管行管临床科室落实帮扶责任制，利用每周周二、周五院长办公协调例会机会，请每一个职能科室、临床科室领导畅所欲言，院领道认真听记，集思广益深入研究，请大家建言献策、解决问题，把院长办公例会开成科室问题"会诊会"和解难题的"诸葛亮会"，促进问题及时妥善解决。该院主要领导、分管领导与各科室人员常见面、常座谈、常商议，为临床科室维护正常医疗秩序提供帮助支持，形成了问题快解决、落实常督促、推进常勉励的经常化工作推进机制。

任何一项改革和工作模式创新都是动态的、变化的，不能一蹴而就，需要不断总结升华、完善提高。馆陶县中医医院实行职能科室帮扶临床科室制度以来，职能科室下临床科室的机会多了，与临床科室联系更紧密了，加班加点学习新技术的多了，一专多能技术人才多了，为临床科室发展增添了后劲。全院上下通过帮扶行动层层传导压力、层层传递动力、层层传送创新力，创新发展争上游，只争朝夕抓落实，"强科室、提技能、促发展和建设人民满意中医院"成为共识和自觉行动。2019年10月，馆陶县中医医院被评为"2019年度省级现代医院管理制度建设样板"，这是河北省唯一获此殊荣的县级中医院，获全国三级中医医院创建单位名单。2021年12月馆陶县中医医院获河北省"典型县域医共体"、河北省"扁鹊计划"第一批师承教育基地；2022年1月，馆陶县中医医院寿康医养中心入选"全国老龄健康医养结合远程协同服务试点机构名单"。

着力解决"床位"问题
切实保障为民办实事工作取得实效

云南省广南县中医医院

"看病难"长期以来作为困扰民生的热点问题之一,被社会广泛关注。广南县中医医院始终坚持以习近平新时代中国特色社会主义思想为指导,认真贯彻落实省、州、县党史学习教育工作指示,坚持党委领导下的院长负责制管理,切实做好为民办实事各项工作。根据州委书记陈明在州第十次党代会闭幕式上的讲话精神,结合实际,现就医院着力解决"床位"问题,切实保障为民办实事工作取得实效情况作如下汇报:

一、加强科室建设与管理,满足患者"床位"需求

为满足广大患者需求,医院党政班子认真研判科室设置情况。自2021年以来,医院针灸科原床位70张,现分设一病区、二病区,一病区可开放床位45张,二病区可开放床位60张;康复科搬迁至医技楼三楼,原床位40张,实际可开放床位50张;外科原床位45张,现分科为普外病区与泌尿外科病区,病床增至70张;骨科原床位60张,实际开放床位增至65张;皮肤科原床位34张,现搬迁至门诊楼四楼,分设皮肤病区和医美中心,床位增至56张,其中皮肤病区32张,医美中心24张;成立肾病科,床位设置35张等。医院在原有病床基础上增加了实际开放床位,合计100余床。

二、调整科室位置,增加诊疗空间、优化诊疗秩序

自新冠肺炎疫情以来,为进一步规范感控与发热门诊管理,医院新建发热门诊,将发热门诊从门诊部分离出来规范管理,为门诊患者多腾出了70多平方米看病空间,新建发热门诊占地670余平方米,满足了发热门诊规范化管理。

为规范科室管理,优化就诊流程,方便广大患者朋友就诊。2021年1月,医院对部分科室位置进行调整,将急诊科搬迁至住院部一楼,老年病科、脾胃病科、肺病科、急诊科、皮肤科、外科、骨伤科、肛肠科门诊从门诊楼二楼搬迁至门诊一楼。

医院将行政职能科室办公区统一从医技楼4楼调整至5楼,医技楼四楼原办公区700多平方米用地调整为医疗业务用房,充实了医疗业务作业空间,进一步满足了患者医疗需求。

三、创新服务方式，前移服务窗口至患者"面前"

为解决患者就诊难题，满足患者多元化就医需求，医院党政班子审时度势，与时俱进，创新服务方式，成立医辅中心和院长代表处，把服务窗口前移至患者"面前"，在患者入院诊疗的第一时间把最温暖的服务给到患者。2021年1月17日，医辅中心成立，1月至6月，医辅中心陪送住院患者850人次，陪检（B超、心电图、检验、CT、核酸检测）4748人次，配送取报告单198次，煮花茶赠饮174次，电梯服务665次。在患者入院的第一时间，最需要的时候便为患者提供暖心、周到的服务。2021年7月12日，院长代表处成立，院长代表处以"有困难，找院长代表处""有需求，找院长代表处"为服务宗旨，将联系方式公开在各楼层和电梯间。医辅中心和院长代表处站在了患者"最需要"的地方，成为医院重要服务窗口。

四、应用智能化信息平台，优化就诊渠道

为切实解决患者在就诊过程中的候诊时间长、排队交费时间长、排队取药时间长和诊疗时间短的"三长一短"现象，医院克服种种困难，优化各项管理制度，制定各种措施，引进智能设备自助缴费机11台，不断完善互联网诊疗前端服务窗口，实现了患者自助预约、挂号、交费和个人信息查询等功能。做到让信息多跑路、患者少跑腿，切实解决了患者就诊过程中存在的"三长一短"现象。

五、立足健康管理，开拓创新型、特色型大健康服务

医院立足中医特色的办院主旨，充分发挥自身特色及优势，成立了健康管理中心、中医美容中心，进一步做优做强做大健康管理，开拓创新型、特色型大健康服务。

健康管理中心围绕健康体检和传承创新发展中医药开展工作，一方面运用体检车，把体检服务送到学校、机关单位、社区和村庄，解决人们需要来到医院才能做体检的难题；另一方面本着传承创新发展中医药为目的，到学校、机关单位、社区和村庄开展惠民义诊、健康宣讲等服务，为未病、慢病、已病但症状轻型患者及朋友提供了诊疗服务，切实做到了未病先防，有效缓解医院床位紧张问题。

本着健康与美丽为服务方向，将皮肤科扩展建设成住院病区和医美中心。为广大皮肤及损美性疾病患者提供专业化医疗服务，创新的发展思路及中医美容特色诊疗项目深受广大患者朋友信赖。

打造中医健康养老"镇巴模式"

陕西省镇巴县中医院

"我患糖尿病和陈旧性腰椎间盘突出症多年,走路一直弯着腰,而且走不了长路。住在这里以后,经过中医康复理疗师的不间断治疗,现在可以挺起脊梁走路了。"说起自己从"问号"转变成"感叹号",住在陕西省汉中市镇巴县中医院医养照护中心77岁的梁振义大爷脸上写满了喜悦。

梁大爷是该县政法系统退休干部,身高一米八左右,喜欢下棋,是一名业余乒乓球教练,退休后一个人居住。自从得上顽疾,运动减少了,性格也随之变得古怪起来。2021年重阳节,镇巴县唯一的医养结合医疗机构——镇巴县中医院医养照护中心正式营运,梁大爷作为首批入住人员,开始了在照护中心的康复理疗。

"梁大爷入住后,我们给他制定了个性化诊疗方案,运用中医针灸理疗等方式不间断治疗,再予以心理疏导,效果非常明显。"该中心主任、中医针灸理疗专家赵胤说。

2021年8月,陕西省卫生健康委等12部门联合发布《关于深入推进医养结合发展的实施意见》(以下简称《意见》),提出发展中医药医养结合服务,推动中医药与养老服务融合发展。《意见》明确,充分发挥中医药在治未病、慢性病管理、疾病治疗和康复中的独特作用,推广中医药适宜技术,增强中医药医养结合服务能力。《意见》要求,支持基层医疗卫生机构、医养结合机构开展中医药诊疗服务,提供具有中医特色的老年人养生保健、医疗、康复、护理、健康管理服务。

近年来,汉中市委、市政府大力实施"健康汉中"战略,提出"医养在汉中"战略架构,先后编制了《"医养在汉中"中长期发展规划》《"医养在汉中"三年滚动计划》,制定了《汉中市医养结合机构行业标准》,推动"医养在汉中"开篇布局、落地生根、持续发展。镇巴县实施"医养在镇巴"三年滚动计划,积极应对该县人口老龄化问题,解决失能、半失能人群照护困难。镇巴县中医院充分利用自身医疗资源优势,开展"康养中心"建设工作,全力以赴打造老龄服务领域智能产业化链条,引入国内知名医疗养老产业公司进行带教培训及前期运营管理,为老人们提供"生活照料+医疗护理+健康管理+老年康复+老年活动"五大模块服务,让失能、半失能老人活得更有尊严,晚年生活更有品质,切实解决了一人失能全家失衡的社会问题。同时,该院充分发挥资源、经验、技术以及中医特色优势,在县中心敬老院以及渔渡、兴隆、简池等8

所敬老院建立了医疗室，定期安排中医专家为敬老院以及散居五保老人提供服务。

"院党委提早谋划，多次外出考察学习，在县委、县政府和上级主管部门的大力支持下，医养照护中心一期设计床位139张，配强团队，强化服务，选派中医针灸理疗骨干医生、优秀中医护理人员担任中心主任和护士长。药膳堂专门安排营养师为老人量身定做个性化食谱，既保证饮食符合老人病症，又保证营养均衡。在治未病中心、康复中心以及各临床科室的全方位保障下，真正实现医养深度融合，打造中医药健康养老新模式。"该院主要负责人介绍说。

由于老年人慢性病较多，全身的组织和器官都有不同程度的老化和功能减退，生活自理能力下降，伤病也多，常常多病共存，而中医学注重宏观上的整体调节，加之有独具一格的补虚救损治法，寓康复与治疗之中。此外，在康复中贯穿着"未病先防，既病防变"的思想，因此，对于老年康复性疾病，中医药疗效往往优于单纯的西医药物疗法。梁大爷就是中医针灸推拿理疗康复的典型代表。

传统的中医康复养老特色在于养生治疗与康复融为一体，除了中草药、传统的食疗（药膳）外，针灸、气功、按摩、运动疗法等非药物疗法都是中医的主要康复养老手段。

同时，中医药应用于医养结合养老服务具有政策优势和治未病的预防优势。"以养为先，医养兼备"的中医药治未病医养结合模式也是更有优势的医养结合方案。运用身体锻炼、规律作息、饮食调节、舒畅情志等方式进行"以养为先"，运用中医药适宜技术进行"医养兼备"。

中医针灸推拿疗法在"医养结合"方面彰显出了独特的优势。汉中市卫健委主任张弦调研时说："镇巴县中医院医养照护中心充分发挥中医药特色优势，将中医药运用于健康养老，打造了中医药健康养老镇巴模式，是全市学习的典范。"

2月10日，陕西省卫生健康委老龄健康处处长师中荣来镇巴县调研时对该院中医药健康养老模式大加赞赏。"中医药康复养老是老龄事业中不可缺少的组成部分，镇巴县中医院打造老龄服务领域智能产业化链条，为老人们提供'生活照料+医疗护理+健康管理+老年康复+老年活动'五大模块服务，运营模式和经验是汉中市乃至陕西省医养结合服务行业标杆，值得广泛推广。"

以人文建设树立医院品牌
唱响中医药服务之歌

广西田东县中医医院

田东，位于广西西部，地处右江盆地腹部，右江河从西至东贯穿其中，邓小平同志领导和发动著名的百色起义就是在田东打响了第一枪，田东县中医医院就坐落在美丽的右江河畔。传承红色基因弘扬革命精神，近年来，医院把人文建设纳入医院战略规划上来，把进一步改善服务环境、改进服务流程、提高服务水平、改进服务质量、创新服务模式作为医院实施品牌建设的重要环节，把提高医院品牌、扩大医院影响作为医院战略定位，相继推出"患者至上"至微服务、门诊病房提升工程、健康扶贫工程、"中医家园"系列医院文化节等，以"简、验、便、廉"的中医药优势和"家庭化、亲情化、温馨化"的服务质量、持续实施健康扶贫的仁医情怀赢得广大群众的赞誉、政府的满意。围绕这一主题医院在如下方面开展了工作。

一、造流程调布局，着力改善群众就医体验

如何打造便捷高效、温馨舒适的就医体验是医院领导班子着力解决的问题，医院相继推出夜间行政走访病人、病区发放满意度调查、服务办电话回访及微信、短信回访等形式收集病人意见建议，从门诊就诊流程到病区住院、再到出院回家，每个细节在服务流程上存在的问题，服务办督促科室进行整改、立行立改，涉及基础设施问题提交院长办公会研究讨论。仅2018年，走访住院病人5400多人次，收集到661条意见和建议，采纳落实645条；发放患者满意度调查表3375份，回收3310份，患者满意度为97.5%；出院病人100%做到电话、微信、短信回访。

近三年来，医院投入3000多万元先后实施病房提升工程、门急诊布局调整装修工程、医院信息系统提升工程、智慧医院建设工程以及医院学科布局调整等措施，院容院貌有了很大的改善。以病人为中心，门诊及病区根据不同功能，在色彩设计和功能布局上均有设计体现，如妇产科采用温馨的绿色或粉色，儿科区域墙面及等候区域布局设计深受患儿喜欢，活泼亮丽的动画墙面，桌椅边边角角的打磨，减少了儿童患者对医院的恐惧。治未病科采用古典淡雅的中医元素及舒适的沙发候诊区，让人感觉如家般温暖，诊疗环境温馨舒适。对建档立卡贫困户实行"先诊疗、后付费"、免收押金、"一站式"结算服务等，使贫困患者费用报销零跑腿、资金垫付零压力。

运用现代信息手段实施诊间支付、微信支付等，使患者就诊更便捷，群众就医体验得到极大改善，群众获得感得到持续提升。

二、弘国粹助健康，着力提升中医药服务能力

发挥中医药"简、验、便、廉"优势，普及中医药知识，指导群众运用中医药进行健康养生，纳入医院中长期发展规划。医院先后实施健康养生科普宣传、全面实施中医特色年活动，推行三七散药膏、疼痛十二种方剂、散剂、香囊、膏方、三九贴、三伏贴、小儿推拿等特色项目深入病房，快速提升中医护理特色，充分发挥中医药特色优势。加强治未病科建设，为群众提供特色突出的中医健康干预措施，指导群众进行健康养生。开展夜诊服务，为白天忙于上班的亚健康人群进行中医健康干预，治未病产生明显的成效，深受群众欢迎，学科带头人多次受县委组织部邀请为全县科级干部进行中医药文化养生讲座。此外开展中医药进校园活动，从娃娃抓起，通过开展中医药文化知识进校园，弘扬中医药文化，推动中华优秀传统中医文化传承和发展。同时开展膏方文化节活动，为群众提供简验便廉的中医药服务。

三、创新服务模式，着力实施健康扶贫工程

田东地处桂滇黔三省交界区，属国定贫困县，为响应国家精准扶贫脱贫号召，打响脱贫攻坚战，县委、县政府鼓励引导有劳动能力人员外出务工就业，留守在家的大多为老人与小孩。这些均为弱势群体，如何保障留守人员的健康问题，解决外出务工人员的后顾之忧？如何助力全县的脱贫攻坚战？医院领导班子经过调研、走访农户，携手广东卓如医疗慈善救助基金会，举办"健康中国基层行·田东站"大型慈善晚会，募集到143万元善款用于县域内需要康复治疗、白内障复明、血液透析贫困患者的医疗救助，活动开展以来已有4316名患者得到有效救助，项目纳入县健康惠民工程项目之一。激发正能量，爱心在医院传递。困难面前，纷纷伸出援手，医院医护人员分别为孤儿患者捐款捐物，为老年患者进行献血，为五保老人、急性肾衰竭等病人申请困难救助，满满的正能量在医院间传递。三年来医院收到病人"乐于助人、献血之恩"等锦旗60多面，"手术台上的'缘分'"等感谢信50余封。

此外，医院组织全国、广西基层名老中医及医疗专家开展"送医下乡"活动，深入乡村、社区、家庭，提供"家门口"的医疗服务，缓解"看病难"问题。儿科免费为群众举办小儿推拿培训班，使患儿家长掌握小儿推拿技术。骨伤科、治未病科免费为中小学学生进行脊柱侧弯体检，为中小学老师进行健康体检。眼科免费为中小学生进行视力检查等。

通过近几年的砥砺发展，现已发展成为一家中医特色优势突出，集医疗、预防、教学、康复、科研于一体的国家二级甲等中医医院，医院先后荣获"爱婴医院""百色市文明单位""百色市厂务校务院务公开民主管理先进单位""综治先进单位""田东县先进基层党组织"等荣誉，

医院发展呈现一个生机勃勃、高度凝聚、奋发向上的有机体。成为桂西地区中医药服务能力最强、技术力量最雄厚的中医医院。

医院以深化医药卫生体制改革为契机，以开展"三好一满意""平安医院建设""文明医院创建"等活动为载体，始终不渝地坚持以人为本、以病人为中心的服务宗旨，把患者满意作为医院工作的出发点。不断强化服务意识，规范服务行为，优化服务环境，提高服务质量。秉着"恩存医道 隆情民生"院训，一代又一代田东中医人履行着"造福田东，回报社会，心系群众，真情为民"的服务承诺。医院多次组织医务人员组成医疗团队送医送药、病种筛查、宣传政策、下乡义诊，还对白内障、需康复治疗、需血透治疗的贫困患者实施慈善救助，2015年至今，成功救助了1209个贫困家庭，以实际行动履行社会责任。

加强运营管理　推进高质量发展

湖北省鄂州市中医医院　李　志

鄂州市中医医院根据国务院办公厅《关于推动公立医院高质量发展的意见》文件精神和现代医院发展要求，以建立和完善运营管理体系为抓手，在提质增效上做文章，踏上了加速实现"三个转变"，推进医院高质量的新征程。

一、抓统筹协调，推动从条线分散型到中枢复合型管理的转变

医院的运营管理工作涉及多个部门、多个业务、多种信息，维度多、范围广，传统管理模式下的各个部门、各个业务和各种数据报表相对分散，没有专门的部门和团队来统筹、研究及分析，协调起来难度高、工作量大。为了利于运营管理工作的开展，提高执行力和工作效率，鄂州市中医医院成立运营管理部，打造了一支"运营管理部＋相关职能科室＋各科室运营专员"的运营管理团队，由院长担任工作领导小组组长，分管院长兼任运营管理部部长，统筹医院的运营管理工作，协调相关职能科室行使职能，打破分工壁垒，实现运营管理人员、管理、数据"三集中"，成为院科两级之间、科室部门之间信息交换、居中协调、沟通反馈的"桥头堡"，以及分析研判、完善举措、改革发展的"指挥所"。

二、抓数据分析，推动从粗放型向精益型管理的转变

国家三级公立中医医院绩效考核指标是衡量中医院发展质量的"金标准"，也是促进中医院走向高质量发展的"指南针"。鄂州市中医医院针对66项国考指标，逐一进行对标梳理，逐步把分散在各个管理部门和不同信息系统中的数据进行收集整理，实现数据来源统一、口径统一、管理统一，整合建立符合运营管理要求和医院工作实际的数据模型，并进行动态管理，为医院管理决策和下一步工作的开展提供数据支撑，着力实现管理过程中的凭主观判断到凭数据说话的转变。常态化开展"解剖麻雀"式行政查房，深入业务科室听取意见和建议，反馈科室运营及考核指标数据，提供数据分析意见，形成调研分析报告。针对重点改进指标，加强数据监测和下钻分析，建立重点监测数据动态排名、定期反馈、提出工作建议的机制，并通过调整和加强日常绩效考核，与三级公立医院绩效考核形成呼应，引导各科室针对性改进工作，逐步向内部管理规范、业务结构优化、运营成本下降、管理效能提升、工作效率提高的高质量方向发展，

推动医疗服务质效双升。对返聘专家、设备投入、成本管控、资源配置等立项进行专题运营分析，从数据中查找存在的问题，分析原因，提出改进措施和建议，形成解决方案，明确阶段性工作目标，分步推进，并持续跟踪改进效果。

三、抓提质增效，推动从埋头单干到集约高效管理的转变

为了解决各部门之间管理要求不一致、工作举措不一样、工作进度不统一、互相配合不紧密等问题，鄂州市中医医院由运营管理部牵头，以三级公立医院绩效考核指标为最高标准，以调整运用内部绩效考核标准为抓手，在分解工作任务、制定工作目标、优化工作流程、督促工作进度、评估工作成效等方面全方位参与，加强统筹协调和信息交换反馈，并和党办、院办、监察室等部门联合加强督导检查，与党风廉政建设和作风建设一起形成管理合力，做到国考标准在哪里，党委要求在哪里，重点工作在哪里，问题难点在哪里，管理合力就延伸到哪里，把工作责任、工作压力传导到每一个环节，把工作进度、工作成效牢牢抓在手上，推动执行力和工作效率不断提升。

通过不断学习和实践探索，鄂州市中医医院在运营管理方面迈出了坚实的第一步，工作流程更为紧凑，工作效率有所提高，成本管控更趋科学，业务结构逐步优化，尝到了通过运营管理推进医院发展带来的甜头。下一步还将深入发挥运营管理职能作用，加强向省内外先进单位学习，严格对标三级公立医院绩效考核评价指标体系，着力查找运营管理短板弱项，运用现代医院管理工具进行科学研判，切合实际提出解决方案，升级医院改革发展的主引擎，增添新动能，促进医院在高质量发展的道路上不断前进。

弘扬中医文化 突出特色优势

新疆霍尔果斯市中医医院

近年来,霍尔果斯市中医医院努力发掘中医文化底蕴,在医院文化建设上进行了有益的实践和探索,形成了具有自身特色的文化个性。将中医药文化建设融入医院管理、建设与发展之中,以先进的医院文化,促进医院的改革和发展,取得了较好的实效。

一、传承创新,培育中医文化价值观念

中医药是中华民族的瑰宝,是人类文明的奇葩。中医药文化的核心价值是:以人为本、医乃仁术、天人合一、调和致中、大医精诚等理念,概括为"仁、和、精、诚"。中医医院领导班子将医院的中医药文化建设纳入医院工作的重要议事日程。研究和塑造符合医院实际的先进文化体系。经过长期的实践、总结和提炼,形成了"传承发展、融汇中西、惠泽民生"的核心价值观;"健康至上,用心服务"的服务理念,"崇德、尚学、精业、创新"的医院院训,"诚信立院、质量建院、特色兴院、文化强院"的发展战略,将医院的核心价值观、服务理念、院训与发展战略灌输到每个干部、职工的心中,落实在行动上。

二、以人为本,建立完善行为规范体系

在医院发展的诸多要素中,职工的素质非常重要,职工素质具体体现在两个方面,一是思想道德素质。把医德医风建设作为医院文化建设的重要内容和长期工作,常抓不懈,我们抓住"文明单位创建""民族团结进步单位创建""三好一满意"等活动契机,全面加强落实职工的政治思想教育。每季度进行职业道德、职业责任、职业纪律教育。二是文化素质。我们通过宣传医院的价值观和精神文化,在全院职工中倡导奉献精神,把"崇德、尚学、精业、创新"的院训融入职工心中,坚持"健康至上、用心服务"的服务理念,变"要我服务"为"我要服务",推行人文关怀服务模式。让一切服务患者的理念化为自觉的行动。

三、丰富载体,营造优秀传统文化氛围

康复理疗科形象一方面是医院展现于社会公众面前的外部形象,另一方面是全体员工同心协力致力于医院发展的主人翁风采。霍尔果斯市中医医院在形象塑造上做了大量的工作。改观了医院环境。在医院门诊部、住院部统一了标识和制作了古香古色的中医药知识、中医养生知识等宣传栏，从院区环境、形象识别、标识标牌制作等方面入手，在门诊大厅、医院走廊、诊室等醒目位置横挂中医鼻祖华佗、扁鹊、李时珍等名言名句、中医知识宣传栏、中老年养生保健警戒"五心"、中医治未病等宣传挂图，做到中医药文化内涵与形式的完美统一。让人们充分感受祖国医学历史悠久、博大精深的文化气息，感受中医药文化、认同中医药文化、理解中医药文化。在中医药文化建设的不断实践中，霍尔果斯市中医医院坚持推广基层常见病、多发病中医药适宜技术，开展了中医药适宜技术推广活动，院内对全院医生进行了中医药适宜技术推广培训及中医临床"三基三严"训练，提高业务水平，激发干部、职工的主人翁意识、关心医院发展，培育团队精神。院外把中医药适宜技术送到老百姓家门口，宣传中医药科普知识。

四、突出特色，提高中医药核心竞争力

霍尔果斯市中医医院将中医文化建设与特色专科结合起来，作为推动特色专科建设和中医药服务的内在精神和思想基础。康复理疗科在原有中药封包、中药塌渍、中药贴敷、红外线光波治疗、中频脉冲电治疗、药物罐等技术基础上发展新项目：浮针、小针刀及穴位埋线，参与老年人中医药健康管理服务。针对体检时存在不同身体疾患的老年人开展适宜的中医药健康管理服务内容，包括中医体质辨识和中医药保健指导，扩大草药房基本药物采购，合理运用中医适宜技术及中草药进行未病治疗。

遵循"辨证施护"原则，发挥中医望、闻、问、切的优势，对病人实行"因人制宜"的健康教育模式，指导和协助患者进行功能锻炼。正确实施治疗和护理措施，密切观察患者病情变化，为患者提供完善生活护理服务。目前医院医患关系和谐，满意度不断提升。

中医药文化建设，是医院发展的不竭动力源泉。以中医药文化建设为主体，不断加强医院文化内涵建设，实现了社会效益和经济效益的双丰收。

扎实推进医共体建设
让医疗资源"活"起来

重庆市开州区中医院

自党史学习教育开展以来，院党委将医共体建设作为"我为群众办实事"活动的重要内容，通过完善体制机制、落实双向转诊、开展培训指导、实施专家下派等方式，不断提升基层医疗机构服务能力，真正实现了优质医疗资源下沉、城乡医疗资源共享，形成了管理融合、业务融合、培训融合、资源融合的良性运行机制。

一、完善制度，实现了管理融合

结合《中共重庆市委全面深化改革委员会医药卫生体制改革专项小组关于印发重庆市区县域医共体"三通建设工作方案"的通知》《开州区域医共体"三通"建设工作方案（试行）》要求，修订医院《医共体章程》，制定《医共体医通、人通方案》，实行行政职能科室部分中层干部，包点一对一不定期下沉指导各成员单位管理，并按季轮换。设立公共卫生专员1名、公共卫生联络员1名，与13家基层医疗单位签订医共体建设协议，与6家成员单位开展医共体授牌，召开医共体联席会1次。

二、加强指导，实现了业务融合

实行临床医技功能科室包点一对一不定期下沉指导各成员单位学科建设与业务指导，每个科室按半年承包及进行轮换。班子成员带队职能科室、临床医技科室负责人，开展成员单位运行管理、学科建设、业务发展、教学查房等方面指导13次、中医中药乡镇行义诊活动10次、学术讲座4次。下派30余人次参与铁桥镇中心卫生院"创甲"指导工作，并高质量通过评审验收。

三、多方参与，实现了培训融合

通过远程培训中心，邀请成员参加医院的学术讲座、应急演练、技能竞赛、三基考核等形式，让成员单位全面参与医院各项业务培训，提升业务能力。2021年召开全区中医适宜技术推广培训会1期176人，开展医共体远程培训讲座12期，邀请成员单位参加医院举办的外聘专家讲座2次。

四、强化互通，实现了资源融合

一是转诊互通。建立双向转诊联系机制，推进分级诊疗，安排专人负责登记及联络。医院出院人数中转往基层医疗卫生机构291人，较2019年239人同比增幅≥21.75%。成员单位转入我院788人次。与成员单位开展远程会诊71次。二是人才互通。按上级主管部门要求，针对拟晋副高人员实行下沉服务，共下派7人。三是信息互通。按区卫健委统一制定的慢性病用药衔接统一清单配备≥90%药品，开展基层药学帮扶指导6次，建立慢性病患者就诊信息台账，确保和基层医疗机构信息互联互通。四是检查结果互通。成员单位严格执行放射、检验等检查结果互认制度。

"五送"服务暖人心
打通为民服务"最后一公里"

贵州省江口县中医医院

党史学习教育开展以来,江口县中医医院紧紧围绕"学党史、悟思想、办实事、开新局"总要求,把为群众解难事办实事作为检验党史学习教育成效的重要标尺,结合医院"患者至上、员工幸福"的医院文化,深入开展"五送"服务活动,着力推动党史学习教育取得新成效。

一、结对跟踪服务

为深化"党史学习教育·围绕百姓诉求办实事"活动,江口县中医医院开展县内出院患者结对跟踪服务。该院成立领导小组及五个监督小组,按片区进行责任划分,315名干部职工按照分工区域利用休息日陆续深入全县104个村寨开展结对跟踪服务,把患者的建议需求当成提升医院综合服务能力的重要因素,有效促进医患和谐,解决患者所期所盼,做有温度的健康江口品牌服务。已走访60余个村共计600余户,解决实际问题10个,提出建议600余条。

二、免费送药上门

"真是谢谢你们了,帮我们熬好中药送到家,让我们少走路。"家住双江街道镇江村省溪司的杨女士接过中药汤剂激动地对送药员胡博说道。为减少患者少跑路,提升群众就医体验感,该医院自2020年4月以来,免费把熬制好的中药送到城区范围内的群众家中,已为8200余名群众服务,得到大家的一致好评。

三、上门走访换药

"我们院子那么远,路也不好走,还下雨,你们医生还上门为我做康复训练,真是谢谢你们了。"江口县桃映镇新寨村油木坪组的老大爷满怀感激地对江口县中医医院骨伤科副主任黄灿一行说道。

自该院开展出院复访以来,已走访11个乡镇70余个村400余名出院患者,并对康复出院患者提出日常康复锻炼指导意见及合理膳食建议,该院的技术水平与真诚服务获得了群众的一致认可，已收到患者锦旗40余面。

四、中医科普进社区

"谢谢你们送的母亲节礼物，长这么大第一次收到康乃馨花，还给我们体验头部刮痧、肩部刮痧，唐医生还给我们讲日常保健养生知识。""母亲节"前夕，一群穿着红色大褂的志愿团队走进一小区，向市民宣讲中医科普知识、把脉问诊、发放康乃馨，开展中医护理特色技术体验活动。

这是江口县中医医院联合龙井社区开展的中医科普进社区——"母亲节感恩回馈"活动。江口县中医医院中医科普进社区活动让居民进一步了解了中医药文化科普知识，掌握治病养生方法，也进一步把中医养生"治未病"理念传达给社区居民，增强居民自我保健、防病强身的意识和能力。

五、名中医来院坐诊

5月17日早上，该院各个门诊前排起了长长的队。"我产后容易失眠，易怒，今天正好省里面的中医专家来县中医医院，就不用跑到贵阳去看了。"一位来就诊的年轻妈妈说道。

为进一步弘扬和传承中医药文化、让广大群众到家门口体验到省级名中医专家的特色服务，江口县中医医院把每月17日作为"中华五千年、首诊看中医"品牌日，邀请省级名老中医定期坐诊，已开展3次品牌日活动，共惠及群众2000余人。

第五篇

新形势下纳税服务理念的思考与实践

同心颂党恩 喜迎二十大

国家税务总局临潭县税务局 雍玉顺

为教育引导全体税务干部勇于担当职责使命，切实以昂扬的斗志和优异的成绩迎接党的二十大胜利召开，临潭县税务局组织开展"同心颂党恩 喜迎二十大"系列主题活动。

一、开展一次红色家书分享，品读先辈家国情怀

家书承载着丰富的文化和历史信息，是传承民族精神和中华美德的重要载体，红色家书更是包含着革命先辈们对党和国家无限忠诚；对敌人宁死不屈，视死如归的革命气概；对革命必然成功充满无限信心。为进一步贯彻落实税务总局"赓续红色血脉 兴税强国有我"主题实践活动，引导教育广大干部职工焕发新活力、发挥新作用、增添新动力，县局机关党委组织了开展了"品读家国情 青春书华章"红色家书分享活动，活动中6位党员代表通过诵读形式，重温了夏明翰、王尔琢、刘伯坚等老一辈革命家的家书，一封封家书即体现了对革命事业的无限忠诚，也包含着对亲人的无限思念，通过品读红色家书，进一步增强了广大税务干部党性修养，坚定了理想信念。活动结束后，大家纷纷表示，作为新时代税务干部，将时刻铭记党的初心和使命，缅怀革命先烈，传承优良家风，永葆共产党人政治本色，以优异的成绩迎接党的二十大胜利召开。

二、接受一次红色教育洗礼，锻造坚定理想信念

为持续巩固拓展党史学习教育活动，深情回顾党的奋斗历史，发扬党的优良传统，增强党组织的战斗力和凝聚力，进一步激励党员干部坚定理想信念，增强荣誉感、使命感、和责任感，县局机关党委组织广大党员干部前往临潭县红色革命教育基地进行参观学习，在参观过程中，全体党员干部认真聆听讲解员的讲解，重温昔日革命战争历程中波澜壮阔的历史，感受红军革命先辈在洮州大地艰苦斗争的故事，深刻领悟革命先辈的坎坷和革命成功的来之不易，党员干部被革命先烈舍生取义的无畏精神和共产党员人的高尚气节深深震撼，纷纷表示，将珍惜革命前辈用鲜血和生命换来的幸福生活，牢记历史，不忘初心，勇担重任，砥砺前行，以革命先辈为榜样，立足本职岗位，为临潭税收事业发展做出自己的贡献。

三、组织一次读书沙龙活动，书香洗礼筑牢初心

为进一步深化精神文明建设，持续点亮书香税务品牌，积极营造全局税务干部善于读书、

乐于读书、勤于读书的良好氛围，主动提升党性修养，以更加饱满的精神状态和奋斗姿势投入到税收工作的任务中，以优异的成绩喜迎党的二十大胜利召开。临潭县税务局组织青年干部开展"心中有信仰，脚下有力量"读书沙龙活动。活动中，税务青年干部选取了自己喜欢的书目进行选读，并结合自身工作实际和生活感悟，采取多种形式，直抒心意，畅谈读书感受，深入分享阅读感悟和体会，让全体税务干部感受到了一次知识盛宴。活动氛围轻松活泼，青年干部互动频繁，此次读书沙龙活动让青年干部受到了书香洗礼，也在学思践悟中坚定了人生的价值坐标和奋斗方向。大家一致表示，此次读书活动很有意义，收获良多，在今后的学习和工作中将继续坚持阅读，提高思想水平、增强工作能力、完善知识结构、提升精神境界，切实把个人的学习成果转化为工作的提质增效，坚守"少年强则国强，少年进步则国进步"的信念，肩负时代责任，在担当中历练，在尽责中成长，以青年的活力带动税收事业的活力，努力为税务事业贡献出更加蓬勃的青春力量。

打好退税减税"组合拳" 算好企业发展"收益帐"

国家税务总局临湘市税务局 郑 鉴

2022年政府工作报告中指出"减税降费是助企纾困直接有效的办法"。为进一步激发市场活力，助力企业健康发展，国家税务总局临湘市税务局大力落实新的组合式税费支持政策，通过税收大数据精准推送税收优惠政策，积极提供精细化涉税服务，坚持"退减缓免"并举，帮助企业享受退税减税政策红利，不断增强企业的幸福感、获得感。

一、精细服务为企业"量体裁衣"

《关于进一步深化税收征管改革的意见》印发以来，临湘市税务局不断加强以数治税"牵引力"，通过税收大数据开展涉税数据筛选，为符合条件的企业"点对点"推送税收优惠政策清单，为企业提供"滴灌式"精细服务。同时积极组建税收专业服务团队，落实征期局领导大厅值班和税源管理单位大厅导税、专业服务团队"出诊""坐诊""问诊""会诊"等制度，不断优化办税流程，驱动减税降费政策直达快享。

二、留抵退税政策为企业"轻装上阵"

"非常感谢税务局的同志，这么快就帮我办完了这笔115万元的留抵税额，帮我们解决了资金问题，真是为我们送来了一颗'定心丸'。"岳阳市宇恒化工有限公司的法人李宗根激动地说道。

岳阳市宇恒化工有限公司是临湘一家生产化学制品的企业，因疫情影响、原材料价格上涨和购置机械设备等原因，导致企业资金链非常紧张。在了解到企业的困境后，临湘市税务局精简审批流程，缩短审批时限，为企业快速办理了增值税增量留底退税，帮助企业及时了解决资金困难。

三、延缓缴纳税费为企业"排忧解难"

2022年9月14日，制造业中小微企业延续实施缓缴税费政策发布后，临湘市税务局第一时间通过电话、微信等形式，向企业推送政策信息，同时安排税收专业服务团队坐班办税服务厅，辅导企业填报申报表，办理延缓缴纳税费，及时享受缓缴政策。

"税务部门的优惠政策太给力了。去年四季度和2022年一二季度，我们企业累计办理了706万元的税费缓缴。这个月又帮我们办理了其中167万元税费的延续缓缴，这样我们短期内就不需要担心资金的问题了。"湖南驰兴环保科技有限公司负责人周超说道。

四、阶段性缓缴社保费为企业"保驾护航"

利民之事，丝发必兴。2022年以来，中央和省委、省政府先后出台五大特困行业阶段性缓缴社会保险费政策及后续扩围政策。国家税务总局临湘市税务局通过税费大数据精准筛选、精准取数、精准推送，为符合条件的企业提供"一站式"的优惠政策清单、"滴灌式"的业务办理服务、"全天候"的政策热线咨询，提升了缴费人的满意度。

"我公司是从事6501旅游景区规划设计、开发、管理，旅游咨询服务的企业。这几年来，因疫情反复、景区提质改造，运营成本提升、资金链十分紧张，企业发展面临不少困难，好在税务部门及时送来各项税费优惠政策，为我们排忧解难，真是雪中送炭。这次实行的阶段性缓缴社保费，我们预计可以缓缴社保费30余万元，大大缓解了资金压力，让我们有更多精力投入到经营中。"湖南三省旅游发展有限公司负责人激动地表示。

该局负责人表示，下一步，临湘市税务局将进一步加大组合式税费支持政策落实力度，不断优化服务方式和服务举措，提供更高效、更便捷、更精细的涉税服务，确保该减的减到位、该免的免到位、该缓的缓到位、该退的退到位，更好地服务企业高质量发展，为稳定经济大盘贡献税务力量。

智慧税务 打造"非接触式"新模式

国家税务总局龙里县税务局

为深化"放管服"改革,让纳税人能够选择更方便、更智能的方式办理日常的涉税事项,龙里县税务局充分利用"互联网+",构建"线上+智慧+自助"的"非接触式"新模式,持续巩固扩展服务质量,顺应信息化发展趋势,推进税收现代化建设。

一、扩宣传,打造专业纳税服务直播间

网络直播,开启宣传新模式。在2020年疫情防控期间,由青年税务干部组成的"龙小税"直播间正式开播,税务主播通过线上平台,"面对面"进行政策宣传、讲解,辅导纳税人足不出户进行网上办税,助推"非接触式"办税常态化。

(一)制定机制,推动宣传新发展

2022年3月,为进一步推进线上直播——"非接触式"移动宣传和教学,龙里县税务局制定《国家税务总局龙里县税务局关于2022年纳税人线上培训方案》,依托税企互动平台,联合医保、社保、公积金等部门,按照纳税人培训计划表每月开展2次以上直播培训,培训内容包括政策法规讲解、征管规范要求、业务平台操作、常见业务问题解答等,把"最新鲜"的税费优惠政策送到纳税人缴费人手中。截至目前已开展网络直播28场,直播参与人次超4800余人次,获得近13000次点赞。

(二)精准推送,宣传服务不扰民

利用分类集群化管理模式,将纳税人分行业群组精准定位,开展指定纳税人群体的直播教学,例如制造业中小微企业延缓缴纳部分税费专讲、留抵退税政策专讲、个体工商户及一般纳税人纳税信用评级专讲等,做到政策宣讲"有关联的必送达,无关联的不打扰"。

二、设终端,打造全省首批智慧办税厅

(一)打造新生态,智慧办税服务厅再升级

龙里县税务局结合本地实际情况,在充分考虑了交通、人流量等因素后,以"配套功能安全完善、设计效果符合要求、工程造价合理节约"为建设理念,针对纳税人缴费人办税需求,2019年10月21日在人流量集中的兴龙广场,建立了全省首批智慧办税服务厅。智慧办税服务厅内设有智能识别区和智能电子体验区。并在原来自助办税厅的基础上,增加人脸识别系统采

集功能，通过多功能升级，让纳税人体验到更加便捷、更加智能的办税流程。

（二）办税新常态，便利性终端办税再拓展

根据辖区内企业分布情况，龙里县税务局协调银行等金融机构，在县城和经开区的商业银行内设立办税终端。当前我县共设立终端21台，让纳税人在家门口就能实现发票领购、验旧等多项业务的自助办理，省时更省力。

（三）服务新业态，推进"放管服"改革再深入

智慧办税厅和24小时自助办税服务厅的设立，开辟了一系列智能化办税应用。一方面降低了办税厅运营成本，提升了智能化服务水平；另一方面也有效弥补了办税大厅夜间及节假日无法办税的服务盲点，"7×24小时"的自助服务模式真正实现了"办税服务不打烊"，给纳税人和税务窗口带来"双减负"。自智慧办税服务厅运行以来，实现人员分流80%以上，有效解决纳税人办税"堵点"问题。

三、线上办，让涉税办理更方便

（一）体验服务，合理引导

为提升纳税人网上办税能力，我们也在线下扩大"电子税务体验区"区域，配备12台电脑，1台复印机，前来办理业务的纳税人可通过电脑登录国家税务总局贵州省税务局、自然人电子税务局等平台，自助办理166项全网业务与19项线上线下整合办理业务。

（二）专业辅导，保障使用

在电子税务体验区，配备业务能力扎实的导税咨询员开展自助办税引导和业务咨询辅导，为不熟悉系统操作的纳税人提供手把手、一对一的办税辅导，不断培训纳税人网上办税的能力。目前已实现185项涉税缴费事项网上办。

（三）线上推送，精准辅导

充分利用线上传输途径，实现智能推送、双向提醒。帮助纳税人缴费人通过电子税务局、税企互动平台等方式便捷获取涉税消息服务。优化税费优惠政策精准推送机制，完善税费政策宣传辅导标签体系，依托税收大数据主动甄别符合享受政策的纳税人缴费人，实现推送机制的系统集成、精准定位。

数字化办税缴费服务，关键在于最大限度减少纳税人缴费人进厅办理业务的次数和时间，最大限度推进电子税务局和智慧税务的建设和普及运用，充分满足纳税人自助化、便捷化、个性化的办税需求，开辟了"指尖"办税的新渠道。

落实"四个第一" 助力新进干部成长

国家税务总局汉阴县税务局 江秋燕

为进一步推动青年干部队伍建设走深走实，国家税务总局汉阴县税务局提前谋划、精心部署、统筹实施新招录公务员培养战略，通过理论武装、廉政教育、导师结对、实践锻炼等方式，落实落细对新招录公务员的培养管理，助力汉阴税务新生力量融入新环境、适应新角色、胜任新岗位，在火热的税收事业新征程中绽放灿烂青春。

一、真学细悟，上好理论学习"第一课"

"求木之长者，必固其根本。欲流之远者，必浚其源泉。"学习宣传贯彻党的二十大精神是当前和今后一个时期的首要政治任务，汉阴县税务局党委加强组织领导，精心部署学习党的二十大精神工作。将党的二十大精神作为青年理论学习小组的"必修课"，组织新进干部切实在全面学习领会上下功夫，通过开展集中研讨、主题联学、座谈交流等多种方式，组织新进干部原原本本、逐字逐句学习，认真领悟党的二十大报告的精神实质和丰富内涵，推动新进干部学习宣传贯彻工作往深里走、往实里走、往心里走，促进新进干部坚持以党的最新理论成果武装头脑、指导实践、推动发展，上好新进干部思想理论学习"第一课"。

二、深学实研，系好廉政教育"第一扣"

"欲知平直，则必准绳；欲知方圆，则必规矩。"廉洁自律是公务员终生的必修课。汉阴县税务局紧紧围绕廉政教育，聚焦税务主题主线，整合现有廉政教育资源，联合制定新招录公务员廉洁清风培育计划，积极开展形式多样的教育活动，为新招录公务员上好廉洁从税第一堂课。通过深入学习《中国共产党廉洁自律准则》《中国共产党纪律处分条例》等相关纪律规定和文件，集中观看廉政教育警示宣传片，组织开展预防职务犯罪教育专题讲座，实地参观廉政教育基地等系列活动，切实增强新招录公务员廉洁自律和依法治税观念，筑牢廉政防线，为新招录公务员扣紧廉洁"第一扣"。

三、因材施教，把好从税之路"第一关"

"圣人之道，粗精虽无二致，但其施教，则必因其材而笃焉。"在对新招录公务员的培育管理中，汉阴县税务局根据个体差异，注重因材施教。组织开展新人座谈会，深入了解新人所学专业及自身情况，着重发现其特长及短板；落实"师徒传帮带"的导师结对帮带培养机制，个性设定"一对一"培养计划，呵护新人快速成长；建立师徒结对竞争考核激励机制，定期对结对帮带情况进行评估与考核，对结对帮带优秀者进行表扬和嘉奖。多措并举提升新招录公务员履职能力，适应新身份转变，把好新招录公务员从税之路"第一关"。

四、格物致知，迈好实践锻炼"第一步"

"欲诚其意者，先致其知，致知在格物。"按照"认知提升、能力提升、实践提升"三阶段递进式培养，统筹安排新招录公务员的岗前培训、岗位实践等内容。搭建学习平台，积极运用"学习兴税"平台和线下集训，持续开展税收专业化能力培训活动；搭建实战平台，重点突出岗位轮转实战能力历练，推动新招录公务员得到多岗位、全方位的实践历练。高效促进新招录公务员对税收事业的全面认知，最大限度地发挥年轻干部的潜能和热情，助推新招录公务员在学用结合、学用相长中不断增长实干本领，迈好成长成才"第一步"。

"我深深地感受到县局对我们新进干部的拳拳爱护之心，"汉阴县税务局新进干部代表刘思蓓表示，"作为新时代税务青年，我将树立远大理想、主动担当作为，在各种急难险重任务中勇挑大梁，把青春融入党领导下的税收事业，为实现中华民族伟大复兴中国梦贡献青春力量！"

少年当立凌云志，"后浪"奔涌正韶华。下一步，汉阴县税务局将持续深入创新实施新招录公务员培养战略，勉励新招录公务员立青云之志，争做有志、有德、有为的新时代青年，为新时代税收现代化高质量发展贡献青春力量。

释放税收政策红利
助力民营企业发展

国家税务总局泌阳县税务局

泌阳县税务局认真落实助力民营经济发展工作要求部署，不折不扣落实各项减税降费政策，最大程度释放税收政策红利，持续优化税费征缴服务，不断提振全县民营企业发展信心，释放民营企业活力，助力乡村振兴。

一、以良好营商环境"引凤筑巢"，让民营企业心无旁骛地谋发展

全县税务部门以政务服务"好差评"制度和纳税人满意度调查为契机，以提升纳税人满意度为目标，持续优化税收营商环境，力争让广大民营企业办税缴费更省心、省时、省力。

一是大力推广"非接触式"办税，便捷纳税申报。近年以来印制《办税事项"最多跑一次"清单》，全县纳税人实现11大类155个办税事项"最多跑一次"，广大纳税人足不出户就能办理涉税业务。

二是积极拓展自助申领发票，节省排队时间。在县政务服务中心一楼大厅、人民路与花园路交叉口向北100米路东繁华路段开设两个24小时自助办税服务厅，升级代开发票自助办税终端，解决了纳税人现场排队领发票的问题，单次申请时间缩短至3—5分钟。

三是大力提升出口退税效率，优化资料报送。开通"出口退税直通车"，建立"出口退税申报群"微信群，企业在电子税务局进行出口退税申报后，企业通过微信群告知办税服务人员，及时进行审核推送，全县出口退税实现无纸化在线办理，全部做到了企业当天申报、当天办结。

二、以减税降费"真金白银"，让民营企业轻装上阵地赢未来

统筹做好落实减税降费和组织税费收入工作，采取减、免、退、抵、缓、延等多种方式，确保减税降费政策红利直达企业、直达市场主体、直达纳税人、缴费人。

一是协助民营企业享受减税降费红利。根据不同类型的纳税人、享受减税降费政策的不同，加强税费政策落实的网格化管理，让广大民营企业真切感受到实实在在的获得感。

二是协助制造业落实缓缴措施。针对经营困难特别是资金压力大的制造业中小微企业，认真落实税费缓缴政策。

三、以优质服务"纾困解难",为民营企业高质量发展添活力

全县税务部门充分发挥税收职能,前移服务关口,开展问计问需,拉近税企距离,确保纳税人、缴费人对各项政策应知尽知、应享尽享。

一是积极整理汇编对接税收帮扶措施。主动对接省、市、县政府支持民营经济发展的若干措施,汇编整理《小微企业、个体工商户税费优惠政策指引汇编》宣传手册、《办税事项"最多跑一次"清单》宣传折页,加大民营企业对各项政策的知晓度、认知度和应用度。

二是银税互动为企业解决融资难题。主动联合农行、农商行、邮政储蓄邓金融机构,将税收信用转化为贷款信用,推出银税合作产品,有效解决企业融资难问题。

下一步,泌阳县税务局将继续发挥税收职能作用,全心全意服务民营企业发展,努力为泌阳县乡村振兴、经济社会高质量发展贡献税务智慧和税务力量。

密织民主监督之网 擦亮全天候探照之灯
——永新县税务局探索加强党员和群众民主监督的主要做法

国家税务总局永新县税务局

习近平总书记指出,只有织密群众监督之网,开启全天候探照灯,才能让"隐身人"无处藏身。在推进"1+6"综合监督体系中,永新县税务局借鉴三湾改编成立士兵委员会发扬民主监督的经验做法,以加强党员和群众民主监督为切入点,创新机制、上下联动,以点带面纵深推进各类监督融会贯通、协同发力,为构建全面从严治党新格局夯基垒台、积厚成势。

一、做好三篇文章,营造"愿监督"氛围

一是做好"学"的文章。制定民主监督实施方案,组织集中学习、辅导研讨、线上教学,推动制度入脑入心。深入开展"红色走读"活动,借鉴红军时期士兵委员会的历史作用,推出特邀监督员制度,选拔12名特邀监督员作为党员和群众代表进行民主监督。加强特邀监督员监督素养,对民主监督的对象、内容及方式,对税收工作全流程等集中学、深入学,使特邀监督员真正成长为民主监督的一把利器。二是做好"谈"的文章。以"三带三讲"做细思想政治工作,党委书记、分管领导、支部书记带头,分层级分类别开展谈心谈话200余人次。在坦诚相待中做到"三讲",即讲清政策、讲明思想、讲透顾虑,让党员和群众轻装上阵、勇于监督。建立民主监督经费、人员、激励"三大保障"。定期开展"促膝谈 减压行"活动。加强特邀监督员思想建设,强化其主责主业主角意识,使特邀监督员敢监督、会监督。三是做好"听"的文章。设立监督电话、信箱、邮箱,规范特邀监督员参加(列席)重要会议和党内活动的流程,定期开展局长接待日活动,畅通党员和群众反映问题渠道。发挥特邀监督员"主人翁"意识,当好党员和群众意见建议、问题线索的整理收纳师,练就主动查找工作漏洞与问题的"火眼金睛",用好意见建议及问题登记、流转、反馈"三张表",确保10个工作日内将问题落实情况反馈到位,提振党员和群众主动监督意愿。2021年党员和群众意见建议及问题月均不超过2件,2022年以来月均已达5件以上。

二、创新三项机制,落实"敢监督"措施

一是建立会商机制提效率。坚持问题导向、目标导向、结果导向相统一,每月定期召开会商例会,相关党委班子成员、归口管理部门负责人与特邀监督员共同参与、共同会商,做好通报、

会商、议定"三件事"。会上,通报上月监督事项落实情况,对尚未落实或需要合力推进的集体会商、研究对策,结合党员和群众密切关注事项,集体议定本月重点监督落实事项,建立推进、销号两份台账,确保党员和群众意见建议及问题事事有回音、件件有反馈、项项有落实。二是建立评议机制传压力。建立双向评议制度,用好四张评议表(全局工作评议表、重点工作事项评议表、整改工作评议表及特邀监督员工作评议表),推动"评议—评议结果反馈—评议结果整改提升—评议运用"闭环运行,强化党员和群众对税收工作的全过程监督,加强对特邀监督员的全过程监督。现场评议结果3个工作日内反馈至党委、相关部门及相关特邀监督员,对评议结果为一般、差的部门(分局)、特邀监督员,7个工作日内提出整改措施并加以整改。强化全年评议结果运用,将其作为个人或部门评先评优的重要参考依据。三是建立公示制度促实效。坚持网上网下结合,用好巡察见面会、审计公示、干部考察公示等方式,推动党务、政务依规公开、依法公示,切实保障党员和群众知情权、监督权。推行"微公示",特邀监督员每月定期将意见建议、问题收集及落实情况在工作群、政务栏进行公示,接受党员和群众全天候监督,让民主监督始终运行在阳光下。截至目前,特邀监督员公示6次,公示意见建议及问题近40个,收到党员及群众公示反馈2条,均已落实到位。

三、聚焦三个重点,提升"会监督"能力

一是在重点工作强监督提能力。发挥特邀监督员来自各个不同岗位的优势,从群众中来,到群众中去,聚焦"一把手"、重点岗位负责人等重点对象,聚焦组织收入、"双一号工程"、退税减税政策落实等税收中心工作,收集意见建议与问题,齐建言、共献策,切实将民主监督成效转化为为纳税人缴费人办实事的生动实践。2022年以来,建立"税博士"等专业服务团队2个,完善纳税服务等制度2个,各项工作进展顺利,组织收入量质齐升,征管"三率"稳居全省第一方阵,城乡居民两险征收名列全市前列,退税减税进度稳扎稳打,税收营商环境不断向优。二是在基层党建中强监督提能力。聚焦机关党的建设,以党员积分制管理和纪检干部进支部为抓手,将党员和群众民主监督与基层党组织的日常监督融合起来,使所有基层党组织、全体党员始终处于党员和群众民主监督之高压网中,支部堡垒建强、党员作用更优。2022年以来,党员参与"三城同创"、疫情防控等重点任务占比80%以上,专业服务团队党员占比70%以上,"两个作用"发挥更明显。三是在作风建设中强监督提能力。开启监督"探照灯",深入开展"监督有我 兴税有我"作风整治活动,特邀监督员组成纪律小分队,配合纪检组对各部门、分局开展监督检查,使干部职工始终绷紧作风纪律这根弦,习惯在全天候监督与被监督中工作和生活。2022年以来,特邀监督员参与监督检查4次,列席谈心谈话2次,收集干部作风类意见建议及问题11条。全局上下"担当实干、马上就干"抓落实的力度不断加大,"向上向善、创先争优"争先锋的风气不断充盈。

纳税服务出实招 惠企利民见实效

国家税务总局乌海经济开发区税务局

2022年以来，乌海经济开发区税务局紧紧围绕"惠企利民稳增长"这一主题，通过一系列专项行动集中推进优化服务举措，落实"我为纳税人缴费人办实事暨便民办税春风行动"，持续优化税收营商环境、落实减税降费、激发市场主体活力。

一、"井田"式管理，织细织密服务网

结合新的组合式税费支持政策，乌海经济开发区税务局以"一企一册，一事一策"搭建"点、线、面"三维服务网络。以税收网格员为中心辐射点，"点对点"直连企业收集纳税人需求与关注，为每户企业建立问需互动"四套台账"，运用问题导向机制，给企业提供需要的和想要的"答案"，助力企业高质量发展。一套"政策宣传辅导台账"，运用税收大数据向企业精准推送的优惠政策；一套"主动问需台账"，记录纳税人建议和意见、和诉求；一套"纳税咨询服务台账"，跟踪记录纳税人诉求解决情况，做到件件有回应、事事有落实；一套"业务学习台账"，督促税务干部在干中练、在干中学，不断扎实服务纳税人的业务基础。

二、"一体化"办公，办问协同提质效

为了向纳税人提供更便捷的政策享受流程，达到协同、共享、高效的目的，实现办税服务厅前台、电子税务局、电子发票服务平台等各个平台咨询、解答、疑难问题转办无缝衔接，2022乌海经济开发区税务局成立了集税源管理、税收执法、风险任务核查、退税、电子税务局后台运维等多方面服务的"综合一体化办公室"。将税政、征管、风险、税源等后台服务部门直接送进办税服务厅一线，进一步缩短缓税、退税"绿色通道"的长度，实现咨询热线、协同热线"双线联动"进一步延展纳税咨询服务的宽度，实现前台后台办问协同、靶向发力。

三、"地毯"式走访，送政问需解难题

为扩大税收政策宣传面，主动征询纳税人建议，解决纳税人的急难愁盼问题，乌海经济开发区税务局组织开展了"送政策、问需求、解难题、促发展"惠企利民走访活动，9个工作组利

用工作之余走进"厂间店头"倾听纳税人心声。前三个季度累计走访纳税人1681户、4362人次，在"走访团队"和"政策支持团队"密切配合下，收集问题102条、建议32条全部予以解决和采纳。同时，为了巩固宣传效果，线上线下双重礼包同时送到纳税人手中，"政策宣传电子礼包"将新的组合式税费支持政策和办税操作指引直接送达纳税人，"便民办税周边礼包"则让印有协同热线和'非接触式办税'二维码的精美文具出现在纳税人在触手可及的地方。

下一步，乌海经济开发区税务局将以党的二十大精神为指导，继续在优化营商环境和提高纳税服务质量方面出实招、办实事，在贯彻党中央减税降费决策部署和服务纳税人纳税缴费上尽全心、出全力。

纳税服务更贴心
征途如虹守初心

国家税务总局太白县税务局 文 轩

"党的二十大报告中"当代青年生逢其时，施展才干的舞台无比广阔，实现梦想的前景无比光明。"让我们税务一线青年干部充满干劲、踔厉奋发！"来自国家税务总局太白县税务局第一税务分局（办税服务大厅）局长许芳激动地说。

过去十年，在学习贯彻习近平关于税收工作的重要论述的指引下，税收治理现代化水平新益求新，税收征管体制改革不断取得新成效。作为基层税务干部，这一切变革和成就许芳都真实地看在眼里。她一直用心用情实践着"服务、拼搏、奉献"的初心，努力成为税务铁军中的排头兵。许芳在基层分局已经坚守了近10年。她平常接触的大都是小微企业纳税人，办理的业务多数和税务发票有关。

"税务发票是记录经营活动的内容的载体，维护经济秩序，保护国家财产安全的重要手段。税务发票的领用十年变化，从繁到简，从纸质发票到电子发票，纳税人领取使用越来越便捷，其实是税收征管体制改革不断自我革新的缩影"许芳认为，税务大厅的一岗通办、自助服务越来越齐全，办理业务的速度明显改善，实现了办税"提速度" 服务"升温度"，为持续优化税收营商环境，不断激发市场活力，贡献了税务力量。

党的二十大报告提到，要建成现代化经济体系。税收事业作为党和国家事业的重要组成部分，持续推进税收征管体制改革，加快税收现代化进程，为建成现代化经济体系保驾护航，努力让人民群众感受经济发展的成果。

"服务态度好、业务能力强、办理速度快、有求必应是群众的期盼，更是基层税务局的灵魂和生命。只有牢牢把握住群众的期盼，群众才会支持税收工作"许芳表示，只有解决群众急难愁盼，严把服务质效关，提高政策宣辅高精准度，释放税惠红利，才能持续优化税收营商环境，为经济发展注入税务"蓝色动能"。

太白县地处深山，辖区内小微企业、个体工商户较多，面对"以数治税"的新时代，自主办理业务困难、税法意识不强。许芳表示，将带领税务干部以"春风便民行动"契机，不断入户走访，送政策上门，用脚步丈量民情。同时，为方便群众办事、减轻群众负担，将持续优化办税流程，加大"容缺办理"的事项，让群众满意而来，高兴而去。

"我们将充分发挥基层税务局'前沿阵地'优势，用基层群众愿意听、听得懂的语言，在大厅、社区、乡村、企业更好宣讲党的二十大精神。"许芳表示，将以此次二十大胜利召开为出发点，以"抓好党务、干好税务、带好队伍"新时代税收现代化建设总目标，认真谋划税收工的思路和举措，勇于担当、主动作为，推动税收现代化建设始终沿着正确的方向不断前进，为党和国家事业发展贡献税务力量。

"纳税人之家"助力营商环境持续优化

国家税务总局内乡县税务局

为进一步优化税收营商环境,提升服务质效,内乡县局税务局积极响应县域经济"成高原"的号召,厚植自身优势,持续巩固"纳税人之家"建设,倾心打造"清享菊税"服务品牌,让纳税人在办税缴费的过程中充分体验到"家"的温馨和便捷。

一、优化"家"的设置

县局在"纳税人之家"开辟党建文化阵地,对内开展支部集中学习,激发一线党员干部主动担当、善于作为、乐于服务;对外搭建税企党建共建工作平台,畅通税企交流、密切税企合作,打造税企互信共赢典范。做好共享休息区、智慧办税区、集中审批区、专家辅导区等功能区建设的同时,设置菊税学堂、云税直播室、纳税人书屋,搭建了税企党建共建、政策学习、互动交流的平台。

二、提升"家"的便捷

拓展"纳税人之家"服务阵地,推动"纳税人之家"由"线下"向"线上"转型,进一步落实233项"非接触式"网上办税事项清单。县局以纳税人缴费人需求为导向,立足"智慧税务"建设,依托"网上办、自助办、指尖办",大力拓展"非接触式"办税缴费渠道。在"智慧办税区"配置移动终端、PC终端、ATM自助终端,实现电子税务局全程网上办、河南税务局APP高效掌上办、全功能办税服务机便捷办,不断提升享受政策便捷化程度,助力税收营商环境再优化。

三、丰富"家"的体验

拓展"线上+线下""前台+后台"的协作模式,将后台岗位前置,促进"前台"与"后台"的配合,实现业务现场审批,使纳税人"走进一扇门,办完全部事"。通过配置各类税费办理智能设备,开展远程辅导、远程视讯等服务,构建"能看、能问、能学、能办"的"一条龙"智能办税模式,为纳税人缴费人提供高效便利的智慧办税服务。建立专家团队辅导工作台账、设置税费争议调解室等,实现问题"点对点"解决,辅导"面对面"操作,以立体化的咨询服务构筑沟通密切、交流充分、携手并进的税企发展共同体。

"纳税人之家"运行以来,内乡县局紧紧围绕纳税人缴费人便捷办税需求,通过探索多元化的办税模式，真正让"纳税人之家"成为税企的沟通之家、互动之家、维权之家、共享之家，实现了营商环境的持续优化。

四、治税环境更清廉

持续推动"观念能力作风建设年"活动走深走实，积极转变工作作风，把执法清正、干部清廉、税风清朗融到纳税服务、税费征缴等各项工作中。坚持党建引领，在"纳税人之家"专门开辟党建文化阵地，组织窗口人员开展廉政讲座、党课学习等廉政教育以学促廉，严格落实首问责任、监督、问效和考评制度以制固廉；本着与纳税人共享、共建、共赢的理念，将党建工作与纳税服务工作相结合，通过意见箱征集、12345政务服务便民热线、定期邀请人大代表、政协委员、企业法人等"税费服务体验师"现场体验等方式，强化外部监督，收集意见，加深共识，共谋发展，打造税企互信共赢清廉之"家"。

五、税费服务更清爽

"纳税人之家"拓展"线上+线下""前台+后台"业务集约运转模式，倾心打造负担更轻、办税更快、环境更优的清爽税费服务。以纳税人缴费人需求为导向，立足"智慧税务"建设，进一步落实233项"非接触式"网上办税事项清单，依托"网上办、自助办、指尖办"，大力拓展"非接触式"办税缴费渠道；成立以税务师、注册会计师、律师、业务骨干为成员的税收专家团队，轮流驻厅辅导为纳税人缴费人疏疑解难；业务股室人员轮流驻厅开展一窗式办理，集中审批审核业务，全面构建"线下服务无死角、线上服务不打烊、定制服务广覆盖"的税费服务新体系。自2022年4月以来，"三师"专家团队为30余户重点企业提供了留抵退税"定制服务"，通过"一户一策"方式答复300余户小微企业"六税两费"减免政策热线咨询。

六、办税体验更清新

"纳税人之家"配置各类税费办理智能设备，提供"问办合一""云帮办"等服务，利用可视化的网络技术将传统实体窗口搬到网上，通过"云帮办系统"的业务代办和"云教办"系统的可视化学习，将原来必须到窗口办理的业务直接在网上申请代办，实现云窗口全程对接解难题、云办理一键直达享快捷、云咨询问办融合提效能，构建了纳税人、缴费人远程发起咨询求助、云厅座席客服办理的"问办合一"新模式，为纳税人、缴费人提供"面对面"的清新云税帮办。据统计，自2022年6月份上线以来，该局"云厅"已服务纳税人600余户，得到纳税人缴费人的普遍赞誉。

暖心服务 便民办税再升级

国家税务总局宁安市税务局

"非常感谢你们帮助我渡过了难关，解了我们燃眉之急。"近日，在宁安市税务局第一税务分局宁安蜂产品协会的负责人把一面锦旗双手献给工作人员。"疫情防控期间，企业遇到了很多困难，多亏了税务局精准、及时、高效的政策辅导以及为企业办事服务，真正让企业受益，解决了难题，缓解了压力。"宁安蜂产品协会的负责人感激地说。

为深入贯彻落实党的十九届六中全会和全省税务工作会议精神，巩固拓展"能力作风建设年"活动成果，宁安税务局立足实际，多措并举，紧扣"智慧税务助发展·惠企利民稳增长"主题，切实为群众办实事解难题，着力提高纳税服务质效。

"多亏了税务部门及时向我们宣传普及税收政策，才让我们规避了因为不懂政策导致的更大税收风险。"

近日，一户纳税人向该局咨询主播"带货"佣金收入的部分该怎样进行税款缴纳，税务工作人员及时利用"线上+线下"多渠道进行解疑释惑。

据宁安税务局纳税服务股主管负责人介绍说，对重点企业开展"一对一"精准辅导，将企业的基本情况纳入台账管理，实行一户一账，跟踪管理。通过税企联络群推送税费优惠政策，积极拓展线上直播，让税费优惠政策快速直达，真正做到"信息多跑路，纳税人少跑腿"。

"以前要去政务大厅办税，现在足不出户就把各种'税事'办的妥妥的，真是方便。"说到享受税收优惠政策，宁安各企业对税务服务一个劲地点赞。

这天，宁安市一机械设备企业的会计老许来到税务局办税大厅咨询移动办税相关事宜，导税员现场演示并手把手教会他如何实名认证、在线办税、移动咨询等功能操作。"这次来办理税务登记信息变更体验'掌上办'线上操作，省心又省力，操作也简单，办税真的越来越轻松了！"老许感慨道。

"为更快更优质服务纳税人，我局开设'简事快办'窗口，设置服务专席，窗口工作人员1分钟之内办理完结，极大节约办税时间。"宁安市税务局党委书记、局长杨恩军介绍说。"拓宽办税渠道，推进'跨省通办'业务，积极倡导'非接触式'办税，鼓励纳税人'网上办'、'掌上办'，实时解决纳税人缴费人办理过程中遇到的问题。"

截至目前，通过线上线下答疑解惑2300余人，辅导纳税人1420余人，赢得了一致好评；依托"马丽工作室"经验做法，及时解决纳税人急难愁盼问题，服务更加优化。

"优无止境"增添发展新动能

国家税务总局宁都县税务局　陈　峰　温丽娟

2022年以来,宁都县税务局认真贯彻落实党中央、国务院的决策部署,始终以纳税人、缴费人需求为导向,持续优化办税流程、提升服务质量、释放税费红利,不断打造优质税收营商环境,为市场主体和社会经济发展增添新动能。

一、优化办税流程,减负松绑营造新气象

江西宁都某制衣有限公司成立于2005年,是宁都县较早的一家成衣出口企业之一,其成衣主要销往法国、乌克兰等国家。新的出口退税政策出台后,宁都县税务局立即组建工作专班,上门"一对一"辅导出口退税"无纸化"申报,帮助企业"即申即审即享",提高出口退税办理效率。

"现在办理出口退税只需通过'无纸化'一键申报,退税款2—3个工作日就到账了,极大地节省了我们的办税时间,为税务部门的工作效率点赞!"江西宁都兴达制衣有限公司财务负责人冯桂香满意地说道。

近年来,为持续优化营商环境,宁都县税务局不断调整拓宽"一次不跑""最多跑一次"税费事项办理范围,做到"减事项、减表单、减资料、减流程、减操作"。目前,宁都县税务局已实现"一次不跑"事项146项,"最多跑一次"事项38项,2022年以来累计办理业务8.6万余人次,网上办理业务6.6万余人次,占比达到76%,办税时长压缩50%,办结时限提速80%,真正为纳税人缴费人减负松绑,让市场主体轻装上阵。

二、提升服务质量,税企关系呈现新风貌

"在电子税务局办理申报业务时,有几处操作我不太懂,就在税企互动平台留了言,没想到税务人员通过视频连线的方式为我进行了远程辅导,这样的远程帮办服务让我省心不少!"江西朝盛矿业有限公司办税人员谢绍升通过微信向税务人员表示了感谢。为切实提升线上税费服务质效,宁都县税务局健全纳税人缴费人需求快速响应机制,建强线上税费服务团队,开展"滴灌式"精准辅导,"点对点"地指导纳税人缴费人线上操作,推动便民办税缴费服务不断向精细化、智能化、个性化转变。

在电子税务局办税等"非接触式"办税缴费手段更加多元的同时,宁都县税务局持续提升

线下实体办税缴费体验，着力打造网上办税为主、自助办税为辅、实体办税兜底的纳税服务体系。

"一走进办税服务厅，导税人员就主动问我办理什么业务，帮我提前预审资料、取号等候，没想到一下子就办理好了，体验真心不错！"纳税人曾小莲在业务办结后对税务工作人员连连点赞。据了解，宁都县税务局不断优化精品办税服务厅服务，组建优质导税团队靠前辅导，纳税人缴费人满意度持续提升，税企关系更加和谐。

三、释放税费红利，助企纾困展现新作为

走进赣州某生物技术有限公司，生产线上的工作人员正紧锣密鼓地对产品进行包装。该公司是一家专业从事植物提取、开发、生产、销售为一体的高科技企业，拥有国际先进的植物提取生产技术和设备，年加工植物原药料3000吨以上，前期受到疫情影响销量有所下降，2022年由于市场回暖订单量增加不少。

"延期缴纳税款相当于无息贷款，税务部门给我们送来的74万余元的"缓缴礼包"，为我们公司缓解了不小的压力。2022年我们的订单增加，所需要的原材料和成本也不断上涨，这笔钱刚好能解我们的燃眉之急。"赣州某生物技术有限公司财务负责人陈明远开心地说道。

据悉，宁都县税务局积极组织党员先锋队、青年突击队，上门辅导纳税人缴费人3800余人次，发放税费优惠政策等各类宣传品4200余份，切实做到政策送上门、走访全覆盖、疑问及时解。2022年以来，宁都县税务局累计办理各类政策性税费减免3.5亿元，缓缴税费0.44亿元，切实用税费优惠助力企业发展，让企业有更多的资金甩开膀子干、铺就发展路。

走进新时代，奋进新征程，宁都县税务局将认真学习贯彻党的二十大精神，秉持"以纳税人缴费人为中心"的工作理念，聚焦群众急难愁盼问题，深化"放管服"改革，优化税收营商环境，推动纳税服务"大提升"、营商环境"大变革"、社会经济"大发展"。

持续优化营商环境
不断提升服务效能

国家税务总局宁阳县税务局

为持续推动优化税收营商环境工作迈上新台阶，国家税务总局宁阳县税务局充分发挥税收职能作用，结合"便民办税春风行动"、提升纳税人满意度等系列活动，优服务、送政策、听民声，不断提升辖区内纳税人缴费人满意度和获得感。

一、涉税业务网上办、简单办、一窗办，跑出服务加速度

"您好，我准备开一家公司，听说现在相关的手续在电子税务局就能办完，不用再跑税务局了是吧？""是的，您按照相应步骤就能完成新开户登记。"作为纳税人、缴费人呼声的守候者和传递者，宁阳县税务局办税服务厅纳税服务热线专员在全力做好电话咨询的同时，注重收集咨询热点、难点涉税问题，从纳税人角度给予最佳解答。

据了解，宁阳县税务局已全面落实企业开办全程电子化，新办企业套餐平均办结时限压缩至5—10分钟以内，办税环节也相较前两年压缩一半以上，有效减轻了纳税人的办税负担。同时为方便新办企业了解税务操作全流程，宁阳县税务局还组建导税团队对纳税人开展精准辅导，并编写了《新办纳税人流程指引》，供纳税人办理涉税业务。

"本来以为办理流程会很麻烦，没想到设立了'注销专窗'，来了没多久就办好了，很方便。"提起注销登记服务，徐颜女士对快捷的办税流程表示满意。自2021年起，宁阳县税务局在办税服务厅设立了"注销专窗"，不断优化注销办理程序，推进实施"简易注销""即办注销"，注销平均办结时间压缩了70%。2022年以来宁阳县税务局持续推行税务注销便利改革，从多角度精简注销手续，实现"一窗受理、内部流转、限时办结、窗口出件"的套餐式服务模式，确保企业快速完成税务注销。同时，宁阳县税务局全面优化跨区域办理与不动产的一窗通办，设置全省通办窗口、跨省通办窗口，并优先引导办事群众通过自助机及电子税务局办理。通过窗口合并、联合办公的方式，对不动产涉税资料一窗受理、内部传递，及时办理纳税人涉税业务"难点"。2022年以来，宁阳县税务局积极落实税务证明事项告知承诺制，截至目前，房产交易窗口共适用告知承诺制办理业务52户次，大大减轻了购房者的证明负担，解决了房产交易涉税事项办理的"痛点"。

二、政策服务全方位、高效率、精准化，助企纾困解难

小微企业在经济社会发展中发挥着重要作用，宁阳县税务局始终高度重视中小微企业的改革与发展，始终把支持发展中小微企业作为税务机关的职责所在，精准发力提升服务水平，全方位支撑助力中小企业蓬勃发展。"税务局组织税收专家顾问，上门问计问需，2022年4月份以来，在税务干部手把手辅导下，我们共进行了五次留抵退税，共计49.9万元，为我们稳岗稳产提供了充足的资金保障。"泰安晶环化工有限公司财务负责人邹女士说。宁阳县税务局以积极主动服务企业为目标，以常态化走访企业、开展税企座谈会为抓手，将优化税收营商环境抓在日常，融入平常。截至目前，已经走访重点企业245户，非重点企业609户，解决问题80余个，为纳税人量身定制"一户一策"政策大礼包，主动上门送政策，确保政策"靶向式"精准落地。

设置专人、专岗、专窗解疑难、推进"简事易办"岗位值班制度，节约涉税业务办理时间，缓解大征期拥堵情况，提高涉税业务办理效率、完善企业诉求快速响应机制，开通政策咨询及税费业务办理纳税服务热线，第一时间收集、分析、处理企业反映的问题，根据纳税人基础信息，对不同行业纳税人实行智能归集、分类管理和精准推送，通过各类税企平台第一时间为纳税人推送各类政策信息，对重点行业、重点领域、重点企业精准施策……一项项精细化的服务举措正有效助力宁阳县税收营商环境不断优化。

企业稳，才能百姓富，优化营商环境关系民生福祉。在今后的工作中，宁阳县税务局将重点围绕纳税人缴费人关注的重点和需求，针对办税缴费的"难点""堵点"等问题，不断调整工作措施，进一步提升税费服务质效，为纳税人缴费人提供更好、更优、更贴心的服务体验，为优化营商环境贡献税务力量！

凝聚共识促发展
激发奋进"税"能量

国家税务总局拜泉县税务局

拜泉县税务局不断增强思想自觉、政治自觉、行动自觉，深入学习贯彻党的二十大会议精神，充分发挥党建引领作用，教育引导税务干部积极践行"为国聚财，为民收税"的神圣职责使命，努力为实现中华民族伟大复兴的中国梦注入税务力量。

一、迈步新征程，树牢"爱党之心"，坚定不移跟党走

拜泉县税务局党委坚持把政治建设摆在全局工作首位，开展"四史"学习活动，增强干部对党的辉煌历史的了解，不断增强党员干部的自豪感、使命感，进一步加深对党的情感，弘扬伟大精神，从党的百年辉煌历史中汲取力量。时刻监督提醒干部要对党忠诚老实、与党同心同德，听党话、跟党走，始终在政治立场、政治方向、政治原则、政治道路上同以习近平同志为核心的党中央保持高度一致。自觉做到党中央提倡的坚决响应、党中央决定的坚决执行、党中央禁止的坚决不做。强化政治理论武装，通过党委会、党委理论学习中心组学习、青年理论学习小组等多种形式，认真学习党的二十大会议精神，深刻领悟"两个确立"的决定性意义，着力在"学懂、弄通、做实"上下功夫，不断提升运用党的最新理论成果指导税收工作实践的能力。同时，扎实开展意识形态工作，时刻保持头脑清醒，发扬斗争精神，增强"四个意识"，坚定"四个自信"，做到"两个维护"。加强警示教育，强化廉洁队伍建设，教育税务干部牢固树立底线思维，持续释放越往后越严的信号，切实把全面从严治党各项要求落到实处。

二、迈步新征程，倾注"爱民之情"，砥砺初心践使命

拜泉县税务局自觉践行全心全意为人民服务的宗旨，更加牢固地树立以人民为中心的发展理念，持续深入贯彻落实好税务总局关于开展"我为纳税人缴费人办实事暨便民办税春风行动"各项工作要求，用真情实意为群众办实事、解难题，切实维护好群众的根本利益。先后投入近200万元打造智慧办税服务厅，让办税更方便、更快捷。全面落实好新的组合式税费支持政策，组建服务专班，辅导企业办理申报，让企业实实在在享受政策"红利"；在优化税收营商环境、提升纳税服务质效、投身疫情防控、巩固脱贫攻坚成果等工作中，拜泉县税务局干部职工敢于担当、勇于奉献，主动将本职工作融入地方经济社会发展大局之中，为地方经济社会发展贡献智慧和力量。

三、迈步新征程，扛稳"爱税之责"，锐意进取创佳绩

拜泉县税务局积极践行"忠诚担当、崇法守纪、兴税强国"的中国税务精神，贯彻新发展理念，主动融入和服务发展新格局，推动经济高质量发展，不断增强为建设社会主义现代化强国、推进新时代税收现代化建设而努力奋斗的政治责任感和历史使命感。充分发挥税收在国家治理中的基础性、支柱性、保障性作用，立足本职，在狠抓落实上下功夫，对各项工作再梳理，任务再细化，制定清单台账，加强跟踪督办，确保件件有着落，事事有回音。近年来，拜泉县税务局先后获得全国巾帼文明岗、省级精神文明单位标兵、全省职业道德先进单位、省级文明窗口等多项荣誉称号。

努力培育新时代合格税务接班人

国家税务总局云梦县税务局党委书记、局长 黄 斌

"不负时代，不负韶华，不负党和人民的殷切期望"是中国青年的使命担当，习近平总书记寄厚望予青年，他说"我国青年一代必将大有可为，也必将大有作为。"总局领军人才计划和省、市局干部队伍建设"531"工程，都为我们的青年干部搭建了发展平台。在青年干部数量最多的基层区县局，我们更是要关心青年干部成长，把他们扶上马再送一程，培养成可堪大用的栋梁之材，培养成不负党和人民重托的新时代优秀税务接班人。

一、提升站位，充分认识青年培养的重要意义

习近平总书记指出，青年有理想、有本领、有担当，国家就有前途，民族就有希望。青年，始终是活力的象征、力量的象征、希望的象征。

（一）加强青年干部培养是党中央和各级税务局党委的重要指示

习近平总书记始终高度重视青年干部培养工作，连年出席中央党校中青年干部培训班开班仪式，多次莅临高校与青年面对面交流，发表了一系列针对青年干部培养的重要讲话；总局王军局长希望广大税务青年以孜孜不倦的学习厚植理想信念，以躬身笃行的实践增长本领才干，以敢想敢干的闯劲在税收现代化新征程中经风雨、见世面、壮筋骨；省局钟油子局长在全省税务工作会议上强调，要加强青年干部的培养和选拔使用，帮助他们科学设计职业生涯规划，助推他们早日成长成才。可见，各级领导干部都对青年干部关爱有加，十分重视其发展培养。

（二）加强青年干部培养是税收事业后继有人的重要保障

当前，税收工作的重要性不断提高，其在国家治理体系中承担着基础性、支柱性、保障性作用，各级党委政府对税务部门也是高看一眼、厚爱三分；与此同时，税务系统因为一些历史原因，人才梯次配备不足，存在人才断层的问题，各个部门和岗位都迫切需要填充新鲜血液，这就更需要我们培养好、使用好青年干部，把各年龄段的青年干部安排到重要岗位"挑大梁"，保证我们的税收事业后继有人、兴旺发达。

（三）加强青年干部培养是青年实现自身价值的重要途径

青年干部，不仅是税收事业的希望、是组织的希望，也是自己家庭的希望。年轻，不是挥霍的资本，更不是放纵的理由，而是用来拼搏奋斗的。青年干部现在正处在人生中最好的时间，记忆力好、精力充沛，正是读书学习、干事创业的绝好年纪，一定要好好珍惜，把时间花在刀刃上，

把精力用在关键处，要努力到无能为力，拼搏到感动自己。未来的你，一定会感谢现在拼命的自己。

二、勇立潮头，青年干部要争做新时代税务精兵

习近平总书记强调，年轻干部是党和国家事业发展的希望，必须树牢理想信念根基，练就过硬本领，发扬担当和斗争精神，在新时代新征程上留下无悔的奋斗足迹，为青年干部成长成才提供了根本遵循。

（一）政治上要靠得牢

税务机关首先是政治机关，政治性是税务部门的第一属性。青年干部要坚持以习近平新时代中国特色社会主义思想武装头脑、指导实践、推动工作，不断增强"四个意识"、坚定"四个自信"、做到"两个维护"、胸怀"国之大者"，在政治上、思想上、行动上始终与以习近平同志为核心的党中央保持高度一致，使自己的政治判断力、政治领悟力、政治执行力进一步增强，成长为经得起党组织考验、单位放心、纳税人信任的税务青年干部。

（二）学习上要坐得住

学习不是一阵子的事，而是一辈子的事，青年干部一定要树立终身学习理念。不经一番寒彻骨，哪得梅花扑鼻香。要把更多的工夫花在平时，花在别人看不到的地方，甘于坐冷板凳，只有这样，才能够获得实实在在的收获。

（三）工作上要吃得苦

一个人有了事业心和责任感，才会带着激情和热情做好工作中的每一件事。不论从事什么岗位，都要时刻饱含工作激情，坚持不懈；一旦选定了奋斗的目标，就要不忘来时路，坚定选择，继续前行。青年干部，是单位的骨干力量、中坚力量，要舍得吃苦、甘于受累，青年干部要充分发挥青年干部的先锋模范作用，在各项改革攻坚任务中打头阵、做先锋，要有敢啃硬骨头、敢涉险滩的底气和勇气。

（四）作风上要过得硬

税务工作一头连着国家大计，一头连着万千民生。大家都是处在征管、纳服、税源管理等一线岗位，平常都直接面对纳税人和缴费人，这其中也存在着各种各样的风险。有执法风险、管理风险、服务风险、廉政风险等等。青年干部的一言一行、一举一动都关系着税务部门的形象，都关系着自己的前途。所以，青年干部一定要打铁还需自身硬，牢记习近平总书记教诲，系好人生的第一粒扣子，也要系好人生的每一粒扣子，自觉纯洁生活圈和朋友圈，做到红线不压、底线不踩、高压线不碰。

三、用心用情，全面创造青年成长的良好环境

作为基层区县局，云梦县局党委始终关心支持青年干部成长，近年来安排了一批年轻干部承担"急、难、险、重"的工作任务，根据各自工作表现提拔了一批年轻干部，做到善用、敢用、敢重用，对青年干部的关心关怀只增补减。

（一）搭台子，营造良好学习工作环境

一直以来，云梦县税务局不断探索青年干部培养方式方法，致力于提升青年干部素质，以"云税学堂"为载体，采购"三师"备考书籍，配齐了各类软硬件设备，根据青年干部特长兴趣和培养计划，设置竞赛组、体育组、文艺组、宣传组，搭建青年干部理论学习、业务学习和综合成长平台，引导青年强信仰、重学习、增本领、促实干，展示"青春力量"。同时为进一步促进青年干部养成良好学习习惯，利用每周一晚上6:30—20:00时间段组织青年干部开展"夜学"活动。

热爱学习、勤于学习、刻苦学习蔚然成风。近年云梦县税务局新入职公务员执法资格证考试通过率百分之百，3名青年干部取得税务师职业资格证书，2人通过国家法律职业资格证考试，业务大比武成绩优异。在孝感税务系统"学经济、强本领、补短板、促提升"知识竞赛中，云梦县税务局勇夺第一。

（二）压担子，有效激发青年内生动力

当前，税收工作压力只增不减，特别是税收征管改革、优化营商环境、提升纳税人缴费人满意度等工作，与上级领导的要求相比，还有很大的提升空间。青年干部是县局的骨干力量，需要到这些急难险重的岗位上去锻炼，才能更好地见世面、经风雨、壮筋骨、长才干，才能挖掘自身的潜力，快速成长为某一方面工作的行家里手。

（三）选苗子，积极选拔优秀青年干部

进一步对青年干部的培养、选拔、使用力度，在各类学习中、在各项活动中、在各种急难险重工作中、在各类练兵比武中发现和发掘优秀人才。青年干部要珍惜每一次学习和锻炼自己的机会，每次点滴进步都是青年干部成长道路上的一块砖，日积月累就会铺就青年干部光明的人生之路。

（四）给位子，畅通青年干部晋升空间

天高任鸟飞，海阔凭鱼跃。只要青年干部够优秀，组织就会大胆使用青年干部，把青年干部放到关键岗位，让有为者有位、吃苦者吃香、出力者出彩。同时，青年干部也要认真准备，努力把握各类遴选机会，走向更大的平台。

暖心服务来助力
山货搭上东西协作的"顺风车"

国家税务总局沐川县税务局

民生无小事，枝叶总关情。日前，国务院办公厅印发《关于进一步加大对中小企业纾困帮扶力度的通知》，明确提出加大纾困资金支持力度，进一步推进减税降费，深入落实月销售额15万元以下的小规模纳税人免征增值税、小型微利企业减征所得税等税收优惠政策。国家税务总局四川省沐川县税务局为减缓企业资金压力，精准落实减税降费政策，不断增强税收宣传和辅导力度，细化企业税收需求，扎实推进为民办实事。

走进沐川县沐溪镇的工业园区，萝卜干的香气扑面而来，让人垂涎欲滴。透过莫可比食品有限公司生产车间的玻璃窗，记者看到，工人们仔细地将萝卜干按照浸泡、清洗、搅拌、配料、包装、喷码的流程进行加工并分装成箱，整个流程井然有序。通过沐川县与浙江省诸暨市的合作，该公司生产出来的麻辣萝卜干也搭上了东西协作的"快车"，被端上了东部老百姓的餐桌。

为切实减轻企业税费负担，缓解企业资金压力，让好政策为企业所了解和享受，沐川县税务局通过征纳互动平台、上门走访、一对一辅导等方式，及时收集和解决企业的涉税问题，不断拓展税收优惠政策宣传面，营造良好营商环境。2022年以来，莫可比食品有限公司享受税收优惠政策红利24万余元，东西部协作补助资金10万元。"国家的政策太暖心了，极大地缓解了我们的经济压力，希望以后党和政府能够出台更多的税收优惠和资金扶持政策，帮助企业走向更好的未来。"莫可比食品有限公司财务负责人任丹表示。

便民利企助生产，东西协作带动沐川农产品外销。

走进浙江·沐川东西部协作创业园，现代化古典园林建筑映入眼帘，在这古色古香的环境中，创业园通过"线上+线下"的模式，对入驻的小微企业开展品牌打造、销售技巧、产品运营等方面的免费培训，推动实现小微企业孵化、促进产品变现。乐山涉川商贸有限责任公司就是获益企业之一，该公司自主研发富硒大米和生态粮油，并收购当地特色农副产品（笋干、茶叶、腊肉、甩菜）进行包装。

"我们公司业务量不大，但时常会有一些政策上的困惑和实操上的问题，税务局总是能第一时间给我们解答，手把手指导，及时推送最新的税收优惠政策，在他们的关怀和帮助下，光是 2022 年我们公司就减免了增值税上万元。"乐山涉川商贸有限责任公司总经理左松说，"我们还享受了东西部协作补助资金 40 万元，用于在浙江省诸暨市开设门店，致力于推广咱们独具特色的沐川文化、美食、人文，同时也把诸暨的特色产品带回四川。"

据悉，为建立东西部区域之间的资源流动路线，完善资源跨区域参与机制，沐川税务多次深入企业一线进行帮扶，对企业的难点疑点悉心指导，为纳税人缴费人提供便利，扎实办好惠民利企的实事，让企业精准快速享受到税收优惠，为东西部协作项目添砖加瓦。

税惠加持　激活创新源动力

国家税务总局磐安县税务局

科技兴则经济兴。近年来，磐安县深入贯彻落实创新驱动发展战略，大力实施科技新政，加大科技创新投入，推动经济转型升级。磐安县税务部门充分发挥税收职能作用，落实落细支持科技创新的一系列税费优惠政策，为科技创新型企业发展添动能，以减税降费红利激活创新源动力。

一、减税赋能，小餐盒闯出大市场

"税务部门给我们带来了实实在在的'真金白银'，及时到账的退税款和减免的税收有效缓解了公司资金流压力，对支持我们创新研发起到了很强的推动作用。"近日，金华市某纤维制品有限公司负责人李俊杰表示，去年公司享受研发费用加计扣除638万元。

金华市某纤维制品有限公司位于金磐扶贫经济开发区，是一家专业生产可降解植纤环保餐具的创新型企业，近年来企业销售规模持续增长，年产值已超过3亿元。公司生产的产品主要原料以非木材植物纤维为主，远销美国、欧洲、南美洲等国家和地区。良好的销售业绩与众生纤维始终注重科技创新密不可分，据了解，企业每年都会拿出一定比例的资金用于研发投入，推动产品全面更新换代。其中，税收支持成了助力企业提档升级不可或缺的力量。为精准落实支持科技创新税费优惠政策，磐安县税务部门建立了全县企业研发费用加计扣除电子台账，从政策宣传、财务核算到研发费用归集等各个环节进行逐户跟踪辅导，积极推动税收优惠政策直达快享。同时，磐安县税务部门还从便利出口退税申报、提速出口退税办理等方面入手，不断优化退税服务，激活县内企业的创新源动力。

二、税植沃土，小县城走出"硬科技"

企业专心搞研发，税务顾问来辅导。这正是某科技股份有限公司近年来快速发展的真实写照。日前，磐安县税务部门组织税务人员为企业送来了"一对一"服务，确保税收优惠应享尽享。

某科技股份有限公司主要从事泳池及过滤设备等户外休闲用品的研发和生产，是全球户外泳池细分行业的"隐形冠军"。目前已在全球建立5处规模化制造工厂，2个综合性研发中心，各类标准厂房30余万平方米。公司先后通过国家创新基金、国家星火计划、国家重点新产品、省级重大研发专项等多项国家、省市级科技项目认定，公司研发生产的过滤器、砂虑器、氯化器等多项产品被列入多家高新技术产品。

某科技股份有限公司董事长陈校波表示,公司之所以能立于行业领先地位,靠的是对科研的投入和对创新的重视。从一家传统制造企业发展到如今的科技创新型企业,在技术研发上投入了大量资金,开辟了全新的生产线,公司的创新能力和市场竞争力得到稳步提升。2021年享受研发费用加计扣除金额达4300余万元,对于深耕行业多年的老牌科创企业来说,税收优惠的支持让他们感到一如既往的安心。

三、税惠滴灌,小菌菇撑开"致富伞"

科技创新,日益释放出一轮又一轮发展新动能,逐渐成为磐安经济转型升级、加速发展的主旋律。

"以前总觉得科技离我们很远,没想到我们也能享科技的福。"磐安县某生态农业有限公司负责人包金亮笑着对上门走访的税务干部说道。

浙江省科技厅公布的2020年省级星创天地备案名单中,"磐安县林下食用菌星创天地"位列其中,这是磐安县第二家获得省级备案的星创天地。"磐安县林下食用菌星创天地"正是由磐安县山之舟生态农业有限公司运营,走进公司种植基地,这里孕育而出的食用菌溢满科技的成果。公司负责人包金亮介绍,该星创天地自创立以来,通过嫁接和传授先进科学种植技术,已成功培育22户食用菌种植专业户,6家专业合作社、家庭农场等食用菌经营主体,实现年销售产值2000万元,为农户共计带来增收600多万元,"蹚出"了一条科技兴农的新路子。

包金亮表示,从销售自产农产品免征增值税,到增值税税率简并、下调带来的生产成本下降,自成立以来一路的发展,离不开税收政策的扶持和帮助。

在各类税收优惠政策与高效纳税服务的滋养下,磐安科技企业自主创新能力不断提高,实力不断增强,目前全县已获批国家高新技术企业已达54家。春光科技的智能制造、罗奇泰克的全自动生产线、巨久轮毂的机器换人……涌现出了一批在国内行业中处于领先的科技型企业。

下一步,磐安县税务部门将进一步贯彻落实国家创新驱动发展战略,继续加大科技政策宣传力度,努力营造企业创新发展良好环境,助力"十四五"期间磐安产业提档升级。

以奋战姿态奏响退税减税新乐章

国家税务总局钦州市税务局　马小辉　耿琳娜　梁立玲　黄文贞　陆欢欢

2022年以来，为进一步助企减负纾困，释放市场主体活力，党中央、国务院部署实施新的组合式税费支持政策，为确保政策落实到位，钦州市税务部门闻令而动，尽锐出战，有业务过硬的年轻队伍、有中流砥柱的税务"老兵"、有尽展芳华的巾帼党员……他们以强烈的事业心、责任感投身于退税减税工作，用奋斗姿态奏响退税减税的新乐章。

一、青春热血谱华章，退税减税显担当

"奋进税务路，青春不躺平"，是浦北县税务局第一税务分局这支"90后"年轻队伍常挂在嘴边的口号。第一税务分局作为退税减税工作的前沿阵地，工作纷繁复杂，为确保每个人都能"站出来""顶上去"，分局长季振茜利用下班后的"小课堂"组织青年干部研读政策文件、学习操作流程，打造出了一支"懂政策、会操作、能解答"的退税减税先锋队。政策咨询专窗、自助办税导税岗、电税审核岗、退税减税受理岗……各岗位拧成一股绳，切实把政策红利送到纳税人手中。

在这个队伍中，舍小家为大家绝不是一句口号。当退税减税与假期"相遇"，为保证工作的时效性和准确性，第一税务分局全体成员下班"不打烊"、假期"不脱岗"，每当新的退税名单下发，大家总是果断放弃出游计划，自发组建值班小分队，轮流值守岗位，保障退税减税服务不断档。

灵山县税务局税政股作为一支勇立潮头的年轻团队，也以实际行动为市场主体纾困解难。在政策落实攻坚阶段，他们抽调具有"三师"资格的业务骨干，采取事前规划资源、事中加强审核、事后排除风险的方式，发挥团队作战优势，确保政策执行的精准性。4月以来，团队加班加点已是常态，只为将退税流程再简化，退税时长再缩短。"90后"股长杨益总说："作为一名青年党员干部，就要冲在前、干在前。"

二、初心如磐守使命，中流砥柱展英姿

行之有效，行之有果。这是邓小华的工作态度，作为钦州市税务局货物和劳务税科落实留抵退税的具体负责人，很多棘手的政策问题等着他。为帮助基层一线干部更好更快掌握政策，加班加点钻研文件、梳理归纳政策要点成了他的工作常态。工作中的邓小华非常细致、耐心，

当他发现有企业符合留抵退税条件但还未申请退税后，主动联系企业进行辅导，帮助多户企业成功申请办理退税，得到了纳税人的一句句肯定和赞许。他认为："每一笔资金都有可能是企业的'救命钱'，也是疫情防控期间千千万万市场主体生存发展的'活水源'。"

"您好，这里是钦南区税务局，您企业符合增值税留抵退税政策……"从早八点至晚十点，钦南区税务局第二税务分局的分局长黎静电话不离手，她忙而不乱、难而不退、急而不畏，紧扣每一个时间节点，核实每一组繁杂数据，完成每一项紧急任务。生活中，因爱人不在本地工作，家里小孩和母亲都需要黎静照顾，但她从没有因此而对工作放松，作为分局的"领头雁"，她始终带领大家迎难而上、敢打硬战，克服时间紧、任务重的重重困难，把各项政策落实到位。

三、一线税月绽芳华，巾帼柔肩担重任

防范税收执法风险，护航留抵退税落实，是退税减税工作的重要环节。当疑点核查、工作督办、退税复核、风险抽查等各项工作纷至沓来，钦州市税务局督察内审科的黄家玲却仍能有条不紊地处理好每项任务，虽然怀有身孕，但她对工作毫不松懈，为补齐短板，常跑到业务科室请教学习。领导同事们都叮嘱她多注意身体，她轻笑答道："没事，我能坚持得住，现在是特殊时期，大家工作压力都很大，我不能拖后腿。"

同样奋力奔跑在退税减税赛道上的还有钦北区税务局税政股的黄雪凤，她是乐于助人的"活宝典"，遇到政策口径不明确或疑难杂症，大家总喜欢找她解答。她也是奋力奔跑的"追风者"，"白+黑""5+2"，只为确定名单、细致筛选、精准审核，有时甚至"挑灯夜战"到凌晨三点，直至将退税工作安排好才肯安心离开办公室。面对繁重的任务她从不抱怨，即使有时身体吃不消，也在休息好转后继续全心投入留抵退税工作，以实际行动诠释责任与担当。

追风赶月莫停留，平芜尽处是春山。正是在这种精神的鼓舞下，钦州税务退税减税工作岗位上的税务干部们奋力拼搏，相互配合，克服困难，切实把政策红利送到纳税人手中，以实际行动彰显新时代"税务铁军"风采。

青年笃行服务宗旨 绽放营商税务之蓝

国家税务总局宝清县税务局

"青春孕育无限希望,青年创造美好明天"。共青团国家税务总局宝清县税务局团委在县局党委的带领下不断加强团组织建设,在全市优化税收营商环境工作中发挥着共青团生力军作用。青年团员干部忠诚担当、尽职尽责,得到了上级团组织和广大纳税人的高度认可,多次获得市级、县级"五四红旗团支部""青年五四奖章集体""青年文明号标兵"等荣誉称号。

一、理论联系实际,增强干事本领

宝清县局7个青年理论学习小组紧扣习近平新时代中国特色社会主义思想这一主线,通过"线上+线下""集体+自学"的方式,增强业务本领。以为民服务解难题为宗旨,扎实组建"青年先锋队""青年纳税服务队",通过开展业务辅导、走访调研重点税源企业及制造业中小微企业等方式,将先锋模范作用融到优化税收服务、促进税费增长等工作中,发挥实效、彰显担当。

二、坚持服务大局,优化营商环境

青年团干部围绕服务大局与促进经济社会高质量发展,在支持地方经济发展上主动作为,投身组织收入,充实地方财政。深入走访企业、社区,开展税收政策解答和税法普及,深入学校赠送税收知识读本,组建志愿者团队定期答疑解惑,积极回应群众关切,提高税法遵从度。联合县局专家团队,"一对一"联系企业,"点对点"上门服务,实施精准对接、定向辅导。积极响应"非接触式"办税缴费方式推广,投身云办税服务工作与智慧税务建设推广,大幅提升县域纳税人办税缴费体验。认真贯彻党中央、国务院各项重大决策部署,以高度的政治责任感、创新的工作方法助力减税降费工作落实,送政策、优服务、促发展,确保政策红利全面释放,为市场主体注入活力,提振企业发展信心,优化营商环境。

三、贡献税务蓝,添色志愿红

"提升能力作风""纳税春风便民行动""税法宣传进校园""税务干部走流程"等活动中,他们扎根一线、勇于拼搏;"学雷锋志愿服务"、慰问"贫困学生及留守儿童""看望高龄独居老人""城乡环境卫生整治"等志愿活动中,他们心系群众,勤谨奉献;疫情防控工作中,"税务青年志愿服务突击队"深入社区,助力市民注册健康码注册、入户排查、防疫宣传、核酸检测,攻坚克难、冲锋在前。青年干部的系列志愿服务，充分发挥了党的接班人和生力军作用，得到县委县政府与广大人民群众的一致好评。

"凿井者，起于三寸之坎，以就万仞之深。"宝清县税务局青年干部将继续扎根税收实际，从件件小事做起，坚持以"党旗红"引领"税务蓝"，持续激励团员青年以"无奋斗不青春"的昂扬姿态踏上新征程，用热血和激情投身纳税服务工作，持续优化营商环境。

清风拂恭城 献礼二十大
——推动纪检监察体制改革试点措施在基层税务部门生根落地

国家税务总局恭城县税务局 陈 敏 朱志坤

自2021年9月改革试点以来，恭城瑶族自治县税务局认真落实税务系统深化纪检监察体制改革工作要求，紧扣基层税务部门岗责特点和工作需要，从"试""破""立"入手，创造性落实改革制度文件，做实做细同级监督，强化专兼职监督，强化日常监督的有效性与持久性。

一、在实现有效监督上积极主动"试"

（一）构建三层监督体系

将党委纪检组、机关纪委、支部纪检委员整合为专职监督体系，将优化后离开原岗位的同志与业务骨干整合为兼职监督体系，邀请当地人大代表、政协委员、企业代表、政府相关职能部门负责人共同构建特约监督体系，依托专职、兼职、特约监督三支队伍构建起三层监督体系，凝聚形成一体监督工作合力。

（二）建立内外协作机制

依托市局党委纪检组与县纪委监委签署的协作配合意见，建立联席会议机制，健全"纪税"协作机制，联合办理案件，主动与本地公检法等部门建立信息交换及问题线索移交机制，加强纪检监督联动。试点改革以来，纪税共享相关数据17批次11333条，有效推进监督事项和案件查办工作进程。

（三）强化重大事项监督

比如在2022年增值税留抵退税工作中，税源分局兼职纪检员反馈仅依托本部门人员开展风险疑点排查力量偏弱，县局党委纪检组研究后向局党委提出改进审查模式建议，局党委及时抽调税源分局骨干、业务股室专业力量组建风险核查小组进行"三审三查"，对大额退税户实行党委纪检组与兼职纪检员共同参与的留抵退税集体审议机制，共审议退税企业5户，退税3357.78万元，同时纪检组还实地走访企业，向辖区内29户申请退税户下发廉政监督卡，实现100%全覆盖，突出发挥纪检监督对重点工作的监督促进作用。

二、在革除弊端上坚决果断"破"

（一）"破"除重廉政风险轻业务监督的思想壁垒

在抓牢廉政风险监督的同时，紧紧围绕疫情防控、现金税费征缴、存量房交易风险防控、组合式减税降费等重大工作部署,以明察暗访、大数据分析、提醒谈话等方式,强化政治监督、履职履责监督。自试点工作以来,有针对性发出纪检监督提醒通知书15份,谈话提醒干部30人次,走访干部7人次,有效提高监督的精准性和实效性。

(二)"破"解人力不足、业务覆盖不全的技术难题

恭城作为牵头单位与相邻4县(区)组成综合监督管理片区,并根据片区专兼职纪检员专长组建"税收执法""党建人事""行政财务"等3个专业团队,统筹调度使用纪检办案资源、人力资源,有效破解单个县(区)力量不足、业务覆盖不全的难题。试点以来,片区开展一案双查、核查相关案件共5件,回访涉案干部8人次。

(三)"破"除重案件查办轻以案促改警示震慑问题

注重发挥案件查办警示震慑作用,建立季度定期警示教育与典型案件专题警示教育相补充的警示教育模式,组织开展各类警示教育9次,拍摄现金税费征缴案件警示教育片1部,廉政文化宣传片1部,完善相关制度9项,做实做细案件查办后半篇文章。

三、在构建新监督体系上科学稳步"立"

(一)在强化内控监督上立目标

全力落实内控促廉举措,将纪检、内控工作有机结合,以近年来"现金税费征缴"问题及督察审计、巡视巡察工作中发现的各类问题为导向,重点排查行政管理、税收执法、人事党建、财务管理、后勤保障等5个领域、风险事项108项,涉及易发风险点位180个,并编制县(区)税务局岗位风险防控清册供大家学习。

(二)在推动履职监督上立标准

坚持同级党委每季1会商、中层部门正职每月1提醒、重点事项每项必跟踪机制,试行纪检监督评价机制,落实落细"醒责"机制,按季明确各责任主体风险监督事项清单,督促党委全面监督、相关部门职能监督、基层派出税源管理分局日常监督落到实处,以有效的纪检监督促进"干好税务,带好队伍"。试点以来,针对土地增值税清算率偏低问题,纪检部门及时下发提醒通知书、谈心谈话向税政、税源部门提示风险,全流程跟踪主责部门顺利完成辖区内2户大型房地产企业土增税清算工作,补缴税款850万元;充分运用纪检监督评价结果,选拔10名成绩优秀的青年干部担任中层干部。

试点改革1年多以来,成效从"单点突破"逐步迈向"整体转变",专责监督更加有力,"敢监督、愿监督、会监督"的氛围日益浓厚,为保持风清气正的政治环境做出应有贡献,以实际行动迎接党的二十大胜利召开。

"非接触式"办税新举措
"码上办税"方便快捷

国家税务总局清原县税务局

清原县税务局坚持贯彻落实各项税收优惠政策组合拳,积极推广一般涉税事项"网上办",智能设备"自助办",社保费用"掌上缴"等多样化"非接触式"线上办税模式。

一、以需求为导向,创新推出"码上办税"

清原县税务局主动求新求变,坚持推动税收宣传工作向纵深发展,以纳税人需求为导向,推出电子税务局常用功能操作手册电子版和视频版。打破与纳税人单向联系、简单通知的固有模式,织就立体化、精细化的宣传网络,着手于提高服务质效。用实际的服务提升纳税人缴费人满意度和获得感。

二、码上扫描,马上知晓

通过手机扫描二维码,即可轻松掌握电子税务局登录类、登记类、申报类、发票类及增值税留抵退税等八大类20项常见业务操作流程,扫描视频版还有税务机关工作人员的逐步专业讲解,手把手一对一教学,简单易懂。

"扫描这个二维码,就能获得业务办理的详细操作流程,简直太方便了!视频版的讲解分门别类,每个视频下方还有对应的政策讲解和注意事项,很贴心,给你们点一个大大的赞!"前来办理涉税业务的纳税人对"码上办税"赞不绝口,边对着手机看流程,边操作电脑边说:"每个步骤都能完全对应上,再也不怕学了就忘,以后在家就能轻松操作"。

三、动态更新,精益求精

接下来,清原县税务局将收集梳理纳税人缴费人的需求,以需求为导向,做到动态更新"码上办税",同时及时更新推送最新税费优惠政策,让"码上办税"更加方便快捷,简单易懂,业务覆盖面更广,精益求精,不断创新,让"滴管式"纳税服务更加精细优化。着力优化税收营商环境,助力清原经济社会发展。

税惠政策落地生根
托起民生"稳稳的幸福"

国家税务总局曲阜市税务局

税收,一头连着国计,一头连着民生。新的组合式税费支持政策实施以来,曲阜市税务局主动作为、多措并举,第一时间将政策及时、精准地送到企业,助力市场主体纾困解难,打通企业资金链,让税惠红利守护民生福祉,为千家万户托起"稳稳的幸福"。

一、退税新引擎,助力交通"加速跑"

交通是经济发展的"先行官"和"大动脉"。作为曲阜高铁东站站前广场及连接线工程、"七路一桥"等项目建设公司,中交一公局(曲阜)城市建设投资有限公司是曲阜市招商引资企业,对完善鲁南区域性交通设施、增强城市枢纽功能发挥了关键作用,为曲阜城市品质提升、助力乡村振兴做出了重要贡献。

一个个重大交通工程项目如火如荼建设的背后,是税惠政策在源源不断地注入"源泉动力"。曲阜市税务局充分发挥大数据优势,通过"鲁税通"山东税务征纳互动平台、税企交流群等及时发布政策提醒,"点对点"精准推送、"一对一"精细服务、"手把手"精细辅导帮助企业充分享受政策红利,为企业发展提供有力支持。

"一次性收到7600多万的留抵退税款,真的是意料之外的惊喜!"中交一公局(曲阜)城市建设投资有限公司财务负责人刘思铭喜悦之情溢于言表,"这笔钱盘活了公司现金流,缓解了资金压力,也将强有力地支撑曲阜市交通基础设施提升项目后期顺利建设完成。"

税收为民生福祉"加码",为经济发展"赋能",一条条崭新的道路桥梁通村畅乡,百姓出行的"幸福指数"越来越高。

二、退税新红利,助力企业"底气足"

天然气管道建设是重要的"民生考卷"。"管道建设需要大量资金支撑,这次的退税红利实实在在帮助我们解决了大难题!"看着刚刚到账的196.81万元退税款,曲阜奥德能源有限公司企业会计李晓雯感叹道。

曲阜奥德能源有限公司是曲阜市一家经营城镇天然气供应、天然气灶具销售与维修的企业。自2017年起开展曲阜东辛庄至东焦庄高压燃气管道、南辛至彭庄天然气管道等管道建设。管道工程建设投入资金大、回报周期长，近年来受疫情影响，原材料价格上涨，企业经营受限，资金压力越来越大，项目一度进展缓慢。

曲阜市税务局结合"便民办税春风行动"，组建退税减税专家团队，以团队化、专业化、精细化的服务模式，问需求、送政策，出实招、解难题，帮助企业用好用足税收优惠政策，并为企业提供专属"后续跟踪"服务，进一步提升纳税人缴费人满意度和获得感，为企业健康发展释放活力、增添动力。

2022年以来，曲阜奥德能源有限公司两次享受增值税留抵退税政策，共计退税234.93万元，有效缓解了资金压力。"国家出台了这么好的政策，我们作为受益者，一定规范经营，积极回馈社会，助力保障天然气供应，争取为城乡居民提供更优质服务！"李晓雯表示。

税收助力管道燃气进村入户，为百姓聚足"幸福底气"，安全平稳、清洁方便地"燃"起幸福生活。

三、退税新能量，热力企业"加把火"

"供热系民生，冷暖总关情。"山东某热力有限公司位于曲阜市南部新区，主要负责大沂河以南的2.6万户居民采暖和周边企业的用汽需求，是重大民生保障企业。近年来，为响应绿色低碳环保理念，企业加大技术改造力度，增加环保设备投入，取得了良好的环保效益、经济效益和社会效益。

"冬病夏治"，解决上一供暖季反映出的问题，夏季正是企业抓紧设备改造、维修和保养工作的黄金期，而同时兼顾工业供汽、人力物力支出和原材料采购都需要大量资金支持。

曲阜市税务局依托留抵退税"一册三表"，摸清底数资源，及时掌握符合条件的纳税人名单，第一时间辅导企业办理退税，确保规范、高效、快捷地让企业应享尽享优惠政策。同时与财政、人民银行等部门建立日常协调联动和退税会商机制，畅通数据共享渠道，跟进协商推动，确保退税资金能够快速直达企业。

"退税操作方便快捷，办税服务厅工作人员线上全程跟进，一步步协助我们完成申报，税务部门'一站式'服务很贴心、很到位！"山东圣方热力有限公司财务负责人徐立海在看到658.71万元的留抵退税款到账后，欣喜地赞叹道。

税惠送来的是真金白银的实惠，是实实在在的温暖，企业炉火越烧越旺，百姓日子越过越火热。

围绕"四个一"推动税务干部能力大提升

国家税务总局苏尼特左旗税务局

国家税务总局苏尼特左旗税务局聚焦税务干部队伍建设,深入打造税务干部历练成长的"大舞台""主阵地",持续探索创新、改进提升,让税务干部在税收工作的沃土上吸收养分、提升能力,绽放光彩。

一、坚持"一个统领",筑牢成长之"魂"

坚持以政治建设为统领,落实党委会"第一议题"、党委理论学习中心组"第一主题"、党支部"第一内容"、税务干部理论学习小组"第一任务"制度,充分发挥党委理论学习中心组集中学、专题辅导讲座重点学、网络平台灵活学、晨夕会拓展学的特色优势,学习研读习近平总书记重要讲话、重要指示批示精神,引导税务干部学深悟透、武装头脑、坚定信念。

二、树立"一个导向",把握成长之"钥"

以实干实绩为导向,把数字人事作为从严管理监督、精准考核考评、科学管理提效的重要手段,激励税务干部向上向善、担当作为、干事创业。按照"周记实、季考评、年汇总"的方式将每项成绩计入干部"个人成长账户",与年度考核、评先评优、职级晋升、选拔任用、交流培养等工作结合起来,做到"平时一本账、工作全量化",引导税务干部"把功夫下在平时",用表现为自己"充值",用成绩为账户"充值"。

三、实施"一项工程",夯实成长之"基"

紧紧围绕自治区税务局党委"能力大提升"工作要求,通过能力提升,着力提高税务干部队伍综合素质。一是坚持全员练兵。在持续总结运用好平时教育培训的经验基础上,倡导干部职工岗位自学、结对帮学,不分岗位,不分年龄,引导全局干部职工积极参与练兵比武,搭建公平竞争平台。二是拓宽学习渠道。坚持"集中+自学""线上+线下"相结合的学习模式,以学习兴税为工具,突出条线建设、开展全员覆盖学、集中自主学,确保干部自觉主动学、及时跟进学、结合网络学、深入思考学、联系实际学,确保学习培训日常化、全程化。三是完善激励措施。切实发挥好绩效"指挥棒"作用,对表现突出的部门及"专业骨干"和"岗位能手"

等进行通报表扬，对在练兵比武活动中获奖的人员和部门，在绩效考评中给予加分，广泛激发干部职工干事创业、唯旗是夺的精气神。

四、深化"一个理念"，打牢成长之"本"

坚持"严管就是厚爱"的理念，持续加强税务干部监督管理。扎实开展廉政风险排查防控和纪律作风问题专项整治，开展常态化警示教育，综合运用批评教育、约谈提醒等多种方式，引导税务干部树立正确的理想信念，明确纪律规矩，始终做到信念坚定、严守规矩、不越底线，牢记初心使命、时刻自重自省。在实践磨砺中守初心、担使命，想干事、能干事、干成事，让成长成才之路走得更稳健、更扎实。

不负时代砺初心 不负人民写忠诚

国家税务总局遵义经济技术开发区（汇川区）税务局

来自历史名城遵义的钱晓岚，现任国家税务总局遵义经济技术开发区（汇川区）税务局副局长，是贵州省税务系统的名人，是"全国最美家庭"的一员。她曾先后获得"中国好人""中国好税官""全国税务系统先进工作者""贵州省先进工作者""贵州省巾帼建功标兵"和"遵义市十佳公务员"等荣誉称号。从税27年，她在基层一线实干成长，在税收现代化征程中奋勇前行，以"千锤百炼始成钢"的奋斗精神镌刻着税月青春的忠诚信仰，以"重整行装勇攀登"的公仆本色书写了为民服务的动人篇章。

一、练慧眼，打造税务稽查"导航仪"

税务稽查是维护国家税收安全、维护经济税收秩序、维护社会公平正义的防线。选案是稽查之'眼'，练就"慧眼"才能守牢防线，打赢税务稽查的每一场攻坚战，时任稽查选案科长的钱晓岚这样想，也是这样做的。

2008年以前稽查选案，主要依靠手工从CTAIS系统导出数据，加工信息，逐户查询分析疑点，每选出一户案件，至少需要三五天，效率极其低下，偏差大，稍有不慎就会贻误战机，难以遏制虚开骗税高发频发态势。晓岚决定攻克这个难关！翻阅了近300多个卷宗，复盘案件性质、特点，抓住关键点、找准突破口，她自行设计了"购销比分析""进项占比""上下游回溯""水电能耗研判"等20多项指标。经过数万条数据的反复筛选、上千次的验证修改，终于开发出稽查计算机选案平台，在贵州省首次实现信息化智能选案，晓岚"一小时选取301虚开发票系列案"在贵州税务传为佳话，成为经典案例。全省稽查选案准确率从68.7%越升到98%。全国稽查选案工作会在贵州召开，30多个省市前来观摩学习，参会的总局领导称赞"贵州的税务稽查选案工作走在了全国前列。"

二、勇登攀，做风险管理"探路者"

"世上无难事，只要肯登攀"，这是钱晓岚常用来激励自己和团队的话。长期在征管、稽查、风控等岗位耕耘，她一步一个脚印成长为行家里手、业务带头人。

2012年6月，遵义市局启动税收专业化改革，钱晓岚到新成立的税收风险监控中心主持工作，彼时全国税收风险管理刚起步，各地都没有成熟经验可循。"风险管理本来就是一条探索之路，帮助纳税人发现风险、消除隐患、优质发展是税务机关的使命和职责，没有经验，那我们就创造经验"。靠着骨子里那股"拼命三郎"的劲儿，她带领团队，一头扎进了这个全新的领域。

风险识别、等级排序、任务推送、应对评价……她牵头开发出遵义市税收风险监控管理平台，以此为基础推行全市房地产税收一体化管理，帮助上百户纳税人及时化解税收风险，入库税收1.8亿元。该做法在全省税务系统创新项目评中勇夺第一名，并得到了人民网、税务总局、《中国税务》杂志、《中国税务报》的报道推介。

如何用好税收大数据，把风险预警扩展到更大区域，为经济健康发展保驾护航？钱晓岚一直在思考和探索，2015年底，她又一次重任在肩，担纲开发全省增值税数据分析应用平台，写指标、搭模型、无数次挑灯夜战、无数次推倒重来……艰难困苦玉汝汝成，依托平台搭建起跨区域税收情报交换机制，"长江经济带税收共治平台"实体化运作，川黔渝滇等省市快速开展情报交互，共享诚信纳税人名单，识别税收风险32069条，追缴流失税收48亿元。真正实现了让诚信者一路畅通、让失信者寸步难行。为此，国家税务总局王军局长专门批示：贵州税务的做法值得肯定、特予表扬！

三、搭讲堂，做传道授业"好导师"

青年干部是税收事业薪火传承的接班人，作为青年干部导师和总局级师资，钱晓岚时刻把培育税收事业接班人作为发展要事，作为基层一线班子成员，既要管业务，又要带队伍，她时刻把税收公平正义作为工作标尺。

2017年，她搭建的法治大讲堂——"以案说法"开讲了，10余名税务干部组成"青年税务党员干部讲习团"，聚焦税务执法的关键环节、关键人群、关键风险，以"一讲二理三思"的全新方式讲述典型税案，吸引了全市上百家税务代理机构、律师事务所的代表以及上千名纳税人前来听讲，得到了税务总局领导的肯定批示和全省税务系统的广泛推广，区局以此讲堂为核心成功创建了贵州省法治示范基地。

"通过开设法治大讲堂，对内为我们打下依法治税的内功，帮助大家练就善查案、会写稿、能讲课的十八般武艺；对外，纳税人对税收法治、纳税遵从有了更深的体会和认识，法治环境越来越好，可谓一举多得"，区局的干部由衷点赞。在她的带领下，青年干部团队勇夺2020年全省税收风险管理案例评比第一名，以及全省税务系统大企业类练兵比武第一名。单位派员代表贵州团队参赛，荣获全国首届智税竞赛第六名。

四、优服务，守护群众利益的"贴心人"

"你们别说了，我不愿意办缓缴，谁也别劝我。"2022年2月的一天，钱晓岚得知，一户纳税人明明符合小微企业缓缴税费政策，却怎么也不愿办理。

"虽说缓缴是自愿，可这毕竟关系着纳税人100多万的利益啊，我不能坐视不管。"眼见规定的申报时间就快到了，钱晓岚十分着急。她第一时间登门询问，才知纳税人是担心不缴税就享受不到政府补助待遇,她迅速与职能部门沟通,协调说明情况,确保纳税人应享补助不受影响,并辅导纳税人计算数据,宣传政策红利,最终帮助纳税人顺利享受政策,为其缓解了资金压力180多万元。

"还好您来给我作了辅导,不然因为我的糊涂,这么好的政策就让我生生错过了。"事后,纳税人紧紧握着钱晓岚的手说道。

这仅仅是她心系群众、服务群众的一件小事。"在基层一线,每天都会遇到纳税人各种各样的问题,而我们税务人员要做的,就是尽我们最大的努力,帮助他们纾困解难、规范经营,从而不断地健康发展。"自2018年以来,她深入企业调研宣讲政策三十多次,帮助纳税人解决问题数百条。

忘己虑民多建树,一枝一叶总关情,钱晓岚恪守为民情怀,在点滴税月里奋楫笃行,臻于至善,行而不辍,履践致远。

聚焦服务有"度" 优化营商环境

国家税务总局荣成市税务局

国家税务总局荣成市税务局始终坚持以纳税人缴费人为中心的服务宗旨,积极发挥纳税服务职能优势,着眼优化纳税服务方式、落实精细服务、精进宣传辅导,切实提升纳税服务便捷度,让纳税服务有温度,提升纳税人满意度,优化全市营商环境,厚植市场主体发展沃土。

一、优化服务方式,提升纳税便捷度

荣成市税务局在"以网上办税为主,实体办税厅兜底"的办税模式中,进一步整合服务资源,多点发力,全面提升纳税便捷度。

该局充分发挥"互联网+税务"优势,大力推行网上办税、"掌上"办税,后台配备业务骨干,实时响应,解答纳税人缴费人线上办税的疑难问题,并提供远程辅导,变纳税人缴费人跑路为数据传输、信息共享。在全面推行"网上办"的同时,积极推广"威您办"远程代办服务。同时,坚持传统服务与智能创新双轨运行,设置绿色通道、现金专窗、特殊人群服务专区等,为特殊群体提供"手把手"帮办服务,让他们在信息化发展中有更多便捷办税的安全感。

二、落实精细服务,提升纳税服务温度

荣成市税务局紧盯纳税人需求,在服务"精"度上下功夫,分级分类为纳税人缴费人提供涉税服务,有效推动纳税服务持续"升级",让便民办税的"春风"常吹常新。

一直以来,荣成市税务局按照纳税人规模、行业大类、企业划型,积极实施税源专业化管理,分区域为企业精准开展税收风险排查,解决企业涉税疑点。以"送政策、问需求、送服务"为工作切入点,主动提供"上门服务",根据企业发展方向及未来发展需求,因企施策,为纳税人缴费人送去"优惠适用大礼包"。加强与重点税源企业专项交流,实地调研走访,回应涉税难点问题。同时,认真听取和收集纳税人的涉税需求,着力打破税企沟通壁垒,让春风持续"送暖",用税务服务"精度"让纳税服务更添"温度"。

三、精进宣传辅导,提升纳税满意度

荣成市税务局坚持多渠道、多方式、多角度开展税收宣传,灵活开启税企互动,不断加大政策宣传辅导力度,确保组合式税费支持政策落地生效。

该局坚持做好"三分钟学办税"系列小视频，以"动漫+实操"的方式对电子税务局网上办理的 8 大类 64 项业务流程进行直白形象地讲解示范；创新推出"荣易办云端大课堂""三分钟说税事小课堂"栏目，将最新税费政策以在线课堂和远程"面对面"交流的形式，以通俗易懂的语言、朴实无华的事例，为纳税人缴费人进行详细讲解，达到寓教于乐的效果。同时，继续拓展与社区、村居的联建共建，定期组织"税海扬帆志愿服务队"下沉至村居、社区，设立"现场咨询站"，供纳税人现场咨询，答疑解惑，切实便利纳税人缴费人。

下一步，荣成市税务局将继续加强部门联动，持续改进便利化服务举措，不断优化税费优惠政策直达快享机制，为纳税人缴费人提供优质办税缴费体验，为优化营商环境贡献税务力量。

上下同欲担使命
深抓力行谋新篇

国家税务总局沙洋县税务局党委书记、局长 曹云星

2022年1—9月，沙洋县税务局在市局党委和县委县政府的正确领导下，坚持落实减税降费政策与依法依规组织税费收入协同发力，优化营商环境与完善税收监管协同发力，构建税收共治格局与着力挖潜增收协同发力，扛起主责主业与落实社会治理责任协同发力，较好地完成了各项工作。

一、重融合强党建，党的全面领导更加坚强有力

始终坚持把加强党的全面领导贯穿税收事业各方面，落实"纵合横通强党建"工作机制，将各级党建工作要求有机结合、集成推进，组织召开学习贯彻习近平总书记考察湖北系列重要讲话精神以及省第十二次党代会精神宣讲会，强化政治机关建设；在按要求开展常规活动的基础上，县委组织部到我局开展党建拉练会，77个单位参观学习。分层级、分阶段开展党员干部"一下三民"实践活动12次，定期梳理并发布194份任务清单，为市场主体和人民群众办成105件实事，在7—8月高温天气下坚持走访28次，活动取得阶段性成效；组织100余名党员轮流参与下沉社区、疫情防控等志愿服务，积极与包联村（社区）开展3次联学共建活动，把"双报到"活动真正落到实处；重点攻坚任务中，抽调优秀党员成立"党员业务专班"，成立临时党支部，有效推进各项税收工作进度，持续深化党建与业务"两融合两促进"；全面推进"税家文化"建设，充分发挥工、青、妇、群、团的示范带头作用，组织开展系列主题活动10余次，营造向上向善的浓厚氛围。截至目前，县局有38人次、3个基层党组织、1个团支部获得省市县各级荣誉表彰。

二、聚财力促发展，税收职能作用更加充分发挥

始终把组织收入作为主要工作着力点，严格收入纪律，紧盯收入形势，常汇报、勤调度、重统筹，竭力向征管要收入、向政策要收入、向共治要收入，分析制定挖潜增收中长期征管措施，坚持税收分析与去税政化相结合的工作思路，在不折不扣落实减税降费政策的基础上，做实地方可用财力。大力防范骗取留抵退税和其他优惠政策等涉税风险，确保该"减"的减到位、该退的退到位、该缓的缓到位、该追的追到位。

三、亮实招办实事，税收营商环境更加优化和谐

开展 10 余次展税收宣传活动，5 次纳税人学堂和 2 次"走流程、听建议"活动，组织专班配合省局进行优惠程序测试，配合省审计厅完成"一揽子政策"落实情况调查。围绕纳税人满意度调查工作，走访问询 1991 户纳税人和 15 户中介代理机构，建立 8 个互动服务群组，加大税收政策宣传和征纳互动，建立健全纳税人满意度长效管理机制，着力提升纳税服务质效和税收营商环境。申报 2 项优化营商环境先行区试点改革事项，承接市场主体、精确执法等先行先试任务，取得阶段性成果。与县共治办联合成立重点企业税收服务点，近距离服务当地企业，精准释放政策红利。

四、凝共识建合力，税收共治机制更加开放共享

通过制定《沙洋县税收共治实施办法》，在社保、资源税、房产税、环保税等税费种和建安、房产、土地等行业上与税收共治办成员单位加强沟通协作，探索税收共治网格化管理模式，推进建成跨层级、跨部门的信息交换传递和数据共享机制；通过拓展税收共治"朋友圈"，延伸服务触角，在 13 个乡镇和包联社区设立"税费服务站""社区服务点"，实现税法宣传进村、政策推送入户；通过组织召开全县建安行业税收监管专题会议和 2 期税源建设共商会，有效畅通了各成员单位间的协作渠道，延伸了征管链条，形成了管理合力；通过 5 名税务干部全过程参与县检察院案件审理，强化税检联动，精确执法得到有效探索和创新。

五、促改革谋创新，税费治理体制更加科学完善

建设"三线三区"税源管理新体系和多方联动的未办税户管理体系，全面取消税收管理员固定管户模式，分步、分对象实行轮岗、调岗，实施涉税事项"团队式""条线式"管理，进一步优化税源管理方式，防范执法风险，截至目前，已调岗 68 人，调整比例达到 42%。做实做细精确执法试点单位相关工作，组织 3 期法治指导员学习"案例讲评"，规范办税服务厅执法音像记录事项，推进税收执法规范化。充分发挥风险预警防控职能，税收风险成效贡献率位暂列全市第一。成立税费征管任务统筹中心，统筹税收共治、督办组织收入、欠税清理和土增清算等工作。在严格落实土增税"四化"要求的基础上，严管深查，顺利完成年度土增清算审核任务。

六、育人才激动能，队伍建设管理更加稳固坚实

选用坚持"人岗相适、稳中有活"总基调，稳妥有序开展 2022 年职级晋升、副职干部选拔和轮岗交流工作；持续开展"淬火工程""写作交流会""税晖晨读""青年座谈会""汉上话税""税收调研讨论会"等系列活动。创新拓展岗位大练兵学习平台，依次推荐 5 名青年干部到县委县

政府学习交流，全面提升队伍素质，切实发挥容错纠错机制效能，为青年干部成长为政策理论精、实战能力强的税务尖兵搭建更包容、更开放的舞台；组织干部职工与财政、公安等 11 个单位开展篮球比赛，加强与外部单位互通互融，维护健身器材、优化食堂供餐，助力 1 名干部职工化解社会矛盾纠纷，暖心慰问退休老干部 6 次，开展主题活动 2 次，疫情防控常态化形势下，有效开展信访维稳、安全生产、综合治理等政务保障工作，强化"税家文化"理念，提高干部职工凝聚力、向心力；组织开展 2022 年党风廉政建设警示教育大会，精心打造 5 期党风廉政建设"半月谈"活动，党委委员发挥引领示范作用，带头讲、带头评，60 名干部职工通过谈身边人、身边事，让廉政教育接地气、育人心。制定《沙洋县税务局机关工作制度管理条例》，不定期对全局纪律作风进行监督检查 8 次，发送廉政短信提醒 3 次，进行廉政谈话 3 次。按要求开展意识形态、留抵退税监督检查和一户式管理机制纪律监督，推动各项重要工作落实和纪律作风建设持续向好。

2022 年是党的二十大召开之年，是"十四五"规划承上启下的关键之年，抓好 2022 年的税收发展意义重大。沙洋县税务局将进一步强化使命担当，把握发展机遇，团结一心、奋力拼搏，砥砺前行，确保全年各项工作圆满收官，以优异的成绩向党的二十大献礼。

深化红色引领 助力产业发展
推进党建与税收工作深度融合

国家税务总局通辽经济技术开发区税务局

为充分发挥税收职能作用，更好地服务地方经济高质量发展，内蒙古通辽经济技术开发区税务局锚定"稳中求进，进中求优"的主基调，以党支部作为党建引领带动税务以及其他工作开展的"最小单元"，创建"红领带税助产"党建品牌，构建"党支部＋青年小组＋五大产业＋政府联建＋攻坚课题"的核心布局，以"红色引领"提高各大产业链的竞争优势、创新优势、健康发展优势，为促进党建与税收工作深度融合提供了新路径。

一、构建"四新""四度"工作体系促融合

体系融合"助引领"。一个支部引领一个青年理论学习小组，提升助产"力度"，促进"队伍新"。支部与青年小组工作同学习、同部署、同行动，结合红船精神小组、雷锋精神小组、税务精神小组、长征精神小组和蒙古马精神小组5组之"魂"，与党的建设、组织税费收入、减税降费政策落实、税收征管改革和优化营商环境5个主课题，专项突破产业链发展难点痛点。体系融合"助带动"。一个支部带动一个重点产业发展，提升助产"深度"，促进"产业新"。开发区共有现代物流物联，新能源、新材料、新装备，绿色有机生物，蒙元文化创意，现代蒙中医药5个重点产业链，通过支部对产业包联，重点研究产业特点，第一时间结合需求和问题研究制定适合产业良性发展的征收征管手段和政策解读方式，做到"一产一策"。体系融合"助传递"。一个支部联建1个"产业企业群"和相关政府职能部门，提升助产"广度"，促进"机制新"。以支部联建和共建活动为抓手，加强与重点企业和政府职能部门的沟通，第一时间了解有关产业企业需求点和各项重点数据，为税收工作搭好沟通"桥梁"。体系融合"助攻坚"。一个支部攻坚一个产业相关工作课题，提升助产"高度"，促进"模式新"。注重分析研判，对于共建中发现的问题和成效，及时总结，定期研讨，深入研究共建成果，形成可推广的案例和做法，实际助力整个产业的带动发展。

二、用好"三盏灯"工作模式促带动

"红色照明灯"暖化企业服务，带动良性经营。弘扬税企互动好传统，倡导推行"不叫不到，随叫随到，服务周到，说到做到"的服务理念，根据企业需求随时召开企业经营发展会议，

发布惠企政策"大礼包",开展"营商环境进企业""局长走流程"等活动,着力解决企业难题。"红色警示灯"优化税收治理,带动合法经营。通过党建辐射效果,向企业积极推送偷逃骗税相关警示案例,共同开展习近平总书记思想学习,从思想上和制度上监督制约各产业合法合规开展经营,确保欠税管理无死角,税款追征不脱节,退税减费到实处。"红色引路灯"强化政治引领,带动系统经营。在助产工作的同时,不断提高企业对中国特色社会主义思想的政治认同、思想认同、理论认同、情感认同,让纳税人缴费人在思想根基上加强对习近平总书记经济理论的理解,以更高的视角来带动企业系统经营。

三、形成"2+1+1+1"工作机制促推进

各支部与青年理论学习小组,每季度共同与三方联建单位开展组织生活2次,互查互检工作1次,召开会商会议1次,年底形成攻坚课题科研及成效报告至少1篇,并根据产业最新动向和需求随时进行商讨,通过党建引领带动作用和税务工作特点,助力各大产业发展。"税懂我心"助力问策问需。依托项目制度,问询有关管理部门,针对五大产业特点设计"政策清单""问题清单""意见建议清单",依据问需实际形成"一产一策"个性化推送预案,向纳税人精准推送政策,为纳税人答疑解惑。截至目前,共为纳税人解决涉税问题27个,收集意见建议13条,帮助纳税人规范经营、健康发展。"直达快列"助力便捷办理。通过构建三方联合体,推动数据互联互通,开展税费联动分析。在5G智能办税体验区,设立助产窗口和绿色通道,专人受理重点产业的涉税申请,实现即时受理、限时办结,目前共为重点产业纳税人便捷办理业务52户次。"精准服务"助力减税退税。持续优化推动政策红利直达产业主体,通过联建共建全方位、多角度面向纳税人开展减税降费培训辅导,帮助纳税人掌握政策规定和操作要点。截至目前,共组织开展纳税人学堂培训4次,发放宣传材料300余份。

深化征管改革 创新协同共治
打造"双网格"基层税收治理新模式

国家税务总局冠县税务局

税收征管体制改革以来,国家税务总局冠县税务局积极探索,勇于创新,依托政府主导力量,以深入推进精确执法、精细服务、精准监管、精诚共治为抓手,以信息化手段为支撑,将税费服务和监管下沉到镇街村居和社区,融到社会服务管理的基层"单元",将税费共治网格化服务工作纳入到基层政府治理能力体系建设,逐步形成了"镇街实体化服务网格+部门信息化监管网格"的线上线下"双网格"运行模式,为新时期基层税收治理现代化培根固本、助力赋能。

一、积极探索,"网格化"税费监管服务实现"零的起步"

基层税务部门服务和监管链条点多、面广、线长,随着近年来经济业态的发展变化和市场主体数量增加,基层宣传服务力量薄弱,涉税数据来源和渠道单一,对数据信息的识别和应用能力不足等问题不断凸显。立足这一矛盾,冠县税务局与地方政府密切配合、加强协作,创新开展了镇街社区协同服务监管的初期实践。

(一)聚焦重点行业,组建镇街社区协同监管服务团队

冠县清水镇素有"中国轴承钢锻造第一镇"称号,每天消耗轴承钢材6000吨以上,但辖区企业规模普遍较小,多为家庭作坊式工厂,经营及用电不规范,极易引发安全事故。早在2018年,冠县税务局清水税务分局就与清水镇政府协作,在规范用电、降低电价的基础上探索"以电控税"征管服务,联合投入100多人按季采集用电信息,进户抄表、逐户核定,每次征收时间都超过半个月,耗时费力。后与电力部门协商,直接通过电网公司获取企业用电信息,并组建乡镇社区专业团队,按月上门采集生产经营数据信息。通过"以电控税"规范管理,每年增收超600万元。

(二)聚焦区域实际,固化推广协同监管服务机制

2020年起,在总结清水镇"以电控税"试点基础上,冠县税务局逐步拓展协作范围,在全县各专业市场和工业聚集区推广实施镇街社区税费协同监管机制。镇街网格员按照属地税务分局要求,开展企业经营购销、停产停工、劳动用工、企业占地面积、厂房车间改扩建等等信息的收集和反馈,税务分局人员再与"金三"系统信息比对后,有针对性地开展数据校正、疑点

排除和进一步核实等工作,及时掌握征管基础数据动态变化。2022年,为精准落实中小微制造业企业缓税和组合式减税降费政策,冠县税务局借助网格员力量,对登记注册为制造业但实际为商贸企业的情况进行实地核实,清查出200多户不应享受而实际享受缓缴政策的"冒牌"企业,大大降低了企业违规享受政策优惠及增值税专用发票虚开风险。

(三)聚焦企业需求,逐步完善精准监管服务模式

在基层税务工作中,税务人员通过电子税务局、"鲁税通"平台和税企微信群等推送给纳税人的税收新政和优惠政策,通常情况下点击率都不高,在上级营商环境调查回访中经常性出现纳税人对政策不了解的情况。冠县税务局管辖企业纳税人中,95%以上为小微企业,大多企业法人既是老板又是销售,每天都忙于经营业务,代理记账会计又因为代理业务繁忙,很少与企业法人沟通,客观上造成税务端推送的政策不能精准落地。为解决这一问题,冠县税务局委托镇街网格员送纸质资料上门,开展精准宣传辅导和征询意见建议,弥补线上服务的盲区和漏点。特别是个税以及社保、医保征缴中,税务服务人群更多、分布更广,通过政府镇街网格,将税费宣传和服务延伸下沉到社区村居,确保了最新的税费民生政策精准直达纳税人缴费人。

二、健全机制,"网格化"税费监管服务实现"双线并进"

为深入推进中办、国办《关于进一步深化税收征管改革的意见》落实,冠县税务局聚焦"精诚共治"要求,在前期探索实践基础上,逐步完善形成"镇街实体化服务网格+部门信息化监管网格"的"双网格"税费服务监管模式。

(一)"线下"布局,建立镇街实体化服务网格

一是科学划分网格。2022年3月,冠县人民政府召开专门工作会议,制发《冠县人民政府税费共治网格化服务监管工作机制》等文件,在全县18个乡镇、街道全面推开税费共治网格化服务监管工作。全县共划分为117个区域网格(管理区),下划基础网格1216个。二是明确岗位职责。设置网格长18人,均由乡镇、街道政府"一把手"担任。聘用网格员1216名,对于网格员新增业务,由县政府统筹在原网格员工资基数上增加一项工资,县财政局予以经费保障。网格员主要承担税费政策宣传,办理服务清单列明事项,涉税社情民意调查、信息采集、整理及推送,参与争议矛盾调解和其他共治事项等六类涉税事项。三是开展便民行动。在每个村居社区广场开辟税费共治宣传栏,增设宣传台,网格员以站点为阵地服务社区,做好纸质宣传资料发放和面对面交流,巩固阵地宣传效果。设立社保非税专线电话和公职律师服务咨询热线,由基层网格员通过手机APP收集缴费人需求,回传至县局社保非税部门工作人员和法制部门公职律师,即时回应缴费人诉求,解答纳税人缴费人需求。

(二)"线上"拓展,建立部门信息化监管网格

一方面,推进税费共治融入政府治理体系,利用信息化手段和大数据优势,形成强大共治合力。2022年3月,县政府常务会议通过了《冠县人民政府税费协同共治工作实施方案》,33

个政府部门和具有社会事务管理职能的企事业单位参与其中，各单位"一把手"任本网格网格长，业务职能科室负责人为网格员，负责定期向大数据局推送85项涉税（费）信息。同时由县政府搭台主导，整合全县信息数据资源，进一步优化大数据平台功能，归集各部门信息数据，为税务部门提供可靠的数据支撑和保障，逐步建立起"政府主导、税务主责、部门协同、社会参与、信息共享、服务民生"的税费协同共治体系。另一方面，坚持高效利用地方政府资源，赋能税费监管和服务。利用环保部门"啄木鸟"智慧监管平台，通过高空鸟瞰和卫星遥感系统，对税务部门难以获取的建筑工地噪声粉尘污染数据进行精准提取和利用，实现一家购买服务、多家成果共享的叠加效应。针对企业绕过智能水表、偷采地下水并偷逃水资源税问题，与生态环境局和污水处理厂联合，对排污口数据进行精准计量，对非法采水企业"以排定采"（冠县城区实施雨污分流，具备客观核定条件），倒推采水量，实现补缴水资源税1600余万元。利用自然资源和规划局无人机和智能测绘系统，对企业不规则占地和连片厂区、厂房等进行精准测绘，形成土地房产等涉税数据，大大提高了数据精准度和利用效能。

三、打造体系，"网格化"税费管理服务实现"多元突破"

税费共治网格化监管服务的实践，是深入推进税收征管改革的重要抓手和突破口，有效推动了税费服务由粗放向精细转变，实现税收监管由税务机关"一元统管"向政府部门"多元共治"过渡。

（一）进一步构建了"大服务"格局

网格化服务模式有效整合、凝聚和发挥党组织、政府部门、基层社会治理人员、网格员、村（居）民代表等基层力量，提升了群众对税费服务管理的参与度和获得感，实现了社会服务管理的资源有效聚集。有利于更加方便、快捷、精准掌握纳税人缴费人个性化需求，更利于税费需求的快速反应、快速处置，大幅提升了税费服务、政策服务的精准度和精细化。2022年，依托网格员精准推送税费政策120条，服务企业126802户次，提醒税收优惠31538万元，提醒涉税风险信息95条，解决涉税诉求125项。全县新增减税降费18652万元，新增涉税市场主体2019户，同比增长56.88%。

（二）进一步构建了"大监管"格局

充分运用信息共享机制，实现了纳税人缴费人基础数据信息的全面采集及核实校验，各类市场主体生产经营涉税信息更加全面真实。对存在涉税风险的事项提前发现、提前预警、提前介入、提前阻断，防范隐瞒收入、虚列成本、转移利润以及利用"税收洼地""阴阳合同"和关联交易等逃避税行为，精准有效打击"假企业"虚开发票，全面防范化解虚假登记和空壳企业以及由此产生的虚开虚抵风险。2022年以来，通过税费服务网格员传递核对企业等各类市场主体信息345余条，筛选风险信息127条，提出限制发票措施117余条，修正金三数据246条，提醒35户企业由小规模转为一般纳税人。

（三）进一步健全了涉税（费）争议处理机制

网格化服务模式将服务触角由过去的条线延伸（县局—基层分局—税务人员）到现在的点面结合（基层分局、镇街社区—网格面），实现了对涉税诉求的全覆盖、立体化、动态化服务，尽量做到把矛盾控制在源头、把纠纷化解在基层、把问题解决在网格。2022年，共调节纳税人发票领用开具、开（受）票方争议、自然人异议申诉等争议事项25起，处置高新技术企业风险争议、税收缓交、个税申报等咨询和法律援助297户（人）次。

下一步，冠县税务局将继续做好两个网格建设和后续改进工作，做到"两个赋能"，即：赋能"部门信息化监管网格"信息化支撑和大数据资源，赋能"镇街实体化服务网格"人力智力资源，构建完善"虚拟网格＋实体网格"的线上线下税收共治服务大网络。一是提升网格员服务水平。加强网格员税费知识和业务技能培训，提高信息采集、整理及应用水平，做好涉税信息的保密和"脱敏"。转变服务思维，推动网格员服务由"一事一服务"向"综合服务"技能转变，由"以税为主"向"税费皆重"过渡。二是完善网格化协作机制。继续拓展政府部门间信息传递沟通渠道，推动建立由县大数据局扎口管理、规范采集、集中推送的规范化工作机制，确保第三方数据质量的真实准确和及时有效。三是用好政府大数据平台。积极向县政府提出涉税信息需求，建议政府建立税费网格数据子库，打造电子地图式浏览器，精准识别每一网格覆盖下的企业纳税人、自然人纳税人、缴费人详细信息，提高"以数治税"水平。

一笔笔初心勾描 一抹抹匠心施彩
徐徐绘就十年纳服新画卷

国家税务总局德昌县税务局

岁月不居，时节如流。党的十八大以来，德昌税务在纳税服务现代化建设的道路上，时刻紧扣时代脉搏，一笔笔初心勾描，一抹抹匠心施彩，在合作、合并、合成的改革路上不断优化服务，徐徐绘就十年纳服新画卷。

一、"一以贯之"压实责任担当，持续发力提升纳税人满意度

十年来，德昌县税务局全体干部拳拳发力，围绕"优化执法服务 办好惠民实事"等主题，以"平常时候看得出来、关键时刻站得出来，危及关头豁得出来"的政治自觉压实责任担当，描绘出了便民的纳税服务"暖色调"，不断提升着纳税人满意度。

当走进办税大厅的时候，总会看见那么几个身影穿梭在人群中为纳税人奔走答疑，用声音传递政策，用微笑化解疑虑，以详细贴心的税收咨询、准确及时的业务辅导，帮助纳税人解决了一桩桩办税难题。他们立足"办税服务厅"这个与纳税人联系最密切的窗口，深入落实"微笑服务、耐心服务、高效服务、周到服务、礼貌服务、高质服务"的"六种服务"，最大限度为纳税人缴费人提供优质高效的办税服务体验，助力实现好评率达到了99%以上。办税服务厅综合服务窗口因出色的纳税服务工作被州妇联命名为2018年"凉山州巾帼文明岗"，2021年度被四川省妇联评为"四川省巾帼文明岗"，6人先后多次获得"纳税服务明星""三八红旗手"、优秀公务员、优秀党务工作者等荣誉称号。

坚持把纳税人满意度作为衡量窗口服务质量的一把尺子，只是助力优化营商环境不断提升满意度的一个缩影。十年来，德昌税务结合网格化管理，制定全局全员全面一体化走访措施，将全县按行政区划分为5个片区，成立5个走访小组，每个走访小组由一名班子成员担任组长、片区内属地分局的分局长任副组长，局内各机关股室与联系分局一同开展走访活动，严格做好走访台账和工作底稿，杜绝走访流于形式。积极联动社保、医保、银行、开发商、村社等服务群众较多的单位，以其为政策宣传平台、税费服务网点和税务机关联系纽带。积极拓展税费服务"合作点"，在4个税邮驿站基础上，探索打造"凤凰城税银驿站"，将农商行主城区4个网点作为税费服务受理延伸点，把基层税务分局作为办税前台受理点，持续拓展"就近办"网点，

无法即办事项通过"前台受理—平台资料传递—支持中心办结—事后邮寄送达"方式，实现闭环服务……

"纳税人、缴费人的满意，就是我们最大的追求。"这是德昌税务全体干部职工的心声。在他们的努力下，德昌县税务局纳税人满意度6年来一直排名全省靠前，2020年取得全省第2名，2015年和2021年取得全省第1名，2016—2018年连续3年均排名在全省前50名之列。

二、"一往无前"解决急难愁盼，倾心服务助暖心举动热民心

纳税服务是一项工作，是一份责任，更是一座与纳税人之间的连心桥。十年来，德昌税务坚持以办实事、办快事提高群众"获得感"，以倾心、暖心服务为纳税人解决急难愁盼，用行动让纳税人感受到了"税务温度"。

之前，纳税服务股接到一通特殊的求助电话："我远在1200公里的地方，因户籍地和身份证地址不一致，车辆管理机关未查询到我在德昌所缴纳的车辆购置税信息等问题，导致无法为自己购买的小汽车进行上户办理，无奈之下我只能拨打了你们的纳税服务热线电话。"原来这是一位来自藏区德昌籍警察的电话，据了解，如需办理退税他需联系车辆销售企业或生产厂家为他开具退车证明和退车发票，可销售企业和生产厂家因车辆销售无问题就拒绝了他。

这可让纳税服务股的工作人员忙活了起来。他们接到电话之后第一时间作汇报，联系县交警队进行相应工作对接，但因户籍问题县交警队也未能办理。就在工作遇到推进困难时，"一把手"敬永局长坚定地说道："他在藏区维稳是为国家安全、社会稳定，我们在这里为他做好服务、解除他的后顾之忧就是应尽的职责。"便立马带领纳税服务分管领导和工作人员到县车辆管理所进行商议和协调，开辟了特事特办的绿色通道，为这位特殊的纳税人解决了实际难题。

"虽然隔着屏幕，但是感觉你们就在身边，真的很感谢。"十年来，从"解答问题"到"解决问题"、从"个性化"到"人性化"、从"人找政策"到"政策找人"、从"一件事"集成到"一体化"联动……德昌税务解决类似的急难愁盼问题数不胜数。

三、"一丝不苟"推进纾困解难，精准落实政策助力复工复产

2020年来，"新型冠状病毒"的肆虐为本应温暖和睦的生活蒙上了一层阴霾，充满欢声笑语的世界几次陷入了沉寂。

在新冠肺炎疫情和极端气候双重影响下，稳经济、稳发展、稳大盘是当前工作的重中之重。德昌税务"以服务要得力"的要求，有效凝聚纳税服务条线纾困解难，精准落实政策助力企业有效复工复产。

2022年，德昌税务通过对县域重点企业数据分析，发现某电气风电公司2022年前4个月销售收入同期下降25.2%，便5次深入企业开展走访问需求，携手金融部门到企业开展上门金融服务，为企业搭建融资平台，建立绿色纳税服务通道，让符合制造业大型企业提速退税政策

条件的及时启动留抵退税程序，办理留抵退税 1582.71 万元，及时缓解了企业资金压力。

目前，该公司 2 条风叶生产线、风机制造车间已满负荷生产，企业的复工复产将带动风电产业链上下游产、供、销等相关企业的复苏，预计四季度实现供货，全年将实现产值 16 亿元左右，实现各项税费 1800 余万元。该公司负责人表示："税务部门的有力支持是企业再发展的'助推器'，增值税留抵退税是盘活企业的'及时雨'，为企业再生产提供了有力的流动资金支持，让我们有满满的获得感和幸福感。"

这只是德昌税务十年来重视纳税服务、精准落实税费优惠政策的"一粟"。2016 年"营改增"试点工作全面推开、2017 年简化增值税税率结构、2018 年推出三项深化增值税改革措施、2019 年实施更大规模减税降费政策、2022 年出台新的组合式税费税费支持政策……德昌税务都将接连不断的"退、减、缓"税费优惠"组合拳"政策不折不扣落实落细，做好纳税服务，及时把政策红利送到了纳税人缴费人手中。

历史的航程波澜壮阔，时代的大潮奔腾不息。十年间，德昌税务一步一个脚印，走出了一条服务纳税人缴费人的便民之路。纳税服务"十年画卷"已在砥砺奋进中即将成功绘就，未来，德昌税务更要凝心聚力奋力在"赶考"路上实现新跨越。

实施"三大行动" 打造模范机关

国家税务总局遂川县税务局 李发明 冯 程

县税务局坚持"作示范、勇争先"的目标要求，聚焦"改革落地、纾企解困、提速增效"三大行动，全力打造模范税务机关，为高质量推进新发展阶段遂川县税收现代化提供坚强政治保证。

一、实施改革落地行动，让模范机关"实"起来

一是落实"双一号工程"改革新举措。成立营商环境工作专班，设置营商专员，安排91名干部担任营商专员，对市场主体进行一对多结对帮扶，实现税务干部由"解答问题"到"解决问题"的转变。二是落实纪检监察体制改革新要求。按照总局纪检监察体制改革文件"1+7"和构建税务系统一体化综合监督体系"1+6"及省局"1+2+N"制度要求，通过"三聚焦、三强化"方式构建以政治引领为基点、提升自我革命能力为重点、创新内外联动为亮点的工作思路，不断推动纪检监察体制改革工作走深走实。三是落实税收征管改革新任务。利用5C监控平台提升系统数据，推广应用"微"电子交互平台，优化电子税务局"网上办"，扩大"非接触式"服务范围，更新发布233项网上办税缴费事项清单，拓展"赣服通"税务专区办理事项至56项。全面推行电子印章，有效减少现场核验材料的过程和次数，用"不见面"跑出审批"加速度"。

二、实施惠企纾困行动，让模范机关"活"起来

一是优化营商环境。推行五微同创，创新构建微课堂、微菜单、微循环、微心愿、微评论五个平台，实现从"一件事"办理到"一体化"联动。创新打造"吉事即办·遂税称心"税收营商环境品牌，实现"互联网+"爽心办、"全城无忧"暖心办、"政策找人"随心办、"集成服务"同心办"。二是提高服务效能。整合办税服务厅资源，建设智能管控平台，搭建"一厅通办所有业务、前台后台无缝对接、线上线下紧密融合"的办税服务新格局。推出4类13项52条便民办税措施，拓展自助办税服务终端功能，推行"一窗通办"。2022年1—8月，我局办税税务厅在省局、市局智能管控平台中保持0预警成绩，办税指数在全市排名前茅。三是落实减税降费。组建减税降费工作领导小组，又好又快落实新的组合式税费支持政策，对于符合退税条件的企业退税率达100%，让"真金白银"直达企业。截至2022年8月底，我县落实组合式税费支持政策减税降费4.4亿余元，惠及各类市场主体2.5万余户次。

三、实施提速增效行动，让模范机关"亮"起来

一是办理业务速度快。在财政、人民银行大力配合支持下，建立三方快速反应机制，退税审核时间压缩到平均 0.8 个工作日，出口退税 1 个工作日完成，增值税期末留抵退税时长压缩至 1.5 个工作日内。拓展"非接触式"纳税缴费渠道，实现主要涉税服务事项网上办理。2022 年以来，根据调查样测算情况看，我县企业平均纳税时间 10 个小时左右。二是以税咨政作用好。做好税收分析文章，做实以税咨政，算好"效应账"和"红利账"，持续提升分析质量和水平，让税收分析成为地方发展决策的"好帮手"。三是宣传辅导成效优。利用线上和线下多种形式宣传，有针对性地开展纳税人培训辅导，优惠政策精准"滴灌"，扫除政策落实盲点，提高政策推送精准性。

释放"减"的效应 营造优的环境

国家税务总局龙南市税务局

为深入推进发展和改革双"一号工程",深化税收征管改革,龙南市税务局实施"以数治税"战略、推进"智慧税务"建设,创新优化工作机制、便民举措、服务队伍,持续提升纳税服务质效,积极构建负担更轻、办税更快、服务更好、环境更优的税收营商环境,着力减企业之负、增民生之福、保发展之稳。

一、协同联动减门槛

加强与地方部门沟通,深化信息共享,推进事项办理由多部门向"一网""一窗"集成。与市场监督管理局建立"一网通办"平台为企业开办提供"事项集成、一次性办结"的套餐式服务,提升办事效率,将企业开办审批时间压缩至0.5个工作日;聚焦不动产"一窗办事",设立联办窗口,梳理办事流程,统一业务规范,统一收件清单,与自然资源部门完成系统对接,实现平台资源共享,通过集成、统一的网上"一窗受理"平台,实现一次受理、自动分发、并行办理一网通办的办理模式,目前通过一窗受理平台办理不动产602笔。

二、提速增效减流程

梳理各类"通办""智能审批"和"一件事一次办"事项清单;推出130项便民办税措施,制定《税务优化营商环境15条》《精品示范办税服务厅达标建设方案》等7个文件;积极推进一次性告知、预约服务、导税服务、提醒服务等服务制度。抓好办前导税和业务分流,开设2个预审窗口,增加4名导税人员,将信息确认、退抵税、信息变更等事项进行预先审核,避免一事多跑。审核审批组进驻办税服务厅,将24项涉税费事项审批前移,确保低风险、高频次税费事项在办税服务厅内"一站式"即时办结。2022年以来,龙南市税务局办税厅窗口负荷指数0.03%、办理业务时长压缩0.42分钟,各项业务指标均位居赣州市前列。

三、减税降费减负担

持续抓好新的组合式减税降费政策,推进惠企政策兑现"免申即享""即申即享""承诺兑现",切实减轻企业负担。通过电话、上门走访、税企交流群等方式对精准筛选出的453户企业进行"一对一"政策推送和"点对点"辅导提醒,确保纳税人第一时间掌握留抵退税相关政策。全面梳理受理、审核审批、发放退还书等各项流程，打通退税环节堵点，通过设置专门人员跟踪提醒、提前预审等方式全面压缩办理时长，目前实现留抵退税平均办结时长不超过2天。健全与财政等部门的沟通协调机制，紧密跟进国库处理进度，确保留抵退税款第一时间退还纳税人。

2022年以来，龙南市税务局各类税费业务66.79万笔，其中办税服务厅5.9万笔，电子税务局57.86万笔，自助办税终端3.03万笔，非接触式办税比例91.17%，纳税人平均等候时长0.12分钟，窗口平均办理时长2.14分钟，各渠道主动评价率99.97%，好评率100%，留抵退税平均办结时限压缩至1.29日。

2022年1—9月共办理增值税留抵退税345户次，退税金额合计为4.05亿元；制造业中小微企业缓缴税费514户，9739.64万元；减免税费6.45亿元，新增六税两费减免退库1227.03万元。

从 500 强到 100 强
税费优惠是企业发展的强大后援

国家税务总局张家港市税务局

2022年9月7日，全国工商联发布"2022中国民营企业500强"榜单，江苏永钢集团有限公司再次榜上有名，位列第70位！

好消息传来的时候，厂区内一批优质的特种钢材正在装车，准备发往客户手中。现场工作人员介绍："正在装车的是我们风电系列产品，目前我们的风电连铸原坯产品实现了Φ380—1200mm全覆盖，风电轴承钢占据国内约四分之一的市场。"

1984年，永联轧钢厂建成投产。38年过去，被嘲笑为"泥腿子办厂"的永联轧钢厂如今已成为集炼铁、炼钢和轧钢为一体的大型联合钢铁企业——江苏永钢集团有限公司。2021年产钢量达1000万吨，完成了"从百万吨级到千万吨级"的跨越，产品应用于港珠澳大桥、上海中心大厦、新加坡滨海湾金沙酒店等知名工程，销往全球113个国家和地区。

企业财务负责人钱毅群已经从业多年，是税务部门的"老熟人"，对于企业发展与依法纳税有着自己的理解。她说："2021年，包括永钢集团在内的整个永卓控股集团共享受到了5.64亿元的税费优惠，其中占比最多的就是高新技术企业低税率和研发费加计扣除优惠。这是我们扩大生产、持续研发、引进人才的强大后援！"

创新驱动发展引擎，让企业凭借一块块"好钢"，在激烈的市场竞争中越走越稳，在迈向"高精尖"的路上越走越宽。如今，企业自主研发的贝氏体非调质钢、马氏体耐热焊丝钢SA335P91等产品替代进口，填补了国内空白；10项产品被江苏省科技厅认定为高新技术产品；10余项产品被中国钢铁工业协会认定为实物质量金杯奖。

还记得2020年伊始，受新冠肺炎疫情冲击。江苏永钢集团有限公司面临库存增大、订单减少、原辅料供应不足、资金流动压力增大一系列问题。钱毅群说："张家港市税务局了解到相关情况后，多次到企业调研，第一时间帮助企业办理缓缴税金超2000万元。后来，党中央和国务院出台了一系列疫情防控期间的减税降费优惠政策，税务部门专门组织专业骨干队伍，上门为企业提供辅导，逐条对照优惠政策，2020年办理各项退税额超5000万元。"面对严峻形势，永钢集团及时调整采购策略，抢抓出口市场订单，应享尽享税费优惠政策，保障销售和生产原料的衔接畅通。

2022年，大规模留抵退税政策的实行，给永钢集团送来了11440万元增值税增量留抵税额退税。同时企业还享受到出口货物退税3555万元，汇算清缴退库253万元。

她说："得益于长期减税降费政策的大力支持，我们有了更多的资金和信心，朝着智能制造、绿色制造领域发力！"

税惠落地"早准快" 护航企业稳发展

国家税务总局鹤岗市南山区税务局

2022年国家先后出台了一系列退税、免税、减税的税收优惠政策，鹤岗市南山区税务局综合运用"早、准、快"举措，持续推进组合式税费支持政策落实落细，为企业发展赋能添力。

一、"内部+外部"，政策早掌握

为确保组合式税费支持政策不折不扣落实到位，鹤岗市南山区税务局做足了"功课"。在各项税费支持政策出台后，第一时间拉出单子，对标对表落实。围绕信息系统升级、宣传培训辅导等重点任务倒排工期、对标推进。开展内部培训，通过讲授式教学、案例式分析等方式重点对各税种基本政策、新出台的各项税收优惠政策进行细致培训和课后测试，截至目前已累计开展7轮培训。积极发挥青年业务骨干作用，鼓励他们"上讲台"，在进行业务讲解过程中实现自身业务能力再提升。"多轮次培训和测试，极大提高了干部们税费支持政策落实能力，为纳税人尽享快享税收政策红利提供保障。"鹤岗市南山区税务局有关领导表示。

围绕"税收宣传月"主题，鹤岗市南山区税务局将线上线下相结合，依托"纳税人之家"、新时代文明实践站，组织开展精品课堂，宣传辅导各项税费优惠政策和退税办理流程等，有针对性地适时开展多轮次答疑解难辅导，必要时采取一对一辅导，上门讲解，确保纳税人明政策、能理解、会办理。组建税收宣传队，分类对接企业进行辅导，真正把政策红利释放到每一个需要的市场主体，为企业雪中送炭、助企业焕发生机。

二、"需求+辅导"，政策准落地

"多亏了税务部门的专业辅导，让我们及时享受到了退税红利，60多万元的退税款为我们继续加大研发力度、持续自主创新增加了底气。"鹤岗市汇泽新材料科技有限公司法人付艳丽说。

据了解，该公司主要从事非金属矿物制品新材料研发，因疫情影响资金流持续紧张，税务部门了解企业需求后，及时为企业提供精准定向服务，开展"一对一"政策推送和"点对点"宣传辅导，帮助企业及时知晓政策、享受红利，为企业发展注入了"强心剂"。

为了确保受益主体能及时知晓政策、享受红利，南山区税务局依托税收大数据，实行分类施策，精准推送辅导，通过"一企一策"精准服务、简办、快办留抵退税、"线上+线下"精准辅导等方式，确保政策红利释放到位，为企业"轻装快跑"添动力。此外，鹤岗市南山区税务局还在税收宣传月期间深入辖区高新技术、煤化工、煤炭等重点行业开展"访企业、讲政策、送春风"活动,详细了解企业生产经营、发展目标及下步打算等情况,帮助纳税人把脉问诊,现场解决企业办税过程中遇到的难题,为企业发展壮大"支招""献策"。

三、"优质+便利",政策快享受

"既不用去税务局,也不需要提供什么材料,退税款直接就能到账户,此前我还不太相信,通过电话反复确认,没想到真的这么快就到账了。"刚刚拿到退税的鹤岗市远华建筑工程有限责任公司财务人员朱先生感慨地对记者说,一笔退税速度让他看到了税务部门为纳税人纾困解难的初心、实打实落实政策的细心。

为统筹推进疫情防控和税费服务工作,确保纳税人能够快享红利,鹤岗市南山区税务局持续深化智慧办税,让"无接触""不见面"办税成为常态,推进"非接触式"办税缴费,开展线上培训、制作图文讲解宣传政策,拓展"云帮办"服务;提速内部流转、专人审核流程,打通受理、初审、审核、核准及发放全链条,压缩退税审核流程,实现当日受理流程当日转办完毕;完善税费优惠政策快速反应机制,及时收集解决纳税人反映突出的问题;开通绿色通道、预约退税、错峰办理,让纳税人退税更加便捷,税费政策红利以最快速度直达市场主体。

为企业引来活水,助企业焕发生机。鹤岗市南山区税务部门将持续多维度推进组合式税费支持政策落实落细,在抓落地、优服务、提质效、强督促上再加力,全力确保政策落细落稳、落到实处,为企业发展赋能添力,为推动经济发展贡献税务力量。

纳税服务出实招 减税降费落实处
——记壤塘国税先进人物坤玉超

国家税务总局壤塘县税务局

"你加我QQ吧，我远程给你辅导教学，这样你能直观的学习，下次就可以自己网上操作了。"一天，办税服务厅来接到了一位办理留抵退税的纳税人来电，由于办税人员对政策不是很理解，且不懂电子税务局申请留抵退税的操作流程，该企业又急需这笔退税用于近期的生产、经营，纳税人很是着急。壤塘县税务局第一税务分局（办税服务厅）负责人坤玉超接到电话后，耐心安抚，仔细为纳税人讲解相关政策，并立即通过QQ远程辅导纳税人如何在电子税务局发起留抵退税申请，并联系相关业务部门和局领导及时完成退税审核，高效、快速地为纳税人办理了这笔留抵退税，获得了该纳税人真诚的称赞。由于壤塘县在"六税两费"退税工作中有大量的外埠报验纳税人，存在难联系、难核实的实际情况，为使政策及时落地，坤玉超带领一分局的同志，克服时间紧、任务重、事务繁的困难，加班加点的主动联系、辅纳税人，圆满完成退税工作。

2022年是"政策大年"，党中央、国务院陆续出台了大规模实施增值税留抵退税等新的组合式税费支持政策，坤玉超针对壤塘县的实际情况，再推出重点服务措施。夜晚大家酣然入睡时，他的大脑还在忙碌着：办税服务厅还有哪些地方要完善？哪些先进经验可以运用到壤塘来？组合式税费政策怎么才能精准的送达到纳税人手中？……他创新建立壤塘县小微企业组合式税费支持政策惠及"全名单"，按政策落实时间节点进行清单化管理，定时分批进行温馨提示、辅导办理。打造网格化服务管理体系，将"快、稳、细、实"的税费服务工作作风贯穿到政策落实的全部流程、所有环节。节假日期间，他更是主动申请值班，留在岗位上，确保退税减税工作在假期中"不休假"，税费优惠一户不漏。

拔尖工作的追求，源于心中的热爱。要落实好新的组合式税费优惠政策，税务干部必须深刻理解政策规定，吃透吃准各项政策精髓。作为一名党员，一个部门的负责人，为了应对好这一挑战，坤玉超以身作则，随身携带一个笔记本，坚持走到哪里就学到哪里，各项政策要点记了满满一大本。他主动牺牲休息时间，仔细研学新的"退、减、缓"政策，怕的是不能为纳税人提供"精细服务"，怕纳税人不能准确地享受到政策红利。正是凭借这种孜孜不倦、勤奋刻苦的精神，坤玉超总是能在办税服务厅现场或者通过电话、微信等"非接触"方式为纳税人提供帮助。

　　越是艰苦条件下的选择和坚守，越能照见一支队伍的宗旨和本色。在坤玉超的带动下，第一税务分局2022年落实组合式税费政策工作正如火如荼地稳步推进中。正是因为有着坤玉超这样勤勉、认真、敬业的基层税务干部，党中央、国务院实施的"退、减、缓"工作必将能顺利完成，纳税人也必将能享受到这一税收红利，税费支持政策"精准滴灌"必将助力企业稳步前行。

"税务蓝"守护"生态绿"

国家税务总局长治市屯留区税务局

国家税务总局长治市屯留区税务局召开专题会议，深入学习贯彻习近平总书记关于深入推动黄河流域生态保护和高质量发展座谈会上发表的重要讲话精神。会上，干部职工反响强烈，表示坚决响应习近平总书记对推动黄河流域生态保护和高质量发展发出的号召，全面履行税务职能，攻坚克难、开拓创新，坚持走绿色低碳发展之路，为推动区域高质量发展贡献税务力量。

生态环境是关系党的使命宗旨的重大政治问题，也是关系民生的重大社会问题。近年来，屯留区税务局全面落实国家有关减税降费政策，严格落实环境保护税相关政策，助力能源产业绿色转型发展，强化部门协作，完善信息共享，实现共管共治。

一、信息共享促协作，切实做好环境保护税政策落实和征收管理

屯留区税务局与区生态环境部门密切协作配合，建立了长治市屯留区环境保护税征管协作工作机制，积极开展涉税信息共享。生态环境部门将其管理的排污单位排污许可、自动监测和监测机构监测等污染物排放数据、环境违法和行政处罚情况、以及新增或有变化的排污单位基础数据等涉税信息，于每季度结束后15日内通过电子数据、纸质资料等方式向税务部门传递，并确保数据质量和安全；依据省级环境保护税涉税信息共享平台传递的涉税信息及时开展税源（污染源）管理及比对复核工作，建立健全环境保护税复核工作机制；配合生态环境部门切实加强对纳税人委托监测机构监测应税污染物排放量的管理，确保环境保护税征收管理平稳运行。

二、走访企业问需求，精准服务助绿色转型发展

牢固树立大局意识，积极发挥税收职能作用，全力落实好支持绿色发展的各项税费优惠政策，积极征集企业代表对税务部门管理和服务方面提出的意见和需求，助力高耗能、高污染企业转型升级。区局一把手亲自带队，同各相关业务部门深入新能源企业开展大走访、大调研活动，精准聚焦企业实际需求，有的放矢优化执法服务，持续优化营商环境，通过"点面直连"政策辅导团队、"跟踪式"服务、上门"一对一"辅导等方式，切实为企业解决操心事、烦心事、揪心事，让企业应享尽享减税降费政策，助其走好绿色健康发展之路。

三、生态保护树理念,绿色低碳生活方式从干部自身做起

"不积跬步,无以至千里;不积小流,无以成江海。"倡导干部职工从身边做起,从小事做起,形成绿色生活方式,践行低碳出行。在全局范围大力推动节能减排,树立生态保护理念,动员干部职工签署承诺书,践行绿色办公,倡导节约风尚。把绿色低碳发展纳入对干部职工的教育体系,组织开展"绿色骑行"宣传活动,以实际行动号召广大群众践行绿色生活方式,凝聚绿色环保共识,加快形成全民参与的良好格局。

税务文化亮特色　致力服务树品牌

国家税务总局准格尔旗税务局

国家税务总局准格尔旗税务局第五支部组建以来，全体党员干部坚决履行"为国聚财，为民收税"的神圣职责，积极打造准格尔旗税务局西部基层组织最强党支部，从而激发党建新活力，把党建的独特优势转化成为推动推动税收事业发展的竞争优势。

一、抓住思想建设这个根本，铸就绝对忠彼的政治品质

第五支部充分重视理论武装，始终将思想政治教育这个根本贯穿在党员教育的始终。一是创新学习方式，以"学"促智，以"智"促学。注重将传统的学习方式和现代信息技术结合起来，采取集中学、网上学、领导讲和自主学、党员谈的方式结合起来，有效利用"学习强国"平台，在提升学习积分的同时注重学习效果，用好每周一次支部学习会议平台，对学习效果进行检验。二是拓展学习内容，夯实西部地区战斗堡垒。作为准格尔旗税务局位置最靠西部的党支部，第五支部有效利用地理位置优势，建成了"跨地域、有特色、树品牌"的党建模式，除组织支部党员干部开展日常规定学习动作外，与满世集团组成党建共建学习组，组织学习参观了党建活动阵地，与准格尔召民族文化旅游开发公司建立了"税企党建联动，助力企业发展"机制。三是注重学习成果转化，凝聚服务发展合力。通过学习，支部党员的理想信念更加坚定，思想政治素质及科学文化素质、业务素质显著提高，达到了学以致用的效果。组织全体党员当好"志愿者"，做好"宣传员"，积极对接企业，开展"大走访""大慰问"活动，助力准格尔召民族文化旅游开发公司享受减税降费政策，极大帮助企业资金运转。

二、抓住队伍建设这个重点，造就业务精良的战斗集体

支部坚持"两抓"，注重"双向培养"，把队伍建设和业务工作统筹起来，做到既抓党员队伍建设不松手，又抓业务工作落实不掉队。一是抓组织建设。党员发展是我们党的一项基础性、日常性的工作，支部既注重将业务骨干、工作能手培养成为党员、又注重将党员培养成为业务骨干、工作能手，第五支部连续多年被上级评为优秀基层党组织，张开荣同志被评为2021年度自治区税务系统优秀共产党员。二是抓素质提升。开展志愿者服务工作，在局党委和党建工作股的指导下，始终坚持以社会群众需求为导向，以"共建、互助、共享"为主题，全体党员编入乡镇区域志愿工作人员，积极投身各项志愿活动。三是向先进靠齐。开展向先进典型学习活动，

营造人人争相向上的和谐氛围，塑造税务干部高尚情怀，开展了以提高工作效率、增强纳税服务水平为目标的知识竞赛，每天群内共享"每日一学"，由支部书记带头学、监督学。

三、抓住作风建设这个关键，营造风清气正的干事氛围

作风好坏关系工作成败、关系事业兴衰。第五党支部始终将作风建设作为党建工作的关键来抓，高度重视支部的氛围营造，注重支部政治生态的建设。一是主动服务。进一步转变职能，强化服务型组织建设，不断改进工作作风，增强服务意识，树立良好形象。制作党员先锋队员联络卡，主动向企业提供了税务干部的联络方式，确保企业提出的问题解决及时、到位。二是强化教育。通过开展法规教育、观看警示教育片、重温入党誓词等廉政活动，进一步筑牢党员拒腐防变的心理防线，组织全体党员干部、办税人员学习"内蒙古金融系统腐败典型案例"，进一步严明工作纪律，转变干部工作作风，提高工作效率。三是注重监督。充分发挥制度约束和群众监督作用，主动公布联系方式，设立监督箱，积极听取纳税人意见，切实加强对党员的监督管理。

兴边富民税务蓝　凝心聚力惠民生

国家税务总局肃北县税务局　刘娅柠

一堂别开生面的税宣讲堂，一场"以案说税"的税法讲座，一个"送教上门"的移动课堂，一系列及时贴心的便民服务……这些精彩纷呈的活动，正是肃北县税务局"兴边富民税务蓝"积极的行动。

近年来，肃北县税务局立足民族地区发展实际，在推进富民兴边行动中，始终坚持党建引领，精心培育"兴边富民税务蓝"党建品牌，以探索开展"1314永远跟党走"党建工作法为抓手，找准党建工作与税收业务的结合点，加强"兴边富民税务蓝"党建品牌与"为纳税人缴费人办实事"实效性融合，以纳税人为中心，坚持全心、全能、全员、全程服务，用"红色引擎"助推税收工作高质量发展。

一、"1"面旗帜，把好发展"方向舵"

肃北县税务局始终牢记税务机关首先是政治机关，牢固树立"党建引领税收全面工作"的鲜明导向，推进全面从严治党向纵深发展。将学习贯彻习近平新时代中国特色社会主义思想作为党委会议"第一议题"、党委理论学习中心组学习和干部教育培训"第一主题"、青年理论学习"第一任务"，将贯彻落实习近平总书记关于税收工作的重要论述和重要指示批示精神作为"第一要事"，在对标对表中找方向、明思路、定措施，以实际行动践行"两个维护"，铸牢政治根基，铸牢"红色税心"。以"学习强国""甘肃党建""学习兴税"为载体，以"青年理论学习"为阵地，不断适应"微时代"，开展"微党课""微宣讲""微学习""微方法"等"微党建"活动，用"小切口"发挥"大作用"，形成了"党委发动学、领导带头学、党员率先学、全体干部集中学"的学习模式，营造了浓厚的学习氛围。

二、"3"项机制，打造先锋"新引擎"

纵合横通强党建。始终坚持上下联动，不断增强"条主责"的政治担当；积极主动接受地方党委领导，建立定期汇报走访机制，以主动促协同，发挥"块双重"优势共抓党建；健全统筹党建任务、工作力量的制度机制，紧紧围绕税收改革发展同步谋划推进党建工作，增强党建整体功能、形成集成效应，实现"横通"的目标；扎实推进党支部标准化规范化建设，建优建强基层党组织，大力开展"双培工程"，配齐配强党建人手，夯实"强党建"的工作支撑，持续推动全面从严治党、党史学习教育、模范机关创建提升工程等重点工作一体落实。

支部品牌亮党建。积极开展"一支部一品牌"党建品牌创建工程，县局各支部结合实际工作，找准党务和业务"契合点"，确立了自己的党建品牌，坚持夯实党建工作基础，巩固党组织最基层的战斗堡垒作用，进一步开创党建工作新局面。在"规定动作"的基础上，党建业务相结合，在"+"上下功夫，积极探索灵活多样、丰富多彩的活动方式方法，形成步调一致、特色各异的活动局面。

"税苑先锋"优党建。围绕建强先锋队伍、树立先锋意识、创优先锋窗口、发挥先锋作用，积极创建"税苑先锋"工作机制。大力推进模范机关建设，充分发挥党支部战斗堡垒作用和党员先锋模范作用，坚持支部带头推、业务股室抓、党员齐参与，组织党员标兵和业务骨干在优化服务中带头亮身份、评标准、践承诺，挖掘培树一批身边榜样、锻炼培养一批专业人才、用心做好一批实事好事，通过典型引路、先锋开路，把"一花独放"转变为"百花齐放"，在全局范围形成了"事事争先锋、人人是先锋"的良好氛围。

三、"1+N"共建，跑出服务"加速度"

县局党委立足"为国聚财、为民收税"使命，精准定位民族地区经济发展的主攻方向，在服务民族地区发展、服务少数民族纳税人缴费人中彰显税务力量。着力构建"1+N"共建，突出税务+企业、税务+社区、税务+支部、税务+帮扶、税务+志愿，主动融入企业发展，助推民族特色产业快速崛起，推动形成税收支持产业、产业促进税收的良性循环。深化"五连双报到"，在社区服务、疫情防控、法制宣传等具体实践中主动担当、积极作为。精心打造"草原税心直通车"，把税收优惠政策和优质服务"直通"至少数民族纳税人家门口，提升民族地区税收优惠政策宣传效应，让少数民族纳税人缴费人一起共享"肃"度快、"北"省事的便利。

四、"4"大体系，按下惠民"快捷键"

筑牢"四个体系"，加强党委统筹、部门组织、支部推动、党员攻坚四级联动，实现每一名干部都是惠民主体、每一名党员都是惠民先锋、每一个部门都是惠民矩阵、每一个支部都是惠民堡垒，在服务纳税人缴费人以及助力地方经济发展上出实招、办实事、见成效。筑牢党委统筹体系。党委始终把纳税服务、税收宣传摆在最突出、最靠前的位置来抓，坚持党委统筹，积极带队下企业一线调研，解决纳税人缴费人最关心最迫切的实际问题。筑牢支部责任体系。发挥"红色阵地"作用，树立"坚持一切工作到支部"的鲜明导向，各支部充分利用主题党日、"三会一课"等载体，将为民办实事作为重要内容。筑牢部门责任体系。充分发挥部门职能作用，立足于部门工作实际，制定"我为纳税人缴费人办实事"责任清单，从严压实责任体系，抽调各部门业务骨干组建专项工作小组，确保纳税人应享尽享税收政策红利。筑牢党员责任体系。

组建成立党员突击队，党员巡回服务队，常态化开展"到一线、解难题、送攻策、精解读"活动，为纳税人提供量身定制的税收服务，采取点面结合、主动上门、互通互学方式对纳税人进行政策宣传辅导。创建党员示范岗，配备业务水平高、党性修养好的党员专门高效准确解决纳税人涉税需求。

在"兴边富民税务蓝"党建品牌的引领下，肃北县税务局党建主力军地位、主阵地意识日益巩固，党支部政治功能和组织功能得到显著提升，服务大局能力显著增强。肃北县税务局将鼓足士气，把握"提升站位、依法治税、深化改革、倾情带队"的主线，聚焦"抓好党务、干好税务、带好队伍"，充分发挥"兴边富民税务蓝"优势，有力接住百年征程的"接力棒"，跨越新时代税务建设的漫道雄关，走好兴税强国的复兴之路！

深入开展宪法宣传 助力法治税务建设

国家税务总局塔河县税务局

在第九个"国家宪法日"和第五个"宪法宣传周"之际，为深入学习宣传习近平法治思想，进一步增强全民法治观念，推动全社会树立宪法意识，塔河县税务局组织开展了一系列宪法学习宣传活动。

一、设立宣传咨询点，搭建普法平台

塔河县税务局组织干部职工参加"12.4"国家宪法日集中宣传，通过在办税服务厅设立宣传台，积极向纳税人缴费人普及宪法知识，发放宪法、减税降费政策汇编、社保费缓缴政策等宣传资料，解答涉税问题，极大地加深群众对宪法和税务知识的了解，营造出良好的税收法治氛围。前来办税的纳税人纷纷表示："税务局的同志们将生硬的法律条文用更通俗的方式来讲解，让我们对学习宪法有了更浓厚的兴趣。"

二、举行宪法宣誓仪式，增强干部宪法意识

塔河县税务局举行新入职公务员和新任职股级干部宪法宣誓仪式。在宪法宣誓仪式上，全体干部起立，奏唱中华人民共和国国歌，领誓人手抚宪法，举起右拳，宣读誓词。其他宣誓人列队站立，跟诵誓词。整个仪式庄重严肃，彰显了宪法权威，强化了税务干部的宪法意识，增强了税务干部的责任感与使命感，参加宣誓仪式的同志纷纷表示，将永远铭记誓言，切实履行承诺，要做宪法的忠实崇尚者、自觉遵守者和坚定捍卫者。更好地适应新税务新征程新作为要求，成为一名优秀的税务干部，为推动税收事业高质量发展贡献力量。

三、提高宪法意识，维护宪法尊严

塔河县税务局紧扣宪法宣传周"学习宣传贯彻党的二十大精神，推动全面贯彻实施宪法"主题，持续推进宪法进机关主题活动。坚持和完善会前学法制度，将宪法、民法典及税收法律法规作为学习的重要内容，开展宪法学习专题研讨，组织干部职工开展专题培训，营造"尊崇宪法、学习宪法、遵守宪法、维护宪法、运用宪法"的良好氛围。

下一步，塔河县税务局将继续以宪法精神为引领，将宪法与税法有机结合，增强公民法律意识，提高公民依法纳税意识，努力营造浓厚的尊法学法守法用法氛围，为"依法治税"打下坚实基础。

回首十年路　扬帆再启航
——党的十八大以来台州市税务部门奋力推进新时代税收现代化综述

国家税务总局台州市税务局

山海水域，和合圣地，制造之都。习近平总书记在浙江工作期间15次考察台州，对台州提出"再创民营经济新辉煌"的殷切期望和要求。党的十八大以来，台州干部群众聚焦牢记嘱托、接续奋斗，旗帜鲜明地扛起"民营经济看台州"的大旗，持续深化再创新辉煌的战略目标、工作体系，推动民营经济在高质量发展的轨道上快速奔跑。

而这一路，税收始终相伴相随、助力前行。十年来，台州税务部门认真贯彻党中央、国务院决策部署，充分发挥税收职能作用，在改革密集推进中恪尽职守，在大事难事交织中担当奉献，在创新服务发展中彰显作为，向全市纳税人缴费人交出了一份满意答卷。

一、坚持党的全面领导，政治铸魂彰显新担当

十年来，党的旗帜始终在引领台州高质量推进税收现代化的进程中高高飘扬。

台州税务部门持续加强政治机关建设，紧扣学思践悟习近平新时代中国特色社会主义思想这一主题主线，接续推进党的群众路线教育实践活动、"三严三实"专题教育、"两学一做"学习教育、"不忘初心、牢记使命"主题教育和党史学习教育，在捍卫"两个确立"中不断提升政治判断力、政治领悟力、政治执行力。持续发挥党建引领作用，完善"纵合横通强党建"制度机制体系，树立"三种意识"，当好"三个角色"，担任地方党建片长单位。在营改增、退税减税等重大改革任务中不断深化党建与业务融合，党组织战斗堡垒作用和党员先锋模范作用充分发挥。推进支部标准化规范化建设，打造"清廉机关、模范机关"。

持续深化全面从严治党，政治生态持续向好。严格落实"一岗双责"，加强"一把手"和领导班子监督。制定全面从严治党工作要点，推行两个责任"三化"清单。深化纪检监察体制改革试点，推动构建一体化综合监督体系，打造"六位一体"全面从严治党新格局。加强干部教育管理和监督执纪，持之以恒正风肃纪，一体推进"三不腐"。搭建"税企亲清"平台、"税企亲清指数"体系，共谱税企关系新篇章。常态化开展"政治家访"，涵养台州税务好家风。

二、坚持依法治税，税费质量再上新台阶

十年来，台州历史性地跨过地区生产总值五千亿元大关，人均生产总值达到高收入国家水平，

规上工业增加值、一般公共预算收入、城乡居民人均可支配收入等主要经济指标均翻了一番……亮眼成绩单的背后，高质量税费收入支撑起了"台州骄傲"的腰杆。

超过 8319 亿元！这是十年来台州税务部门累计组织税费收入的数据。面对经济下行压力，坚持组织收入原则，统筹抓好"收"与"减"的关系，实现税费收入与减税降费"两不误、两促进"，为台州市域发展提供充足的财力保障。

超过 1100 亿元！这是十年来台州税务部门累计办理减免税的数据。面对复杂多变的国内外形势，退税减税降费成为深化供给侧结构性改革的重要举措。继 2019 年大规模减税降费之后，特别是 2022 年以来，台州税务部门全力落实大规模增值税留抵退税等新的组合式税费支持政策，为企业减轻税费负担，充分释放民营经济发展的灵性与活力。

2556 户！这是自 2015 年以来台州税务部门联合相关部门开展打击虚开骗税违法犯罪工作查处的涉嫌虚开骗税企业户数。其中，通过严查"假企业"，涉及税额 7.99 亿元；通过严打"假出口"，挽回出口退税损失 2.9 亿元，有效维护了台州经济税收秩序稳定。

三、坚持便民惠民，税收营商环境展现新面貌

十年来，台州形成了 21 个产值超百亿元的产业集群，培育了 68 个国家级产业基地，307 个产品细分市场占有率国内外第 1，上市公司从 23 家增至 66 家……

台州民营经济高质量发展离不开良好营商环境的重要土壤。台州税务部门始终把纳税人缴费人的需求和期盼放在心里，持续优化税收营商环境，连续 9 年开展"便民办税春风行动"，不断擦亮纳税人满意度全国领先的金字招牌。

持续深化税收领域"放管服"改革，坚持在简政放权上做"减法"，大幅取消行政审批项目，推进无证明城市创建，简化办税流程，精简涉税资料报送。14 类 193 个涉税事项实现"最多跑一次"，"一站式"办结做法获评浙江省"最多跑一次"先进案例并被报送到国务院办公厅。

从马路到"邮路"，从线下到线上，从窗口到指尖，推进税费服务创新，用心提升税费咨询服务，大力推行"非接触式"办税缴费，实现掌上"一端通办""一键快办"。"亲农在线"项目入选浙江省数字化改革重大应用成果清单、数字政府最佳应用。截至目前，全市网上综合办税率达 98.34%。

从服务经济社会发展大局出发，联合银行业金融机构开展"税银互动"活动，累计帮助近 5 万户次企业获得超 350 亿元信贷。与工商联在全市范围内联合开展"春雨润苗"专项行动，帮助中小微企业充分享受政策红利，实现平稳健康发展。

四、坚持改革创新，税费征管效能实现新跃升

与时代共进，与发展同频。改革始终是推动高质量发展的原动力。十年来，台州税务勇为先、敢担当，在改革中找出路、求发展，税收事业发展的动能更为强劲有力。

从 2015 年国税地税合作到 2018 年的机构合并，再到 2021 年落实中办、国办《关于进一步

深化税收征管改革的意见》"合成",台州税务紧扣时代脉搏,坚持围绕中心、服务大局,在推动税收征管体制三次大变革中实现税收征管效能不断提升。

从"经验管税"到"以票控税"再到"以数治税",台州税务坚持创新制胜,以数字化改革为抓手,融入地方政府"城市大脑"建设,加快建设智慧税务,平稳上线金税三期,全面开启发票电子化改革,深入推进税源专业化管理,推动税收风险管理迈向精密智控,税收征管质效明显提升。

十年来,台州税务全面推进完成营改增,落实增值税税率下调政策,推动以环保税、资源税为主体税种的绿色税制持续落地,全面落实新个人所得税法,顺利完成全部社保费和21项非税收入征管职责划转,税制改革取得阶段性成果。税收在提高台州发展质效、优化收入分配、促进社会公平,助力高质量发展建设共同富裕先行市的作用进一步彰显。

五、坚持激活动能,队伍组织体系迸发新活力

这十年,台州税务围绕"带好队伍",以组织建设为根基,以文化建设为载体,以绩效管理为抓手,以人才培养为支撑,努力打造一支政治过硬、业务熟练、纪律严明、作风优良的税务铁军。

坚持党管干部原则,持续优化干部配备,规范开展选拔调整,配齐配强县(市、区)局党委班子,大力提拔优秀年轻干部,持续推荐干部到地方挂职任职,推进中层干部轮岗交流,稳妥推进职务与职级并行,有效打通干部上升通道。

实施"文化兴税",打造"山海蓝"文化品牌,选树宣传"台州最美税务人"等先进典型,增强队伍凝聚力、向心力、战斗力。加强精神文明创建,争创高层次荣誉,实现省级文明单位全覆盖、全国文明单位多创建。2013年以来,累计获得省部级荣誉38个。

关心关爱干部,严格落实基层减负要求,推进基建项目和"五小"设施建设,常态化开展谈心谈话,了解思想、工作和生活状况,为干部职工排忧解难。切实为敢于担当的干部撑腰鼓劲,建立健全容错纠错机制,鼓励干部投身改革创新,队伍活力持续迸发。

回眸这十年,台州税务始终坚持在加强党的领导中不断推进税收现代化,在胸怀"国之大者"中倾力服务高质量发展,在深植"为民之情"中持续优化办税缴费服务,在敢打善战能赢中全力推进各项改革攻坚任务,在激励担当作为中大力营造干事创业的良好氛围。

历史总是在继往开来中谱写,事业总是在接续奋斗中发展。新征程上,台州税务将坚持以习近平新时代中国特色社会主义思想为指导,深刻领悟"两个确立"的决定性意义,增强"四个意识"、坚定"四个自信"、做到"两个维护",始终牢记肩负的重任,为台州奋力推进"三高三新"现代化建设贡献税务力量,以优异成绩迎接党的二十大胜利召开!

强化"乙方思维"
助力"链主"企业建圈强链兴业

国家税务总局太原市尖草坪区税务局

太原钢铁（集团）有限公司（以下简称"太钢集团"）是山西省首批20家"链主"企业之一，曾为省属重点国企，现为央企中国宝武钢铁集团控股子公司。该公司现拥有800多项以不锈钢为主的核心技术，继成功研发出笔尖钢、0.015毫米"手撕钢"之后，又攻克第四代核电用钢、高等级磁性材料、高牌号硅钢片等一系列关键技术，多项技术开发与创新成果荣获国家科技进步奖，是目前全球产能最大、工艺最先进的不锈钢领军企业。

针对"链主"企业税费种类多、税收优惠类型多、涉税办理事项多等特点，国家税务总局太原市尖草坪区税务局积极落实国家税费支持政策，持续拓展精细化、个性化服务，与太原钢铁（集团）有限公司签订了《定制服务协议》。按照协议约定，尖草坪区税务局将作为"乙方"，为"甲方"太钢集团提供包括畅通税企沟通渠道、高效解决涉税诉求、多方式税法培训、精准推送政策、推送减税降费红利账单、涉税"健康体检"等十项定制化服务，助力企业做好"龙头"，更好发挥建圈、强链、兴业的"链主"功能。

"2021年，研发费用加计扣除政策'加码'后，我们已累计享受企业所得税减免7.08亿元；2022年国家的增值税留抵退税政策更加给力，截至目前集团共收到留抵退税款10.07亿元，有效缓解了新项目资金紧张的问题，有力保障了企业的稳健发展，也坚定了我们走好创新发展之路的信心。"太钢集团经营财务部税务管理高级经理石磊在收到尖草坪区税务局推送的"减税降费红利账单"之后说。

尖草坪区税务局还对太钢集团所属企业的纳税信用等级做了全面"体检"，对企业历年"扣分点"进行了分析提醒，帮助2家企业完成信用等级复评。同时，收集企业问题和意见建议5条，对二级厂拟改制子公司涉及的涉税问题在入企服务时现场给予答复；及时为集团某下属企业补正申报以前年度的残疾人就业保障金；将太钢提出"扩大矿山企业进项税抵扣范围，降低矿山企业增值税税率至10%""建议恢复原计征模式缴纳水资源税"等政策建议及时反馈省市局相关部门，持续跟踪关注。

受国际贸易摩擦加剧、新冠肺炎疫情等影响，近年来太钢集团出口收入降幅加大，叠加企业转型升级、环境污染治理等因素，企业面临较大的资金压力。为此，尖草坪区税务局发挥税收大数据的优势，积极帮助该"链主"企业"补链""强链"，运用"全国纳税人供应链查询"

功能帮助企业寻找潜在的供应商或开发商，助力企业稳健发展。入户问需时，税务人员了解到作为老牌"龙头"企业，太钢集团在原材料、零部件采购和产品销售等方面都已形成系统的产业链，暂时没什么困难和问题。但一些软件比较"老旧"，正苦于寻找新的合作方。税务人员通过企业供应链查询模块了解到北京金恒博远科技股份有限公司的"LF炉外精炼模拟仿真实训软件"在全国较为领先，在与当地税务部门具体了解情况后，促成双方自行自愿签订合同，建立起长期合作关系。

接下来，尖草坪区税务局将进一步强化"乙方思想"，当好"店小二"，做优"必答题"，不折不扣落实好国家组合式税费支持政策，不等不靠提供便捷高效的纳税服务，助力太钢集团更好发挥"链主"企业"一企带一链，一链成一片"的带动作用，为全方位推动区域经济社会高质量发展注入"税动力"。

税惠政策提振企业发展信心

国家税务总局唐山海港经济开发区税务局

2022年以来，党中央、国务院推出了新的组合式税费支持政策，唐山海港经济开发区税务局（以下简称海港税务局）多措并举，抓好优惠政策落实工作，因户施策、精准辅导，确保企业应享尽享，保持了市场主体活力，提振了企业发展信心。

一、贴心辅导，为企业注入退税新鲜"血液"

据悉，河北华西特种钢铁有限公司（以下简称华西特钢）积极响应唐山市委、市政府部署，按照《唐山市钢铁工业转型升级发展规划》文件，退城搬迁至唐山海港经济开发区进行全新钢厂整体建设。搬迁后，企业面临着空前的资金压力。华西特钢财务经理马翠梅说："由于设备调试未达产，我公司已连续几个月出现亏损；加之疫情防控期间部分采购、销售渠道受阻，成本费用大幅增加，我公司生产经营已是步履维艰，可用货币资金非常紧张。"

恰在彼时，国家税务总局下发了进一步加大增值税留抵税政策实施力度的14号公告。海港税务局第一时间派出业务骨干深入华西特钢了解情况，积极梳理行业适用的优惠政策。"海港税务局工作人员不辞辛苦，加班加点甚至放弃节假日为我公司留抵退税进行退税会商，这贴心服务让我们倍感温暖。"马翠梅回忆道。

马翠梅感慨道："此次增量留抵退税，这一笔新鲜'血液'注入到我公司，让我公司摆脱了资金压力，偿付了采购设备、原材料的尾款，为我公司投产经营运转赢得了宝贵的时间，感谢国家的好政策！"

二、暖心服务，为中小企业缓缴税费"保驾护航"

据了解，中陶卫浴制造有限公司（以下简称中陶卫浴）以生产销售高档卫生瓷及配件为主要业务。"这两年我们在努力突围转型，研发更加具有个性化、差异化的产品"中陶卫浴负责人夏剑石说："陶卫市场目前是大浪淘沙，大企业以规模化、集约化为主要优势占据市场份额，我们中小企业的突破方向就是聚焦产品的个性优势。"

"这两年我们开展了多种差异化产品的研发，并于2022年1月引入了一条新生产线，希望能够利用新品在市场大放异彩。受家装行业遇冷的影响，我公司订单量减少很多；此外，很多货物在仓库积压无法顺利发出，导致我公司无法收回货款，可用资金告急，但是投资的1000万新生产线马上接近投产,需要支付工程尾款。那段时间我每天焦虑地难以入眠。"夏剑石回忆道。

"感谢党中央、国务院出台的惠企政策!国家税务总局发布了延续制造业中小微企业延缓缴纳税费的31号公告。海港税务局在第一时间通知我公司可以办理缓缴税款193万元,缓缴金额很快就打到了我公司账户。我公司用缓缴资金偿付了工程尾款,这笔资金真正地解了我公司资金短缺的燃眉之急!"夏剑石感慨道。

三、温心助力,为小微企业发展"添砖加瓦"

"没想到我们也能从税务局拿到了'助力钱'!还是通过税务局工作人员指导下拿到的呢!"唐山润泉环保科技有限公司财务负责人王秋英兴奋地说道。

据了解,润泉环保科技有限公司主要业务为生产销售处理污水排放的石灰乳,因公司属于小型微利企业,规模小、底子薄,但公司人力、房租、水电气等固定支出仍是一笔不小的费用,资金缺口较大。

王秋英说:"之前我公司财会人员并不熟悉如何申报留抵退税,正发愁时,税务局工作人员主动告知我们可通过远程帮办进行同屏指导,帮助我们从电子税务局申请退税。整个申请流程在税务人员帮助下,操作简便,效率极高。短短数日,税务局将我公司留抵税额4万多元全部退回我公司账户,在我公司亟需资金周转的情况下,提供了'及时雨'。有国家的惠企政策,又有税务局主动耐心指导,我对未来发展充满信心!"

下一步,海港税务局将进一步提升政治站位,深刻领会、学懂弄通二十大精神,结合税收工作实际,着重抓好退税减税、精细服务等工作,持续提升工作质效,不断为企业高质量发展建设保驾护航。

喜迎二十大 永远跟党走 奋进新征程

国家税务总局景德镇陶瓷工业园区税务局

为庆祝中国共产主义青年团成立 100 周年，激励广大青年团员弘扬传承五四精神，以更加昂扬的斗志迎接党的二十大，景德镇陶瓷工业园区税务局举办"喜迎二十大 永远跟党走 奋进新征程"系列活动，进一步学习习近平总书记关于青年工作的重要思想，将培育文化和推动党史学习教育常态化、长效化相结合，主动倾听青年干部所思所想，关心青年干部成长，有效激发青年干部的干事创新热情。

一、芳华百年经坎坷，凝心聚力再出发

在"奋进新征程，迎接新时代"青年读书交流分享会上，重点学习了《习近平谈治国理政》《习近平谈知青岁月》。青年干部陈琦分享了对习近平总书记的殷殷嘱托的所思所悟，号召将总书记的话："当代中国青年是与新时代同向同行、共同前进的一代，生逢盛世，肩负重任"，当做青年干部的人生目标，决心为中华民族的伟大复兴添砖加瓦，不辱使命。

二、引领青年学党史，红色基因强意志

陶瓷区局创新党史学习模式，开设"创新学党史，青年做讲师"党史小课堂。青年干部王童语积极发言，声情并茂地与大家分享了一则瓷都本土党史小故事，阐述了共产主义战士徐金丹，从瓷工到知识分子、从工人到小学教师过程中的思想蜕变以及党性觉醒。现场反响剧烈，掌声经久不息，在场干部对"不忘初心，牢记使命"的认识更进一步，对"讲政治 严纪律 优作风 勇争先"的认同更深一层。

三、寄语当代新青年，筑梦未来展作为

通过"学习五四精神，传递青年力量"青年座谈会，三名青年干部代表谢羽涵、钟斌、张扬，结合自身成长和工作经历，积极发言交流，分享了自己在本职岗位上不懈奋斗、逐梦青春的故事，现场气氛严肃活泼、生动热烈。

在座谈会上，市局党委委员、纪检组长饶卫民勉励青年干部要有"先天下之忧而忧，后天下之乐而乐"的爱国情怀，在青春的赛道上奋力奔跑，争取跑出当代青年的最好成绩。为此对在座青年干部饱含深情、语重心长地提出了五点要求：一是加强学习。青年干部要加强学习，

并注重学以致用,要努力在工作实践中提升自身素质,成长为符合社会发展的高素质复合型人才。二是强化担当。青年干部要与新时代同呼吸、共命运,要把理想抱负与党和人民的伟大事业结合起来,努力实现人生价值、升华人生境界;三是创新有为。牢固树立创新意识,对税收工作模式进行创新性探索,通过观摩学习,对标先进个人,学习优秀经验做法,着力解决青年干部区理论基础不扎实、作用发挥不充分等问题,打响个人特色品牌。四是坚定理想。要时刻把五四精神与时代精神融合起来,切实增强社会责任感和历史使命感,为税收事业发展贡献力量。五是廉洁奉公。青年干部要牢牢守住红线、底线,清醒认识到100-1=0,而不是99。师傅们要言传身教,时刻提醒,确保青年干部做到大事讲原则、小事讲风格。

期间,为切身领会伟人青年时期的伟大理想和勇于担当的精神,由吴爱民同志带着全体干部诵读了毛泽东的《沁园春·长沙》,把现场活动氛围推向了高潮,加深了青年干部对于当前时代情怀的理解与思考。

四、踔厉奋发续前行,笃行不怠勇争先

为积极发挥从税经验30年以上的优秀税务干部的"传帮带"作用,大力弘扬中华民族优秀的"师道文化",现场开展了"师徒工作更高效,虚心拜师扬师道"拜师会,促成五对师徒,为陶瓷区局深入实施"人才兴税"战略奠定坚实基础,保障了陶瓷区局税收事业后继有人。

活动尾声,为帮助青年干部"扣紧人生第一颗扣子",陶瓷区局党委委员、纪检组长钟贺礼做了重要发言,他表示青春的寓意是美好向往、理想抱负、责任使命,并提出了多点学习,少点游戏;多点朝气,少点暮气;多点比拼,少点躺平的"三多三少"的提议。

活动最后,陶瓷区局党委书记、局长熊运佳作了总结发言,对青年干部提出了明确要求和殷切希望,要求大家加强政治理论和税收业务知识学习,补齐短板、勇于担当、珍惜缘分、不负韶华,为瓷都税收事业高质量发展发挥应有的主力军作用。

因恰逢母亲节,活动中增加了母亲节特别活动环节,现场组织了青年干部为两位母亲献花和与母亲打电话问候活动,积极弘扬中华民族传统美德,有效营造了良好的活动氛围。

聚焦"四大变革" 书写新时代答卷

国家税务总局湘西州税务局

近年来,湘西税务坚守初心、接续奋斗,为服务全省"三高四新"战略和全州"三区两地""五个湘西"目标,奋力谱写湘西税收现代化新篇章。2022年2月,湘西州税务局党委书记、局长李景伟在湘西州税务工作会议上提出,2022年要实现"固本强基、提质增效"的自我革新,大力推动质量、效率、规范、动力"四大变革"。

一、质量变革:担主责主业,创一流业绩

(一)组织收入,质量与总量双提升

2022新年伊始,湘西州税务局收到湘西州委常委、常务副州长刘珍瑜亲笔贺信,"热烈祝贺你来湘西后首战告捷!感谢全州税务系统干部的辛勤付出,期待新年新气象!"

但一个多月前,全州距离年度预算计划缺口4.78亿元,留给税务部门的有效工作时间已不到40天。

2021年,新冠肺炎疫情散点爆发,湘西曾一度封城,旅游停摆,加上房市降温、矿业减产、减税降费等多重因素叠加,压力前所未有。

惟其艰难,方显勇毅!全州税务系统上下齐心,攻坚克难,州局领导纷纷深入基层,摸税源,问进度,解难题;各部门打出预测分析、强化征管、综合治税组合拳;风控部门排查风险疑点,堵塞征管漏洞;稽查部门快查快结,以查促收。2021年组织税收收入同比增长8.4%,为助力湘西经济社会高质量发展贡献了税收力量。

"既要争取税费收入'量'的增长,又要确保税费收入'质'的提升,坚决杜绝'寅吃卯粮''虚收空转''转引买卖税款'等现象发生,挤水提质,确保税费收入高质量可持续发展。"系统收入工作推进会定下了工作基调。

(二)税收征管,改革加创新同推进

"要打好优化税源管理方式这场2022年改革'第一战',为推进全年改革任务树立样板。"全州税务工作会议上李景伟局长对征管改革做出部署。

2月,"分类管事、团队负责"的新模式在湘西全面推开。但征管方式的全新转变,面临着职能职责不够顺畅和以数治税不够有力两大瓶颈。

为破解难题，李景伟局长先后深入基层股所、纳税人座谈调研，2022年首个党委会就专题研究优化税源管理方式方案，确定按照"积极稳妥、统一规范、因地制宜、探索创新、一局一策"的基本思路，从点线面上着力优化税源管理方式。

点上，将征管力量和征管重心集中到税收风险管控上，创新数据模型精准识别风险点，分类分级推送处置，既集中优势兵力有效提升征管质效，又践行"无风险不打扰"的优化营商环境承诺。线上，着力再造征管流程，实现"管户"到"管事"的无缝链式管理。面上，对新兴产业、五好园区、平台经济、千亿文旅产业、乡村振兴等进行专业管理，坚持税费同征司管，不断提升税费治理能力。

（三）乡村振兴，产业和政策齐发力

2013年11月3日，习近平总书记在湘西花垣"十八洞"考察，首次提出"精准扶贫"。

党旗所指，行之所向。湘西税务派出35名第一书记、100名扶贫干部奋战扶贫一线。他们担当作为、倾情奉献，用共产党员的初心和使命，奋力挑起湘西扶贫攻坚的历史重任。2020年，对口帮扶的35个贫困村全部"脱贫摘帽"，19491名土家族、苗族同胞告别贫穷。

脱贫梦圆，再启新程。2021年，湘西税务继续把乡村振兴作为重要政治任务、摆在突出位置。精心选配31名政治坚定、责任心强的干部担任驻村第一书记，选派87名党员干部组成驻村工作队，扎根乡村振兴一线。810名中层副职以上干部与2880户脱贫户结成对子，实现定点帮扶全覆盖。一年来，全州系统共投入乡村振兴资金450余万元，提供就业岗位441个，申报产业项目53个，争取各类项目资金近3000万元。

征途漫漫，惟有奋斗。湘西税务将坚定落实税收助力乡村振兴税收优惠政策，以更加积极的工作姿态，更加务实的工作态度，更加扎实的工作作风，用奋斗续写全面推进乡村振兴新篇章。

二、效率变革：提办税速度，享五星服务

湘西税务部门持续深化税务领域"放管服"改革，不折不扣落实好各项税费优惠政策，紧盯效率、提升效能，助力企业渡过疫情寒冬，携手迎接明媚温暖的春天。

（一）内外协同，减环节提速度

"从申请到收到退税，只花了4个小时，你们的效率太高了！"收到退税后，花垣太丰腾达矿业有限责任公司石军赞道。

该公司受企业重组和新冠疫情的双重影响，企业资金捉襟见肘。花垣县税务局通过税收大数据精准识别，发现该企业可以享受延缓缴纳税费政策，第一时间与企业取得联系。并仅用4个小时完成退税流程。

湘西税务对内加强退税、风管、稽查、收核等部门的工作协调，统一规范工作流程及时限，减少因流转环节的时间浪费；对外加强与商务、海关、人行等部门的工作协调，共享相关退税信息，共同提速退税流程，让企业发展急需的"真金白银"更快回流，为企业稳增长、促发展提供源

源不断税动力。

（二）软件硬件，增投入优配置

王先生是一位新办纳税人，第一次来到办税服务厅，即在税务人员辅导下签订了税库银三方协议，并通过电子税务局线上缴纳税款，成功缴税并打印了电子缴款凭证。王先生学会流程后，只需要坐在家中通过网上电子税务局，即可以办理全部的涉税业务，"税务部门办事可以少跑不跑马路，真是太方便"，王先生由衷地感叹。

湘西税务为适应日益增长的业务量，近2年先后投入120万元，购置自助办税终端8台，自行改造老旧自助终端5台，提升硬件水平。为所有办税服务厅配备办税助手，一对一讲授电子税务局应用，手把手辅导电子税务局和自助终端纳税，2022年一季度，纳税人办税的平均等候时长为2分59秒，较2021年同期缩短了7分58秒。

（三）掌上网上，跑网路享便捷

民之所盼，税之所往。湘西多高山巨谷，偏远乡镇的纳税人进城往往要花上半天时间。为了提升办税效率，湘西税务始终在探索。

持续推进"非接触式"办税，大力推进税费业务"网上办""掌上办""自助办"，90%以上税费服务事项可实现网上办理；全面推行发票网上申领、电子发票和网上领用代开发票免费邮寄，真正让企业实现"零负担、便捷领"，从"最多跑一次"向"一次不用跑"转变，减轻纳税人负担，获得纳税人好评。

"昨天网上申请了500份纸质发票，今天就收到了"。龙山县嘉航商行张晓东收到税务局的邮件时笑着说道。

湘西州税务局2021年共为纳税人免费邮寄发票130多万份。全州网上办税率由2021年初的53.87%度提升到了当前的87%，"多跑网路，少跑马路"的"非接触式"办税缴费服务在湘西大地深入人心。

三、规范变革：夯基层基础，筑战斗堡垒

君子无理不动，无节不作。君子如此，机关亦然。2022年，湘西州税务局以规范管理为总抓手，深入推进依法行政，着力规范内部管理，形成了用制度管人管事的良好氛围。

（一）税收执法更加规范

2021年12月，湘西州税务局被中共中央宣传部、司法部、全国普及法律常识办公室授予"2016年—2020年全国普法工作先进单位"称号。

税收执法工作面广、量大，一头连着政府，一头连着群众。为此，税务总局推出了2批14项"首违不罚"清单，执法理念也悄然转变。湘西州税务局积极探索非强制、说理式执法方式，全力抓好"首违不罚"、税务证明事项告知承诺制的落实，印发《重大税务案件审理说明理由制度实施方案》，注重以理动人、以理服人，做到宽严相济、法理相融，切实促进征纳关系和谐，

树立了良好的税务部门形象。

虽然"不罚"，但并不意味着因此而放松了税务监管和执法力度。湘西州税务局将依法行政、规范执法作为深化税收征管改革的重要抓手，将按季召开的全面依法行政工作领导小组会议作为安排部署工作、协调解决问题的重要平台，全面推进行政执法"三项制度"，定期对行政执法公示平台进行检查，规范开展重大执法决定法制审核工作，全面落实《湖南省税务行政处罚裁量权执行基准》，进一步规范税务行政处罚行为，统一执法口径和尺度，确保每一个环节有章可循，努力让纳税人缴费人在每一个执法行为中都能看到风清气正，感受到公平正义。2022年，湘西州税务局连续第十年税务执法"零诉讼"。

（二）内部管理更加规范

"我们要进一步强化制度刚性，通过进一步健全完善各项管理制度，确保问题清零，夯实基层基础工作"，在对县市区局审计问题反馈会上，被审计单位主要负责人面对审计问题清单进行表态。

针对巡察审计暴露出来的问题和薄弱环节，湘西州税务局一方面通过完善制度补短板，不断健全机关管理制度，修订完善会议费、公务接待费、差旅费、车辆管理、国有资产管理、政府采购等多项财务管理办法，进一步规范预算收支管理、财务事项审批、报销流程等财务管理工作，确保财务管理各项工作有章可循、有章可依。制定了值班值守、督查督办、事项报告等制度，内部管理规范提效。另一方面，牢固树立大抓落实的鲜明工作导向，重点抓好巡视巡察、督察内审发现问题整改，立行立改省局巡察问题5个，实现74个省局审计问题全部清零。梳理24个行政管理类和17个税收执法类重点问题清单，逐项编制风险防范指引，建章立制，着眼长效。

四、动力变革：汇奋进活力，聚澎湃动力

奋进新时代，迈上新征程，湘西州税务局以党建引领激发强大精神动力，以绩效激励信心，以文化浸润人心，充分发挥历史主动精神和历史创造精神，在党的带领下为实现第二个百年奋斗目标勇毅前行。

（一）一张闪亮的名片

湘西高铁建成通车，正值春运高峰，行色匆匆的人群里，一抹靓丽的红色格外耀眼，身着志愿者马甲的湘西税务青年党员在高铁站开展志愿引导服务。

百年正青春。无论是在抗疫一线、还是社会公益中，总是能看见他们的身影。湘西州税务局从党史中获得启示，创建"青春党建行"党建工作品牌，先后组建税务好声音、党建精英、巡察小当家、税务翻译、扶贫队伍等青年党员小团队，不断拓展青春党建的领域。通过青年党员感染激发更多党员当先锋、作表率，在联系服务群众、完成重大任务中担当作为。

一个党员就是一面旗帜。开展"永不止步的追梦人—我身边的优秀共产党员"全员推荐活动，推介出全省税务系统唯一"湖南省优秀共产党员"夏远略同志，以典型引路，让更多党员干部

加入到"我是党员我带头"践诺承诺行列。

"青春党建行"已经成为湘西税务一张闪亮的名片，凝聚起每个党员的智慧和力量，全面提升党的创造力、凝聚力、战斗力。

（二）一次彻底的自我革命

湘西州税务局以刀刃向内的魄力，对考核进行了最彻底的"手术"，建立了一套以实绩为导向、切实管用的绩效考核制度。

"绩效考核要坚持'干在实处、走在前列'的鲜明导向，牢固树立'党管绩效'的根本原则，立足抓早、抓实、抓在日常。"李景伟局长说。

在规则制定环节，结合实际融入自身特色，定规矩，明方向，压实州县两级党委绩效主体责任，细化了9项工作措施；在指标编制环节，坚持把量化、细化、可考、实用作为指标编制的标准和依据，把急难险重工作纳入指标。

在过程监控环节，严格执行指标推送预警、绩效讲评通报机制，查漏补缺，亮灯预警，把问题消除在萌芽阶段。

在结果运用环节，把考评结果作为干部评先评优、提拔任用的主要依据，让绩效成为推进湘西州税务局各项工作源源不断的内生动力。

（三）一场无声的浸润

三八妇女节，阳光照在每一张税务干部的笑脸上，党建工作科的彭元在"一起向未来"主题活动留言板上写到"巾帼不让须眉"，男同胞们也纷纷给各位"女神"写下温馨的祝福。

丰富多彩的主题党日活动、录播州电视台的道德讲堂、讨论热烈的书香沙龙、直抒美好愿景的"一起向未来"……一系列的活动体现了格调高雅、积极向上的湘西税务文化。

近年来，湘西税务不断深化税务精神文明建设，建设党员活动室、荣誉陈列室、文化走廊、阅览室等文化阵地，充分发挥文化潜移默化、润物无声的作用；组建书法、摄影、气排球等多个兴趣小组，经常性开展文体活动，关心关爱干部身心健康。

文化建设凝聚人心，有效积蓄了促进事业发展的正能量。每一个税务人都能感受到税务大家庭的和谐温暖，一起爱家、建家、护家、兴家，湘西州税务局也因此被评为"全国模范职工之家"。

东风好作阳和使，逢草逢花报发生。在新时代的骀荡春风里，湘西州重点领域改革多点突破，各项改革举措落地实施，这是向过去百年奋斗历史的最好致敬，也是为未来新的奋斗写下的激越序章，湘西税务人正信心满怀，踔厉奋发书写春天里的崭新答卷。

深思活用强能力　比学赶超促提升
——乌拉特前旗税务局认真开展"能力大提升"专项行动

国家税务总局乌拉特前旗税务局

2022年以来,乌拉特前旗税务局认真开展"能力大提升"专项行动,以打造"思想牢、政策通、业务精、能力强"的税务干部为目标,持续推进能力提升走实、走出结果。

一、凝聚共识,抓住组织保障"定盘星"

乌拉特前旗税务局坚决贯彻上级决策部署,将"能力大提升"作为当前及今后一段时间的重要任务来抓,深刻认识到开展能力大提升是适应新形势新任务、解决当前突出问题、落实好各项工作要求的迫切需要。第一时间建立了"能力大提升"专项行动工作领导小组,凝聚全局共识,为开展好专项行动提供组织保障。

二、发挥专长,驱动攻坚团队"主引擎"

聚焦"业务力",盯紧"政治力",围绕税收业务和各项重点攻坚战,组织本单位26名青年税务干部成立9个攻坚小团队,充分发挥青年干部业务专长、能力特长。在数据质量提升、退税减税等工作中集思广益、大胆尝试,鼓励他们在踏实肯干的同时积极探索"巧干"的方法,为落实好工作任务提供人员保障。

三、以老带新,传承人才培养"金钥匙"

坚持人才培养"传帮带",为进一步帮助新入职公务员尽快完成角色转变,加快适应工作岗位,通过"以老带新""以老促新"的形式,助力新人迅速成长。我局2名新入职公务员均签署了"结对子"承诺书,选取办税大厅业务骨干担任其师傅,要求做到思想上多关心、工作上多指导、生活上多帮助,为人才培养提供制度保障。

四、深学活用,用好能力提升"撒手锏"

为全面提升税务干部业务能力、思想素质,要求办税服务厅坚持好"晨会"制度,并将政策宣传和业务讲解纳入到学习范围,对最新政策和难点重点进行分析梳理,切实解决好纳税人缴费人关心的问题。要求业务股室按周期开展政策辅导专题培训,有效提升基层税源管理人员执法能力和服务水平。

创新实践"税务+N"服务模式

国家税务总局通化市东昌区税务局

为进一步深化税收征管改革，构建税费服务新体系，国家税务总局通化市东昌区税务局以精诚共治为抓手，在实施部门联动中，积极探索和实践"税务+N"的服务模式，以更加便利化、精细化、智能化的税费服务，持续优化税收营商环境。

一、"税务+银行"企业添活力

通化市前进石油机械有限公司成立于1995年，是全市生产石油修井打捞工具的老牌企业。2021年为了适应市场需求，企业入网中国海洋石油集团供应商库，需要采购新设备及原材料，亟须300万元的采购款。东昌区税务局在得知这一情况后，主动走访企业了解情况，认真研究相关政策，主动与工商银行信贷部对接，通过银行"企业税务贷"这一惠企政策，仅一个工作日就为企业办理完300万元贷款的审批及发放工作，为企业下一步引进先进设备和管理技术，进一步扩大生产经营夯实了基础。

二、"税务+社区"服务架桥梁

围绕"我为纳税人缴费人办实事"活动，该局结合社区所辖企业和个体工商户较多的实际，开展以"简政放权和民生服务"为主题专项培训，对社区和便民服务中心综窗受理员就相关税收政策进行讲解。此外，与社区联动设立了"网上办税服务点"，并由税收志愿者为居民提供涉税辅导，进一步拓宽"税务+社区"服务范围，更好地满足涉税办理需求，切实为纳税人缴费人办实事。

三、"税务+学校"辅导接地气

为不断提高涉税辅导的专业化和精细化，根据不同群体的涉税需求，为特殊纳税人缴费人设立专线服务。按照《关于做好中小学生课后服务工作的通知》对税务部门做出的具体工作要求，该局主动与区教育局联系，针对辖区20所中小学校负责此项工作的财务人员，开展专题辅导。针对中小学生课后服务相关工作的涉税需求，进行政策梳理和分析，有的放矢开展培训，提升了纳税人缴费人的满意度和获得感。